AKADEMIE DER WISSENSCHAFTEN DER DDR
FORSCHUNGSZENTRUM FÜR MOLEKULARBIOLOGIE UND MEDIZIN
ZENTRALINSTITUT FÜR MIKROBIOLOGIE
UND EXPERIMENTELLE THERAPIE JENA
ABTEILUNG LIMNOLOGIE

LIMNOLOGICA

BAND 13

1. Heft

AKADEMIE-VERLAG · BERLIN

1981

LIMNOLOGICA

INHALTSVERZEICHNIS

Band 13 · Heft 1

Abgeschlossen April 1979

Band 13 der LIMNOLOGICA umfaßt zwei Hefte.

Band 13, Heft 2, wird folgende Arbeiten enthalten:

HÖRNSTRÖM, EINAR: Trophic characterization of lakes by means of qualitative phytoplankton analysis. – ROSÉN, GÖRAN: Phytoplankton indicators and their relations to certain chemical and physical factors. – MÖLLER, BRUNO & HELMUT PANKOW: Algensoziologische und saprobiologische Untersuchungen an Vorflutern der Elbe. – STJERNA-POOTH, INGEBORG: Die Rolle der Benthosorganismen bei der Klassifizierung von Fließgewässern. – JORGA, WERNER & GÜNTHER WEISE: Wasserinhaltsstoffe als Haupteinflußgrößen für Massenentwicklungen von Wasserpflanzen. – LABUS, BERNHARD C. & ALEXANDER KOHLER: Die Rolle einiger primärer ökologischer Faktoren bei Nettophotosynthesemessungen zur Prüfung der Wirkung von Umweltchemikalien auf submerse Makrophyten (unter besonderer Berücksichtigung der Wirkung eines linearkettigen anionenaktiven Tensids). – KRAUSE, WERNER: Characeen als Bioindikatoren für den Gewässerzustand. – WEBER-OLDECOP, DIETER W.: Eine Fließgewässer-Typologie. – WIEGLEB, GERHARD: Struktur, Verbreitung und Bewertung von Makrophytengesellschaften niedersächsischer Fließgewässer. – MELZER, ARNULF: Veränderungen der Makrophytenvegetation des Starnberger Sees und ihre indikatorische Bedeutung. – SUKOPP, HERBERT & BARBARA MARKSTEIN: Veränderungen von Röhrichtbeständen und -pflanzen als Indikatoren von Gewässernutzungen, dargestellt am Beispiel der Havel in Berlin (West). – DOLL, REINHARD: Das ökologisch-soziologische Verhalten von *Najas major* s. l. – ARENDT, KNUT: Pflanzengesellschaften von Fließgewässern als Indikatoren der Gewässerverschmutzung, dargestellt am Beispiel des Uecker- und Havelsystems. – KÖCK, UWE-VOLKMAR: Fließgewässer-Makrophyten als Bioindikatoren der Wasserqualität des Flieth-Bachs (Dübener Heide). – Rezensionen.

Limnologica Berlin **13** (1), 1—53, Januar 1981

Georg Mothes

Physikalische und chemische Parameter der Wasserbeschaffenheit in Seen des Stechlinseegebiets

Mit 27 Abbildungen und 10 Tabellen

Inhalt

1. Einleitung

Zur Wasserbeschaffenheit des Stechlinsees gab Möller (1936) eine erste Milieuschilderung. Neuere Datenreihen veröffentlichten Heitmann (1967, 1969, 1972), Heitmann et al. (1969), Richter & Wiedrich (1967) und Wagner (1961). Das hier vorgelegte Material ist ein Beitrag zu einem komplexen Untersuchungsprogramm (Koschel 1980a, b, Küchler 1980, Mothes 1980b). Zu diesem Thema wurden Teilergebnisse bereits veröffentlicht (Mothes 1974).

Die Datensammlung begann 1970 und wurde im Laufe der Untersuchung ausgebaut. Die graphischen Darstellungen enden im Dezember 1974, in Fällen größerer Abweichungen wird im Text das Jahr 1975 für die Auswertung mit herangezogen. Damit ist eine gewisse natürliche Schwankungsbreite der Jahresgänge erfaßt.

Frau E. Ritter sei an dieser Stelle für ihre umsichtige Mitarbeit herzlich gedankt, die entscheidend zu dem Gesamtergebnis beitrug.

Herrn Dr. R. Koschel danke ich vielmals für die Erlaubnis zur Wiedergabe einiger von ihm erarbeiteter Daten. Herrn Dr. S. J. Casper danke ich für viele klärende Diskussionen und Hinweise.

2. Methodik

Die Probennahme erfolgte mit Ruttner-Schöpfern. Für die Temperaturmessung benutzten wir Quecksilberfadenthermometer mit einer Einteilung von 0,1 °C, montiert in den Schöpfern. Die nicht geeichten Thermometer zeigten maximale Abweichungen unterein-

ander von $\pm 0{,}2$ °C. Die Genauigkeit reicht für eine grobe Skizzierung der Stratifikationsverhältnisse aus.
Die Globalstrahlungswerte (Stundensummen, Tagessummen, Dekadensummen) wurden vom Forschungsinstitut für Hydrometeorologie (Station Stechlinsee) übernommen, die Albedo nach RICHTER (1969) berechnet. Mit VOLLENWEIDER (1969) wurden 46% der ins Wasser eindringenden Energie als photosynthetisch wirksam angenommen. Die Messung des Lichtklimas erfolgte mit einem Unterwasserphotometer (Ph. SCHENK, Wien) unter Verwendung der Schottfilter BG 12 (Filterschwerpunkt 435 nm), BG 12/OG 2 (590 nm), VG 9 (525 nm) und RG 2 (660 nm). Die Messungen wurden auf einen Zenitstand von 40—50° bezogen (SAUBERER 1962). Zur Sichttiefenbestimmung diente eine Secchischeibe (∅ 300 mm) und ein Blendschutz. Das Strahlungsklima in den Seen bearbeitete Dr. R. KOSCHEL, der auch die Zusammenstellung einiger grundsätzlicher, hier wiedergegebener Daten besorgte.
Bei der chemischen Analytik folgten wir den Vorschriften der „Ausgewählten Methoden der Wasseruntersuchung" (Institut für Wasserwirtschaft . . . 1970/71). Die Analysendaten basieren auf Dreifachmessungen.
Hinsichtlich der Phosphatanalytik (VOGLER 1965, 1966a, b) ergaben sich im Laufe des Meßprogrammes einige Abweichungen (beschrieben bei MOTHES 1974), die vor allem Absorptionsmaximum und Filtration der Proben betreffen. Die Grenzkonzentration (PÜSCHEL 1968) ist 0,2 mg PO_4/m^3. Die Angabe der Konzentrationen erfolgt als 0, 0,5, 1, 2 mg PO_4/m^3 usw. in ganzen Zahlen. Für Massenberechnungen wird der Meßwert 0 mit dem Wert 0,1 mg PO_4/m^3 belegt. Auf methodische Schwierigkeiten bei der Analytik des Orthophosphats wird in der Diskussion hingewiesen.
Das gelöste SiO_2, NO_3 und NH_4 wurde in der WWD Havel (VOGLER 1975a, b, c) nach Filtration und Lagerung im Kühlschrank (SiO_2) oder Lagerung im Gefrierfach (NO_3, NH_4) bestimmt. Herrn Dr. VOGLER, Potsdam, bin ich für diese Hilfe zu großem Dank verpflichtet, ebenso auch für die Erlaubnis, einige Angaben zur Leitfähigkeit hier aufzuführen.

Erläuterung der Abkürzungen:

- Sk — Stechlinsee, Mitte Kühlwasserausflußkanal aus dem KKW, Warmwasserbereich, Strömungsgeschwindigkeit bis 0,25 m/s, Tiefe 2,5 m, Sandboden mit sommerlicher Entwicklung von submersen Makrophyten, zentraler Untersuchungspunkt für das Studium des Warmwassereinflusses
- Ss — Stechlinsee, tiefste Stelle der flacheren S-Bucht; 35,5 m tief, planktogene Feindetritusgyttja
- St — Stechlinsee, tiefster Punkt des Zentralbeckens, 68 m tief, planktogene Feindetritusgyttja. Lage am N-Rand des Kühlwasserstroms im See, wird von diesem nicht regelmäßig erfaßt, zentraler Untersuchungspunkt für das Studium der Stoffdynamik
- Swv — Stechlinsee, W-Bucht in der Abgrenzung zur Endbucht, 12,5 m tief, kalkige Gyttja. In Oberflächennähe macht sich der Warmwassereinfluß in abgeschwächter Form bemerkbar.
- Nn — Nehmitzsee-Nordbecken, tiefste Stelle, 18,6 m tief, Gyttja, Lage am W-Rand des Kühlwasserstroms, zentraler Untersuchungspunkt für das Studium der Stoffdynamik
- Ns — Nehmitzsee-Südbecken, tiefste Stelle im Zentralbecken, 18,0 m tief, Gyttja, zentraler Untersuchungspunkt für das Studium der Stoffdynamik
- D — Dagowsee, tiefste Stelle, 8,8 m tief, Sapropel, zentraler Untersuchungspunkt für das Studium der Stoffdynamik

Tab. 1. Monatsmittel (angegeben in $cal/cm^2 \cdot d$) und Jahressummen (angegeben in $kcal/cm^2 \cdot a$) der Globalstrahlung der Jahre 1970—1975 am Stechlinsee (Meßwerte des FIH, Station Stechlinsee)

Jahr	Jan.	Febr.	März	April	Mai	Juni	Juli	Aug.	Sept.	Okt.	Nov.	Dez.	Jahressumme
1970	51	86	198	231	403	546	409	390	270	100	57	32	84,60
1971	61	83	195	242	424	342	502	396	238	153	56	22	84,51
1972	43	82	203	249	326	436	409	345	222	148	49	39	78,56
1973	39	81	190	246	380	45[illegible]	409	416	220	132	72	37	81,72
1974	68	68	—	313	359	382	329	395	264	88	54	31	71,54
1975	53	119	194	274	426	473	441	404	253	97	62	26	86,06
Sechsjährige Mittel (1970—75)													
	53	86	196	259	386	439	417	391	248	120	58	31	81,17

3. Ergebnisse

Das Datenmaterial wird für die einzelnen Seen getrennt vorgestellt.

3.1. Stechlinsee

3.1.1. Lichtklima (bearbeitet durch R. KOSCHEL)

Tab. 1 zeigt die Jahresgänge der Globalstrahlung an der Station Stechlinsee des FIH der Jahre 1970—1975. Die Werte gelten für das gesamte Stechlinseegebiet. Die Unterschiede in den Monatsmitteln und der Gesamtjahressumme sind beträchtlich, vergleicht man den Strahlungsablauf der verschiedenen Jahre. Wenn z. B. der Jahreswert von 1975 um nur 5% über dem sechsjährigen Mittel liegt, so bedeutet das absolut gesehen 4,89 kcal/cm² · a. Die Variationsbreite zwischen dem oberen (1975) und unteren Extremwert (1974) beträgt sogar 15,52 kcal/cm² · a.
Noch größere Schwankungen treten in einzelnen Monaten unterschiedlicher Jahre auf. Im Juni 1970 liegt das Lichtenergieangebot 26% oder im Dezember 1972 22% über dem sechsjährigen Mittel. Die Minima für Juni und Dezember des sechsjährigen Mittels fallen in das Jahr 1971 mit etwa 60% obiger Maximalwerte. In noch stärkerem Maße differieren kürzere Zeitspannen, die aber wiederum für die Intensität der Stoffdynamik im See entscheidend sein können.

Die durchschnittliche Transmission ($TR^{400-700}$) im Stechlinsee enthält Abb. 1. Die Strahlungsenergie unter Wasser wurde aus der mittleren Abnahme der Lichtintensität in verschiedenen Spektralbereichen ermittelt (vgl. VOLLENWEIDER 1961, 1969). Dabei ist $E^{400-700}$ die photosynthetisch wirksame Energie im Spektralbereich 400—700 nm und errechnet sich aus $^1/_3$ (E_{BG12} + E_{VG9} + E_{RG2}), dem Mittelwert der Energiedichte dreier Spektralbereiche. Der Stechlinsee weist eine hohe mittlere Durchlässigkeit bzw. mit einem Mittelwert von 0,384/m einen niedrigen Extinktionskoeffizienten auf. Das entspricht einer Durchlässigkeit Z (ermittelt mit Diagramm aus SAUBERER 1962) von 67%/m.
Abb. 2 zeigt die vertikale Abnahme der Lichtintensität verschiedener Spektralbereiche. Das Licht der Wellenlänge von 525 nm dringt am tiefsten in den Wasserkörper ein. Es folgen die Wellenlängen 590 nm, 660 nm und 435 nm. Im Mittel sind die Eindringtiefen bis zur Abnahme auf 10% (1%) in m (Wellenlängen: 435, 525, 590, 660 nm): 4,7 (9,1), 8,9 (17,7), 8,1 (16,1), 3,8 (7,5).

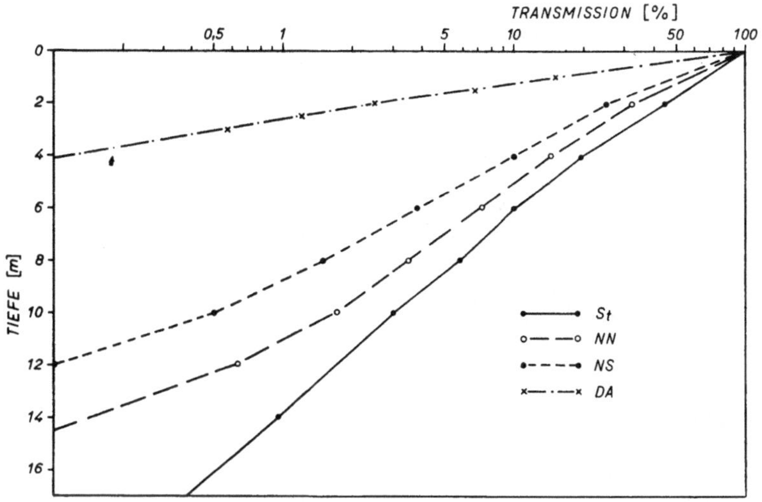

Abb. 1. Vertikale Abnahme der Lichtintensität (400 nm—700 nm) im Stechlinsee, Nehmitzsee-Nordbecken, Nehmitzsee-Südbecken und Dagowsee (Bearbeiter: R. KOSCHEL)

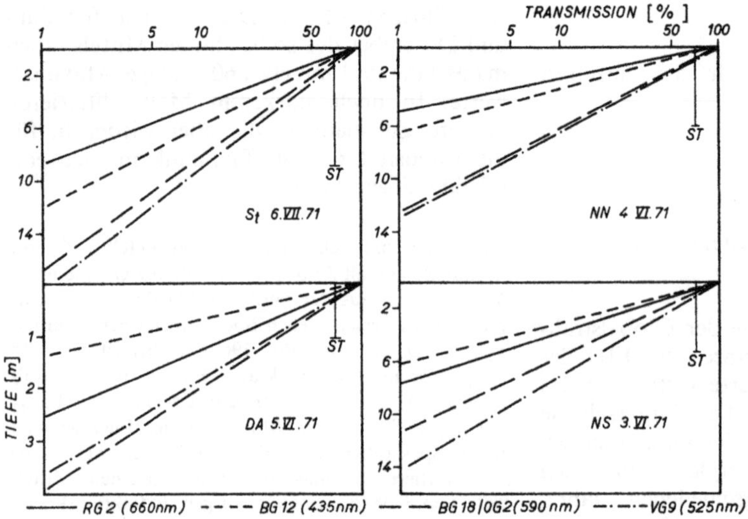

Abb. 2. Transmission der Lichtenergie in verschiedenen Spektralbereichen im Stechlinsee, Nehmitzsee-Nordbecken, Nehmitzsee-Südbecken und Dagowsee; ST — Sichttiefe (Bearbeiter: R. KOSCHEL)

Die jahreszeitlichen Unterschiede der optischen Eigenschaften ergeben sich besonders durch Änderungen der Durchlässigkeit innerhalb des Spektralbereichs von 500—600 nm (Abb. 3). Im Stechlinsee treten im Jahresgang Schwankungsbreiten von ±25% auf, das Globalstrahlungsangebot variiert dagegen um mehr als 2 Zehnerpotenzen. Von Tag zu Tag streut das Energieangebot bis zu mehreren 100%. Für die Berechnung der photosynthetisch wirksamen Energie kommt es somit primär auf die Erfassung der Einstrahlung in den See an.

Abb. 4 zeigt den Sichttiefenverlauf der Jahre 1970—74. In allen Untersuchungsjahren tritt ein erstes Minimum etwa Ende April auf.

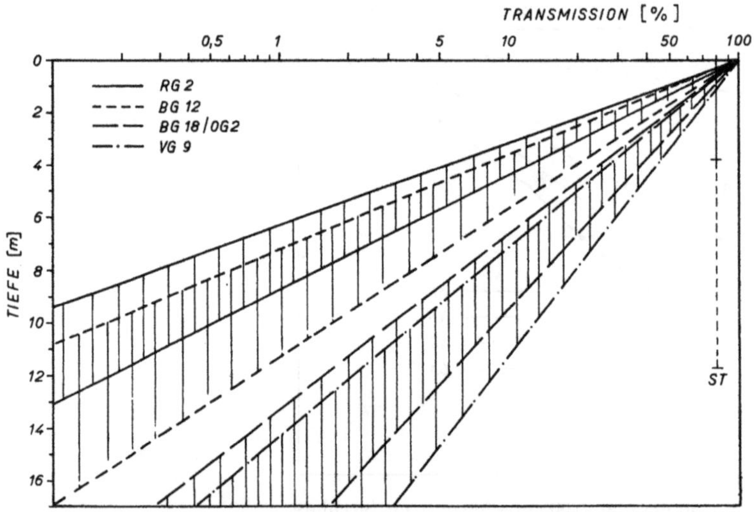

Abb. 3. Schwankungsbreite der Lichttransmission in verschiedenen Spektralbereichen im Stechlinsee; ST — Sichttiefe (Bearbeiter: R. KOSCHEL)

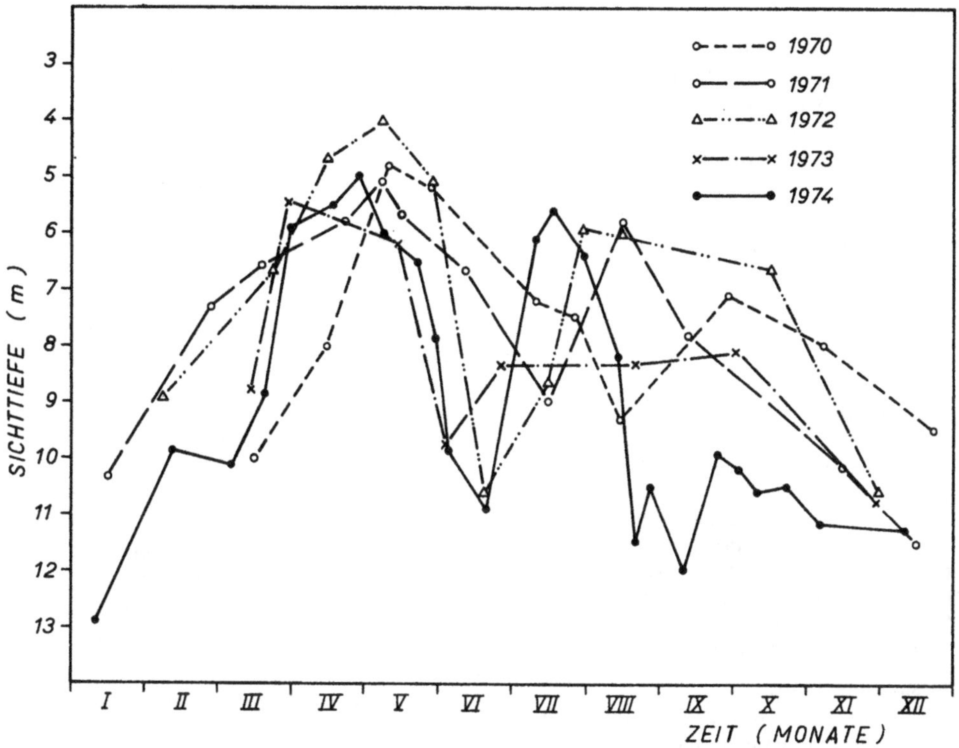

Abb. 4. Jahresgang der Sichttiefen im Stechlinsee (1970—1974) (Bearbeiter: R. KOSCHEL)

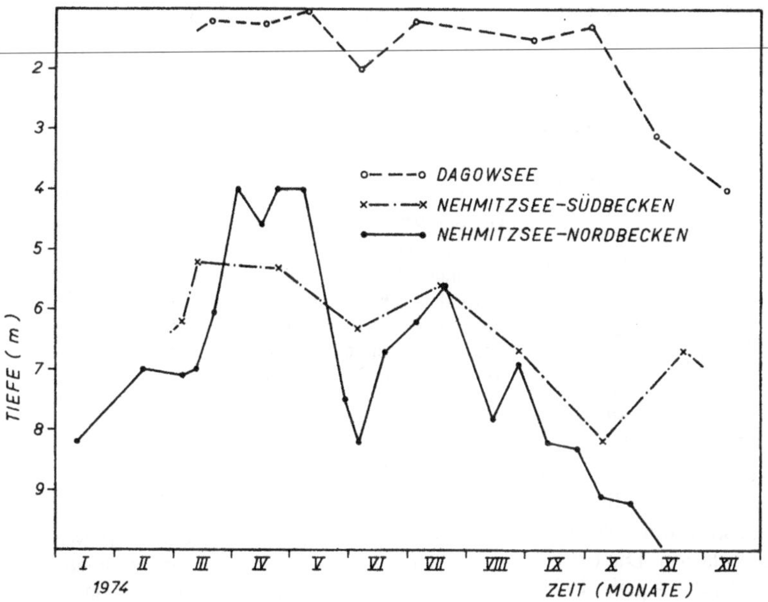

Abb. 5. Jahresgang 1974 der Sichttiefen im Nehmitzsee-Nordbecken, Nehmitzsee-Südbecken und Dagowsee (Bearbeiter: R. KOSCHEL)

Die absoluten Minimalwerte differieren zwischen 4,0 (1972) und 5,4 m (1973). Danach steigen die Sichttiefen wieder an und erreichen ein sommerliches Maximum von 9—11 m. Es folgt ein zweites Sichttiefenminimum großer Inkonstanz: 1970 Ende September mit 7,1 m, 1971 Ende Juli mit 5,8 m oder 1974 Mitte Juli 5,5 m. Nach diesem zweiten Sichttiefenminimum nimmt die Transparenz mehr oder weniger kontinuierlich zu und erreicht im Dezember/Januar Maximalwerte von 12 bis 13 m.

3.1.2. Temperatur

Die hier mitgeteilten Daten lassen nur die Stratifikationsverhältnisse im zentralen Seebecken erkennen. Ein unvergleichlich besseres Datenmaterial über die horizontale und vertikale Temperaturverteilung im See besitzt das Forschungsinstitut für Hydrometeorologie (FIH). Die vom FIH mit hoher Präzision ausgeführten Messungen erlaubten auch von Zeit zu Zeit eine Korrektur unserer Thermometer.

Die Untersuchungsjahre ab Frühjahr 1970 können als mehr oder weniger winterwarm angesprochen werden. Eine geschlossene Eisdecke mit einer echten Winterstagnation fehlte. Die Zirkulationsperiode dauerte daher vom Herbst bis zum Frühjahr. Das wirkte sich auf den Gas- und Nährstoffhaushalt aus und ermöglichte eine oft schon im Februar stattfindende starke Phytoplanktonentwicklung.

Temperaturänderungen erfolgen in beträchtlichem Maße nur in einer im Verhältnis zur Tiefe dünnen Oberflächenschicht (Abb. 6). Die sommerliche Sprungschicht liegt bereits zwischen 10 und 15 m Tiefe, darunter bleibt die Temperaturamplitude gering. In 20 m Tiefe werden 8 °C, in 60 m 6 °C kaum überschritten (Herbst 1972 6,1 °C).
Temperaturen über 20 °C sind auf den Oberflächenbereich und meist nur wenige Wochen beschränkt (Ausnahme Warmwasserzufluß am KKW). Die Maximaltemperaturen liegen bei etwa 24 °C für den epilimnischen Wasserkörper; kleinräumig und kurzzeitig kann dieser Wert etwas überschritten werden.

Eine große Rolle für den Ablauf stoffdynamischer Prozesse im Sommer spielen die Termine Ende der Frühjahrszirkulation und Beginn der herbstlichen Teilzirkulation. Die Frühjahrszirkulation war 1970 Ende April, 1971 und 1972 Mitte April, 1973 und 1974 Anfang April, 1975 wieder Ende April abgeschlossen. Die in Abb. 6 dargestellte fünfjährige Periode zeichnet sich damit durch einen immer weiter vorverlegten Beginn der Sommerstagnation aus. Erst 1975 lag dieser wieder recht spät. Das hat für die Nährstoffsituation im See Bedeutung.
Ebenso bedeutungsvoll dürfte der Beginn der Herbstteilzirkulation sein, wenn unterhalb der euphotischen Zone nährstoffreiches Wasser vorhanden ist. Eine solche Teilzirkulation beobachteten wir Anfang Oktober 1970. Derartige Nährstoffzufuhren (Kap. 3.1.6.) aufgrund von Teilzirkulationen in noch strahlungsreichen Monaten können Organismenentwicklungen stimulieren.
Homothermie wird im Stechlinsee meist Mitte bis Ende Dezember erreicht. Wie man aus dem Vergleich mit der Verteilung der Wasserinhaltsstoffe sehen kann (Kap. 3.1.5., 3.1.6.), ist Homothermie nicht gleichbedeutend mit Zirkulation und damit Austausch. Der Austausch kann bis zu 4 Wochen nach Erreichen der Homothermie Ende Dezember oder Januar erfolgen.
Trotz erheblicher Strömungen auch in der Seetiefe (Dornbusch 1969) scheint der Austausch zwischen Hypo- und Epilimnion während der Sommerstagnation gering zu sein (Heitmann 1969). Dafür sprechen die Gradienten der im Wasser gelösten Stoffe (Hypolimnion) und die metalimnischen Sauerstoffmaxima.

3.1.3. Leitfähigkeit

Die Leitfähigkeit wurde nicht regelmäßig bestimmt. Aus der WWD Havel liegen 2 Serien unserer Proben mit Angaben vor. Die erste stammt vom 1. 7. 1971 mit einem Wert von 1,9 ± 0,04 mval in der gesamten Vertikalen. Die zweite Serie stammt vom 31. 1. 1973 mit einem Oberflächenwert von 2,57, Werte der mittleren Wassersäule um 2,75 und einem Tiefenwert ab 40 m Wassertiefe von 2,80 mval.

3.1.4. Gesamt-CO_2 und pH-Wert (bearbeitet durch R. Koschel)

Der Gehalt an anorganischem Kohlenstoff weist für die einzelnen Untersuchungsjahre im Stechlinsee nur geringfügige Unterschiede auf (Tab. 2). Im euphotischen Bereich des Stechlinsees liegen die Werte im Durchschnitt bei 24 g C/m^3. Im Hypolimnion erfolgt

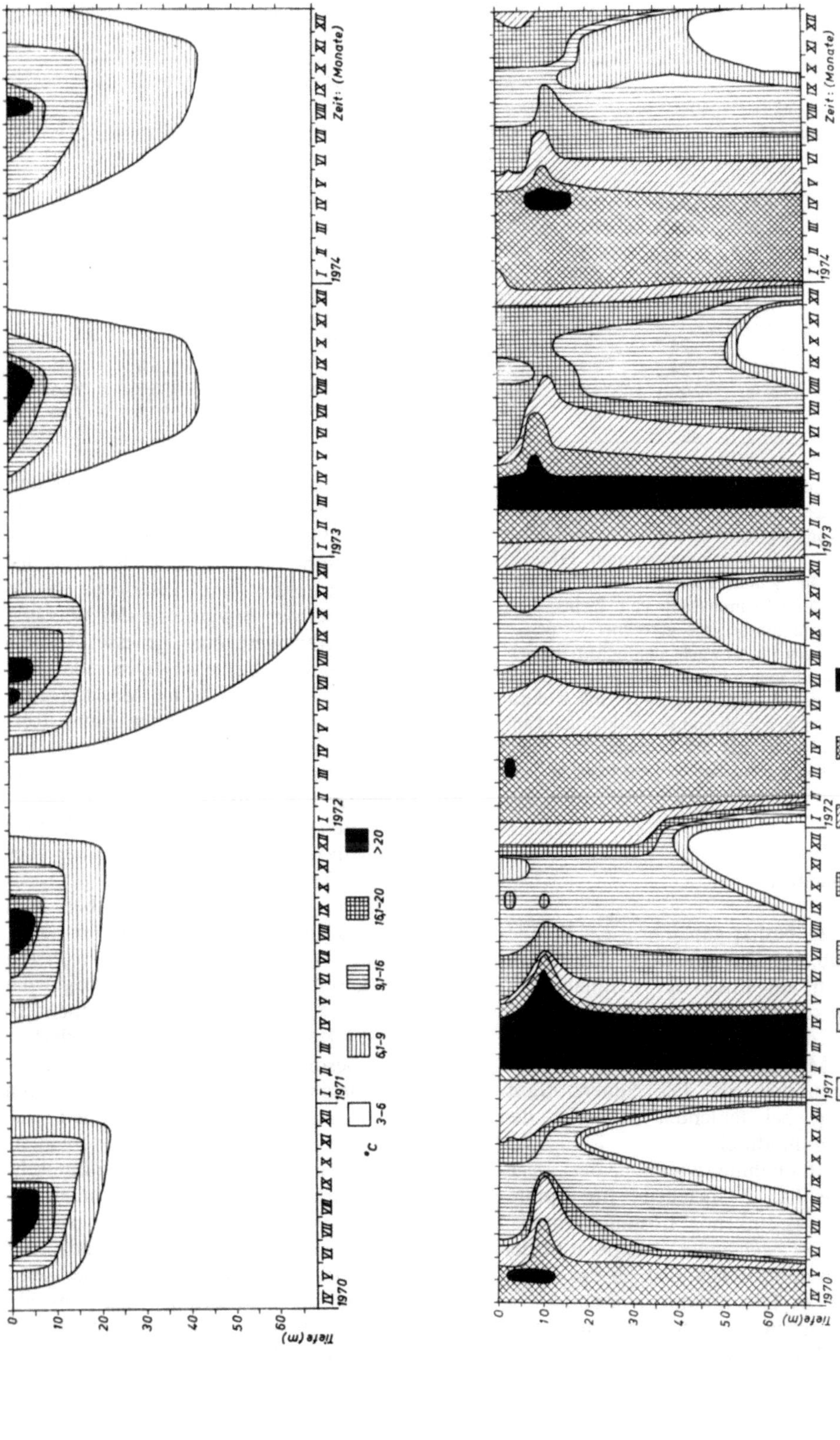

Abb. 6. Jahresgänge der Temperatur (oben) und des Sauerstoffs (unten) im Pelagial des Stechlinsees an dem Meßpunkt St

Tab. 2. Gesamt-CO_2 und pH-Wert im Stechlinsee im Jahre 1974 (bearbeitet durch R. KOSCHEL); Kohlensäureangaben als g C/m^3

Datum	0 m		10 m		20 m		40 m		60 m	
	Gesamt-CO_2	pH-Wert	Gesamt-CO_2	pH-Wert	Gesamt-CO_2	pH-Wert	Gesamt-CO_2	pH-Wert	Gesamt-CO_2	pH-Wert
9. 1.	24,8	7,85	24,8	7,85	24,8	7,85	24,1	7,85	24,1	7,85
6. 3.	23,6	8,15	23,6	8,15	23,9	8,15	24,0	8,10	24,0	8,10
17. 4.	24,0	8,40	24,0	8,40	24,2	8,25	23,9	8,15	24,3	8,10
20. 5.	24,3	8,30	24,3	8,30	24,3	8,10	24,5	8,00	24,6	7,95
4. 6.	24,5	8,15	24,6	8,10	24,5	8,00	24,7	7,90	25,4	7,85
10. 7.	23,7	8,15	24,3	8,15	24,3	8,15	24,6	7,95	24,8	7,85
21. 8.	24,4		24,2		24,6		25,2		25,4	
2. 10.	24,2	8,20	24,5	8,20	24,5	8,00	26,0	7,85	26,0	7,85
6. 11.	26,6	8,00	27,1	7,95	27,9	7,70	29,0	7,60	30,5	7,55
10. 12.	25,9	8,10	26,3	8,05	26,5	8,05	27,2	7,90	27,7	7,80

im Laufe der Sommerstagnation eine Akkumulation von anorganischem Kohlenstoff. 1974 wird in 60 m Tiefe ein Wert von 30 g C/m^3 erreicht. Ein solch hoher Wert tritt aber im Untersuchungszeitraum 1972—75 nur einmal auf. Im Schnitt kann mit einer hypolimnischen Kohlensäureakkumulation von 2 bis 2,5 g C/m^3 in der Stagnationsperiode gerechnet werden. Die pH-Werte liegen im schwach alkalischen Bereich. Normalerweise kann man mit einem pH-Wert zwischen 8,0 und 8,5 rechnen. Lediglich in Zonen mit Kohlensäureakkumulation bzw. während der Zirkulation kann es zum Absinken unter pH 8,0 kommen, mit einem Minimum von 7,55 im November 1974 in 60 m Tiefe (Tab. 2).

3.1.5. Sauerstoff

Der Stechlinsee besitzt ganzjährig ein aerobes Pelagial (Abb. 6). Die höchsten Konzentrationen werden am Ende der Frühjahrsvollzirkulation erreicht. Sie liegen in der Regel zwischen 13 und 14 g O_2/m^3. Die absolut gespeicherte Menge hängt von der Intensität des Gasaustausches ab. Die Sauerstoffaufnahme erfolgt bei fehlender Eisdecke den ganzen Winter hindurch.

Die Sauerstoffabnahme während der Vegetationsperiode hat 2 Ursachen: Im Epilimnion bedingt das sinkende Lösungsvermögen des Wassers bei steigender Temperatur den Rückgang, im aphotischen Bereich des Hypolimnions sind es Dissimilationsvorgänge.

Im metalimnischen Bereich beobachtet man regelmäßig frühsommerliche „Maxima". Diese „Maxima" sind nicht zu vergleichen mit den biogenen Sauerstoffübersättigungen, wie wir sie z. B. im Dagowsee finden. Der im Metalimnion verminderte Wasseraustausch mit der Oberfläche verhindert eine Gasabgabe an die Atmosphäre bei der Erwärmung des Wassers. Gleichzeitig verringert eine gewisse Assimilationstätigkeit der Algen das Dissimilationsdefizit dieser Tiefenstufe. Die Maxima sind das Produkt einer verlangsamten Sauerstoffzehrung bzw. Sauerstoffabgabe, nicht das Ergebnis einer echten biogenen Anreicherung mit steigender Konzentration.

In 60 m Tiefe an St (also 6—8 m über Grund) lagen die Minimalkonzentrationen immer über 7 g O_2/m^3. Geringere Werte bis 5 g O_2/m^3 konnte man gelegentlich direkt über dem Grunde in kleineren Senken antreffen (z. B. Ss). Solche Werte sind auch aus früheren Jahren bekannt (HEITMANN 1967). Im ganzen hat sich das Sauerstoffregime seit Inbetriebnahme des KKW nicht signifikant geändert.

Jahre mit besonders hoher Sauerstoffkonzentration bei Beginn der Vegetationsperiode waren 1971, 1973 und 1975. 1970 hatten wir eine Eisbedeckung und damit eine verkürzte winterliche Zirkulationsperiode. Die hypolimnische Sauerstoffzehrung während der Sommerstagnation ging von 1970—1973 stetig zurück, war 1974 wieder etwas stärker und 1975 ähnlich wie 1974. Daraus läßt sich aber keine Verringerung der „Belastung" des Sees ableiten. Die Herbstzirkulation beginnt oft erst nach Erreichen der Homothermie. Am 29. 11. 73

z. B. herrschte bereits Homothermie mit 6,0 °C und einem O_2-Gradienten von 10,9 g O_2/m^3 an der Oberfläche bis 7,1 g O_2/m^3 in der Tiefe.

3.1.6. Phosphor

Analysiert wurden das im Wasser gelöste Phosphation (= Orthophosphat), die Summe der gelösten oder durch ein Filter von 0,5 µm Porenweite nicht zurückhaltbaren Phosphate (= Gelöstphosphat) und die Summe aller Phosphate (= Gesamtphosphat). Abb. 7 enthält die Jahresgänge der 3 Phosphatfraktionen.

Die absoluten Konzentrationen im See schienen in den Jahren 1970—1972 deutlich höher zu liegen als in den beiden folgenden. Erst 1975 erreichte das Gesamtphosphat eine Konzentration, die fast der von 1970 entsprach. Daraus ergibt sich eine natürliche Schwankungsbreite der Nährstoffversorgung im See. Orthophosphatwerte um 5 mg PO_4/m^3 gehören zum „Normalwert" bei fehlendem Phosphorverbrauch. Jede Phytoplanktonentwicklung bewirkt eine rasche Senkung dieses Wertes, wobei die Nachweisgrenze oft unterschritten wird. Während der Zirkulationsperiode kann eine solche Verarmung die ganze Wassersäule betreffen (Frühjahr 1974).

Die Phosphorzehrung infolge Organismentätigkeit wird im sommerlichen Epilimnion durch den Betrieb des KKW überdeckt, durch Orthophosphatzufuhren teilweise ausgeglichen (Mothes et al. 1976). Die Unterschreitung der Nachweisgrenze für Orthophosphat erfolgt dann nur im Meta- und oberen Hypolimnion (vor allem 1970, aber auch 1974 erkennbar). Ein schönes Beispiel mit sommerlich intermittierendem Betrieb ist 1972 mit kurzzeitiger Anreicherung im Juni—Juli nach vorheriger Zehrung und dann vollständiger Zehrung.
Die Orthophosphatzunahme verlief im Hypolimnion in den einzelnen Jahren unterschiedlich. 1970 wird der gleichmäßige Anstieg durch eine Teilzirkulation unterbrochen. In den folgenden Jahren nahm die Orthophosphatakkumulation während der Sommerstagnation deutlich ab. Lediglich 1975 erreichte der 60-m-Horizont wieder 25 mg PO_4/m^3.

Das Gelöstphosphat enthält neben dem Orthophosphat alle gelösten phosphathaltigen Substanzen. Für die absolute Konzentration während der Sommermonate spielen im Epilimnion die Abbauprodukte eine entscheidende Rolle; im Hypolimnion und in strahlungsarmen Monaten im gesamten Pelagial kann das Phosphation einen beträchtlichen Anteil erreichen. Die „Normalkonzentration" des Gelöstphosphats liegt bei 15 mg PO_4/m^3 und damit etwa 10 mg über dem Orthophosphatwert. Der Nichtorthophosphatanteil schwankt besonders in der euphotischen Zone stark. Er ergibt sich vor allem aus Abbauprodukten organischer Substanz und vermag bei maximalem Umsatz im kurzgeschlossenen Kreislauf Werte über 40 mg PO_4/m^3 zu erreichen (z. B. Juli—August 1974). Normalerweise liegen die Maxima bei 25 mg PO_4/m^3 und Orthophosphatgehalten um 2—3 mg PO_4/m^3. Sinkt der Orthophosphatgehalt unter die Nachweisgrenze, sinkt auch der Gelöstphosphatanteil unter 20 bis etwa 10, im Extremfall 1 mg PO_4/m^3. Im Hypolimnion bleiben die Unterschiede zwischen Ortho- und Gelöstphosphat immer unter 20 mg PO_4/m^3. In der 2. Hälfte der Sommerstagnation sinkt die Differenz oft unter 10 mg PO_4/m^3.
Beim Gesamtphosphat kommt ein scheinbarer Trend zum Ausdruck, indem die Konzentrationen zu Beginn der Sommerstagnation im Zeitraum 1970—1974 zu fallen scheinen und zwar von über 50 mg PO_4/m^3 im Jahre 1970 bis auf 30 mg PO_4/m^3 im Jahre 1974. 1975 wird der Wert 40 mg PO_4/m^3 wieder überschritten. Der Stechlinsee befindet sich nicht in einer „Selbstreinigungsphase".
Verfolgt man den Aufbau des Gesamtphosphatpools, so findet man keinen kontinuierlichen Anstieg nach Beendigung der Sommerstagnation zur Jahreswende, geschweige denn einen plötzlichen. Die Jahre 1971 und 1972 weisen sogar ein hochwinterliches Minimum auf. Der Gesamtphosphatanstieg erfolgt erst im Frühjahr und endet mit dem Beginn der Sommerstagnation. Der Beginn der Stagnationsperiode lag 1970 und 1975 später als in den anderen Jahren. Das könnte die unterschiedliche Höhe des Gesamtphosphatpools zu Beginn der Sommerstagnation erklären.

Während der Sommerstagnation wird durch die Sedimentation Gesamtphosphat in die Tiefe transportiert. Die regelmäßig wiederkehrende Gesamtphosphatabnahme wird durch Nährstoffimporte in die euphotische Zone verzögert oder sogar überdeckt (s. Mothes 1980). Insgesamt kann der Konzentrationsrückgang in der euphotischen Zone während der Sommerstagnation über 10 mg PO_4/m^3 betragen.

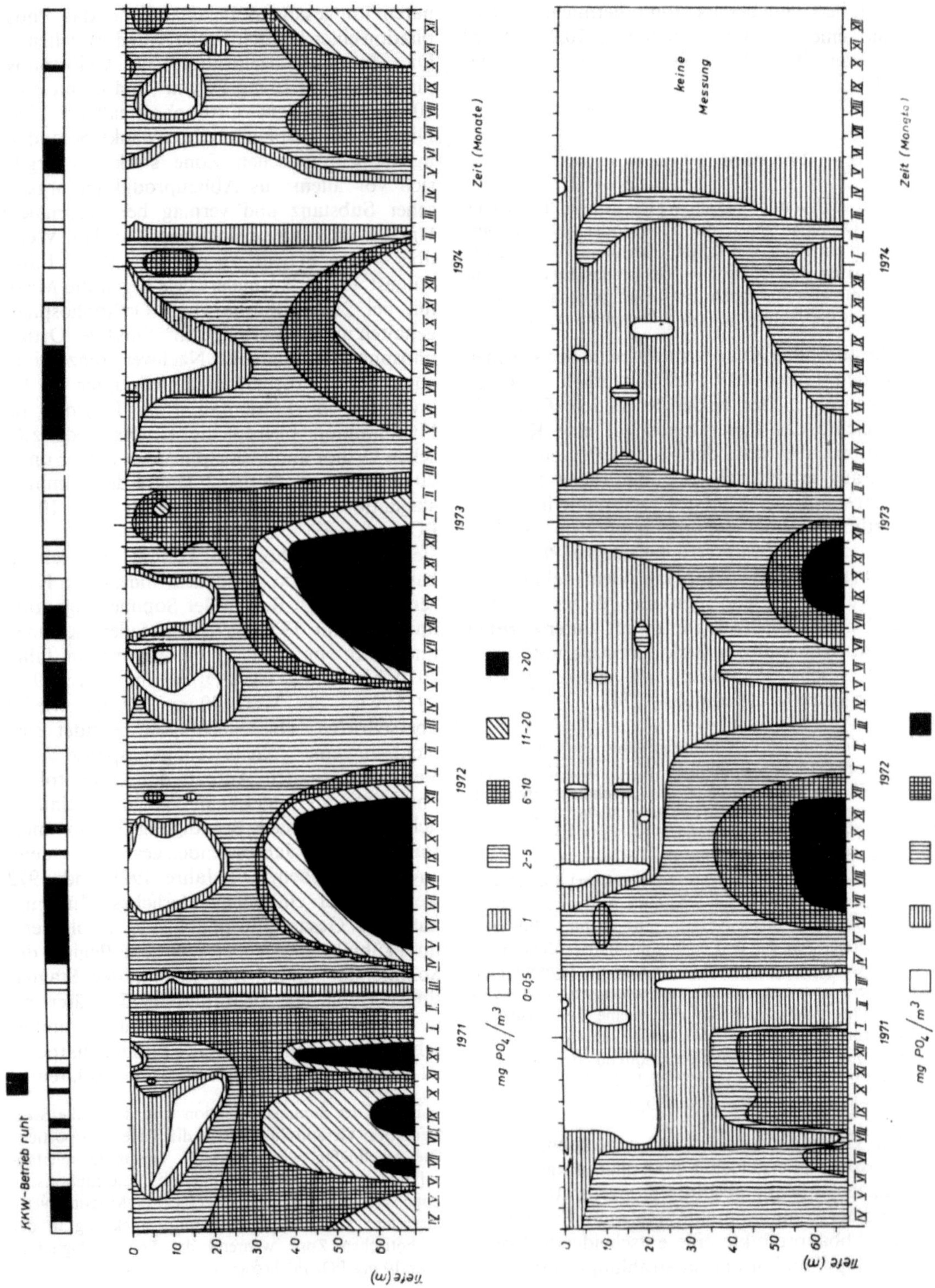
KKW-Betrieb rund
Tiefe (m)
Zeit (Monate)
1971
1972
1973
1974
mg PO$_4$/m^3
0–0,5
1
2–5
6–10
11–20
>20
keine Messung

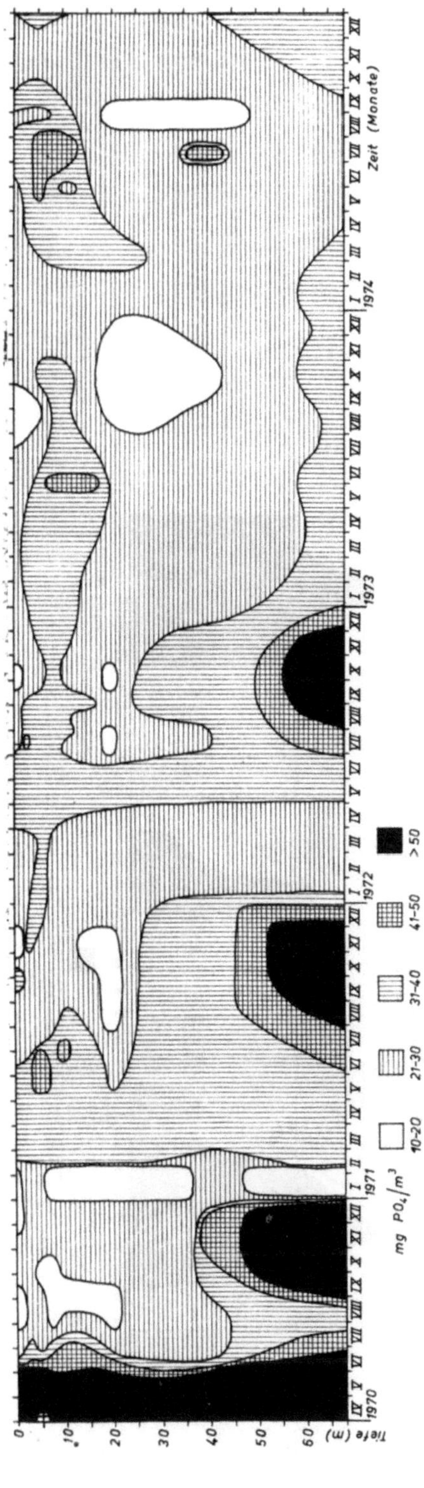

Die Differenz zwischen Gesamtphosphat und Gelöstphosphat ist die Fraktion des partikulären Phosphats, des Filterrückstands. Ihr gilt ein besonderes Interesse. Die absolute Menge des partikulären Phosphats liegt in der euphotischen Zone über, im tiefen Hypolimnion meist unter 10 mg PO_4/m^3 (direkt über Grund auch oft darüber). 20 mg PO_4/m^3 werden zu Zeiten mikroplanktischer Phytoplanktonentwicklungen in der euphotischen Zone überschritten. Die Maximalwerte liegen zwischen 40 und 50 mg PO_4/m^3. Im Mittel dürfte etwa die Hälfte des Phosphats in der euphotischen Zone an Partikel gebunden sein, die Maximalwerte liegen bei 80%.

3.1.7. Silizium

Im Verhältnis zum Bedarf gibt es im Stechlinsee ein ausreichendes Siliziumangebot (Abb. 8). Während der Frühjahrsvollzirkulation liegen die Konzentrationen bei fehlendem oder geringem Verbrauch zwischen 2,5 und 2,8 g SiO_2/m^3. Die während der Winterzirkulation auftretenden Diatomeenmaxima tragen nur wenig zur Erniedrigung dieses „Normalniveaus" bei. Nur in den obersten Wasserschichten werden 2 g SiO_2/m^3 erreicht. Deutliche Erniedrigungen des „Normalniveaus" erfolgen nur im Sommer im epilimnischen Bereich. Die Depletion (Jahr: g SiO_2/m^3) war von Jahr zu Jahr recht unterschiedlich mit 1971: 1,42; 1972: 0,90; 1973: 0,31; 1974: 0,89; 1975: 0,77. In anderen Gewässern, wie z. B. dem Dagowsee, werden geringere Werte erreicht. Im Stechlinsee fallen die Minima des Siliziumgehalts mit den Minima der Phosphorversorgung zusammen. Entsprechend dem oberflächlichen Verbrauch läßt sich eine Akkumulation in der Tiefe beobachten. Hier liegen die Maximalwerte am Ende der Sommerstagnation um 5 g SiO_2/m^3. Der Höchstwert mit 5,68 g SiO_2/m^3 fällt in das Jahr 1975 und das Jahr mit der höchsten epilimnischen Zehrung erreicht nur die geringste hypolimnische Akkumulation mit 4,73 g SiO_2/m^3. Verbrauch in der euphotischen Zone und Freisetzung im Hypolimnion entsprechen sich nicht direkt.

3.1.8. Stickstoff

Aus dem Stickstoffpool wurden das gelöste Nitrat und das gelöste Ammonium bestimmt (Abb. 8). Das Ammonium wird als Zwischenprodukt beim Abbau organischer Substanz, das Nitrat als Endprodukt aufgefaßt.

◀

Abb. 7. Jahresgänge des Orthophosphats (oben), Gelöstphosphats (Mitte) und Gesamtphosphats (unten) im Pelagial des Stechlinsees an dem Meßpunkt St; oben Angabe über den Betrieb des Kernkraftwerks im Untersuchungszeitraum

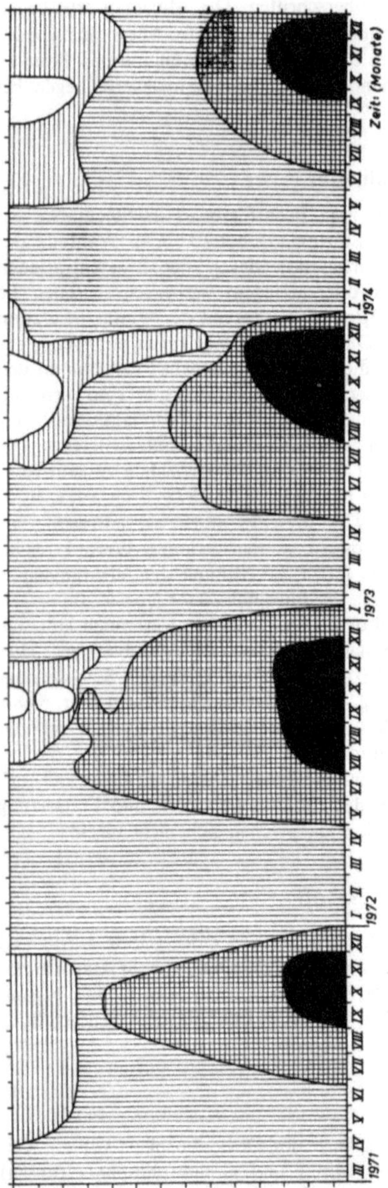
Tiefe (m)
0
10
20
30
40
50
60
1971
1972
1973
1974
Zeit: (Monate)
g SiO2/m3
<1
1,01-2
2,01-3
3,01-4
>4

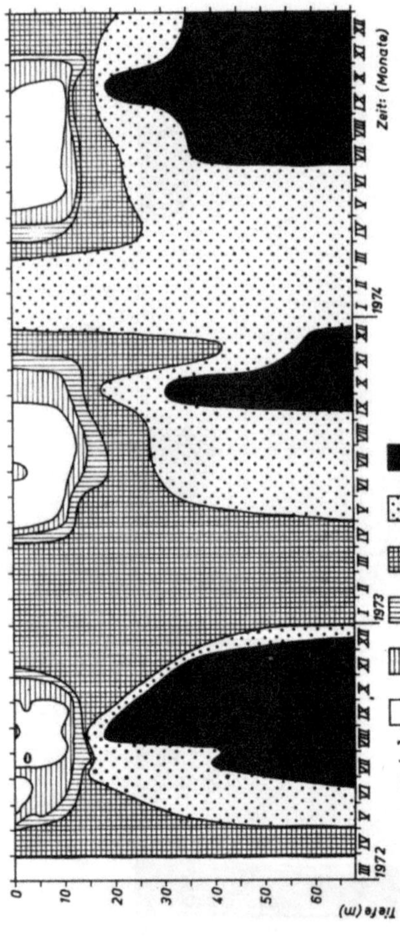
Tiefe (m)
0
10
20
30
40
50
60
1972
1973
1974
Zeit: (Monate)
mg NO3/m3
<10
10-30
30-100
110-300
310-500
>500

Abb. 8. Jahresgänge des gelösten Siliziums (oben), gelösten Nitrats (Mitte) und gelösten Ammoniums (unten) im Pelagial des Stechlinsees an dem Meßpunkt St

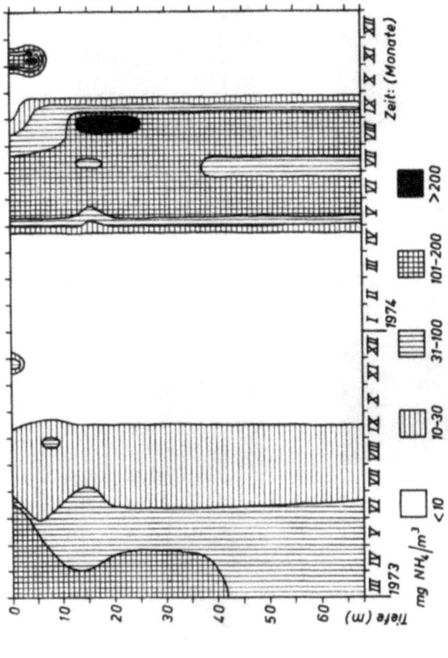

Der Jahresverlauf des Nitrats ähnelt dem des Orthophosphats. Depletionen bis unter die Nachweisgrenze (10 mg NO_3/m^3) stehen erhebliche Akkumulationen in der Seetiefe gegenüber. Die winterlichen Konzentrationen liegen mit 300—400 mg NO_3/m^3 weit über denen des Orthophosphats. Das bedeutet etwa die 100fache Initialkonzentration gegenüber dem Phosphat bei Beginn der Vegetationsperiode. Die hypolimnische Akkumulation während der Sommerstagnation schwankte zwischen 400 (1975) und 680 (1974) mg NO_3/m^3. Das sind Konzentrationen, die im Bereich des „Normalniveaus" liegen und nicht wie beim Orthophosphat stark von ihm abweichen.

Im epilimnischen Bereich muß man zumindest von Juli bis September mit Konzentrationen unterhalb der Nachweisgrenze rechnen. Das bedeutet aber nicht den Abbruch der Stickstoffversorgung der Organismen. Aus der Oxydation des Ammoniums oder der direkten Aufnahme desselben stehen immer noch beträchtliche Stickstoffmengen zur Verfügung.

Im ständig aeroben Pelagial des Stechlinsees steigt die Ammoniumkonzentration nur zu Zeiten verstärkten Abbaus organischer Substanz über die Nachweisgrenze. Ammonium ließ sich während der Vegetationsperiode regelmäßig nachweisen. Dazu kommt noch ein mehr an die Oberfläche gebundenes Maximum etwa im November, das mit dem Laubfall zusammenfällt.

Nitrat- und Ammoniumverteilung im Stechlinsee lassen folgende Schlußfolgerungen zu:

1. Das Angebot an gelöstem Stickstoff nimmt während der Vegetationsperiode im Gegensatz zum Phosphor kaum oder nicht ab, manchmal erhöht es sich deutlich.
2. Während der Vegetationsperiode liegt der größte oder größere Teil des gelösten Stickstoffs als Ammonium vor.
3. Das Auftreten von Ammonium bezieht sich auf die gesamte Wassersäule.
4. Die hypolimnischen Nitratakkumulationen entstehen aus den Ammoniumoxydationen (1973 gut zu sehen).

3.2. Nehmitzsee

Beide Becken des Nehmitzsees werden zusammen behandelt. Trotz ihrer morphologischen Ähnlichkeit unterscheiden sie sich voneinander. Die Unterschiede ergeben sich vor allem aus der Beeinflussung des Nordbeckens infolge des KKW-Betriebes.

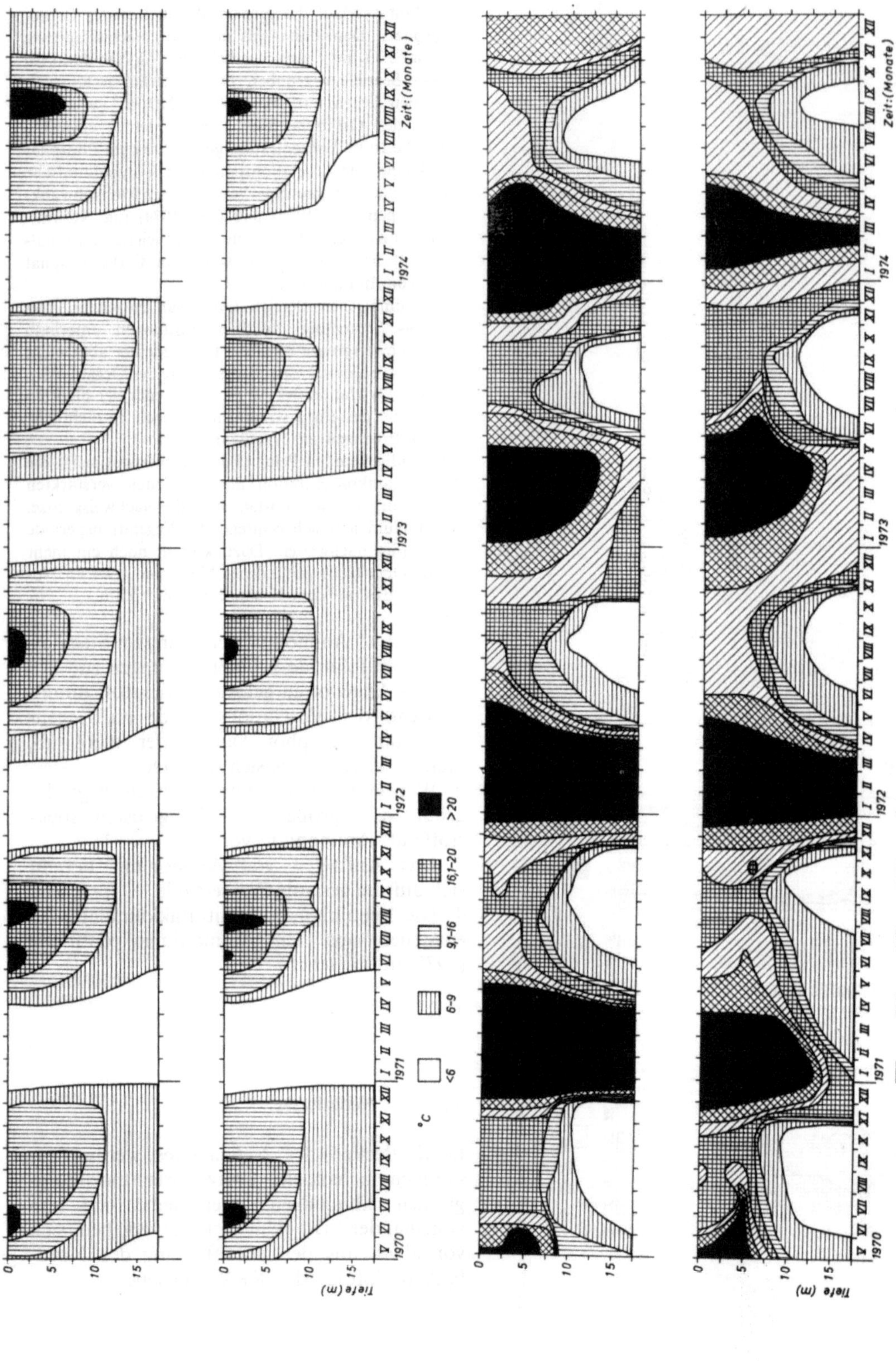
Tiefe (m)
Zeit: (Monate)
1970
1971
1972
1973
1974
°C
<6
6-9
9,1-16
16,1-20
>20
g O2/m³
<1
1-6
6,1-9
9,1-10
10,1-11
11,1-12
>12

3.2.1. Lichtklima (bearbeitet durch R. KOSCHEL)

Die Globalstrahlung wurde vom Stechlinsee übernommen (Kap. 3.1.1.).
Die vertikale Abnahme der Lichtintensität (400 bis 700 nm) zeigt Abb. 1. Die optischen Eigenschaften des Nordbeckens ähneln sehr denen des Stechlinsees, das Südbecken ist deutlich trüber. Das zeigt sich auch in den Transmissionen (Abb. 2) und Sichttiefen (Abb. 5). Die mittleren Extinktionskoeffizienten sind für das Nordbecken 0,422/m und für das Südbecken 0,563/m, die mittleren Durchlässigkeiten in %/m 65 bzw. 58. Die Ähnlichkeit zwischen Nordbecken und Stechlinsee kommt auch in der nur gering schwächeren Transmission des Bereiches 590 nm gegenüber 525 nm zum Ausdruck. Der Unterschied ist beim Südbecken viel größer (Tab. 3).
Tab. 3 zeigt gleichzeitig, daß zu manchen Terminen die Transparenz im Südbecken die des Nordbeckens übertreffen kann. Die mittleren Sichttiefen betragen aber für das Nordbecken 6,6 m, für das Südbecken 5,5 m.

Tab. 3. 10-%- und 1-%-Grenzen der Transmission verschiedener Spektralbereiche im Nehmitzsee-Nordbecken (4. 6. 1971) und -Südbecken (3. 6. 1971) (Tiefenangaben in m)

Spektralbereich	Nordbecken		Südbecken	
(nm)	10%	1%	10%	1%
435	3,2	6,5	3,8	7,6
525	6,4	13,0	7,0	14,2
590	6,0	12,4	5,6	11,3
660	2,4	5,0	3,2	6,1

3.2.2. Temperatur

Die Jahresgänge der Temperaturen zeigt Abb. 9. Die Jahresgänge beider Becken sind zwar gleich und entsprechen der Norm unserer Seen, jedoch gibt es im Nordbecken Abweichungen infolge höherer Turbulenz durch den Kühlwasserkreislauf des KKW:

1. Das Epilimnion ist im Nordbecken um etwa 1 m stärker (6 m statt 5 m im Südbecken).
2. Das Hypolimnion erreicht im Nordbecken etwas höhere Temperaturen (sie liegen um 8 °C und können bis 9 °C steigen); im Südbecken werden 8 °C kaum überschritten.
3. Die Herbstzirkulation setzt im Nordbecken oft wenige Tage vor der im Südbecken ein.
4. Die Eisbedeckung ist im Nordbecken wesentlich verkürzt.

Die epilimnischen Maximaltemperaturen gleichen sich etwa und variieren mit der Intensität der Wärmeperioden. Echte Kälteperioden gab es im Untersuchungszeitraum nicht, die Eisbildung setzte aber im Südbecken in der Regel eher ein. Vergleicht man die Temperaturkurven mit denen im Stechlinsee (Abb. 6), so ergeben sich Abweichungen, die durch den Probentermin bedingt sind. Die Periode hoher Wassertemperaturen 1973 lag z. B. im Nehmitzsee zwischen 2 Terminen, der Nehmitzsee erscheint damit kälter als der Stechlinsee.

3.2.3. Gesamt-CO_2 und pH-Wert (bearbeitet durch R. KOSCHEL)

Beide Becken des Nehmitzsees weisen einen dem Stechlinsee ähnlichen Jahresgang auf (Tab. 4). Die unterschiedliche Trophie und Morphometrie bringt im Vergleich zum Stechlinsee andere Amplituden zwischen den Extremwerten mit sich. Im Nehmitzsee-Nordbecken schwankt in der Tiefe (15 m) der Gesamt-CO_2-Gehalt zwischen 23 (März) und 43 g C/m^3 (September), im Nehmitzsee-Südbecken dagegen zwischen 22 (März) und 35 g C/m^3 (Oktober). Die Schwankungen beim pH-Wert sind im Südbecken etwas größer, es treten geringere pH-Werte auf, der pH-Wert 7 kann sogar knapp unterschritten werden. In beiden Becken des Nehmitzsees konnten im Zeitraum 1970—1975 nur sehr geringfügige Unterschiede in der jahreszeitlichen Rhythmik beider Parameter gefunden werden.

3.2.4. Sauerstoff

Die Sauerstoffverteilung im Nehmitzsee (Abb. 9) entspricht der eutropher Seen mit

◄
Abb. 9. Jahresgänge der Temperatur (oben) und des Sauerstoffs (unten) im Pelagial des Nehmitzsee-Nordbeckens (obere Darstellung jedes Paares) und Nehmitzsee-Südbeckens (untere Darstellung jedes Paares) an den Meßpunkten Nn und Ns

Tab. 4. Gesamt-CO_2, angegeben in g C/m³ und pH-Wert in beiden Becken des Nehmitzsees im Jahre 1974 (bearbeitet durch R. KOSCHEL)

Datum	Tiefe							
	0 m		5 m		10 m		15 m	
	CO_2	pH	CO_2	pH	CO_2	pH	CO_2	pH
Nehmitzsee-Nordbecken								
10. 1.	23,7	8,20	23,9	7,90	23,9	7,90	25,5	7,90
13. 3.	23,3	8,15	23,3	8,20	23,3	8,20	23,2	8,20
24. 4.	24,9	8,40	24,9	8,35	25,1	8,15	25,9	7,90
5. 6.	25,0	8,15	25,2	8,10	26,1	7,80	28,0	7,40
28. 8.	24,9		25,4		30,3		43,2	
9. 10.	25,1	8,00	25,4	8,00	26,0	8,00	35,0	7,60
20. 11.	27,0	7,95	27,0	8.00	27,2	8,00	27,6	8,00
Nehmitzsee-Südbecken								
13. 3.	22,1	8,10	22,1	8,10	22.1	8,10	22,1	8,10
24. 4.	24,2	8,40	24,2	8,40	24,4	8,25	24,8	7,95
5. 6.	24,3	8,15	25,1	7,80	25,9	7,65	27,7	7,40
18. 7.	22,7	8,00	21,9	8,15	24,5	7,55	29,2	7,20
9. 10.	24,2	7,80	24,7	7,50	26.3	7,10	34,6	6,80
20. 11.	24,5	8,00	24,6	7,95	24,6	7,95	25,0	7,90

hypolimnischem Sauerstoffschwund am Ende der Stagnationsperiode. Es gibt folgende Besonderheiten:

1. Starke biogene Übersättigungen existieren im Epilimnion nicht. Es handelt sich um produktionsarme Seen.
2. Im epi- und metalimnischen Bereich spielt die Temperatur eine wichtige Rolle für den Jahresgang der Sauerstoffkonzentration. Der metalimnische Bereich liegt im S-Becken noch im assimilatorisch kräftig aktiven Bereich. Der Sauerstoffschwund infolge Dissimilation wird durch die Sauerstoffproduktion bei der Assimilation teilweise ausgeglichen. Es erscheinen wie im Stechlinsee metalimnische Maxima (1970, 1971, 1973). Im N-Becken beobachtet man höchstens Andeutungen (1970, 1974). Die Sauerstoffproduktion durch Assimilation scheint Einfluß auf die herbstliche Sauerstoffzunahme zu haben. In beiden Becken deutet sich das 1971 an.
3. Im oxydo-reduktiven Grenzbereich zwischen 10 und 15 m Wassertiefe kommt es gelegentlich zu Organismenmassenentwicklungen (Oscillatoriaceae), die wahrscheinlich auch für einen gewissen Sauerstoffnachschub sorgen. Dadurch entstehen relativ scharfe Sauerstoffgradienten.
4. Der Sauerstoffverlust im Hypolimnion des N-Beckens setzt im Sommer etwas früher und stärker ein als im S-Becken. Das N-Becken weist damit auf seine höhere Produktivität hin, die schon vor Inbetriebnahme des KKW bekannt war (MOTHES 1967). In beiden Becken kommt es aber nicht zur Bildung erheblicher Mengen von H_2S, was die allgemeine Produktionsarmut unterstreicht.
5. Die geringere Turbulenz im Südbecken erkennt man auch an der verlangsamten Sauerstoffsättigung des gesamten Wasserkörpers gegenüber dem Nordbecken (besonders deutlich im Winter 1971 und 1974).

3.2.5. Phosphor

Abb. 10 enthält die Jahresgänge der 3 Phosphatfraktionen. Wie im Stechlinsee liegt die „Normalkonzentration“ des Orthophosphats bei 5 mg PO_4/m^3 in der gesamten Vertikalen (winterliche Zirkulation und geringe Phytoplanktonentwicklung). Phytoplanktonentwicklungen, in manchen Jahren bereits im Februar beginnend, führen zur Orthophosphatverarmung im euphotischen Bereich. Der Phosphorverbrauch bewirkt im S-Becken kräftigere Verarmungen als im N-Becken. Im Extremfall reicht die Konzentrationssenkung unter die Nachweisgrenze bis in die oxydoreduktive Grenzzone mit einer starken Algenentwicklung (S-Becken 1972). Die einzelnen Jahre unterscheiden sich sehr.

Besonders schön zeigt das S-Becken in den Jahren 1971—1973 jeweils im zeitigen Frühjahr und im Spätsommer eine starke Phosphatzehrung. Dazwischen erfolgt eine mehr (1971) oder weniger (1972) große Anreicherung. Auch im N-Becken deuten sich diese beiden Maxima der Algenentwicklung bzw. deren Auswirkungen an.

Der Orthophosphatzehrung in der euphotischen Zone steht eine entsprechende Akkumulation im aphotischen Bereich gegenüber. Die Zehrungen waren im S-Becken stärker als im N-Becken, bei den hypolimnischen Akkumulationen verhält es sich umgekehrt. Die hypolimnischen Maximalkonzentrationen liegen im S-Becken bei 350, im N-Becken bei 500 mg PO_4/m^3. Eine Ausnahme macht das Jahr 1974, in dem nur die Hälfte erreicht wurde.

Das Gelöstphosphat liegt mit seiner absoluten Konzentration normalerweise 20 mg PO_4/m^3 über der Orthophosphatkonzentration. Der Jahresgang des Gelöstphosphats würde damit vom Jahresgang des Orthophosphats bestimmt werden. Das trifft für das Hypolimnion zu, so weit es im aphotischen Bereiche liegend vom Sediment gesteuert wird.

In der euphotischen Zone schwankt die Differenz zwischen Orthophosphat und Gelöstphosphat mit der Art der pelagischen Organismenentwicklung. Bleiben die Abbauprozesse in der euphotischen Zone gering trotz starker Phytoplanktonentwicklung, so sinkt die Differenz auf unter 10 mg PO_4/m^3 und erreicht den Orthophosphatwert (zeitiges Frühjahr, u. a. mikroplanktische Diatomeen). Umgekehrt überschreitet die Differenz den doppelten Betrag, wenn die Umbauprozesse hoch sind (S-Becken, 17. 7. 1974). Im ganzen unterscheiden sich beide Becken beim Gelöstphosphat kaum.

Ebenso ähneln sich die Gesamtphosphatgehalte in beiden Becken sehr. Der Gehalt des S-Beckens übersteigt aber den des N-Beckens. Das liegt an der Zusammensetzung der Zönosen.

Die „Normalkonzentrationen“ liegen um oder über 40 mg PO_4/m^3 und damit leicht über denen des Stechlinsees. Vor allem während der Vegetationsperiode muß man mit 50% partikulärem Phosphat rechnen (Ausnahmen mit geringem Anteil im anaeroben Hypolimnion und bei Eisbedeckung im Winter). Einen wesentlich höheren Anteil von partikulärem Phosphat (80%) erhält man in dichten Cyanophyceengemeinschaften. Die jemals gefundene Maximalkonzentration war 387 mg PO_4/m^3 in der schwach belichteten, oxydoreduktiven Grenzzone.

Gemäß den Verhältnissen im Stechlinsee erfolgt auch in beiden Becken des Nehmitzsees der Gesamtphosphatanstieg im Frühjahr. Die sich daran anschließende Zehrung durch Sedimentation im Sommer und Herbst läßt sich aber nicht immer deutlich beobachten. Hieran ist der Nährstoffausstrom aus dem Sediment über das Hypolimnion beteiligt (MOTHES 1980).

3.2.6. Silizium

Der Jahresgang des gelösten Siliziums (Abb. 11) gleicht in beiden Becken des Nehmitzsees sehr dem des Stechlinsees. Liegt die Konzentration bei Zirkulation und praktischem Fehlen von siliziumbedürftigen Organismen wie im Stechlinsee bei 2,5 g SiO_2/m^3, verläuft die Ausnutzung dieses Vorrats recht unterschiedlich. Im Stechlinsee lagen die Minima der verschiedenen Jahre zwischen 0,31 und 1,42, im N-Becken des Nehmitzsees zwischen 0,65 und 1,04, im S-Becken zwischen 0,14 und 0,44 g SiO_2/m^3. Demnach hätte das N-Becken des Nehmitzsees die geringste Siliziumzehrung, das S-Becken die höchste. Der Stechlinsee befände sich dazwischen. Den Einfluß des Stechlinsees auf das N-Becken des Nehmitzsees erkannte man schon 1975, als der Kraftwerksbetrieb ruhte. Die Siliziumkonzentration ging nun im Nordbecken auf die Hälfte des Stechlinseewertes zurück, nämlich 0,37 g SiO_2/m^3.

Die hypolimnischen Maximalkonzentrationen gleichen sich in beiden Becken des Nehmitzsees sehr und liegen mit etwa 9 g SiO_2/m^3 deutlich über dem Wert des Stechlinsees.

3.2.7. Stickstoff

Es wurden nur die beiden Fraktionen des gelösten Nitrats und gelösten Ammoniums gemessen (Abb. 11). Grundsätzlich stehen sich wie im Stechlinsee Nitratzehrung bei gesteigerter Photosynthese und Ammonium-

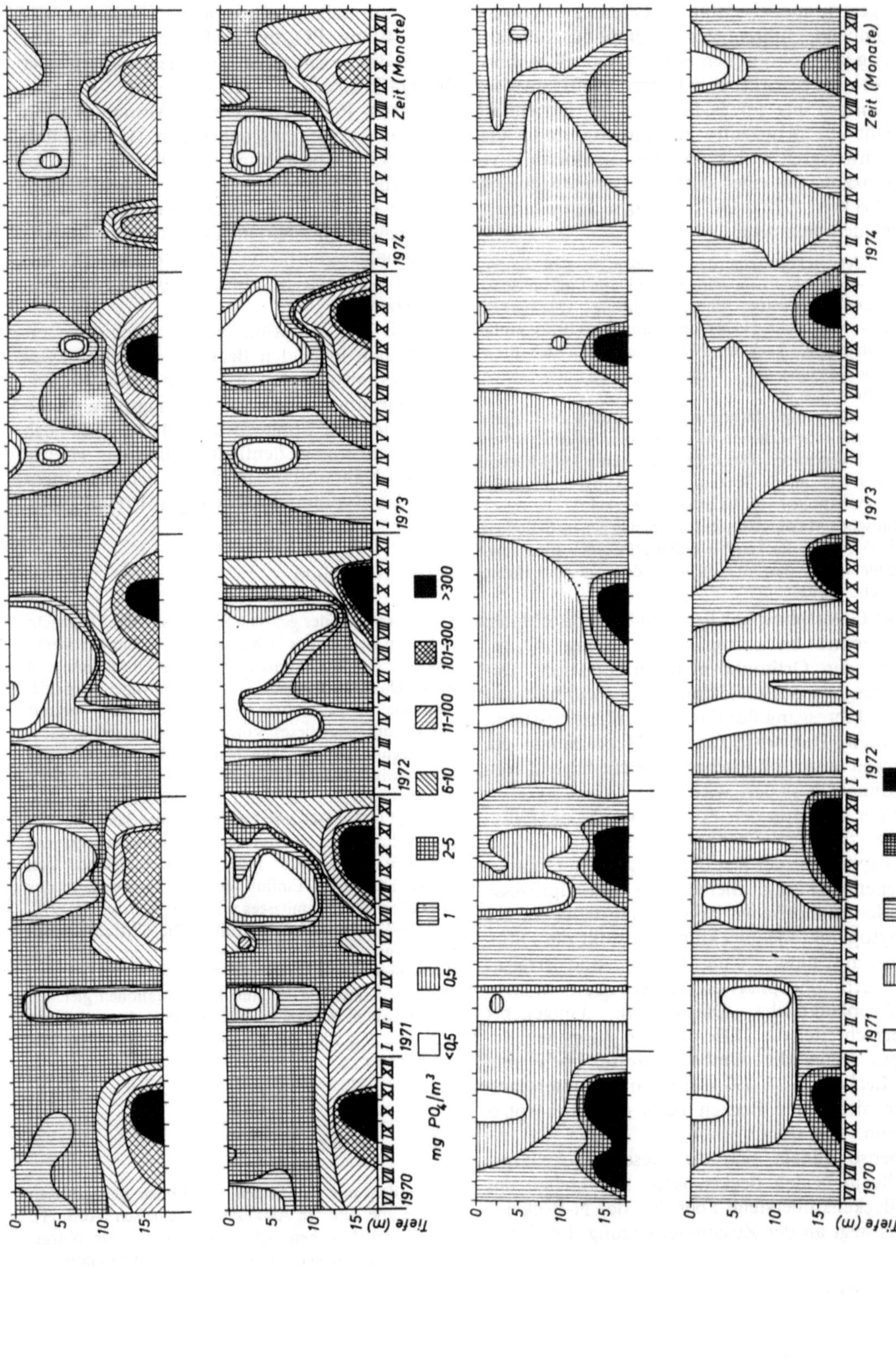
Zeit (Monate)
Tiefe (m)
1970
1971
1972
1973
1974
mg PO_4/m^3
<0,5
0,5
1
2-5
6-10
11-100
101-300
>300
mg PO_4/m^3
5-10
11-20
21-100
101-300
>300

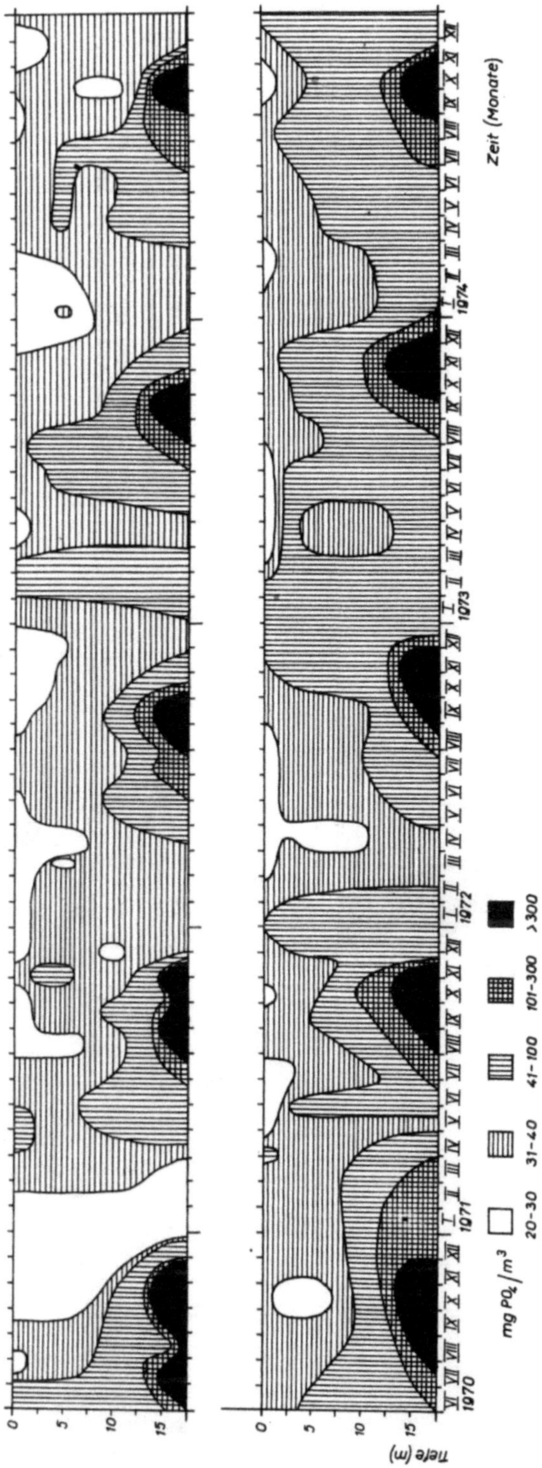

produktion bei gesteigertem Abbau organischer Substanz gegenüber. Es gibt aber Abweichungen zum Stechlinsee, die vor allem das anaerobe Hypolimnion betreffen. Hier wird die Oxydation des Ammoniums gestoppt, und mit einer gewissen Reduktion des Nitrats ist zu rechnen.

Lagen die winterlichen Konzentrationen im Stechlinsee bei 300 mg NO_3/m^3 und fehlendem Ammonium, so mißt man diese Werte auch im Nehmitzsee-Nordbecken im Winter, möglicherweise als Stechlinseeeinfluß. Das Nehmitzsee-Südbecken blieb knapp unter der halben Konzentration. Die Ausgangswerte N- zu S-Becken sind 70 und 30 mg N/m^3 (als Nitrat vorhanden.

Im Sommer wird in beiden Becken wie im Stechlinsee die Nachweisgrenze für Nitrat unterschritten. Muß im Stechlinsee nur von Juli bis September mit diesem Minimum gerechnet werden, tritt das in beiden Becken des Nehmitzsees manchmal schon im zeitigen Frühjahr ein. Bei gleicher oder geminderter Anfangsmasse/Volumen und einer aufs Volumen bezogenen höheren Produktionsleistung ist das kein Wunder. Interessant ist nur, daß die Ammoniumkonzentrationen zum Herbst hin ebenfalls unter die Nachweisgrenze im euphotischen Bereich sinken können. Das Stickstoffbudget scheint danach im Nehmitzsee stärker angespannt zu sein als im Stechlinsee.

Die hypolimnische Anreicherung bezieht sich vor allem auf das Ammonium, wo in beiden Becken Werte um 1000 mg NH_4/m^3 erreicht werden. Solche Werte zeigen schon, daß die Stickstoffversorgung in der euphotischen Zone nicht minimal sein kann, vergleicht man diese Werte mit denen des Phosphats und dem sich daraus ergebenden Phosphatfluß (Mothes 1980). Welche Stickstoffflüsse herrschen, sieht man außerdem bei Extremwerten von 4000 mg NO_3/m^3 in der euphotischen Zone nach Oxydation des Ammoniums (Nehmitzsee-Nordbecken, 31. 10. 1973). Schön ist auch zu er-

Abb. 10. Jahresgänge des Orthophosphats (oben), Gelöstphosphats (Mitte) und Gesamtphosphats (unten) im Pelagial des Nehmitzsee-Nordbeckens (obere Darstellung jedes Paares) und Nehmitzsee-Südbeckens (untere Darstellung jedes Paares) an den Meßpunkten Nn und Ns

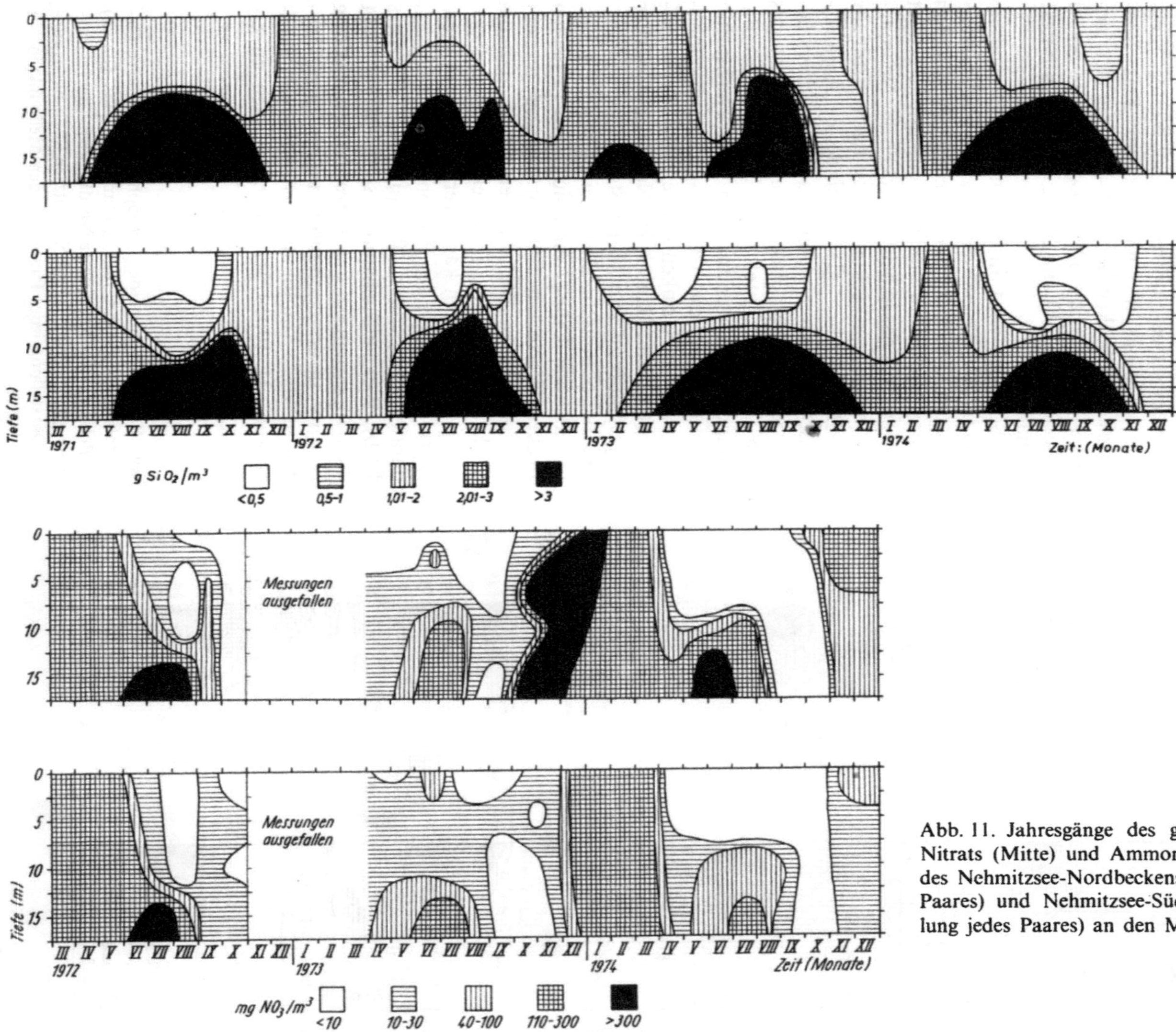

Abb. 11. Jahresgänge des gelösten Siliziums (oben), Nitrats (Mitte) und Ammoniums (unten) im Pelagial des Nehmitzsee-Nordbeckens (obere Darstellung jedes Paares) und Nehmitzsee-Südbeckens (untere Darstellung jedes Paares) an den Meßpunkten Nn und Ns

kennen, wie im Hypolimnion anfangs Nitrat gespeichert wird, das dann einer Ammoniumspeicherung weicht. Im ganzen scheint die Stickstoffversorgung im S-Becken etwas ärmer zu sein als im N-Becken.

3.3. Dagowsee

Der Dagowsee wurde nur in 2 Jahren, 1971 und 1974, bearbeitet. Die Untersuchungen begannen mit dem Eisaufbruch und endeten im Dezember mit einem durchgängigen 4wöchigen Probenabstand (Spezialprogramme 14tägig). Im Zeitraum des Zufrierens oder Auftauens gab es größere Abstände zu den vom Eis entnommenen Proben. In den anderen Jahren beschränkten wir uns auf Einzelserien.

3.3.1. Lichtklima (bearbeitet durch R. Koschel)

Die Globalstrahlung wurde vom Stechlinsee übernommen (Kap. 3.1.1.). Die vertikale Abnahme der Lichtintensität (400—700 nm) zeigt Abb. 1, die Transmissionen Abb. 2. Innerhalb der 4 untersuchten Seen ist der Dagowsee der trübste mit einem mittleren Extinktionskoeffizient von 1,204/m und der mittleren Durchlässigkeit von 31 %/m. Die am 5. 6. 1971 z. B. ermittelten Eindringtiefen für 10 % (1 %) des eindringenden Lichtes in m sind für verschiedene Filterschwerpunkte: 435 nm: 0,7 (1,3); 525 nm: 1,8 (3,6); 590 nm: 2,0 (4,0) und 660 nm: 1,2 (2,5). Entsprechend gering sind auch die Sichttiefen (Abb. 5), wobei der Mittelwert 1,2 m beträgt.

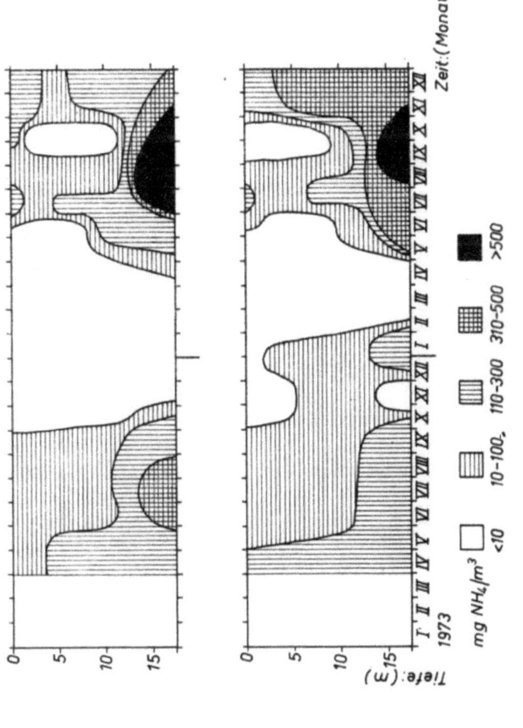

3.3.2. Temperatur

Der Dagowsee friert als erster der besprochenen Seen zu. Das Auftauen im Frühjahr kann vor oder nach dem Nehmitzsee-Südbecken abgeschlossen sein (Nehmitzsee-Nordbecken und Stechlinsee haben durch den KKW-Betrieb einen verkürzten Eisstand). Die Sommerstagnation beginnt wie die der anderen Seen Anfang April und endet im Oktober (Abb. 12). Die sommerliche Schichtungsperiode verkürzt sich gegenüber dem Stechlinsee um 1—2 Monate. Infolge seiner geringen Fläche und der Windabschirmung seiner Ufer bleibt das Epilimnion relativ dünn. Die ständig während der

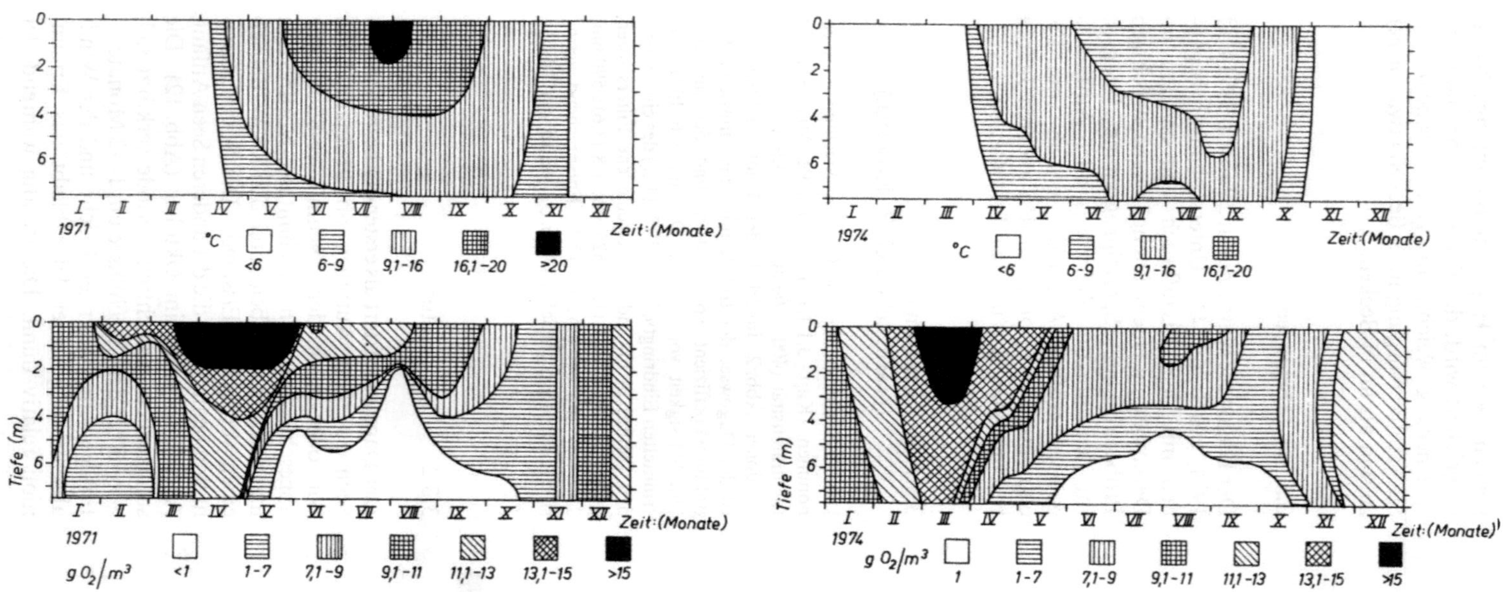

Abb. 12. Jahresgänge der Temperatur (oben) und des Sauerstoffs (unten) im Pelagial des Dagowsees am Meßpunkt D

Sommerstagnation durchmischte Zone kann durchschnittlich mit 2,5 m Tiefe angenommen werden, sie variiert von 1—5 m Tiefe. Deckschichten geringer Mächtigkeit ergeben sich sehr schnell bei windarmen, sommerlichen Strahlungswetterlagen und können, halten diese Perioden über Wochen an, zu beträchtlichen Konzentrationsgradienten führen.
Scharfe Konzentrationsgradienten bedeuten gleichzeitig einen geringen Austausch. 1971 war im Juni—Juli durch die Ausbildung einer extremen Schichtung gekennzeichnet. Die hypolimnischen Temperaturen als Maß des Austauschs zwischen Epi- und Hypolimnion blieben unter 10 °C. 1974 gab es keine so ausgeprägte Schichtung, die Temperatur im Hypolimnion kletterte über 10 °C. (Am Ende der Sommerstagnation 1974 lag die Temperatur in 7,5 m Tiefe um 1,6 °C über der Mitteltemperatur der Vorjahre zum gleichen Zeitpunkt.) Bei Beginn der Herbstzirkulation wird Homothermie bei etwa 11 °C erreicht.

3.3.3. Gesamt-CO_2 und pH-Wert (bearbeitet durch R. Koschel)

Auch im Dagowsee findet man einen den anderen Seen entsprechenden Jahresgang (Tab. 5). Die Kohlensäurekonzentrationen schwanken in 7,5 m Tiefe zwischen 32 (Januar) und 52 g C/m³ (Oktober). 1974 gab es Unterschiede beim pH-Wert von 9,0 (0 m Tiefe) und 7,15 (7,5 m Tiefe). Die Kohlensäureakkumulation in der Tiefe hat während der Sommerstagnation im Zeitraum 1971—1975 merklich abgenommen, die pH-Werte sind in den Minima angestiegen. So konnten noch 1971 und 1972 in 7,5 m Tiefe Maximalwerte von 70 bis 75 g C/m³ bei pH-Werten von 6,75—6,85 gemessen werden, 1975 nur noch solche von 45 g C/m³ und pH = 7,2.

3.3.4. Sauerstoff

Der Jahresgang der Sauerstoffkonzentration (Abb. 12) weist den Dagowsee als ein Gewässer recht hoher Produktion aus. Fast immer findet man einen wenn auch geringen Konzentrationsgradienten zum Grunde im Sinne einer Abnahme. Die Zehrung über dem Sediment bleibt das Jahr über hoch mit Werten um 3—10 g O_2/m³ und Monat. Die gemessenen Maximalwerte fallen in das Frühjahr (im Sommer Anaerobie!) und liegen im Bereich von 1 g O_2/m³ · d. Die gemessenen Minimalwerte fallen in die Wintersaison und haben Eisbedeckung zur Voraussetzung. Während der Frühjahrs- und Herbstzirkulation sagen die Messungen nichts über die Zehrung aus, da die Zirkulation Gasaustausch mit der Atmosphäre bedeutet.
Entsprechend der hohen Zehrung durch das Sediment wird der Sauerstoffvorrat bei Stratifikation mehr (Sommer) oder weniger schnell (Eisbedeckung) aufgezehrt. Alljährlich wird der untere Teil des Hypolimnions im Mai anaerob. Die Stärke der anaeroben Zone hängt auch von der Steilheit des Temperaturgradienten ab (Unterschied zwischen beiden Jahren).

Tab. 5. Gesamt-CO_2 (angegeben in g C/m³) und pH-Wert im Dagowsee im Jahre 1974

Datum	Tiefe							
	0 m		2,5 m		5 m		7,5 m	
	CO_2	pH	CO_2	pH	CO_2	pH	CO_2	pH
29. 1.	31,5	7,85	31,6	7,85	31,6	7,85	31,6	7,85
18. 4.	30,9	8,90	30,7	8,90	31,3	8,55	32,4	8,05
9. 5.	30,7	9,00	31,0	8,70	31,1	8,45	32,3	7,80
6. 6.	30,8	8,45	30,8	8,25	32,1	7,80	36,9	7,45
4. 7.	29,4	8,00	30,3	8,20	32,1	7,60	42,8	7,20
31. 7.	27,1	8,10	30,9	8,20	35,0	7,60	51,5	7,15
4. 9.	29,9	8,05	30,4	8,00	31,1	7,80	43,3	7,60
3. 10.	27,8	7,90	30,0	7,50	31,0	7,40	56,1	6,90
7. 11.	35,9	7,60	37,5	7,55	38,1	7,55	38,8	7,50
13. 12.	32,1	7,90	32,3	7,80	32,3	7,80	32,3	7,80

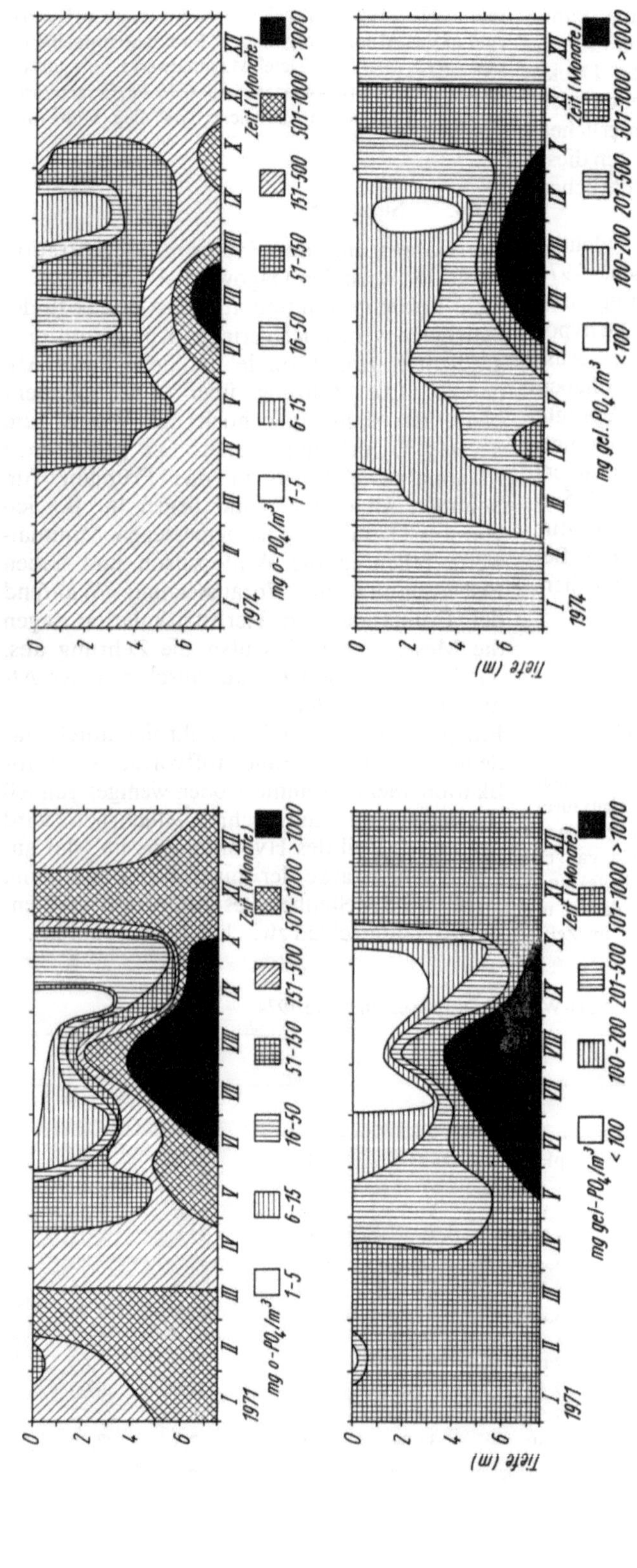

Abb. 13. Jahresgänge des Orthophosphats (oben) und des Gelöstphosphats (unten) im Pelagial des Dagowsees am Meßpunkt D

Echte Sauerstoffübersättigungen bis 200% findet man in Oberflächennähe. Hier sind es im Gegensatz zu den besprochenen metalimnischen Maxima in Stechlin- und Nehmitzsee echte biogene Konzentrationserhöhungen, hervorgerufen durch eine aktive Zönose, Strahlungswetter, geringe Turbulenz und damit geringen Austausch zur Atmosphäre und zum Metalimnion hin. Die Maximalkonzentrationen erreichen kaum 1 m Wassertiefe und sinken darunter schnell ab. Sauerstoffsättigungen um 150% beobachtet man bereits im Zeitraum März/April bei noch vorhandener Frühjahrsvollzirkulation. Diese schwächeren Maxima können bis in 3 m Tiefe reichen.

3.3.5. Phosphor

Wie bei den anderen Seen wurden die Fraktionen Orthophosphat, Gelöstphosphat und Gesamtphosphat bestimmt (Abb. 13 und 14). Die starke Produktivität des Dagowsees kommt beim Orthophosphat gut zum Ausdruck: Ständig, wenn auch oft in geringem Maße zum Grunde hin ansteigende Konzentrationen weisen darauf hin. Gleichzeitig läßt sich im Untersuchungszeitraum an den Orthophosphatwerten eine Stabilisierung und Verbesserung der Wasserqualität feststellen. Erreichten die „Normalwerte", d. h. Konzentrationen nach Beendigung der Vegetationsperiode und Schichtung, jedoch vor einer winterlichen Phytoplanktonentwicklung (ab Februar/März möglich), 1971 Konzentrationen von knapp 600 mg PO_4/m^3, so waren es 1972 nur gut 500, 1973 und 1974 etwa 400 und 1975 300 mg PO_4/m^3 zum Jahresende. Entsprechend gingen die Maximalkonzentrationen in der Tiefe während der Sommerstagnation zurück (1971—1975 in 7,5 m Tiefe 4137, 3500, 1237, 1341, 1269 mg PO_4/m^3). Die absoluten Werte sagen wenig über den Phosphatfluß aus dem Sediment in Richtung euphotische Zone aus. Für 1974 gibt MOTHES (1980) konkrete Meßwerte.

Die sommerliche Phosphatzehrung in der euphotischen Zone wirkt sich wegen der relativ hohen „Normalwerte" drastisch aus. Alljährlich werden Konzentrationen unter 10 mg PO_4 je m^3 gefunden und 1 mg PO_4/m^3 wird in Strahlungsperioden erreicht (1971 und 1975 gemessen). Der im Meßbereich liegende Konzentrationsrückgang von über 2 Zehnerpotenzen nimmt sich viel eindrucksvoller aus als im Stechlinsee.

Je nach Intensität der Schichtung kommt es zu starken Konzentrationsgradienten. Ihr Maximum liegt gewöhnlich bei 500 mg PO_4/m^3 und Tiefenmeter, das überhaupt gefundene übersteigt 2 g PO_4/m^3 und Tiefenmeter. Solche Gradienten vermögen sich nur aufzubauen, wird ein starker Fluß vom Grunde zur euphotischen Zone abgeriegelt.

Der Gang des Gelöstphosphats unterscheidet sich wie in den anderen Seen von dem des Orthophosphats kaum. In Perioden geringer Phytoplanktonentwicklung übersteigt das Gelöstphosphat das Orthophosphat um kaum 50 mg PO_4/m^3. Zu Zeiten rasanter Abbauprozesse werden es über 100 mg PO_4/m^3 bei weniger als 10 mg PO_4/m^3 Orthophosphat. In der aphotischen Zone können es mehrere Gramm PO_4/m^3 sein, wenn der Abbau organischer Substanz unvollständig, als Gärung, verläuft.

In den absoluten Werten unterscheiden sich die einzelnen Jahre beträchtlich. Die Differenz zwischen Ortho- und Gelöstphosphat betrug maximal am 2. 6. 1971 über 1500, am 3. 10. 1974 3650 mg PO_4/m^3, in den anderen Jahren stieg die gemessene Differenz nur auf wenige 100 mg PO_4/m^3. Ebenso unterschiedlich sind die Minimalkonzentrationen in den einzelnen Jahren: 1975 sinken sie in der gesamten euphotischen Zone unter 5 mg PO_4/m^3 und 1974 werden 100 mg PO_4/m^3 kaum in Einzeltiefen unterschritten.

Das Gesamtphosphat liegt mit weit unter 50 mg PO_4/m^3 bis mehrere 100 mg PO_4/m^3 über der Gelöstphosphatfraktion. Die geringsten Werte dieser Differenz (= partikuläre Phosphatfraktion) findet man im Winter um die Jahreswende bei Eisstand, die höchsten während der Sommerstagnation im hypolimnischen, anaeroben Bereich.

Insgesamt ergibt sich ein Jahresgang mit hohen Winterwerten, einer Verarmung durch Sedimentation während der Sommerstagnation im epilimnischen Bereich und Anreicherung im hypolimnischen. Der im Stechlinsee recht deutliche Aufbau der Gesamtphosphatfraktion im Frühjahr läßt sich hier nicht beobachten. Der Gesamtphosphataufbau vollzieht sich bei geringer Organismenentwicklung im Winter, nicht

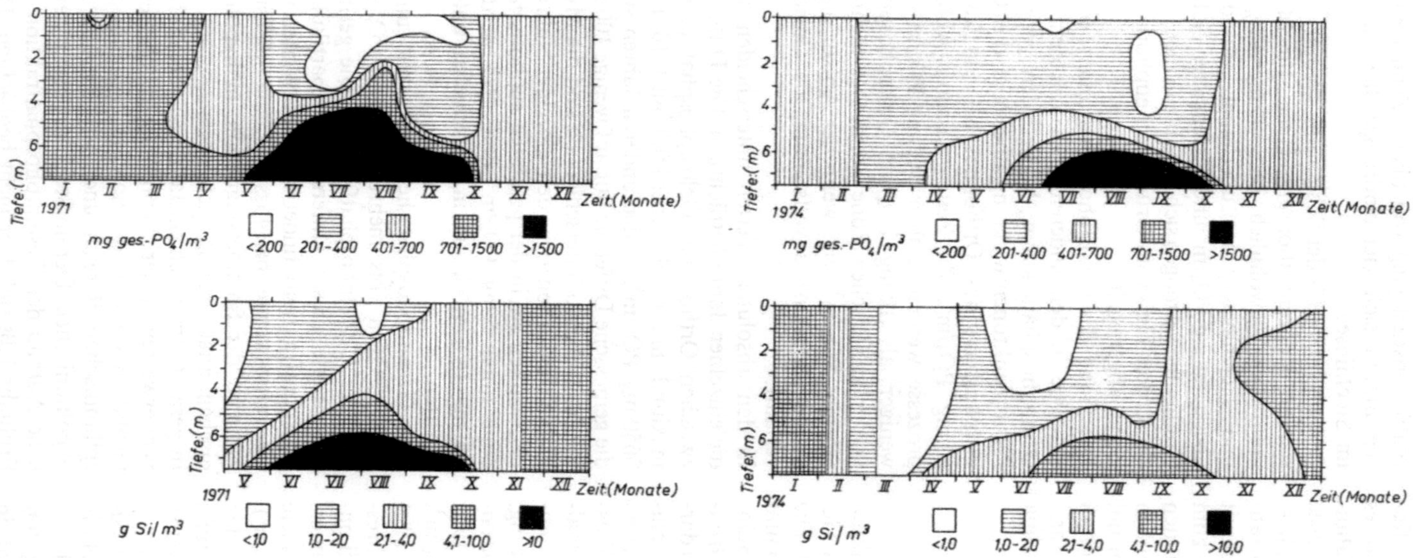

Abb. 14. Jahresgänge des Gesamtphosphats (oben) und des gelösten Siliziums (unten) im Pelagial des Dagowsees am Meßpunkt D (Silizium in g SiO_2/m^3)

während der Frühjahrsalgenentwicklung am Ende der Zirkulationsperiode.

Im Epilimnion werden die höchsten Werte an partikulärem Phosphat im zeitigen Frühjahr erreicht. 1971 waren es 680, 1974 < 200 und 1975 300 mg PO_4/m^3. Während die Werte dann im Sommer meist geringer sind, können sie im Herbst noch einmal ansteigen, erreichen aber nicht die Maxima des Frühjahrs.

Die jährlichen Herbstmaxima im Hypolimnion treten etwa im Oktober auf; sie befinden sich im tiefen Hypolimnion in stark reduziertem Milieu. Die Werte schwanken zwischen 500 und 1000 mg PO_4/m^3 in den einzelnen Jahren, ohne einen besonderen Trend aufzuzeigen. Noch größere Werte mögen im oxydoreduktiven Grenzbereich vorkommen, den wir aber mit unseren Wasserschöpfern nicht sauber fassen konnten.

3.3.6. Silizium

Der Jahresgang des gelösten Siliziums unterscheidet sich im Dagowsee (Abb. 14) etwas von dem in den anderen Seen. Die Initialkonzentration liegt im Dagowsee doppelt so hoch, bei 4—6 g SiO_2/m^3 im Hochwinter. Bereits Anfang März kann es nach kräftiger Strahlungsperiode zur Absenkung der Siliziumkonzentration unter die Nachweisgrenze kommen. Diese geringen Konzentrationen (0,00 g SiO_2/m^3) vermögen bis weit in den Mai hinein zu persistieren (1975) oder bereits im April langsam anzusteigen (1974). Ein kräftiger Anstieg der Siliziumkonzentration erfolgt jedoch erst in der zweiten Sommerhälfte, wenn die Cyanophyceen den Phytoplanktonaspekt beherrschen.

Die Maximalkonzentrationen im Hypolimnion waren in den einzelnen Jahren recht unterschiedlich und betrugen (1971—1975) 15,50, 14,73, 8,42, 8,60 und 3,51 g SiO_2/m^3. Das stärkste Defizit in der euphotischen Zone war 1975. Entsprechend dem Orthophosphat variiert das Silizium über 2 Größenordnungen. Die Remineralisierung verläuft wohl wesentlich langsamer als beim Phosphat (Vergleich der hypolimnischen Anstiege zum epilimnischen Angebot). Es ist mit einem wesentlich größeren relativen Phosphorumsatz zu rechnen.

3.3.7. Stickstoff

Hier liegt nur der Jahrgang 1974 mit gelöstem Nitrat und Ammonium geschlossen vor (Abb. 15). Die gemessenen Werte entsprechen nicht den Verhältnissen von 1973 und 1975,

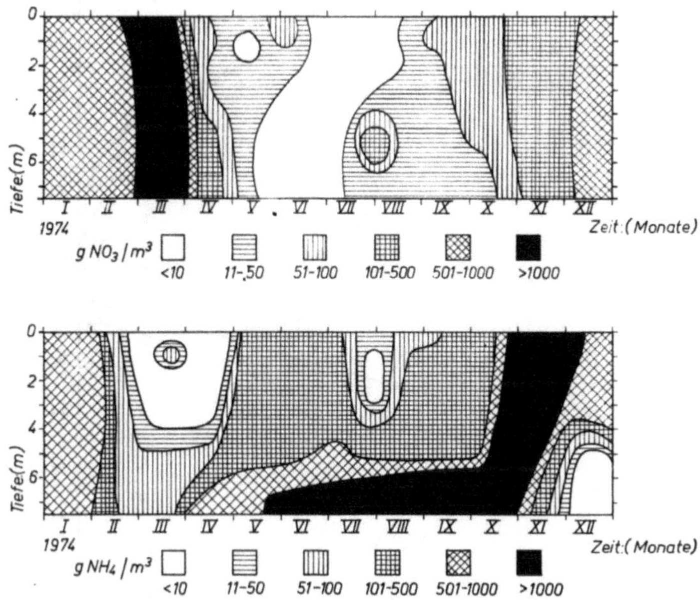

Abb. 15. Jahresgänge des gelösten Nitrats (oben) und gelösten Ammoniums (unten) im Pelagial des Dagowsees am Meßpunkt D

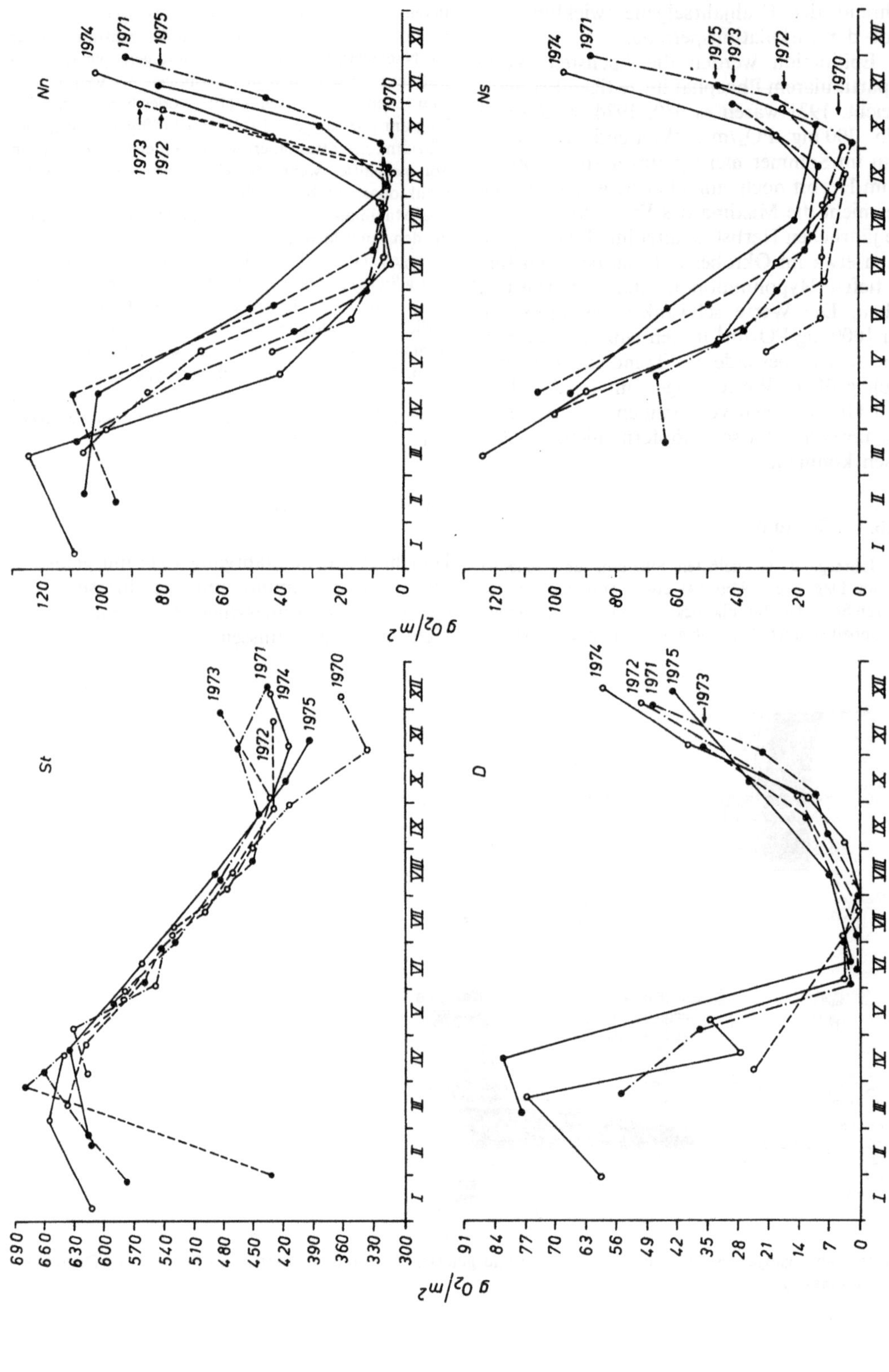
St
D
Nn
Ns
g O2/m2
1970
1971
1972
1973
1974
1975

so daß der Jahresgang des Stickstoffs recht unübersichtlich bleibt.
Das Jahr 1974 beginnt und endet mit knapp 1000 mg N/m³, wobei NH_4 und NO_3 etwa gewichtsgleich blieben. Der hohe Anteil an NH_4 weist auf immer noch in starkem Maße ablaufende Abbauvorgänge hin. Die geringen Ammoniumwerte zum Jahresende 1974 in der Tiefe lassen sich nicht diskutieren.

Im März tritt bei beginnender Phytoplanktonentwicklung ein Ammoniumminimum im euphotischen Bereich auf, die Oxydation zu Nitrat aus den Abbauvorgängen des Vorjahrs ist weitgehend abgeschlossen, wenn auch ein Teil des gebildeten Nitrats bereits verbraucht wurde. Jetzt schon setzt in der Tiefe eine Ammoniumzunahme ein, die den ganzen Sommer über anhält. In der euphotischen Zone nimmt langsam das Nitrat ab und verschwindet im Frühsommer völlig. Im Hochsommer taucht es in allen Tiefen wieder auf und nimmt bis zum Jahresende zu.
1975 war Nitrat von Anfang April bis Anfang November in der gesamten Wassersäule nicht nachweisbar, 1973 fehlte es erwartungsgemäß zumindest im Hypolimnion. Dafür stieg die Ammoniumakkumulation 1973 und 1974 auf über 4000 mg NH_4/m^3, 1975 wurden nur über 2000 gemessen.
1974 gibt es ein Ammoniumminimum in der euphotischen Zone im Juli, das zusammen mit dem Nitratminimum ein Stickstoffminimum ergibt. Sehr geringe Ammoniumwerte bei fehlendem Nitrat gab es auch im September 1973 und im Juni 1975. Die Frage der Stickstofflimitierung wird damit aufgeworfen. Sie wird im Zusammenhang mit den Stoffbilanzen und den spezifischen Zönosen diskutiert (MOTHES 1980).

4. Diskussion

4.1. Diskussion der Jahresgänge

Im folgenden werden die Jahresgänge der Inhaltsstoffe (Σ/m^2) insbesondere der euphotischen Zone in den einzelnen Untersuchungsjahren und Seen miteinander verglichen. Die gemessenen absoluten Werte mögen dabei hinter den tatsächlichen Verläufen zurückstehen, denn die vertikale Ausdehnung der euphotischen Zonen variiert von See zu See und innerhalb eines Sees im Jahresverlauf. Für unseren Zweck haben wir folgende Tiefenausdehnung angenommen: Stechlinsee = 17,5 m, beide Becken des Nehmitzsees = 8,75 m, Dagowsee = 3,75 m. Im Nehmitzsee werden damit die zeitweise im oxydoreduktiven Grenzbereich lebenden Populationen nicht berücksichtigt; im Dagowsee erstreckt sich manchmal das Epilimnion und somit auch die euphotische Zone bis in etwa 5 m Tiefe. Die Tiefen erfassen so den überwiegend die euphotische Zone ausmachenden Bereich.

4.1.1. Sauerstoff

Abb. 16 zeigt den Jahresgang der hypolimnischen Sauerstoffmassen, die sich pro Fläche an den tiefsten Stellen in Lösung befinden. Es ergeben sich große Unterschiede zwischen Stechlinsee und den anderen Seen. Während die anderen Seen im Hypolimnion stark an Sauerstoff verarmen, behält der Stechlinsee reichlich Sauerstoff im Hypolimnion; er verliert an der tiefsten Stelle während der gesamten Sommerstagnation nur etwa 50% des im Frühjahr gelösten Sauerstoffs. An flacheren Meßpunkten im See dürfte dieser Verlust noch geringer sein.
Vergleicht man die hypolimnische Sauerstoffzehrung mit der hypolimnischen Kohlensäureakkumulation, so stellt man im Stechlinsee ein fast stöchiometrisches Ansteigen der Kohlensäure bei sinkendem Sauerstoffgehalt fest. Das ist nicht nur im oberen Pelagial so, sondern ebenso direkt über Grund. 2—2,5 g C/m³ entsprechen 6—7,5 g O_2/m^3. Von der Größenordnung her liegt ein RQ-Wert von 1 vor. Das spricht gegen den nennenswerten Ausstrom von Reduktionsprodukten aus dem Sediment, was im Stechlinsee auch nie erwartet wurde. In den eutrophen Seen liegt der RQ-Wert wesentlich höher. Beim Übergang zur Anaerobie steigt der Kohlensäuregehalt sprunghaft an; bis zum Sauerstoffschwund werden von der Größenordnung her RQ-Werte zwischen 1,2 und 2,0 kalkuliert. Ohne Anfall von Gärungsprodukten lassen sich diese hohen Werte nicht verstehen.

◀

Abb. 16. Jahresgänge der gelösten Sauerstoffmassen/m² im Hypolimnion des Stechlinsees (St), Dagowsees (D), Nehmitzsee-Nordbecken (Nn) und Nehmitzsee-Südbeckens (Ns)
o— · — · — 1970; ●— · — · —1971; o———o 1972; ●———● 1973; o———o 1974; ●———● 1975;

Die Zehrung im Hypolimnion des Stechlinsees verläuft während der Sommerstagnation fast konstant (Probenpunkt St). Die unterschiedliche Stoffdynamik der einzelnen Untersuchungsjahre in der euphotischen Zone (Planktonaspekt, Primärproduktion, Nährstoffstandard u. a.) wirkt sich augenscheinlich nicht auf den hypolimnischen Sauerstoffstandard aus. Auch Sauerstoffreihen vor der Inbetriebnahme des KKW deuten einen ganz ähnlichen Jahresgang an (Material des FIH). Das weist auf zweierlei hin:

1. Der oligotrophe Charakter des Stechlinsees scheint noch voll erhalten zu sein.
2. Die im Untersuchungszeitraum schwankende Stoffproduktion in der euphotischen Zone hat nicht eine entsprechend schwankende Zufuhr leicht oxydierbarer Substanz ins Hypolimnion zur Folge. Eine Regulation größerer Produktionsleistungen sollte über den kurzgeschlossenen Kreislauf innerhalb der euphotischen Zone erfolgt sein. Es besteht eine gewisse Unabhängigkeit zwischen der Stoffproduktion in der euphotischen Zone und der Destruktion im aphotischen Bereich.

Kann man im Stechlinsee mit einer hypolimnischen Zehrungsrate (an der tiefsten Stelle!) von 1,25 g $O_2/m^2 \cdot d$ rechnen, so gibt es recht unterschiedliche Bilder im Zeitraum Herbst—Frühjahrszirkulation. Das betrifft die Dauer der Zehrung und die Auffüllung des sommerlichen Sauerstoffdefizits. Die Auffüllung des Sauerstoffdefizits kann bereits im Oktober (vor allem 1973) einsetzen, aber auch erst im Februar beginnen (1973). Im zweiten Falle verzeichneten wir von Ende September 1972 bis Ende Januar 1973 die gleiche hypolimnische Sauerstoffmasse. Das Jahr 1970 zeigt, daß auch bis in den November hinein die Zehrung des Sommers beibehalten wird und wahrscheinlich das ganze Jahr hindurch eine gewisse Zehrung abläuft.

Wie wir neben dem Nehmitzsee vor allem beim Dagowsee sehen, kommt zur Auffüllung des Sauerstoffdefizits noch ein zusätzlicher O_2-Bedarf durch die Oxydation von angehäuften Gärungsprodukten hinzu. Rechnerisch ergeben sich Zunahmen im Stechlinsee bis 4,7 g O_2 je $m^2 \cdot d$ an der tiefsten Stelle. Bezogen auf die mittlere Tiefe bedeutet das eine, den tatsächlichen Verhältnissen besser entsprechende Zunahme von 1,6 g $O_2/m^2 \cdot d$. Bei ausreichender Turbulenz wäre ein derartiger Sauerstoffzuwachs auch durch Austausch an der Luft—Wasser-Grenze möglich. Die maximalen Leistungen sind aber auch als Sauerstoffzugaben infolge Assimilation denkbar. In Abb. 6 sieht man deutlich im Frühjahr der Jahre 1970, 1972 und 1974 sauerstoffreichere Zonen im Bereich der euphotischen Zone. Durch Zirkulation könnte dieser Sauerstoff im See verteilt werden.

Die 3 anderen Seen unterscheiden sich vom Stechlinsee durch wesentlich stärkere relative Zehrungen, die O_2-Minima werden viel früher erreicht. Während man im Stechlinsee das absolute O_2-Minimum im Zeitraum Oktober bis November erwarten kann, liegt es im Dagowsee bereits im Juni—Juli. Im Nehmitzsee-Nordbecken kann es zwar im Juli vorkommen (1974), ist aber normalerweise im August—September zu erwarten. Auf den äußeren Kühlwasserkreislauf des KKW mit seiner erhöhten Turbulenz muß der Unterschied zum Nehmitzsee-Südbecken zurückgeführt werden, wo das Minimum erst 2—4 Wochen später, im September—Oktober, eintritt.

Das O_2-Minimum ergibt sich aus der Stabilität der Schichtung und der Intensität der Zehrungsprozesse. Beim flachen Dagowsee reicht die Stabilität nur bis zum Zeitraum der höchsten Insolation, um einen wesentlichen Austausch zu unterdrücken. Mit abnehmenden Temperaturen beginnt bereits ab August ein deutlicher Austausch der euphotischen Zone mit dem Hypolimnion. Damit ergibt sich ein meßbarer Sauerstoffeintrag, der jedoch nicht die Höhe der Dissimilation im Hypolimnion übersteigt. Die in der Tiefe gespeicherten Reduktionsprodukte werden erst während der Herbstzirkulation oxydiert.

Bei den flacheren, kleineren Gewässern hängen der Beginn und das Ende der sommerlichen Stagnationsperiode von den meteorologischen Bedingungen ab. Bei produktiven Gewässern macht sich eine hohe Intensität der Abbauvorgänge auch bei geringer Zirkulation noch bemerkbar. Der Beginn der Sauerstoffzehrung variiert damit von Jahr zu Jahr stark. Die Auffüllung des Sauerstoffdefizits im Herbst unterliegt geringeren Schwankungen; die größten treten im Stechlinsee auf.

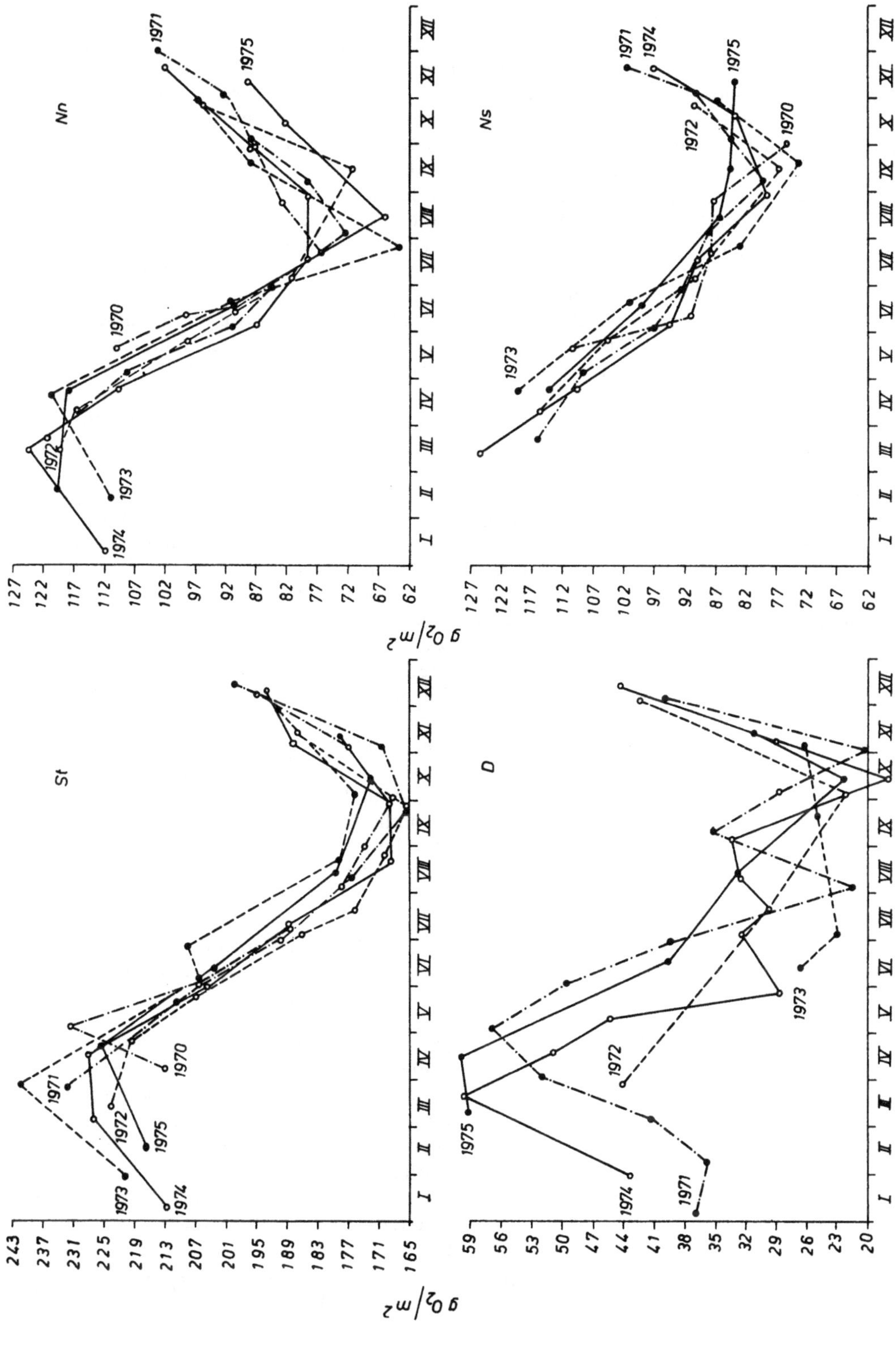

Abb. 17. Jahresgänge der gelösten Sauerstoffmassen/m² in den euphotischen Zonen des Seensystems; Bezeichnung wie Abb. 16

Einen ganz ähnlichen Eindruck machen die Sommerkurven aus der euphotischen Zone (Abb. 17), auch hier Maxima im Frühjahr, Minima im Spätsommer und ein Ansteigen im Herbst. Die Begründung dafür ist folgende:

1. Die sommerliche Sauerstoffabnahme liegt an dem geringeren Gaslösungsvermögen des Wassers bei steigender Temperatur.
2. Im Nehmitzsee-Nordbecken liegen die Minima im Juli—August, was der „Normalfall" sein dürfte.
3. Die Minima liegen beim Stechlinsee und Nehmitz-Südbecken im September. Das Minimum ist „verspätet", da die euphotische Zone Teile des Meta- und Hypolimnions enthält, die während der Sommerstagnation nicht im Gasaustausch mit der Atmosphäre stehen (metalimnische Maxima siehe Kap. 3.1.5., 3.2.4.).
4. Im Dagowsee gibt es kein eindeutiges Spätsommerminimum, lediglich eine Häufung der Minima im Oktober—Anfang November. Diese Herbstminima kommen bei der Verteilung der hypolimnischen Reduktionsprodukte mit Zirkulationsbeginn zustande. Das wie im Nehmitzsee-Nordbecken zu erwartende Sommerminimum wird durch echte Sauerstoffübersättigungen überdeckt. Es ergibt sich damit ein recht unausgeglichener, unübersichtlicher Sommeraspekt.

Tab. 6 faßt Durchschnittswerte zusammen, die den Abb. 16 und 17 entnommen wurden.

Tab. 6. Durchschnittliche Änderung des Sauerstoffgehalts (angegeben in g O_2/d) im Stechlinseesystem (jeweils tiefste Stelle) bezogen auf die Einheitsfläche (m^2) oder das Einheitsvolumen (m^3)

	St	D	Nn	Ns
Hypolimnisches Defizit während der Sommerstagnation				
/m^2	1,25	1,65	1,06	1,05
/m^3	0,025	0,314	0,115	0,114
Sommerliches Defizit in der euphotischen Zone				
/m^2	0,497	0,339	0,492	0,279
/m^3	0,028	0,090	0,056	0,032
herbstliche Zunahme in der euphotischen Zone				
/m^2	0,402	0,770	0,301	0,281
/m^3	0,023	0,205	0,034	0,032

Danach weist der Stechlinsee als Produkt seiner großen Tiefe ein sehr hohes, flächenbezogenes Sauerstoffdefizit auf und wird nur vom Dagowsee übertroffen. Ein Sauerstoffdefizit von 1 g $O_2/m^2 \cdot d$ im Hypolimnion dürfte während der Sommerstagnation bzw. an deren Anfang ein typischer Wert unserer produktionsarmen, eutrophen Seen sein. Starke Unterschiede gibt es bei der Reduktion auf das Einheitsvolumen. Hier entspricht der Unterschied Nehmitzsee—Dagowsee etwa der unterschiedlichen Produktionshöhe, der Stechlinsee liegt als oligotropher See weit darunter. Oligotrophe und eutrophe Seen unterscheiden sich damit stark (s. MOTHES 1980).

Das sommerliche Sauerstoffdefizit in der euphotischen Zone war ein Temperatureffekt, die absoluten Zahlen sind ein Produkt von Turbulenz und vertikaler Mächtigkeit. Die Verlangsamung der Sauerstoffabgabe durch die „metalimnischen Maxima" kommt gut im Unterschied zwischen den beiden Becken des Nehmitzsees — bezogen auf die Fläche — heraus sowie bei den niedrigen Volumendefiziten von Stechlinsee und Nehmitzsee-Südbecken.

Die Sauerstoffzunahme im Herbst im Dagowsee fällt wiederum sehr hoch aus. Kalkuliert man dazu noch die gleichzeitig ablaufende Oxydation von Abbauprodukten, so erreicht man Maxima von weit über 1 g $O_2/m^2 \cdot d$. Beim Bezug auf das Volumen hebt sich der Dagowsee ebenfalls deutlich von den anderen Seen ab, Stechlin- und Nehmitzsee liegen relativ eng beieinander.

4.1.2. Pflanzennährstoffe: Orthophosphat, gelöstes Nitrat, Ammonium und Stickstoff

Die Jahresgänge der wichtigsten Pflanzennährstoffe in den euphotischen Zonen enthalten die Abb. 18—21. Die Kurvenbilder erscheinen wenig konstant, was an dem Wechsel von vorwiegenden Aufbau- und Abbauphasen organischer Substanz liegen dürfte. Die Oszillationen werden noch von Nährstoffzufuhren überlagert, die teilweise stoßartig die Seen erreichen (s. MOTHES 1980).

Betrachtet man die Jahresgänge des Orthophosphats (Abb. 18), so erkennt man zwar

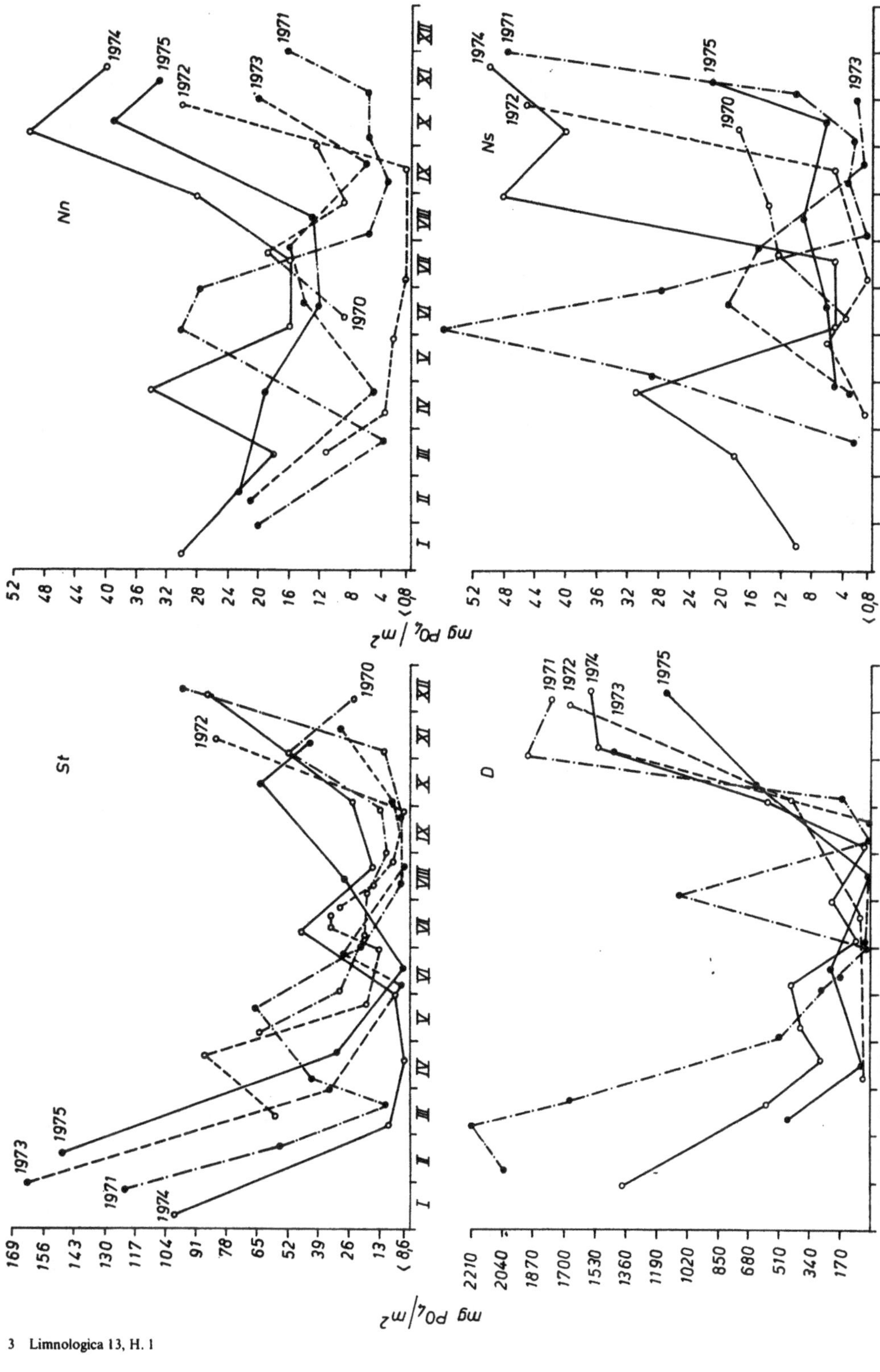

Abb. 18. Jahresgänge der Orthophosphatmassen/m² in den euphotischen Zonen des Seensystems; Bezeichnung wie Abb. 16

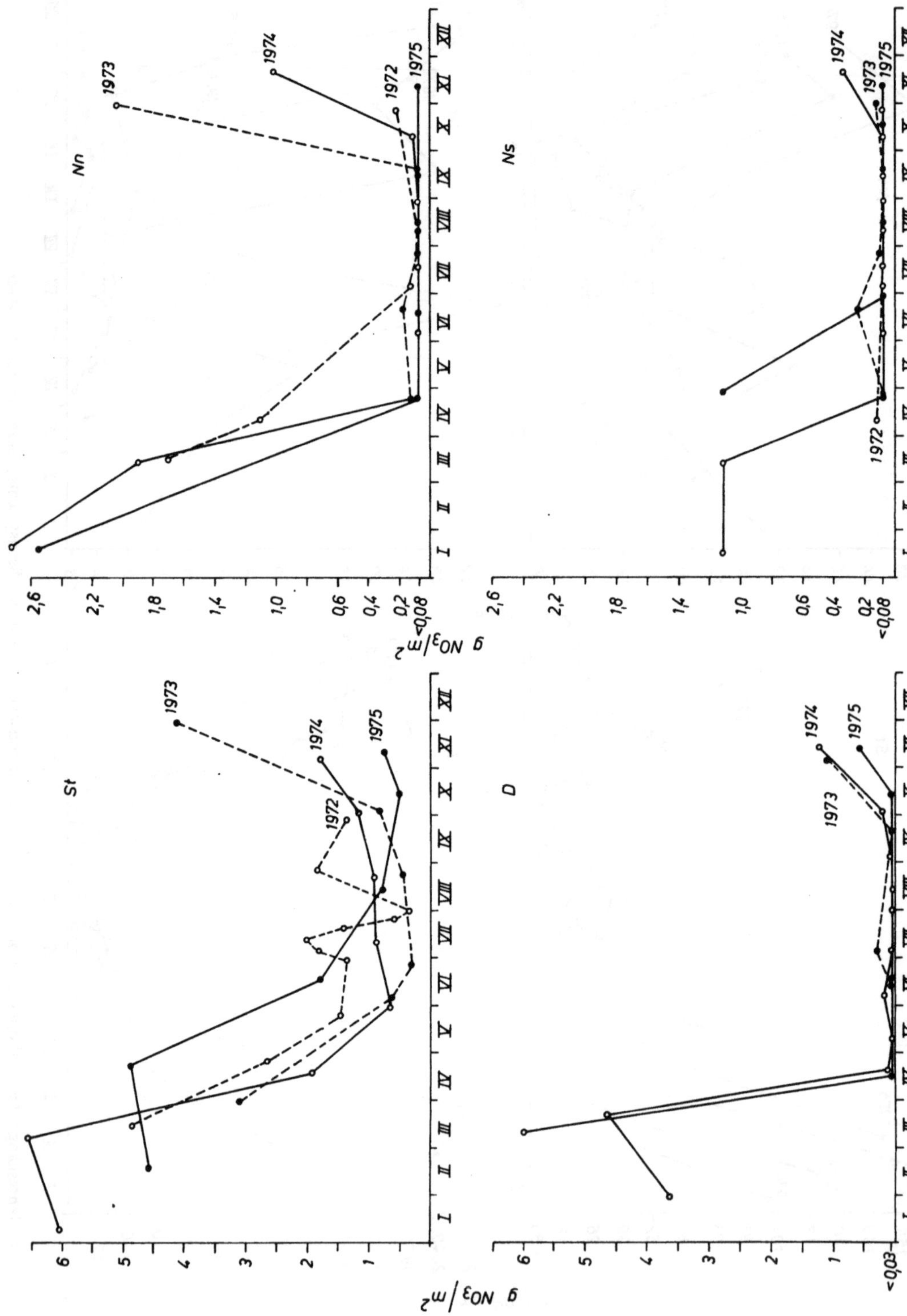

Abb. 19. Jahresgänge der gelösten Nitratmassen/m² in den euphotischen Zonen des Seensystems; Bezeichnung wie Abb. 16

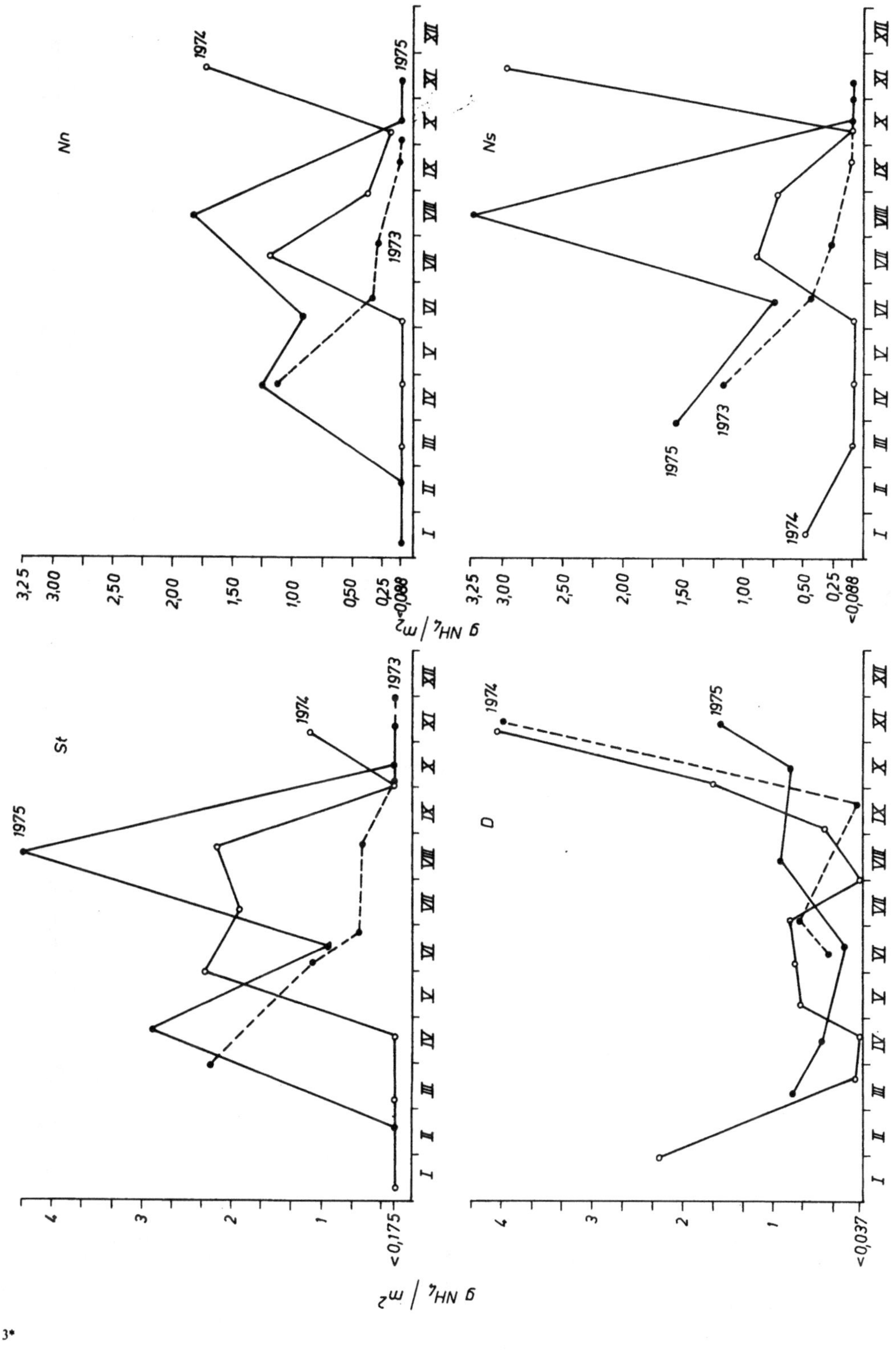

Abb. 20. Jahresgänge der gelösten Ammoniummassen/m² in den euphotischen Zonen des Seensystems; Bezeichnung wie Abb. 16

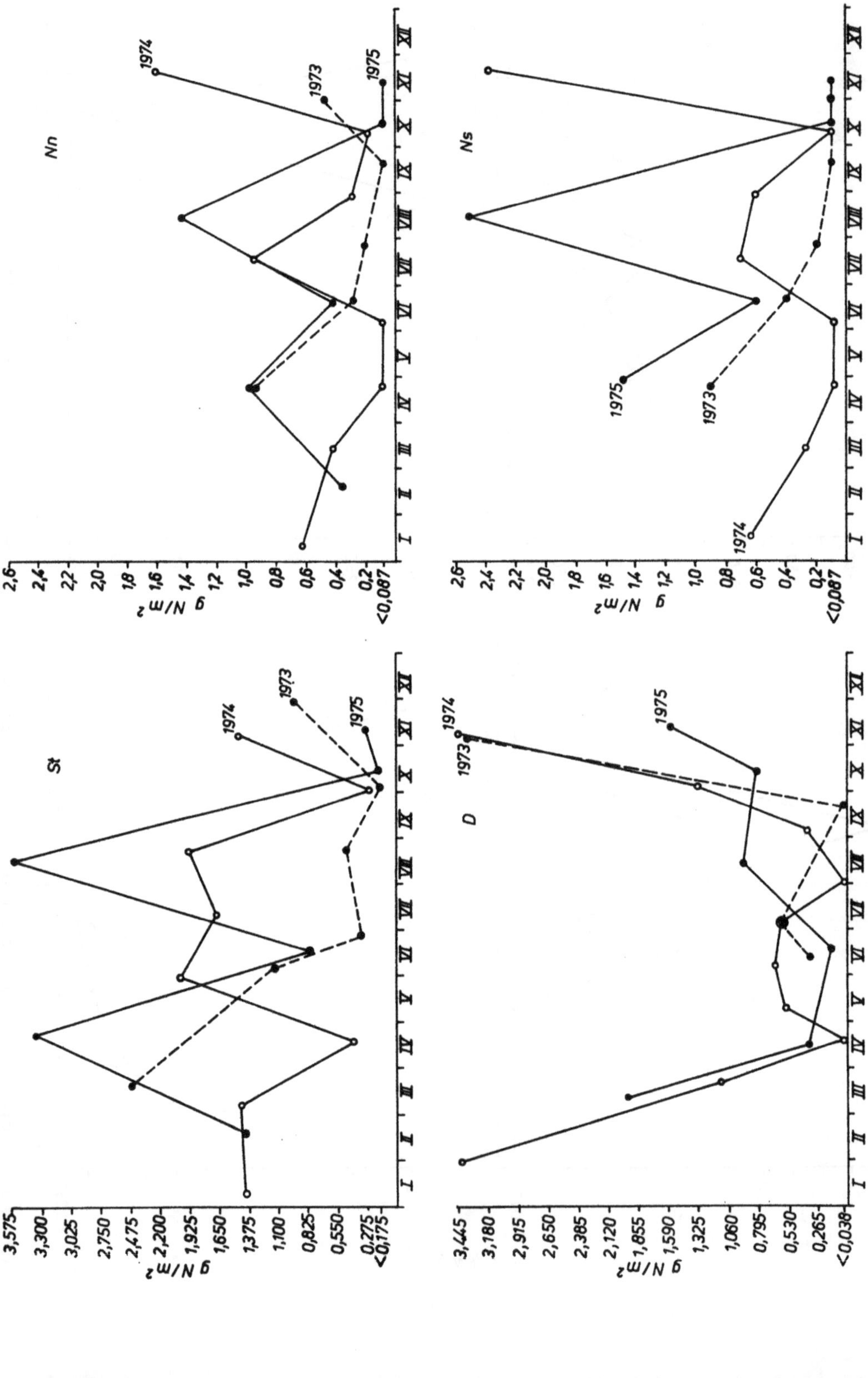

Abb. 21. Jahresgänge der gelösten Stickstoffmassen/m² in den euphotischen Zonen des Seensystems; Bezeichnung wie Abb. 16

hohe Werte im Frühwinter und niedrige im Sommer, der unregelmäßige Kurvenverlauf läßt aber klare Trends nicht augenscheinlich werden.

Zusammenhänge ergeben sich erst in der Korrelation mit Phytoplanktonentwicklungen (BUSSE unveröff., KÜCHLER 1980). Hohe Orthophosphatgehalte sind oft Startsignale für mikroplanktische Algenentwicklungen, im turbulenten Milieu öfters für mikroplanktische Diatomeen (HOFMANN 1975, HOFMANN & BENNDORF 1976), in turbulenzarmem Milieu mehr für Cyanophyceen und/oder andere Algen. Aber die Entwicklung dieser mikroplanktischen Algen hat nicht unbedingt hohe Orthophosphatgehalte, also hohe Orthophosphatpegel, zur Voraussetzung. Gerade das Beispiel des Dagowsees zeigt, daß solche Entwicklungen auch bei niederen Konzentrationen, aber hohen Phosphatflüssen möglich sind.

Die Tatsache, daß die gemessenen Orthophosphatkonzentrationen lediglich „Pegelstände der Phosphatflüsse" sind (Regelfall vor allem für die produktionsarmen Seen), drückt sich in den ermittelten Korrelationskoeffizienten der Beziehung Orthophosphatgehalt zu Phytoplanktonentwicklung aus (Tab. 7). Alle Korrelationskoeffizienten liegen sehr niedrig, lediglich der Zusammenhang zwischen Primärproduktion und Orthophosphat ist statistisch im Dagowsee absicherbar. Die maximalen Produktionsleistungen erfolgen bei minimalem Orthophosphatpegel, aber großem Zustrom aus dem Hypolimnion.

Tab. 7. Korrelationskoeffizienten zwischen Orthophosphatgehalt und dem Phytoplanktonvolumen bzw. Primärproduktion in den euphotischen Zonen von Seen im Stechlinseegebiet (Zeitraum 1970—72)*

	St	Nn	Ns	D
Gesamt-phytoplankton	−0,273	−0,129	−0,09	
Nannophytoplankton	−0,238	−0,268	−0,118	
Mikrophytoplankton	−0,223	+0,389	+0,423	
Primärproduktion	−0,369	+0,313	−0,19	−0,64

* Herrn Dr. MEISKE, Berlin-Buch, danke ich für Unterstützung bei der mathematisch-statistischen Auswertung der Untersuchungsergebnisse.

Die Korrelationskoeffizienten zum Phytoplankton streuen schon mit dem Vorzeichen. Man erwartet ein negatives Vorzeichen, denn maximale Phytoplanktonmassen entwickeln sich bei abnehmendem Orthophosphatgehalt, aber oft steigendem Phosphatumsatz. Beim Dagowsee fällt die hohe Korrelation der Orthophosphatkonzentration mit der Primärproduktion auf.

In diesem Zusammenhang ist ein Hinweis auf das Problem der Orthophosphatanalytik angebracht. RIGLER (1966) ermittelte Orthophosphatkonzentrationen, die weit unter den chemisch zugänglichen Konzentrationen lagen, und WALTON & LEE (1971) fanden bei geringen Orthophosphatkonzentrationen im chemischen Meßbereich Konzentrationserhöhungen durch Abspaltung von Phosphat aus gelöstgebundenem Phosphat. Solche Verbindungen gelangen sowohl aus dem Abbau organischer Substanz als auch durch Ausscheidungen von Algen (LEAN 1973a, b, LEAN et al. 1975) in das Wasser.

Obgleich wir wissen, daß sich die Phosphataufnahme der Organismen nicht gleichmäßig über den Tag erstrecken muß (STROSS & PEMRICK 1974) und auch die C/P-Relation nicht konstant ist (MOTHES 1977, 1980), kalkulierten wir aus der Primärproduktion und der Radiophosphataufnahmegeschwindigkeit (Messungen von R. KOSCHEL) Orthophosphatkonzentrationen. Abb. 22 zeigt den Vergleich zwischen kalkulierten und gemessenen Werten. Dabei ergab sich folgendes:

1. Im Dagowsee stimmen gemessene und kalkulierte Werte etwa überein. Die absoluten Differenzen liegen innerhalb einer Zehnerpotenz. Der gleiche Kurvenverlauf beider Ermittlungen zeigt, daß die Kalkulation nicht völlig falsch sein kann.
2. Beim Stechlinsee stimmen die Kurvenverläufe nicht überein. Das gemessene Minimum liegt im September, das kalkulierte im Mai. Die absoluten Abweichungen liegen in der von RIGLER (1966) angegebenen Größenordnung. Durch die veränderte Lage des Minimums ergeben sich veränderte Voraussetzungen für die Korrelationsmatrix. Die geringen Korrelationskoeffizienten könnten hier eine Erklärung finden.
3. Auch in beiden Becken des Nehmitzsees findet man kaum eine Parallele zwischen dem gemessenen und berechneten Orthophosphatgang. Lediglich im Südbecken gleichen sich die Konzentrationsanstiege im Herbst an.

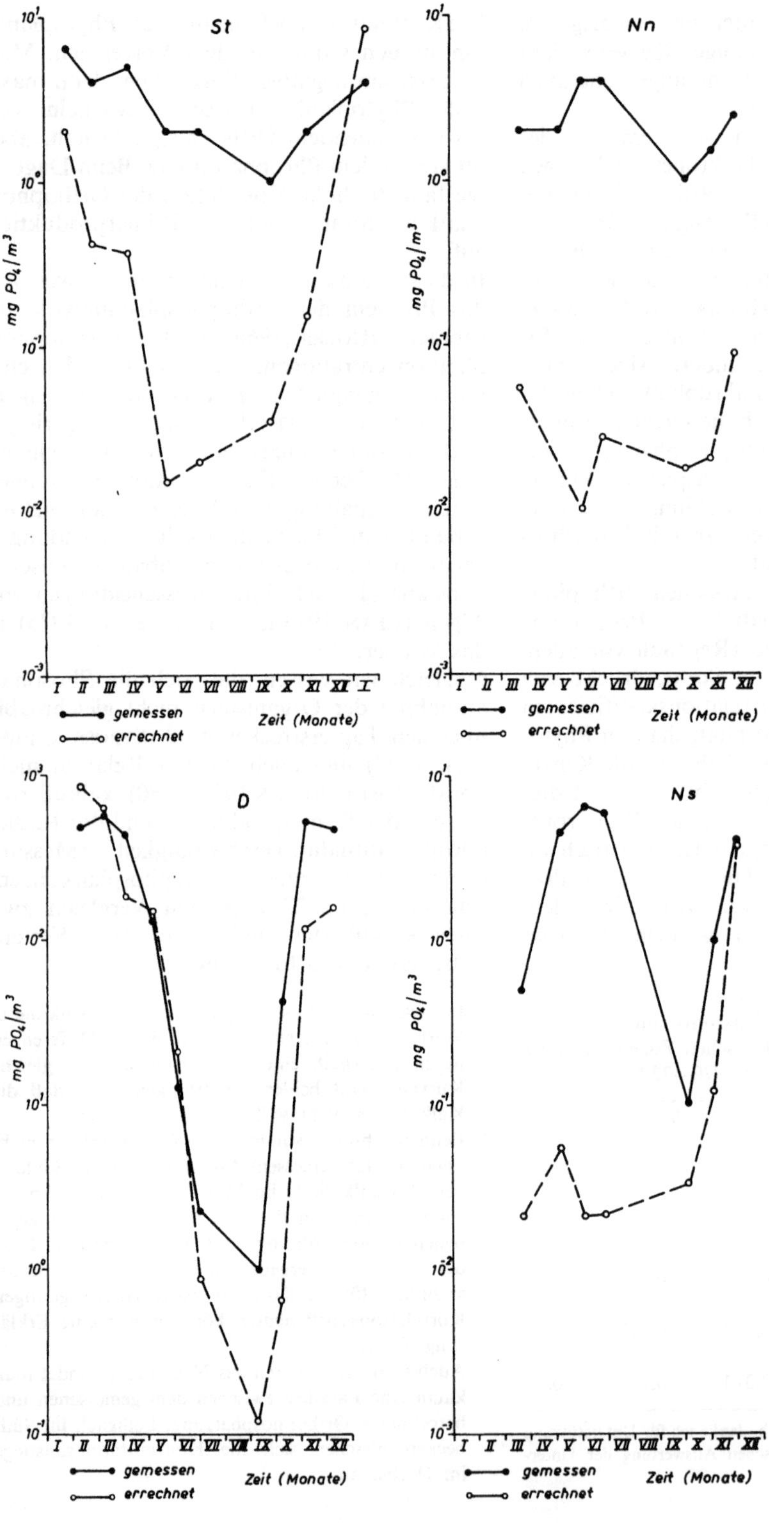

Abb. 22. Vergleich des gemessenen und errechneten Jahresgangs 1971 des Orthophosphats im Stechlinseegebiet (Oberfläche)

Auch SCHEGG (1971) kommt bei der Auswertung der Untersuchung des Vierwaldstättersees und des Rotsees zu keinen besseren Korrelationskoeffizienten als wir. Die Diskussion von Orthophosphatbestimmungen in Richtung auf die Stoffdynamik im Gewässer entbehrt damit ganz allgemein nicht einer gewissen Problematik.

Wesentlich klarer als der Jahresgang des Orthophosphats erscheint der Jahresgang des Nitrats (Abb. 19). In den eutrophen Seen liegt der Nitratgehalt im Sommer sehr niedrig; lediglich im Stechlinsee gibt es einige Schwankungen, die ähnlich wie beim Orthophosphat verlaufen können (1972).

Vergleicht man die Abb. 18 und 19, ohne auf den Maßstab zu achten, so liegt der Gedanke an eine Stickstofflimitierung der Primärproduktion zumindest in den eutrophen Seen nahe (vgl. dazu Korrespondentenbericht 1970, STADELMANN 1971). Aus den Konzentrationsänderungen kann man aber auf die Organismenversorgung schließen, die zumindest im Frühjahr eine gute Stickstoffversorgung nachweist (Tab. 8). Lediglich im Dagowsee wird das Verhältnis N:P = 16:1 leicht unterschritten.

Betrachtet man die Zunahme im Herbst, so sinkt der Nitratanteil im Dagowsee sehr stark. Die Stickstoffnachlieferung in den eutrophen Seen erfolgt aber nicht als Nitrat, sondern als Ammonium. Die Zunahme im Herbst im Dagowsee heißt also nicht 2,2 N:1 P sondern 26,6 N:1 P. Im Sommer ist mit einem ähnlichen Nährstoffstrom aus dem Hypolimnion in die euphotische Zone zu rechnen. Eine Stickstofflimitation ist in den untersuchten Seen nach diesem Material auszuschließen.

Tab. 8. Orthophosphat- und Gelöstnitratänderung im Frühjahr und Herbst in den euphotischen Zonen von Seen des Stechlinseesystems (angegeben in mg PO_4 oder $NO_3/m^2 \cdot d$) und die atomare N:P-Relation für P = 1

	St	Nn	Ns	D
Orthophosphat				
Abnahme Frühjahr	1,9	0,3	?	16,2
Zunahme Herbst	1,8	0,6	1,1	28,3
Gelöst-Nitrat				
Abnahme Frühjahr	53,6	25,7	25,0	150,0
Zunahme Herbst	57,1	23,9	12,3	37,5
N:P-Relation für P = 1				
Abnahme Frühjahr	43,7	129,3	?	14,2
Zunahme Herbst	47,6	66,3	17,8	2,2

Die Jahresgänge des gelösten Ammoniums in den euphotischen Zonen des Stechlinseesystems zeigt Abb. 20. Im Stechlinsee findet man bemerkenswerte Ammoniummassen nur während der Vegetationsperiode. Ammonium entsteht als Abbauprodukt organischer Substanz im kurzgeschlossenen Kreislauf. Man kann das Ammonium fast als Gradmesser der Intensität der Abbauvorgänge organischer Substanz in der euphotischen Zone betrachten. Im Winter läßt sich Ammonium kaum oder nicht nachweisen.

Anders ist das Bild im Dagowsee. Hier erfolgt der Abbau das ganze Jahr hindurch (auch im Winter Sauerstoffzehrungen von 3 g O_2/m^3 und Monat). Entsprechend finden wir auch im Winter reichlich Ammonium vor; im Herbst ergeben sich bei Beginn der Zirkulation Höchstwerte. Die beiden in ihrer Produktivität zwischen Dagow- und Stechlinsee liegenden Nehmitzseebecken weisen eine Zwischenstellung auf, mit relativ hohen Sommerwerten, aber auch deutlichen Herbst- und Frühjahrskonzentrationen.

Abb. 21 enthält den Jahresgang der Stickstoffsummen aus gelöstem Nitrat und gelöstem Ammonium in den euphotischen Zonen des Seengebiets. Hier wird in Beziehung zum Orthophosphat (Abb. 18) deutlich, daß während der Vegetationsperiode in allen Seen Stickstoff in ausreichender Menge vorhanden ist. Lediglich in den eutrophen Seen geht die Stickstoffmasse nur kurzzeitig der minimal feststellbaren Konzentration entgegen.

4.1.3. Gelöstes Silizium

Gelöstes Silizium wird nur von wenigen Planktern essentiell in größerem Umfang benötigt, in unserem Seengebiet vor allem von den Kieselalgen. Die Jahresgänge des gelösten Siliziums im Stechlinseesystem (Abb. 23) zeigen eine ganz andere Charakteristik als Orthophosphat und Nitrat.

Im Stechlinsee kommt es zu keiner wesentlichen Verknappung des Siliziumangebots. Die Minima erscheinen im Sommer oder Herbst. Die nannoplanktischen Diatomeenentwick-

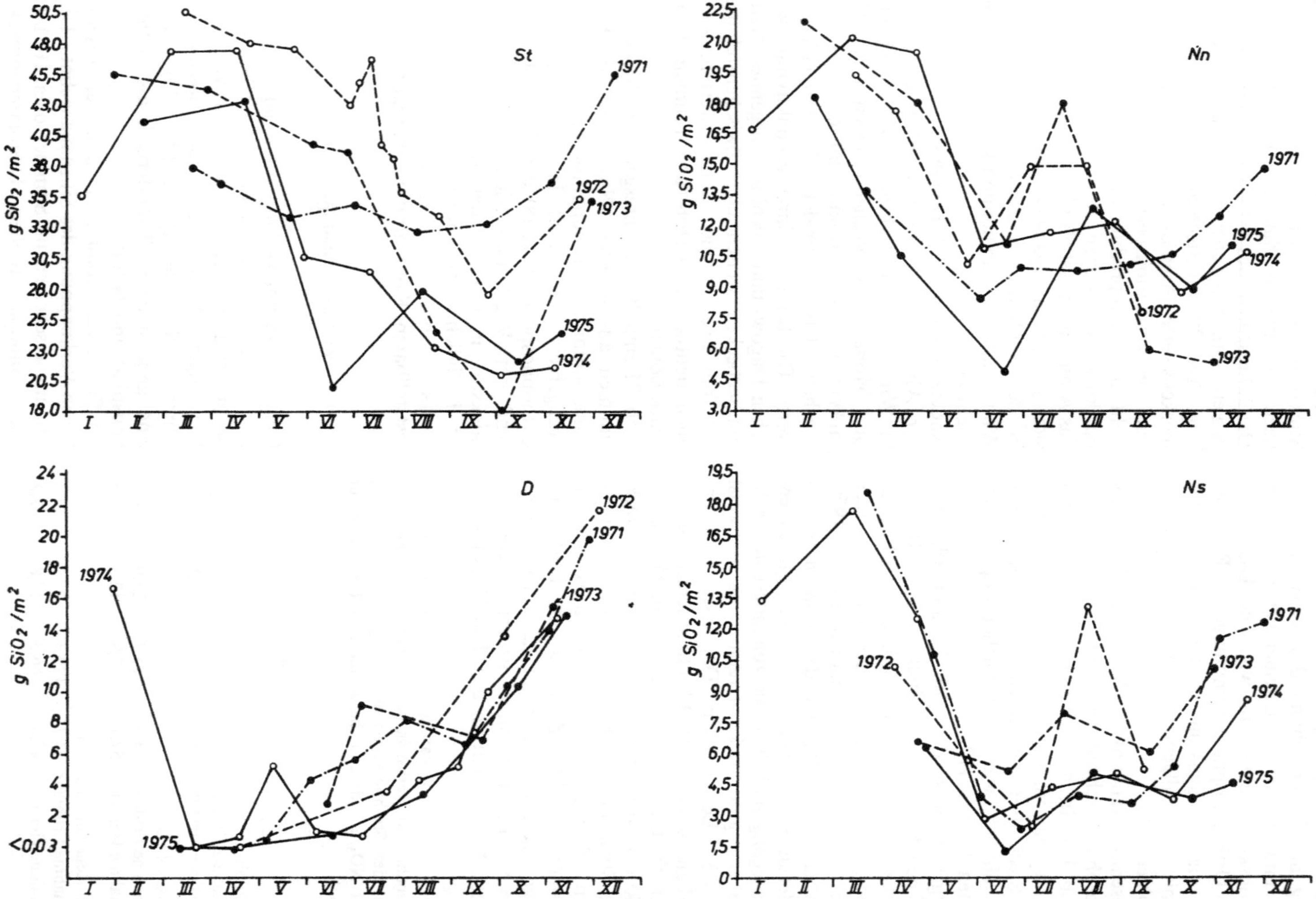

Abb. 23. Jahresgänge der gelösten Siliziumdioxydmassen/m² in den euphotischen Zonen des Seensystems; Bezeichnung wie Abb. 16

lungen im zeitigen Frühjahr drücken sich nicht in einer Depression der Siliziumkonzentration aus. Echte Konzentrationsrückgänge beobachtet man erst zu Zeiten der Entwicklung mikroplanktischer Arten. Letztere treten aber recht unterschiedlich in Erscheinung, was den sehr wechselhaften Kurvenverlauf in den Jahren bewirkt. Die Rückführung des verbrauchten Siliziums in die euphotische Zone erfolgt mit der herbstlichen Vollzirkulation.

Im Dagowsee kommt es offenbar regelmäßig im zeitigen Frühjahr bzw. noch im Winter zu starken Diatomeenentwicklungen. Der Siliziumvorrat wird weitgehend aufgebraucht. Im Sommer treten solche Arten nur selten in Erscheinung, und die Siliziumkonzentration steigt wieder an, in Verbindung mit dem recht intensiven Stofftransport aus dem Sediment über das Hypolimnion in die euphotische Zone. Da der Verbrauch gering bleibt, erhöht sich die Konzentration während des Sommers derartig, daß die Herbstzirkulation zu keiner nennenswerten Siliziumzunahme über den normalen Anstieg hinaus führt.

In beiden Becken des Nehmitzsees erkennt man mit gewisser Regelmäßigkeit eine Frühjahrs- und eine Herbstperiode des Siliziumverbrauches. Dazwischen liegt eine Zeit des Siliziumnachschubs, der zu einer Konzentrationserhöhung führt. Das Auffüllen des Defizits dürfte wegen des Siliziumverbrauches im Herbst in manchen Jahren verzögert sein und sich über den Anfang der Herbstvollzirkulation fortsetzen.

4.1.4. Gebundenes Phosphat

Das Gelöstphosphat enthält neben dem Orthophosphat das in verschiedenster Weise gebundene Phosphat, das die Filter bei der Filtration passiert. Diese Phosphorverbindungen entstehen in den untersuchten, zivilisatorisch wenig beeeinflußten Seen vor allem beim Abbau organischer Substanz. Die Jahresgänge zeigt Abb. 24.

Im Stechlinsee stellt zu Beginn der Vegetationsperiode das Orthophosphat 30% der Gesamtmasse. Während der Vegetationsperiode kann man den Orthophosphatanteil vernachlässigen. Erst zum Jahresende wird wieder ein Anteil von 30% erreicht.

Die Hauptmasse des Gelöstphosphats bildet einen Pegel aus dem Fluß von der Zersetzung organischer Substanz und ihrer Mineralisierung. Es ist wie das gelöste Ammonium (Abb. 20) ein Anzeiger der Intensität der Stoffdynamik im kurzgeschlossenen Kreislauf der euphotischen Zone.

Die Gesamtmassen in Stechlin- und beiden Nehmitzseebecken bleiben im Durchschnitt der 5 Jahre relativ konstant. Die Schwankungen ergeben sich aus dem Wechsel von vorwiegend Aufbauphasen organischer Substanz mit deutlichen Minima und vorwiegend Abbauphasen organischer Substanz mit deutlichen Maxima. Im Stechlinsee ergeben sich auch Maxima durch massive Phosphatimporte (MOTHES 1978). Eine Phase überwiegenden Aufbaus organischer Substanz bei geringem Abbau war im Sommer 1970 mit der Herausbildung großer Mikroplankter (*Ceratium*, Diatomeen). Diese großen Mikroplankter sedimentieren, gleichgültig ob tot oder lebendig, schnell, der Abbau erfolgt erst im Hypolimnion oder im Sediment. Anders das Phosphatmaximum im Juli—August 1974. Es resultiert aus massiven Phosphatimporten in den Stechlinsee aus den Nachbarseen und fällt mit dem Erreichen eines Phytoplanktonminimums zusammen. Am Gipfel im Frühjahr 1971 sind Importe aus dem Dagowsee mit etwa 500 g PO_4/d neben solchen aus dem Nehmitzsee beteiligt.

In beiden Becken des Nehmitzsees liegen die Verhältnisse ganz ähnlich wie im Stechlinsee. Der Import 1974 in das S-Becken ist zwar in der Phosphatbilanz (MOTHES 1980) ausgewiesen und damit der Gelöstphosphatgipfel erklärt, die Herkunft jedoch nicht bekannt.

Im Dagowsee wird die Gelöstphosphatkurve von der des Orthophosphats bestimmt; das Orthophosphat stellt in der Regel weit über 50% des Gelöstphosphatanteils. Der Dagowsee fällt wie beim Ammonium aus dem Rahmen durch überwiegende Trennung von Produktions- und Destruktionshorizont oder einem überdurchschnittlich hoch entwickelten Abbau organischer Substanz in der euphotischen Zone.

Ganz anders verläuft der Jahresgang des Gesamtphosphats (Abb. 25) in den Seen. Im Stechlinsee kommen vor allem 2 Mechanismen zur Auswirkung:

1. Aufnahme von Phosphat durch aktive Orga-

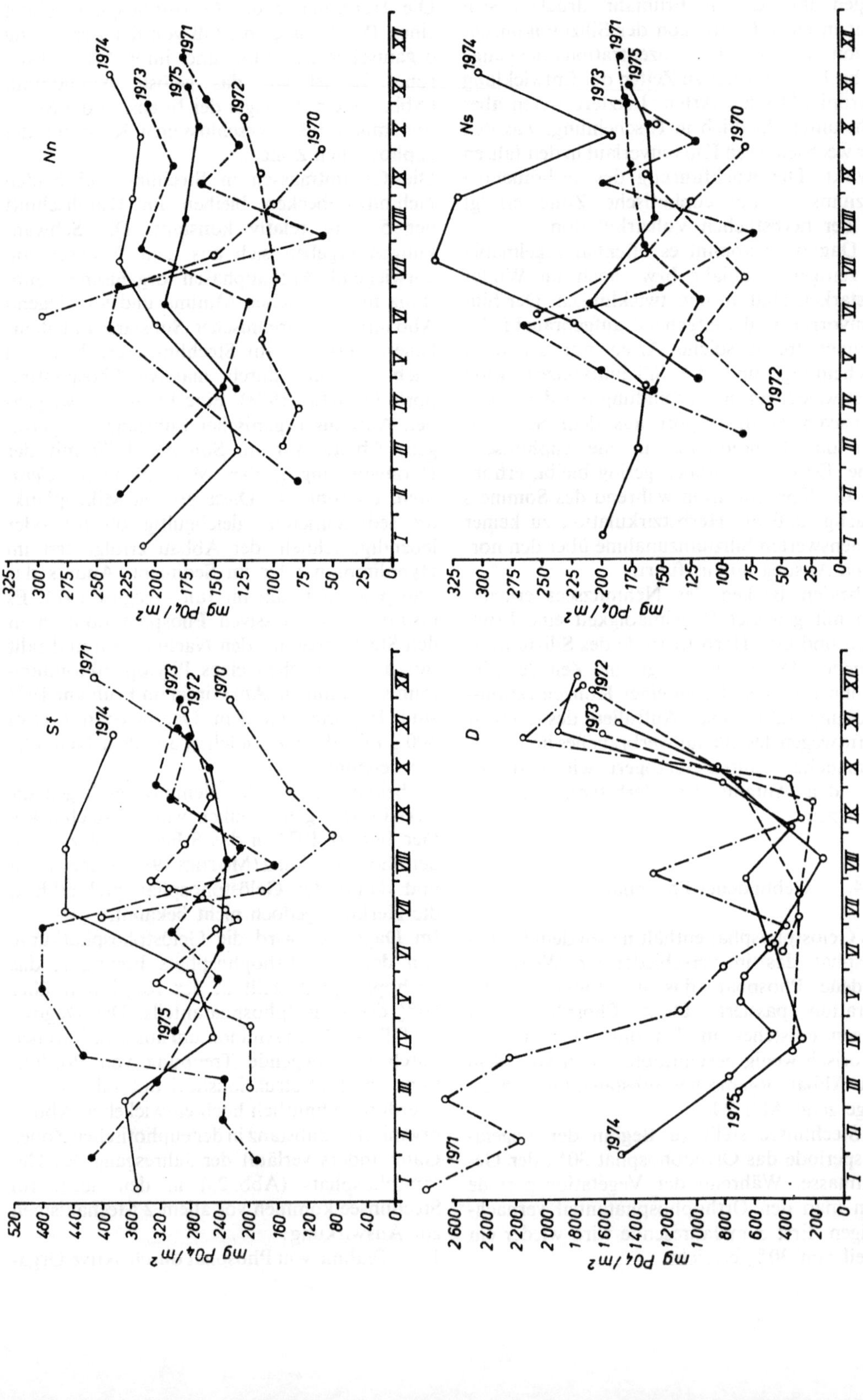

Abb. 24. Jahresgänge der Gelöstphosphatmassen/m² in den euphotischen Zonen des Seensystems; Bezeichnung wie Abb. 16

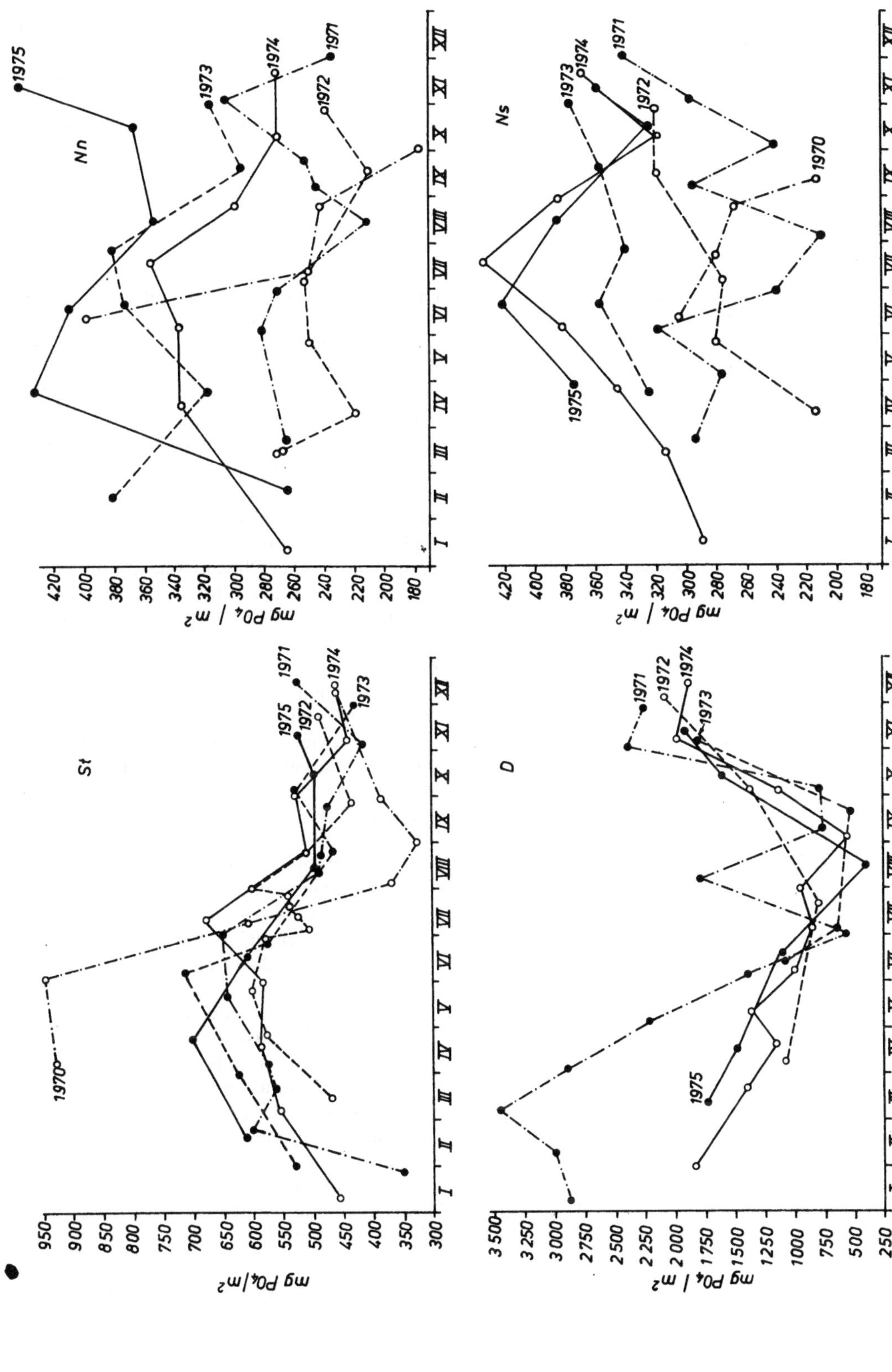

Abb. 25. Jahresgänge der Gesamtphosphatmassen/m² in den euphotischen Zonen des Seensystems; Bezeichnung wie Abb. 16

nismen während oder bei Ende der Frühjahrsvollzirkulation.
2. Sedimentation von partikulärem Phosphat während der Sommerstagnation.

Die Importe aus der Umgebung spielen, abgesehen vielleicht vom Betrieb des KKW, eine untergeordnete Rolle. Die absolute Höhe des Gesamtphosphatspiegels kann recht unterschiedlich sein. 1970 ergab sich z. B. ein von den Folgejahren recht abweichender Jahresverlauf mit dem Maximum und Minimum der Jahresreihen. Einen Gesamtphosphatanstieg mit dem Einsetzen der Herbstvollzirkulation läßt sich im Stechlinsee nicht beobachten. Die gemessenen Anstiege sind unwesentlich. Im Dagowsee kommt zu diesen Mechanismen der Import aus dem Hypolimnion bzw. Sediment bis in die euphotische Zone.

Die Aufnahme von Phosphat durch aktive Organismen aus dem Sediment spielt beim Dagowsee im Frühjahr praktisch keine Rolle. Bis in den Juli hinein wird beim turbulenzarmen Dagowsee das Gesamtphosphat über die Sedimentation gemindert. Die Sedimentation kann bereits im Juli und August durch Importe aus dem Hypolimnion ausgeglichen werden. Im Oktober steigt das Gesamtphosphat mit beginnender Herbstzirkulation rapide an und erreicht fast den Ausgangswert für die Frühjahrsentwicklung.

In beiden Becken des Nehmitzsees verläuft der Jahresgang nicht so einheitlich wie in Stechlin- und Dagowsee. Die einzelnen Jahre weisen große Unterschiede auf, die in dem unterschiedlichen Anteil der Mechanismen zu suchen sind. Zudem verschieben sich die Startpunkte im Jahre durch die meteorologischen Bedingungen stärker. Exogene Importe spielen im Nehmitzsee-Nordbecken eine bedeutende Rolle, was sich vor allem 1975 bei fehlendem Kraftwerksbetrieb bemerkbar macht.

Das partikuläre Phosphat (Abb. 26) setzt sich aus Bakterioplankton, Phytoplankton, Zooplankton und Detritus zusammen. Der Detritus-Anteil haftet als Störgröße dem Material an. Zu diesem Detritus gehören nicht nur der autochthone Detritus, sondern auch allochthone Elemente wie Staub, Pollen usw. Der Detritusanteil variiert stark mit dem Jahresablauf und reagiert auf den Wechsel der meteorologischen Bedingungen.

Von besonderem Interesse ist die Phosphatversorgung der Phytozönose, da Phosphatversorgung und Vitalität in einem gewissen Verhältnis stehen. Der Phosphatgehalt der phytoplanktischen Biomasse läßt sich aber nur kalkulieren, wenn das Phytoplankton über 80% der Biomasse des Sestons bildet.

Für das Jahr 1971 besitzen wir im Stechlinsee Informationen über das Verhältnis Zoo- zu Phytoplankton (Abb. 27). Das partikuläre Phosphat (Abb. 26) hat im Stechlinsee im Februar ein Maximum, geht im April einem Minimum entgegen, erfährt dann im Juli eine kräftige Steigerung und sinkt im August wieder ab bis zum Jahresende; eine kleine Steigerung Anfang November spielt kaum eine Rolle.

Das Seston reagiert demgegenüber kaum (Abb. 27); das Minimum liegt im November, möglicherweise ein Effekt der beginnenden Zirkulation. Innerhalb dieses konstanten Sestongehalts läuft die Populationsdynamik der Plankter ab. Das Zooplankton hat im Mai sein Frühjahrsmaximum (davor existieren keine Zählungen!). Das Phosphatmaximum im August fällt mit einem Phytoplanktonmaximum zusammen. Insgesamt bleibt aber das Phytoplanktonvolumen wesentlich unter dem des Zooplanktons.

Wahrscheinlich handelt es sich bei der Partikulärphosphatzunahme im Juli um eine *Asterionella*-Entwicklung, die bei sinkendem Gesamtphosphatgehalt (Abb. 25) nicht voll zur Entwicklung kam. Diese Annahme beruht auf folgenden Überlegungen:

1. Das Partikulärphosphat steht in keiner direkten Beziehung zur Biomasse, da die Phosphatversorgung der Biomasse im Jahresverlauf schwankt (MOTHES 1980).
2. Eine direkte Beziehung zum Phytoplankton läßt sich nur schwer finden, da das Phytoplankton nur einen relativ geringen Volumenanteil besitzt und selbst aus verschiedenen Sippen zusammengesetzt ist.
3. Es ist unklar, wo nach einer Stimulation der phytoplanktischen Primärproduktion durch Verbesserung des Phosphatangebots die partikuläre Phosphatakkumulation erfolgt, bei den Primärproduzenten selbst, bei den Herbivoren oder anderen.

Wenn auch eine eindeutige Interpretation der Abb. 26 unmöglich erscheint, so ergeben sich doch einzelne Parallelen zwischen den verschiedenen Jahresgängen. Im Stechlinsee dür-

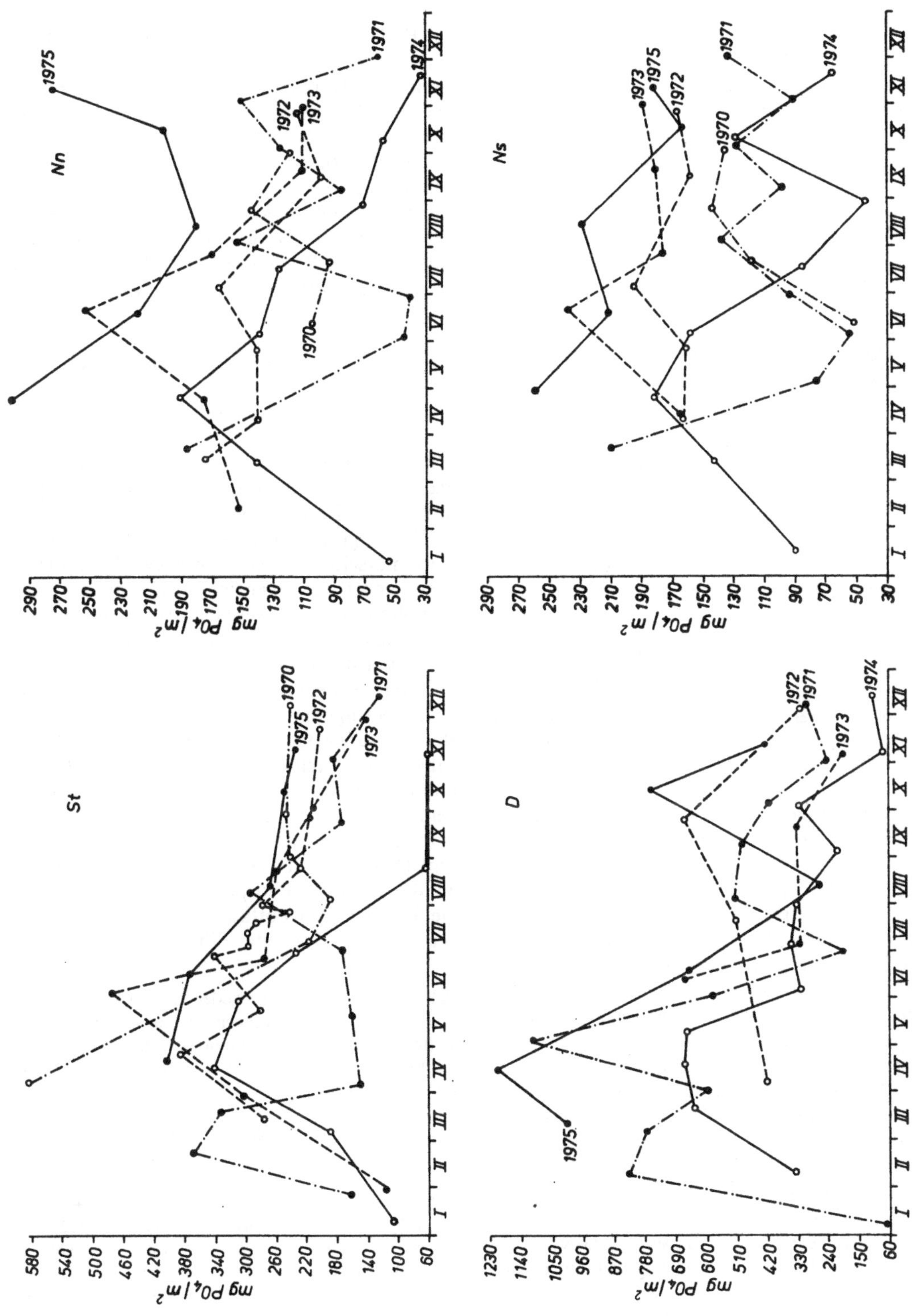

Abb. 26. Jahresgänge der partikulären Phosphatmassen/m² in den euphotischen Zonen des Seensystems; Bezeichnung wie Abb. 16

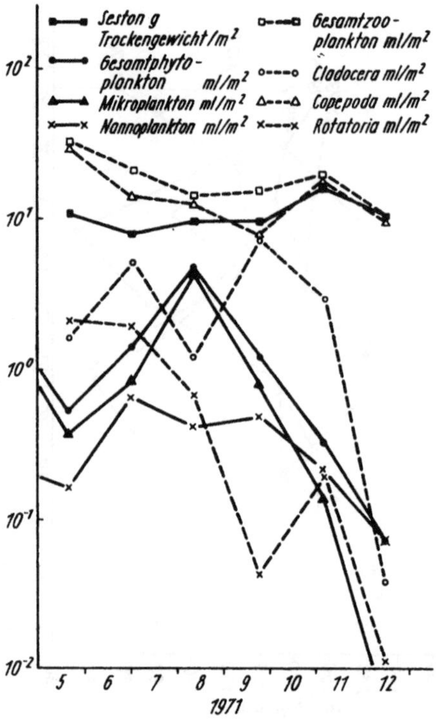

Abb. 27. Gegenüberstellung der Summen von Sestontrockengewicht, Zooplankton- und Phytoplanktonvolumina in der euphotischen Zone des Stechlinsees (St) (unveröff. Material: Phytoplankton — Bearbeiter G. BUSSE, Zooplankton — Bearbeiter: G. GRÜNBERG & W. WITTE)

fen wir mit einem Maximum des partikulären Phosphats im Frühsommer zur Zeit des Gesamtphosphatmaximums rechnen. Das bestätigt die Ansicht, daß der Gesamtphosphatanstieg auf aktive Organismen zurückzuführen ist. Zum Herbst hin nimmt der Gehalt ab.

Im Dagowsee gibt es ebenfalls ein Maximum im Frühjahr, jedoch oft ein Minimum Juni/Juli und anschließend wieder einen leichten Anstieg wegen des Phosphatnachschubs aus dem Hypolimnion. Die möglichen Anstiege hängen von der Vitalität der Zönose ab, was man sehr schön im Herbst sieht, wo die Zufuhr von Phosphat bei beginnender Zirkulation durch Organismen genutzt werden kann (1972, 1974, 1975) oder ungenutzt im Pelagial verbleibt (1971, 1973).

Im Nehmitzsee laufen diese Vorgänge recht unterschiedlich ab. 1974 z. B. gibt es in beiden Becken im Frühjahr ein Maximum wie in den anderen Seen. Das S-Becken geht aber bei Ende der Stagnationsperiode einem Minimum entgegen. Die Phosphatzufuhr mit beginnender Herbstzirkulation führt zu einem zweiten Maximum, das im Nordbecken fehlt. Hier kommt die Phosphatanreicherung wegen des Kraftwerksbetriebs nicht zur Auswirkung, das sehr phosphatarme Stechlinseewasser bewirkt eine weitere Absenkung bis zum absoluten Minimum. Andererseits prägt sich der Anstieg im N-Becken 1975 bei Werksstillstand wesentlich deutlicher aus als im S-Becken.

4.2. Vergleich der untersuchten Seen

4.2.1. Die Gehalte an Wasserinhaltsstoffen

Ein gutes Kennzeichen für den Zustand der Seen ist ihre Wasserbeschaffenheit im Hypolimnion am Ende der Stagnationsperiode. Einige Werte gibt Tab. 9. Aus ihr geht qualitativ der Unterschied des Stechlinsees zu den anderen Seen hervor, indem er der einzige mit aerobem Hypolimnion und vergleichsweise bescheidenem Phosphatgehalt bei immerhin nennenswertem Stickstoff- und Siliziumvorkommen ist. Daß das N-Becken des Nehmitzsees 1974 mit etwas geringeren Nährstoffwerten als das S-Becken aufwartet, ist eine Besonderheit dieses Jahres. Die teilweise Anaerobie im Hypolimnion wirkt sich in beiden Becken gegenüber dem Stechlinsee beim Phosphat stärker als beim Stickstoff aus. Vergleicht man Stechlin- und Dagowsee, so besitzt der Dagowsee mehr als die 150fache Phosphatkonzentration, etwa die 10fache Stickstoffkonzentration und weniger als die doppelte Siliziumkonzentration.

Tab. 9. Vorhandensein (+) oder Fehlen (—) von Gasen und Maximalkonzentrationen wichtiger Pflanzennährstoffe (mg/m³) im Hypolimnion der untersuchten Seen am Ende der Sommerstagnation 1974 (ges. — gesamt; gel. — gelöst)

	St	Nn	Ns	D
O_2	+	±	±	—
H_2S	—	—	—	+
ges.-PO_4	34	307	311	5227
gel.-N	310	570	750	3390
gel.-SiO_2	4750	8510	8160	8600

Tab. 10. Maximale Sauerstoffsättigung (%) und Nährstoffkonzentration (mg/m³) in den euphotischen Zonen der untersuchten Seen (vor Beginn der Vegetationsperiode/Minimum) und entsprechende N:P-Verhältnisse der gelösten Nährstoffe für P = 1 des Jahres 1974

	St	Nn	Ns	D
O_2	109	114	114	188
o.-PO_4	5/0	5/0,5	5/0	370/6
gel.-PO_4	15/7	25/12	25/5	400/85
ges.-PO_4	30/24	30/29	44/15	490/134
NO_3	380/0	310/0	130/0	1300/0
NH_4	100/0	100/0	50/0	940/0
SiO_2	2700/890	2440/980	2020/140	4400/0
N:P	48/?	72/?	48/?	7,2/40

Anaerobes und H_2S-haltiges Hypolimnion sind dafür Voraussetzung.

Tab. 10 enthält Parameter, die über die Voraussetzung zur Primärproduktion und ihre Intensität informieren. Erstaunlich gleich im Orthophosphatgehalt sind die produktionsarmen Gewässer Stechlin- und Nehmitzsee, während der Dagowsee mehr als das 70fache anbietet. Mit diesem Phosphatpool kann der Dagowsee sowohl das angebotene Silizium wesentlich stärker ausnutzen als auch erheblich höhere Sauerstoffübersättigungen schaffen. Relativ schlecht, aber immer noch ausreichend ist die Stickstoffversorgung des Dagowsees, die anderen liegen wesentlich besser. Nullwerte bedeuten, daß die Meßempfindlichkeit ausgeschöpft ist. Die N/P-Relationen an bestimmten Terminen konnten daher nicht ermittelt werden (N/P-Relation am gleichen Termin). Immerhin hat der Dagowsee zur Zeit des Phosphatminimums eine bessere Stickstoffversorgung (anteilmäßig zum Phosphat) als zu Beginn der Vegetationsperiode.

Die Gleichheit von Nehmitz- und Stechlinsee ergibt sich vor allem aus der Betrachtung der Phosphate. Beim Stickstoff liegen für 1974 etwas atypische Verhältnisse vor. Im Frühjahr gab es bereits eine Algenentwicklung, die Nitrat zehrte und Ammonium freisetzte. Für das Ammonium hätte man ebenso gut die Formel 0/0 bei Stechlin- und Nehmitzsee schreiben können. Die Gleichheit der Seen spricht für die Gültigkeit der „Grundzüge der regionalen Limnologie“ (NAUMANN 1932), für die Gleichheit der Seen trotz ihrer langen Geschichte, aber auch für die Ungleichheit in der Morphometrie und weist deutlich auf die starke zivilisatorische Veränderung des Dagowsees hin.

Von dieser Ausgangsbasis her könnte man in Stechlin- und Nehmitzsee ähnliche, im Dagowsee eine wesentlich höhere Produktionsleistung pro Volumeneinheit erwarten, was pro Flächeneinheit beim Stechlinsee wegen der größeren Mächtigkeit der euphotischen Zone eine wesentlich höhere Produktionsleistung ergeben würde. Es wirken jedoch weitere Mechanismen, die den eutrophen Seen eine relativ höhere Volumenleistung ermöglichen. Zu diesen Mechanismen gehört vor allem der Nährstoffnachschub aus dem Sediment in die euphotische Zone während der Vegetationsperiode.

4.2.2. Der Seenstandard

Für den Raum der DDR liegt ein allgemein verbindlicher Standard vor, der die stehenden Gewässer mit natürlichem Abfluß nach ihrer Nutzung einteilt (Ministerium für Umweltschutz und Wasserwirtschaft 1976). Von den 5 Gruppen (A = klare, tiefe Seen bis E = ganz flache, hochproduktive Weiher) entfallen auf die Seen entsprechend den einzelnen Beschaffenheitsklassen:

	St	Nn	Ns	D
Tiefe	A	B	B	B
Schichtung	A	B	B	B
Einzugsgebiet	A	A	A	B
Sauerstoff	A	B	B	D
Nährstoffverhältnisse	A	A	A	C

Der Stechlinsee gehört nach diesen Kriterien eindeutig in die beste Beschaffenheitsklasse A und gelangte damit auch in die Aufstellung der besonders schützenswerten Seen. Der Nehmitzsee, von der Morphometrie (inkl. Schichtung) her der Gruppe B zugehörig, erreicht durch seine Umgebung Nährstoffverhältnisse und eine Wasserqualität, die der Beschaffenheitsklasse A entsprechen. Für den Sauerstoff könnte man auch die Kategorie A schreiben, denn nur Einzelwerte verweisen ihn hier in die Klasse B, und diese Einzelwerte ergeben sich erst aus langen Meßserien. Es nimmt daher nicht wunder, wenn beide Seen von den Produktionsverhältnissen her in die Beschaffenheitsklasse A gehören. Das war mit ein Grund, auch den Nehmitzsee als besonders schützenswert zu erklären. Die hohe Wasserqualität von Nehmitz- und Stechlinsee läßt sich auf das relativ nährstoffarme Einzugsgebiet einschließlich der extensiven, zivilisatorischen Nutzung des Gebiets zurückführen.

Ganz anders der Dagowsee. Er gehört wie der Nehmitzsee von der Morphometrie her in die Beschaffenheitsklasse B. Durch intensive Nutzung zur Fischzucht und Entenmast über einige Jahre. durch seine Lage im Ortsbereich Neuglobsow/Dagow akkumulierte er so viel Nährstoff, daß seine Wasserbeschaffenheit um mindestens eine Stufe schlechter ist als seiner Morphometrie entsprechen würde. Die Wasserqualität entspricht teilweise der polymiktischer, flacher Weiher und nicht der holomiktischer Seen.

4.3. Vergleich mit anderen Seen

Metalimnische Sauerstoffmaxima sind vielerorts beschrieben und abgebildet. Findenegg (1965) beschreibt z. B. ein solches im Wörthersee. Es hat nichts mit den hier festgestellten zu tun, denn es beruht auf einer echten biogenen Leistung einer Massenentwicklung von *Oscillatoria rubescens*. Solche biogene Maxima bauen sich erst im Sommer auf, wenn der Nährstoffnachschub aus dem Sediment über das Hypolimnion im Metalimnion nennenswerte Beträge erreicht. Die metalimnischen Sauerstoffmaxima in Stechlin- und Nehmitzsee-Südbecken klingen dagegen zum Sommer hin ab.

Algenmassenentwicklung, wie sie Findenegg (1965) beschreibt, gibt es in beiden Becken des Nehmitzsees im Hypolimnion. Sie bewirken dort offensichtlich keine Sauerstoffakkumulationen. Der Austausch von Reduktionsprodukten mag eine ähnliche Größenordnung wie der Sauerstoffüberschuß der Zönose besitzen. Die Ausbildung der metalimnischen Maxima hängt damit vom Lichtklima der Seen ab. Zum Sommer hin abklingende Maxima wie im Stechlinsee bedingen ein relativ hohes Strahlungsangebot im Metalimnion, das bis weit ins Hypolimnion reicht. Sich im Sommer aufbauende metalimnische Maxima wie im Wörthersee kommen durch ein mäßiges Strahlungsangebot im Metalimnion und ein ungenügendes im Hypolimnion zustande, wobei der Nährstoffstrom aus dem Sediment nicht bereits durch eine Phytoplanktonentwicklung im Hypolimnion aufgezehrt werden kann.

Ohle (1964) findet öfter Sauerstoffminima im Metalimnion holsteinischer Seen. Gewässer eines solchen Status fehlen im Untersuchungsgebiet. Der Dagowsee bringt nur einen plötzlichen Abfall der Sauerstoffkonzentration im Metalimnion, wie es für hochproduktive Seen typisch ist.

In einer anderen Arbeit nimmt Ohle (1962) beim Abbau organischer Substanz einen Respirationsquotienten (RQ) von 0,85 an. Im Hypolimnion des Stechlinsees nähert sich der RQ-Wert 1, während er in den eutrophen Seen noch höher liegt. Eine Änderung des hypolimnischen RQ-Wertes von 0,85 kann erfolgen durch

1. Rücklösung von Kalk aus dem Sediment (bei der hier verwandten Bestimmung der Gesamtkohlensäure einbegriffen) mit einem Kohlensäureanstieg ohne notwendigen Sauerstoffverbrauch entsprechend einer Steigerung des RQ-Wertes.
2. Abgabe von CO_2 bei der Gärung im Sediment und Entweichen von CH_4 in die Atmosphäre entsprechend einer Steigerung des RQ-Wertes.
3. Oxydation von Gärungsprodukten des Sediments wie CH_4 entsprechend einer Senkung des RQ-Wertes auf in diesem Falle theoretisch 0,5.

Im einzelnen sind diese Zusammenhänge im Stechlinsee und den Nachbargewässern noch nicht untersucht. Unabhängig von der Art des Umsatzes im Pelagial ergeben sich hinsichtlich des RQ-Wertes große Möglichkeiten der Einflußnahme des Sediments. Ohle (1962) betrachtet zwar die Kohlendioxid-Akkumulation im Hypolimnion nicht als einfachen Parameter der epilimnischen Biomasse, aber seine Kalkulation des Anteils am Dauersediment trifft für das Stechlinseegebiet nicht zu. Er geht von folgender Gleichung aus:

$$21 - \frac{V}{A} = \frac{Cs \cdot 100}{Cp}$$

$\frac{V}{A}$ — mittlere Tiefe

Cs — permanentes organisches Sediment (Kohlenstoffbasis)

Cp — autochthone Produktion (Kohlenstoffbasis)

Schon für Seen einer mittleren Tiefe größer als 21 m erhält man negative Zahlen und damit eine Mineralisation, die größer als der Eintrag ist. Über den Phosphorhaushalt kommen wir im Stechlinseegebiet auch beim flacheren Nehmitzsee zu ganz anderen Werten (siehe Mothes 1980). Sie wurden im Stechlinseegebiet für

das ganze Jahr kalkuliert und liegen knapp 1 Zehnerpotenz niedriger.
Die Nährstoffrhythmen in Rot- und Vierwaldstättersee (SCHEGG 1971) unterscheiden sich stark von denen im Stechlinsee. Die Auffüllung des Nährstoffpools in der euphotischen Zone mit dem Beginn der Herbstzirkulation ist in ersteren eindrucksvoll und macht sich im Stechlinsee kaum bemerkbar. Der Stechlinsee nimmt auch in dieser Beziehung in Mitteleuropa eine Sonderstellung ein, wobei die Beziehung zwischen organismischer Aktivität und Gesamtphosphoranstieg im zeitigen Frühjahr nicht näher untersucht wurde. Das Ammonium spielt nicht nur im Stechlinseegebiet während der Vegetationsperiode eine entscheidende Rolle für die Stickstoffversorgung der pelagischen Zönose. Lediglich beim Nitrit lassen sich im Stechlinseegebiet keine nennenswerten Konzentrationen finden; in der Regel lag die Nitritkonzentration unter der Nachweisgrenze.
Die Besonderheiten von Stechlin- und Nehmitzsee, hier nur beschrieben in einer physikalisch-chemischen Zustandsanalyse, treten deutlicher hervor, betrachtet man auch die Akteure der physikalisch-chemischen Milieuänderungen (vgl. STUMM 1977). Es sei hier auf die Arbeiten über die phytoplanktische Leistung (KOSCHEL 1980a, b, KÜCHLER 1980), das Periphyton (SCHEFFLER 1980) und die Bodenfauna (MOTHES 1964, 1966, 1967) im Stechlinsee verwiesen. Man erhält so einen besseren Einblick in die Stoffdynamik und ihre Struktur in den Seen des Stechlinseegebiets.

5. Zusammenfassung

Lichtenergieangebot, vertikale Verteilung der Lichtenergie und Sichttiefenverhältnisse in den vier Gewässern des Stechlinseesystems werden beschrieben. Der Stechlinsee weist mit einem mittleren Extinktionskoeffizienten von 0,384/m (Durchlässigkeit 67% m^{-1}) die beste Transparenz auf. Es folgen Nehmitzsee-Nordbecken, Nehmitzsee-Südbecken und Dagowsee. Die Maxima der Sichttiefe liegen im Stechlinsee bei 12 bis 13 m, die Minima bei 4,0 m. Der Vergleich mit der Transparenz früherer Jahre ergibt für den Stechlinsee eine Verschlechterung und für das Nehmitzsee-N-Becken eine Verbesserung.
Die Sommerstagnation beginnt Anfang April und endet im Oktober (Dagowsee) bis Dezember (Stechlinsee). Stechlin- und Nehmitzsee-Nordbecken besitzen einen verkürzten Eisstand durch den Kraftwerksbetrieb. Das sommerliche Epilimnion reicht bis in eine Tiefe von etwa 2,5 (Dagowsee), 5 (Nehmitzsee-Südbecken), 6 (Nehmitzsee-Nordbecken) und 10 m (Stechlinsee). Eine echte Winterstagnation fehlte im Stechlinsee in den letzten Jahren.
Die hypolimnische Kohlensäureakkumulation als Ausdruck der Abbauprozesse steigt von etwa 2,5 (Stechlinsee) und 7 (Nehmitzsee) auf über 20 g C/m^3 (Dagowsee) während der Sommerstagnation in Grundnähe.
Der hypolimnischen Kohlensäureakkumulation entspricht etwa die hypolimnische Sauerstoffzehrung. Das Hypolimnion des Stechlinsees bleibt aerob (RQ = 1), das der anderen Seen wird anaerob. Die hypolimnischen Minima/m^2 Seefläche liegen nur beim Stechlinsee am Ende der Sommerstagnation. Je kleiner die Seen sind, desto näher rückt das Minimum an das Maximum der Insolation und weist damit auf die Instabilität der thermischen Schichtung bei fallender Strahlungsintensität, auf eine Steigerung des Stoffaustauschs durch die Thermokline hin.
Die Orthophosphatkonzentrationen vor Beginn der Phytoplanktonentwicklung im Frühjahr liegen in Stechlin- und Nehmitzsee um 5 mg PO_4/m^3. Im Dagowsee sinkt die Konzentration im Untersuchungszeitraum von 600 mg PO_4/m^3 (1971) auf die Hälfte. Der Dagowsee hat die stärkste, der Stechlinsee die geringste hypolimnische Orthophosphatakkumulation. Das Orthophosphat dürfte in den untersuchten Seen produktionsbegrenzend wirken.
Der Gelöstphosphatgehalt übersteigt den des Orthophosphats bei starken Abbauprozessen deutlich, sowohl bei hoher Phosphataufnahme und geringem Abbau in der euphotischen Zone als auch im Hypolimnion am Ende der Stagnationsperiode kann er etwa dem des Orthophosphats entsprechen.
Der Gesamtphosphatgehalt unterliegt ebenso einem deutlichen Jahresgang. Neben Im- und Exporten spielen dafür im Seengebiet Sedimentation, Aufnahme durch aktive Organismen „aus dem Sediment" sowie Freisetzung aus dem Sediment eine Rolle. Die Sedimentation ist allen Seen gemeinsam und führt zur pelagischen Phosphatdepletion. Die Aufnahme durch aktive Organismen dominiert im Stechlinsee bei der Wiederauffüllung des Phosphatdefizits im Winter und Frühjahr. Im Nehmitzsee läßt sie sich ebenso deutlich nachweisen. Die Freisetzung aus dem Sediment wirkt bereits während der Sommerstagnation bis in die euphotische Zone und deckt das sommerliche Phosphatdefizit aus der Sedimentation bei der herbstlichen Vollzirkulation vor allem im Dagowsee weitgehend.
Das Gesamtphosphat besteht im Winter unter einer Eisdecke weitgehend aus Gelöstphosphat, bei Planktonmassenentwicklungen zu 80% und mehr aus partikulärem Phosphat.
Gelöster Stickstoff scheint gegenüber dem Orthophos-

phat in genügendem Maße angeboten zu werden, wenn auch Nitrat bald unter die Nachweisgrenze sinkt. Relativ hohe Ammoniumwerte sprechen trotzdem für ein ausreichendes Stickstoffangebot. Ammonium wird wie das Gelöstphosphat in seiner Konzentrationsverteilung als Anzeichen des Stoffabbaus aufgefaßt.
Das gelöste Silizium wird zwar mit steigender Produktivität der Seen stärker in Anspruch genommen, wirkt aber nicht produktionsbegrenzend. In den eutrophen Seen kommt es im Hochsommer zu einer teilweisen Auffüllung des Siliziumdefizits in der euphotischen Zone aus dem Hypolimnion, im Stechlinsee erst während der Winterzirkulation.
Entsprechend dem hydrographischen Zustand gehören Nehmitz- und Stechlinsee gemäß dem Seenstandard in die „beste" Seengruppe A, obgleich der Nehmitzsee von der Morphometrie her eigentlich in die Gruppe B gehört. Der Dagowsee, morphometrisch ebenso der Klasse B zugehörig, steht in seiner Wasserbeschaffenheit zwischen den Gruppen C und D (seit der Einleitung von Sanierungsmaßnahmen nach C tendierend).

Summary

Four lakes in the area of Lake Stechlin are described with respect to the offer of light energy, its vertical distribution and conditions concerning the depth of visibility (Secchi disc). Lake Stechlin has the best transparency with an average extinction coefficient of 0.384/m (transparency of 67%/m), followed by Lake Nehmitz (north-basin), Lake Nehmitz (south-basin) and Lake Dagow. Highest values of visibility in Lake Stechlin amount to 12—13 m, minimum values to about 4 m. The transparency of Lake Stechlin has grown worse, and it has improved in Lake Nehmitz (north-basin) compared with the state several years ago.
The summer stagnation is beginning early in April and will last till October in case of Lake Dagow or till December in Lake Stechlin. Owing to the nuclear power plant the duration of ice cover of Lake Stechlin and Lake Nehmitz (north-basin) is shortened. In summer the epilimnion extends to a depth of nearly 2.5 m (Lake Dagow), 5 m (Lake Nehmitz, south-basin), 6 m (Lake Nehmitz, north-basin) and 10 m (Lake Stechlin) respectively. Homothermy is a premise for total circulation, but a uniform temperature in the whole water mass is not simultaneously followed by a turnover. In recent years there has been no complete winter stagnation in Lake Stechlin.
During the summer stagnation near the bottom of the lakes the hypolimnetic accumulation of carbonic acid as a result of decomposition amounts to 2,5 g C/m^3 in Lake Stechlin, 7 g C/m^3 in Lake Nehmitz and more than 20 g C/m^3 in Lake Dagow.
The accumulation of carbonic acid in the hypolimnion is connected with a decreasing content of oxygen. The hypolimnion of Lake Stechlin remains aerobic (RQ = 1), that of the other lakes will become anaerobic during the summer stagnation. The oxygen content in the hypolimnion of Lake Stechlin uses to reach a minimum at the end of the summer stagnation. In smaller lakes the minimum of oxygen is approaching to the maximum of insolation. This indicates the instability of thermic stratification and an increased exchange of matter through the thermocline with decreasing solar radiation.
Before the beginning of phytoplankton development in spring the orthophosphate concentration in Lake Stechlin and Lake Nehmitz is about 5 mg PO_4/m^3. The concentration of orthophosphate in Lake Dagow at this time decreased from 600 mg PO_4/m^3 in 1971 to half the value in 1975. Due to the development of phytoplankton the concentration of orthophosphate becomes too small as to allow a precise determination (errors up to 2 orders of magnitude are possible). The accumulation of orthophosphate in the hypolimnion is rich in Lake Dagow and low in Lake Stechlin. Orthophosphate is considered to be a limiting factor in the primary production of the lakes investigated.
Dissolved phosphate notably exceeds orthophosphate in periods of great decomposition. The amount of dissolved phosphate may correspond with that of orthophosphate in the hypolimnion at the end of a stagnation period as well as in the euphotic zone in the case of high orthophosphate consumption and small decomposition.
The content of total phosphate is submitted to an obvious annual course. Not regarding import and export the phosphate content in the lake depends on 3 processes: 1. sedimentation, 2. uptake „from sediment" by active organisms, 3. release from the sediment. The first process is common to all lakes and causes a depletion of phosphate in the pelagial. The second one is dominating in Lake Stechlin, which will replenish the yearly deficit of phosphate in winter and spring. It is also quite evident in Lake Nehmitz. The third process is typical to all eutrophic lakes. Already during the summer stagnation its influence is to be noticed up to the euphotic zone. Especially by the third process the summerly deficit of phosphate will be compensated in Lake Dagow, when the total circulation takes place in autumn. If the lakes are covered with ice, dissolved phosphate is considerably predominating. In the case of a plankton boom total phosphate may consist of particulate phosphate to 80% and more.
Contrary to orthophosphate dissolved nitrogen is apparently available in a sufficient amount, although nitrate will soon drop below the limit of detectability. A sufficient supply with nitrogen is indicated by a considerable concentration of ammonium. Like dissolved phosphate ammonium is regarded as an expression of decomposition processes.
An increasing productivity of plankton leads to a major

consumption of dissolved silicium, but silicic acid seems very unlikely to be a controlling factor for the production. In eutrophic lakes the deficit of silicium in the euphotic zone will be partly replenished out of the hypolimnion in midsummer. In Lake Stechlin this process does not occur before autumn circulation.

Due to their hydrographic conditions Lake Nehmitz and Lake Stechlin belong to the best group of lakes A, although because of its morphometry Lake Nehmitz has to be placed into the following group B. With regard to its morphometry Lake Dagow belongs to group B, but it must be classified between group C and D, if we consider the water quality. Since its eutrophication has been stopped by drastic means the lake tends to group C.

Резюме

Описываются четыре водоёма в районе Стехлинского озера, свои качества относительно световой энергии, её вертикального разпределения и прозрачности. Стехлинское озеро имеет средний коеффициент моглощения (0,384/м, прозрачность 67%/м) и с тем самую хорошую прозрачность. Следуют Немицкое озеро (северный бассейн), Немицкое озеро (южный ьассейн) и Даговское озеро. Максимальная глубина прозрачности в Стехлинском озере 12—13 м, минимальная глубина приблизительно 4 м. По сравнению с прозрачностью в пришлом эти величины показывают ухудшение в Стехлинском озере и улущение в северном бассейне Немицкого озера.

Летная стагнация начинается в начале апреля и кончается в октябр (Даговское озеро) до декабря (Стехлинское озеро). Продолжительность ледяного покрова на Стехлинском озере и на северном бассейне Немицкого озера сокращается из-за работы атомной электростанции. Летний эпилимнион достигает приблизительно следующие глубины: Даговское озеро — 2,5 м, Немицкое озеро (южный бассейн) — 5 м, Немицкое озеро (северный бассейн) — 6 м, а Стехлинское озеро — 10 м. Гомеотермия — равенство температура во всех глубинах — это предложение циркуляции, но не автоматично причиняет полное переменшивание. Правильная зимяя стагнация не появлялась в Стехлинском озере в последние горы.

Во время летней прямой стратификацией аккумуляция углекислоты составляет в гиполимнионе близко от грунта около 2,5 мг/м³ в Стехлинском озере, 7 мг/м³ в Немицком озере, а больше чем 20 мг/м³ в Даговском озере.

Аккумуляция углекислоты в гиполимнионе соотвествует приблизительно кислородному потреблению в этом глубоком слое. Гиполимнион Стехлинского озера остаётся аэробным (респиративный коеффициент (RQ) = 1), но другие озера имеют анаеробные условия в глубинних слоях. Минимальное содержание кислорода в гиполимнионе появляется только в Стехлинском озере в конце летней стагнации. В маленьких озерах минимальное содержание кислорода приближается к максимуму инсоляции. Это показывает неустойчивость температурной стратификации при уменьшении интенсивности излучения и увеличение массообмена сквозь металимнион.

Концентрации ортофосфата составили весной перед началом развития фитопланктона в Стехлинском озере и в Немицком озере около 5 мг PO_4/м³. Концентрация в Даговском озере в это время уменьшилась в период исследования от 600 мг PO_4/м³ (1971) наполовину. Величины ортофосфата так очень уменьшиваются с развитием фитопланктона, что точное определение не возможно (частота ошибок может достигать до 2 порядка величины). Даговское озеро имеет самую высокую аккумуляцию ортофосфата в гиполимнионе, а Стехлинское озеро самую низкую. Ортофосфат вероятно лимитирует первичную продукцию в исследованных озерах.

Растворенный фосфат видно превозходит ортофосфат, если сильное разложение состоится. Растворенный фосфат может соотвествовать ортофосфату, если принятие фосфата высоко и разложение в евфотической зоне мало или тоже в гиполимнионе в конце периода стагнации.

Суммарный фосфат так же показывает ясный годовой цикл. Не принимая в внимание импорт и экспорт это появление зависит от 3 механизмов: 1. седиментация, 2. приём из седимента активными организмами, 3. освобождение из седимента. Первый механизм общий всем озерам, он приводит к деплеции фосфата в пелагиали. Второй механизм преобладает в Стехлинском озере зимой и весной, когда содержание фосфата снова увеличивается. В Немицком озере этот механизм также можно ясно доказать. Третий механизм типичный для евтрофного озера. Этот механизм действует уже во время летней стагнации в евфотической зоне и пополняет летний дефицит фосфата при осенней циркуляции — прежде всего в Даговском озере. Зимой под ледяном покровом суммарный фосфат почти совсем состоит из растворенного фосфата, при массовом развитии планктона из 80% и больше из партикулярного фосфата.

Показывается, что растворенный азот в противоположеность ортофосфату в достаточной мере существует, хотя нитрат почти нельзя доказать. Всё же достаточное наличие азота выражается относительно большим беличением аммонией. Разпределение концентрации аммонией считается знаком разложения органических веществ.

Хотя возрастающая продукция озеров много потребляет растворенный кремний, это вещество вероятно не лимитирует первичную продукцию. В евтрофных озерах летом состоится частичное пополнение кремнего убытка в евфотической зоне из гиполимниона. В Стехлинском озере это только имеет место во время зимней циркуляции.

В соотвествии с гидрографической характеристикой Немицкое озеро и Стехлинское озеро принадлежат к самой хорошей группе А, хотя Немицкое озеро — только по морфометрии — принадлежало бы к группе Б. Даговское озеро по морфометрии тоже относится к группе Б, но по качеству своей воды между группами С и D, сближаясь к группе С, с тех пор, как подвоз питательных веществ был эффективно лимитирован.

6. Literatur

DORNBUSCH, W., 1969: Zur Messung der Zirkulation im Stechlinsee. — Gerlands Beitr. Geophys. **78** (6), 499—510.

FINDENEGG, I., 1965: Die Verunreinigung des Wörthersees. — Mitt. Österr. Sanitätsverw. **66** (5), 3—8.

HEITMANN, M.-L., 1967: Die physikalisch-chemischen Verhältnisse im Stechlin- und Nehmitz-See. — *Limnologica* (Berlin) **5** (3), 307—329.

— 1969: Ein Beitrag zur Turbulenz des Tiefenwassers im Stechlinsee. — Z. Meteorol. **21**, 158—160.

— 1972: Zur Modellierung physikalischer Bedingungen von Seen. — Verh. internat. Ver. Limnol. **18**, 419 bis 425.

HEITMANN, M.-L., D. RICHTER & D. SCHUMANN, 1969: Der Wärme- und Wasserhaushalt des Stechlin- und Nehmitzsees. — Abh. meteor. Dienstes DDR Nr. 96 (**12**), 98 S.

HOFMANN, R., 1975: Untersuchungen zum Phosphatmetabolismus einer Trinkwassertalsperre. — Internat. Rev. ges. Hydrobiol. **60** (1), 63—95.

HOFMANN, R., & J. BENNDORF, 1976: Phosphathaushalt und planktische Bioaktivität in einem eutrophierten Rinnenstausee. — *Limnologica* (Berlin) **10** (2), 269—278.

Institut für Wasserwirtschaft, Berlin, unter Mitwirkung des Forschungsinstitutes für Mikrobiologie und Hygiene, Bad Elster, 1970: Ausgewählte Methoden der Wasseruntersuchung, Band II. Biologische, mikrobiologische und toxikologische Methoden. — VEB Gustav Fischer Verl. Jena.

— 1971: Ausgewählte Methoden der Wasseruntersuchung, Band I. Chemische, physikalisch-chemische, physikalische und elektrochemische Methoden. — VEB Gustav Fischer Verl. Jena.

Korrespondentenbericht, 1970: The great phosphorus controversy. — Environm. Sci. Technol. **4**, 725 bis 726.

KOSCHEL, R., 1980a: Bilanz der Primärproduktion des Phytoplanktons in den Gewässern des Stechlinseesystems. — *Limnologica* (Berlin) **13** (1), 55—81.

— 1980b: Die Phosphataffinität von Mikroorganismengesellschaften im Stechlinseesystem und in anderen Seen. — *Limnologica* (Berlin) **13** (1), 129—145.

KÜCHLER, L., 1980: Phytoplanktonuntersuchungen im Stechlinseegebiet in den Jahren 1973—1975. — *Limnologica* (Berlin) **13** (1), 89—99.

LEAN, D. R. S., 1973a: Movements of phosphorus between its biological important forms in lake water. — J. Fish. Res. Board Can. **30**, 1525—1536.

— 1973b: Phosphorus dynamics in lake water. — Science **179**, 678—680.

LEAN, D. R. S., M. N. CHARLTON, B. K. BURNISON, T. P. MURPHY, S. E. MILLARD & K. R. YOUNG, 1975: Phosphorus changes in ecosystem metabolism from reduced loading. — Verh. internat. Ver. Limnol. **19**, 249—257.

LEHMAN, J. T., D. B. BOTKIN & G. E. LIKENS, 1975: Lake eutrophication and the limiting CO_2 concept: a simulation study. — Verh. internat. Verein. Limnol. **19**, 300—307.

Ministerium für Umweltschutz und Wasserwirtschaft, Berlin, 1975: Wassergütebewirtschaftung Seen. Fachbereichsstandard TGL 27885/01. — 24 S.

MÖLLER, L., 1936: Stechlin-See und Sakrower See (Ein Beitrag zur Charakteristik eutropher und oligotropher Seetypen). — Arch. Hydrobiol. **24**, 137—156.

MOTHES, G., 1964: Die makroskopische Bodenfauna des Stechlinsees. Ein Überblick über ihre quantitative Verteilung. — *Limnologica* (Berlin) **2** (2), 205—216.

— 1966: Die makroskopische Bodenfauna des oligotrophen Stechlinsees im Vergleich zu eutrophen Nachbarseen. — Verh. internat. Ver. Limnol. **16**, 258—262.

— 1967: Die makroskopische Bodenfauna des Nehmitzsees. Ein Überblick über ihre quantitative Verteilung mit einer kurzen Bemerkung über den Gerlinsee. — *Limnologica* (Berlin) **5** (1), 105—116.

— 1974: Phosphatbestimmungen im Pelagial des Stechlinsees (1970—71). — *Limnologica* (Berlin) **9** (2), 157—169.

— 1977: Sedimentationsvorgänge im Stechlinseegebiet. — Acta hydrochim. et hydrobiol. **5** (3), 269—281.

— 1980: Sedimentation und Stoffbilanzen in Seen des Stechlinseegebietes. — *Limnologica* (Berlin) **13** (1), 147—154.

MOTHES, G., R. KOSCHEL & W. SCHEFFLER, 1976: Der Einfluß der Aufwärmung eines Sees durch ein Kraftwerk auf Phosphorhaushalt und Stoffproduktion. — *Limnologica* (Berlin) **10** (2), 489—501.

NAUMANN, E., 1932: Grundzüge einer regionalen Limnologie. — Die Binnengewässer **11**, 176 S.

OHLE, W., 1962: Der Stoffhaushalt der Seen als Grundlage einer allgemeinen Stoffwechseldynamik der Gewässer. — Kieler Meeresforsch. **18** (3), 107 bis 120.

— 1964: Interstitiallösungen der Sedimente, Nährstoffgehalt des Wassers und Primärproduktion des Phytoplanktons in Seen. — Helgol. Wiss. Meeresunters. **10** (1—4), 411—429.

PÜSCHEL, R., 1968: Grenzkonzentration und Erfassungsgrenze quantitativer Analysenmethoden. Berechnung dieser Kennzahlen für (spektral-)photometrische Verfahren. — Microchim. Acta **1968**, 82—88.

RICHTER, D., 1969: Ein Beitrag zur Bestimmung der Verdunstung freier Wasserflächen dargestellt am Beispiel des Stechlinsees. — Abh. meteorol. Dienstes DDR 86 (**11**), 47 S.

RICHTER, D., & R. WIEDRICH, 1967: Die Sichttiefen im Stechlin- und Nehmitz-See. — *Limnologica* (Berlin) **5** (3), 299—305.

RIGLER, F., 1966: Radiobiological analysis of inorganic phosphorus in lake water. — Verh. internat. Ver. Limnol. **16**, 465—470.

SAUBERER, F., 1962: Empfehlungen für die Durchführung von Strahlungsmessungen an und in Gewässern. — Mitt. internat. Ver. Limnol. **11**, 77 S.

SCHEGG, E., 1971: Produktion und Destruktion in der trophogenen Schicht. Untersuchungen ökologischer Parameter im polytrophen Rotsee und in der mesotrophen Horwer Bucht (Vierwaldstättersee). — Schweiz. Z. Hydrol. **33**, 425—532.

SCHEFFLER, W., 1980: Quantitative Erfassung des Periphytons im Stechlinsee. — *Limnologica* (Berlin) **13** (1), 101—122.

STADELMANN, P., 1971: Stickstoffkreislauf und Primärproduktion im mesotrophen Vierwaldstättersee (Horwer Bucht) und im eutrophen Rotsee mit besonderer Berücksichtigung des Nitrates als limitierender Faktor. — Schweiz. Z. Hydrol. **33** (1), 1—65.

STROSS, R. G., & S. M. PEMRICK, 1974: Nutrient uptake kinetics in phytoplankton: a basis for niche separation. — J. Phycol. (N.Y.) **10**, 164—169.

STUMM, W., 1977: Die Beeinträchtigung aquatischer Ökosysteme durch die Zivilisation. — Naturwiss. **64** (4), 157—165.

UHLMANN, D., & J. HRBÁČEK, 1976: Kriterien der Eutrophie stehender Gewässer. — Limnologica **10** (2), 245—253.

VOGLER, P., 1965: Probleme der Phosphatanalytik in der Limnologie und ein neues Verfahren zur Bestimmung von gelöstem Orthophosphat neben kondensierten Phosphaten und organischen Phosphorsäureestern. — Internat. Rev. ges. Hydrobiol. **50** (1), 33—48.

— 1966a: Zur Analytik kondensierter Phosphate und organischer Phosphate bei limnologischen Untersuchungen. — Ebenda **51** (5), 775—785.

— 1966b: Zur Analytik der Phosphorverbindungen in Gewässern. — *Limnologica* (Berlin) **4** (2), 437 bis 444.

— 1975a: Analysenautomation in Wasserlaboratorien mit flow-stream-Automaten. I. Einsatzgebiete, Anwendungsgrenzen und Nutzen von flow-stream-Automaten in Wasserlaboratorien. — Acta hydrochim. et hydrobiol. **3** (2), 133—144.

— 1975b: Analysenautomation in Wasserlaboratorien mit flow-stream-Automaten. II. Die kombinierte automatische Bestimmung von Orthophosphat und Orthosilikat in Wässern. — Acta hydrochim. et hydrobiol. **3** (2), 145—158.

— 1975c: Analysenautomation in Wasserlaboratorien mit flow-stream-Automaten. III. Die kombinierte automatische Bestimmung von Ammonium und Gesamtsalzgehalt in Wässern. — Acta hydrochim. et hydrobiol. **3** (4), 307—326.

VOLLENWEIDER, R. A., 1961: Photometric studies in inland waters. Relations existing in the spectral extinction of light in water. — Mem. Ist. ital. Idrobiol. **13**, 87—113.

— 1969: A manual on methods for measuring primary production in aquatic environments. — IBP handbook No. 12, Blackwell Sci. Publ. Oxford and Edinburgh, 213 S.

WAGNER, G., 1961: Temperaturen und Sauerstoff im Großen Stechlinsee und Sacrower See. Eine Gegenüberstellung der Jahre 1958 und 1959. — Z. Fischerei N.F. **10**, 5—19.

WALTON, C. P., & G. F. LEE, 1971: A biological evaluation of the molybdenum blue method for orthophosphate analysis. — Verh. internat. Ver. Limnol. **18**, 676—684.

Eingegangen am 9. 10. 1978.

Anschrift des Verfassers:

Dr. habil. GEORG MOTHES
Akademie der Wissenschaften der DDR
Institut für Geographie und Geoökologie,
Bereich Hydrologie
DDR-1162 Berlin, Müggelseedamm 260

Limnologica (Berlin) **13** (1), 55—81, Januar 1981

RAINER KOSCHEL

Bilanz der Primärproduktion des Phytoplanktons in den Gewässern des Stechlinseesystems

Mit 18 Abbildungen und 7 Tabellen

Inhalt

1. Einleitung

Die Primärproduktion nimmt im Stoffhaushalt von stehenden bzw. gestauten Gewässern eine beherrschende Stellung ein (Abb. 1). Sie ist Ausgangsgröße und Bindeglied für den Energiefluß und die Energieumsetzungen und daher als Zielgröße limnologischer Untersuchungen besonders geeignet. Die Beziehungen zwischen Primärproduktion und anderen Ökosystemkomponenten sind dabei äußerst komplex. Wir finden eine kaum zu überschauende Anzahl von Wechselwirkungen und Rückkopplungsmechanismen zwischen den chemischen und physikalischen Umweltfaktoren, einschließlich der Raum- und Zeitstrukturen, der Primärproduktion und den auto- und heterotrophen Organismen. Gegenwärtig gilt es, besonders solche Zusammenhänge zu analysieren, die eine Schlüsselstellung bei der Steuerung der Artenkomposition, der Biomasseproduktion und anderer Bioaktivitäten einnehmen und deren Quantifizierung der Lösung aktueller Probleme wie z. B. der Eutrophierung und Oligotrophierung, der zivilisatorischen Beeinflussung der Gewässer im weiteren Sinne oder der Prozeßsteuerung in Ökosystemen dient.

Die Aspekte bestimmen letztlich auch im wesentlichen die Forschungsarbeiten zur Primärproduktion des Phytoplanktons im Stechlinseesystem. Die langfristig angelegten und noch keinesfalls abgeschlossenen Untersuchungen vollziehen sich dabei analog einem in Abb. 2 verdeutlichten Schema. Wenn auch bereits seit 1970 die Primärproduktion des Phytoplanktons im Stechlinseesystem systematisch beobachtet, registriert und untersucht wird — über Teilergebnisse wurde bereits berichtet (KOSCHEL 1974a, b, 1976, MOTHES,

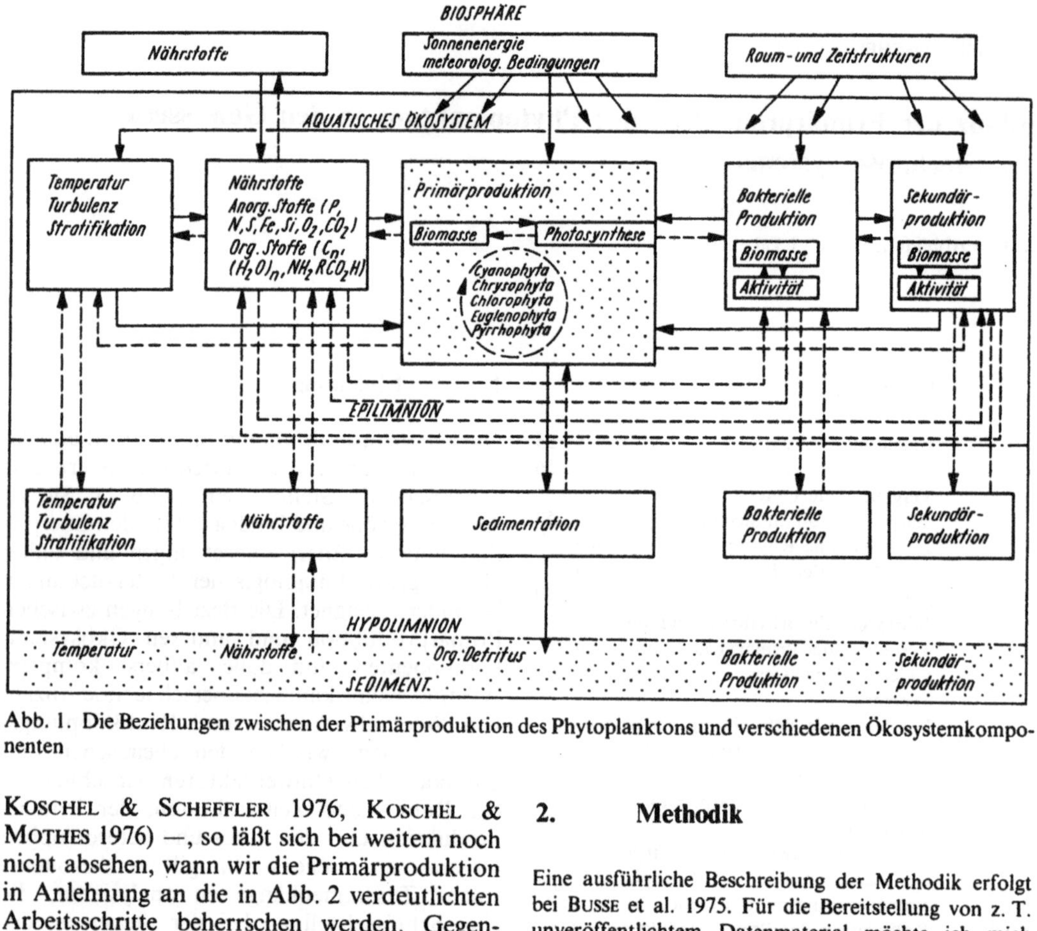

Abb. 1. Die Beziehungen zwischen der Primärproduktion des Phytoplanktons und verschiedenen Ökosystemkomponenten

KOSCHEL & SCHEFFLER 1976, KOSCHEL & MOTHES 1976) —, so läßt sich bei weitem noch nicht absehen, wann wir die Primärproduktion in Anlehnung an die in Abb. 2 verdeutlichten Arbeitsschritte beherrschen werden. Gegenwärtig durchlaufen wir den Kreislauf der Informationsgewinnung ein erstes Mal. In diesem Beitrag sollen die Ergebnisse 6jähriger Meßreihen zur Primärproduktion zusammengefaßt und sich daraus ergebende Beziehungen zwischen Primärproduktion, Phytoplankton und Licht diskutiert werden. Im Zusammenhang mit weiteren für das Gesamtverständnis der Primärproduktion wichtigen biologischen, chemischen, physikalischen und morphometrischen Faktoren (u. a. KOSCHEL 1980, KÜCHLER 1980, MOTHES 1980) soll damit eine Grundlage für eine erste Betrachtung der primärproduktionsbiologischen Steuerungsprozesse mit Hilfe limnologischer und mathematischer Modelle, für die Simulation einzelner Prozesse und für den Vergleich der Modell-outputs mit den Beobachtungsergebnissen geschaffen werden (BENNDORF, KOSCHEL & RECKNAGEL 1980).

2. Methodik

Eine ausführliche Beschreibung der Methodik erfolgt bei BUSSE et al. 1975. Für die Bereitstellung von z. T. unveröffentlichtem Datenmaterial möchte ich mich beim Forschungsinstitut für Hydrometeorologie (Temperatur, Globalstrahlung, Niederschlag), dem Kernkraftwerk Rheinsberg (Kühlwasserpumpenleistung), meinen Kollegen G. BUSSE, Dr. L. KÜCHLER (Phytoplankton) und Dr. G. MOTHES (Phosphat, Sedimentation, Seston) bedanken.
Herrn Dr. MEISKE (AdW der DDR, Rechenzentrum Berlin-Buch) und Herrn Dr. STRAŠKRABA (ČSAV, Botanisches Institut) sei für die Unterstützung bei der mathematischen Auswertung gedankt.
Die Zooplanktonwerte entstammen einer Arbeit von GRÜNEBERG & WITTE (1972).
Herrn MARKUSE ist für die vielfältige Unterstützung bei der Probenentnahme und -aufbereitung zu danken.

Physikalische Methoden

Globalstrahlung: Aktinograph, Pyranometer (Forschungsinstitut für Hydrometeorologie, Station Stechlinsee)

Temperatur: Widerstandsthermometer (Forschungsinstitut für Hydrometeorologie, Station Stechlinsee)

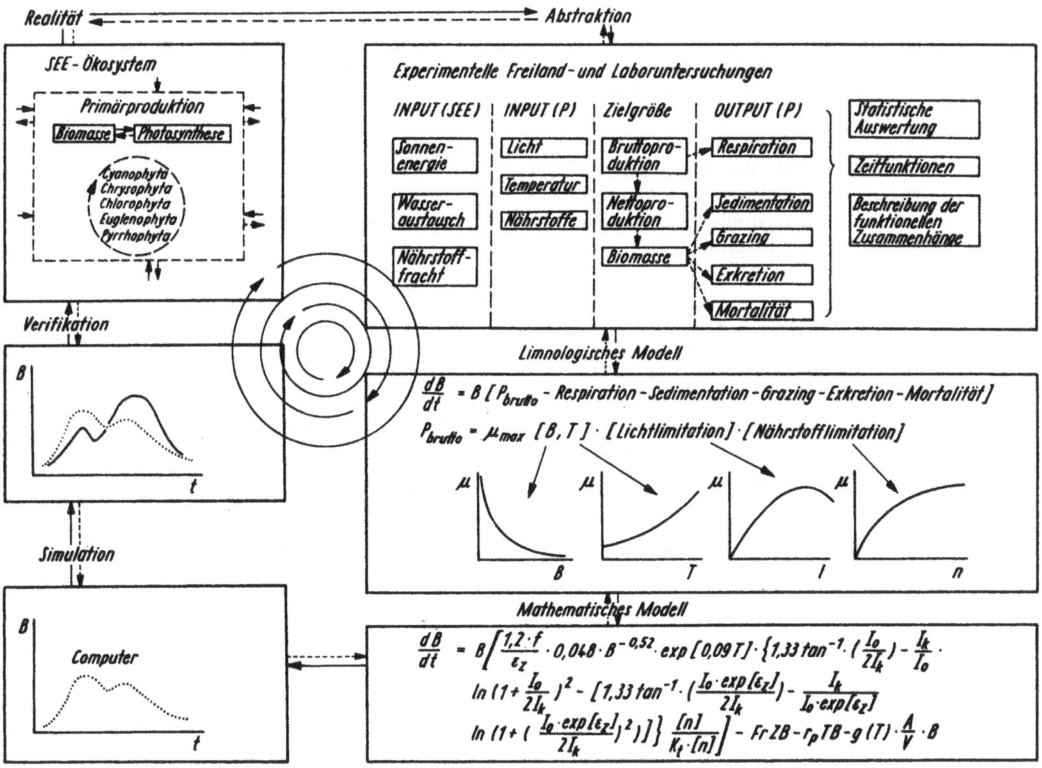

Abb. 2. Blockdiagramm zur Analyse der Primärproduktion des Phytoplanktons im Stechlinseesystem

Transmission: Unterwasserphotometer nach PH. SCHENK, Wien
Sichttiefe: Secchischeibe 30 cm ∅
Niederschlag: Totalisatoren (Forschungsinstitut für Hydrometeorologie, Station Stechlinsee)
Wasserdurchfluß: Kühlwasserpumpenleistung (Kernkraftwerk Rheinsberg)

Chemische Methoden
Gesamtkohlensäure: Karbonatalkalinität
Sauerstoff: nach WINKLER
Phosphat: Molybdänblaumethode nach VOGLER
Nitrat: Cadmiumamalgammethode (WWD, Havel, Zentrallabor Potsdam)
Silikat: Molybdatkieselsäuremethode (WWD Havel, Zentrallabor Potsdam)

Biologische Methoden
Primärproduktion: ^{14}C-Methode nach STEEMANN NIELSEN
Phosphataffinität: ^{32}P-Methode
Phytoplankton: quantitative Auswertung, Umkehrmikroskop nach UTERMÖHL
Zooplankton: Pumpmethode, KOLKWITZ-Kammern
Sedimentation: Sedimentationstrichter, modifiziert nach MOTHES
Seston: Membranfiltration

Mathematische Methoden
Regressionsanalyse: Robotron 300 (Rechenzentrum der AdW der DDR, Berlin-Buch), Hewlett Packard (Botanisches Institut der ČSAV, Hydrobiologisches Laboratorium Prag)

Symbole und Abkürzungen

A — Fläche eines Sees
a — Primärproduktionsrate in einem Tiefenhorizont
a_{opt} — Primärproduktionsrate im produktionsmaximalen Horizont
B — Phytoplanktonbiomasse
B^C — Phytoplanktonbiomasse in Kohlenstoffeinheiten
B^C_{Na} — Phytoplanktonbiomasse des Nannophytoplanktons in Kohlenstoffeinheiten

BE — Bestimmtheit
Chla — Chlorophyll a
E — Lichtenergie (Globalstrahlung)
$E_{phot}^{400-700}$ — photosynthetisch wirksamer Anteil der Lichtenergie
$Eff_{äu}$ — äußere Energieeffektivität (Lichtausnutzungsrate bei der Primärproduktion)
Eff_{in} — innere Energieeffektivität (Lichtausnutzungsrate pro Phytoplanktonbiomasseeinheit bei der Primärproduktion)
FM — Frischmasse
FW — F-Wert
Fr — Filtrationsrate des Zooplanktons
$g(T)$ — Sedimentationsrate, temperaturabhängig
I_K — Parameter der Lichtabhängigkeit der Algenphotosynthese
I_0 — Lichtenergie an der Wasseroberfläche (= E)
K_t — Halbsättigungskonstante für die Nährstoffaufnahme von Algen
KKW — Kernkraftwerk
n — Nährstoffkonzentration
P — Primärproduktionsrate des Phytoplanktons
P^{cal} — Primärproduktionsrate in Kalorien
P_{Na} — Primärproduktionsrate des Nannophytoplanktons
P_{Brutto} — Bruttoprimärproduktion
P/B — spezifische Leistung des Phytoplanktons
$(P/B)_{max}$ — maximale spezifische Leistung des Phytoplanktons in der vertikalen Verteilung von P/B
r_P — Respirationsrate des Phytoplanktons
T — Temperatur
TR — Transmission (= Sichttiefe)
V — Volumen eines Sees
V/Q — Verhältnis der Primärproduktionsrate (a_{opt}) zur Primärproduktionsrate in Σa
z — Tiefe
$z_{0,5 I_k}$ — Tiefe, in der der I_K-Wert um die Hälfte abgenommen hat
Z — Zooplanktonbiomasse
μ — Wachstumsrate
ϱ — Korrelationskoeffizient
ε — vertikaler Extinktionskoeffizient der photosynthetisch wirksamen Strahlung

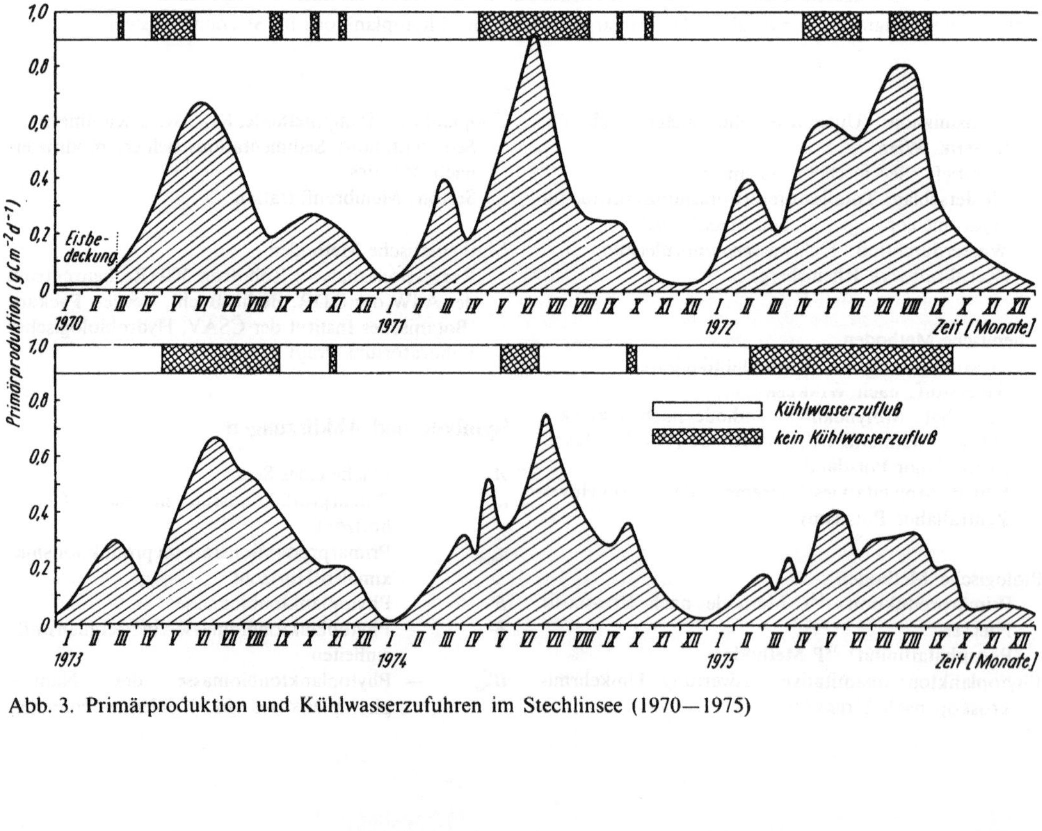

Abb. 3. Primärproduktion und Kühlwasserzufuhren im Stechlinsee (1970—1975)

3. Vergleichende Untersuchungen zur Primärproduktion des Phytoplanktons im Stechlinseesystem

3.1. Jahreszeitliche Rhythmik und vertikale Verteilung der Primärproduktion im Stechlinsee

In Abb. 3 sind die Jahresgänge der Primärproduktion von 1970—1975 dargestellt. Abb. 4 zeigt die vertikalen Verteilungsbilder der Primärproduktion an einzelnen Untersuchungstagen. Bereits im Februar/März treten bemerkenswerte Produktionsraten auf. Bei fehlender Eisbedeckung und Zufuhren von erwärmtem Kühlwasser konnten in dieser Zeit (1971—1974) Primärproduktionswerte von 25 bis 50 mg C $m^{-3} \cdot d^{-1}$ (a_{opt}) und 80—400 mg C $m^{-2} \cdot d^{-1}$ gemessen werden. Ein erstes ausgeprägtes Maximum der Primärproduktion tritt im März/April auf (50—70 mg C $m^{-3} \cdot d^{-1}$, 250—400 mg C $m^{-2} \cdot d^{-1}$). Der produktionsmaximale Horizont liegt in der Regel zwischen 2,5 und 5 m Tiefe (Abb. 5). Anschließend kommt es zu einer kurzzeitigen Depression der Primärproduktion. Danach steigen die Werte wieder an. Die sommerlichen Maxima treten im Juni/Juli auf. Es konnten obere Extremwerte von etwa 100 mg C $m^{-3} \cdot d^{-1}$ und nahe 1 g C $m^{-2} \cdot d^{-1}$ registriert werden. Diese maximalen Werte fallen allerdings von Jahr zu Jahr unterschiedlich aus und differieren in ihrem zeitlichem Auftreten (Tab. 1). Durchschnittlich liegen die Primärproduktionsraten von Juni—August zwischen 50—80 mg C $m^{-3} \cdot d^{-1}$ (a_{opt}) und 500—800 mg C $m^{-2} \times d^{-1}$. Die produktionsmaximalen Horizonte befinden sich in dieser Phase meist nahe der Oberfläche (Abb. 5). Nach dem sommerlichen Maximum fällt die Primärproduktion rasch ab. Im Herbst werden 40—60 mg C $m^{-3} \cdot d^{-1}$ (a_{opt}) und 200—300 mg C $m^{-2} \cdot d^{-1}$ assimiliert.

Ein anderes Bild ergibt sich in Jahren einer geschlossenen Eisbedeckung (1970) oder einer langanhaltenden Ruhepause der Kühlwasserzufuhr (1975). Bei Eisbedeckung liegt die winterliche Primärproduktion bei 20—60 mg C $m^{-2} \cdot d^{-1}$, der produktionsmaximale Horizont nahe der Oberfläche. Ein frühzeitiges Maximum der Primärproduktion im März/April ist nicht zu beobachten. Nach Eisbruch steigt die Primärproduktion kontinuierlich an und erreicht ihr Maximum im Juni/Juli. Es folgt eine Depressionsphase, ehe im Spätsommer ein zweites Produktionsmaximum zu beobachten ist.

1975 (langanhaltende Ruhephase der Kühlwasserzufuhren) verläuft die Primärproduktion anfänglich ähnlich wie in den anderen Jahren (1971—1974). Ab Mai erfolgt aber ein ausgeprägter Rückgang der Primärproduktion. Die sommerlichen Maxima anderer Jahre werden nicht erreicht. Die Gesamtprimärproduktion beträgt etwa 60% der vorangegangenen Jahre. Die Jahresproduktion lag 1975 bei 70 g C m^{-2}. Von 1970—1974 ergibt sich eine durchschnittliche Jahresproduktion von 110 g C m^{-2}. Zusammenfassende Angaben über die mittlere Tages-, maximale Tages- und Jahresproduktion von 1970—1975 sind in Tab. 2 enthalten.

3.2. Jahreszeitliche Rhythmik und vertikale der Primärproduktion in den anderen Gewässern des Stechlinseesystems

Den Jahresgang der Primärproduktion im Nehmitzsee-Nordbecken zeigt Abb. 6, die vertikale Verteilung Abb. 7. Im Nehmitzsee-Nordbecken treten bei Eisfreiheit ähnlich wie im Stechlinsee bereits im März/April relativ hohe Primärproduktionsraten auf. 1974 konnte in dieser Zeit eine Primärproduktion von 50 bis 90 mg C $m^{-3} \cdot d^{-1}$ (a_{opt}) und 350—575 mg C $m^{-2} \cdot d^{-1}$ gemessen werden. Es folgt eine Depressionsphase. Ende Juli/Anfang August erreicht die Primärproduktion ihr Maximum (100—140 mg C $m^{-3} \cdot d^{-1}$ und 750—850 mg C $m^{-2} \cdot d^{-1}$). Die produktionsmaximalen Horizonte liegen bis Juli im oberen Bereich der euphotischen Zone (0—5 m Tiefe, vgl. Abb. 8). Von Juli—September kann ein zweiter produktionsmaximaler Horizont im metalimnischen Bereich auftreten (7,5—12,5 m Tiefe, vgl. Abb. 8). Das hochsommerliche Maximum klingt im Nehmitzsee-Nordbecken nur langsam aus. Noch Mitte September erreicht die Primärproduktion von a_{opt} 90 mg C $m^{-3} \cdot d^{-1}$ und 630 mg C $m^{-2} \cdot d^{-1}$. Mit fortschreitender

Zirkulation sinken die Primärproduktionsraten jedoch rasch ab. Mitte Oktober beträgt die Primärproduktion nur noch 40—50 mg C m^{-3} $\times$ d^{-1} (a_{opt}) und 150—180 mg C $m^{-2} \cdot d^{-1}$. Die Jahresproduktion liegt im Nehmitzsee-Nordbecken bei 140 g C m^{-2}.

Die Jahresgänge der Primärproduktion im Nehmitzsee-Südbecken und im Dagowsee sind in Abb. 6, die vertikale Verteilung der Primärproduktion in Abb. 7 (Nehmitzsee-Südbecken) und Abb. 9 (Dagowsee) dargestellt. Im Nehmitzsee-Südbecken treten maximale Primärproduktionsraten von 150—210 mg C $\times$ $m^{-3} \cdot d^{-1}$ (a_{opt}) und 850—1050 mg C m^{-2} $\times$ d^{-1} auf. a_{opt} liegt im Durchschnitt in 2,5 m Tiefe. Der Jahresgang der Primärproduktion weist ein ausgeprägtes Maximum der Primärproduktion im Juni, eine Depressionsphase im Juli/August und ein zweites spätsommerliches Maximum im August/September auf. Die Jahresproduktion beträgt 145 g C m^{-2} (1974).

Der Dagowsee weist als stark eutrophiertes Gewässer andere primärproduktionsbiologische Charakteristika auf. Die trophogene Zone geht nur bis in eine Tiefe von max. 4—5 m. Die produktionsmaximalen Horizonte liegen entsprechend zwischen 0 und 1 m Tiefe (vgl. Abb. 9). Die Maximalwerte der Primärproduktion liegen bei 2,4—3,8 g C $m^{-3} \cdot d^{-1}$ (a_{opt}) und 4,5 g C $m^{-2} \cdot d^{-1}$. Der Jahresgang weist 2 Maxima auf, ein erstes im Mai und ein zweites im August/September. Dazwischen liegt eine Depressionsphase. Die Jahresproduktion beträgt 1974 290 g C m^{-2}.

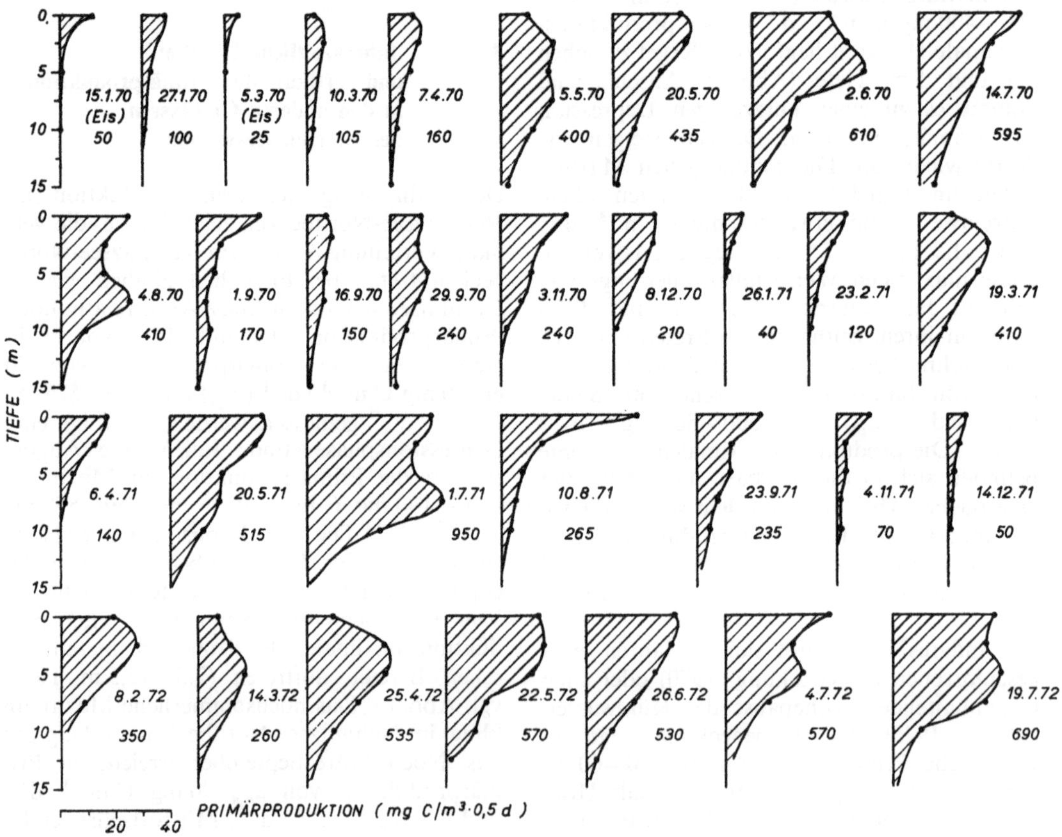

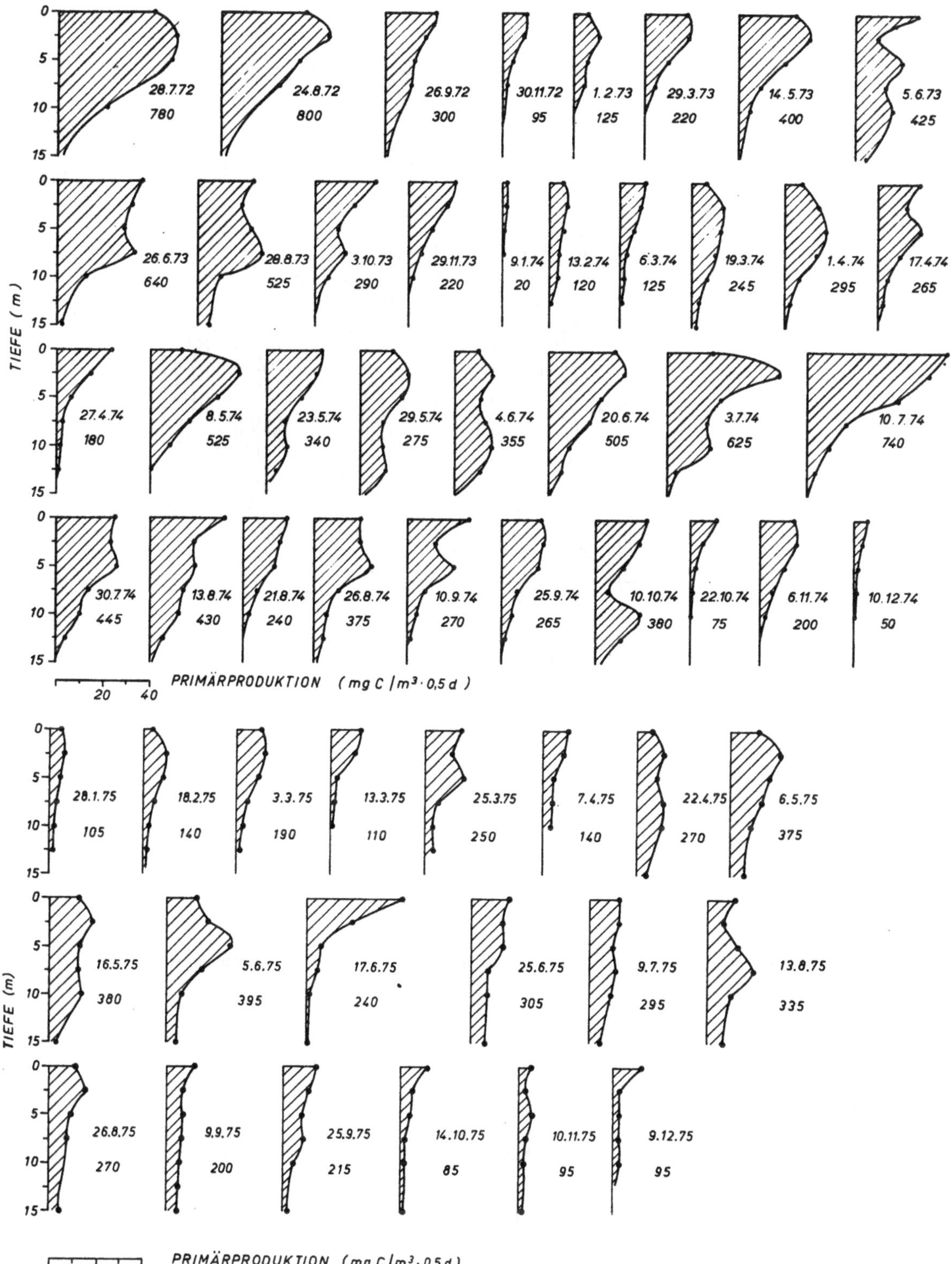

Abb. 4. Vertikale Verteilung der Primärproduktion im Stechlinsee (Die Zahlenwerte unter dem Datum geben die Tagesproduktion in mg C $m^{-2} \cdot d^{-1}$ an).

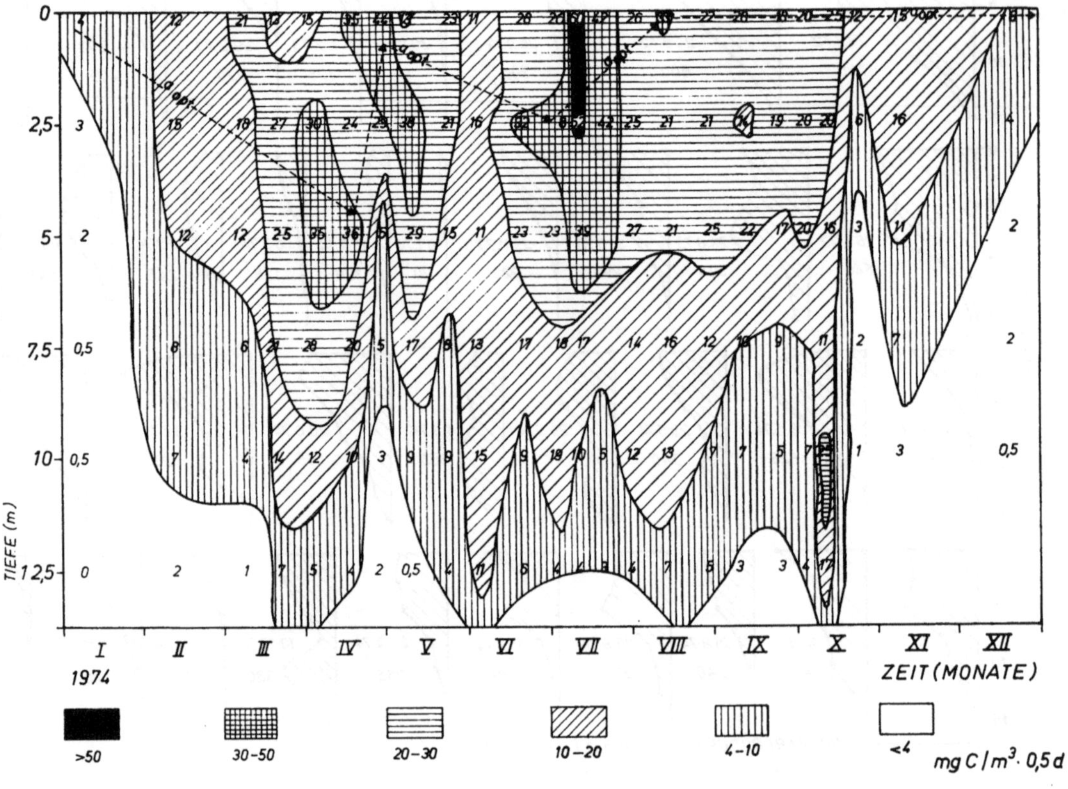

Abb. 5. Primärproduktion und produktionsmaximaler Horizont (a_{opt}) im Stechlinsee (1974)
——— a_{opt}

Tab. 1. Maxima der Primärproduktion des Phytoplanktons von 1970—1975 im Stechlinsee

Jahr	Frühjahrsmaximum			Sommermaximum		
	a_{opt} mg C $m^{-2} \cdot d^{-1}$	Σa mg C $m^{-2} \cdot d^{-1}$	Zeitpunkt	a_{opt} mg C $m^{-3} \cdot d^{-1}$	Σa mg C $m^{-2} \cdot d^{-1}$	Zeitpunkt
1970	nicht ausgeprägt			80	610	Mitte Juni
1971	50	400	Ende März	100	950	Anfang Juli
1972	55	350	Mitte Februar	100	800	Ende Juli/ Anfang August
1973	50	300	Mitte März	75	640	Ende Juni
1974	40	300	Anfang April	120	740	Anfang Juli
1975	35	260	Ende März	80	400	Anfang Juni

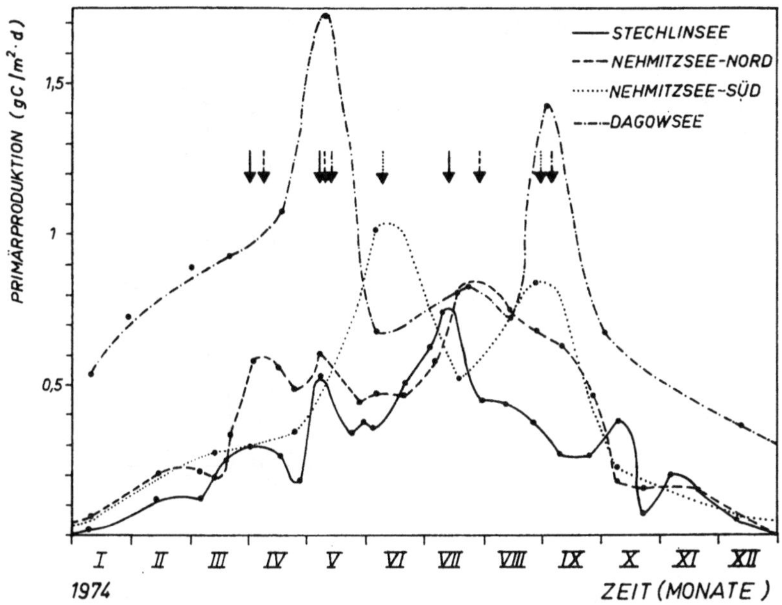

Abb. 6. Jahresgang der Primärproduktion im Stechlinsee, Nehmitzsee-Nordbecken, Nehmitzsee-Südbecken und Dagowsee (1974) (Die Pfeilspitzen kennzeichnen die Produktionsmaxima in den einzelnen Gewässern.)

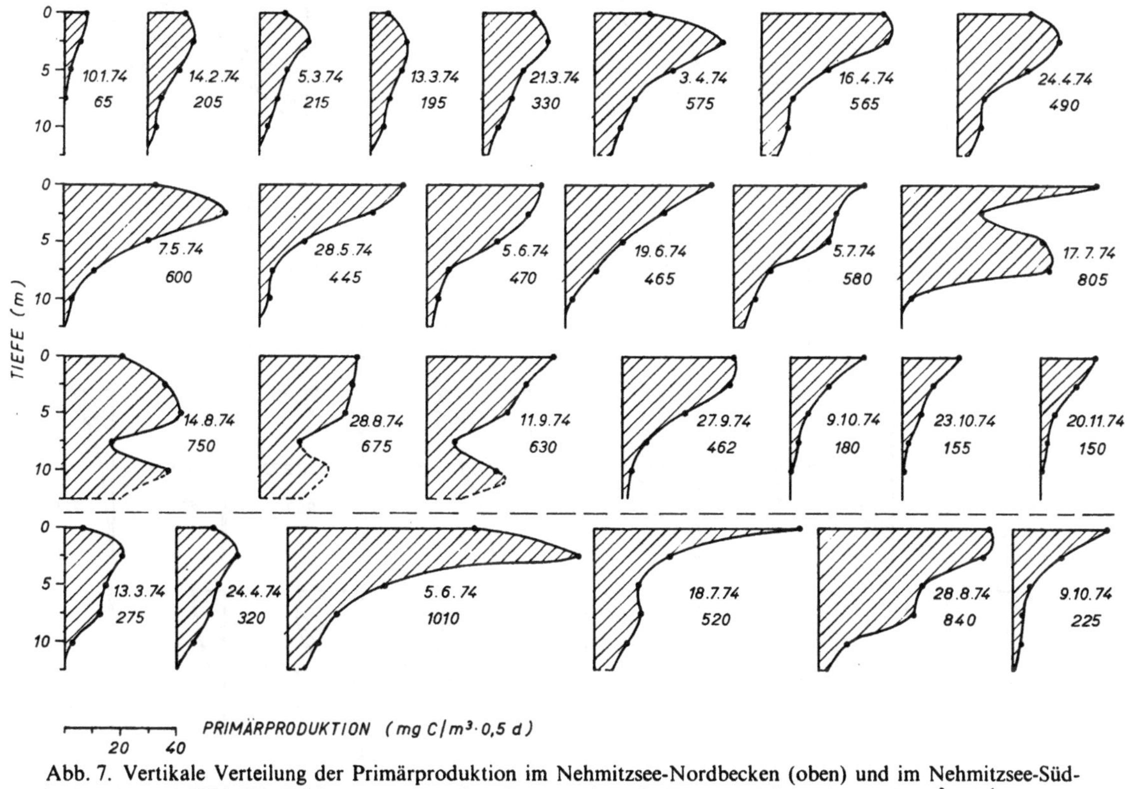

Abb. 7. Vertikale Verteilung der Primärproduktion im Nehmitzsee-Nordbecken (oben) und im Nehmitzsee-Südbecken (unten) 1974 (Die Zahlenwerte unter dem Datum geben die Tagesproduktion in mg C $m^{-2} \cdot d^{-1}$ an.)

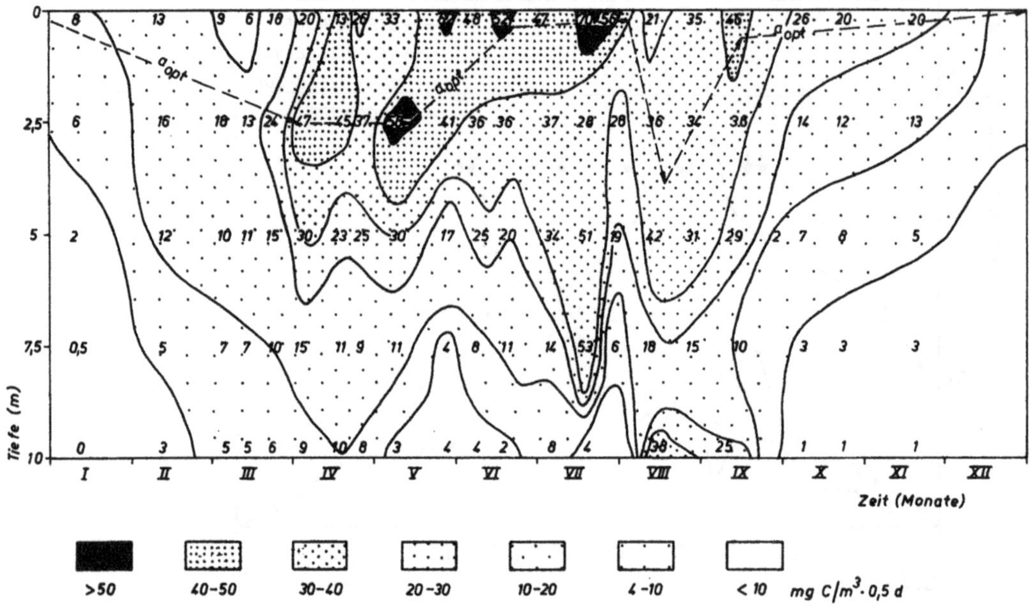

Abb. 8. Primärproduktion und produktionsmaximaler Horizont (a_{opt}) im Nehmitzsee-Nordbecken (1974) ——— a_{opt}

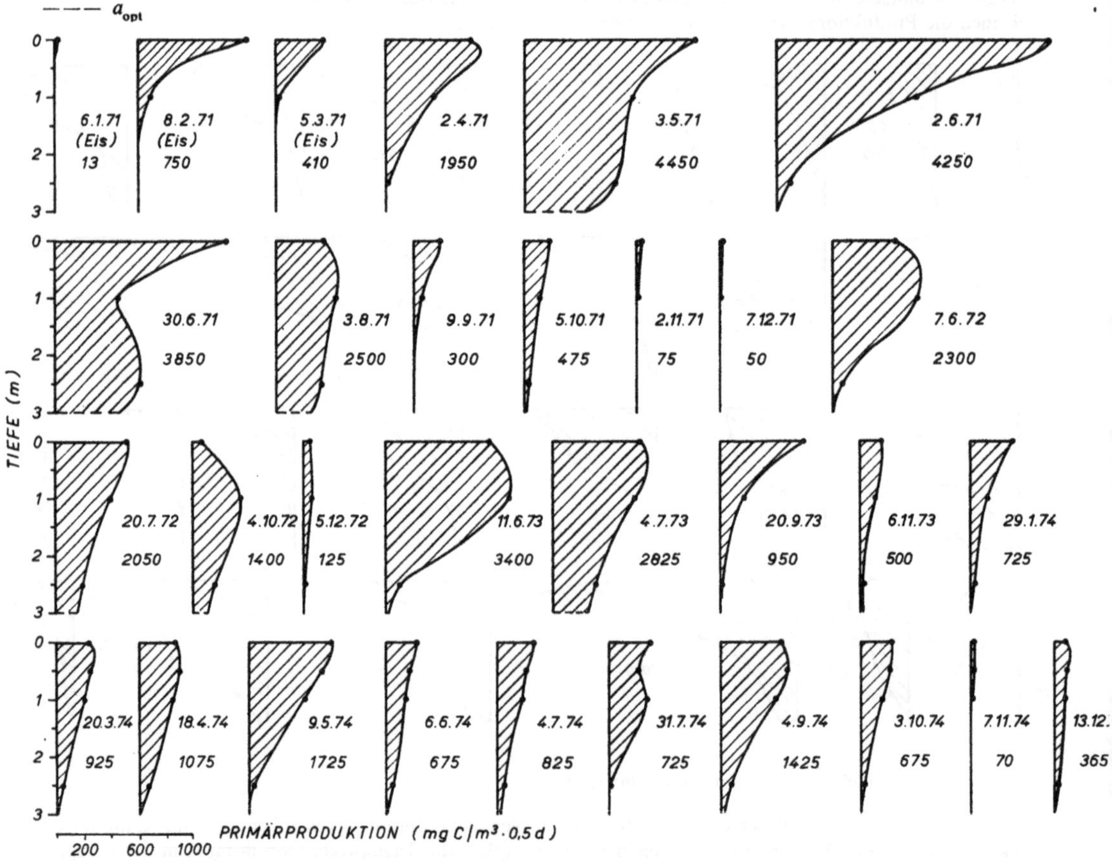

Abb. 9. Vertikale Verteilung der Primärproduktion im Dagowsee von 1971—1974 (Die Zahlenwerte unter dem Datum geben die Tagesproduktion in mg C $m^{-2} \cdot d^{-1}$ an.)

3.3. Vergleichende Betrachtung der primärproduktionsbiologischen Verhältnisse im Stechlinsee

Die wichtigsten primärproduktionsbiologischen Kriterien sind für den Stechlinsee in Tab. 2, für die anderen Gewässer des Stechlinseesystems in Tab. 3 zusammengefaßt. Stechlinsee, Nehmitzsee-Nordbecken und Nehmitzsee-Südbecken unterscheiden sich in ihrer maximalen Tagesproduktion, mittleren Tagesproduktion, dem mittleren V/Q-Quotienten und der Jahresproduktion nur geringfügig. Sie weisen meso- bis leicht euproduktive Züge auf (Abb. 10). Der Stechlinsee tendiert allerdings in Jahren einer begrenzten Kühlwasserzufuhr (1975) zur Oligoproduktivität. — Der Dagowsee ist ein euproduktives Gewässer.

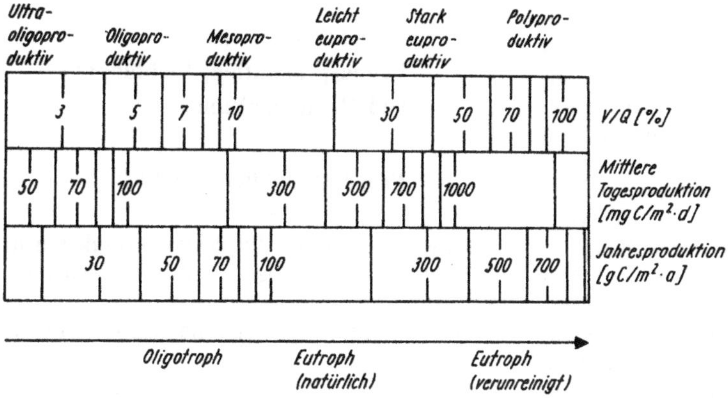

Abb. 10. Gewässertypisierung nach primärproduktionsbiologischen Kriterien

Tab. 2. Die Primärproduktion des Phytoplanktons im Stechlinsee von 1970—1975

Jahr	max. Tagesproduktion mg C $m^{-2} \cdot d^{-1}$	mittlere Tagesproduktion mg C $m^{-2} \cdot d^{-1}$	V/Q %	Jahresproduktion g C m^{-2}
1970	610	277	14	101
1971	950	277	22	101
1972	800	378	14	138
1973	640	315	15	115
1974	740	267	16	97
1975	400	186	15	68
Mittelwert	690	283	16	103

Tab. 3. Die Primärproduktion des Phytoplanktons im Nehmitzsee-Nordbecken, Nehmitzsee-Südbecken und Dagowsee 1974

Gewässer	max. Tagesproduktion mg C $m^{-2} \cdot d^{-1}$	mittlere Tagesproduktion mg C $m^{-2} \cdot d^{-1}$	V/Q %	Jahresproduktion g C m^{-2}
Nehmitzsee-Nordbecken	800	381	18	139
Nehmitzsee-Südbecken	1010	397	21	143
Dagowsee	1725	811	33	292

3.4. Effektivität der Primärproduktion im Stechlinsee

In Tab. 4 sind die wichtigsten gemessenen Bilanzparameter zum Energiefluß und zur Effektivität der Primärproduktion im Stechlinsee zusammengefaßt. Die Einzelwerte werden in den Abschnitten 3.1., 4.1 und 4.2 ausführlich diskutiert. Die Primärproduktion zeigt von 1970—1974 verhältnismäßig geringe Schwankungen. Entsprechend verhält sich die Effektivität der Energietransformation ($Eff_{äu}$). Die Biomassewerte und die damit im Zusammenhang stehenden Aktivitätskoeffizienten sowie die Effektivität der Energietransformation pro Biomasseeinheit (Eff_{in}) streuen dagegen recht beträchtlich.
Offensichtlich kann der Stechlinsee seinen gegenwärtigen Systemcharakter („mesoproduktiv—oligotroph") über unterschiedliche Regulationsmechanismen in der euphotischen Zone aufrecht erhalten. Die Regulation erfolgt über verschiedene Quantitäten und Qualitäten des Phytoplanktons. Die verschiedenen Regulationsmechanismen sind dabei nicht prinzipiell gleichzusetzen. Sie deuten auf unterschiedliche potentielle Konsequenzen für das Ökosystem hin. Eine weitere Forcierung der von 1970—1973 beobachteten Prozesse, d. h., eine relativ hohe Biomasseproduktion über Mikroplankter ist im Sinne einer negativen Evolution des Gewässers (Eutrophierung) anzusehen. Die Verhältnisse von 1974 und in noch stärkerem Maße von 1975 zeigen den Trend zur Stabilisierung des Systems im oligotrophen Bereich (relativ niedrige Biomasseproduktion der mikroplanktischen Algen, hoher prozentualer Anteil der nannoplanktischen Primärproduktion an der Gesamtprimärproduktion).

4. Beziehungen zwischen Primärproduktion, Lichtangebot und Phytoplankton

4.1. Primärproduktion und Licht

Das Licht beeinflußt die Primärproduktion in unterschiedlicher Weise. Von entscheidender Bedeutung sind:

1) das absolute Lichtenergieangebot (FORTI 1965)
2) die spektrale Zusammensetzung des Lichtes (GESSNER & DIEHL 1951, WALLEN & GEEN 1971)
3) die vertikale Verteilung des Lichtes (RODHE 1965, VOLLENWEIDER 1965)
4) die intermittierenden Lichtbedingungen (BAUMERT 1976)

Tab. 4. Effektivität der Primärproduktion im Stechlinsee (mittlere tägliche Werte pro m²)

Jahr	Energie (Globalstrahlung) (E) $cal \cdot m^{-2} \cdot d^{-1}$	Primärproduktion (P) $mg\ C\ m^{-2} \cdot d^{-1}$	Anteil der nannoplanktischen Primärproduktion (PNa) $mg\ C\ m^{-2}$	Phytoplanktonbiomasse (B^C) $mg\ C\ m^{-2}$	Anteil der nannoplanktischen Biomasse (B^C_{Na}) $mg\ C\ m^{-2}$	Spezifische Leistung ($P \cdot B^{C-1}$) $mg\ C \cdot mg\ C^{-1}$	Spezifische Leistung des Nannoplanktons ($P \cdot B^{C-1}_{Na}$) $mg\ C \cdot mg\ C^{-1}$	Äußere Energieeffektivität ($Eff_{äu}$) $P^{cal} \cdot E^{-1}$ ‰	innere Energieeffektivität (Eff_{in}) $P^{cal} \cdot E^{-1} \cdot B^{C-1}$ ‰ $\cdot mg\ C^{-1}$
1970	$231{,}7 \cdot 10^4$	277	153	260	23	1,07	6,65	1,19	0,0046
1971	$231{,}5 \cdot 10^4$	277	173	120	36	2,31	4,80	1,19	0,0099
1972	$219{,}2 \cdot 10^4$	378		470	41	0,80		1,72	0,0037
1973	$223{,}8 \cdot 10^4$	315	189	420	76	0,75	2,49	1,40	0,0033
1974	$196{,}0 \cdot 10^4$	267	184	400	290	0,67	0,63	1,36	0,0034
1975	$235{,}7 \cdot 10^4$	186	131	1000	950	0,19	0,14	0,76	0,0008

5) die Lichtausnutzungsrate des Phytoplanktons (Lichtadaptiertheit) (Jörgensen & Steemann Nielsen 1965, Steemann Nielsen & Jörgensen 1968, Koschel 1974a).

Der Einfluß einzelner Faktoren unterliegt dabei dynamischen Schwankungen. Änderungen der Phytozönose, der Durchsichtigkeit, des Strahlungsangebots oder der Turbulenz bewirken quantitative Verschiebungen der Primärproduktion—Lichtbeziehungen. So tritt beispielsweise die Abhängigkeit der Primärproduktion von den intermittierenden Lichtbedingungen in gut durchmischten, trüben Wasserkörpern viel stärker in Erscheinung als in klaren Gewässern mit einer mäßigen Turbulenz (Baumert 1976). Für den Stechlinsee scheint der Einfluß der intermittierenden Lichtbedingungen von untergeordneter Bedeutung zu sein. Auch wenn man noch die spektrale Zusammensetzung des Lichtes aus der Betrachtung ausklammert, bleibt der Zusammenhang zwischen Licht und Primärproduktion ein schwer zu überschauendes kompliziertes Gebilde. Allein die Tatsache, daß viele Phytoplanktonarten auf das Lichtenergieangebot unterschiedlich reagieren, erschwert eine Verallgemeinerung. Steemann Nielsen & Willemoes (1971) untersuchten die Abhängigkeit der Photosyntheserate von der Lichtintensität bei *Nitzschia palea*, *Chlorella pyrenoidosa* und *Coelosphaerium* sp. Sie fanden für alle drei Arten unterschiedliche Lichtsättigungsniveaus und entsprechend unterschiedliche Primärproduktionsraten bei gleichem Lichtangebot und gleicher Biomasse. Die Differenzen waren z. T. größer als eine Zehnerpotenz. Für die Gewässer ergeben sich damit, bedingt durch den Artenreichtum und die Sukzessionen in der Phytoplanktongemeinschaft, schwer zu quantifizierende Abhängigkeiten.

4.1.1. Kalkulation der Primärproduktion auf der Grundlage von Photosynthese—Lichtbeziehungen

Eine Berechnung der Primärproduktion allein auf der Grundlage des Energieangebots kann zu Fehleinschätzungen führen. Die meisten verallgemeinerten Integrationsschemata der Photosynthese—Lichtabhängigkeiten (Talling 1957, Vollenweider 1965, Steel 1962, 1973, Straškraba 1976) lassen sich letztlich nur unter der Annahme einer relativ gleichmäßigen Zusammensetzung und physiologischen Homogenität des Phytoplanktons in der vertikalen Verteilung sinnvoll anwenden. Die ungleichmäßige vertikale Verteilung der Phytoplanktonorganismen, horizontale „Leerräume“, starke qualitative Verschiebungen in der Tiefenverteilung der Algen und die damit mögliche Ausbildung von mehreren Lichtsättigungsniveaus und andere Faktoren (z. B. das unterschiedliche Nährstoffangebot in einzelnen Tiefen) überdecken die idealisierten Abhängigkeiten zwischen Licht und Primärproduktion. Die in verschiedenen Gewässern festgestellten Abweichungen zwischen gemessenen und berechneten Primärproduktionsraten bestätigen das (u. a. Jaques 1970, Koschel 1969, 1974a). Im Stechlinsee stimmen z. B. die gemessenen und nach Talling (1957) berechneten Primärproduktionsraten nur bei etwa 50% der Meßdaten überein (Tab. 5). Abweichungen von fast 100% treten auf. Derartige extreme Differenzen kommen fast ausschließlich in den Sommermonaten vor. Die produktionsmaximalen Horizonte sind nahe der Oberfläche zu finden und dort allein auf der Grundlage des Energieangebots und der Transparenz nicht zu erklären. Der Kühlwasserstrom des Kernkraftwerks bewirkt eine oberflächennahe Nährstoffeinschichtung, die in diesem Bereich die Primärproduktion stimuliert und dort die Lichtabhängigkeiten neu quantifizieren kann (Koschel & Mothes 1976, Koschel 1976).

Auch bei anderen Modifikationen der Photosynthese—Lichtbeziehungen müssen diese Fehlermöglichkeiten in Kauf genommen werden. Steel (1973) schlägt in seinem Photosynthese-Lichtmodell eine vereinfachte hyperbolische Abhängigkeit höherer Ordnung vor:

$$(P/B)_{\max} = \frac{2\,I/2\,I_K}{1 + (I/2\,I_K)^2}$$

In Abb. 11 sind die nach diesem Modell berechneten Kurvenverläufe und die gemessenen Werte für einige Untersuchungstermine im Stechlinsee dargestellt. Die berechnete Kurve spiegelt den experimentell ermittelten Kurvenverlauf nur am 29. 5. und 6. 11. annähernd genau wider. Bei den anderen Beispielen treten z. T. recht erhebliche Differenzen zwischen

Tab. 5. Vergleich gemessener und nach TALLING (1957) berechneter Primärproduktionswerte im Stechlinsee ($P = a_{opt} \cdot z_{0.5}\, I_K$)

Datum	$z_{0.5}\, I_K$	a_{opt}	Primärproduktion	
			Berechneter Wert	Gemessener Wert
	m	mg C $m^{-3} \cdot 0{,}5\, d^{-1}$	mg C $m^{-2} \cdot 0{,}5\, d^{-1}$	mg C $m^{-2} \cdot 0{,}5\, d^{-1}$
7. 4. 70	6	11	65	80
5. 5. 70	10	18,5	185	200
20. 5. 70	7	26,5	185	220
2. 6. 70	13	40	520	305
14. 7. 70	10	36	360	300
4. 8. 70	15,5	26	405	205
29. 9. 70	10	13,5	135	120
3. 11. 70	3	23,5	70	120
8. 12. 70	6	15	90	105
13. 2. 71	2,5	13	35	60
19. 3. 71	10	25	250	205
6. 4. 71	4	17	70	70
1. 7. 71	13	49	640	475
8. 2. 72	7	28	195	175
14. 3. 72	10	17,5	175	130
25. 4. 72	10,5	28,5	300	270
23. 5. 72	10	35	350	285
28. 6. 72	13	32	415	265
4. 7. 72	11	37,5	415	285
19. 7. 72	15,5	36,5	565	345
31. 7. 72	10	67	670	410
24. 8. 72	6	45,5	275	400

Meßergebnis und Modelldarstellung auf. In der Regel finden wir bei den Meßergebnissen neben einem oberflächennahen Lichtsättigungsniveau ein zweites zumindest angedeutetes Lichtsättigungsniveau im unteren Bereich der euphotischen Zone. Interessant ist auch die angedeutete jahreszeitliche Änderung des I_K-Wertes (Schwankungsbreite von 1,3—15,3 cal $cm^{-2} \cdot 0{,}5\, d^{-1}$).

4.1.2. Lichtausnutzungsraten bei der Primärproduktion

Innerhalb der Primärproduktions—Lichtbeziehungen interessieren für viele Fragestellungen die Effektivitäten der photosynthetischen Energietransformation. Abb. 12 zeigt die jahreszeitliche Dynamik der Lichtausnutzungsraten im Stechlinsee. Die Lichtausnutzungsrate bei der Primärproduktion soll im weiteren als äußere Energieeffektivität ($Eff_{äu}$) und die Lichtausnutzungsrate pro Biomasseeinheit bei der Primärproduktion als innere Energieeffektivität (Eff_{in}) bezeichnet werden (RODHE 1958, TILZER 1972, KOSCHEL 1976). Die $Eff_{äu}$ ist im Stechlinsee in der strahlungsarmen Jahreszeit am höchsten. Mit zunehmendem Lichtenergieangebot sinkt die $Eff_{äu}$ ab. RODHE (1958) fand bei seinen Untersuchungen im See Erken ebenfalls eine ausgeprägte Jahresrhythmik. Im Vergleich zum Stechlinsee ergeben sich zeitliche Verschiebungen. Diese Verschiebungen erklären sich durch den ebenfalls anders verlaufenden Jahresgang der Primärproduktion. Im See Erken liegen die Maxima der Primärproduktion im Mai und September. Entsprechend liegen auch die Maxima und Minima der $Eff_{äu}$ im See Erken zeitlich vor den vergleichbaren Werten im Stechlinsee. Darüber hinaus weist die $Eff_{äu}$ im See Erken in den verschiedenen Untersuchungsjahren eine beachtliche Konstanz auf (Variationsbreite = 0,05‰ für 3 Untersuchungsjahre). Im Stech-

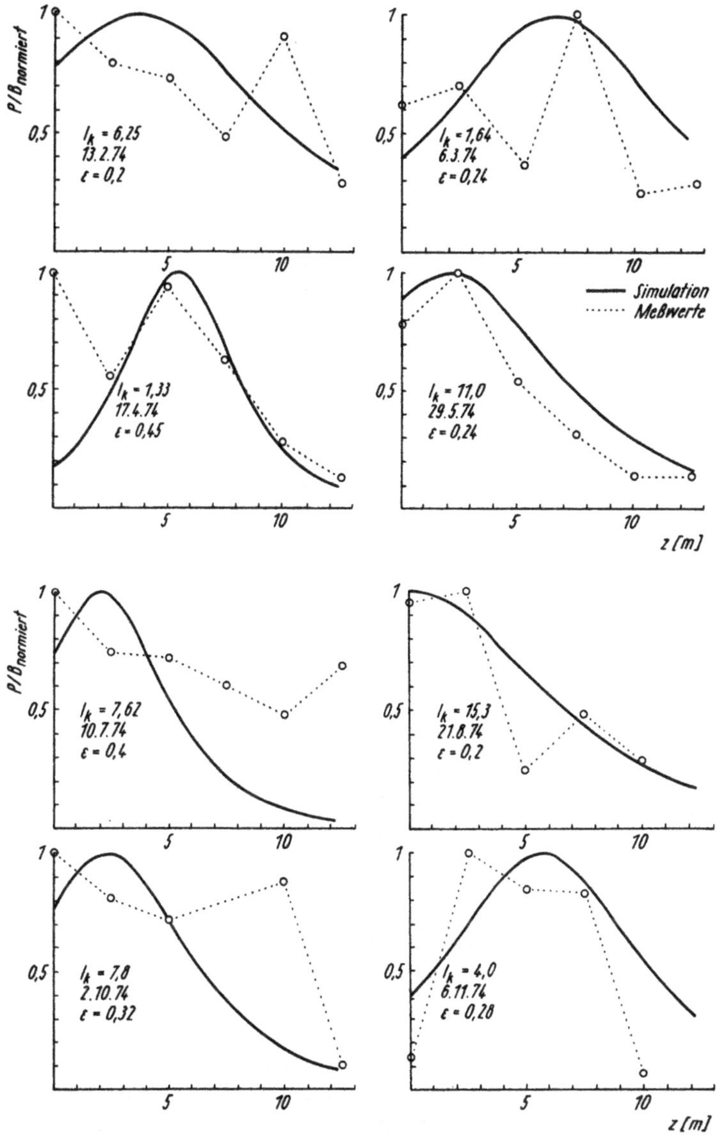

Abb. 11. Meß- und Berechnungsergebnisse der relativen Assimilation (Berechnung nach STEEL 1973)

linsee treten größere Schwankungen auf (Variationsbreite = $0{,}57\,^0/_{00}$ für 6 Untersuchungsjahre).

Die $Eff_{äu}$ läßt sich auch für einzelne Tiefenhorizonte berechnen (KOSCHEL 1974b). Die niedrigsten Werte sind in der Regel im Oberflächenbereich zu finden. Mit zunehmender Tiefe steigt die $Eff_{äu}$ und erreicht im Stechlinsee zwischen 7,5 und 15 m ihr Maximum. Die $Eff_{äu}$ hängt dabei im starken Maße von der Stochastik des Lichtenergieangebots ab. Sie nimmt damit keinesfalls gleichmäßig zu oder ab. Sie ist viel eher als ein oszillierender Prozeß auf unterschiedlichen Energieausnutzungsebenen zu begreifen (KOSCHEL 1974b). Einmal kann die $Eff_{äu}$ in verschiedenen Tiefenhorizonten in entgegengesetzter Richtung verlaufen. Das unterschiedliche Lichtenergieangebot

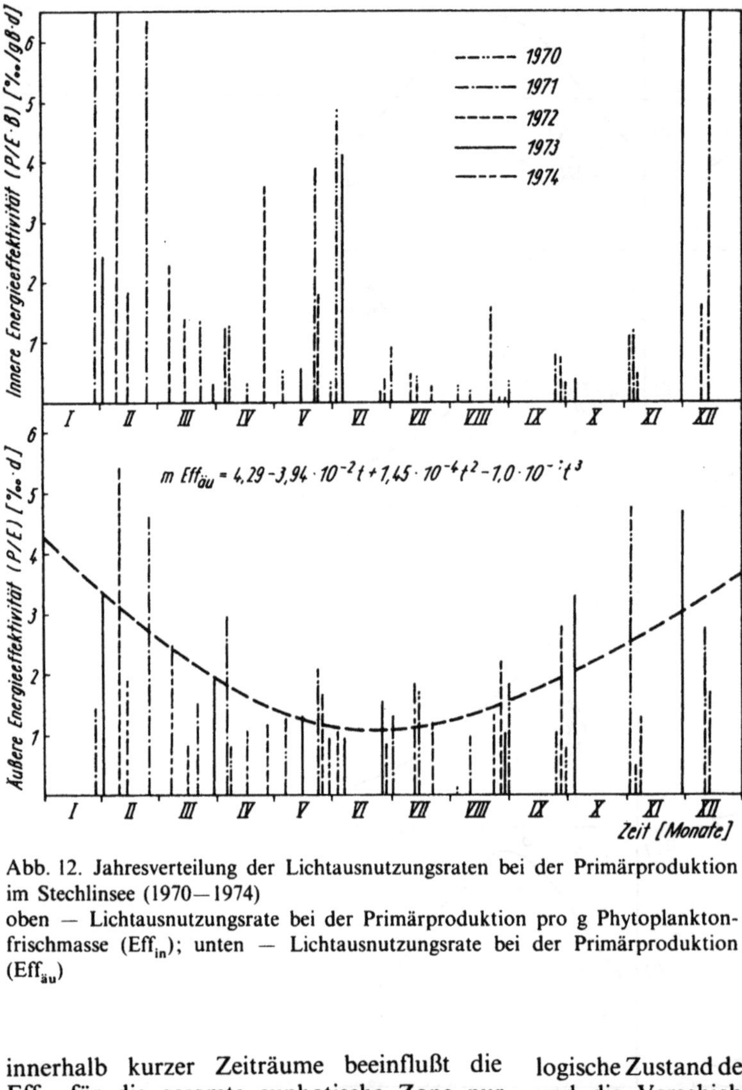

Abb. 12. Jahresverteilung der Lichtausnutzungsraten bei der Primärproduktion im Stechlinsee (1970—1974)
oben — Lichtausnutzungsrate bei der Primärproduktion pro g Phytoplanktonfrischmasse (Eff_{in}); unten — Lichtausnutzungsrate bei der Primärproduktion ($Eff_{äu}$)

innerhalb kurzer Zeiträume beeinflußt die $Eff_{äu}$ für die gesamte euphotische Zone nur geringfügig. Zum anderen können diese Oszillationen in verschiedenen Horizonten in gleicher Richtung verlaufen. Sie betreffen damit die gesamte euphotische Zone. Große Schwankungen der $Eff_{äu}$ innerhalb kurzer Zeiträume können auftreten. Insgesamt gesehen bedarf dieses Phänomen noch einer weiteren Klärung. Allein durch das Lichtenergieangebot und die Primärproduktion können diese Vorgänge nicht ausreichend erklärt werden. Wahrscheinlich spielen Funktionsmechanismen, die den Photosyntheseapparat direkt betreffen, eine entscheidende Rolle, so der ständig wechselnde physiologische Zustand der Phytoplanktonorganismen und die Verschiebung in ihrer quantitativen und qualitativen Zusammensetzung. Letztlich bringen diese Erscheinungen auch den ständigen Wechsel der Lichtadaptiertheit zum Ausdruck (s. Abs. 4.1.1.). RYTHER & MENZEL (1958), JÖRGENSEN & STEEMANN NIELSEN (1965), TILZER (1972) erklären diesen Wechsel der Lichtadaptiertheit durch unterschiedliche Pigmentkonzentrationen und unterschiedliche Konzentrationen photosynthetisch wirksamer Enzyme. Wahrscheinlich spielt aber auch die Nährstoffversorgung eine nicht zu unterschätzende Rolle (KOSCHEL 1976).

Besser als die $Eff_{äu}$ drückt die Eff_{in} die Schwankungen der Lichtadaptiertheit aus. Die Eff_{in} zeigt ähnlich wie die $Eff_{äu}$ maximale Werte in den Wintermonaten (Abb. 12). Nach einem Absinken der Werte ergibt sich ein zweites, aber weit geringeres Maximum im Frühjahr (März—Mai). Während der hohen Primärproduktionsraten im Sommer sind nur noch minimale Eff_{in} zu finden. Die Maxima der Eff_{in} treten allgemein in Phasen einer geringen Biomassedichte und damit hohen spezifischen Aktivität der Phytoplankter auf (vgl. Abs. 4.2.2.). Ein Vergleich der Eff_{in} in den Jahren 1970—1975 zeigt quantitative Unterschiede in den einzelnen Untersuchungsjahren (Tab. 4, Abb. 12). Diese quantitativen Verschiebungen ergeben sich aus der unterschiedlichen Qualität der Phytoplanktongemeinschaft. Es gibt Phytozönosen, die mit relativ niedrigen Biomassewerten bei einer hohen Eff_{in} (z. B. 1971) etwa die gleichen Produktionsleistungen vollbringen wie Phytozönosen mit hohen Biomassewerten, aber niedrigen Eff_{in} (z. B. 1973).

Im vertikalen Gefälle sind bei der Abhängigkeit der spezifischen Leistung vom Lichtenergieangebot deutlich Hemmzonen und Anstiegszonen erkennbar (Abb. 13). Bei relativ gleichmäßig vertikal verteilten Phytoplanktonpopulationen verlaufen die Anstiegszonen parallel. Kommt es zu einer Zonierung unterschiedlicher Arten in verschiedenen Tiefen, kann unter Umständen eine zweite Anstiegs- und Hemmzone beobachtet werden. Für diese Unterschiede in der Lichtadaptiertheit spielt auch das Temperaturgefälle eine Rolle. Die Verfügbarkeit der photosynthetisch wirksamen Enzyme ändert sich mit der Temperatur (TALLING 1966, JÖRGENSEN & STEEMANN NIELSEN 1965). Dabei ist der Temperaturbereich, bei dem eine maximale Menge an photosynthetisch wirksamen Enzymen zur Verfügung gestellt werden kann, von Art zu Art unterschiedlich (JÖRGENSEN & STEEMANN NIELSEN 1965).

Berücksichtigt man alle diese Faktoren, d. h. Pigmentgehalt, photosynthetische Enzyme, Entwicklungsstadien der Phytoplankter, Artspezifik, Nährstofflimitation, ist darin auch die Erklärungsbasis der z. T. unbefriedigenden Berechnung der Primärproduktion auf Grundlage von verfügbaren Photosynthese-Lichtmodellen und zu den Oszillationen der Energieausnutzung der Phytoplanktonzönose zu suchen.

4.2. Primärproduktion und Phytoplankton

4.2.1. Primärproduktion und Phytoplanktonbiomasse

RODHE (1958), RODHE, VOLLENWEIDER & NAUWERCK (1958), sowie NAUWERCK (1963) stellten im See Erken eine lineare Abhängigkeit zwischen Primärproduktion und Phytoplanktonbiomasse fest. Die Einzelwerte streuen aber stark. Ähnliche Ergebnisse fanden JAVORNICKÝ & KOMÁRKOVÁ (1973) in der Slapy—Talsperre. Bei in-vitro-Untersuchungen wird diese lineare Abhängigkeit signifikanter (VERDUIN 1951, JAVORNICKÝ & KOMÁRKOVÁ 1973). Eine lineare Abhängigkeit zwischen der Primärproduktion und der Chlorophyll-a-Konzentration fand TALLING (1965) in ostafrikanischen Seen. Er setzte deren Werte für den produktionsmaximalen Horizont in Beziehung. RODHE (1958) gibt für den Zusammenhang zwischen der maximalen Primärproduktion (a_{opt}) und der dazugehörigen Biomasse eine bilogarithmische Beziehung an.

Im Stechlinsee treten diese Beziehungen nicht klar zutage. Massemäßig unbedeutende Phytoplanktonentwicklungen können erstaunliche Produktionsleistungen vollbringen. Umgekehrt bringen hohe Biomassewerte oft nur niedrige Primärproduktionsraten (KOSCHEL 1974a). Die

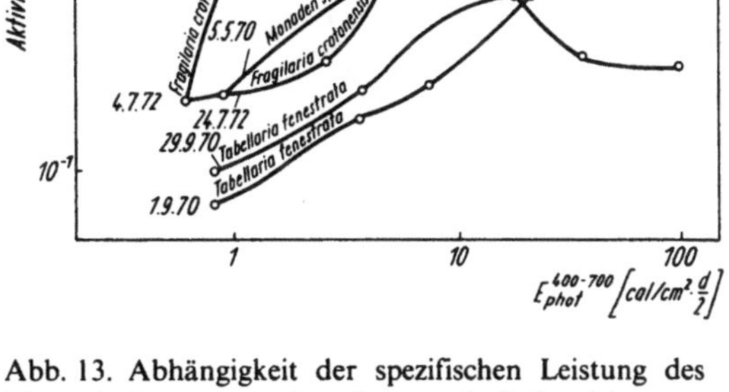

Abb. 13. Abhängigkeit der spezifischen Leistung des Phytoplanktons von der photosynthetisch wirksamen Energie für verschiedene Phytoplankter im Stechlinsee

Beziehungen zwischen Primärproduktion und Phytoplankton haben einen variablen Charakter. Biomasse, Zelloberfläche und Artspezifik haben entscheidenden Einfluß. Die Bedeutung, die den jeweiligen Phytoplanktonarten zukommt, ist durch ELSTER (1965), ELSTER & MOTSCH (1966), GOLDMAN et al. (1968) und FINDENEGG (1971) beschrieben worden. Auf den Einfluß der Organismengröße weisen die Arbeiten von RODHE (1957), FINDENEGG (1966, 1969), JAVORNICKÝ & KOMÁRKOVÁ (1973) und KOSCHEL (1974b) hin.

4.2.2. Spezifische Leistung des Phytoplanktons

Die Dynamik der spezifischen Leistung im Stechlinsee zeigt, daß mit Zunahme der Phyto-

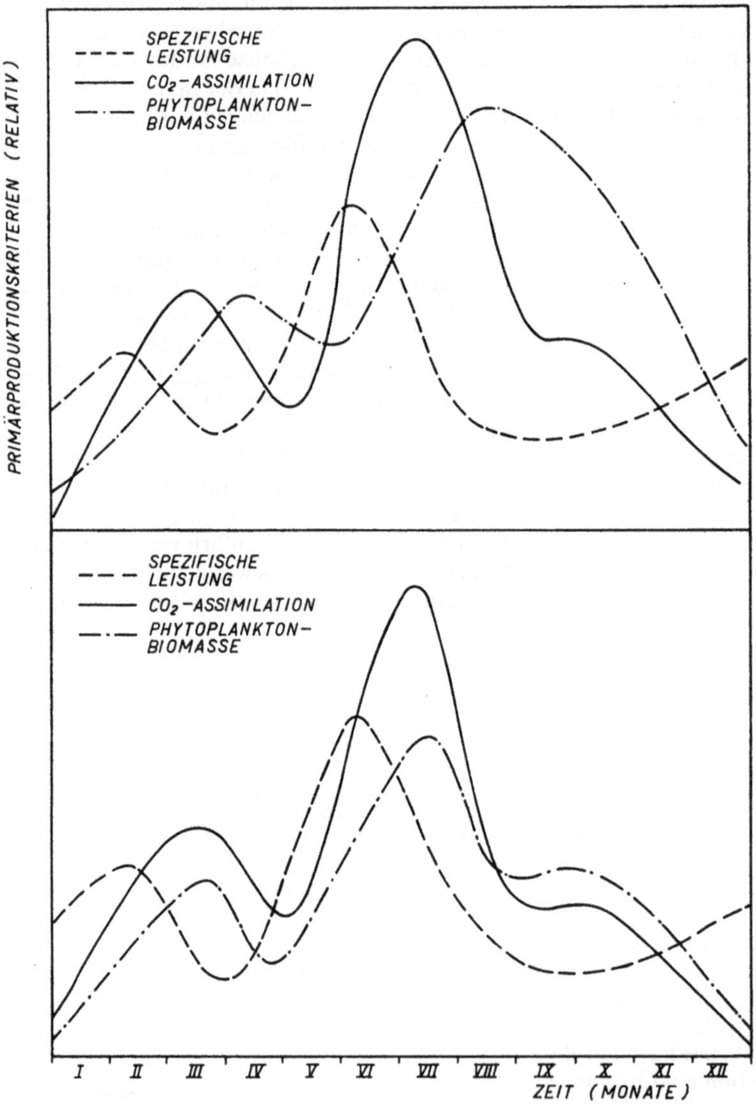

Abb. 14. Schematischer Jahresgang der Primärproduktion, Phytoplanktonbiomasse und spezifische Leistung
oben — bei mikroplanktischen Diatomeenpopulationen;
unten — bei nannoplanktischen Monadenpopulationen

planktonbiomasse eine Abnahme der spezifischen Leistung einhergeht (KOSCHEL 1974a). Die Frischmasse des Phytoplanktons wird allerdings durch aktive, inaktive und z. T. schon tote Organismen gekennzeichnet. Die spezifische Leistung gibt somit keinen realen Wert für die aktive Biomasse an. Im Jahresgang liegen die Maxima der spezifischen Leistung vor den Maxima der Phytoplanktonbiomasse. Differenziert man die Phytoplanktonbiomasse in die mikroplanktischen und nannoplanktischen Anteile, zeigt sich, daß diese zeitliche Verschiebung hauptsächlich bei mikroplanktischen Populationen zu beobachten ist (Abb. 14). Es treten recht beachtliche Phasenverschiebungen zwischen der Dynamik der Primärproduktion, Biomasse und spezifischen Leistung auf. Während eines mikroplanktischen Biomassemaximums kann die spezifische Leistung schon wieder ein Minimum erreicht haben.

Bei nannoplanktischen Populationen liegen die Extremwerte der Primärproduktion, Biomasse und spezifischen Leistung enger beieinander (Abb. 14). Die Vielschichtigkeit der Phytoplanktonzönose läßt allerdings diese Zusammenhänge nur zeitweise klar erkennen (Abb. 15).

Insgesamt ist im Stechlinsee ein ständig hoher Anteil der nannoplanktischen Primärproduktion an der Gesamtprimärproduktion zu verzeichnen. 30 bis nahe 100% der Primärproduktion werden durch nannoplanktische Organismen bestritten (KOSCHEL 1974b, 1976). Mit zunehmender Tiefe nimmt die nannoplanktische Primärproduktion im Verhältnis zur Gesamtprimärproduktion zu. Der Anteil der nannoplanktischen Primärproduktion an der Gesamtprimärproduktion ist in den einzelnen Untersuchungsjahren relativ konstant. 1970 wurden 55%, 1971 62%, 1973 60%, 1974 69% und 1975 70% der Primärproduktion durch nannoplanktische Organismen gedeckt. Das Verhältnis von mikroplanktischer zu nannoplanktischer Biomasse unterliegt dagegen weit

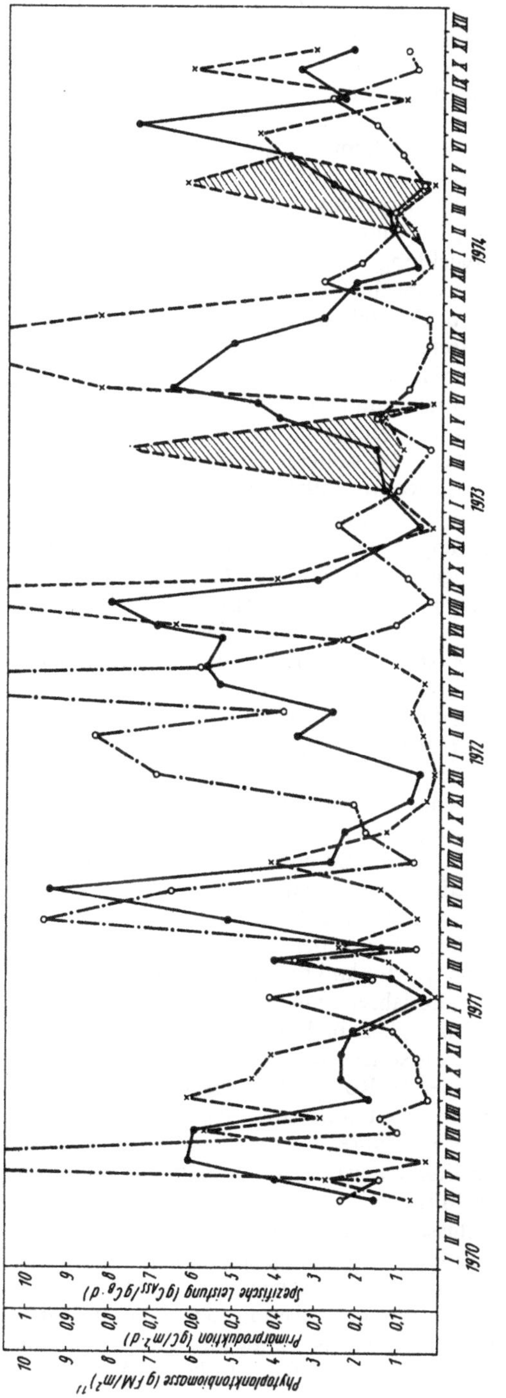

Abb. 15. Jahresgang der Primärproduktion, Phytoplanktonbiomasse und spezifischen Leistung im Stechlinsee von 1970—1974
——— — Primärproduktion; — — — — Phytoplanktonbiomasse; —·—·— — spezifische Leistung (schraffiert Entwicklung von μ-Algen)

größeren Schwankungen (s. Tab. 4; KÜCHLER 1980). Bemerkenswert ist die von 1970—1975 ständig ansteigende Biomasse der kleineren Phytoplanktonformen. Von 1970—1973 ergibt sich jedoch ein deutliches Übergewicht der mikroplanktischen Biomasse. Die hohen Zellzahlen und damit die große Zelloberfläche der Nannoplankter kompensieren leistungsmäßig dieses Übergewicht.

1973, 1974 und 1975 konnte im Frühjahr eine Entwicklung von ultraplanktischen Organismen beobachtet werden (KÜCHLER 1980), die diesen Feststellungen zum Teil widerspricht. Es treten im Verhältnis zur Biomasse des Ultraplanktons relativ niedrige Primärproduktionsraten und spezifische Leistungen auf (Abb. 15). Diese ultraplanktischen Sukzessionen bedürfen weiterer Untersuchungen.

Bereits RODHE (1958) und später FINDENEGG (1966, 1969) weisen auf die höhere spezifische Leistung nannoplanktischer Algen hin. Autoradiographische Untersuchungen von GUTELMACHER (1975) und DESERTOVÁ (1976) bestätigen diese Feststellungen. Das Auftreten maximaler spezifischer Leistungen in artenreichen Phytoplanktongemeinschaften ist fast ohne Ausnahme während eines hohen Anteils nannoplanktischer Organismen an der Phytozönose zu beobachten. Besonders hohe spezifische Leistungen konnten bei Grünanlagen gefunden werden (DESERTOVÁ 1976). Die spezifische Leistung bei nannoplanktischen Gesellschaften ist jedoch auch relativ großen Schwankungen unterworfen. Im Stechlinsee differieren die mittleren Werte der spezifischen Leistung des Nannophytoplanktons in den einzelnen Untersuchungsjahren um mehr als eine Zehnerpotenz (vgl. Tab. 4). Offensichtlich spielt dabei die Nährstoffversorgung der Zönose eine entscheidende Rolle. 1975 lagen die Phosphatimporte weit unter den Werten der vorangegangenen Jahre. Entsprechend weist auch die spezifische Leistung des Nannophytoplanktons ein Minimum auf.

Schlüsselt man im Stechlinsee die spezifische Leistung der Gesamtpopulation in die mikro- und nannoplanktischen Anteile auf, so geht die spezifische Leistung der Nannoplankter meist mit einer im Vergleich zum Mikroplankton mehr als zehnfach größeren Aktivität in den Gesamtkoeffizienten ein (KOSCHEL 1976). Niedrige Phytoplanktonkonzentrationen sind dabei mit einer relativ hohen spezifischen Leistung verknüpft und umgekehrt. FINDENEGG (1971) erklärt dieses Phänomen durch Wachstumsvorgänge. Geringe Phytoplanktonkonzentrationen entsprechen meist dem Anfangsstadium einer Phytoplanktonentwicklung. Eine starke Vermehrung der Phytoplankter drückt sich in einer hohen spezifischen Leistung aus. Die im Stechlinsee beobachteten Verhältnisse widersprechen dieser Festellung nicht. Die hohen spezifischen Leistungen in den Wintermonaten und am Anfang von Phytoplanktonentfaltungen scheinen aber auch im direkten Zusammenhang mit einer besseren extrazellulären Nährstoffversorgung zu stehen (KOSCHEL 1976, 1980). Die extrem hohe spezifische Leistung bei sehr geringer Biomasse kann aber leicht durch zu niedrige Biomassebestimmung verfälscht sein. Außerdem wird bei der Kalkulation auf Grundlage der ^{14}C-Methode (Kurzzeitmessung) die Bruttoproduktion in Rechnung gestellt. Nettowerte der spezifischen Leistung sind jedoch nur bei gleichzeitiger Berücksichtigung der Respiration zugänglich.

Aus diesen Beobachtungen läßt sich für den Zusammenhang zwischen spezifischer Leistung und Biomasse folgende Verallgemeinerung für den Stechlinsee treffen (Abb. 16a):

$$(P/B)_{max} = 20{,}30B^{0{,}73} \qquad (2)$$

Berücksichtigt man dabei nur solche Messungen, bei denen die Phytoplanktongemeinschaft zu einem hohen Prozentsatz von einer Art bzw. einer zusammenfaßbaren Gruppe geprägt wird, ergeben sich keine wesentlichen Verschiebungen (Abb. 16b):

$$(P/B)_{max} = 22{,}98B^{-0{,}75}$$

Bei den in Abb. 17 dargestellten Ergebnissen konnte allerdings nur ein verhältnismäßig geringer Bereich der Biomasse für die verschiedenen Gruppen berücksichtigt werden.

JAVORNICKÝ (zit. nach STRAŠKRABA 1975) fand in verschiedenen Stauseen der ČSSR und in anderen Seen einen ähnlichen Zusammenhang. Er beschreibt die Abhängigkeit zwischen spezifischer Leistung und Biomasse mit der Gleichung:

$$(P/B)_{max} = 19{,}79B^{-0{,}52} \qquad (4)$$

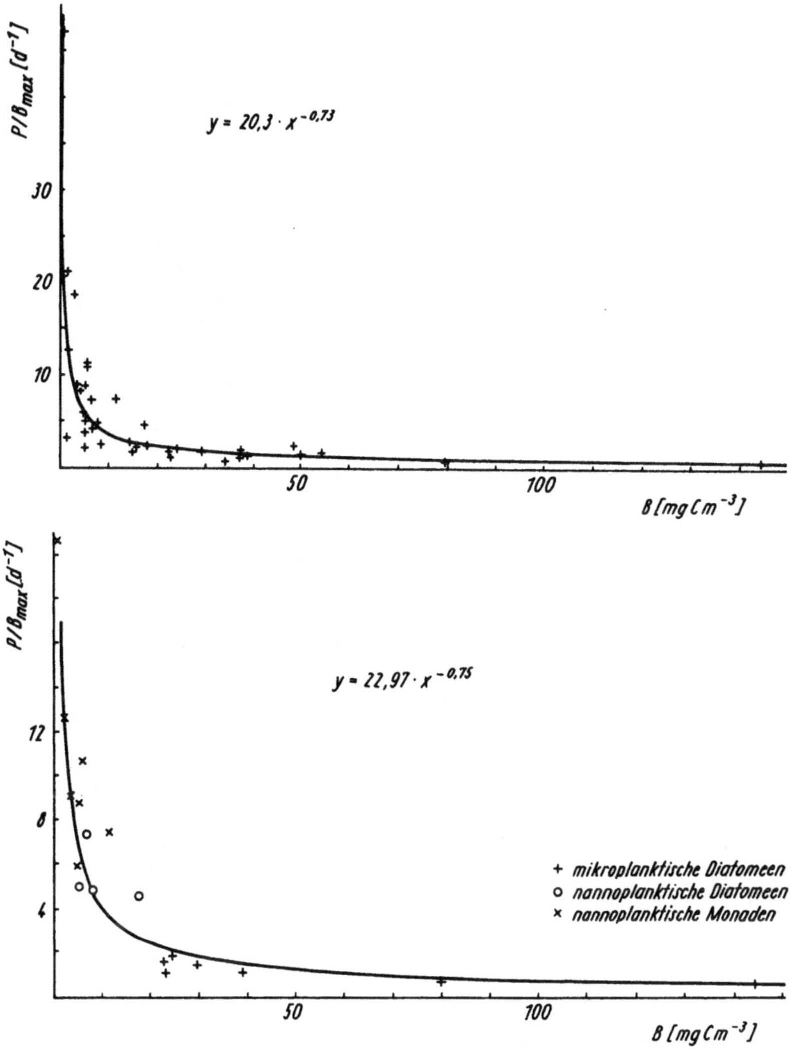

Abb. 16a, b. Abhängigkeit der spezifischen Leistung von der Phytoplankton-biomasse im Stechlinsee
a — für alle beobachteten Algengesellschaften; b — für verschiedene dominante Algengruppen

4.2.3. Gleichgewichtserhaltende Produktion

Bilanziert man die Phytoplanktonentwicklung im Verhältnis zu der zeitlichen Änderung der Primärproduktion, so ergeben sich aufschlußreiche Beziehungen (TILZER 1972, KOSCHEL 1976). Die Umrechnung der Phytoplanktonbiomasse in organisch gebundenen Kohlenstoff ermöglicht die Primärproduktion quantitativ mit den Biomasseänderungen direkt zu verbinden. Aus den gemessenen Primärproduktionsraten läßt sich eine theoretische prozentuale tägliche Biomasseänderung errechnen und den tatsächlich beobachteten Biomasseänderungen gegenüberstellen. Die Differenz zwischen den beiden Größen ergibt eine „Überschußproduktion" oder nach GRIM (1952) eine „gleichgewichtserhaltende Produktion". Diese gleichgewichtserhaltende Produktion ist ein Maß für sämtliche Verluste, die nach dem Photosyntheseprozeß auftreten. Die Primärproduktionswerte müssen allerdings als Bruttowerte vorliegen. Tilzer (1972) bezeichnet die gleichgewichtserhaltende Produktion auch als „Wachstumseffektivität". Aus den Meßergebnissen im Stechlinsee lassen sich folgende Hypothesen ableiten (Koschel 1976):

1) Weist die Phytoplanktongemeinschaft geringe Erneuerungszeiten auf, ergibt sich eine niedrige gleichgewichtserhaltende Produktion. Die durch die Photosynthese transformierte Energie wird relativ verlustarm in der Phytoplanktonpopulation erhalten. Diese Beobachtungen sind hauptsächlich bei mikroplanktischen Populationen zu machen. Relativ hohe Sedimentationsraten können auftreten und zu einer starken Belastung des Tiefenwassers führen.
2) Liegen hohe Erneuerungsraten vor (nannoplanktische Formen), ist eine hohe gleichgewichtserhaltende Produktion die Folge. Die Phytoplanktongemeinschaft stellt hohe Energieanforderungen, um ihren Umsatz aufrecht erhalten zu können. Die transformierte Energie wird zu einem erheblichen Prozentsatz im kurzgeschlossenen Kreislauf umgesetzt. Enorme Energieverluste, z. B. durch Respiration, Exkretion und „grazing"-Effekte, sind zu erwarten.
3) Die Überschußproduktion weist in den einzelnen Jahren quantitative Unterschiede auf. Generell scheint eine Zunahme von Mikroplankton und eine Abnahme von Nannoplankton zu einer Verminderung der gleichgewichtserhaltenden Produktion zu führen. Umgekehrt bringt die Zunahme von Nannoplankton und die Abnahme von Netzplankton eine Steigerung der gleichgewichtserhaltenden Produktion mit sich.

Diese Zusammenhänge spiegeln sich auch bei einer Gegenüberstellung der gleichgewichtserhaltenden Produktion in verschiedenen Untersuchungsjahren und unterschiedlichen Gewässern wider (Abb. 17). Im Stechlinsee lag 1973 die gleichgewichtserhaltende Produktion quantitativ gesehen über den Werten von 1974. Entsprechend ist 1973 eine höhere Mikrophytoplanktonbiomasse zu finden als 1974. Die Sedimentationsraten lagen 1973 ebenfalls über den Werten von 1974 — etwa 20% nach Mothes (in Busse et al. 1975). Ein tiefer Einblick in diese Mechanismen wird jedoch erst bei Einbeziehung der Verlustgrößen „grazing" und „Atmung" möglich. Im Gegensatz zu den hohen Energieverlusten nach der Primärproduktion im Stechlinsee ergibt sich in einem ausgeprägt eutrophen Gewässer (Dagowsee) eine relativ stabile gleichgewichtserhaltende Produktion mit weit geringeren Energieverlusten nach dem Photosyntheseprozeß (Abb. 17). Möglicherweise lassen sich diese Beobachtungen über die unterschiedliche Biomassedichte und Nährstofflimitation erklären. Bei relativ geringer Biomasse finden wir meist sehr hohe spezifische Leistungen und umgekehrt (s. Abb. 4.2.2.).

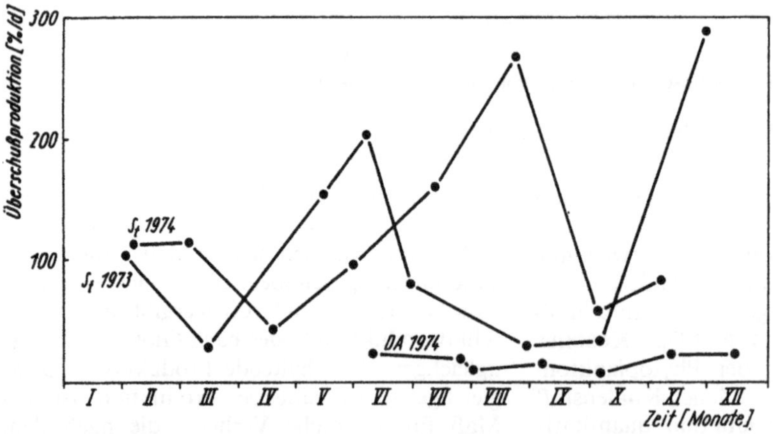

Abb. 17. Gleichgewichtserhaltende Produktion im oligotrophen Stechlinsee und eutrophen Dagowsee

5. Korrelationen zwischen primärproduktionsbiologischen Parametern und verschiedenen ökologischen Faktoren

5.1. Allgemeiner Überblick

Die statistische Aufarbeitung der vorliegenden Untersuchungsergebnisse verspricht Hinweise über die Art wichtiger funktioneller Zusammenhänge, Angaben über die richtige Auswahl von Meßgrößen und Angaben zur notwendigen Frequenz der Messungen.

Einen umfassenden Überblick über die durchgeführte Regressionsanalyse gibt eine Korrelationsmatrix (Abb. 18, Beilage). Eine Besprechung dieser 380 Faktorenkombinationen ist wenig sinnvoll, zumal ein Teil der Korrelationen vom ökologischen Standpunkt keinerlei Erkenntnisse verspricht. Die Regressionsanalyse zeigt, daß sich im Stechlinsee in den wenigsten Fällen die Zusammenhänge zwischen Primärproduktion und verschiedenen chemischen, physikalischen und biologischen Faktoren linear beschreiben lassen. Von den 380 Faktorenkombinationen weisen nur 12 einen Korrelationskoeffizienten > 0,7 auf, davon haben nur 4 einen Korrelationskoeffizienten > 0,9. Im einzelnen sind das die Beziehungen zwischen Eff_{in} und Phosphataffinität, Eff_{in} und Sättigungskoeffizienten, Gesamtphytoplanktonbiomasse und Mikrophytoplanktonbiomasse sowie Sättigungskoeffizient und Nitratkonzentration. Für die Quantifizierung der primärproduktionsbiologischen Funktionsabläufe erscheinen davon die beiden ersten von weiterführender Bedeutung zu sein (vgl. KOSCHEL 1980).

5.2. Korrelationen zwischen Primärproduktion und Licht

Innerhalb der Primärproduktion—Licht—Beziehungen ergeben sich die besten Korrelationen zwischen Primärproduktion und Lichtangebot. Mit einem Korrelationskoeffizienten von 0,745 und einer Bestimmtheit von 55% kann allerdings dieser Zusammenhang nicht befriedigend quantifiziert werden. Betrachtet man die Zusammenhänge in einzelnen Tiefenhorizonten, werden die Korrelationen nicht günstiger. Sie verschlechtern sich eher noch. So beträgt der Korrelationskoeffizient zwischen Primärproduktion und Lichtangebot in 0 m Tiefe nur 0,397 und in 5 m Tiefe 0,710. In den anderen Gewässern des Stechlinseesystems liegen die Verhältnisse ähnlich (Tab. 6).

Tab. 6. Korrelationen zwischen Primärproduktion, Phytoplanktonbiomasse, Lichtenergie und Transmission in den Gewässern des Stechlinseesystems

Gewässer		Zusammenhang			
		E — P	E — B	TR — P	TR — B
Stechlinsee	ϱ	0,745	0,135	— 0,410	—0,307
(m^{-2} bis 17,5 m Tiefe)	BE	55,6	1,8	16,8	9,4
	FW	33,8	0,5	4,8	2,5
Nehmitzsee-Nordbecken	ϱ	0,619	0,148	— 0,312	—0,158
(m^{-2} bis 7,5 m Tiefe)	BE	28,3	2,2	9,7	2,5
	FW	7,5	0,27	1,18	0,283
Nehmitzsee-Südbecken	ϱ	0,687	0,154	— 0,021	0,06
(m^{-2} bis 7,5 m Tiefe)	BE	47,0	2,4	0,05	0,04
	FW	9,8	0,267	0,005	0,005
Dagowsee	ϱ	0,680	—	— 0,630	—
(m^{-2} bis 3,75 m Tiefe)	BE	47,0	—	39,0	—
	FW	9,7	—	5,8	—

Die Ergebnisse bestätigen die von anderen Autoren gemachten Beobachtungen. Auf die Nichtlinearität der Primärproduktion—Licht-Beziehungen weisen bereits Steemann Nielsen (1954) und Nygaard (1955) hin. Ungünstige Korrelationen zwischen Lichtangebot, Transmission, Primärproduktion und Phytoplanktonbiomasse fanden auch Schegg (1971) im Rot- und Vierwaldstättersee sowie Javornický & Komárková (1973) in der Slapy-Talsperre. Die Korrelationen scheinen sich dabei mit zunehmender Trophie zu verbessern. Talling (1965) fand z. B. eine strenge Korrelation zwischen a_{opt} und der Transmission in ostafrikanischen Gewässern.

In der Slapy-Talsperre ergeben sich Korrelationskoeffizienten um 0,7 mit einer relativ hohen Signifikanz (BE = 63) (Javornický & Komárková 1973). Prinzipiell drückt sich in den Korrelationen die Diskrepanz zwischen der Biomassebestimmung (aktive, inaktive, tote Organismen), der unterschiedlichen spezifischen Aktivität der Population und der Primärproduktion aus (vgl. Abs. 4.2.2.).
Verduin (1951) fand bei in-vitro-Untersuchungen wesentlich günstigere Resultate. Er beschreibt die Beziehung zwischen der Netzplanktonprimärproduktion und der Phytoplanktonbiomasse mit einem Korrelationskoeffizienten von 0,96.

5.3. Korrelationen zwischen Primärproduktion und Phytoplanktonbiomasse

Eine lineare Beschreibung der Beziehungen zwischen Primärproduktion und Phytoplanktonbiomasse ist für den Stechlinsee nicht und für den Nehmitzsee nur in begrenztem Umfange möglich (Tab. 7).

Tab. 7. Korrelationen zwischen Primärproduktion und Phytoplanktonbiomasse im Stechlin- und Nehmitzsee

Gewässer	Zusammenhang P — B		
	ϱ	BE	FW
Stechlinsee (m^{-2} bis 17,5 m Tiefe)	0,433	18,7	6,2
Nehmitzsee-Nordbecken (m^{-2} bis 7,5 m Tiefe)	0,781	61,0	17,2

Die beachtliche Differenz des Korrelationskoeffizienten zwischen Stechlinsee und Nehmitzsee erscheint unrealistisch. Aber auch Schegg (1971) fand ähnlich große Differenzen. Er gibt für den Rotsee in 0 m Tiefe einen Korrelationskoeffizienten zwischen Primärproduktion und Phytoplanktonbiomasse von 0,8 bis 0,9, in 1 m Tiefe von 0,4—0,5 und für alle anderen Tiefen keine Korrelationen an. Im Vierwaldstättersee fand er in keinem Tiefenhorizont eine positive Korrelation.

6. Zusammenfassung

Anhand 6jähriger Untersuchungen wird die Primärproduktion des Phytoplanktons in einem Seensystem (Stechlinseesystem, DDR) bilanziert. Diese Bilanz wird durch eine Beschreibung der Zusammenhänge zwischen Primärproduktion, Phytoplankton und Licht ergänzt. Im oligotrophen Stechlinsee beträgt die mittlere Jahresprimärproduktion 110 g $Cm^{-2} \cdot a^{-1}$. Im leicht eutrophen Nehmitzsee werden 140—145 g $Cm^{-2} \cdot a^{-1}$ und im eutrophen Dagowsee 290 g $Cm^{-2} \cdot a^{-1}$ assimiliert.
Die Effektivität der Primärproduktion zeigt eine ausgeprägte Dynamik. Von 1970—1975 schwankt im Stechlinsee die mittlere tägliche Lichtausnutzungsrate der Primärproduktion zwischen 0,76 und 1,72‰, die Lichtausnutzungsrate pro Biomasseeinheit zwischen 0,8 und 9,9‰/g C.
Die Beziehungen zwischen Primärproduktion und Licht unterliegen bedeutenden quantitativen und qualitativen Veränderungen. Der I_K-Wert weist im Stechlinsee eine Schwankungsbreite von fast 30 cal $\cdot$ $cm^{-2} \cdot d^{-1}$ auf (2,6—30,6 cal $\cdot$ $cm^{-2} \cdot d^{-1}$).
Die spezifische Leistung und die gleichgewichtserhaltende Produktion des Phytoplanktons werden diskutiert. Diese quantifizierbaren Beziehungen zwischen Primärproduktion und Phytoplankton lassen weitreichende Möglichkeiten zur Beschreibung der Regulationsmechanismen im Stoffwechsel der Seen erkennen. Eine komplexe Regressionsanalyse zwischen der Primärproduktion und verschiedenen Faktoren ergänzt die Ergebnisse.

Summary

By means of six-year-old analyzes primary production of phytoplankton was calculated in a lake system (Stechlinseesystem, DDR). This calculation was completed through specification of relationships between primary production, phytoplankton and light.

The mean annual primary production amounts to 110 g C $m^{-2} \cdot y^{-1}$ in the oligotrophic Stechlinsee. 140—145 g C $m^{-2} \cdot y^{-1}$ were assimilated in the weak eutrophic Nehmitzsee and 290 g C $m^{-2} \cdot y^{-1}$ in the eutrophic Dagowsee. Efficiency of primary production showed a marked dynamic. From 1970—1975 the mean efficiencies of primary production in relationship to total solar radiation were different from 0,76—1,72‰ in the Stechlinsee, the mean efficiencies of primary production in relationship to total solar radiation and phytoplankton biomass (expressed in ‰ per gram Carbon of phytoplankton) from 0,8—9,9‰ per g C. Relationship between primary production and light undergo significant quantitative und qualitative changes. The I_K-values varies between 2,6—30,6 cal $\cdot$ $cm^{-2} \cdot d^{-1}$. Changes of activity coefficient and excess assimilation of phytoplankton were discussed. These quantified relationships between primary production and phytoplankton biomass result in extensive potentialities of specification of regulation mechanisms in the lake-metabolism.

A complex regression analyse of relationships between primary production and different factors complets the results.

Резюме

На основе исследований, проведенных в течение 6 лет, балансирована первичная продукция фитопланктона в воде системы озёр (системы Штехлинзее, ГДР). Этот баланс дополняется описанием связей между первичной продукцией, фитопланктоном и радиационной энергией. В олиготрофном Штехлинзее средняя годовая первичная продукция фитопланктона составляет 110 г С $м^{-2}$. В слабоэвтрофном Немитцзее ассимилируется 140—145 г С $м^{-2}$ и в эвтрофном Даговзее 290 г С $м^{-2}$.

Эффективность первичной продукции показывает выраженную сезонную динамику. За 1970—1975 г. в Штехлинзее среднее значение еффективной производительности первичной продукции в отношении к общей солнечной радиации варьирует от 0,76 до 1,72‰, среднее эффективной производительности первичной продукции в отношении к общей солнечной радиации и биомассе фитопланктона — от 0,8 до 9,9‰/г углерода.

Корреляции между первичной продукцией и солнечной энергией претерпевают значительные количественные и качественные изменения. Значение I_K в Штехлинзее имеет интервал колебаний почти от 2,6 до 30,6 кал $\cdot$ $см^{-2} \cdot$ $день^{-1}$.

Обсуждены коэффициенты P/B и лишняя продукция фитопланктона. Эти количественно определяемые связи между первичной продукцией и фитопланктоном дают обширные возможности описания механизмов регуляции в обмене веществ озёр.

Результаты дополняются комплексным корреляционным анализом между первичной продукцией и различными факторами.

7. Literatur

BAUMERT, H., 1976: Mathematisches Modell zur Deutung der durch intermittierende Belichtung von Phytoplankton hervorgerufenen Mehrleistung der Photosynthese. — Internat. Rev. ges. Hydrobiol. **61**, 517—527.

BENNDORF, J., R. KOSCHEL & F. RECKNAGEL, 1980: Erste Ergebnisse der Ökosystemanalyse des Pelagials des Stechlinsees mit der Modellmethode. — *Limnologica* (Berlin) **13** (1), 195—202.

BUSSE, G., S. J. CASPER, R. KOSCHEL, L. KÜCHLER, G. MOTHES & W. SCHEFFLER, 1975: Abschlußbericht zum Thema „Modell des Beziehungsgefüges Nährstoffhaushalt—Primärproduktion in der euphotischen Zone als Grundlage einer Konzeption zur Verhinderung von Eutrophierungsschäden" im Rahmen der Forschungsaufgabe „Stoffhaushalt des Stechlinseegebietes". — Akad. Wiss. DDR, ZIMET Jena, 268 S. (Mskr.).

DESERTOVÁ, B., 1976: Produktivity of individual algal species in natural phytoplankton assemblage determined by means of autoradiography. — Arch. Hydrobiol., Suppl. **49** (Algol. Stud. 17), 415—449.

ELSTER, H.-J., 1965: Absolute and relative assimilations rates in relation to phytoplankton populations. — Mem. Ist. Ital. Idrobiol. Suppl. 18, 77—103.

ELSTER, H.-J., & B. MOTSCH, 1966: Untersuchungen über das Phytoplankton und seine Assimilation in einigen Seen des Hochschwarzwaldes, im Schleinsee und Bodensee. — Arch. Hydrobiol., Suppl. **28**, 291—376.

FINDENEGG, I., 1966: Phytoplankton und Primärproduktion einiger ostschweizerischer Seen und des Bodensees. — Schweiz. Z. Hydrol. **28**, 148—172.

— 1969: Die Eutrophierung des Mondsees im Salzkammergut. — Wasser- u. Abwasserforsch. **1969** (4), 139—144.

— 1971: Die Produktionsleistungen einiger planktischer Algenarten in ihrem natürlichen Milieu. — Arch. Hydrobiol. **69** (3), 273—293.

FORTI, G., 1965: Light energy utilization in photosynthesis. — Mem. Ist. Ital. Idrobiol. Suppl. **18**, 17—35.

GESSNER, F., & A. DIEHL, 1951: Die Wirkung natürlicher Ultraviolettstrahlung auf die Chlorophyllzerstörung von Planktonalgen. — Arch. Mikrobiol. **15**, 439—454.

Goldman, Ch. R., et al., 1968: Primary productivity, bacteria, phytoplankton and zooplankton in Lake Maggiore: correlation and relationship with ecological factors. — Mem. Ist. Ital. Idrobiol. **23**, 49—127.

Grim, J., 1952: Vermehrungsleistungen planktischer Algenarten im Gleichgewicht. — Arch. Hydrobiol.. Suppl. **20**, 238—260.

Grüneberg, G., & W. Witte, 1972: Erste Beiträge zur Populationsdynamik des Zooplanktons im Großen Stechlinsee. — Diplomarbeit PH Potsdam, 100 S.

Gutelmacher, B. L., 1975: Relative significance of some species of algae in plankton primary production. — Arch. Hydrobiol. **75** (3), 318—328.

Jaques, G., 1970: Aspects quantitatifs du phytoplankton de Banyuls-Sur-Mer (Golf de Lion) IV. Biomasse et production, 1965—1969. — Vie et Milieu **21** (1-B), 37—102.

Javornický, P., & J. Komárková, 1973: The changes in several parameters of plankton primary productivity in Slapy Reservoir 1960—1967, their mutual correlations and correlations with the main ecological factors. — Hydrobiol. Stud. **2**, 155—211.

Jörgensen, E. G., & E. Steemann Nielsen, 1965: Adaption in plankton algae. — Mem. Ist. Ital. Idrobiol. Suppl. **18**, 39—46.

Koschel, R., 1969: Quantitative Erfassung der Kohlenstoffassimilation im Pelagial der Binnen- und Außenmüritz. — Jena (unveröff.).

— 1974a: Primärproduktionsuntersuchungen im Stechlinsee. — *Limnologica* (Berlin) **9** (2), 143—156.

— 1974b: Einfluß der physikalischen und chemischen Umweltfaktoren auf die Primärproduktion des Phytoplanktons im Stechlinsee. — Diss., Techn. Univ. Dresden, 72 S.

— 1976: Der Einfluß des Phosphorangebotes auf die Primärproduktion des Phytoplanktons in einem geschichteten Klarwassersee (Stechlinsee, DDR). — *Limnologica* (Berlin) **10** (2), 325—346.

— 1980: Die Phosphataffinität von Mikroorganismengesellschaften im Stechlinseesystem und in anderen Seen. — *Limnologica* (Berlin) **13** (1), 129—145.

Koschel, G., & G. Mothes, 1976: Änderung der biologischen Produktivität in einem Seensystem durch den Kühlwasserzufluß eines Kernkraftwerkes. — EUTROSYM 1976, Bd. III, 219—233.

Küchler, L., 1980: Phytoplanktonuntersuchungen im Stechlinseegebiet in den Jahren 1973—1975. — *Limnologica* (Berlin) **13** (1), 83—99.

Mothes, G., 1980: Physikalische und chemische Parameter der Wasserbeschaffenheit in Seen des Stechlinseegebiets. — *Limnologica* (Berlin) **13** (1), 1 bis 53.

Mothes, G., R. Koschel & W. Scheffler, 1976: Der Einfluß der Aufwärmung eines Sees durch ein Kernkraftwerk auf Phosphorhaushalt und Stoffproduktion. — *Limnologica* (Berlin) **10** (2), 489 bis 501.

Nauwerck, A., 1963: Die Beziehung zwischen Zooplankton und Phytoplankton im See Erken. — Symb. Bot. Upsal. **XVII** (5), 1—163.

Nygaard, G., 1955: On the productivity of five Danish waters. — Verh. internat. Verein. Limnol. **12**, 123—133.

Rodhe, W., 1958: Primärproduktion und Seentypen. — Verh. internat. Verein. Limnol. **13**, 121—141.

— 1965: Standard correlations between pelagic photosynthesis and light. — Mem. Ist. Idrobiol. Suppl. **18**, 365—381.

Rodhe, W., R. A. Vollenweider & A. Nauwerck, 1958: The primary production and standing crop of phytoplankton. — In: Buzzati Traverso, A. A.: Perspectives in Marine Biology, 299—322, University of California Press.

Ryther, J. H., & D. W. Menzel, 1958: Light adaptation by marine phytoplankton. — Limnol. & Oceanogr. **4**, 492—497.

Schegg, E., 1971: Produktion und Destruktion in der trophogenen Schicht. Untersuchungen ökologischer Parameter im polytrophen Rotsee und in der mesotrophen Horwer Bucht (Vierwaldstättersee). — Schweiz. Z. Hydrol. **33** (2), 425—532.

Steel, J. A., 1962: Environmental control of photosynthesis in the sea. — Limnol. & Oceanogr. **7**, 137—150.

— 1973: Reservoir algal productivity. The use of mathematican models in water pollution control. — Univ. Newcastle upon Tyne Symposium, ed., A. James Newcastle upon Tyne.

Steemann Nielsen, E., 1954: On organic production in the oceans. — J. Conseil. Expl. Mer **19**, 309—328.

Steemann Nielsen, E., & E. G. Jörgensen, 1968: The adaptation of plankton algae. III. With special consideration of the importance in nature. — Physiol. Plant. **21**, 647—654.

Steemann Nielsen, E., & M. Willemoes, 1971: How to measure the illumination when investigation the rate of photosynthesis of unicellular algae under various light conditions. — Internat. Rev. ges. Hydrobiol. **56** (4), 542—556.

Straškraba, M., 1975: Empirical and analytical models of eutrophication. — Rep. Czechoslovak. research and development center environmental poll. control. — UNO/WHO-program, 1—55.

— 1976: Development of an analytical phytoplankton model with parameters empirically related to dominant controlling variables. — Abh. Akad. Wiss. DDR **1974**, 33—65.

Talling, J. F., 1957: Photosynthetic characteristics of some freshwater plankton diatoms in relation to underwater radiation. — New Phytol. **56**, 29—50.

— 1965: The photosynthesis activity of phytoplankton in East African lakes. — Internat. Rev. ges. Hydrobiol. **50**, 1—32.

— 1966: Photosynthetic behaviour in stratified and unstratified lake populations of a planktonic diatom. — J. Ecol. **54**, 99—127.

TILZER, M., 1972: Dynamik und Produktivität von Phytoplankton und pelagischen Bakterien in einem Hochgebirgssee (Vorderer Finstertaler See, Österreich). — Arch. Hydrobiol., Suppl. **40** (3), 201—273.

VERDUIN, J., 1951: Photosynthesis in natural reared aquatic communities. — Plant Physiol. **26**, 45—49.

VOLLENWEIDER, R. A., 1965: Calculation model of photosynthesis depth curves and some implications regarding day rate estimates in primary production measurements. — Mem. Ist. Ital. Idrobiol. Suppl. **18**, 425—457.

WALLEN, O. G., & G. M. GEEN, 1971: Light quality in relation to growth, photosynthetic rates and carbon metabolism in two species of marine plankton algae. — Mar. Biol. **10**, 34—43.

Eingegangen am 1. 12. 1978.

Anschrift des Verfassers:

Dr. RAINER KOSCHEL
Akademie der Wissenschaften der DDR
Forschungszentrum für Molekularbiologie
und Medizin
Zentralinstitut für Mikrobiologie
und experimentelle Therapie Jena
Abteilung Limnologie
DDR-6900 Jena
Beutenbergstr. 11

Limnologica (Berlin) **13** (1), 83—99, Januar 1981

LUTZ KÜCHLER

Phytoplanktonuntersuchungen im Stechlinseegebiet in den Jahren 1973—1975

Mit 5 Abbildungen und 3 Tabellen

Inhalt

1. Einleitung

Dem Phytoplankton als Grundkomponente des limnischen Stoffkreislaufs kommt in einem Gewässerökosystem eine Schlüsselrolle zu. Seine Berücksichtigung ist deshalb bei Gewässeruntersuchungen unerläßlich. An dieser Stelle werden nur die Ergebnisse der Phytoplanktonuntersuchungen aus den Jahren 1973—1975 dargestellt, da der Verfasser erst Ende 1974 die Bearbeitung des Phytoplanktons übernahm. Eine ausführliche Gesamtdarstellung der bisher durchgeführten Planktonuntersuchungen muß späteren Arbeiten vorbehalten bleiben.

2. Methoden

Bei der Auswertung der Phytoplanktonproben stand zunächst der quantitative Aspekt im Vordergrund, da die Berechnung von Aktivitäten und Effektivitäten der Primärproduktion (KOSCHEL 1980), sowie die Betrachtungen zum Sedimentationsgeschehen (MOTHES 1980) zu einem Teil auf den Kalkulationen der Phytoplanktonbiomasse beruhen. Für das Jahr 1973 standen fixierte Proben zur Verfügung. Die qualitativen Untersuchungen von Lebendproben konnten erst 1974 beginnen.

2.1. Qualitative Phytoplanktonuntersuchungen

Die Lebendproben wurden als Schöpfproben und auch als Netzproben (mit jeweils gleicher Anzahl von Horizontal- und Vertikalzügen) entnommen und nach der Ankunft im Labor (1—2 Stunden nach der Probenahme) über „Chemapol-Membranfilter“ mit 1,5 µm Porenweite angereichert. Auf diese Art und Weise gelang es, auch Ultraplankton zu erfassen.

2.2. Quantitative Phytoplanktonuntersuchungen

Die Proben für die quantitative Auswertung wurden mit dem Ruttnerschöpfer in folgenden Tiefen entnommen: 0, 2,5, 5, 7,5, 10, 12,5 und 15 m. Die Fixierung mit Jod-Jod-Kaliumazetat erfolgte unmittelbar nach der Probenahme. Im umgekehrten Mikroskop wurden die Proben dann ausgezählt (UTERMÖHL 1958). Zur Auszählung kamen stets zwei Durchmesser der Platten-

kammer (Diametralzählung). Kammergröße, Zählstreifenbreite und die teilweise notwendige Verdünnung waren so gewählt, daß von den wichtigsten Sippen ca. 100—200 Individuen gezählt wurden. Das entspricht dem von UTERMÖHL (1958) aufgestellten Grundsatz der elastischen Zählung.
Nach LUND et al. (1958) errechnet sich der maximale prozentuale Fehler bei einer statistischen Sicherheit von 95% nach der Formel

$$f_{max} = \pm 2 \frac{100}{n} \qquad (1)$$

wobei „n“ die Anzahl der gezählten Individuen darstellt. Die maximale Fehlerbreite der angegebenen Individuenzahlen beträgt in der vorliegenden Arbeit 15 bis 20%.
Zur Auszählung der Ultraplankter bzw. μ-Algen wurde meist eine THOMA-Kammer (Blutzählkammer) verwendet (vgl. OVERBECK 1962, BRAUNE 1975). Auf Grund der höheren Zellzahlen wurde dabei die durchschnittliche Fehlerbreite oft unterschritten. Für eine Probe wurden jeweils 4 THOMA-Kammern ausgezählt. Das Auszählen erfolgte 15—20 Minuten nach Aufbringen der Probe, wobei nur die halbe Kammerfläche gezählt wurde. Neben den genannten Tiefenproben wurden auch Durchschnittsproben (z. B. für den Dagowsee) ausgewertet. Dazu wurde den einzelnen Tiefenproben eine bestimmte Wassermenge entnommen; diese Teilproben wurden zu einer Probe vermischt und ausgezählt. Formen, die in einer Probe mit weniger als 5 Individuen vertreten waren, fanden bei der quantitativen Auswertung keine Berücksichtigung.
Die Kalkulation der Phytoplanktonvolumina beruht auf den Angaben in den Ausgewählten Methoden der Wasseruntersuchung Bd. II. Diese Angaben sind aus NAUWERCK (1963) zitiert. Die Verwendung dieser Werte geschah der besseren Vergleichbarkeit halber. Für Sippen, deren Volumina nicht den „Methoden“ zu entnehmen waren, wurden sie aus der durchschnittlichen Individuengröße kalkuliert. Diese Volumina sind in Tab. 1 enthalten. Sie sind als „Faustwerte“ anzusehen. Die Umrechnung von Volumen auf Biomasse (Frischmasse) erfolgt mit dem Faktor „1“, d. h. 10^9 µm^3 ≙ 1 mg Biomasse, (vgl. SCHWOERBEL (1966), VAN HEUSDEN (1972) und VOLLENWEIDER (1974).
Für die Kalkulation der Phytoplanktonbiomasse unter einem m^2 Seeoberfläche wurde nur das Plankton der euphotischen Zone berücksichtigt. Dabei wurde die euphotische Zone in den einzelnen Seen im Jahresverlauf konstant bis zu folgender Tiefe gerechnet: Stechlin 17,5 m, Nehmitzsee-Nordbecken und Nehmitzsee-Südbecken 10 m, Dagowsee 3,5 m. Der bei der starken Vereinfachung entstehende Fehler wurde der einfachen Berechnung und der leichten Verständlichkeit halber in Kauf genommen. Die Einordnung der Phytoplankter in die einzelnen Größenklassen erfolgte nach den Angaben in den Ausgewählten Methoden Bd. II: Ultraplankton — kleiner als 5 µm, Nannoplankton — zwischen 5 µm und 50 µm und Mikroplankter — zwischen 50 µm und 500 µm.

3. Ergebnisse

3.1. Qualitative Phytoplanktonuntersuchungen

Ab 1974 wurden im Stechlin-, Nehmitz- und Dagowsee 127 Sippen nachgewiesen (s. Tab. 2). Sie verteilen sich folgendermaßen: 20 Cyanophyceen, 28 Monadophyceen, 28 Bacillariophyceen und 51 Chlorophyceen. Es muß jedoch betont werden, daß der schwierigen Gruppe der Monadophyceen bisher nicht die nötige Aufmerksamkeit gewidmet werden konnte. Von BUSSE (1972) wurden u. a. 29 Sippen aufgeführt, die der Verfasser noch nicht nachweisen konnte. Dabei handelt es sich um 2 Cyanophyceen, 18 Monadophyceen, 4 Bacillariophyceen und 5 Chlorophyceen. Mit ihnen erhöht sich die Gesamtzahl der im Stechlinseegebiet nachgewiesenen Sippen auf 156.

Tab. 1. Phytoplanktonvolumina

Sippe	Form	Volumen in µm^3
Ankistrodesmus pfitzeri	Zelle	70
Ankistrodesmus convolutus	Zelle	130
Crucigenia rectangularis	Zelle	70
Elaktothrix lacustris	Zelle	200
Rhizosolenia longiseta	Zelle	5000
Oscillatoria chlorina	Faden 0,1 mm lang	10000
Oscillatoria minima	Faden 0,1 mm lang	500
Oscillatoria putrida	Faden 0,1 mm lang	500

Tab. 2. Sippenliste M — Mikroplankter; N — Nannoplankter; U — Ultraplankter; S — Stechlin; NN — Nehmitzsee-Nordbecken; NS — Nehmitzsee-Südbecken; D — Dagowsee

Cyanophyceae	S	NN	NS	D	
Anabaena flos-aquae (Lyngbye) Brebisson	×	×	×	×	M
Anabaena lemmermannii (P. Richt.)	×				M
Aphanizomenon flos-aquae (L.) Ralfs				×	M
Aphanothece sp.	×	×			N
Chroococcus limneticus Lemm.	×	×			N
Chroococcus minutus (Kützing) Nägeli	×	×	×	×	N
Chroococcus turgidus (Kützing) Nägeli		×	×		N
Gomphosphaera aponina (Bleisch) Forti.	×				N
Gomphosphaera lacustris Chodat	×			×	N
Microcystis aeruginosa Kützing	×	×	×	×	M
Microcystis stagnalis Lemm.	×				M
Microcystis sp.	×			×	M
Oscillatoria chlorina var. *perchlorina* Lauterborn	×	×	×		M
Oscillatoria irrigua Kützing	×	×	×		M
Oscillatoria lauterbornii Schmidle				×	M
Oscillatoria minima Gicklhorn	×	×		×	M
Oscillatoria mougeotii Kützing	×	×	×	×	M
Oscillatoria putrida Schmidle			×	×	M
Oscillatoria tenuis f. *tergestina* (Kützing) Rabenhorst	×	×	×	×	M
Pseudoanabaena cantenata Lauterborn				×	M

Monadophyceae	S	NN	NS	D	
Ceratium hirundinella (O. F. Müller) Schrank	×	×	×	×	M
Chlamydomonas sp.	×	×	×	×	N
Chrysococcus minutus (Fritsch) Nyg.		×			N
Diceras chodatii Reverdin	×				N
Dinobryon bavaricum Imhof		×	×		N
Dinobryon cylindricum Imhof	×	×	×		N
Dinobryon divergens var. *schauinslandii* (Lemm.) Brunnth.	×	×	×	×	N
Dinobryon pediforme (Lemm.) Steinecke	×				N
Dinobryon sertularia var. *protuberans* (Lemm.) Krieg.	×	×	×		N
Dinobryon sociale var. *americanum* (Brunnth.) Bachm.	×	×	×	×	N
Dinobryon sociale var. *stipitatum* (Stein) Lemm.	×	×	×		N
Dinobryon suecicum Lemm.		×	×		N
Eudorina sp.	×	×	×		M
Gymnodinium lacustre Schiller	×		×	×	M
Kephyrium asper (Lack.) Bourr.			×		N
Mallomonas acaroides Zach.		×			N
Mallomonas bacterium Conr.	×	×	×		N
Mallomonas caudata Iwan.	×	×	×		N
Mallomonas fresenii Kent.		×			N
Mallomonas longiseta Lemm.			×		N
Pandorina morum Bory	×	×	×		N
Phacus sp.		×		×	M
Peridinium cinctum (O. F. Müller) E.	×	×	×	×	M
Peridinium umbonatum Stein	×				N
Synura uvella E.		×	×		M
Synura sp.			×		M
Uroglena americana Calk.	×	×	×	×	M
Uroglena volvox E.		×			M

Cyanophyceae	S	NN	NS	D	
Bacillariophyceae					
Asterionella formosa HASS.	×	×	×	×	M
Asterionella gracillima (HANTZSCH) HEIB.	×	×			M
Attheya zachariasi J. BRUN.	×	×	×	×	M
Cyclotella comensis GRUN.	×	×	×	×	N
Cyclotella glomerata BACHM.	×	×	×	×	N
Cyclotella hyalina COLDITZ	×				N
Cyclotella kützingiana THWAITES	×		×	×	N
Cyclotella menighiana KG.		×	×		N
Diatoma elongatum (LYNGB.) AG.	×	×	×	×	M
Fragilaria capucina DESM.	×	×		×	M
Fragilaria construens (E.) GRUN.	×	×	×		M
Fragilaria crotonensis (EDW.) KITT.	×	×	×	×	M
Fragilaria virescens RALFS	×	×	×		M
Fragilaria pinnata E.	×	×	×		M
Gyrosigma sp.		×	×		M
Melosira granulata var. *angustissima* O. M.		×	×		M
Melosira islandica subsp. *helvetica* O. M.		×			M
Melosira varians C. A. AG.	×	×			M
Navicula sp.	×	×			N
Rhizosolenia longiseta ZACH.		×	×		M
Stephanodiscus astrae var. *minutula* (KG.) GRUN.	×	×	×	×	N
Stephanodiscus hantzschii GRUN.	×	×	×	×	N
Surirella sp.	×	×			M
Synedra acus var. *angustissima* GRUN.	×	×	×		M
Synedra beroliniensis LEMM.	×				M
Synedra ulna (NITZSCH) E.	×	×	×		M
Tabellaria fenestrata (LYNGB.) KG.	×	×	×		M
Tabellaria flocculosa (ROTH) KG.	×				M
Chlorophyceae					
Ankistrodesmus acicularis (A. BR.) KORSCHIK.				×	N
Ankistrodesmus angustus BERN.				×	N
Ankistrodesmus chodatii (TANN.-FULLEM.) BRUNNTH.				×	N
Ankistrodesmus convolutus CORDA				×	N
Ankistrodesmus falcatus f. *mirabile* W. & G. S. WEST	×	×	×	×	N
Ankistrodesmus pfitzeri (SCHRÖD.) G. S. WEST	×	×	×	×	N
Chlorella vulgaris BEYERINCK				×	N
Crucigenia quadrata MORREN	×		×	×	N
Crucigenia rectangularis (A. BR.) GAY	×	×	×		N
Crucigenia triangularis CHODAT	×	×		×	N
Coelastrum microporum NAEG.	×	×	×	×	N
Dictyosphaerium ehrenbergianum NAEG.	×	×	×	×	N
Dictyosphaerium pulchellum WOOD			×	×	N
Elakatothrix acuta PASCH.	×			×	N
Elakatothrix gelatinosa WILLE			×		N
Elakatothrix lacustris KORSCHIK.	×	×	×	×	N
Elakatothrix subacuta KORSCHIK.	×			×	N
Gleocystis planctonica LEMMERMANN	×		×	×	N
Kirchneriella lunaris (KIRCH.) MOEB.	×			×	N
Kirchneriella obesa (W. WEST) SCHMIDLE	×			×	N
Oocystis crassa WITTROCK var. *marsonii* (PRINTZ) LEMM.	×	×		×	N
Oocystis eliptica W. WEST	×	×			N

Cyanophyceae	S	NN	NS	D	
Oocystis gigas var. *borgei* LEMMERM.	×	×	×	×	N
Oocystis lacustris CHODAT		×			N
Oocystis novae-semliae WILLE		×			N
Oocystis solitaria WITTR.	×	×		×	N
Oocystis sp.	×	×			N
Pediastrum bidentulatum AL. BRAUN	×				N
Pediastrum boryanum (TURPIN) MENEGH.	×	×	×	×	N
Pediastrum boryanum var. *perforatum* RACIB.	×	×	×	×	N
Pediastrum duplex MEYEN	×	×		×	N
Pediastrum duplex var. *reticulatum* LAGERHEIM	×			×	N
Pediastrum clathratum (SCHRÖTER) LEMM.				×	N
Pediastrum tetras (EHRBG.) RALFS		×	×	×	N
Scenedesmus arcuatus LEMMERM.	×			×	N
Scenedesmus arcuatus var. *platydiscus* G. M. SMITH				×	N
Scenedesmus bijugatus (TURP.) KG.			×	×	N
Scenedesmus bijugatus f. *seriatus* CHODAT			×		N
Scenedesmus hystrix LAGERH.				×	N
Scenedesmus quadricauda (TURP.) BREB.	×	×		×	N
Selenastrum minutum (NAEG.) COLL.				×	N
Sphaerocystis schroeteri CHODAT	×	×	×	×	M
Tetraedron minimum (A. BR.) HANSG.	×	×		×	N
Tetraedron muticum (A. BR.) HANSG.				×	N
Tetraedron trigonum (NAEG.) HANSG.			×	×	N
Tetrastrum multisetum (SCHMIDLE) CHODAT				×	N
ultraplanktische Chlorophycee	×	×	×	×	U
Cosmarium punctulatum BREB.	×	×	×	×	N
Cosmarium sp.	×	×	×	×	N
Staurastrum anatinum COOK & WILLS	×				N
Staurastrum paradoxum MEYEN	×				N
Staurastrum sp.	×	×	×	×	N

Rund 60 in den letzten beiden Jahren nachgewiesene Sippen wurden von BUSSE nicht genannt. Das wird hauptsächlich durch das Einbeziehen des Dagowsees in das Untersuchungsprogramm verursacht.

3.1.1. Stechlin

Die insgesamt im Stechlin gefundenen 88 Sippen verteilen sich auf 15 Cyanophyceen, 17 Monadophyceen, 23 Bacillariophyceen und 33 Chlorophyceen. (Das Auftreten der Sippen in den einzelnen Seen ist ebenfalls aus Tab. 2 ersichtlich.) *Anabaena lemmermannii*, *Microcystis stagnalis*, *Peridinium umbonatum*, *Synedra beroliniensis* und *Pediastrum duplex* var. *reticulatum* wurden bisher nur im Stechlin gefunden. *Diceras chodatii* und *Tabellaria flocculosa* wurden von BUSSE auch in den beiden Nehmitzseebecken nachgewiesen.

3.1.2. Nehmitzsee-Nordbecken

Infolge der Vermischung des Wassers von Stechlin und Nehmitzsee-Nordbecken durch das Kernkraftwerk Rheinsberg ist das Sippenspektrum des Nehmitzsee-Nordbeckens dem des Stechlins sehr ähnlich. Vor der Inbetriebnahme des Kernkraftwerks 1965 unterschieden sich die Phytoplanktonzönosen beider Seen deutlich (BUSSE 1972). Auch die Individuenzahlen differierten stark. Wird der Kühlwasserkreislauf z. B. als Folge von Reparaturen unterbrochen, vergrößert sich der Unterschied zwischen den Zönosen beider Seen wieder. Im Nehmitzsee-Nordbecken wurden 81 Sippen gefunden: 11 Cyanophyceen, 21 Monadophyceen, 24 Bacillariophyceen und 25 Chlorophyceen. *Chrysococcus minutus*, *Mallomonas acaroides*, *Mallomonas fresenii*, *Melosira islandica* subsp. *helvetica*, *Oocystis lacustris* und *Oocystis novae-*

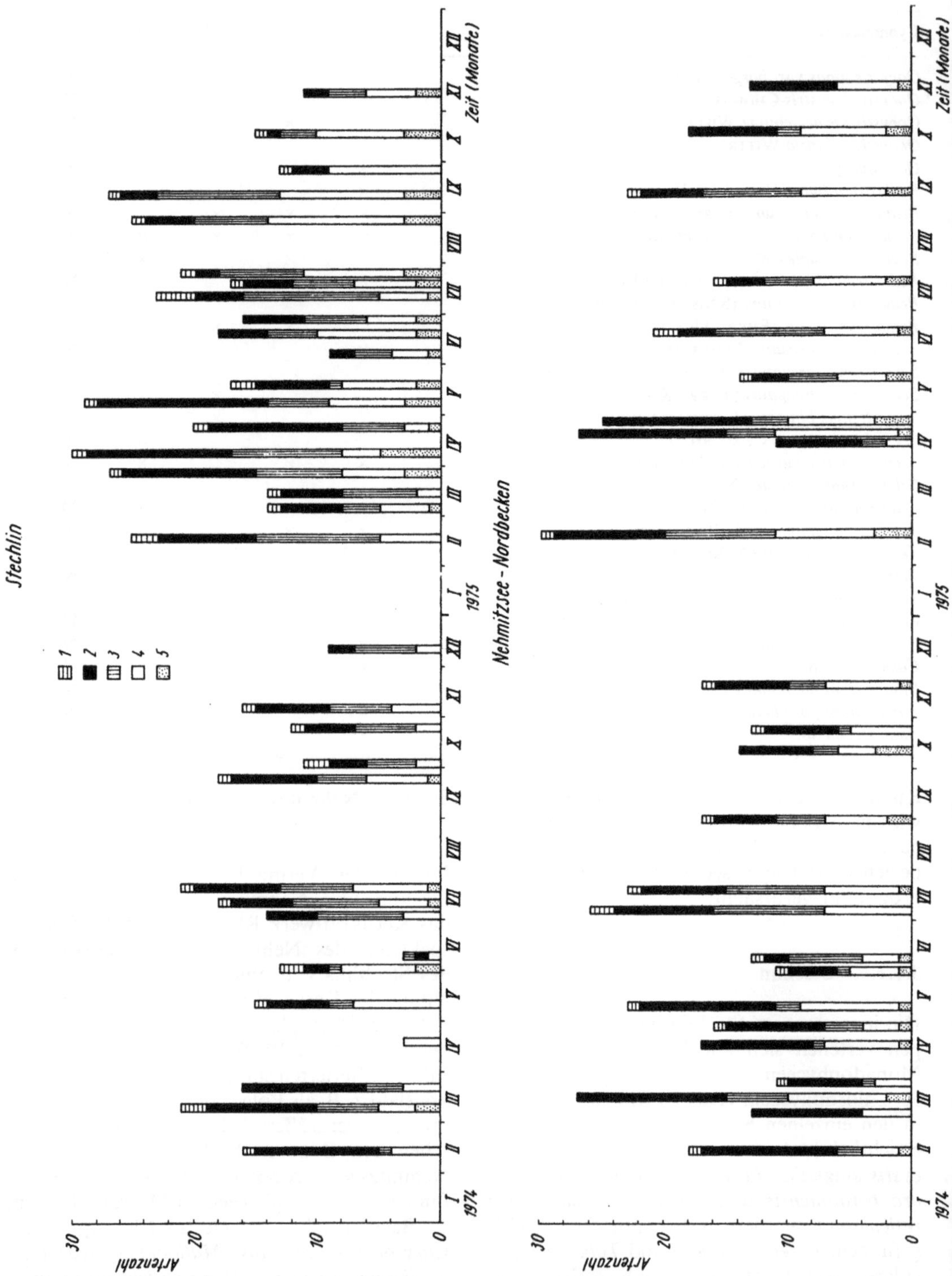

Abb. 1. Artenzahl der wichtigsten Planktongruppen; oben Stechlinsee 1974/1975; unten Nehmitzsee-Nordbecken
1 — Desmidiaceen; 2 — Diatomeen; 3 — Chlorophyceen; 4 — Monadophyceen; 5 — Cyanophyceen

semliae wurden bisher nur im Nehmitzsee-Nordbecken nachgewiesen.
Die Zusammensetzung der Gesamtsippenzahl (Abb. 1) unterscheidet sich nicht wesentlich von der im Stechlin. Neben den Bacillariophyceen haben jedoch die Monadophyceen die größte Abundanz.

3.1.3. Nehmitzsee-Südbecken

Da das Nehmitzsee-Südbecken nicht mit in den Kühlkreislauf des Kernkraftwerks einbezogen ist, blieb seine Biozönose relativ unbeeinflußt. Die 68 nachgewiesenen Sippen verteilen sich folgendermaßen: 9 Cyanophyceen, 20 Monadophyceen, 19 Bacillariophyceen und 20 Chlorophyceen. *Dictyosphaerium pulchellum*, *Gleocystis planctonica*, *Scenedesmus bijugatus* f. *seriatus* und *Oscillatoria putrida* wurden bisher nicht im Nehmitzsee-Nordbecken, *Kephyrium asper* und *Tetraedron trigonum* in keinem anderen der untersuchten Seen gefunden.

3.1.4. Dagowsee

Vom Dagowsee lagen bisher noch keine Phytoplanktonuntersuchungen vor. Es gelang der Nachweis von 73 Sippen: 12 Cyanophyceen, 8 Monadophyceen, 10 Bacillariophyceen, 43 Chlorophyceen. 12 Sippen wurden nur im Dagowsee gefunden, davon eine Cyanophycee (*Pseudoanabaena cantenata*) und 11 Chlorophyceen (*Ankistrodesmus acicularis*, *A. angustus*, *A. chodatii*, *A. convolutus*, *Chlorella vulgaris*, *Pediastrum clathratum*, *Scenedesmus arcuatus* var. *platydiscus*, *Sc. hystrix*, *Selenastrum minutum*, *Tetraedron muticum*, *Tetrastrum multisetum*).

3.2. Quantitative Phytoplanktonuntersuchungen

Für die quantitative Auswertung können sowohl die Zellzahl als auch die Biomasse herangezogen werden. Auf Grund der unterschiedlichen Zellgrößen und demzufolge der unterschiedlichen Aktivitäten pro Zelle ist bei der Untersuchung von Mischpopulationen die Zellzahl keine günstige Bezugsgröße. Für die meisten Betrachtungen kommt in der Arbeit deshalb die Biomasse zur Anwendung.

3.2.1. Stechlin

Im jahreszeitlichen Verlauf wechseln sich Mikroplankton, Nannoplankton und Ultraplankton in Dominanz bzw. Abundanz ab (Abb. 2). Die beeindruckenden Massenentwicklungen von Ultraplanktern im Frühjahr 1973 und 1974 mit Zellzahlen bis zu einigen Mio/l bzw. $10^{11}/m^2$ Seeoberfläche haben sich im Frühjahr 1975 nicht in dieser Art wiederholt. 1976 waren diese Formen weder im Stechlin, noch im Nehmitzsee nachzuweisen.
Abgesehen von der Cyanophyceenblüte im Juni/Juli weist die Phytoplanktonentwicklung in den einzelnen Jahren deutliche Unterschiede auf: Das Frühjahrsmaximum 1973 wird mit ca. 85% Biomasseanteil vom Ultraplankton geprägt; 1974 und 1975 hat das Ultraplankton im Frühjahr nur einen Biomasseanteil von ca. 45% bzw. ca. 15%.
Das Spätsommermaximum 1973 ist mit rund 15 g Biomasse (Frischmasse)/m^2 etwa doppelt so hoch wie der Frühjahrsgipfel. Die Biomasse im Spätsommer wird zu knapp 90% von mikroplanktischen Bacillariophyceen gebildet.

Tab. 3. Gegenüberstellung der Sippenzahlen

	Stechlin	Nehmitzsee-N.	Nehmitzsee-S.	Dagowsee
Monadophyceae	17	21	20	8
Bacillariophyceae	23	24	19	10
Chlorophyceae	33	25	20	43
Cyanophyceae	15	11	9	12
	88	81	68	73

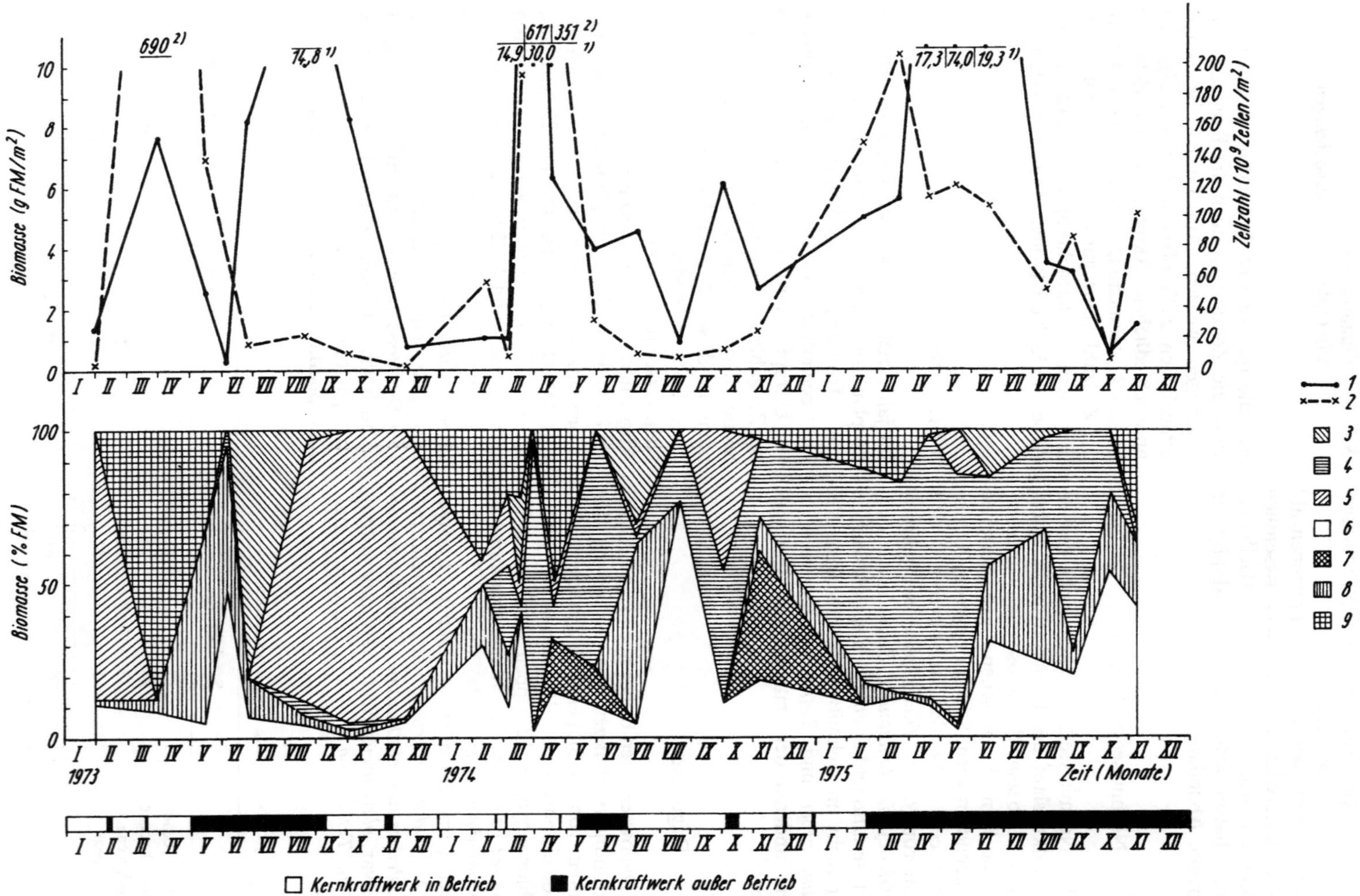

Abb. 2. Phytoplanktonbiomasse, Phytoplanktonzellzahl und prozentualer Anteil wichtiger Planktongruppen an der Biomasse; Stechlin 1973—1975
1 — Biomasse ≙ 1); 2 — Zellzahl ≙ 2); 3 — Cyanophyceen; 4 — Bacillariophyceen (Nannoplankton); 5 — Bacillariophyceen (Mikroplankton); 6 — Monadophyceen (Nannoplankton); 7 — Monadophyceen (Mikroplankton); 8 — Chlorophyceen; 9 — Ultraplankton

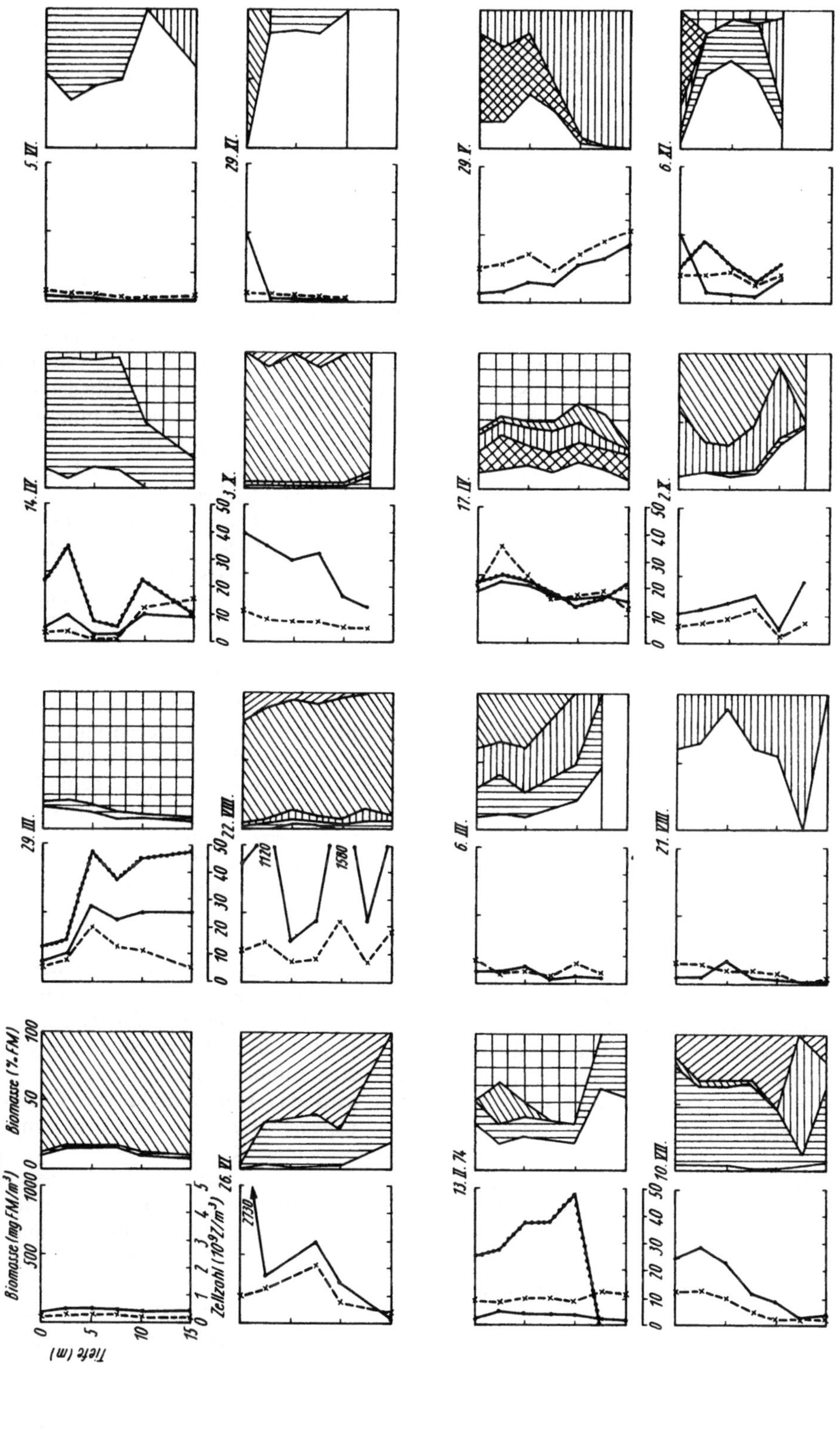

Abb. 3. 1 — Phytoplanktonbiomasse (Frischmasse); 2 — Phytoplanktonzellzahl (ohne Ultraplankton); 3 — Phytoplanktonzellzahl (mit Ultraplankton); 4 — Monadophyceen (Nannoplankton); 5 — Monadophyceen (Mikroplankton); 6 — Chlorophyceen; 7 — Bacillariophyceen (Nannoplankton); 8 — Bacillariophyceen (Mikroplankton); 9 — Cyanophyceen; 10 — Ultraplankton

Ultra- und Nannoplankton prägen das Frühjahrsmaximum 1974. Mit 30 g Biomasse/m^2 erreicht es den fünffachen Wert des mikroplanktisch geprägten Herbstmaximums (6 g je m^2). Die im Frühjahr realisierte Biomasse repräsentiert etwa den gleichen Wert, wie ihn BUSSE während einer mikroplanktischen Herbstentwicklung feststellte. Beide Werte übersteigen deutlich die übrigen Biomassespitzen im Stechlin.

Auch 1975 spielt das Nannoplankton die beherrschende Rolle. Von Jahresanfang bis Oktober bringen nannoplanktische Bacillariophyceen (*Cyclotella*, *Stephanodiscus*) einen bedeutenden Biomasseanteil. Ultraplanktische Chlorophyceen treten von Januar bis März und im November stärker in Erscheinung. Insgesamt verläuft die Planktonentwicklung dieses Jahres eingipflig, mit einem absoluten Maximum im Mai (74 g Biomasse/m^2).

Die Tiefenverteilung von Zellzahl, Biomasse, und des Anteils wichtiger Planktongruppen an der Biomasse ist zu den einzelnen Probenahmeterminen sehr unterschiedlich (Abb. 3). Entsprechend den Probenahmetiefen können nur die Verhältnisse in den obersten 15 m dargestellt werden.

Im Februar 1973 ist die geringe Biomasse (50—100 mg/m^3) ziemlich gleichmäßig über die Tiefen verteilt. Rund 90% der Biomasse wird von mikroplanktischen Bacillariophyceen realisiert, wobei *Tabellaria fenestrata* vorherrscht. Ende März wird die Zönose vom Ultraplankton geprägt. Die Biomasse der Ultraplankter nimmt mit der Tiefe geringfügig zu, die der nannoplanktischen Monadophyceen ab. Mitte Mai weist die Planktonschichtung je ein Maximum in 2,5 und 10 m Tiefe auf. In den gleichen Tiefen erreicht die Ultraplanktonzellzahl Maxima. Wesentlichen Anteil an der Biomasse hat das Ultraplankton aber erst unterhalb 7,5 m Tiefe. Den Hauptteil der Biomasse stellen nannoplanktische Chlorophyceen.

Die geringste Biomasse der dargestellten Untersuchungsjahre wurde am 5. 6. 1973 ermittelt. Biomasse und Zellzahl nehmen von der Oberfläche zur Tiefe ab. Nannoplanktische Monadophyceen prägen neben Chlorophyceen und nannoplanktischen Bacillariophyceen das Planktonbild. Ende Juni bringt eine Massenentwicklung von *Anabaena flos-aquae* die meiste Biomasse/m^3 in den beiden Untersuchungsjahren. Ab 2,5 m Tiefe haben auch Chlorophyceen einen deutlichen Biomasseanteil.

Am 29. 8. haben wir wieder 2 bzw. 3 Biomassemaxima im Tiefenverlauf, und zwar in 2,5, 10 und 15 m Tiefe. Vorherrschend ist die mikroplanktische Bacillariophycee *Fragilaria crotonensis*. Anfang Oktober stellen mikroplanktische Bacillariophyceen immer noch ca. 90% der Biomasse. Neben *Fragilaria* ist jetzt *Tabellaria fenestrata* stark vertreten. Der letzte Termin des Jahres 1973 zeigt an der Oberfläche eine hohe Biomasse mikroplanktischer Bacillariophyceen (*Tabellaria*), die in 2,5 m Tiefe schon fast verschwunden ist. Die unbedeutende Restbiomasse wird zu 90% von nannoplanktischen Monadophyceen gebildet.

Im Februar 1974 konnte eine starke Entwicklung der ultraplanktischen Chlorophyceen beobachtet werden. Diese μ-Algen haben ihr Maximum in 10 m Tiefe. Die Zellzahl der übrigen Plankter und die Gesamtbiomasse sind zu diesem Termin nicht hoch. Bemerkenswert ist noch eine *Synedra*-Population im Tiefenbereich von 0—7,5 m. Anfang März ist das Plankton wieder ziemlich gleichmäßig über die Tiefe verteilt. Mikro- und nannoplanktische Bacillariophyceen, Chlorophyceen und Monadophyceen sind an der Zönose beteiligt. Im April entfallen etwa 50% der gefundenen Biomasse auf die Ultraplankter. Erstmalig im Untersuchungszeitraum haben mikroplanktische Chlorophyceen (*Uroglena* sp.) einen bedeutenden Biomasseanteil, der über den gesamten Tiefenbereich 10—15% beträgt. Ende Mai nehmen Zellzahl und Biomasse von der Oberfläche nach der Tiefe zu. Dies wird in erster Linie durch die Verteilung nannoplanktischer Bacillariophyceen (*Cyclotella* sp.) bewirkt. Zwischen 0 und 5 m stellt *Uroglena* den höchsten Biomasseanteil.

Im Juli wird das Planktonbild von Chlorophyceen (*Sphaerocystis schroeteri*) bestimmt. Die zweite wichtige Komponente sind Cyanophyceen. In 12,5 m Tiefe haben die nannoplanktischen Bacillariophyceen ihre vorherrschende Rolle behalten. Die geringe Biomasse Ende August wird von nannoplanktischen Monadophyceen und Bacillariophyceen etwa zu gleichen Anteilen gebildet. In 12,5 m Tiefe wird die Biomasse allein von den Bacillariophyceen gebildet.

Anfang Oktober sind die Mikroplankter *Fragilaria crotonensis* und *Tabellaria fenestrata* dominierend. Auch die nannoplanktischen Bacillariophyceen haben immer noch einen nennenswerten Anteil an der Biomasse. Im November wurde wie im vorhergehenden Jahr eine hohe Biomasse an der Oberfläche gefunden. Diese wird etwa zu 70% von dem Mikroplankter *Gymnodinium* gebildet. Zwischen 2,5 und 7,5 m Tiefe dominieren nannoplanktische Monadophyceen, unterhalb 7,5 m nannoplanktische Bacillariophyceen. Nanno- und ultraplanktische Chlorophyceen treten ebenfalls in Erscheinung.

3.2.2. Nehmitzsee-Nordbecken

An der Phytoplanktonzönose des Nehmitzsee-Nordbeckens haben Nannoplankter stets einen beträchtlichen Anteil (Abb. 4). Wirklich dominierend sind sie in der Regel nur in Zeiten mit geringer Phytoplanktonentwicklung. Eine Ausnahme bildet das Maximum im Mai 1975. Es wird in erster Linie von nannoplanktischen Bacillariophyceen (*Cyclotella* sp.) geprägt. Ende Juli/Anfang August 1973 wurde eine Massenentwicklung ultraplanktischer Chlorophyceen beobachtet. Diese winzigen Algen bringen es zu einer Biomasse von fast 10 g/m².

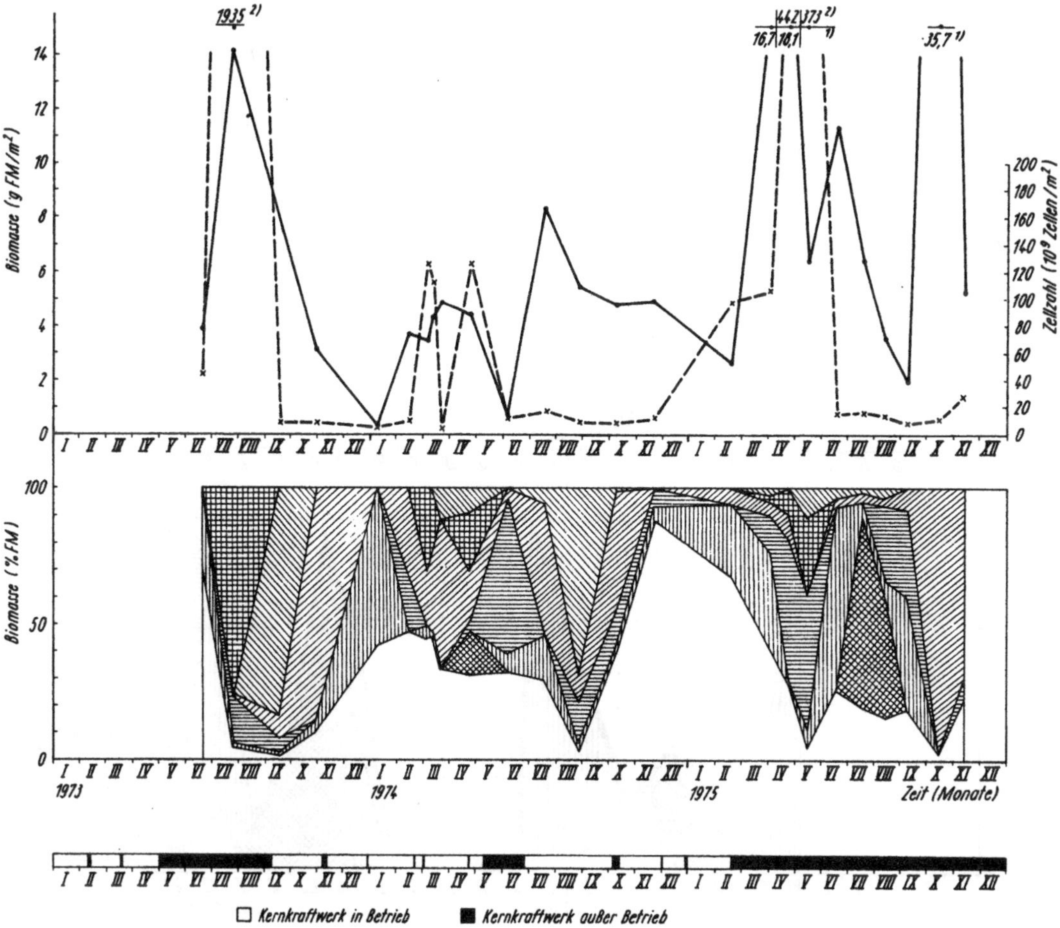

Abb. 4. Phytoplanktonbiomasse, Phytoplanktonzellzahl und prozentualer Anteil wichtiger Planktongruppen an der Biomasse; Nehmitzsee-Nordbecken 1973—1975; Legende wie Abb. 2

Im September beherrschen dann Cyanophyceen (*Oscillatoria* sp.) das Planktonbild, im Oktober mikroplanktische Bacillariophyceen (*Tabellaria fenestrata*).
1974 durchläuft die Planktonentwicklung zwei Maxima. Das erste Maximum mit 5 g Biomasse je m² liegt im März, das zweite mit ca. 8,5 g/m² im Juli. Die Planktonzusammensetzung ist sehr unterschiedlich. Im März und April ist wieder eine Ultraplanktonentwicklung zu verzeichnen. Ende August sind Blaualgen der Gattung *Oscillatoria* vorherrschend (ca. 70% der Biomasse).
Auch 1975 finden wir in der Planktonentwicklung zwei Maxima. Im Frühjahr (März bis April) sind Nannoplankter dominierend. Eine Ultraplanktonpopulation tritt beim Abklingen der Massenentwicklung deutlich in Erscheinung. Im Juli erreicht *Ceratium hirundinella* eine Biomasse von 5 g/m². Das Biomassemaximum im Oktober stellt mit ca. 36 g/m² den höchsten in den drei Untersuchungsjahren beobachteten Wert dar. Es wird zu 95% von *Melosira granulata* gebildet.

3.2.3. Dagowsee

Im Dagowsee finden wir eine ganz anders geartete Phytoplanktonzönose als im Stechlin- und Nehmitzsee-Nordbecken (Abb. 5). Das

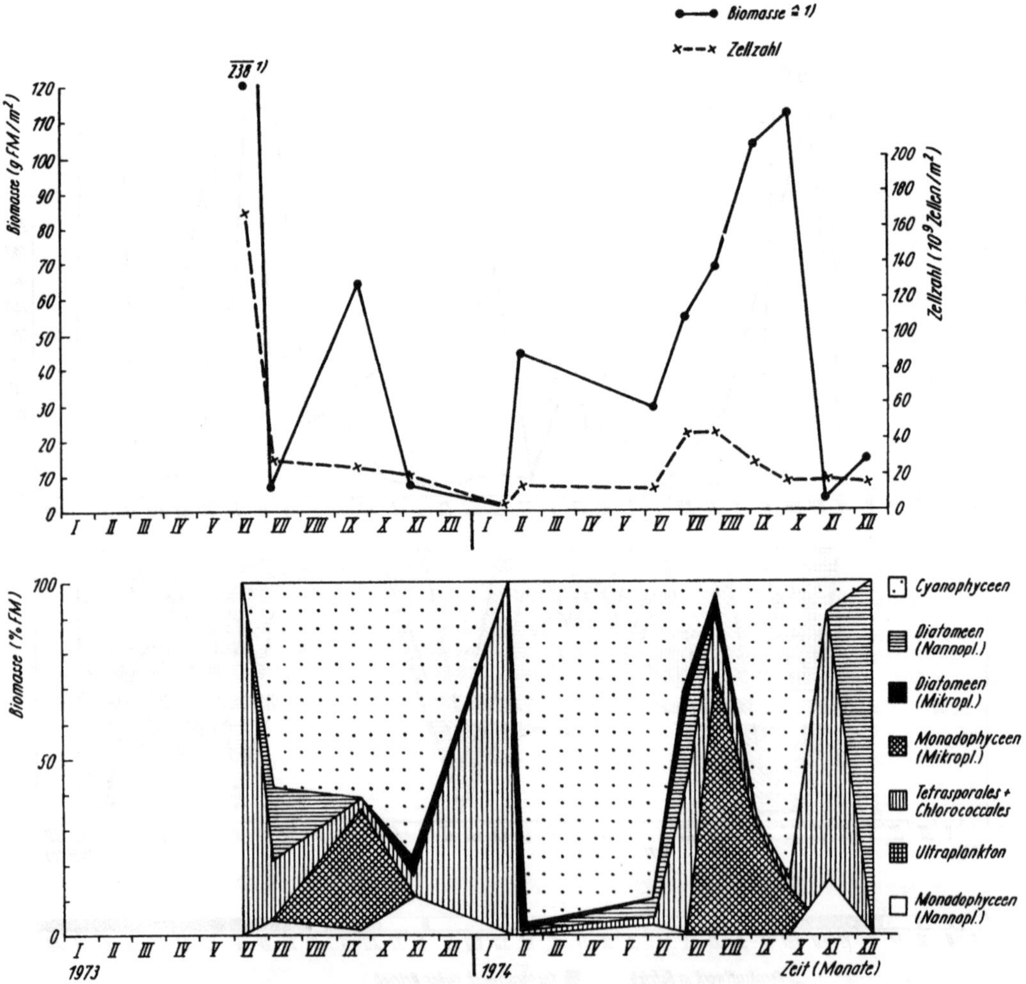

Abb. 5. Phytoplanktonbiomasse, Phytoplanktonzellzahl und prozentualer Anteil wichtiger Planktongruppen an der Biomasse

Mikroplankton erreicht im Jahresverlauf die höchste Biomasse, das Nannoplankton hat nur einen geringen prozentualen Anteil. Ultraplankton tritt bezüglich Biomasse nicht in Erscheinung. Im Untersuchungszeitraum wurde die höchste Biomasse im Juni 1973 mit knapp 240 g/m² gefunden. Bei diesem Maximum waren Chlorophyceen dominant. Die Cyanophyceenmassenentwicklung im Herbst bringt mit 60 g/m² wesentlich geringere Biomassewerte. Im Dezember 1973 und Januar 1974 wird das Bild des Phytoplanktons von Chlorophyceen mit einer geringen Biomasse geprägt. Von Februar bis Mai 1974 dominieren Cyanophyceen. Im Juli/August war eine kurze Massenentwicklung von mikroplanktischen Monadophyceen (*Ceratium hirundinella*) zu beobachten. Zum Jahresende wechseln sich Cyanophyceen, Chlorophyceen und nannoplanktische Bacillariophyceen in der Dominanz schnell ab.

4. Diskussion

4.1. Qualitative Phytoplanktonuntersuchung

Ein interessantes Objekt ist der besonders im Frühjahr auftretende Ultraplankter. Außer im Stechlin, Nehmitzsee und Dagowsee tritt diese Form auch in anderen Seen des Untersuchungsgebiets auf. Im Großen Fuchskuhlensee ruft sie oft regelrechte Vegetationsfärbungen hervor.

Eine sichere Artdefinition der Alge kann noch nicht gegeben werden. Nach den Ergebnissen von Pigmentanalysen[1] handelt es sich zweifelsfrei um eine Chlorophycee. GODNEW & VINBERG (1951) erhielten bei den von ihnen untersuchten „grünen Bakterien" die gleichen Adsorptionskurven für Chlorophyll a. Auch die Größenangaben der beiden Autoren entsprechen etwa den eigenen Messungen.

Von den während der Untersuchungszeit nachgewiesenen 127 Sippen haben 25 eine größere Bedeutung für die Biomasse in den Untersuchungsjahren. 90 Sippen sind insgesamt nur mit 10—20% an der Gesamtbiomasse der einzelnen Seen beteiligt; keine Sippe davon aber mit mehr als einem Prozent. Das heißt jedoch nicht, daß diese Sippen für die Biozönose bedeutungslos wären; nur können z. Z. über ihre Rolle im Beziehungsgefüge eines Sees keine genauen Angaben gemacht werden.

Mehr als 10% Biomasseanteil erreichen zeitweilig im Nehmitzsee-Nordbecken 10 Sippen, im Stechlin 7 und im Dagowsee 5. Ihr gemeinsamer Anteil an der Gesamtbiomasse bewegt sich zwischen 64 und 87%. Über 5% Biomasseanteil haben im Nehmitzsee-Nordbecken zeitweise 17 Sippen, im Stechlin 22 und im Dagowsee 14. Dabei muß bedacht werden, daß zu den einzelnen Untersuchungsterminen meist nur 2 oder 3 Sippen im Plankton dominieren. Diese dominanten Sippen wechseln im Jahresverlauf, ohne daß eine bestimmte Reihenfolge erkennbar ist.

Läßt sich dieser Befund durch weitere Untersuchungen und zielgerichtete Auswertung des Materials der vergangenen Jahre untermauern und präzisieren, so ist ein wichtiger Schritt in Richtung Überschaubarkeit des Ökosystems getan.

Den höchsten prozentualen Anteil einer Sippe an der Biomasse eines Jahres erreichen *Sphaerocystis schroeteri* mit 34,7% im Dagowsee und *Fragilaria crotonensis* mit 25,5% im Stechlin. Über 10% Biomasseanteil erreichen Sippen der Gattung *Oscillatoria*, weiterhin *Ceratium hirundinella*, *Anabaena flos-aquae* und die ultraplanktische Chlorophycee.

Obwohl die nannoplanktischen Monadophyceen das ganze Jahr hindurch vertreten sind, erreichen sie nur im Nehmitzsee-Nordbecken mehr als 10% der Biomasse. Die nannoplanktischen Bacillariophyceen spielen im Stechlin und im Nehmitzsee-Nordbecken eine wichtige Rolle. Insgesamt liegt der Anteil der Nannoplanktonbiomasse im Stechlin und im Nehmitzsee-Nordbecken bei 30%, im Dagowsee bei 10% (Abb. 1). Der Ultraplanktonanteil liegt im Stechlin und Nehmitzsee-Nordbecken bei 20%.

In den von KRISTIANSEN (1971) untersuchten dänischen Seen erreicht das Nannoplankton etwa 25% der Jahresbiomasse, wobei die maximalen Biomassewerte des Esrom-Sees in der Größenordnung von Stechlin und Nehmitzsee-Nordbecken liegen, während die des

1 Frau Prof. Dr. H. SAGROMSKY, Gatersleben, sei für die Durchführung und Auswertung der Analysen an dieser Stelle herzlich gedankt.

Tystrup-Bavelse-Sees in der Größenordnung des Dagowsees rangiert. Beide Seen sind in der Zusammensetzung des Nannoplanktons sehr unterschiedlich.
Im eutrophen Mikołajskie-See fand SPODNIEWSKA (1974) einen durchschnittlichen Nannoplanktonanteil an der Biomasse von 34% mit steigender Tendenz. Auch der Gesamtbiomassegehalt steigt langsam.
Im Spätsommer und in den Herbstmonaten spielt die Gattung *Oscillatoria* in den tieferen Wasserschichten des Nehmitzsees eine wichtige Rolle. Sie repräsentiert fast die gesamte Cyanophyceenbiomasse des Nehmitzsee-Nordbeckens und rund 30% im Nehmitzsee-Südbecken.
Nach systematischen Gruppen geordnet erreichen Bacillariophyceen im Stechlin mit 58% die größte Dominanz, gefolgt von Cyanophyceen mit 52% im Nehmitzsee-Südbecken und mit 43% im Dagowsee. Chlorophyceen erreichen im Dagowsee ebenfalls 40%.
BONTHRON-WILLÉN (1969) wies für den ebenfalls eutrophen Hjälmaren-See eine Dominanz der Bacillariophyceen von ca. 60—70% der Biomasse nach. Mit Ausnahme der Chrysophyceen zeigen alle anderen Gruppen eine deutliche Biomassezunahme in den letzten 20 Jahren. Besonders das „Zurückdrängen“ der Chrysophyceen wird auf erhöhte Nährstoffzufuhr und Eutrophierung des Sees zurückgeführt.

4.2. Quantitative Phytoplanktonuntersuchungen

In Abb. 2 und 4 sind neben der Planktonentwicklung im Stechlin und im Nehmitzsee-Nordbecken auch die Betriebs- bzw. Stillstandszeiten des Kernkraftwerks Rheinsberg eingetragen. Der Kühlwasserkreislauf, durch den eine Vermischung von Stechlinsee- und Nehmitzseewasser erfolgte und erfolgt (SCHRÄDER 1962), kann große Bedeutung für die Phytoplanktonentwicklung haben. Ein unmittelbarer Einfluß auf die Zönose läßt sich jedoch nicht erkennen. Die Einwirkungen des Kühlwassers sind vor allem indirekter Natur: Zufuhr und Transport von Nährstoffen, Beeinflussung von Temperatur- und Schichtungsverhältnissen, u. a. Allgemeine Schlußfolgerungen bezüglich des planktischen Arten- bzw. Aspektwechsels können auf Grund des kurzen Untersuchungszeitraums für das Stechlinseegebiet nicht gezogen werden.
Nannoplanktische Bacillariophyceen stellten im Stechlin während der entsprechenden Maxima im Frühjahr bzw. Frühsommer 1974 und 1975 den größten Biomasseanteil. Die von BUSSE (1972) beobachteten Nannoplanktonmaxima lagen im Spätsommer oder Herbst. Nach KRISTIANSEN (1971) bilden im Esrom-See nannoplanktische Bacillariophyceen den Hauptteil des Nannoplanktons, jedoch in den beiden dargestellten Jahren in unterschiedlicher Höhe. Die Maxima der Entwicklung liegen jeweils im Frühjahr.
Im Gegensatz zum Stechlin treten im Nehmitzsee-Nordbecken die nannoplanktischen Monadophyceen stärker in Erscheinung. Beachtenswert ist die Ultraplanktonentwicklung im Nehmitzsee-Nordbecken im Juli/August 1973. Zu dieser Zeit — Stillstand des Kühlwasserkreislaufes — begann sich im Stechlin eine mikroplanktische Bacillariophyceenpopulation aufzubauen. Erst mit Wiederbeginn des Pumpbetriebs entwickelt sich auch eine Bacillariophyceenpopulation im Nehmitzsee-Nordbekken. Um eine „Verschleppung“ der Massenentwicklung aus dem Stechlin handelt es sich aber offenbar nicht. Die Population im Stechlin bestand überwiegend aus *Fragilaria crotonensis*, die im Nehmitzsee-Nordbecken aus *Tabellaria fenestrata*.
Wenn sich die Bilder der Phytoplanktonzönosen auch ähnlich sind, so gibt es doch deutliche, vom Gewässer geprägte Unterschiede. Augenfällig werden sie am Verlauf von Biomasse und Zellzahl: Der Zeitpunkt von Massenentwicklungen, der wesentlich von meteorologischen Faktoren beeinflußt wird, ist zwar oft gleich, aber Sippenzusammensetzung und Biomasse bzw. Produktivität einer solchen Entwicklung sind meist unterschiedlich. So fanden wir im Frühjahr 1974 im Stechlin eine weit über dem Durchschnitt liegende Massenentwicklung mit hohem Nannoplanktonanteil; im Nehmitzsee-Nordbecken bleibt die Entwicklung unter den übrigen Maxima und hat einen hohen mikroplanktischen Anteil.
Im Nehmitzsee-Nordbecken wurden im Jahre 1975 wesentlich höhere Biomassen produziert als in den vorangegangenen Jahren (Abb. 4). Das zeigt u. a. eine bessere Nährstoffversorgung der Phytoplanktonzönose an, die durch

den fehlenden Kühlwasserkreislauf ermöglicht wird: Der See bleibt relativ unbeeinflußt und nähert sich dadurch wieder seinem ursprünglichen, mäßig eutrophen Zustand. Ist der Kühlwasserkreislauf in Betrieb, wird dem Nehmitzsee-Nordbecken laufend Wasser entnommen. Nährstoffärmeres Wasser fließt dann aus dem Stechlin in den Nehmitzsee. MOTHES (1974) spricht unter diesen Bedingungen von einer Oligotrophierung des Nehmitzsees.
Sowohl bei ultraplanktischen Chlorophyceen (29. 2., 14. 5. 1973, 13. 2. 1974) als auch bei den nannoplanktischen Bacillariophyceen (5. 6. 1973, 29. 5., 2. 10., 6. 11. 1974) wird z. B. im Stechlin die stärkste Entwicklung oft in tieferen Wasserschichten beobachtet. Unter den schlechteren Lichtverhältnissen sind diese Formen offenbar besser konkurrenzfähig (FINDENEGG 1971). Im Reither See in Tirol fand FINDENEGG (1972) auch ein solches Schichtungsbild für *Synedra*, *Stephanodiscus* und *Oocystis*. Ein stärkeres Auftreten von *Oocystis* in tieferen Wasserschichten konnte ebenfalls im Stechlin beobachtet werden. BRETTUM (1972) stellte eine Biomassezunahme in tieferen Wasserschichten im oligotrophen „Övre Heimdalsvatn" (Norwegen) fest. Die gleiche Beobachtung machte NAUWERCK (1966) in anderen Klarwasser-Seen. Die genannten Autoren deuten ihre Beobachtung als aktives Aufsuchen einer tieferen Schicht, um den hohen Einstrahlungen in den Sommermonaten auszuweichen. LOMBARD & CAPON (1971) stellten derartige licht- und temperaturabhängige Wanderungen bei *Peridinium gregarium* fest. TILZER (1973) und TILZER & SCHWARZ (1976) legen ausführliche Untersuchungen zur Lichtabhängigkeit des Phytoplanktons in Hochgebirgsseen vor. Sie konnten zeigen, daß die Algen gut an mittlere Lichtintensitäten angepaßt sind: Bei hohem Lichtangebot wandern bewegliche Formen in tiefere Wasserschichten, bei geringer Einstrahlung (z. B. im Winter) werden oberflächennahe Schichten aufgesucht. Diese vertikale Differenzierung des photosynthetischen Verhaltens verschwand, wenn unbewegliche Sippen dominant waren. Bedingt durch die stabile Schichtung der Seen im Untersuchungsgebiet konnten solche Phototaxien hier nicht beobachtet werden. Eine Biomassezunahme in der Tiefe, an der Monadophyceen einen Anteil hatten, wurde im Stechlin am 2. 10. 1974 beobachtet. Im Plankton der untersuchten Seen sind im Sommerhalbjahr auch nur sehr selten bewegliche Formen dominant.

5. Zusammenfassung

Im Untersuchungszeitraum wurden im Stechlinseegebiet 127 Sippen nachgewiesen: Rund 60 davon wurden in früheren Berichten nicht erwähnt. 29 bisher nachgewiesene Sippen konnten noch nicht wieder determiniert werden, so daß insgesamt für die untersuchten Seen 156 Sippen nachgewiesen sind: 22 Cyanophyceen, 46 Monadophyceen, 32 Bacillariophyceen und 56 Chlorophyceen.
Eine noch nicht sicher einzuordnende ultraplanktische Chlorophycee von etwa 1—1,5 µm Größe bildete im Untersuchungszeitraum sowohl im Stechlin als auch im Nehmitzsee-Nordbecken Massenentwicklungen mit Zellzahlen bis zu 5×10^9 Zellen/l.
5—10 Sippen brachten in den untersuchten Seen 64 bis 87% der Biomasse; d. h., in den Untersuchungsjahren realisierten sie einen großen Teil der Primärproduktion und waren somit in starkem Maße am Stoffkreislauf der Seen beteiligt.
Sphaerocystis schroeteri, *Microcystis* sp., *Fragilaria crotonensis* und *Tabellaria fenestrata* erreichen als einzelne Sippen über 20% der Gesamtbiomasse in den Seen.
Im Stechlin und Nehmitzsee-Nordbecken wurden 50% der Gesamtbiomasse von Mikroplanktern, 30% von Nannoplanktern und knapp 20% von Ultraplanktern realisiert. In Dagowsee und Nehmitzsee-Südbecken liegt der Anteil des Mikroplanktons bei 85—90% und der des Nannoplanktons bei 10—15%.

Summary

During the time of these studies 127 species of algae were determined in the Lake-Stechlin-Area. Nearly 60 of these species were not mentioned in earlier reports, 29 species mentioned earlier could not determined any more until now. Therefore altogether 156 species were detected in the studied lakes: 22 species of blue green algae (Cyanophycea), 46 of flagellates, 32 of Bacillariophycea, and 56 of Chlorophycea.
An ultraplanktonic green alga till now not exactly determined (size 1—1,5 µm) produced in the lakes Stechlin and Nehmitz cell numbers to 5×10^9 cells per liter.
5—10 species produced in the studied lakes 64—87% of the biomass, i.e., the realized a great part of primary production during the study years and they took part in a high degree at the circulation of matter in the lakes.

Sphaerocystis schroeteri, *Microcystis* sp., *Fragilaria crotonensis* and *Tabellaria fenestrata* produced as single species more than 20% of the biomass in the lakes.
In the lakes Stechlin and Nehmitz (northern basin) 50% of the biomass were realized by microplanktonic algae, 30% by nannoplankton, and nearly 20% by ultraplankton, and in the lake Dagow and the southern basin of the Nehmitz 85—90% by microplankton and 10—15% by nannoplankton.

Резюме

Во время изучений в районе озера Штехлин были доказаны 127 видов водорослей. Приблизительно 60 видов раньше были упоминаны в публикациях и 29 видов, которые раньше были наблюданы, теперь ещё не можно наблюданы снова. Всего их было 156 видов в этих озерах: 22 Cyanophycea, 46 Monadophycea, 32 Bacillariophycea и 56 Chlorophycea.
Один вид из Chlorophycea (1—1,5 μм в размере) не был идентифицирован, он производил в озере Штехлин и в северной части озера Немитс числа клеток до 5—10^9 клеток в литре.
5—10 видов образовали в изучаемых озерах 64—87% биомассы, это значит, они реализировали во время изучения большую часть первичного производстве и участвовали в круговороте веществ в большой мере.
Sphaerocystis schroeteri, *Microcystis* sp., *Fragilaria crotonensis* и *Tabellaria fenestrata* в качестве отдельных видов образовали в этих озерах больше чем 20% биомассы.
В озере Штехлин и в северной части озера Немитс образовали микропланктон 50%, наннопланктон 30% и ультрапланктон приблизительно 20% биомассы фитопланктона, и в озере Дагов и в южной части озера Немитс микропланктон образовал 85 до 90% и наннопланктон 10—15% биомассы фитопланктона.

6. Literatur

Bonthron-Willén, E., 1969: Investigations of phytoplankton in the Lake Hjälmaren 1965—1967. — Lake Mälaren Research, Inst. Limnol., Uppsala Rep. 26.

Braune, W., 1975: Studien zur Algenbesiedlung der Saale im Raum Jena, II. Vergleich der jahreszeitlichen Besiedlungsdynamik ober- und unterhalb der Stadt. — *Limnologica* (Berlin) **9** (3), 323—419.

Brettum, P., 1972: The Phytoplankton of Lake Övre Heimdalsvatn, Central South Norvay, 1969—1970. — Norw. J. Bot. **19** (2), 79—90.

Busse, G., 1972: Kapitel „Phytoplankton" im Abschlußbericht „Grundlagen zur Modellierung des Stoffhaushaltes im Rahmen der Vertragsaufgabe". — Jena (unveröff.).

Findenegg, I., 1971: Die Produktionsleistungen einiger Algenarten in ihrem natürlichen Milieu. — Arch. Hydrobiol. **69**, 273—293.

— 1972: Das Phytoplankton des Reither Sees (Tirol, Österreich) im Jahre 1971. — Ber. nat.-med. Ver. Innsbruck **59**, 15—24.

Godnev, T. I., & G. G. Vinberg, 1951: Über die Pigmente der „grünen Bakterien". — Dokl. Akad. Nauk SSSR **76**, 909—912 (russ.).

van Heusden, G. P. H., 1972: Estimation of Biomass of Plankton. — Hydrobiologia **39** (2), 165—208.

Institut für Wasserwirtschaft, 1970: Ausgewählte Methoden der Wasseruntersuchung Bd. II: Biologische, mikrobiologische und toxikologische Methoden. — Jena (VEB G. Fischer).

Koschel, R., 1980: Bilanz der Primärproduktion des Phytoplanktons in den Gewässern des Stechlinseesystems. — *Limnologica* (Berlin) **13** (1), 53—81.

Kristiansen, J., 1971: Phytoplankton of two Danish lakes, with special references to seasonal cycles of the nannoplankton. — Mitt. internat. Verein. Limnol. **19**, 253—265.

Lombard, E. H., & B. Capon, 1971: Beobachtungen über Gezeitentümpelökologie und Verhalten von *Peridinium gregarium*. — J. Phycol. (N.Y.) **7**, 188 bis 194.

Lund, J. W. G., C. Kipling & E. D. Le Cren, 1958: The inverted microscop method of estimating algal numbers and the statistical basis of estimations by counting. — Hydrobiologia **11**, 144—170.

Mothes, G., 1974: Veränderungen von Nährstoffstandard und Fauna im Stechlinseesystem unter dem Einfluß von Strömung und Temperatur. — Naturschutzarbeit in Berlin und Brandenburg **10** (2), 50—55.

— 1980: Sedimentation und Stoffbilanzen in Seen des Stechlinseegebiets. — *Limnologica* (Berlin) **13** (1), 147—194.

Nauwerck, A., 1963: Die Beziehungen zwischen Zooplankton und Phytoplankton im See Erken. — Symb. Bot. Upsal. **17** (5), 1—63.

— 1966: Beobachtungen über das Phytoplankton klarer Hochgebirgsseen. — Schweiz. Z. Hydrol. **28**, 4—28.

Overbeck, J., 1962: Das Nannoplankton (μ-Algen) der Rügenschen Brackgewässer als Hauptproduzent in Abhängigkeit vom Salzgehalt. — Kieler Meeresforsch. **18**, 157—171.

Schräder, T., 1962: Die Forschungsstelle für Limnologie der DAW zu Berlin. — *Limnologica* (Berlin) **1** (1), 1—20.

Spodniewska, I., 1974: The structure and production of phytoplankton in Mikolajskie Lake. — Ekol. pol. **22** (1), 65—106.

TILZER, M., 1973: Diurnal periodicity in the phytoplankton assemble of a high mountain lake. — Limnol. & Oceanogr. **18** (1), 15—30.

TILZER, M., & K. SCHWARZ, 1976: Seasonal and vertical patterns of phytoplankton light adaption in a high mountain lake. — Arch. Hydrobiol. **77** (4), 488—504.

UTERMÖHL, H., 1958: Zur Vervollkommnung der quantitativen Phytoplankton-Methodik. — Mitt. internat. Verein. Limnol. **9**, 1—38.

VOLLENWEIDER, R. A., 1974: Primary Production in Aquatic Environment. — IBP Handbock No. 12, 2. Aufl. Oxford.

Eingegangen am 20. 3. 1979.

Anschrift des Verfassers:

Dr. LUTZ KÜCHLER
Akademie der Wissenschaften der DDR
Forschungszentrum f. Molekularbiologie u. Med?zin
Zentralinstitut für Mikrobiologie
und experimentelle Therapie Jena
Abteilung Limnologie
DDR-6900 Jena, Beutenbergstr. 11

Limnologica (Berlin) **13** (1), 101—122, Januar 1981

WOLFRAM SCHEFFLER

Quantitative Erfassung des Periphytons im Stechlinsee

Mit 11 Abbildungen und 21 Tabellen

Inhalt

1. Zielstellung

Von 1971 bis 1975 wurden im Rahmen eines komplexen Forschungsprogramms quantitative Untersuchungen über Biomassebildung und Primärproduktion des Periphytons im Stechlinsee durchgeführt. Die Arbeiten umfaßten: 1. Erfassung des Jahresganges der Biomassebildung und -größe; 2. Erfassung der primärproduktionsbiologischen Leistung der Biomasse; 3. Erfassung des Einflusses des Kraftwerkskühlwassers auf beide Leistungsgrößen. Die Untersuchung der Biomasse erstreckte sich über den Zeitraum von 1971 bis 1975, die Messung der Primärproduktion von 1975 bis 1976.

2. Methodik

Die methodischen Grundlagen für Biomassebestimmungen und für die Aktivitätsmessungen waren gleich. Das betrifft die Auswahl der Untersuchungspunkte, die Untersuchungszeiträume, die Substratträger, die Expositionstiefe und den Zeitpunkt der Messung.
Die Biomasse wurde gravimetrisch bestimmt. Es wurde eine modifizierte Glasplattenmethode gewählt, die sich an die Erfahrungen von SLÁDEČKOVÁ (1962), SLÁDEČEK & SLÁDEČKOVÁ (1964) und SCHLÜTER (1966) orientierte. Als Substratträger dienten PVC-Rahmen mit 20 (= 0,0594 m^2 Fläche) vertikal eingehängten mikroskopischen Objektträgern. Die Expositionsdauer in situ betrug im Regelfall vier, in Ausnahmefällen zwei oder sechs Wochen.
Die aschefreie Trockensubstanz in $mg \cdot m^{-2}$ wurde über das Trocken- und Aschegewicht des erhaltenen Bewuchses ermittelt. Sie galt als Maß für die Biomasse. Die Umrechnung auf $mg\ C \cdot m^{-2}$ erfolgte mit dem bei KOSCHEL (im Druck) vorgegebenen Umrechnungsfaktor 0,53. Alle Biomassedaten sind standing-crop-Werte.
Unter Periphyton wird die Gesamtheit der Mikroorganismengesellschaften verstanden, die sich auf dem verwendeten Substrat ansiedelte. Eine Trennung von pflanzlichem und tierischem Bewuchs oder lebendem und totem Material erfolgte nicht. Als signifikant wurden im Litoral Differenzen ab $20\ mg \cdot m^{-2}d^{-1}$ und im Pelagial ab $5\ mg \cdot m^{-2}d^{-1}$ aschefreie Trockensubstanz angesehen.
Die Bestimmung der Primärproduktion der Biomasse erfolgte mit einer ^{14}C-Methodik, die sich an die Erfahrungen von KOSCHEL (1974) anlehnt. Von den bewachsenen Objektträgern wurde je einer in 100-ml-Weithals-Pulverflaschen mit membranfiltriertem Standortwasser (Porenweite der Filter = 0,6 μm) gegeben und mit 1 ml einer sterilisierten Natriumkarbonatlösung versetzt. Die spezifische Aktivität der Ampullen-Standard-

1 Für Hinweise und Diskussionen danke ich den Herren Dr. S. JOST CASPER, Jena, und Dr. R. KOSCHEL, Neuglobsow.

Tab. 1. Biomasse auf natürlichen Steinen und mikroskopischen Objektträgern am Untersuchungspunkt Sl 1, Brandungsufer

Expositionszeit	mittlere tägliche Biomasse in mg · m^{-2} · d^{-1}			
	Sandstein (1)	Granit (2)	Gneis (3)	Glas
25. 7.—23. 8. 72	46,9	28,5	63,4	5,5
24. 8.—22. 9.	39,3	70,6	55,0	15,6
23. 10.—27. 11.	32,0	7,8	31,1	3,0
28. 11.—27. 12.	16,5	2,3	8,5	3,6
28. 12.—29. 1. 73	20,7	6,8	11,5	6,2
30. 1.—27. 3.	94,3	94,6	77,1	31,4
28. 3.—25. 4.	42,5	18,9	23,7	18,8
$\bar{m}$ 25. 7. 72 bis 25. 4. 73	41,2	32,8	38,6	12,0
$\bar{m}$ Spalte 1 bis 3		37,5		12,0

lösung betrug etwa 5 µ Ci/ml. Die Flaschen wurden von 12^{00} Uhr bis Sonnenuntergang exponiert. Die Versuche erfolgten parallel an mehreren Untersuchungspunkten. Nach der Messung wurde der Bewuchs mechanisch vom Objektträger entfernt und mittels Rührmotor so gut wie möglich homogenisiert. Aliquote Teile der Probe wurden durch Synpor-Membranfilter (mittlere Porenweite 0,6 µm) filtriert. Jede Probe erbrachte sechs Werte, deren statistisches Mittel die Grundlage der Auswertung bildete. Die Bestimmung der Radioaktivität der Filter und die Korrektur der Impulsdaten erfolgte in gleicher Weise, wie bei KOSCHEL (1974) beschrieben. Die Primärproduktionsdaten sind als Bruttowerte anzusehen.
Die verwendeten Wassertemperaturen wurden vom FIH Neuglobsow übernommen. Sie beruhen auf Dekadenmessungen.

3. Vorversuche

Die Vorversuche betrafen die Aussagefähigkeit des verwendeten künstlichen Substrats und die Wahl einer geeigneten Expositionstiefe für die Daueruntersuchungen.

3.1. Substratvergleich

Im Stechlinsee sind Steine bis hinab zu einer Größe von 2 cm ∅ dominierendes Aufwuchssubstrat. Parallel zu den verwendeten Glasplatten wurden in Beton eingebettete, plangeschliffene Steine der Uferregion in der Brandungszone am Untersuchungspunkt Sl 1 exponiert und die Biomasse ermittelt (Tab. 1).
Als quantitative Grundlage für die Berechnung pro m^2 dienten folgende Bewuchsflächen: Sandstein 0,0235 m^2, Granit 0,0254 m^2, Gneis 0,0273 m^2, Glas 0,0594 m^2.
Die mit der Glasplattenmethode gewonnenen Biomassewerte liegen im Stechlinsee fast stets unter denen, die auf dem natürlichen Ufersubstrat Stein festgestellt werden können.

3.2. Vergleich von Expositionstiefen

Am Untersuchungspunkt St wurde, jeweils in Abständen von 4 Wochen, über ein Jahr lang die Biomasse in zwei Tiefen gemessen. In 1,0 m Tiefe war die Biomasse um 15—85% größer als unter der Oberfläche (vgl. Tab. 2). In 1 m Tiefe herrschen für das Periphyton offensichtlich bessere Wachstumsbedingungen.

Tab. 2. Biomasse in zwei Untersuchungstiefen (18. 12. 71 bis zum 27. 12. 72)

Tiefe	Summe Biomasse	$\bar{m}$ mittlere tägliche Biomasse
m	mg C · m^{-2}	mg C · m^{-2}
0,05	10409,2	27,8
1,00	14940,7	39,8

4. Jahresverlauf der Biomassebildung

4.1. Litoral

Am sonnigen, windgeschützten NW-Ufer — Untersuchungspunkt Sl 1 — verläuft die Entwicklung in allen Jahren nahezu gleich (Abb. 1). Nach dem winterlichen Minimum steigen ab Februar bis Ende März die Biomassewerte bis zum Frühjahrsmaximum an. Regelmäßig folgt eine kurze Depressionsphase, an die sich der eigentliche Jahresgipfel im Frühsommer anschließt. Über acht Wochen fallen dann die Biomassewerte rasch bis zu einem Tiefstand im Juli/August ab. 1973 fand eine schwache Herbstentwicklung statt. Der Hochsommergipfel 1974 könnte als vorgezogene Herbstentwicklung gewertet werden.
Unübersichtlicher ist das Bild am windexponierten und stark beschatteten SE-Ufer — Untersuchungspunkt Sl 2 (Abb. 2). Der winterlichen Ruhe folgen in jedem Jahr zwei Phasen verstärkter Periphytonbildung. In ihrer zeitlichen Abfolge sind sie von Jahr zu Jahr wechselnd. Gipfelwerte können zwischen Ende Februar und Ende Juli praktisch immer erwartet werden. Allen Jahren gemeinsam ist eine deutliche, sich über zwei Monate hinziehende Depression im August und September. Eine markante Herbstentwicklung tritt auch hier meist nicht auf (Ausnahme: 1974).
Für das Litoral des Stechlinsees zeigen sich folgende allgemeine Tendenzen im Jahresverlauf der Biomassebildung: In den Wintermonaten Dezember bis Januar stagniert die Periphytonbildung. Die produktionsaktive Phase beginnt im Februar und endet im Hochsommer. Zeitlich und örtlich verschoben lassen sich in diesem Zeitraum zwei Phasen verstärkten Wachstums unterscheiden. Die Biomassebildung von September bis zum Jahresende hält sich auf relativ niedrigem Niveau. Ein kleines Herbstmaximum tritt unregelmäßig zwischen September und November auf.

4.2. Pelagial

Abb. 3 zeigt den Jahresverlauf der Biomassebildung am pelagischen Untersuchungspunkt St. Die winterliche Ruhepause dauert von Dezember bis April und ist damit zeitlich weit ausgedehnter als am litoralen Standort. Die wachstumsaktive Phase beginnt im Mai und erreicht, gleichmäßig ansteigend, im Juli und August den Jahresgipfel. Daraufhin fällt die

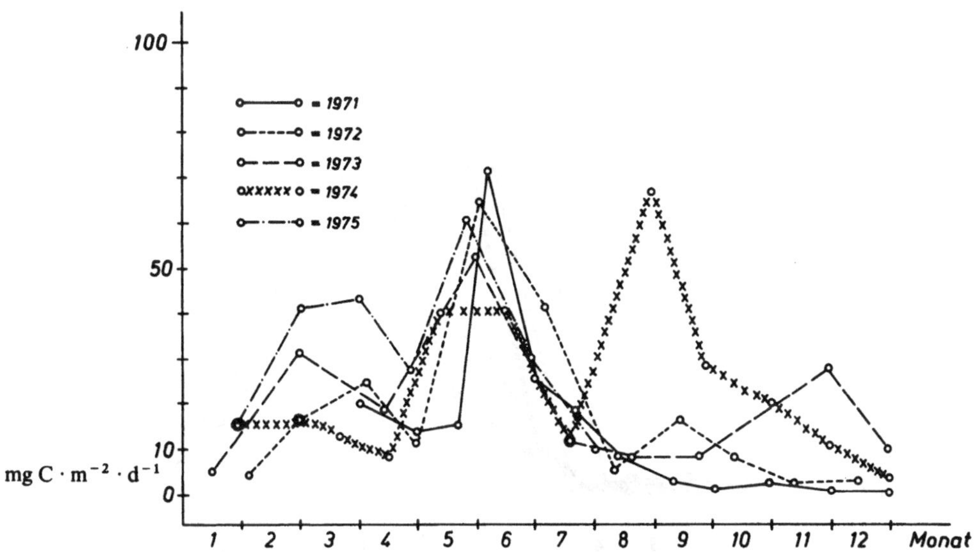

Abb. 1. Jahresverlauf der Biomassebildung von März 1971 bis August 1975; Untersuchungspunkt Sl 1; 0,05 m Tiefe

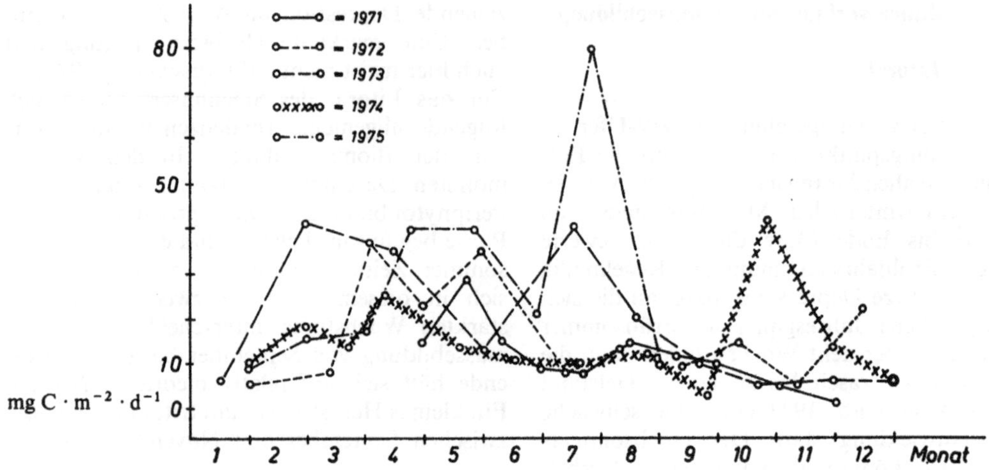

Abb. 2. Jahresverlauf der Biomassebildung von April 1971 bis August 1975; Untersuchungspunkt Sl 2, 0,05 m Tiefe

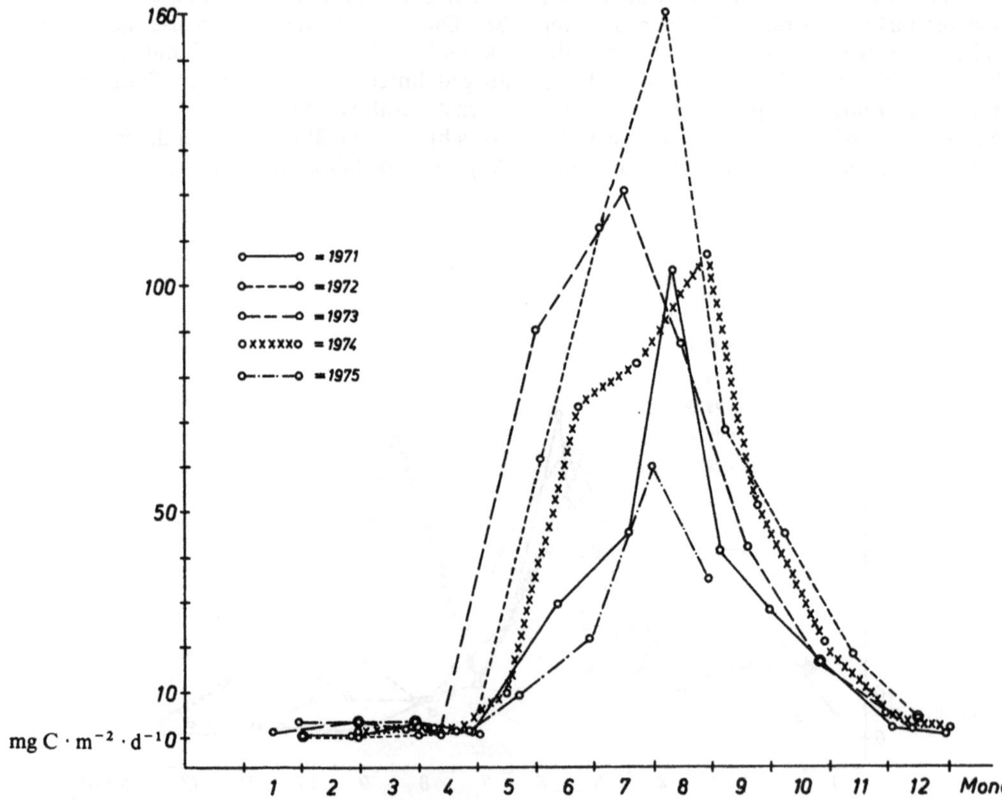

Abb. 3. Jahresverlauf der Biomassebildung von Januar 1971 bis August 1975; Untersuchungspunkt St; 1,0 m Tiefe

Biomassebildung wieder allmählich ab. Ende November ist das winterliche Minimum erreicht.
Der gegenüber dem Uferbereich regelmäßig sehr späte Beginn der Wachstumsphase läßt sich durch den Keimtransport vom Litoral in die Freiwasserregion erklären. Die Verhältnisse im Pelagial lassen keinen Schluß auf die natürliche Periphytonentwicklung zu. Sie gewinnen ihren Wert im direkten Vergleich mit den pelagischen Untersuchungspunkten Swv und Sk im thermisch belasteten Seebereich.

5. Größe der Biomasse

5.1. Litoral

Für die Auswertung wurde das Untersuchungsjahr dem erkennbaren Rhythmus der Biomassebildung angepaßt (Tab. 3).
Die Jahressummen schwanken zwischen 3326 und 8743 mg C · m^{-2}, die mittlere tägliche Biomasse zwischen 9,1 und 24,0 mg C × m^{-2} d^{-1}. Bei den Untersuchungspunkten Sl 1 und Sl 2 handelt es sich um Örtlichkeiten, die bewußt im Hinblick auf unterschiedliche äußere Bedingungen ausgewählt sind (vgl. S. 103). Am sonnenexponierten, windstillen Untersuchungspunkt Sl 1 wird in jedem Jahr mehr Biomasse erzeugt als am stark beschatteten, brandungsexponierten Punkt Sl 2 am SE-Ufer. Im Mittel aller Jahre bilden sich am SE-Ufer 72% der Biomasse des NW-Ufers. Unter der Voraussetzung, daß die ermittelten Werte einigermaßen der natürlichen Schwankungsbreite im Stechlinsee entsprechen, macht sich folglich am SE-Ufer der negative Einfluß der Beschattung und der starken Brandung bemerkbar, die bei gleichen Substratbedingungen das Periphytonwachstum begrenzen.
Unter Zugrundelegung aller litoralen Werte aus den vier Untersuchungsjahren ergibt sich eine durchschnittliche Jahressumme der Biomasse von 6059,4 mg C · m^{-2} und eine mittlere tägliche Biomasse von 16,3 mg C · m^{-2} d^{-1}.
Tab. 4 zeigt den Anteil von zwei Zeitabschnitten an den Jahressummen der Biomasse. Von Februar bis Juli werden in drei Jahren zwischen 61,7% und 90,0% der Jahressumme gebildet, von August bis Januar 10,0% bis 38,3%. Hervorgerufen durch ein ungewöhnlich hohes Herbstmaximum (vgl. Abb. 1) ist im Jahre 1974/75 die Verteilung der Biomassewerte anders: Der Anteil beider Zeitabschnitte ist etwa gleich groß. Im Mittel aller Jahre und Untersuchungspunkte werden von Februar bis Juli 67,8% und von August bis Januar 32,2% der Jahresbiomasse gebildet. Das Halbjahr zwischen Februar und Juli ist im Litoral des Stechlinsees die Zeit der intensivsten Periphytonentwicklung.

5.2. Pelagial (Tab. 5)

Die Jahressumme der Biomasse im Pelagial ist in jedem Jahr weitaus größer als im Litoral (vgl. Tab. 3). Der Zeitraum verstärkter Bio-

Tab. 3. Jahressummen der Biomasse und mittlere tägliche Biomasse 1971—1975 im Litoral

Jahr	Monate	Untersuchungspunkte und Tiefe					
		Sl 1 0,05 m mg C · m^{-2}		Sl 2 0,05 m mg C · m^{-2}		$\bar{m}$ sl 1 + Sl 2 mg C · m^{-2}	
		d^{-1}	a^{-1}	d^{-1}	a^{-1}	d^{-1}	a^{-1}
1971/72	2.—1.	12,6	4573,6	9,1	3325,8	10,9	3949,7
1972/73	2.—1.	17,3	6311,3	11,7	5262,4	14,5	5836,9
1973/74	2.—1.	23,7	8622,7	18,9	6893,1	21,3	7757,9
1974/75	2.—1.	24,0	8743,1	13,0	4743,5	18,5	6743,4
$\bar{m}$ 1971/75	2.—1.	19,4	7062,6	13,2	5056,2	16,3	6059,4

Tab. 4. Anteil der Zeitabschnitte Februar bis Juli und August bis Januar an den Jahressummen der Biomasse

Jahr	Monate	Untersuchungspunkte und Tiefe					
		Sl 1 0,05 m mg C · m^{-2}		Sl 2 0,05 m mg C · m^{-2}		$\bar{m}$ Sl 1 + Sl 2 mg C · m^{-2}	
		Σ	%	Σ	%	Σ	%
1971/72	2.—7.	4114,4	90,0	2053,2	61,7	3083,8	78,1
	8.—1.	459,2	10,0	1272,6	38,3	865,9	21,9
1972/73	2.—7.	5115,2	79,8	3361,4	63,9	4238,3	72,6
	8.—1.	1196,1	20,2	1901,0	36,1	1598,6	27,4
1973/74	2.—7.	6276,2	72,8	5243,8	76,1	5760,0	74,2
	8.—1.	2346,5	27,2	1649,3	23,9	1997,9	25,8
1974/75	2.—7.	4171,1	47,7	2504,4	52,8	3337,8	49,5
	8.—1.	4572,0	52,3	2239,1	47,2	3405,6	50,5
$\bar{m}$ 1971/75	2.—7.	4919,2	72,6	3290,7	63,6	4104,5	67,8
	8.—1.	2143,4	27,4	1765,5	36,4	1954,9	32,2

massebildung läßt sich im Pelagial deutlicher markieren als im Litoral. Im Halbjahr von Mai bis Oktober werden zwischen 94,7 % und 97,0 % der Jahressumme, von November bis April

Tab. 5. Jahressummen der Biomasse und mittlere tägliche Biomasse 1971 bis 1975 im Pelagial, Untersuchungspunkt St, 1,0 m Tiefe, Anteil von zwei Zeitabschnitten an der Jahressumme

Jahr	Monate	mg C · m^{-2}		Anteil in % an Jahressumme
		d^{-1}	a^{-1}	
1971/72	5.—10.	41,9	7667,0	97,0
	11.— 4.	1,3	228,8	3,0
	5.— 4.	21,6	7895,8	
1972/73	5.—10.	79,3	14517,2	94,7
	11.— 4.	4,2	764,5	5,3
	5.— 4.	41,8	15282,7	
1973/74	5.—10.	78,2	14316,6	95,2
	11.— 4.	1,8	318,4	4,8
	5.— 4.	40,0	14635,0	
1974/75	5.—10.	61,2	11199,1	96,1
	11.— 4.	2,9	532,1	3,9
	5.— 4.	32,1	11731,2	
$\bar{m}$	5.—10.	65,2	11924,9	96,3
1971—1975	11.— 4.	2,6	460,9	3,7
	5.— 4.	33,9	12385,8	

3,0—5,3 % gebildet. Die Periphytonbildung ist praktisch auf 6—7 Monate im Jahr beschränkt (vgl. Abb. 10).

5.3. Vergleich mit anderen Gewässern (Tab. 6)

Einen Vergleich der mittleren täglichen Biomasse im Stechlinsee mit derjenigen anderer Gewässer bietet Tab. 6. Die Originalwerte der Tabelle (nach SLÁDEČEK & SLÁDEČKOVÁ 1964 und TSCHEU-SCHLÜTER 1969) sind in mg × $m^{-2} \cdot d^{-1}$ aschefreie Trockensubstanz angegeben. Sie wurden mit dem Faktor 0,53 (KOSCHEL 1979) in mg C · m^{-2} d^{-1} umgerechnet, um sie mit denen des Stechlinsees vergleichen zu können. Wie die Aufstellung zeigt, gehört der Stechlinsee zu den Gewässern mit geringer Biomassebildung pro Flächeneinheit.
Die Jahresgänge der Biomasseentwicklung der in Tab. 6 angeführten DDR-Gewässer unterscheiden sich von den Ergebnissen am Stechlinsee. In diesen Seen wurde neben einem starken Frühjahrsmaximum stets ein kleines Herbstmaximum registriert. Alle drei Seen sind relativ flach und hochproduktiv. In der eutrophen Sedlice-Talsperre (ČSSR) findet ebenfalls eine zusätzlich herbstliche Entwicklung statt (SLÁDEČKOVÁ 1962).

Tab. 6. Mittlere tägliche Biomasse verschiedener Seen bzw. Talsperren

Gewässer	Untersuchungstiefe in m	mg C · m^{-2}	Autor
Lake Sodon (USA)	1,2 und 2,4	6,3	NEWCOMBE 1949
Lake Sodon (USA)	0,2 und 1,2	19,9	NEWCOMBE 1950
Lake Falls (USA)	0,4	78,4	CASTENHOLZ 1960
Lake Alkali (USA)	0,4	69,4	CASTENHOLZ 1960
Talsperre Sedlice (ČSSR)	1,0	135,7	SLÁDEČEK & SLÁDEČKOVÁ 1964
Großer Müggelsee (DDR)	0,2	75,3	TSCHEU-SCHLÜTER 1969
Karutz-See (DDR)	0,2	9,5	TSCHEU-SCHLÜTER 1969
Liebenberger See (DDR)	0,2	61,5	TSCHEU-SCHLÜTER 1969
Tiberias-See (Israel)	1,2	126,4	DOR 1970
Stechlinsee	0,05	16,3	

6. Jahresverlauf der Primärproduktion

Die Primärproduktion wurde kontinuierlich an mehreren Untersuchungspunkten von April 1974 bis September 1975 gemessen. Die Messungen im Litoral erfolgten am Untersuchungspunkt Sl 1 in der Brandungszone (Abb. 4). 1974 sinkt nach einer hohen Produktionsrate im September die Primärproduktion zum Winter stark ab. Sie erreicht im Dezember ein Minimum. Ab Februar 1975 steigen die Primärproduktionsraten wieder an. Das Maximum des Jahres ist im Juni erreicht. Die Produktionsraten im Hochsommer sind 1974 wie 1975 gleichermaßen klein.

Im Pelagial, am Untersuchungspunkt St (Abb. 5), steigen von Mai bis Oktober 1974 die Raten der Primärproduktion nahezu kontinuierlich an. Danach fallen sie steil ab und erreichen im Dezember ein Minimum. Es folgt eine Phase mit sehr geringer Primärproduktion, die bis zum Juni 1975 anhält. Der folgende Anstieg der Produktionsraten erreicht im August das Maximum und ist geringer als im Jahr 1974.

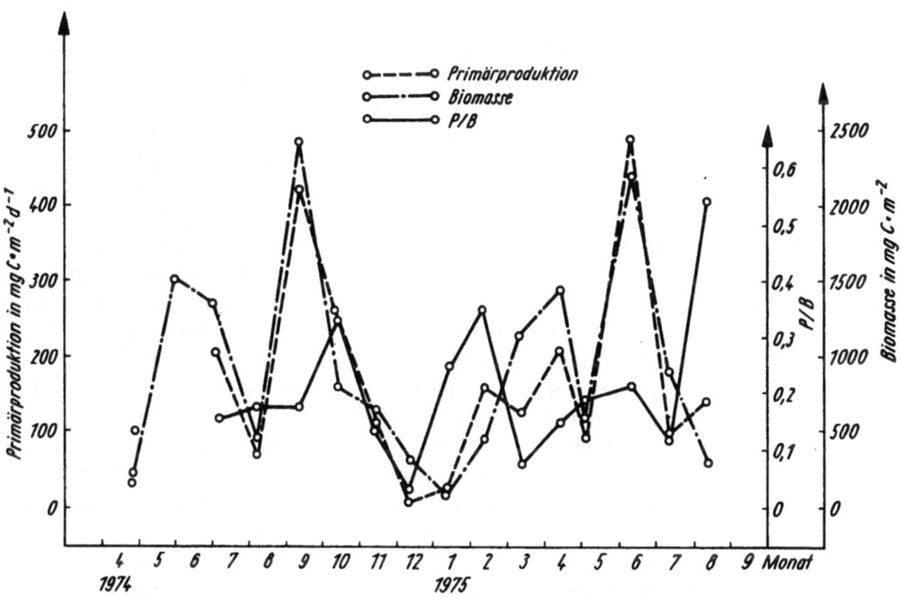

Abb. 4. Primärproduktion, Biomasse und P/B-Quotient im Jahresverlauf, von April 1974 bis September 1975; Untersuchungspunkt Sl 1; Tiefe 0,05 m

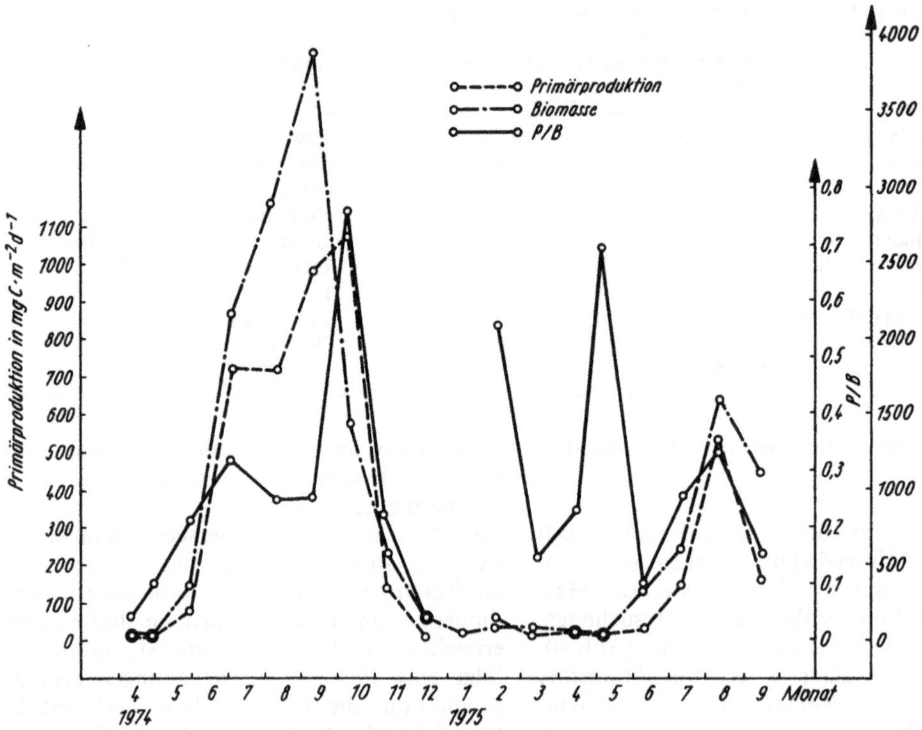

Abb. 5. Primärproduktion, Biomasse und P/B-Quotient im Jahresverlauf, von April 1974 bis September 1975; Untersuchungspunkt St; Tiefe 1,0 m

Der Vergleich der Biomassewerte mit den Produktionsraten (Abb. 4, 5) zeigt in der Regel eine deutliche Parallelität der Kurven. Mit wachsender Biomasse steigen die Primärproduktionsraten, und ein Absinken der Biomassewerte geht mit geringerer Primärproduktion einher. Von dieser Regel gibt es Ausnahmen. Am Punkt St im Oktober 1974 und am Punkt Sl 1 im August 1975 steigt die Assimilationsrate an, obwohl die Biomasse kleiner wird. Umgekehrt bringt am Punkt Sl 1 im März 1975 eine größere Biomasse eine geringere Primärproduktion. Trotzdem kann gesagt werden, daß die Parameter Biomasse (als Gewicht aschefreier Trockensubstanz) und Primärproduktion (als Gewicht C-Ass.) meistens in linearem Zusammenhang stehen. Das zeigt, daß nach vierwöchiger Wuchsdauer das Periphyton des Stechlinsees den Plateauwert der sigmoiden Wachstumskurve (HEINRICH 1973) noch nicht erreicht hat. Alle Biomassebestimmungen und Produktionsmessungen wurden zu einer Zeit vorgenommen, als sich die Periphytongesellschaft in ihrer positiven Wachstumsphase befand. Auskunft über die physiologische Leistungsfähigkeit des Periphytons gibt der Aktivitätsquotient P/B (Abb. 4, 5). Der Tendenzverlauf der Aktivität ist in einigen Zeiträumen dem Tendenzverlauf der Meßwerte relativ angeglichen. Bei steigenden Meßwerten wird auch die Aktivität des Aufwuchses größer, und bei sinkender Tendenz der gemessenen Werte sinkt der Aktivitätskoeffizient (Beispiele: Punkt St April bis Juli 1974, Oktober bis Dezember 1974, Punkt Sl 1 Dezember 1974 bis Februar 1975). In anderen Zeiträumen verlaufen Meßwerte und Aktivität entgegengesetzt. Zu relativ kleinen Meßwerten gehört eine hohe Aktivität, z. B. am Punkt Sl 1 im Februar und August 1975. Umgekehrt zeigen die höchsten Produktionsraten und Biomassewerte eine relativ geringe physiologische Leistung an (Punkt Sl 1 im September 1974 und Juni 1975, Punkt St im September 1974).

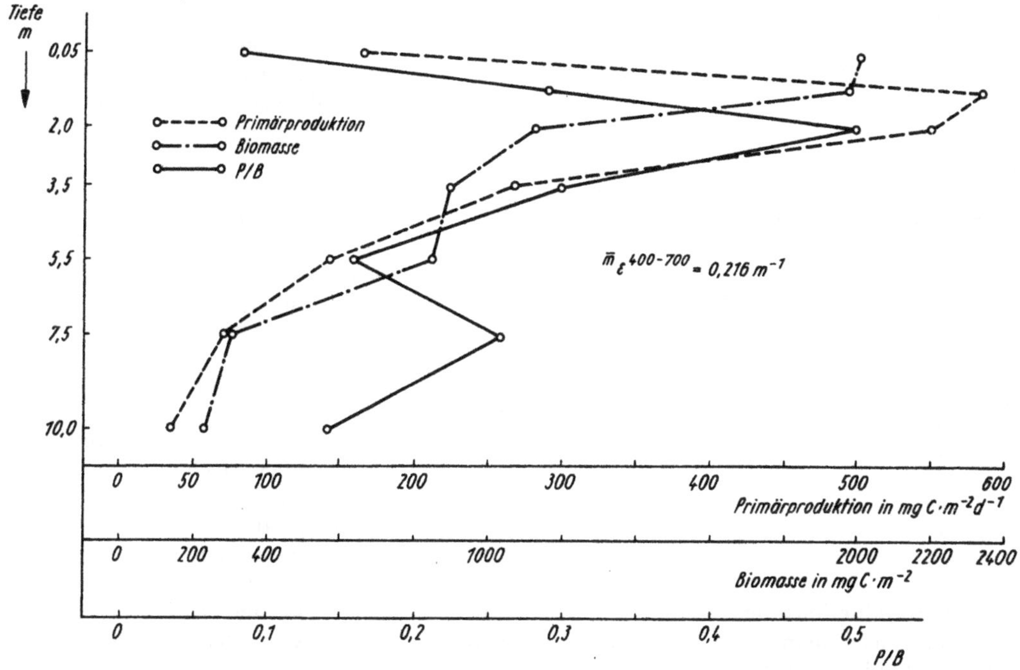

Abb. 6. Primärproduktion, Biomasse und P/B-Quotient in verschiedenen Tiefen. Bewuchs vom 11. 8.—22. 9. 1976; Untersuchungspunkt St; Tiefe 1,0 m

7. Tiefenverteilung der Primärproduktion

Am pelagischen Untersuchungspunkt St wurde der Bewuchs vom 11. 8.—22. 9. 76 aus verschiedenen Tiefen gemessen (Tab. 7, Abb. 6). Die Produktionsrate an der Oberfläche ist relativ klein. In 1 m Tiefe ist die Primärproduktion am höchsten. Es folgt ein kontinuierlicher Rückgang bis in 10 m Tiefe, wo noch 5,3 % des Maximalwertes gemessen werden. Der Kompensationspunkt dürfte etwa in 15 m Tiefe liegen.

Tab. 7. Primärproduktion, Biomasse und Aktivität des Periphytons in verschiedenen Tiefen; Untersuchungspunkt St, Bewuchs vom 11. 8.—22. 9. 76, Messung am 22. 9. 76

Tiefe m	Primärproduktion mg C · m^{-2} d^{-1}	Biomasse mg C · m^{-2}	P/B
0,05	167,7	2004,0	0,08
1,0	585,8	1998,5	0,29
2,0	501,0	1110,0	0,50
3,5	267,5	888,7	0,30
5,5	142,7	875,7	0,16
7,5	72,4	278,4	0,26
10,0	31,2	217,7	0,14

Der Tendenzverlauf der Biomassewerte entspricht etwa dem der Primärproduktion, mit Ausnahme des oberflächennahen Bereichs bis in 1 m Tiefe. Dort ist im Gegensatz zum Verlauf der Raten der Primärproduktion die Biomasse annähernd gleich. Die Aktivität des Bewuchses (P/B-Quotient) ist an der Oberfläche sehr gering. In 2 m Tiefe ist sie am höchsten und nimmt bis 5,5 m gleichmäßig ab. Bei 7,5 m ist sie wieder höher. In 10 m Tiefe ist der P/B-Quotient praktisch nicht kleiner als in 5,5, m Tiefe. Dieser Verlauf spricht für unterschiedliche Lichtausnutzung in den Tiefenstufen. Der niedrige Oberflächenwert weist auf eine Lichthemmung hin. Zwischen 1 und 4 m Tiefe liegt der produktionsoptimale Horizont mit dem Maximum bei 2 m. Der steigende P/B-Quotient zwischen 5,5 und 7,5 m könnte anzeigen, daß sich dort eine qualitativ andere, schwachlichtadaptierte Biozönose angesiedelt hat. Über die Rolle des Lichtangebots sollte eine Versuchsserie Auskunft geben. Dazu wurde Bewuchs aus 1 m Tiefe am 22. 9. 76 in allen Tiefen der Vertikalserie gemessen (Tab. 8, Abb. 7).

Tab. 8. Primärproduktion und Aktivität von Biomasse aus 1,0 m Tiefe in verschiedenen Tiefen; Untersuchungspunkt St, Bewuchs vom 11. 8.—22. 9. 76, Messung am 22. 9. 76

Tiefe m	Primärproduktion mg C · m^{-2} d^{-1}	Biomasse mg C · m^{-2}	P/B
0,05	356,4		0,18
1,0	545,9		0,27
2,0	537,6	1998,5	0,27
3,5	399,3		0,20
5,5	380,3		0,19
7,5	246,1		0,12
10,0	72,5		0,04

Die Primärproduktionsraten werden mit zunehmender Tiefe immer kleiner. Der allmähliche Abfall der Primärproduktionsraten ist ein Hinweis auf die begrenzende Rolle des Lichtangebots.

Die Aktivität des Periphytons ist im Bereich zwischen 1 und 2 m am höchsten. Die Werte der Oberfläche und in 5,5 m Tiefe entsprechen sich ebenfalls. Sie weisen auf eine Aktivitätshemmung durch die starke Oberflächenstrahlung und eine gute Lichtausnutzung noch in 5,5 m Tiefe hin. Die Aktivität des Bewuchses in 10 m Tiefe ist sehr gering.

8. Größe der Primärproduktion

Alle gemessenen Werte der Primärproduktion an den Untersuchungspunkten Sl 1 und St sind in Tab. 9 zusammengefaßt.

Auf der Grundlage der Primärproduktion im Zeitraum vom 31. 5. 1974 bis zum 31. 5. 1975 am Untersuchungspunkt Sl 1 in 0,05 m Tiefe zeigt Tab. 10 eine kalkulierte Bilanz der Periphyton-Produktion des Stechlinsees. Entsprechend dem Ergebnis der Tiefenserie (vgl. Tab. 7) wird als produzierendes Litoral die Seefläche bis zur Wassertiefe von 11,25 m in die Berechnung einbezogen. Das entspricht etwa 1 205 000 m^2, das sind 28,1 % des gesamten Seeareals (Berechnung nach HEITMANN et al. 1969).

Die Brutto-Primärproduktion des Periphytons im Stechlinsee beträgt danach im Zeitraum vom 31. 5. 74—31. 5. 75 rund 103 t C. Die kalkulierte Brutto-Primärproduktion des Phytoplanktons in dieser Zeit beträgt 336 t C

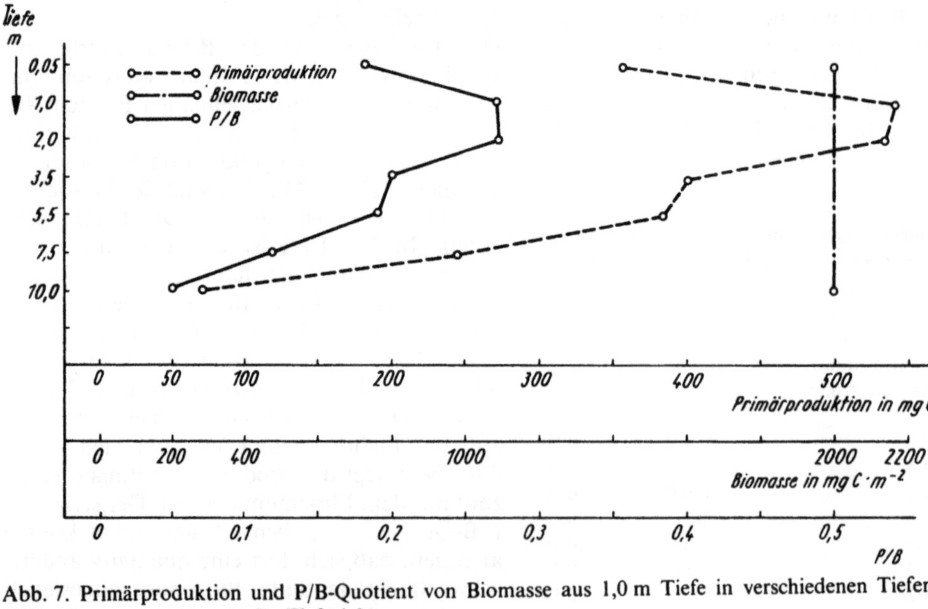

Abb. 7. Primärproduktion und P/B-Quotient von Biomasse aus 1,0 m Tiefe in verschiedenen Tiefen, am 22. 9. 1976; Untersuchungspunkt St, Tiefe 1,0 m

Tab. 9. Primärproduktion, Biomasse und P/B-Quotient von April 1974 bis September 1975; Untersuchungspunkte Sl 1 und St

Datum	Litoral Sl 1 0,05 m Tiefe			Pelagial St 1,0 m Tiefe		
	Produktion $mg\,C \cdot m^{-2}\,d^{-1}$	Biomasse $mg\,C \cdot m^{-2}$	P/B	Produktion $mg\,C \cdot m^{-2}\,d^{-1}$	Biomasse $mg\,C \cdot m^{-2}$	P/B
11. 4. 74	—	—	—	1,2	33,0	0,04
23. 4.–25. 4.	26,3	201,0	0,13	0,8	8,0	0,10
31. 5.– 1. 6.	—	1514,9	—	74,6	351,0	0,21
2. 7.– 3. 7.	204,4	1340,4	0,15	724,8	2231,5	0,32
8. 8.– 7. 8.	67,9	390,5	0,17	719,8	2878,3	0,25
13. 9.–12. 9.	421,8	2408,3	0,17	995,5	3846,7	0,26
11. 10.–10. 10.	262,4	785,2	0,33	1081,7	1421,3	0,76
14. 11.–13. 11.	109,3	633,5	0,17	129,1	598,3	0,22
11. 12.	6,4	260,2	0,03	5,2	158,7	0,03
14. 1. 75	25,6	104,1	0,25	—	46,2	—
12. 2.	165,0	476,2	0,35	57,0	101,4	0,56
12. 3.	124,6	1161,7	0,11	10,6	76,3	0,14
14. 4.	214,6	1431,4	0,15	15,9	68,4	0,23
5. 5.	96,1	559,8	0,17	10,2	14,5	0,70
11. 6.	475,7	2224,2	0,21	30,3	317,5	0,10
11. 7.	97,8	860,4	0,11	151,7	612,4	0,25
11. 8.	142,4	264,7	0,54	538,5	1609,9	0,33
15. 9.	—	—	—	159,6	1101,8	0,15

(mündliche Mitteilung von R. KOSCHEL). Die Produktion des Periphytons erreicht also 30,7% derjenigen des Phytoplanktons.
Der Aussagewert dieser Rechnung wird eingeschränkt durch ihre geringe quantitative Grundlage. Die vorgenommene Verteilung der Primärproduktion des untersuchten Jahres auf die einzelnen Tiefenstufen des Litorals beruht auf nur einer Meßserie (Tab. 7). Trotzdem zeigt u. E. die Kalkulation, daß der Anteil des Periphytons an der Gesamtproduktion in einem geschichteten oligotrophen See mit ausgeprägtem Profundal eine Größenordnung erreichen kann, die nicht vernachlässigt werden darf.

Tab. 10. Primärproduktion im Litoral des Stechlinsees vom 31. 5. 1974–31. 5. 1975

Tiefenbereich m	Fläche m^2	Produktion kg C/Fläche
0 – 0,5	90000	5808,0
0,5 – 1,5	135000	30405,0
1,5 – 2,75	145000	28446,5
2,75– 4,5	185000	19102,0
4,5 – 6,5	185000	10147,9
6,5 – 8,75	210000	5827,4
8,75–11,25	255000	3126,7
0 –11,25	1205000	102863,5

9. Das Periphyton im thermisch belasteten Seebereich

Fast 5 Jahre lang wurden kontinuierliche Untersuchungen des Periphytons im thermisch belasteten Seebereich durchgeführt. Der Untersuchungspunkt Sk liegt unmittelbar im Bereich des Kühlwasserkanals. Die Wassertemperatur ist in allen Jahreszeiten durchschnittlich 10 bis 15 °C höher als unter natürlichen Bedingungen. Maximal können in 1 m Tiefe 30 °C auftreten. Der Untersuchungspunkt Swv liegt etwa 500 m seewärts von Sk. Das Temperaturniveau ist gegenüber dem übrigen See noch um 4–7 °C künstlich erhöht (vgl. Abb. 8 u. 9).
Periphytonuntersuchungen mit vier Wochen Bewuchsdauer je Probe sind Langzeituntersuchungen. Auf sie wirkt sich der diskonti-

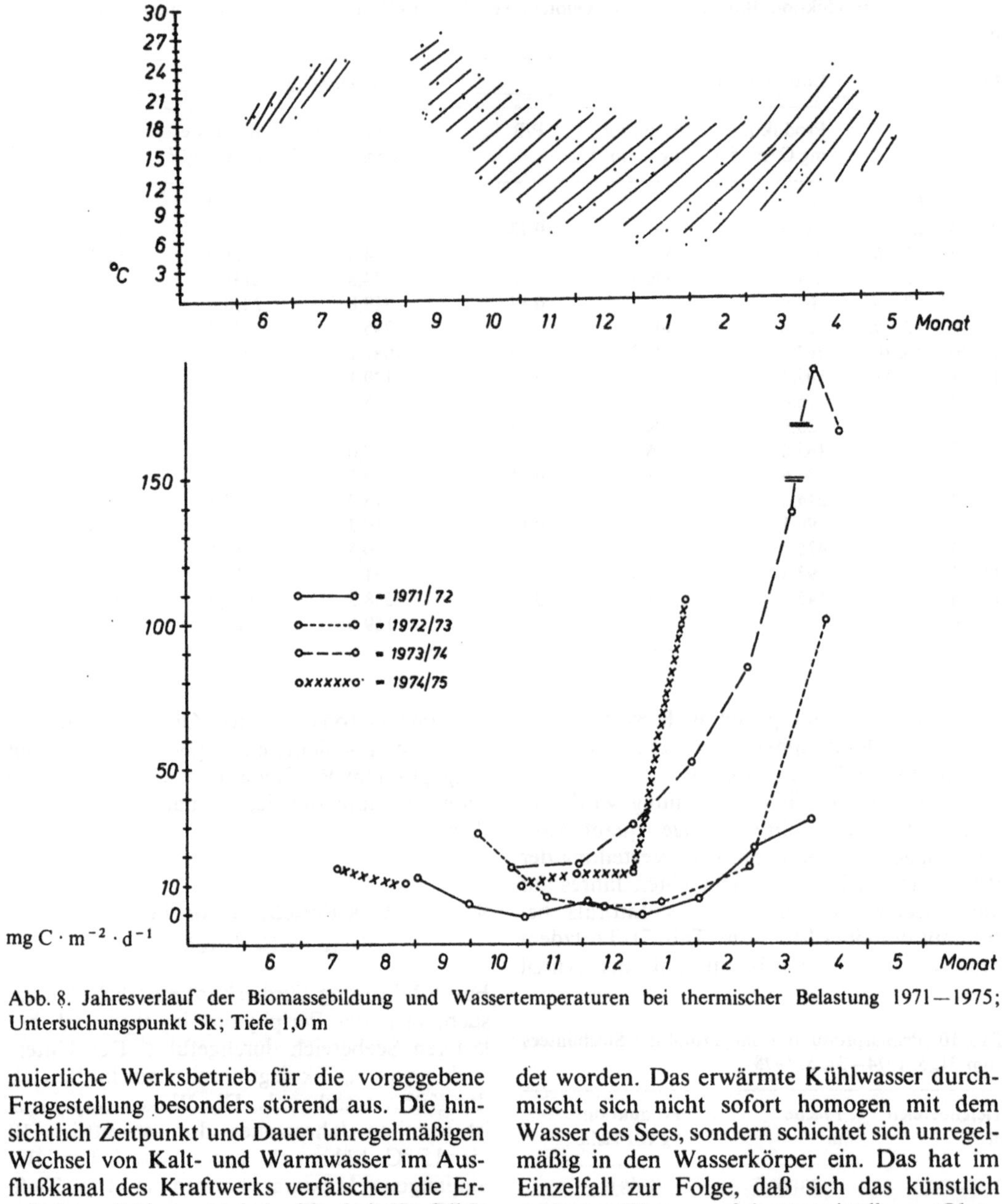

Abb. 8. Jahresverlauf der Biomassebildung und Wassertemperaturen bei thermischer Belastung 1971—1975; Untersuchungspunkt Sk; Tiefe 1,0 m

nuierliche Werksbetrieb für die vorgegebene Fragestellung besonders störend aus. Die hinsichtlich Zeitpunkt und Dauer unregelmäßigen Wechsel von Kalt- und Warmwasser im Ausflußkanal des Kraftwerks verfälschen die Ergebnisse oft bis zur Unbrauchbarkeit. So fallen von 43 Probezeiträumen 19 für die Auswertung aus, weil in 20—100% der Expositionsdauer der Erwärmungseffekt ausblieb. 9 Proben wurden unter Bedingungen von bis 10% Kaltwasseranteil am Bewuchszeitraum exponiert und 14mal ist die Biomasse ausschließlich bei kontinuierlicher Warmwasserzufuhr gebildet worden. Das erwärmte Kühlwasser durchmischt sich nicht sofort homogen mit dem Wasser des Sees, sondern schichtet sich unregelmäßig in den Wasserkörper ein. Das hat im Einzelfall zur Folge, daß sich das künstlich erwärmte Wasser auf den unmittelbaren Oberflächenbereich beschränkt. Die Untersuchungstiefe 1,0 m befindet sich dann im thermisch unbelasteten Milieu (vgl. die Temperaturkurve in Abb. 8).

Es war unter diesen Umständen unmöglich, vollständige Jahresreihen unter gleichen äußeren Bedingungen zu erlangen. Vielmehr müssen die Einzeldaten aller Jahre herangezogen werden, um Auswirkungen der künstlichen Erwärmung auf Biomassebildung und Primärproduktion zu erkennen. Als Kontrollpunkt diente der Untersuchungspunkt St in der Seemitte. Er ist mit Ausnahme von Temperatur und Strömung den gleichen physikalischen Umweltbedingungen ausgesetzt wie Sk und Swv.

9.1. Jahresverlauf der Biomassebildung

Die Jahresverläufe der Biomassebildung am thermisch stark belasteten Untersuchungspunkt Sk zeigt Abb. 8. Kühlwasserausstoß über längere Zeiträume erfolgt regelmäßig nur im Winterhalbjahr, was bei der grafischen Gestaltung der Abbildungen berücksichtigt wurde.
In den Monaten November und Dezember treten niedrige Werte auf. Ab Januar, in zwei Jahren ab Februar, kommt es zu einer starken Steigerung der Biomassebildung, die im April zu Maximaldaten führt. Leider ist diese Frühjahrsentwicklung in keinem Jahr bis zu ihrem natürlichen Ende verfolgbar. Sie wird durch Werksstillstand unterbrochen, d. h. anhaltende Kaltwasserzufuhr, die sofort niedrige Biomassewerte zur Folge hat. Doch auch bei einer weiter anhaltenden thermischen Belastung muß mit einem schnellen Rückgang der Biomassebildung gerechnet werden. Alle Daten der

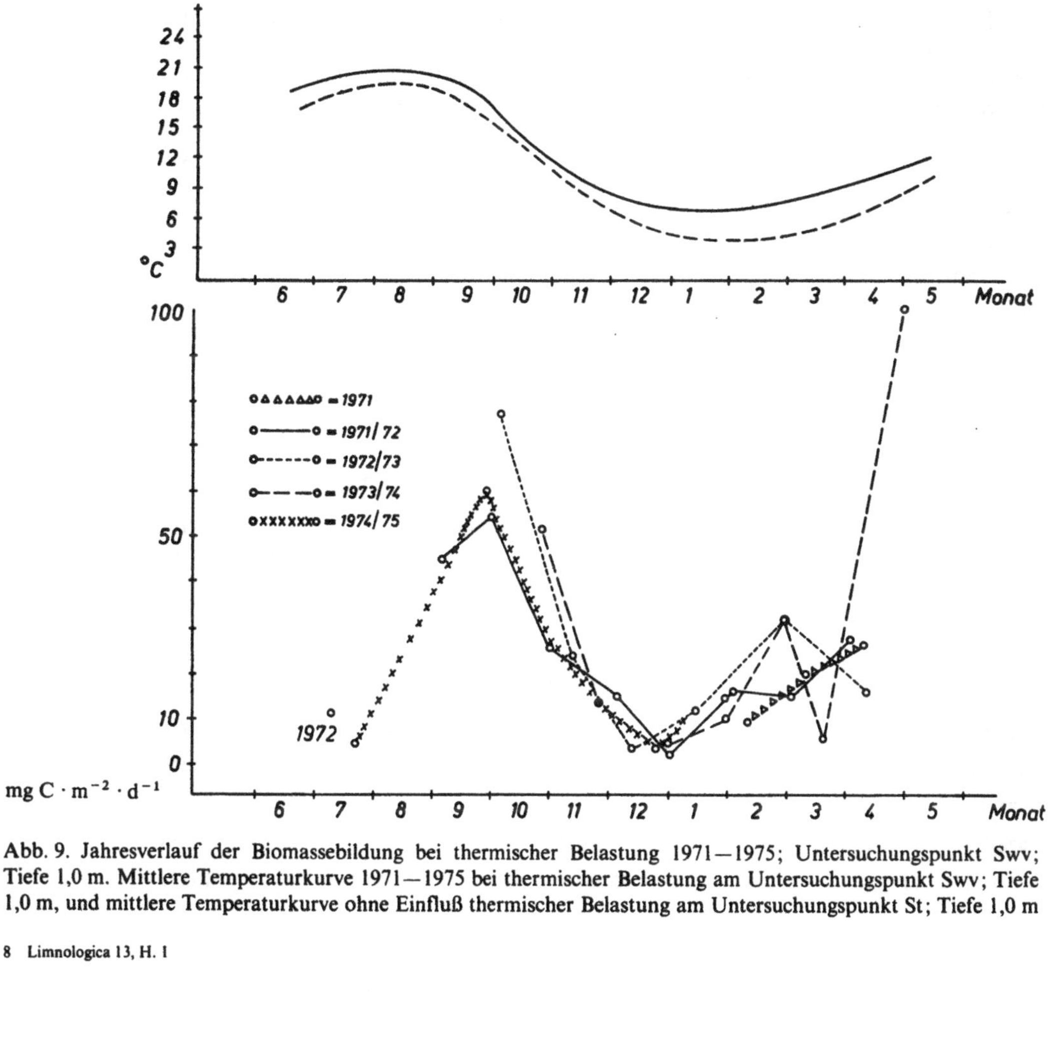

Abb. 9. Jahresverlauf der Biomassebildung bei thermischer Belastung 1971—1975; Untersuchungspunkt Swv; Tiefe 1,0 m. Mittlere Temperaturkurve 1971—1975 bei thermischer Belastung am Untersuchungspunkt Swv; Tiefe 1,0 m, und mittlere Temperaturkurve ohne Einfluß thermischer Belastung am Untersuchungspunkt St; Tiefe 1,0 m

Monate Juli und August liegen auf niedrigem Niveau. Der Zusammenbruch der Maximalentwicklung und eine anschließende Depressionsphase liegen im Mai oder Juni. Die Biomasse im Herbst bis zum Jahresende ist klein.

Die Jahreskurve der Biomassebildung ist eingipflig. Zwei typische, zeitlich klar getrennte Entwicklungsphasen werden erkennbar. Verstärktes Periphytonwachstum findet vom Winter bis ins Frühjahr hinein statt, geringes Wachstum im Sommer und im Herbst. Im Bereich mit geringerer thermischer Belastung am Untersuchungspunkt Swv beginnt die Entwicklung mit niedrigen Werten am Jahresende (Abb. 9). Ab Januar ist ein allgemeiner Anstieg zu verzeichnen. Die Maximalwerte sind jedoch wesentlich niedriger als im unmittelbaren Warmwasserbereich Sk. Der Rückgang der Bewuchsraten nach Abbruch der Warmwasserphase ist deshalb geringer als an jenem Standort. Die Hochsommerwerte 1974 bei thermischer Belastung liegen sehr niedrig. Bis Oktober werden die größten Jahreswerte überhaupt erreicht. Zum Jahresende sinkt die Biomasse kontinuierlich ab und gleicht damit den Verhältnissen im gesamten See.

Ein Tendenzvergleich zwischen den Untersuchungspunkten Sk und Swv zeigt, daß an beiden Standorten die lichtärmste Jahreszeit von Oktober bis Dezember eine Phase sehr geringen Wachstums darstellt. Sie geht ab Januar mit gleichmäßigem Anstieg der Biomasse in ein Frühjahrsmaximum über, das in der Regel mindestens bis April anhält. Durch den Abbruch der Warmwasserzufuhr wird die Biomassebildung gestoppt. Einzelne Hochsommerwerte sind sehr niedrig. Bei starker thermischer Belastung im Herbst tritt ein Maximum nicht oder nur angedeutet in Erscheinung. Im Bereich mit abgeschwächter Erwärmung findet dagegen eine starke Biomassebildung statt, welche die Hauptentwicklung eines jeden Jahres darstellt.

9.2. Größe der Biomasse

In Tab. 11 sind die Jahressummen und die mittlere tägliche Biomasse des thermisch belasteten und des unbelasteten Seebereichs gegenübergestellt. Die Einteilung des Untersuchungsjahres erfolgte in Angleichung an die Betriebszeiten des Kraftwerks.

Im Kraftwerksbereich (Sk) sind 1971/72 die Biomassewerte deutlich niedriger als in der Seemitte (St). Sie betragen ein Drittel derjenigen des Kontrollpunkts. 1973/74 und 1974 bis 75 wächst im Kraftwerksbereich dagegen über das Doppelte an Biomasse wie im thermisch unbeeinflußten See. Im Mittel aller drei Jahre bildet sich am Punkt Sk rund ein Sechstel mehr Biomasse als in der Seemitte am Punkt St.

Der thermisch geringer belastete Untersuchungspunkt Swv nimmt eine Mittelstellung ein. Die Tendenz der Werte weist noch deutlich auf den Kraftwerksbereich Sk hin.

Tab. 11. Jahressummen Biomasse 1971—1975 der Untersuchungspunkte Sk, Swv, St

Jahr	Zeitraum Monate	thermische Belastung d	thermische Belastung: stark, Untersuchungspunkt Sk, Summe Biomasse $mg\ C \cdot m^{-2}$	thermische Belastung: schwach, Untersuchungspunkt Swv, Summe Biomasse $mg\ C \cdot m^{-2}$	thermisch unbelastet, Untersuchungspunkt St, Summe Biomasse $mg\ C \cdot m^{-2}$
1971/72	11.—10.	242	5604,5	9456,1	14856,0
1972/73	11.—10.		Ausfall von 4 Monatswerten		15474,7
1973/74	11.—10.	297	23701,8	12342,9	11499,0
1974/75	11.—10.	102	9086,8	5921,7	4358,9
$\bar{m}$ 3 Jahre	11.—10.	214	12797,7	9240,2	10237,9

Tab. 12. Summen Biomasse bei kontinuierlicher thermischer Belastung 1971—1975 und %-Anteil an den Jahressummen; Untersuchungspunkte Sk, Swv, St

Jahr	Zeitraum	thermische Belastung				thermisch unbelastet	
		stark Untersuchungspunkt Sk		schwach Untersuchungspunkt Swv		Untersuchungspunkt St	
		Summe Biomasse mg C · m^{-2}	%-Anteil an Jahressumme 14.10.—13.10.	Summe Biomasse mg C · m^{-2}	%-Anteil an Jahressumme	Summe Biomasse mg C · m^{-2}	%-Anteil an Jahressumme
1971/72	14. 10.— 17. 4.	2443,2	43,6	3618,1	38,3	828,0	5,6
1972/73	14. 10.— 17. 4.	4292,5	(Ausfall v. Werten im Zeitraum 18. 4. —13. 10.)	4358,0	(Ausfall v. Werten im Zeitraum 18. 4. —13. 10.)	1584,3	10,2
1973/74	14. 10.— 17. 4.	13036,1	55,0	5353,2	43,4	668,2	2,5
1974/75	14. 10.— 13. 2.	4558,0	50,2	1789,9	30,2	846,7	19,4
1971—1974	14. 10.— 17. 4.	6590,6		4443,1		1026,5	6,1

Im Bereich Sk sind die Jahressummen und mittleren Tageswerte 1973/74 am höchsten und 1971/72 am niedrigsten. Am Punkt St dagegen bildet sich 1971/72 die meiste Biomasse und 1974/75 die wenigste. Die Amplitude der Jahressummen und Tageswerte am Punkt Sk ist viel größer als am Punkt Swv. Größte und kleinste Jahressumme stehen etwa im Verhältnis 4:1 bzw. 2:1. Es ist dies ein Hinweis auf unterschiedliche Intensität des künstlichen Einflusses an beiden Meßstellen.

Kontinuierlich arbeitete das Kraftwerk vor allem im Winterhalbjahr. Direkt vergleichbar, weil unter gleichen äußeren Bedingungen entstanden, sind die Ergebnisse des Zeitraums 14. 10.—17. 4. von drei Jahren und des Zeitraums 14. 10.—13. 2. eines Jahres. Sie sind in Tab. 12 aufgeführt. In jedem Jahr ist ein markantes Gefälle zwischen den beiden Seebereichen deutlich. Bei künstlicher Aufheizung (Sk und Swv) wird das drei- bis zwanzigfache der Menge gebildet, die unter natürlichen Bedingungen am Punkt St wächst. Der prozentuale Anteil des Winterhalbjahres (Tab. 12) an den Jahressummen bewegt sich am Punkt Sk zwischen 43,6 und 55,0% und in der Seemitte (Punkt St) zwischen 2,5 und 19,4%. Er ist im Kraftwerksbereich ungleich höher als im übrigen See (vgl. Abb. 10). Im Winterhalbjahr wirkt der Kraftwerksbetrieb stimulierend auf die Bildung von Biomasse.

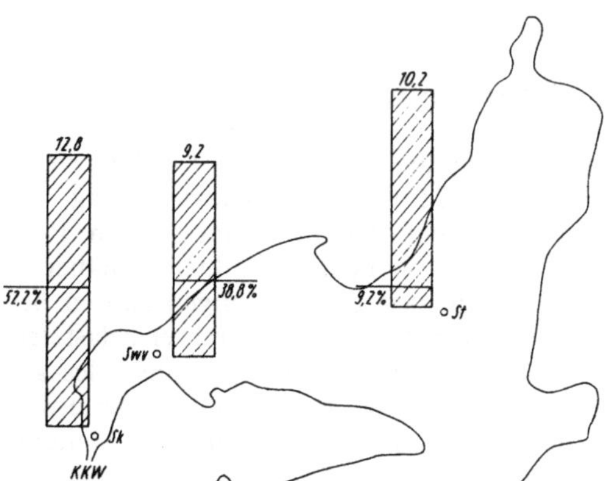

Abb. 10. Mittlere Jahressumme in g C · m^{-2} vom November bis Oktober der Jahre 1971/72, 1973/74 und 1974/75; Untersuchungspunkte Sk, Swv, St; Tiefe 1,0 m, Anteil des Zeitabschnitts 14. 10.—17. 4. in % an den mittleren Jahressummen

Tab. 13. Summen Biomasse von zwei Zeitabschnitten während kontinuierlicher thermischer Belastung 1971—1975 und %-Anteile am Gesamtzeitraum mit thermischer Belastung; Untersuchungspunkte Sk, Swv, St

Jahr	Zeitraum	thermische Belastung				thermisch unbelastet	
		stark Untersuchungspunkt Sk		schwach Untersuchungspunkt Swv		Untersuchungspunkt St	
		Summe mg C · m^{-2}	%-Anteil am Zeitraum 14. 10.—17. 4.	Summe mg C · m^{-2}	%-Anteil am Zeitraum 14. 10.—17. 4.	Summe mg C · m^{-2}	%-Anteil am Zeitraum 14. 10.—17. 4.
1971/72	14. 10.— 14. 1.	354,9	14,5	1776,7	49,1	740,8	89,5
	15. 1.— 17. 4.	2088,3	85,5	1841,4	50,9	87,2	10,5
1972/73	14. 10.— 14. 1.	910,9	21,2	1974,5	45,3	1219,9	77,0
	15. 1.— 17. 4.	3381,6	78,8	2383,5	54,7	364,4	23,0
1973/74	14. 10.— 14. 1.	2105,8	16,2	2172,9	40,6	412,6	61,7
	15. 1.— 17. 4.	1093,3	83,8	3180,3	59,4	255,6	38,3
1974/75	14. 10.— 14. 1. Ausfall	1442,2		1372,4		745,5	
$\bar{m}$	14. 10.— 14. 1.	1123,9	17,3	1974,7	45,0	791,1	76,1
1971— 1974	15. 1.— 17. 4.	5466,7	82,7	2468,4	55,0	235,7	23,9

Die Gegenüberstellung der Summen von den thermisch unterschiedlich belasteten Untersuchungspunkten Sk und Swv ist widersprüchlicher. 1971/72 ist die Biomassebildung am kraftwerksfernen Punkt Swv am größten. 1972 bis 73 ist sie an beiden Punkten annähernd gleich und in den beiden übrigen Jahren bei Swv deutlich geringer als am stärker belasteten Punkt Sk. Der Anteil an der Summe des gesamten Jahres ist bei Swv jedoch immer etwas kleiner als bei Sk, was die mittlere Stellung dieses Seebereichs nochmals deutlich macht.

Die Phase starker Biomassebildung im künstlich aufgeheizten Seeteil läßt sich zeitlich noch weiter einengen, wie Tab. 13 zeigt. In ihr sind innerhalb des Winterhalbjahres zwei Vierteljahresbereiche unterschieden, die jeder für sich eine markante Entwicklung zeigen. Am Punkt Sk weist das Vierteljahr 14. 10.—14. 1. regelmäßig noch kleine Biomassesummen auf. Der Anteil am Winterhalbjahr beträgt 17,3% (Mittel von drei Jahren). Im folgenden Vierteljahr 15. 1.—17. 4. ist das Wachstum ungleich größer, 82,7% der Biomassesumme des Halbjahres wird gebildet. Bei hoher thermischer Belastung ist die Zeit Januar bis April die Zeit des intensivsten Periphytonwachstums.

Bei abklingender künstlicher Erwärmung — Meßpunkt Swv — ist eine solche Aussage nicht mehr möglich. Die Summen beider Jahresviertel sind weitgehend angeglichen. Im Mittel werden 45,0 bzw. 55,0% der Summen des Gesamtzeitraums gebildet. Die Gegenüberstellung zu Punkt St zeigt aber, daß auch in diesem Bereich das Wachstum noch weit höher ist als im Seeteil mit natürlichen Temperaturen.

In der Seemitte St ist die Entwicklung anders. Hier werden etwa drei Viertel der Summen des Winterhalbjahres im ersten Vierteljahr gebildet. Die Erklärung liegt in der Tatsache, daß die Entwicklung erst im November das winterliche Minimum erreicht. Andererseits beginnt das Biomassewachstum im Frühjahr fast immer erst im Mai (vgl. Abb. 3). Innerhalb des Minimums von November bis April gibt es hier keine signifikanten Unterschiede zwischen den einzelnen Zeitabschnitten.

9.3. Jahresverlauf der Primärproduktion

Tab. 14 zeigt alle Primärproduktionsdaten sowie die dazugehörigen Biomassewerte und Quotienten P/B, die von April 1974 bis September 1975 am Punkt Sk gewonnen wurden. Nur wenige Daten entstanden unter anhaltender thermischer Belastung. Diese sind in Abb. 11 zusammenfassend dargestellt, unabhängig von der kalendarischen Reihenfolge. Im November und Dezember sind alle Werte sehr klein. Ab Januar bis April erhöht sich die Primärproduktion laufend bis zum Abbruch der thermischen Belastung. Der Zuwachs der Biomasse ist dagegen ab Februar nur noch geringfügig und sinkt im April sogar leicht ab. Die Aktivität des Periphytons nimmt während des Frühjahrs kontinuierlich zu. Die beiden Hochsommerwerte sind widersprüchlich. Im August zeigt eine kleine Biomasse eine hohe Produktionsrate und eine hohe Aktivität. Im September sind alle Werte sehr niedrig.

9.4. Diskussion der Ergebnisse

Unter den gegebenen Verhältnissen einer diskontinuierlichen künstlichen Erwärmung, die mindestens in 28% und höchstens in 82% des Jahreszeitraums wirksam wird, verläuft die Periphytonbildung im thermisch belasteten Seebereich anders als unter natürlichen Bedingungen.

Annähernd ununterbrochene Arbeitsphase des Werkes ist das Winterhalbjahr, während im Sommerhalbjahr unregelmäßige, längere und kürzere Stillstandszeiten die Regel sind. Vierjährige Untersuchungen zeigen, daß im Winterhalbjahr die Periphytonbildung angeregt wird und zu größeren Biomassewerten und Primärproduktionsraten führt als unter natürlichen Verhältnissen.

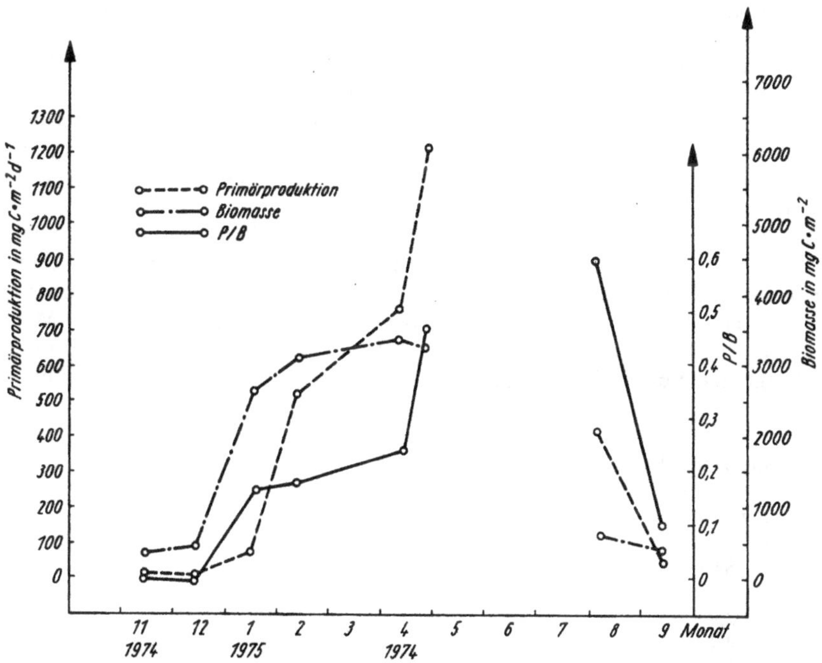

Abb. 11. Primärproduktion, Biomasse und P/B-Quotient bei thermischer Belastung 1974 bis 1975; Untersuchungspunkt Sk; Tiefe 1,0 m

Tab. 14. Primärproduktion, Biomasse und P/B-Quotient am Untersuchungspunkt Sk von April 1974 bis September 1975

Datum	Produktion mg C · m^{-2} d^{-1}	Biomasse mg C · m^{-2}	P/B	Thermische Bedingungen
10. 4. 1974	763,6	3379,8	0,23	Bewuchszeitraum Warmwasser Messung Warmwasser
25. 4. 1974	1223,9	3279,6	0,37	
30. 5. 1974	536,6	6931,3	0,08	Bewuchszeitraum Warmwasser Messung Kaltwasser
3. 7. 1974	1261,1	903,2	1,40	Bewuchszeitraum Kaltwasser Messung Warmwasser
7. 8. 1974	412,8	685,5	0,60	Bewuchszeitraum Warmwasser Messung Warmwasser (7. 8. 1974 – 12. 2. 1975)
12. 9. 1974	47,8	459,5	0,10	
13. 11. 1974	9,5	396,6	0,02	
11. 12. 1974	4,9	427,4	0,01	
14. 1. 1975	73,2	544,2	0,13	
12. 2. 1975	526,1	3115,5	0,17	
14. 4. 1975	239,5	967,2	0,25	Bewuchszeitraum Kaltwasser Messung Kaltwasser (14. 4. 1975 – 15. 9. 1975)
5. 5. 1975	220,4	376,5	0,59	
11. 6. 1975	74,5	702,6	0,11	
11. 7. 1975	78,2	206,6	0,38	
11. 8. 1975	247,3	540,1	0,46	
15. 9. 1975	64,5	491,3	0,13	

Für die Biomasse trifft zu, daß der Anteil des Winterhalbjahres an der Jahressumme umso größer ist, je intensiver die künstliche Erwärmung ist. Die Monate Oktober bis Januar sind ein Zeitraum mit relativ geringen Biomassewerten und Produktionsraten. Der Tiefpunkt der Entwicklung liegt im Dezember. Ursache für die Depression kann die Wassertemperatur nicht sein, da im Kraftwerksbereich die Wassertemperaturen im Herbst und Winter denen gleichen, die im Zeitraum des beginnenden Frühlings auftreten. Im Vorfrühling ist die Biomasse und Primärproduktion aber regelmäßig bedeutend höher. Außerdem bestätigt der Vergleich der vier Untersuchungspunkte mit ganz unterschiedlichen Temperaturverhältnissen, daß in thermisch belasteten wie natürlich temperierten Seebereichen gleichermaßen ein deutlicher Tiefpunkt der Entwicklung auftritt (Tab. 15). Die Ursache der Depression scheint das geringe Strahlungsangebot zu sein: Die niedrigsten Werte fallen mit der lichtärmsten Jahreszeit zusammen.

Mit zunehmendem Lichtangebot nimmt auch die Periphytonbildung im Bereich mit thermischer Belastung wieder zu. Es folgen ab Januar oder Februar, bis April oder Mai, das Wachstums- und Produktionsmaximum des Jahres. Dabei ist die Biomassebildung

Tab. 15. Mittlere tägliche Biomasse und Primärproduktionsraten an vier Untersuchungspunkten im Dezember

Jahr	Biomasse in mg C · m^{-2} d^{-1}			Primärproduktion in mg C · m^{-2} d^{-1}		
	Sk	Swv	St	Sk	St	Sl 1
1971	3,6	2,9	1,0	–	–	–
1972	4,9	4,4	2,0	–	–	–
1973	19,8	3,1	3,6	–	–	–
1974	16,4	4,8	1,0	6,4	5,2	6,4

Tab. 16. Mittlere tägliche Biomasse und mittlere Primärproduktionsraten des Zeitraums 16. 1.—14. 4. von drei Untersuchungspunkten in vier Untersuchungsjahren

Jahr	Biomasse in mg C · m^{-2} d^{-1}			Primärproduktion in mg C · m^{-2} d^{-1}	
	Sk	Swv	St	Sk	St
1972	28,9	16,3	1,5	—	—
1973	22,6	19,6	1,2	—	—
1974	34,1	25,6	3,9	—	—
1975	111,3	14,3	3,7	382,8	27,6

im stark erwärmten Seebereich (Sk) größer als im Bereich abgeschwächter Erwärmung (Swv) und dort größer als in der Seemitte (St). Die Primärproduktion zeigt die gleiche Tendenz.
Die Wassertemperaturen üben von Januar bis April auf die Periphytonbildung u. E. einen regulierenden Einfluß aus. Der Temperaturbereich zwischen 8 und 18 °C (Untersuchungspunkt Sk) ist in dieser Jahreszeit optimalen Bedingungen näher als der Bereich zwischen 5 und 10 °C (Untersuchungspunkt Swv).
Eine Verringerung der Biomasse zum Jahresende hin und einen Anstieg im Frühjahr bestätigen andere Autoren, gleichermaßen für Gewässer mit natürlichem wie künstlich beeinflußtem Temperaturregime. SCHLÜTER (1966) und TSCHEU-SCHLÜTER (1969) in märkischen, eutrophen Seen sowie HICKMAN (1974) in gleichmäßig temperierten Quellen fanden einen solchen Jahresverlauf. HICKMAN führt das winterliche Minimum in den Quellen auf mangelndes Lichtangebot zurück. Im durch Kraftwerke aufgeheizten Bereich des Sees Wabamum (Canada) fand nach einem herbstlichen Minimum die Hauptjahresentwicklung von Januar bis Mai statt (KLARER & HICKMAN 1975).
Die Dauer anhaltender künstlicher Erwärmung übt auf den Zeitpunkt der einsetzenden Maximalentwicklung der Biomasse keinen bestimmenden Einfluß aus (Tab. 17).
In den Jahren 1971, 1974 und 1975 begann die Entwicklung jeweils im Januar nach einer sehr unterschiedlichen Zeitdauer vorangehender Erwärmung. Wahrscheinlich ist, daß sich im Kraftwerksbereich in Perioden mit kontinuierlicher thermischer Belastung eine qualitativ anders zusammengesetzte, wärmeadaptierte Zönose ausgebildet hat, die zu anderen Masse- und Produktionsleistungen befähigt ist als die Algengesellschaft im natürlich temperierten See. Orientierende mikroskopische Vergleiche zeigen im Warmwasserbereich ein deutliches Überwiegen von fädigen Cyanophyceae, während der Bewuchs in der Seemitte (Untersuchungspunkt St) fast ausschließlich aus Kieselalgen besteht. Eine qualitative Auswertung des Materials steht noch aus. Im einzelnen weisen folgende Ergebnisse auf eine wärmeadaptierte Biozönose hin: Das Biomassewachstum ist nach einem Kraftwerksstop im

Tab. 17. Beginn verstärkter Biomassebildung nach Zeitdauer thermischer Belastung

Jahr	Beginn verstärkter Biomassebildung	nach thermischer Belastung (d)	Summe Biomasse höher als Wert des Vormonats (%)
1971	Januar	45	75
1972	Februar	104	280
1973	Februar	119	120
1974	Januar	79	70
1975	Januar	206	680

Tab. 18. Mittlere tägliche Biomasse vor und nach Abbruch der thermischen Belastung 1974 am Untersuchungspunkt Sk

Werksbetrieb	Zeitraum	Biomasse in mg C · m^{-2} d^{-1}
Kraftwerksbetrieb	April	218,6
	April/Mai	198,0
Kraftwerksstop	Mai/Juni	26,6
	Juni	19,0

Tab. 19. Primärproduktion, Biomasse und P/B-Quotient vor und nach thermischer Belastung 1974 am Untersuchungspunkt Sk; B — Bewuchszeitraum; M — Tag der Messung

Zeitraum u. Datum	Wassertemperatur	Produktion mg C · m^{-2} d^{-1}	Biomasse mg C · m^{-2}	P/B
April	B Warmwasser 20—24°	1223,9	3279,6	0,37
25. 4.	M Warmwasser 20—24°			
April/Mai	B Warmwasser 21—24°			
30. 5.	M Kaltwasser 13—14°	536,6	6931,3	0,08
Juni/Juli	B Kaltwasser 14—17°			
3. 7.	M Warmwasser 24—27°	1261,0	903,2	1,40

ersten Kaltwasserzeitraum stark vermindert. Dabei ist der Rückgang um so größer, je höher die Werte vorher waren. 1974 war dies besonders typisch (Tab. 18).

Nach Eintritt veränderter Umweltbedingungen muß sich erst eine andere Periphytongesellschaft aufbauen, die in ihrer Masseleistung den Verhältnissen nahekommt, die im natürlich temperierten Seeteil herrschen. Die Primärproduktionsraten und die Aktivität des Periphytons weisen zum Teil in die gleiche Richtung (Tab. 19).

Im April 1974 standen Bewuchszeitraum und Produktionsmessung unter kontinuierlicher thermischer Belastung. Eine große Biomasse erbrachte eine große Produktionsrate. Der P/B-Quotient war relativ groß. Das Periphyton im Mai wuchs gleichfalls bei künstlicher Erwärmung. Die Biomasse war entsprechend groß. Die Messung der Produktion erfolgte jedoch unmittelbar nach Kraftwerksstop im Kaltwasser. Die Primärproduktionsrate war klein, die Aktivität gering.

Diese Ergebnisse führen zu dem Schluß, daß sich bei anhaltender Erwärmung eine Biozönose gebildet hat, die an höhere Temperaturen angepaßt ist. Bei plötzlich auftretender niedrigerer, aber jahreszeitlich natürlicher Temperatur erreicht sie nicht ihre potentiell mögliche Leistungsfähigkeit, vgl. Messung 25. 4. in Tab. 19.

Gegen diese Annahme sprechen die Werte bei umgekehrten Verhältnissen, wie sie am 3. 7. (Tab. 19) auftraten. Bei natürlichen Wassertemperaturen gewachsene Biomasse wird bei Kraftwerksbetrieb gemessen. Sie erbringt eine große Primärproduktionsrate. Die Aktivität des Aufwuchses war die größte des gesamten Untersuchungszeitraums überhaupt (vgl. Tab. 14). Mit Unterschieden im qualitativen Bereich kann gerechnet werden, wenn im Abschnitt mit abgeschwächtem Warmwassereinfluß (Untersuchungspunkt Swv) eine deutliche Herbstentwicklung der Biomasse stattfindet, die im Bereich stärkster Erwärmung (Untersuchungspunkt Sk) ausbleibt (vgl. Abb. 9). Die Temperaturen am Punkt Swv und in der Seemitte Punkt St sind im Herbst relativ angeglichen. Es könnte sich deshalb dort eine Biozönose entwickelt haben, die der am Vergleichspunkt entspricht und — zeitlich etwas verschoben — im Sommerhalbjahr eine ähnlich verlaufende Produktionsphase zeigt, wie sie für St typisch ist. Ohne Kenntnis der Produktionsträger sind diese Überlegungen jedoch rein hypothetisch.

Tab. 20. Summen der Biomasse im Sommer 1974 und Wassertemperaturen an drei Untersuchungspunkten

Untersuchungspunkt	Parameter	Zeitraum 1. 7.—30. 9.
Sk	Temperatur Maximum	30 °C
	Temperatur $\bar{m}$	26,0 °C
	Biomasse mg C · m^{-2}	1395,8
Swv	Temperatur Maximum	21,8 °C
	Temperatur $\bar{m}$	20,1 °C
	Biomasse mg C · m^{-2}	2993,2
St	Temperatur Maximum	21,4 °C
	Temperatur $\bar{m}$	19,5 °C
	Biomasse mg C · m^{-2}	8146,3

Tab. 21. Primärproduktion, Biomasse und P/B-Quotient im Sommer 1974 am thermisch belasteten Untersuchungspunkt Sk und am thermisch unbelasteten Untersuchungspunkt St

Datum	Untersuchungspunkt Sk			Untersuchungspunkt St		
	Produktion mg C · m^{-2} d^{-1}	Biomasse mg C · m^{-2}	P/B	Produktion mg C · m^{-2} d^{-1}	Biomasse mg C · m^{-2}	P/B
7. 8. 1974	412,8	685,5	0,6	719,8	2878,3	0,25
12. 9. 1974	47,8	459,5	0,1	995,5	3846,7	0,26

Eine über vier Wochen andauernde Zeitphase künstlicher Aufwärmung im Sommer war nur 1974 zu verzeichnen. Das Periphyton ist dann Maximaltemperaturen bis 30 °C ausgesetzt (Tab. 20).

Es ist ein deutliches Gefälle der Biomassewerte vom natürlich temperierten Seeteil zum Warmwasserbereich festzustellen. Am Punkt St wachsen von Juli bis September 71,3% der Jahresbiomasse. Bei Swv sind es nur noch 20,8%, während im stark künstlich aufgeheizten Punkt Sk die Periphytonmasse mit 6,4% an der Jahresbilanz praktisch unbedeutend ist. Einzelwerte anderer Jahre zeigen die gleiche Tendenz. Es scheint sich anzudeuten, daß hohe Wassertemperaturen einen negativen Einfluß auf die Biomassebildung haben.

Die Primärproduktionsraten der Sommermonate sind widersprüchlicher (Tab. 21), erlauben jedoch keine verallgemeinernde Deutung, da nur Werte von zwei Terminen vorliegen.

10. Zusammenfassung

Von 1971–1976 wurden im Stechlinsee quantitative Untersuchungen über Biomassebildung und Primärproduktion des Periphytons durchgeführt. Es wurde eine Glasplattenmethode angewendet. Die Bestimmung der Biomasse erfolgte gravimetrisch, die Bestimmung der Primärproduktion mit der ^{14}C-Methodik.

Der Zeitraum verstärkter Biomassebildung im Jahresverlauf dauert von Februar bis Juli. In dieser Phase zeichnen sich, zeitlich und örtlich verschoben, zwei Wachstumsphasen ab. Die Periphytonbildung im Herbst ist meist gering. Unregelmäßig tritt ein kleines Herbstmaximum auf. Die mittlere Jahressumme der Biomasse in der Brandungszone ist 6059,4 mg C · m^{-2}, die mittlere tägliche Biomasse 16,3 mg C · $m^{-2}d^{-1}$ (Mittelwerte aus vier Untersuchungsjahren). Die Entwicklung verläuft nicht an jedem Ufer gleich. Am windexponierten, stark beschatteten SE-Ufer wird weniger Biomasse gebildet als am NW-Ufer.

Die Entwicklung der Primärproduktionsraten verläuft in der Regel tendenzgleich den Biomassewerten. Verstärkte Primärproduktion findet von Februar bis Juli statt. Von August bis Januar sind die Primärproduktionsraten niedrig. Primärproduktion findet im Sommer mindestens bis in 10 m Tiefe statt. Die Tiefenverteilung spricht für eine Lichthemmung an der Oberfläche und eine optimale Lichtausnutzung im Bereich ab 5,5 m Tiefe. Die Produktion in der Tiefe wird durch das Lichtangebot begrenzt. Die kalkulierte Periphytonproduktion von 28,1% des Seeareals vom Mai 1974 bis Mai 1975 beträgt 104 t C. Das entspricht 30,7% der kalkulierten Primärproduktion des Phytoplanktons für diesen Zeitraum.

Im Pelagial ist der Verlauf der Biomassebildung und Primärproduktion eingipflig, mit dem Maximum im Hochsommer. Die Ruhephase mit sehr geringer Periphytonbildung dauert von November bis April. Die Entwicklung im Pelagial ist kein Spiegelbild der natürlichen, litoralen Verhältnisse.

Die Periphytonentwicklung im thermisch belasteten Seebereich verläuft anders als im natürlich temperierten See. Im Winterhalbjahr wirkt kontinuierliche künstliche Erwärmung bis 15 °C über den natürlichen Verhältnissen stimulierend auf Primärproduktion und Biomassebildung. Von Oktober bis Januar sind die Werte nur wenig höher als im übrigen See. Dafür wird mangelndes Lichtangebot verantwortlich gemacht. Von Januar bis April kommt es zu einer Maximalentwicklung der Biomasse und der Primärproduktion. Darin wird ein direkter Einfluß künstlich erhöhter Temperatur gesehen. – Der Anteil des Winterhalbjahres an den Jahressummen ist um so höher, je intensiver die thermische Belastung ist. Bei den gegebenen Verhältnissen einer diskontinuierlichen künstlichen Erwärmung mit einem Anteil am Jahreszeitraum zwischen 28% und 82% kann die Jahressumme der Biomasse kleiner (ein Untersuchungsjahr) oder größer (zwei Untersuchungsjahre) sein als unter natürlichen Bedingungen. Die mittlere Jahressumme aus drei Untersuchungsjahren ist im thermisch belasteten Seebereich um 25% höher als unter natürlichen Bedingungen.

Einige Ergebnisse deuten darauf hin, daß sich im Winterhalbjahr eine qualitativ andere, wärmeadaptierte Biozönose bildet, die zu verstärkter Biomassebildung und größeren Primärproduktionsraten fähig ist.

Summary

From 1971 to 1976 in Lake Stechlin biomass and primary production of the periphyton were studied using a glass-slide-method. Biomass was determined gravimetrically, primary production by the ^{14}C-method. The biomass of the periphyton is 6059,4 mg $C \cdot m^{-2} \cdot a^{-1}$ respectively 16,3 mg $C \cdot m^{-2} \cdot d^{-1}$. From May 1974 to May 1975 the calculated primary production of the periphyton is 103 t C (= 30,7 % of the calculated primary production of the phytoplancton). In the heated area of the lake the average rate of biomass ranges up to 125 % of the biomass produced under natural conditions. During winter biomass and primary production are stimulated by continous heating of the lake-water up to 15 °C (above natural conditions). From January to April the development of biomass and primary production range up to their maximum.

Резюме

С 1971-го до 1976-го года в озере „Штехлинзее" провели исследования по образованию биомассы и первичному производству перифитона методом предметных стёкол. Биомасса была определена методом гравиметрии, первичное производство было определено радиоактивным углеродом.

Период возрастающего образования биомассы длится с февраля до июля в год. Средняя сумма биомассы в год в зоне прибоя составляет 6059,4 мг $С \cdot м^{-2}$, средняя биомасса в день 16,3 мг $С \cdot м^{-2} \cdot д^{-1}$ (средняя величина во время 4 лет). Первичное производство и биомасса проходили в похожей тенденции.

Калькулированное производство перифитона на поверхности 28,1% озера с мая 1974-го до мая 1975-го года составляло 103 тонны углерода, это значит 30,7% калькулированного первичного производства перифитона в этот период.

В части озера с термической нагрузкой развитие перифитона было другое чем в естественно нагреванном озере. Во время зимнего полугодия непрерывное неестественное нагревание до 15 градусов выше природных условий стимулирует первичное производство и образование биомассы. С января до апреля биомасса и первичное производство развиваются максимальными.

Средняя сумма биомассы в год в расчете на 3 года в части озера с термической нагрузкой на 25% больше чем в природных условиях.

11. Literatur

DOR, I., 1970: Production rate of the periphyton in lake Tiberias as measured by the Glass-Slide-Method. — Israel Bot. **19**, 1—15.

HEINRICH, L., 1973: Der biologische Rasen in Fließgewässern: Verteilung, Wachstumsraten und Differenzierung. — Acta hydrochim. hydrobiol. **1** (3), 267—293.

HEITMANN, M.-L., D. RICHTER & D. SCHUMANN, 1969: Der Wärme- und Wasserhaushalt des Stechlin- und Nehmitzsees. — Abh. meteorol. Dienst. DDR Nr. 96 (**12**).

HICKMAN, M., 1974: The standing crop and primary productivity of the epiphyton attached to *Chiloscyphus polyanthus* (L.) CHORDA *β rivularis* (Schrad.) NEES in a spring feed stream. — Arch. Hydrobiol. **73** (4), 464—469.

KLARER, D. M., & M. HICKMAN, 1975: The effect of thermal effluent upon the standing crop of an epiphytic algal community. — Internat. Rev. ges. Hydrobiol. **60** (1), 17—62.

KOSCHEL, R., 1974: Einfluß der physikalischen und chemischen Umweltfaktoren auf die Primärproduktion des Phytoplanktons im Stechlinsee. — Diss., Techn. Univ. Dresden.

— im Druck: Biomassebilanz. — In: KAEDING (Hrsg.): Wassergüte — mathematische und experimentelle Arbeitsmethoden. Teil 2 Gewässer (Limnologische Methoden). — Jena (VEB Fischer-Verlag).

MOTHES, G., R. KOSCHEL & W. SCHEFFLER, 1976: Einfluß der Aufwärmung eines Sees durch ein Kraftwerk auf Stoffproduktion und Phosphathaushalt. — *Limnologica* (Berlin) **10** (2), 489—501.

NEWCOMBE, C. L., 1949: Attachment materials in relation to water productivity. — Trans. amer. microscop. Soc. **68**, 355—361.

— 1950: A quantitative study of attachment materials in Sodon Lake, Michigan. — Ecology **31**, 204—215.

SCHLÜTER, M., 1966: Über den Bewuchs und geeignete Untersuchungsverfahren. — *Limnologica* (Berlin) **4** (2), 363—375.

SLÁDEČEK, V., & A. SLÁDEČKOVÁ, 1964: Determination of the Periphyton Production by Means of the Glass Slide Method. — Hydrobiologia **23**, 125—158.

SLÁDEČKOVÁ, A., 1962: Limnological Investigation Methods for the Periphyton („Aufwuchs") Community. — Bot. Rev. **28** (2), 286—350.

TSCHEU-SCHLÜTER, M., 1969: Vergleichende quantitative Periphytonuntersuchungen im Litoral verschiedener Seentypen. — Wiss. Z. Univ. Rostock, math.-naturwiss. R. **18** (7), 783—791.

Eingegangen am 31. 10. 1978.

Anschrift des Verfassers:

WOLFRAM SCHEFFLER
Akademie der Wissenschaften der DDR
Forschungszentrum f. Molekularbiologie u. Medizin
Zentralinstitut für Mikrobiologie
und experimentelle Therapie Jena
Abteilung Limnologie
DDR-6900 Jena, Beutenbergstr. 11

Limnologica (Berlin) **13** (1), 123—128, Januar 1981

GOTTFRIED HAUBOLD

Hydrobakteriologische Untersuchungen an drei Seen im Norden der DDR

Mit 5 Abbildungen

Inhalt

1. Einleitung

In aquatischen Ökosystemen spielen die heterotrophen Mikroorganismen, insbesondere die Bakterien, eine wichtige Rolle. Ihre zentrale Stellung im Soffkreislauf (OVERBECK 1972) erfordert eine stärkere Berücksichtigung ihrer Aktivitäten bei der Analyse dieser Systeme. Bereits THIENEMANN (1927) wies auf die Notwendigkeit bakteriologischer Untersuchungen für das Verständnis des Stoffumsatzgeschehens hin. Dabei sind Betrachtungen in zwei Richtungen hin möglich (THURNER et al. 1975): zum einen Untersuchungen der Struktur der Bakterienpopulationen, zum anderen die Erfassung der bakteriellen Aktivitäten.

Die vorliegende Arbeit möchte am Beispiel dreier Seen einen Beitrag zum besseren Verständnis der Rolle der Bakterien im Stoffkreislauf limnischer Ökosysteme liefern. Die Untersuchungen wurden im Stechlinsee und im Nehmitz-See (N-Becken) (SCHRÄDER 1962, KRAUSCH 1964, BABENZIEN 1964) sowie im Feldberger Haussee (Kreis Neustrelitz, Bezirk Neubrandenburg) durchgeführt.

2. Methodik

2.1. Erfassung der Struktur der Bakterienpopulationen

Sämtliche Proben wurden mit Hilfe eines Probenentnahmegeräts nach SOROKIN (BABENZIEN 1962) gewonnen und unmittelbar nach Rückkehr im Labor verarbeitet.

Es wurden im einzelnen erfaßt:

1. Koloniezahlen auf Peptonagar (PAg) (BABENZIEN 1964),
2. Koloniezahlen auf Fleischagar (FAg) (Nähragar, Hersteller VEB Immunpräparate, Berlin) und
3. Gesamtbakterienzahl auf Membranfiltern.

Zur Ermittlung der Koloniezahlen wurden die Wasserproben verdünnt, um ein Überwachsen der Kolonien zu verhindern (OBERZILL 1967, REICHARDT 1978), unter sterilen Bedingungen mit dem flüssigen, temperierten Nährboden in Petrischalen ausgegossen und nach Erstarren im Brutschrank bei 25 °C 10 Tage bebrütet. Zur Absicherung der Ergebnisse wurden jeweils mehrere Parallelen angesetzt. Für die Durchführung dieser Arbeiten möchte ich Frl. E. FANDRICH danken. Zur Erfassung der Gesamtbakterienzahl wurden die Proben durch Sartorius-Membranfilter mit 0,2 µm Porenweite (Typ SM 11 307) filtriert und mit Phenol-Erythrosin gefärbt (SOROKIN & KADOTA 1972, REICHARDT 1978). Die Auswertung erfolgte im Hellfeld-Durchlichtmikroskop bzw. zu Vergleichszwecken im Interferenz-Kontrast-Mikroskop (PERAVAL interphako, VEB Carl Zeiss Jena).

2.2. Die heterotrophe Aktivität

Die Bestimmung des „heterotrophen Potentials" ist seit ihrer Einführung durch PARSONS & STRICKLAND (1962) und ihrer Weiterentwicklung durch WRIGHT & HOBBIE (1966) zu einer weit verbreiteten Methode zur Charakterisierung der Aktivität bakterieller Populationen geworden (vgl. ALBRIGHT & WENTWORTH 1976, ALLEN 1967, 1969, 1971, DIETZ et al. 1976, GOCKE 1974a, b 1975, 1977, 1978, KADOTA & TANAKA 1975, OVERBECK 1975). Mit Hilfe dieser Methode lassen sich drei Parameter bestimmen, die Aussagen über die heterotrophe Aktivität zulassen:

1. Die maximale Aufnahmegeschwindigkeit (v_{max}) des betreffenden Substrats. Das ist die Aufnahmegeschwindigkeit, die bei Substratsättigung aufträte. Sie ist daher ein Maß für die potentielle Aktivität der Bakterienpopulationen (GOCKE 1974a).
2. Die turn-over-Zeit (T_t). Darunter versteht man die Zeit, in der die Menge des betreffenden Substrats,

die der natürlichen Konzentration entspricht, einmal umgesetzt wird.

3. Die Größe ($K_t + S_n$), die sich aus der MICHAELIS-Konstanten K_t und der natürlichen Substratkonzentration S_n zusammensetzt, also eine näherungsweise Angabe der Substratkonzentration zuläßt (GOCKE 1974a, REICHARDT 1978).

Die Proben wurden mittels RUTTNER-Schöpfers entnommen und in sterile 100-ml-Flaschen gefüllt (je 50 ml pro Flasche). Diese Proben wurden wie folgt weiterbehandelt: Für jede Tiefe wurden 9 Flaschen benötigt, in je 2 Flaschen wurden gleiche Mengen einer gleichförmig markierten (D-^{14}C-)Glukoselösung pipettiert; die Originallösung (Hersteller: Inst. for Research Production and Uses of Radioisotopes Prague) wurde mit destilliertem Wasser verdünnt und mit unmarkierter Glukose versetzt, so daß 1 ml dieser Lösung eine Radioaktivität von 2 µCi sowie eine Menge von 0,8 µg Substratkohlenstoff enthielten. Die so erhaltene Lösung wurde in Ampullen abgefüllt, sterilisiert und im Kühlschrank gelagert. Davon wurden 50 µl, 100 µl, 250 µl bzw. 500 µl in die Probeflaschen gegeben, was einer Konzentration von 0,8, 1,6, 4 und 8 µg C/l entspricht. Eine Flasche wurde mit 100 µl dieser Lösung beimpft und als Blindprobe sofort danach mit 0,5 ml Formol abgestoppt. Alle Flaschen wurden in Metallkästen in die Entnahmetiefe versenkt und dort 3 Stunden inkubiert. Anschließend wurde mit je 0,5 ml Formol abgestoppt und je 20 ml der Probe durch Sartorius-Membranfilter (s. oben) filtriert und mit aqua dest. nachgewaschen. Die Filter wurden getrocknet und dann im automatischen Meßplatz (VA-H-2861, 10 MHz-Zähler VA-G-120 und Linearverstärker-Analysator VA-V-100) ausgewertet. Als Standardpräparate für die Radioaktivität der Lösung wurde auf je 5 Membranfilter 100 µl Glukoselösung (entspricht 0,2 µCi) aufgetropft und nach dem Eintrocknen ebenfalls im Meßplatz gemessen. Die erhaltenen Impulsraten wurden nach WRIGHT & HOBBIE (1966) umgerechnet (LINEWEAVER-BURK-Modifikation). Aus diesen Werten wurden dann mittels Regressionsanalyse die oben genannten Parameter errechnet (WEBER 1957).

3. Ergebnisse und Diskussion

Aus der Untersuchungsreihe wurden die Ergebnisse folgender Tage ausgewählt: 23. 5. 78 Stechlinsee, 24. 5. 78 Nehmitzsee und 25. 5. 78 Haussee. Abb. 1 zeigt die Verteilung der Gesamtbakterienzahlen in den drei Gewässern. Die niedrigsten Bakterienzahlen wurden dabei im Stechlinsee ermittelt, wo 157000 Bakterien je ml an der Oberfläche (0 m) nicht überschritten wurden, mit 60900/ml wurden in 10 m Tiefe die geringsten Bakterienzahlen festgestellt. Im Nehmitzsee liegen bis auf die Probe in 5 m Tiefe (129000/ml) alle Werte über 150000/ml, das Maximum wurde hier bei 10 m Tiefe mit 264000/ml erreicht. Im Haussee wurden bis auf die Tiefe von 2,5 m (124000/ml) Werte über 200000/ml gezählt, das Maximum lag an der Oberfläche mit 489000 Bakterien/ml.

In allen drei Seen ist eine unterschiedliche Vertikalverteilung der Bakterien mehr oder weniger deutlich zu erkennen, wobei im Haussee die größten Schwankungen auftreten. In der Tendenz ist im Stechlinsee zum Grund hin

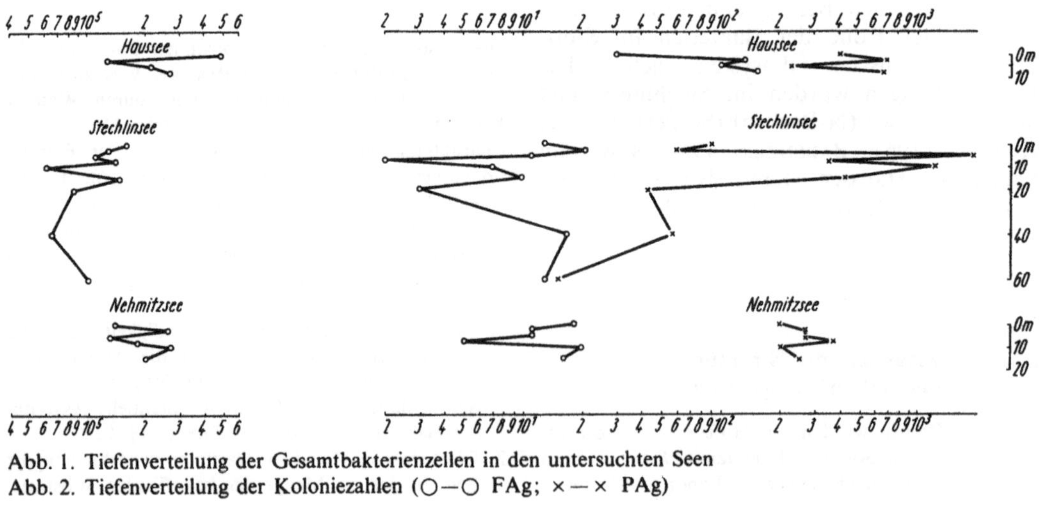

Abb. 1. Tiefenverteilung der Gesamtbakterienzellen in den untersuchten Seen

Abb. 2. Tiefenverteilung der Koloniezahlen (○—○ FAg; ×—× PAg)

eine leichte Abnahme der Bakterienzahlen zu beobachten, im Haussee ist sie ausgeprägter, während im Nehmitzsee eine Zunahme zum Grund hin zu verzeichnen ist.

Abb. 2 zeigt die Tiefenverteilung der Koloniezahlen auf PAg und FAg. Die unterschiedlich hohen Koloniezahlen der auf FAg wachsenden anspruchsvolleren Saprophyten lassen eine deutliche Trennung der drei Seen zu, im Haussee liegen die Zahlen mit Ausnahme der Oberfläche über 100 Kolonien/ml, im Stechlinsee und im Nehmitzsee ist das Maximum bei 21/ml. Die Koloniezahlen auf PAg liegen etwa um das 10fache über denen auf FAg, hier wachsen Bakterien, die an geringere Nährstoffkonzentrationen adaptiert sind. Im Stechlinsee liegen die höchsten Zahlen zwischen 5 und 15 m, im Hypolimnion ist ein starker Rückgang zu verzeichnen. Im Haussee und im Nehmitzsee ist zum Grund hin eine Zunahme der Koloniezahlen zu beobachten.

Abb. 3 zeigt die Tiefenverteilung der Temperatur und von v_{max}. Während im Haussee eine fast lineare Abnahme der Temperatur zum Grund hin zu ersehen ist, sind im Stechlin- und Nehmitzsee schon die Ansätze einer Schichtung zu erkennen. Die v_{max}-Werte sind im Stechlinsee am niedrigsten, sie überschreiten einmal (2,5 m) 0,05 µg $C \cdot l^{-1} \cdot h^{-1}$ und nehmen in der Tiefe leicht ab. Im Nehmitzsee liegen alle Werte über 0,05 µg $C \cdot l^{-1} \cdot h^{-1}$, einmal (0 m) wird 0,1 µg $C \cdot l^{-1} \cdot h^{-1}$ überschritten. Von der Oberfläche bis 5 m Tiefe nimmt v_{max} bis auf die Hälfte ab, bis zum Grund sind die Schwankungen dann gering. Im Haussee wurden die höchsten v_{max}-Werte ermittelt, die im Bereich von 0—2,5 m über 1 µg $C \cdot l^{-1} \times h^{-1}$ lagen. Die Abnahme zum Grund zu ist sehr stark, v_{max} verringert sich von 0—7,5 m auf etwa ein Drittel.

In Abb. 4 sind die turn-over-Zeiten (T_t) für Glukose dargestellt. Auch hier lassen sich die drei Seen deutlich unterscheiden. Während T_t im Haussee zwischen 2 und 3 h liegt, wurden im Nehmitzsee 7—16 h und im Stechlinsee 40—93 h ermittelt.

Bei ($K_t + S_n$) lassen sich diese Unterschiede kaum feststellen (Abb. 5). Im Stechlinsee und im Haussee liegt diese Größe etwa auf gleichem Niveau, im Nehmitzsee deutlich darunter.

Wie aus der weiteren Entwicklung im Jahreszyklus zu erkennen war (HAUBOLD unveröff.), lagen die hier dargestellten Untersuchungstermine im Stechlinsee und im Nehmitzsee im Bereich eines Maximums der Bakterienentwicklung (Bakterienzahlen), während sich der Haussee noch am Beginn der Massenentfaltung befand. Das erklärt auch die zunächst geringen Unterschiede in den Gesamtbakterienzahlen.

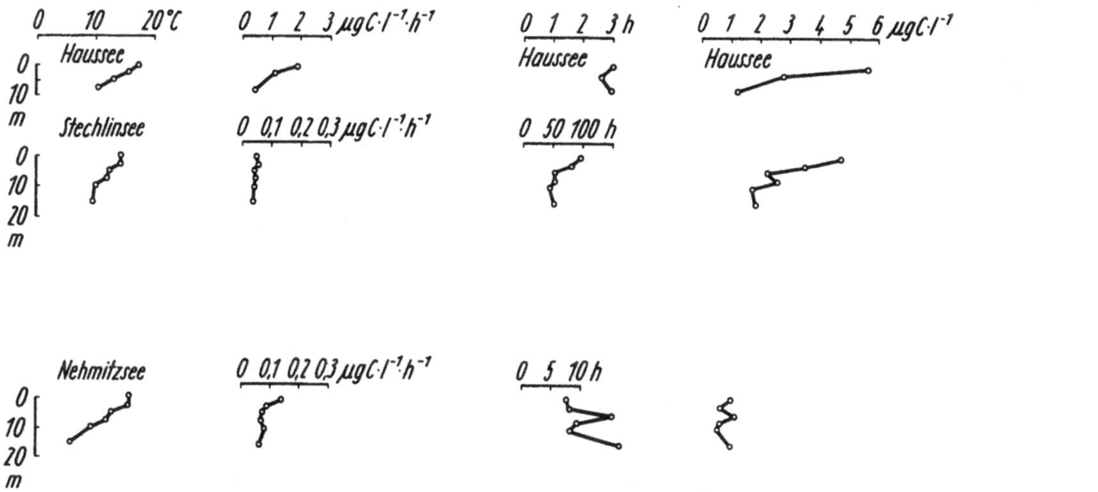

Abb. 3. Tiefenverteilung von Temperatur und v_{max}

Abb. 4. Tiefenverteilung von T_t

Abb. 5. Tiefenverteilung von ($K_t + S_n$)

DOKULIL (1974) konnte im Wörthersee ähnlich niedrige Zahlen ermitteln, dagegen lagen sie im Goggausee (1975) bedeutend höher (bis über 2 Mio./ml). Ähnlich hohe Werte erhielt auch NIEWOLAK (1975) im eutrophen See Dgał Mały sowie in anderen Seen des Węgorzewo-Gebiets und der Iława-Seen (1974).

Daß die Kurven von Gesamtbakterienzahl und Koloniezahlen keinen parallelen Verlauf zeigen, war zu erwarten, dafür repräsentieren die auf den Nährböden gewonnenen Koloniezahlen zu unterschiedlich angepaßte Populationen. Der Anteil der Saprophyten an der Gesamtbakterienzahl ist außerordentlich niedrig (< 0,1 %) und schwankt sehr stark. Die im Stechlinsee auf beiden Nährböden gezählten Peaks unmittelbar über bzw. unter der Sprungschicht scheinen auf Nährstoffanreicherungen in diesem Bereich hinzudeuten (vgl. BABENZIEN 1964, KADOTA & TANAKA 1975). RAO & BURNISON (1976) berichten von erhöhten Koloniezahlen im Hypolimnion des Erie-Sees während der Sommerstagnation, ANDERSON & DOKULIL (1977) verweisen hinsichtlich erhöhter Koloniezahlen in der Tiefe auf das Vorhandensein von Tiefenzirkulationen. Beim Vergleich der drei Seen spielt mit Sicherheit auch deren Morphometrie eine Rolle, die vergleichsweise geringe Tiefe von Haussee und Nehmitzsee gegenüber Stechlinsee und die damit verbundenen anders gearteten Erwärmungs- und Durchmischungsverhältnisse dürften die Vertikalverteilung der Bakterien stark beeinflussen. Bei der Betrachtung der kinetischen Parameter fallen, wie bereits ausgeführt, die Größenordnungsunterschiede bei v_{max} und T_t sofort ins Auge. Hier lassen sich deutliche Unterschiede zwischen den drei Seen feststellen, die die Grundlage einer Klassifikation bilden könnten.

OVERBECK (1975) ermittelte für den eutrophen Plußsee v_{max}-Werte für Glukose von 0,2—1,2 µg Glukose $\cdot$ l^{-1} $\times$ h^{-1} (entspricht 0,08—0,48 µg C $\cdot$ l^{-1} $\cdot$ h^{-1}). Allerdings sind diese Werte auf Grund der anderen Methodik nicht direkt mit unseren vergleichbar. KADOTA & TANAKA (1975) ermittelten im Lake Biwa 1—20 mg Glukose $\cdot$ m^{-3} $\cdot$ d^{-1} (entspricht 0,016—0,33 µg C $\cdot$ l^{-1} $\times$ h^{-1}), während ALLEN (1969) für den Lake Lötsjön auf 10—15 µg $\cdot$ l^{-1} $\cdot$ h^{-1} im Sommer kommt. GOCKE (1977) konnte in der zentralen Ostsee v_{max}-Werte für Glukose um 0,01 µg C $\cdot$ l^{-1} $\cdot$ h^{-1} messen, lediglich in den Oberflächenschichten der Gdansker (Danziger) Bucht lagen die Werte höher (bis 0,06 µg C $\cdot$ l^{-1} $\cdot$ h^{-1}). Letzteres führt er auf den Landeinfluß (Nährstoffeintrag) zurück. In der Kieler Bucht kommt GOCKE (1978) zu wesentlich höheren Werten (0,13—0,27 µg C $\cdot$ l^{-1} $\cdot$ h^{-1}), sehr niedrige Werte von v_{max} stellten GILLESPIE et al. (1976) in antarktischen Gewässern fest, offenbar spielt hier die niedrige Temperatur die dominierende Rolle. Auch hinsichtlich T_t werden bei den drei Seen deutliche Unterschiede sichtbar. SAUNDERS (1976) stellt die Beziehungen zwischen T_t und der Primärproduktion (als Lieferant des Substrats) in Gewässern unterschiedlichen trophischen Niveaus dar, es zeigte sich, daß hohe T_t und niedrige Primärproduktion zusammenfallen und umgekehrt. ALLEN (1969) diskutiert die Beziehungen zwischen T_t und der Temperatur sowie der Bakterienbiomasse.

Im Haussee deuten die hohen maximalen Aufnahmegeschwindigkeiten, die relativ niedrigen Werte von T_t sowie von $(K_t + S_n)$ auf eine hohe Aktivität der Bakterienpopulationen bei niedrigen Substratkonzentrationen hin; wie GOCKE (1978, S. 136—138) ausführt, ist das nur dann möglich, „wenn zwar die aktuellen Konzentrationen der Verbindungen klein sind, diese aber ständig nachgeliefert werden". Dies ist sicher im Haussee der Fall, die ständige Nährstoffzufuhr erfolgte zum damaligen Zeitpunkt durch die wenig geklärten Abwässer der Stadt Feldberg. Die hohen FAg-Koloniezahlen unterstreichen diese Tatsache. Wie oben ausgeführt, liegen im Stechlinsee v_{max} bedeutend niedriger und T_t wesentlich höher als im Haussee, während $(K_t + S_n)$ in ähnlichen Bereichen liegt. Im Nehmitzsee dagegen sind v_{max} etwas höher, T_t bedeutend niedriger und $(K_t + S_n)$ etwa nur halb so hoch wie im Stechlinsee. Da im Stechlinsee die Kurven von Gesamtbakterienzahl, T_t und $(K_t + S_n)$ einen ähnlichen Verlauf zeigen, v_{max} im Prinzip von 0—15 m aber nur unwesentlich schwankt, scheint die Regulation des Glukosemetabolismus in diesem Gewässer im wesentlichen vom Substratangebot und der Zahl und dem physiologischen Zustand der Bakterienpopulationen abzuhängen, die Temperatur ist offenbar nicht von ausschlaggebender Bedeutung. Im Nehmitzsee dagegen spielt die Konzentration keine entscheidende Rolle (vgl. SAUNDERS 1976). Es scheinen andere Faktoren in Frage zu kommen, die sich vielleicht mit dem Begriff der Anpassung der Populationen an die Umweltbedingungen umschreiben lassen.

4. Zusammenfassung

Von drei Seen unterschiedlichen trophischen Niveaus wurden verschiedene bakteriologische Untersuchungsdaten mitgeteilt: Gesamtbakterienzahl, Koloniezahlen auf zwei Nährböden, v_{max}, T_t und $(K_t + S_n)$ für Glukose Der Stechlinsee kann als keimarm und hinsichtlich der Glukoseverwertung als wenig produktiv bezeichnet werden. Der Haussee ist ein eutropher See mit hohen Bakterienzahlen und hoher Produktivität (Glukoseaufnahme). Der Nehmitzsee nimmt eine Zwischenstellung ein. Die Regulation der Glukosekonzentration auf relativ niedrigem Niveau beruht im Haussee im wesentlichen auf der Tätigkeit der heterotrophen Mikroorganismen.

Summary

In this paper results of examinations of three lakes of different trophic level are published. These are: total count of bacteria, colony counts of two media, maximum uptake velocity (v_{max}), turn over time (T_t), and maximum natural substrate concentration ($K_t + S_n$) of glucose. The Stechlinsee is a lake with a small amount of bacteria and low productivity (glucose metabolism), the Haussee is an eutrophic lake with high bacterial numbers and a high productivity, and the Nehmitzsee is in the medium. The regulation of glucose concentration on a low level is dependend of the activity of heterotrophic microorganisms.

Резюме

В этом опубликовании сообщают результаты изучения трёх озёр в различных трофических условиях: микроскопический подсчёт бактерий, подсчёт колоний на двух средах, максимальную скорость принятия глюкозы, время регенерации и максимальное природное количество глюкозы. В озере Стехлине мало бактерий и небольшая продуктивность (обмен веществ глюкозы), в Гаусзее много бактерий и высокая продуктивность и в Немитцзее можно найти средние условия. Регуляция количества глюкозы на малом уровне в Гаусзее зависит от деятельности гетеротрофных микроорганизмов.

5. Literatur

ALBRIGHT, D. J., & J. W. WENTWORTH, 1976: Experimental errors associated with the heterotrophic activity technique. — Z. allg. Mikrobiol. **16** (2), 149—153.

ALLEN, H. L., 1967: Acetate utilization by heterotrophic bacteria in a pond. — In: Hungarian symposium „Problems of organic matter determination in freshwater". — J. Hung. Hydrol. Soc. Hidrológia Közlöny **47** (7), 295—297.

— 1969: Chemo-organotrophic utilization of dissolved organic compounds by planctic algae and bacteria in a pond. — Internat. Rev. ges. Hydrobiol. **54** (1), 1—33.

— 1971: Primary productivity, chemo-organotrophy, and nutritional interactions of epiphytic algae and bacteria on macrophytes in the littoral of a lake. — Ecol. Monogr. **41**, 97—127.

ANDERSON, R. S., & M. DOKULIL, 1977: Assessments of primary and bacterial production in three large mountain lakes in Alberta, Western Canada. — Internat. Rev. ges. Hydrobiol. **62**, 97—108.

BABENZIEN, H.-D., 1962: Probleme und Aufgaben der Hydrobakteriologie. — *Limnologica* (Berlin) **1** (1), 45—49.

— 1964: Hydrobakteriologische Untersuchungen im Stechlinsee. — *Limnologica* (Berlin) **2** (1), 9—34.

DIETZ, A. S., L. J. ALBRIGHT & T. TUOMINEN, 1976: Heterotrophic activities of bacterioneuston and bacterioplankton. — Can. J. Microbiol. **22**, 1699 bis 1709.

DOKULIL, M., 1974: Phytoplankton, Primärproduktion und Bakterien im Wörthersee. — Carinthia II, **164**, 199—203.

— 1975: Phytoplankton, Primärproduktion und Bakterien im Goggausee. — Carinthia II, **165**, 180—183.

GILLESPIE, P. A., R. J. MORITA & L. P. JONES, 1976: The heterotrophic activity for amino acids, glucose and acetate in antarctic waters. — J. Ocean. Soc. Jap. **32**, 74—82.

GOCKE, K., 1974a: Methodische Probleme bei Untersuchungen zur mikrobiellen Stoffaufnahme in Gewässern. — Kieler Meeresforsch. **30**, 12—23.

— 1974b: Untersuchungen über den Einfluß des Salzgehaltes auf die Aktivität von Bakterienpopulationen des Süß- und Abwassers. — Kieler Meeresforsch. **30**, 99—106.

— 1975: Studies on short-term variations of heterotrophic activity in the Kiel Fjord. — Mar. Biol. **33**, 49—55.

— 1977: Untersuchungen über die heterotrophe Aktivität in der zentralen Ostsee. — Mar. Biol. **40**, 87—94.

— 1978: Untersuchungen über den Jahreszyklus der heterotrophen Aktivität in der Kieler Förde. — Arch. Hydrobiol. **82**, 129—141.

KADOTA, H., & N. TANAKA, 1975: Bacterial production and decomposition of organic matter. — In: JIBP Synthesis Vol. 10 Productivity of communities in japanese inland waters (eds. S. MORI & G. YAMAMOTO), 12—15, Univ. Tokyo Press.

KRAUSCH, H.-D., 1964: Die Pflanzengesellschaften des Stechlinseegebietes. I. Die Gesellschaften des offenen Wassers. — *Limnologica* (Berlin) **2** (2), 145—203.

NIEWOLAK, S., 1974: Vertical distribution of the bacterioplankton and the thermal-oxygen relations in the water of the Iława Lakes. — Acta Hydrobiol. **16**, 173—187.

— 1975: The occurrence of microorganisms in the water of some lakes in the district of Węgorzewo. — Acta Hydrobiol. **17** (4), 371—390.

OBERZILL, W., 1967: Mikrobiologische Analytik. — Nürnberg (Verlag Hans Carl), 519 S.

OVERBECK, J., 1972: Bakterien in der Nahrungskette im See. — Umschau **1972** (11), 358.

— 1975: Distribution pattern of uptake kinetic responses in a stratified eutrophic lake (Plußsee ecosystem study IV). — Verh. internat. Verein. Limnol. **19**, 2600—2615.

PARSONS, T. R., & J. D. H. STRICKLAND, 1962: On the production of particulate organic carbon by heterotrophic processes in sea water. — Deep-Sea Res. **8**, 211—222.

RAO, S. S., & B. K. BURNISON, 1976: Bacterial distributions in Lake Erie (1967, 1970). — J. Fish. Res. Board Can. **33**, 574—580.

REICHARDT, W., 1978: Einführung in die Methoden der Gewässermikrobiologie. — Stuttgart (Gustav-Fischer-Verlag), 250 S.

SAUNDERS, G. W., 1976: Decomposition in freshwater. — In: The role of terrestrial and aquatic organisms in decomposition processes. (eds. J. M. ANDERSON & A. MACFADYEN), 341—373, Oxford (Blackwell Scientific Publications).

SCHRÄDER, T., 1962: Die Forschungsstelle für Limnologie der DAW zu Berlin. — *Limnologica* (Berlin) **1** (1), 1—20.

SOROKIN, J., & H. KADOTA, 1972: Microbial production and decomposition in fresh waters (IBP Handbook No. 23). — Oxford (Blackwell Scientific Publications).

THIENEMANN, A., 1927: Zehn Jahre Hydrobiologische Anstalt Plön der Kaiser-Wilhelm-Gesellschaft. — Naturwissenschaften **15**, 753—760.

THURNER, K., W. HABER & M. BUSSE, 1975: Die Mikroflora der aeroben Bakterien in Baggerseen. — Arch. Hydrobiol. **75** (3), 347—365.

WEBER, E., 1957: Grundriß der biologischen Statistik. 3. Aufl. — Jena (VEB Gustav-Fischer-Verlag), 466 S.

WRIGHT, R. T., & J. E. HOBBIE, 1966: Use of glucose and acetate by bacteria and algae in aquatic ecosystems. — Ecology **47**, 447—464.

Eingegangen am 29. 12. 1978.

Anschrift des Verfassers:

Dipl.-Biol. GOTTFRIED HAUBOLD
Akademie der Wissenschaften der DDR
Forschungszentrum f. Molekularbiologie u. Medizin
Zentralinstitut für Mikrobiologie
und experimentelle Therapie Jena
Abteilung Limnologie
DDR-6900 Jena, Beutenbergstr. 11

Limnologica (Berlin) **13** (1), 129—145, Januar 1981

RAINER KOSCHEL

Die Phosphataffinität von Mikroorganismengesellschaften im Stechlinseesystem und in anderen Seen

Mit 6 Abbildungen und 7 Tabellen

Inhalt

1. Einleitung

Phosphat nimmt eine Schlüsselstellung im Stoffhaushalt der Gewässer ein. Die regulierende Rolle der Phosphate tritt besonders drastisch bei der Eutrophierung zutage. Durch die Eutrophierung wird in der Regel die wachstumsbegrenzende Wirkung der Phosphate aufgehoben. Das führt zu einer rapiden Zunahme der Bioproduktion und zur Verschlechterung der Wasserqualität. Für die genaue Einschätzung dieser Prozesse und die Einleitung wirksamer Gegenmaßnahmen sind quantifizierbare Aussagen zum Phosphatumsatz im Gewässer erforderlich. Das bedeutet u. a. Angaben zur Phosphataufnahme und -abgabe der Wasserorganismen. Für die Analyse dieser Vorgänge hat besonders der Einsatz von radioaktiv markierten Phosphaten im Zusammenhang mit der reaktionskinetischen Auswertung weitreichende Möglichkeiten eröffnet (RIGLER 1956, 1964, 1966, 1968, HARRIS 1957, POMEROY 1960, WATT & HAYES 1963, BYLINKINA 1972, 1977, LEAN 1973, LEAN & RIGLER 1974).

Im Stechlinsee und anderen Gewässern der Mecklenburger Seenplatte wurde unter Verwendung von $^{32}PO_4$-P die Phosphataffinität von pelagischen Mikroorganismengesellschaften untersucht (KOSCHEL 1974a, 1979). In der vorliegenden Arbeit sollen diese Befunde im Zusammenhang mit weiteren Ergebnissen ausführlich dargestellt und diskutiert werden. Im Rahmen der komplexen Untersuchungen zum Stoffhaushalt des Stechlinseesystems, aber auch darüber hinaus gilt es dabei folgende wichtige Fragestellungen zu beantworten:

(a) Welche zeitliche und räumliche Verteilung weist die Phosphataffinität natürlicher Mikroorganismengesellschaften bzw. des Sestons auf?

(b) Wann wird der Phosphor zur produktionsbegrenzenden Größe in diesen Mikroorganismengesellschaften?

(c) Welche Anteile haben einzelne Mikroorganismenfraktionen (Mikro- u. Nannophytoplankton, Bakterien) an dieser Phosphataffinität?

(d) Inwieweit trifft die von KUENZLER & KETCHUM (1962) und besonders von RIGLER (1966, 1968) beobachtete Diskrepanz zwischen chemisch-analytisch und aus ^{32}P-Untersuchungen ermittelten Phosphatkonzentrationen im Freiwasser auch auf die untersuchten Gewässer zu?

2. Methodik[1])

2.1. $^{32}PO_4$-Phosphortechnik

Die $^{32}PO_4$-P-Untersuchungen erfolgten in Anlehnung an methodische Gesichtspunkte der oben genannten Autoren. Trägerfreie $H_3{}^{32}PO_4$ (Isocommerz GmbH) wurde bei einer Ausgangsaktivität von etwa 1 mCi mit aqua dest. auf 100 ml verdünnt, leicht angesäuert (HCl), über Membranfilter (mittlere Porenweite 0,2 µm) filtriert und in Ampullen abgefüllt (sorgfältige Reinigung der Glasgeräte und Filter). Die Ampullen wurden zugeschmolzen und im Autoklaven sterilisiert. Die Überprüfung auf Dichtheit der Ampullen erfolgte mit einer Farblösung. Die Bestimmung der Phosphataffinität wurde im batch-Versuch durchgeführt. Die Wasserproben wurden nach der Entnahme im Gewässer in die Versuchsgefäße (gut gereinigte 10-l-Rundkolben) gebracht. Die Transportzeiten des Probewassers waren für die Gewässer des Stechlinseesystems ≦ 1 h, für die Gewässer außerhalb des Stechlinseesystems ≦ 5 h. Die Versuche wurden unter einheitlichen Bedingungen in einem Lichtthermostat durchgeführt (Lumoflorlampen 17 J · cm^{-2} · h^{-1}, mäßige Turbulenz durch Magnetrührer, dem natürlichen Milieu entsprechende Wassertemperaturen). Nach einstündiger Aufenthaltszeit im Rundkolben wurden die Proben mit der $H_3{}^{32}PO_4$-Standardlösung beimpft (5 ml ^{32}P-Lösung auf 5 oder 10 l Probewasser). Die dabei zugegebene $^{32}PO_4$-Menge ist bezogen auf die chemisch-analytisch ermittelte PO_4-P-Konzentration in den Wasserproben zu vernachlässigen (1 µCi $^{32}P = 3{,}6 \cdot 10^{-12}$ g P). Nach der $^{32}PO_4$-Beimpfung wurden je nach der zu erwartenden Geschwindigkeit der $^{32}PO_4$-Aufnahme durch die Mikroorganismen Proben im Abstand von 5—60 min entnommen. Die Proben (5 bzw. 10 ml) wurden nach der Entnahme sofort durch Membranfilter (mittlere Porenweite 0,6 µm) schonend filtriert, mit keimfrei membranfiltriertem Standortwasser nachgewaschen und nach einer informativen Kontrollzählung unter einem Impulszählgerät im Exsikator getrocknet. Die Radioaktivitätsbestimmung der Filterrückstände geschah zusammenfassend für alle bei einem Ampullenansatz gemachten Versuche innerhalb der sich anschließenden Woche (10-MHz-Zähler VA-G-120, Linearverstärker-Analysator VA-V-100, Ergebnisdrucker VA-G-24A, automatischer Probenwechsler NCZ 616). Die für radioaktive Messungen üblichen Korrekturen (Nullwert, Standardpräparat) wurden vorgenommen. Eine Selbstabsorptionskorrektur kann für ^{32}P-Filterrückstände mit geringer Schichtdicke vernachlässigt werden. Die Bestimmung der ^{32}P-Aktivität in der Ampullenstandardlösing erfolgte gesondert. Je 5 Proben mit einem Volumen von 0,01, 0,02 und 0,03 ml einer 1 : 10 verdünnten ^{32}P-Standardlösung wurden auf Membranfilter (0,2 µm mittlere Porenweite) aufgetropft, getrocknet und unter oben genannten Bedingungen gemessen. Die Verdünnung der Standardlösung erfolgte durch mit Trägerphosphat (100 µg P l^{-1}) angereichertem aqua dest.

1 Die Untersuchungen zur autotrophen Produktion des Phytoplanktons wurden mit der Radiokohlenstoffmethode durchgeführt (KOSCHEL 1974a, 1974b, 1976). Die Phosphatanalyse erfolgte mit der Molybdänblaumethode (MOTHES 1974, u. unveröff.).
Für redaktionelle Hinweise danke ich Herrn Dr. D. STORCH.

2.2. Berechnungsgrundlage

Trägt man die Geschwindigkeit der $^{32}PO_4$-Inkorporation durch die Mikroorganismen gegen die Zeit auf, ergibt sich eine hyperbolische Kurve (Abb. 1). Die $^{32}PO_4$-Aufnahme läßt sich dann gemäß einer Reaktion 1. Ordnung annähernd genau beschreiben. Es gilt:

$$k_1 = \frac{1}{t} \cdot \ln \frac{a}{(a - x)} \tag{1}$$

$$x = a(1 - e^{-k_1 \cdot t}) \tag{2}$$

a = „steady-state"-Konzentration von $^{32}PO_4$-P in der Biomasse (%)
x = in der Zeit (t) umgesetzte Menge von $^{32}PO_4$-P (%)
k_1 = Aufnahmegeschwindigkeitskonstante (1. Ordnung) für $^{32}PO_4$-P (t^{-1})

Die Zeit—Umsatz-Kurve läßt sich in eine Gerade transformieren:

$$\log \frac{a}{(a - x)} = \frac{k_1}{2{,}303} \cdot t \tag{3}$$

Auf der Ordinate wird lg $\frac{a}{(a - x)}$ aufgetragen, auf der Abszisse die Zeit (t). Die Steigung ist dann $\frac{k_1}{2{,}303}$. Damit ist die Möglichkeit gegeben, die Reaktionsgeschwindigkeitskonstante relativ einfach zu bestimmen und die für die Phosphataffinität wichtigen Angaben zur „Umsatzzeit (T_t)" und „Umsatzrate (T_R)" abzuleiten. Die Umsatzrate ergibt sich aus dem Quotienten von PO_4-P-Konzentration und Umsatzzeit.
Die erfaßten Daten zur $^{32}PO_4$-Affinität unterliegen einer experimentell bedingten Streuung (vgl. Abb. 1). Die Kurven wurden deshalb mit einem Rechner (R 300) zur besseren Reproduzierbarkeit modelliert.[2] Die $^{32}PO_4$-Affinität wurde dabei gleichzeitig nach verschiedenen reaktionskinetischen Gesetzen untersucht (0., 1. und 2. Ordnung). Wie aus Abb. 1 zu ersehen ist, ergeben die Modelle für eine Reaktion 1. Ordnung eine gute Übereinstimmung mit den gemessenen Daten. Die mittlere Standardabweichung aller berechneten k_1-Werte beträgt 12%. Dieser relativ hohe Wert ist durch eine

2 Herrn Dr. MEISSKE (AdW der DDR, Rechenzentrum Berlin-Buch) möchte ich für die Unterstützung bei der Modellbetrachtung danken.

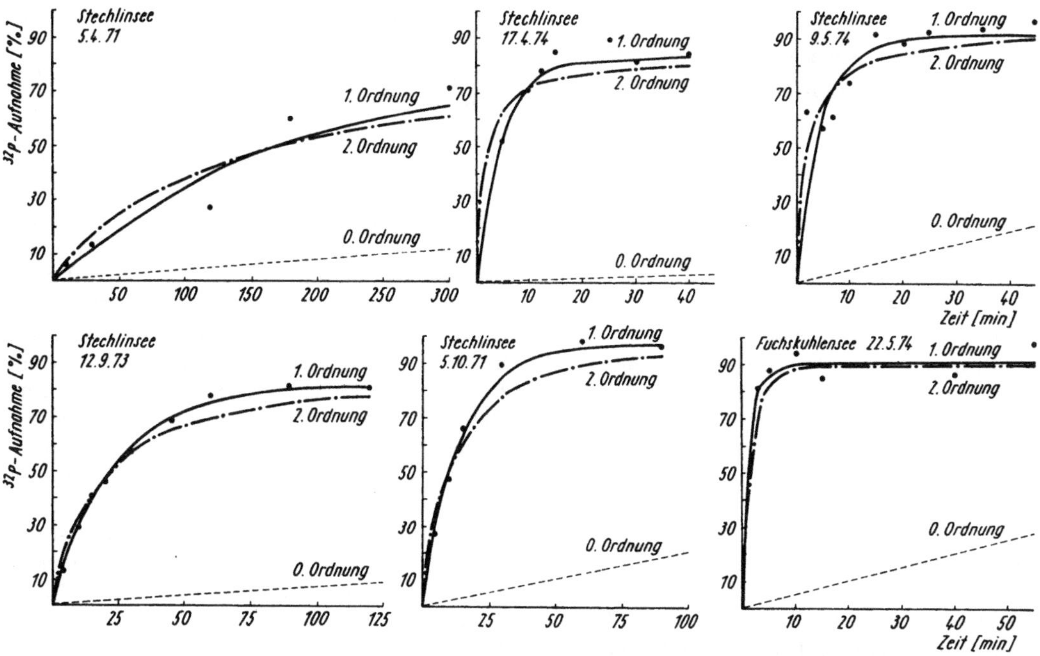

Abb. 1. $^{32}PO_4$-Affinität natürlicher Mikroorganismengesellschaften im Oberflächenbereich des Stechlinsees (Fuchskuhlensee) (Die Angleichung wurde auf einem Robotron 300 durchgeführt.)
● Versuchsergebnisse: ——— auf Grundlage der Versuchsergebnisse angeglichene Reaktionskurve 1. Ordnung, $x = a(1 - e^{-k_1 t})$; —·—·— auf Grundlage der Versuchsergebnisse angeglichene Reaktionskurve 2. Ordnung, $x = a\left(1 - \frac{1}{1 + 2k_2 t}\right)$; ······ auf Grundlage der Versuchsergebnisse angeglichene Reaktionskurve 0. Ordnung, $x = k_0 \cdot t$

große Standardabweichung bei kleinen k_1-Werten bedingt. Eine Reaktion 0. Ordnung trifft auf keines der etwa 150 ausgewerteten Experimente zu. Eine geringe Streuung zu den gemessenen Daten weist auch das Modell für eine Reaktion 2. Ordnung auf. Im folgenden sollen die über den Rechner modellierten k_1-Werte als Grundlage für die Beurteilung der Phosphataffinität verwandt werden.

2.3. Symbole und Abkürzungen

a — „steady-state"-Konzentration des $^{32}PO_4$-P in der Biomasse (%)

B_C — Kohlenstoffanteil der Phytoplanktonbiomasse ($\mu g\ C \cdot l^{-1}$)

E — Lichtenergieangebot ($kcal \cdot m^{-2} \cdot t^{-1}$)

gel.-P — Summe der gelösten Phosphorverbindungen ($\mu g\ P \cdot l^{-1}$)

Eff_{in} — innere Energieeffektivität der Primärproduktion (Lichtausnutzungsrate pro Phytoplanktonbiomasseeinheit bei der Primärproduktion) ($P \cdot E^{-1} \cdot B_C{}^{-1}$)

k_1 — Phosphataffinitätskonstante für eine Reaktion 1. Ordnung (t^{-1})

k_2 — Phosphataffinitätskonstante für eine Reaktion 2. Ordnung ($t^{-1} \cdot c^{-1}$)

P — Primärproduktion ($\mu g\ C \cdot l^{-1} \cdot h^{-1}$)

PO_4-P — Orthophosphat ($\mu g\ P \cdot l^{-1}$)

P — Gesamtphosphat ($\mu g\ P \cdot l^{-1}$)

Sätt. — Sättigungskoeffizient (Quotient von PO_4-P und Phytoplanktonbiomasse (PO_4-P $\cdot B_C{}^{-1}$)

T_t — Phosphataffinität ausgedrückt als Umsatzzeit (t)

T_R — Phosphataffinität ausgedrückt als Umsatzrate ($\mu g\ P \cdot l^{-1} \cdot t^{-1}$)

c — Konzentration bzw. Masse an Phosphat ($\mu g\ P \cdot l^{-1}$)

x — in der Zeit (t) umgesetzte Menge an $^{32}PO_4$-P (%)

FW — F-Wert

BE — Bestimmtheit (%)

ϱ — Korrelationskoeffizient

3. Vergleichende Untersuchungen zur Phosphataffinität pelagischer Mikroorganismengesellschaften

3.1. Jahresrhythmik der Phosphataffinität

Der Jahresverlauf der Phosphataffinität in der euphotischen Zone von Seen weist eine ausgeprägte Jahresrhythmik auf (Abb. 2, 3). Im Stechlinsee (Abb. 2) treten die minimalen Aktivitäten im Dezember/Januar auf ($k_1 <$ 0,0001 min^{-1}, $T_t >$ 100 h, $T_R <$ 0,01 µg P $\cdot$ l^{-1} $\times$ h^{-1}). Im weiteren Jahresverlauf steigt die Phosphataffinität kontinuierlich an. Maximale Werte ergeben sich im Juni/Juli (k_1 = 0,3 bis 0,5 min^{-1}, T_t = 0,03—0,05 h, T_R = 10 bis 20 µg P $\cdot$ l^{-1} $\cdot$ h^{-1}). Nach diesen maximalen Aktivitäten fallen die Werte zunächst bis Oktober langsam und dann bis zu ihrem absoluten Minimum schnell ab. Der Bereich, der zwischen den zwei Extremwerten im Jahresgang durchlaufen wird, weist eine Spanne von 3—4 Zehnerpotenzen auf. Hohe Phosphataffinitäten sind dabei allein in der euphotischen Zone zu beobachten (Abb. 4). In 20 m Tiefe beträgt der k_1-Wert wenige Prozent der im Oberflächenbereich gemessenen Werte, in 40 m Tiefe nur wenige Promille. Bis 60 m Tiefe fällt die Phosphataffinität noch weiter ab.

Der Vergleich mit den Phosphataffinitäten in den anderen Gewässern des Stechlinseesystems ergibt ähnliche Schwankungsbreiten und jahreszeitliche Verteilungsbilder (Abb. 3). Entscheidend für die Quantitäten der Phosphataffinität im Jahresgang sind die Startbedingungen (Dauer der Eisbedeckung, PO_4-P-Konzentration). Im Nehmitzsee-Nordbecken ist z. B. im Februar 1971 (geringe Eisbedeckung) eine 20mal so hohe Phosphataffinität wie im Dezember zu finden. Im eutrophen Dagowsee (hohe Phosphatkonzentrationen am Jahresanfang) treten dagegen mit den Februarwerten im Nehmitzsee vergleichbare Werte erst ab Ende Juni auf. Die Phosphataffinität erreicht jedoch auch im Dagowsee recht beachtliche Maxima (k_1 = 0,2 min^{-1}, T_t = 0,09 h, T_R = 3,5 µg P l^{-1} $\cdot$ h^{-1}). Im Oktober 1971 konnte im Dagowsee sogar eine T_R von 23 µg P l^{-1} $\times$ h^{-1} gefunden werden.

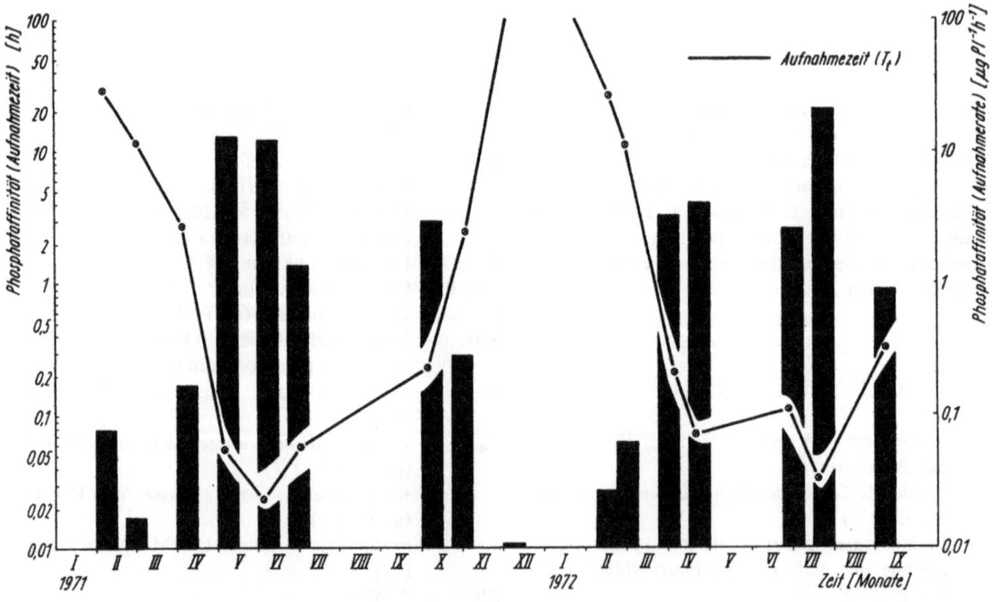

Abb. 2. Jahresverlauf der Phosphataffinität des Sestons in der euphotischen Zone des Stechlinsees (0-m-Proben); T_R — Aufnahmerate; T_t — Aufnahmezeit

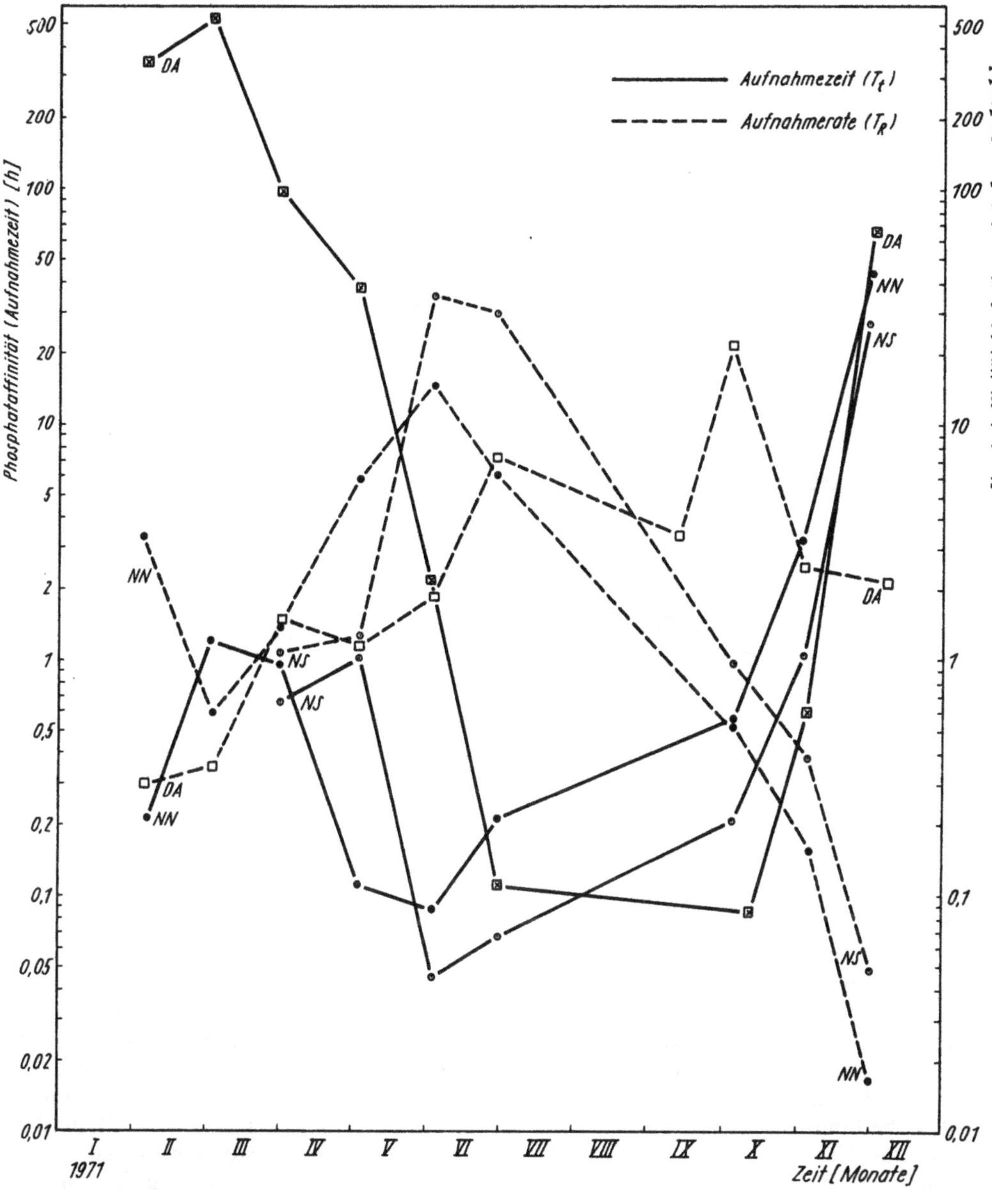

Abb. 3. Jahresverlauf der Phosphataffinität des Sestons in der euphotischen Zone des Nehmitzsee-Nordbeckens (NN), Nehmitzsee-Südbeckens (NS) und Dagowsees (DA) (0-m-Proben); T_R — Aufnahmerate; T_t — Aufnahmezeit

3.2. Beziehungen zwischen Phosphataffinität und Phosphorkonzentration

Der Vergleich zwischen Phosphataffinität und Phosphorkonzentration (Tab. 1) zeigt die Tendenz, daß mit abnehmender PO_4-Konzentration eine Steigerung der Phosphataffinität einhergeht. Er zeigt aber auch, daß zwischen Phosphataffinität und extrazellulärem PO_4-P nur ein unbefriedigender linearer Zusammenhang existiert. So sind bei niedrigen PO_4-Konzen-

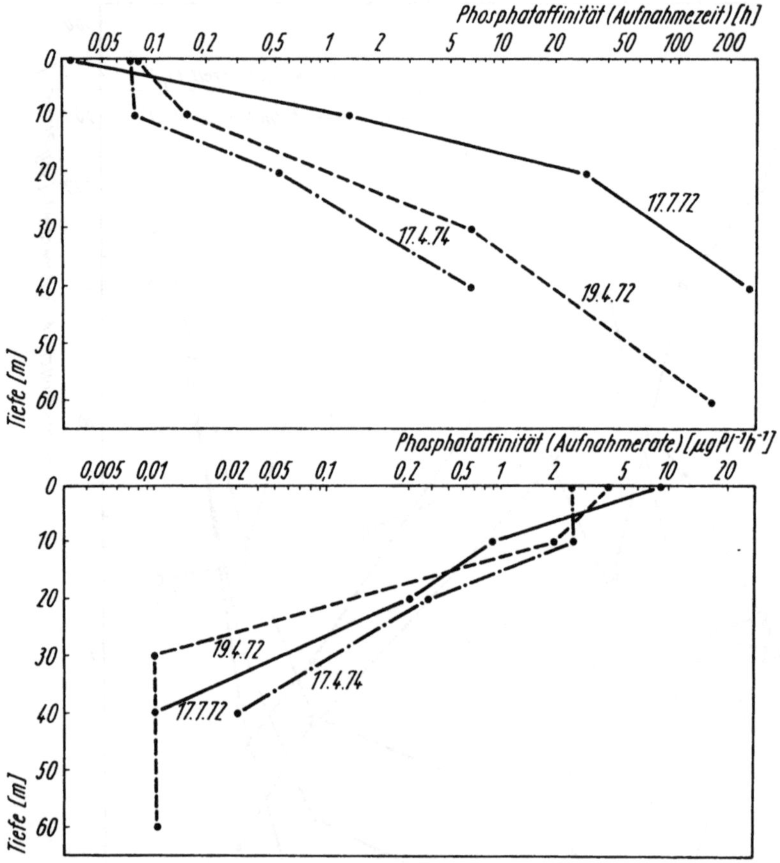

Abb. 4. Vertikale Verteilung der Phosphataffinität im Stechlinsee; T_R — Aufnahmerate; T_t — Aufnahmezeit

trationen durchaus geringe Phosphataffinitäten meßbar und andererseits bei höheren PO_4-Konzentrationen beachtliche Aktivitäten zu beobachten. Beziehungen zum Gesamtphosphorgehalt treten nicht hervor. Eine Regressionsanalyse bestätigt das (Tab. 2).

In Tab. 3 sind Untersuchungsergebnisse zur Phosphataffinität in anderen Gewässern enthalten. Die Messungen erfolgten jeweils am Ende der Frühjahrsvollzirkulation und in der Mitte der Sommerstagnation. Die gefundenen Phosphataffinitäten bestätigen die im Stechlinseesystem gemachten Beobachtungen. Je nach der Wasserbeschaffenheit der Gewässer sind unterschiedliche Phosphataffinitäten während der Frühjahrsvollzirkulation und der Sommerstagnation zu beobachten. In der Außenmüritz und im Parsteiner See führt der hohe Prozentsatz der trophogenen Zone am Gesamtwasservolumen im Frühjahr zu einem schnellen Verbrauch der vorhandenen PO_4-P-Mengen. Im Mai konnten in der Außenmüritz Phosphataffinitäten mit einem k_1-Wert von 0,135 min^{-1} (T_t = 0,12 h, T_R = 2,5 µg P $l^{-1} \cdot h^{-1}$), im Parsteiner See entsprechend von 0,360 (T_t = 0,05 h, T_R = 22 µg P $l^{-1} \cdot h^{-1}$) gefunden werden. In den Sommermonaten fällt in diesen Gewässern die Phosphataffinität ab (allochthone und autochthone Phosphatzufuhren). In tieferen nährstoffreichen Gewässern (Werbellinsee) kommt es durch ein hohes Phosphatangebot im Frühjahr erst während der Sommerstagnation zu hohen Phosphataffinitäten. Im Werbellinsee konnte im August eine 138mal höhere Phosphataffinität als im Mai gemessen werden.

Tab. 1. Extrazellulärer PO_4-P, Gesamtphosphorkonzentration im euphotischen Bereich der Gewässer des Stechlinseesystems (Oberflächenproben 1971)

Gewässer	Datum	PO_4-P	Gesamt-P	k_1	Phosphataffinität	
					T_I	T_R
		µg P l^{-1}	µg P l^{-1}	min^{-1}	h	µg P l^{-1} h^{-1}
Stechlinsee	6. 2.	2,3	7,8	0,0006	29,8	0,08
	3. 3.	0,2	10,4	0,0014	11,7	0,02
	5. 4.	1,6	10,8	0,006	2,8	0,2
	5. 5.	0,7	10,8	0,303	0,06	12,7
	2. 6.	0,7	9,8	0,307	0,06	12,7
	1. 7.	0,7	7,8	0,292	0,06	12,7
	5. 10.	0,7	9,1	0,071	0,23	3,0
	4. 11.	0,7	5,9	0,066	2,5	0,3
	7. 12.	1,3	7,8	0,00009	185,2	0,007
Nehmitzsee-Nordbecken	6. 2.	0,7	7,5	0,081	0,2	3,3
	2. 3.	0,7	10,4	0,014	1,2	0,6
	1. 4.	1,3	14,0	0,018	1,0	1,4
	4. 5.	0,7	9,8	0,140	0,1	5,8
	3. 6.	1,3	12,7	0,191	0,09	14,9
	29. 6.	1,3	12,1	0,079	0,21	6,2
	4. 10.	0,3	9,8	0,029	0,6	0,5
	3. 11.	0,5	10,8	0,005	3,2	0,2
	1. 12.	0,8	7,8	0,004	46,2	0,02
Nehmitzsee-Südbecken	1. 4.	0,7	15,6	0,025	0,7	1,0
	4. 5.	1,3	7,2	0,016	1,1	1,2
	3. 6.	2,0	9,5	0,406	0,04	45,5
	29. 6.	2,0	7,5	0,247	0,07	29,9
	4. 10.	0,2	9,8	0,082	0,2	1,0
	3. 11.	1,3	11,4	0,016	1,0	0,3
	1. 12.	0,3	11,4	0,0006	27,3	0,05
Dagowsee	6. 2.	103	128	0,00005	355	0,29
	5. 3.	185	437	0,0003	538	0,34
	2. 4.	139	261	0,0002	98	1,4
	3. 5.	42	176	0,004	38	1,1
	2. 6.	4,1	101	0,077	2,2	1,9
	30. 6.	0,8	63	0,150	0,1	7,2
	10. 9.	0,3	64	0,195	0,09	3,5
	4. 10.	13,4	66	0,028	0,6	22,5
	2. 11.	169	206	0,0003	66,7	2,5
	7. 12.	157	195	0,0002	74	2,1

3.3. Beziehungen zwischen Phosphataffinität und phytoplanktischer Primärproduktion

In Tab. 4 sind Ergebnisse zur Phosphataffinität und phytoplanktischen Primärproduktion gegenübergestellt. In der Regel spiegeln sich hohe initiale Phosphataufnahmeraten in einer verminderten Primärproduktion wieder. Der Zusammenhang wird deutlicher, wenn man die innere Energieeffektivität (Lichtausnutzungsrate pro Biomasseeinheit bei der Primärproduktion), dem Sättigungskoeffizienten (PO_4-P/Phytoplanktonbiomasse) und der Phosphataffinität gegenüberstellt (KOSCHEL 1974a, 1976, 1980).

In den Phasen eines hohen Sättigungskoeffizienten treten niedrige Phosphataffinitäten und hohe innere Energieeffektivitäten auf. Mit der

Tab. 2. Korrelationen zwischen Phosphataffinität (T_t) und einzelnen Phosphatfraktionen in den Gewässern des Stechlinseesystems

Untersuchungsgewässer		Zusammenhang		
		$T_t \leftrightarrow PO_4$-P	$T_t \leftrightarrow$ gel.-P	$T_t \leftrightarrow \Sigma$ P
Stechlinsee	ϱ	0,640	0,186	−0,187
	BE	41	3,4	3,5
	FW	6,9	0,36	0,36
Nehmitzsee-Nordbecken	ϱ	0,085	0,118	−0,373
	BE	0,7	1,4	14
	FW	0,03	0,07	0,8
Nehmitzsee-Südbecken	ϱ	0,473	0,284	+0,622
	BE	22	8	38,7
	FW	1,73	0,53	3,8
Dagowsee	ϱ	0,592	0,520	+0,390
	BE	35	27	15
	FW	5,4	3,7	1,8

Abnahme des Sättigungskoeffizienten steigt die Phosphataffinität. Gleichzeitig verringert sich die innere Energieeffektivität. Das immer ungünstiger werdende Verhältnis von exogener Orthophosphatkonzentration zur phytoplanktischen Primärproduktion führt im Juni/Juli zu maximalen Phosphataffinitäten bei einer stark verminderten inneren Energieeffektivität.

Eine Regressionsanalyse (Tab. 5) bestätigt die Zusammenhänge zwischen Primärproduktion und Phosphataffinität, vgl. KOSCHEL (1979).

3.4. Anteil einzelner Planktonfraktionen an der Phosphataffinität

Den prozentualen Anteil der Phosphataffinität einzelner Planktonfraktionen an der Gesamtphosphataffinität in Phasen hoher initialer Phosphataufnahme zeigt Tab. 6 für verschiedene Seen (Oberflächenbereich), vgl. KOSCHEL (1980).

In den Zeiten einer hohen Phosphataffinität ist die Phytoplankton(Zooplankton-)fraktion (> 10 µm) mit nur durchschnittlich 7%, die Phytoplankton-Bakterienfraktion (10—1,5 µm) mit durchschnittlich 56% und die Ultraseston-fraktion (1,5—0,5 µm) mit durchschnittlich 37% an der Gesamtphosphataffinität beteiligt. Interessant ist der Trend, daß mit Abnahme der Phosphataffinität die größeren Phytoplanktonorganismen an der Phosphataffinität mehr beteiligt werden und umgekehrt eine Zunahme der Phosphataffinität eine immer größere Verlagerung der Aktivitäten in die kleinsten Fraktionen mit sich bringt. Ein Versuch mit angereichertem Mikroplankton zeigt aber, daß in den Phasen einer hohen Phosphataffinität, in denen $^{32}PO_4$-Fluß hauptsächlich in nanno-

Tab. 3. Phosphataffinität und Phosphorkonzentration in der trophogenen Zone einiger Seen außerhalb des Stechlinseegebiets

Gewässer	Tiefe	Frühjahrsvollzirkulation				Sommerstagnation			
		I	II	III	IV	I	II	III	IV
Binnenmüritz	0	0,8	33,9	0,81	1,0	2,6	30	1,1	2,4
Binnenmüritz	10	1,0	34,6	3,4	0,29	15,0	49,2	24,2	0,33
Außenmüritz	0	0,3	21,2	0,12	2,5	1,0	27,1	2,6	0,38
Außenmüritz	10	0,7	25,8	0,15	4,67	11,7	37,5	98	0,0015
Werbellinsee	0	21,5	47,3	59,5	0,36	1,3	20,2	0,4	3,0
Werbellinsee[1]	10	29,3	45,6	36,2	0,81	90,3	110,5	14,0	6,5
Parsteiner See	0	1,1	15,3	0,05	22	0,5	14,3	0,47	1,1
Parsteiner See	10	0,5	14,2	0,13	3,8	0,8	174,4	13,9	0,57

I — PO_4-P (µg P l^{-1}); II — Gesamt-P (µg P l^{-1}); III — Phosphataffinität T_t (h); IV — Phosphataffinität T_R (µg P l^{-1} h^{-1})

[1] Sommerstagnation 20 m Tiefe

Tab. 4. Phosphataffinität und phytoplanktische Primärproduktion während der Frühjahrsvollzirkulation und Sommerstagnation im Oberflächenbereich von Seen

Gewässer	Datum	Phosphataffinität		Primärproduktion[1]
		T_t h	T_R µg P l⁻¹ · h⁻¹	µg C l⁻¹ · h⁻¹
Stechlinsee	3. 4. 72	0,22	3,3	6,8
Nehmitzsee-N	10. 4. 72	0,11	2,7	3,4
Nehmitzsee-S	10. 4. 72	0,13	2,4	5,1
Parsteiner See	10. 5. 72	0,05	22,0	4,8
Außenmüritz	3. 5. 72	0,12	2,5	14,3
Binnenmüritz	3. 5. 72	0,8	1,0	17,5
Werbellinsee	10. 5. 72	59,5	4	15,6
Dagowsee	7. 6. 72	0,11	13,6	48,9
Stechlinsee	7. 9. 72	0,33	0,9	1,1
Nehmitzsee-N	10. 8. 72	0,15	2,0	5,4
Nehmitzsee-S	10. 8. 72	0,14	2,1	4,3
Parsteiner See	14. 8. 72	0,5	1,1	1,4
Außenmüritz	1. 8. 72	2,6	0,4	28,6
Binnenmüritz	1. 8. 72	1,1	2,4	28,2
Werbellinsee	17. 8. 72	0,4	3,0	11,6
Dagowsee	20. 7. 72	0,8	2,9	64,8

[1] in-vitro-Messungen im Lichtthermostat bei in-situ-Temperaturen

Tab. 5. Korrelationen zwischen Phosphataffinität und phytoplanktischer Primärproduktion im Stechlinsee

	Zusammenhang			
	$T_t \leftrightarrow$ P	$T_t \leftrightarrow B_C$	$T_t \leftrightarrow$ Sätt.	$T_t \leftrightarrow Eff_{in}$
ϱ	0,413	0,034	0,854	0,940
BE	17	0,1	73	88
FW	2,3	1,7	26,9	84

planktische und ultraplanktische Formen erfolgt, durchaus ein ebenfalls hoher Phosphatbedarf bei den Mikrophytoplanktern besteht (Tab. 7).

Eine nennenswerte Phosphatfreisetzung scheint zumindest in den Phasen hoher Phosphataffinitäten aus den lebenden Zellen nicht stattzufinden. Der in Abb. 5 dargestellte Versuch verdeutlicht das. Eine ultraplanktische Chlorophyceenpopulation mit hohen k_1-Werten der Phosphataffinität wurde über 24 h in dem mit $^{32}PO_4$-P beimpften Standortwasser belassen, dananch abzentrifugiert, zweimal gewaschen (membranfiltriertes Standortwasser) und in membranfiltriertes Standortwasser mit unterschiedlichen PO_4-P-Konzentrationen verteilt. Nach 8 h (natürliche Licht- und Temperaturbedingungen) konnten in allen Versuchsansätzen keine signifikante Veränderung des intrazellulären $^{32}PO_4$-P gemessen werden. Diese Ergebnisse wurden in weiteren Versuchen mit natürlichen phosphatverarmten Mikroorganismengesellschaften bestätigt.

3.5. Vergleiche der Phosphataufnahme von markiertem und unmarkiertem PO_4-P

Die Ergebnisse zur Phosphataffinität sollen noch durch einige Vergleiche zwischen chemisch-analytisch und radiologisch ermittelten Veränderungen der extrazellulären Orthophosphatkonzentration ergänzt werden. In Abb. 6 sind an verschiedenen Beispielen Radiophosphataufnahme und chemisch-analytisch ermittelte Phosphorkonzentrationsänderungen dargestellt.

Im Stechlinsee sind am 3. 3. 1971 nach 8 h 34% des zugegebenen $^{32}PO_4$-P inkorporiert, nach 24 h 78%. Im Nehmitzsee-Nordbecken sind am 1. 4. 1971 nach 20 min 86% (24-h-

Tab. 6. Anteil der Phosphataffinität einzelner Planktonfraktionen an der Gesamtphosphataffinität pelagischer Mikroorganismengesellschaften (O-m-Proben)*

Gewässer	Datum	Phosphataffinität (T_t)	Anteil von Planktonfraktionen an der Phosphataffinität		
		h	> 10 µm %	10—1,5 µm %	1,5—0,5 µm %
Dagowsee	7. 6. 72	0,11	6	65	29
Werbellinsee	17. 8. 72	0,43	24	36	40
Binnenmüritz	1. 8. 72	1,1	2	43	55
Außenmüritz	1. 8. 72	2,6	9	40	51
Nehmitzsee-N	10. 8. 72	0,15	2	68	30
Nehmitzsee-S	10. 8. 72	0,14	4	63	33
Parsteiner See	14. 8. 72	0,5	5	65	30
Stechlinsee	17. 7. 72	0,03	5	67	28

* Der prozentuale Anteil wurde zu Beginn des „steady state" zwischen extra- und intrazellulärem ^{32}P gemessen. Die Fraktion > 10 µm wurde mittels Filtration durch Nannoplanktongaze, die Fraktionen 10—1,5 µm und 1,5—0,5 µm wurden durch Membranfiltration erhalten.

Tab. 7. Anteil der Phosphataffinität einer angereicherten Diatomeenpopulation (10fache Normalkonzentration) an der Gesamtphosphataffinität bei unterschiedlichen PO_4-P-Zugaben (7. 9. 1972, Stechlinsee)

PO_4-P-Angebot	Phosphataffinität		Anteil der Diatomeenpopulation	
	T_t	T_R	nach 6 h	nach 24 h
µg P l^{-1}	h	µg P $l^{-1} \cdot h^{-1}$	%	%
0,3	0,4	2,7	36	51
3,6	1,8	6,1	64	65
32,9	11,4	9,1	76	83

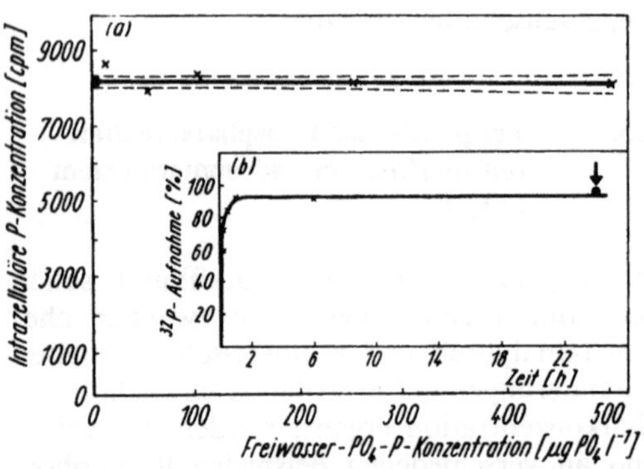

Abb. 5. Veränderung der intrazellulären ^{32}P-Konzentration in einer ultraplanktischen Chlorophyceenpopulation (Fuchskuhlensee 20. 3. 1978) mit einer hohen Phosphataffinität bei unterschiedlichen PO_4-P-Konzentrationen im Versuchswasser nach 8 h (a). Die verwendete Chlorophyceenpopulation wurde 24 h mit $^{32}PO_4$-P markiert (b). × — Meßwerte; ● — Ausgangswert für Versuch (a); — — — Vertrauensgrenzen

Wert = 87%), im Nehmitzsee-Südbecken am 1. 4. 1971 nach 2 h 92% (24 h-Wert = 91%) und im Dagowsee am 30. 6. 1971 nach 25 min 86% (24 h-Wert = 87%) inkorporiert. Im Dagowsee sind am 2. 4. 1971 nach 24 h 25% und nach 48 h 58% der zugegebenen $^{32}PO_4$-Menge aufgenommen. Der 48-h-Wert liegt dabei noch unterhalb von steady-state-Bedingungen. In den anderen Beispielen repräsentiert der erste Wert jeweils den Anfang des Fließgleichgewichts zwischen extra- und intrazellulärem $^{32}PO_4$-P. Die gleichzeitig dargestellten chemisch-analytisch ermittelten P-Konzentrationen erbrachten nur am 2. 4. 1971 im Dagowsee die erwartete Parallelität zwischen $^{32}PO_4$-Aufnahme und $^{32}PO_4$-Abnahme im Außenmedium. In den anderen Beispielen spiegelt die chemische Analytik in keiner Weise die hohe prozentuale $^{32}PO_4$-Aufnahme in kurzen Zeitabständen wider.

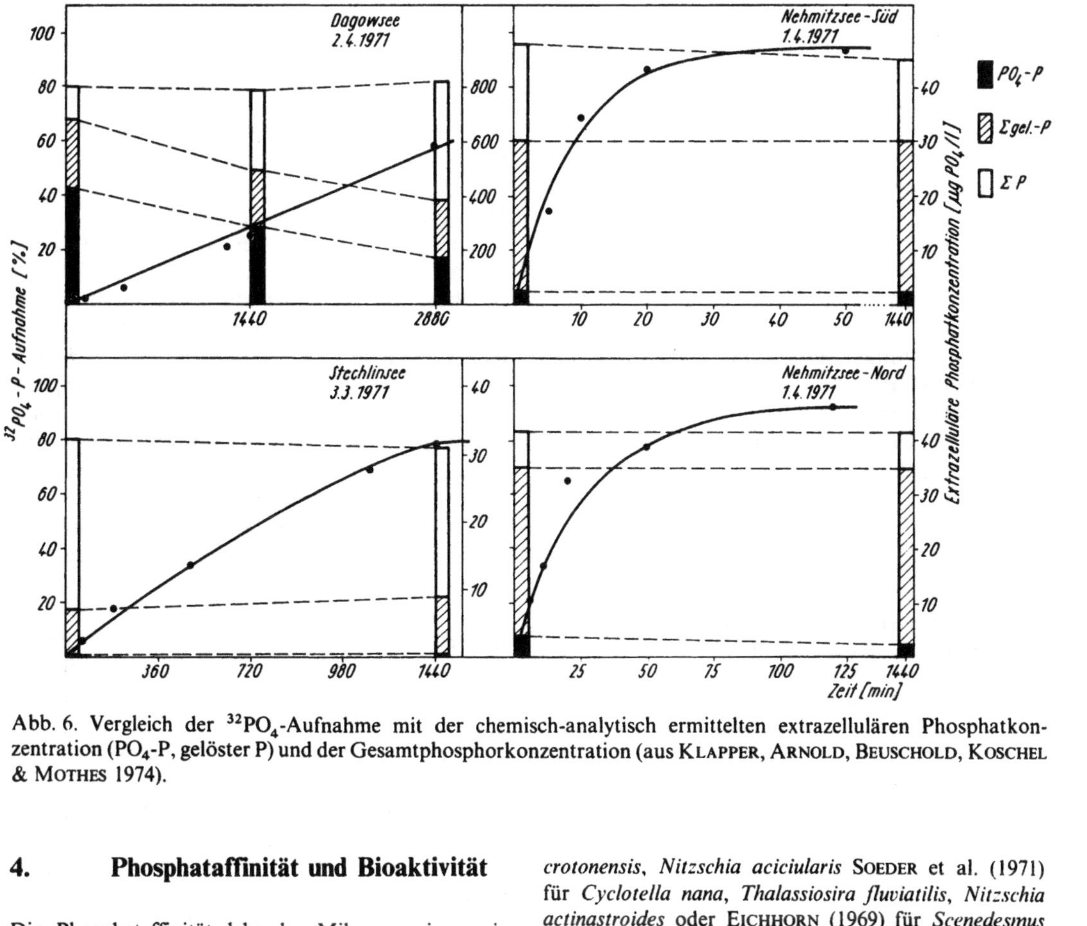

Abb. 6. Vergleich der $^{32}PO_4$-Aufnahme mit der chemisch-analytisch ermittelten extrazellulären Phosphatkonzentration (PO_4-P, gelöster P) und der Gesamtphosphorkonzentration (aus Klapper, Arnold, Beuschold, Koschel & Mothes 1974).

4. Phosphataffinität und Bioaktivität

Die Phosphataffinität lebender Mikroorganismen in aquatischen Lebensräumen wird durch Phosphorylierungsprozesse (Jungnickel 1969, Rhee 1973), die generelle oder vorübergehende Fähigkeit, Speicherphosphate zu bilden (Ketchum 1939, Scott 1954, Lund 1950, Mackereth 1953, Kuhl 1960, Jungnickel 1969, Soeder 1970, Müller 1972), sowie das damit in Verbindung stehende Bestreben, ungesättigte intrazelluläre P-pools ständig aufzufüllen (Jungnickel 1969), gesteuert. Ein wesentliches P-Reservoir für die Zelle sind dabei besonders Polyphosphate (Harald 1966, Rhee 1972, 1973). Für einzelne Arten lassen sich in axenischen bzw. einfachen Mischkulturen genaue Werte zum Umsatz der Phosphate ermitteln. Sie sind allerdings nur für relativ wenige Arten bekannt (z. B. Miyachi & Miyachi 1961 für *Chlorella ellipsoidea*, Jungnickel 1969, 1970, 1971a, b, c, 1972 für *Candida utilis*, Soeder 1970 für *Chlorella fusca*, Müller 1972 für *Nitzschia actinastroides*, Rhee 1972, 1973 für *Scenedesmus* sp.). Für die Abhängigkeit der Wachstumsrate vom Phosphorangebot liegen ebenfalls einige Arbeiten vor, z. B. Benndorf (1971) für *Asterionella formosa*, *Fragilaria crotonensis*, *Nitzschia acicularis* Soeder et al. (1971) für *Cyclotella nana*, *Thalassiosira fluviatilis*, *Nitzschia actinastroides* oder Eichhorn (1969) für *Scenedesmus obliquus*.

Ohne Zweifel sind die unter kontinuierlichen und semikontinuierlichen Bedingungen ermittelten Angaben zur Funktion und zum Umsatz extra- und intrazellulärer Phosphatfraktionen im Zusammenhang mit dem mikrobiellen Wachstum für die Interpretation und das Verständnis der unter Freilandbedingungen ablaufenden Mechanismen richtungweisend. Sie sind aber nur in Ausnahmefällen (starke Monoentwicklung) auf natürliche Populationen übertragbar. Die Wirkung der Substratkonzentration (Phosphor) und der Umsatz des Substrats wird bei einer Mischpopulation durch die Sukzession der Arten, die fortlaufende Verschiebung im Verhältnis von Mikro-, Nannoplankton und Bakterien und durch sich ändernde Milieubedingungen ständig neu determiniert.

Für die quantitative Einschätzung dieser Prozesse sind umfangreiche Untersuchungen in situ notwendig. Diese in situ oder unter annähernd natürlichen Bedingungen durchzuführenden Experimente sind sowohl für die Betrachtung des gesamten Stoffhaushalts eines Gewässers als auch für viele einzelne kausale Zusammenhänge unerläßlich. Eine erschöpfende Antwort auf viele Fragestellungen kann allerdings allein auf der Grundlage von Freilanduntersuchungen nicht erwartet werden. Auch die hier dargestellten Ergebnisse zur Phosphataffinität natürlicher Mikroorganismengesellschaften können nur in groben Zügen quantitative und qualitative Einblicke in einige wichtig erscheinende Zusammenhänge zwischen Phosphatmetabolismus und Bioaktivität erbringen.

Die meisten Angaben über den mikrobiellen Phosphatumsatz im Gewässer resultieren aus chemisch-analytisch ermittelten räumlichen und zeitlichen Konzentrationsgradienten intra- und extrazellulärer Phosphorfraktionen, vgl. RODHE, (1948), OVERBECK (1962), GÄCHTER (1968), VOLLENWEIDER (1969), BENNDORF (1968) und HOFMANN (1972). Zur direkten Bestimmung des Phosphatumsatzes pelagischer Organismengesellschaften mit eigens dafür modifizierten Methoden liegen vergleichsweise wenig Ergebnisse vor. Besonders günstige Voraussetzungen für die Erfassung des organismisch gesteuerten Phosphorflusses bietet der Einsatz von markiertem $^{32}PO_4$-P, vgl. RIGLER (1956, 1964), HARRIS (1957), POMEROY (1960) und BYLINKINA (1969).

Die genannten Autoren haben dabei besonders den Orthophosphatumsatz im Pelagial untersucht. Die dabei ermittelten Umsatzgeschwindigkeiten und Umsatzraten lassen sich zwar mit der hier bestimmten „Phosphataffinität“ vergleichen, jedoch muß darauf hingewiesen werden, daß die Phosphataffinität „nur“ eine Bruttoaktivitätsgröße ist, die das momentane Orthophosphatbindungsvermögen von Mikroorganismengesellschaften kennzeichnet. Eine Diskussion im Sinne von direkten Nettowerten zum PO_4-Umsatz führt zu Fehleinschätzungen. RIGLER (1956) ermittelte in Gewässern von Ontario turnover-Zeiten für den Orthophosphatumsatz von $1{,}8 \cdot 10^{-4}$—$0{,}03 \cdot 10^{-4}$ µg PO_4 $ml^{-1} \cdot min^{-1}$. POMEROY (1960) gibt für den Orthophosphatumsatz der von ihm untersuchten Gewässer Umsatzzeiten zwischen 0,06 und 155 h und Umsatzraten zwischen 0,05 und 85 µg PO_4 $l^{-1} \cdot h^{-1}$ an. BYLINKINA (1977) fand in verschiedenen Flußstauseen Umsatzraten von 0,05—15 µg P $l^{-1} \cdot h^{-1}$ und Umsatzzeiten von 0,3—427 h. Die Phosphataffinität der in dieser Arbeit untersuchten Gewässer weist in einem vergleichbaren Zeitraum in etwa diese Schwankungsbreite auf ($T_R = 0{,}2$ bis 45 µg P $l^{-1} \cdot h^{-1}$; $T_t = 0{,}04$—100 h). Im eutrophen Dagowsee sind z. B. Phosphataffinitäten mit einem T_t-Wert von 0,1—540 h und einem T_R-Wert von 0,25—23 µg P $l^{-1} \cdot h^{-1}$ meßbar. Im oligotrophen Stechlinsee durchläuft die Phosphataffinität einen Bereich von 0,06—185 h für T_t und von 0,07—13 µg P $l^{-1} \cdot h^{-1}$ für T_R. Die maximale Phosphataffinität fällt dabei meist in Perioden hoher Primärproduktionsraten, minimale Phosphataffinitäten treten umgekehrt in Perioden niedriger Primärproduktionsraten (Winter) auf. Es wäre aber falsch, diese Phosphataffinität als Indikator der Bioproduktion oder als „Trophie-Anzeiger“ (RIGLER 1956) anzusprechen. Der Orthophosphataufnahmemechanismus ist zu komplex, um allein als Ausdruck der Bioproduktion gewertet zu werden. Auch RIGLER (1964) revidierte nach umfangreichen Untersuchungen diese ursprünglich von ihm aufgestellte Hypothese, den Orthophosphat-turnover mit dem trophischen Charakter verflechten zu können (RIGLER 1956). Sicherlich ergeben sich dazu eine Reihe von Ansatzpunkten, wie z. B. Jahresgang oder Maximum und Zeitpunkt des Maximums der Phosphataffinität. Die vorhandenen Untersuchungsergebnisse reichen jedoch bei weitem noch nicht aus, um eine Klassifizierung nach diesen Gesichtspunkten durchzuführen, zumal die Veränderung der Phosphataffinität bei Erhöhung der Phosphorbelastung der Gewässer kaum untersucht worden ist.

Die Phosphataffinität kann man aber als Meßgröße für die Phosphatversorgung einer pelagischen Mikroorganismengemeinschaft verwenden. Bereits POMEROY (1960) bezeichnet die turnover-Zeit und die turnover-Rate für den Orthophosphatumsatz als Indikator für Stoffwechselaktivität und Phosphatverarmung. Diese Bivalenz kommt in den Meßergebnissen zur Phosphataffinität zum Ausdruck. Eine schnelle $^{32}PO_4$-Aufnahme spricht für eine phosphatverarmte Zönose. Die Phosphat-pools der Zelle sind ungesättigt. Eine langsame Aufnahme und ein langsames Ausbilden von steady-state-

Bedingungen zwischen extra- und intrazellulärem ^{32}P zeigt eine gut mit Phosphor versorgte Zönose an. In diesem Falle nähert sich die gemessene $^{32}PO_4$-Affinität der durch Wachstumsprozesse bedingten PO_4-P-Aufnahme. Entsprechend liegen die Primärproduktionsraten (vgl. Tab. 4) bei sehr hohen Phosphataffinitäten (Phosphatverarmung) meist unter den Werten, die bei vergleichsweise niedrigen Phosphataffinitäten (Wachstumsprozesse) gemessen werden können.

Die Untersuchungen zur Phosphataffinität erlauben somit zumindest eine grobe Quantifizierung der P-Limitierung von auto- und heterotrophen Produktionsprozessen (KOSCHEL 1980). Für eine genaue Abstufung müssen jedoch noch eine Vielzahl vergleichender Untersuchungen in einem breiten Spektrum unterschiedlicher Gewässer durchgeführt werden. Einige Ergebnisse sprechen für Einschränkungen einer derartigen Quantifizierung. So wird bei bereits lang anhaltender P-Verarmung die Orthophosphataufnahme negativ beeinflußt. NIEMEYER (1969) zeigte bei seinen Untersuchungen zum Phosphathaushalt der Blaualge *Anacystis nidulans*, daß die Orthophosphataufnahme von der Dauer der Phosphatverarmung bestimmt wird. Er fand eine maximale ^{32}P-Inkorporation nach 20 h Phosphatverarmung, danach fielen die Werte wieder ab. Es ist dabei ungewiß, ob die initiale Orthophosphatsättigung ein von der Zelle regulierter „aktiver" Transportvorgang ist. JUNGNICKEL (1971a) nimmt eine solche Abhängigkeit an. Möglicherweise sind jedoch auch reine Ionenaustauschprozesse an der Auffüllung der Orthophosphat-pools beteiligt (LUNDEGARD 1958, zitiert nach JUNGNICKEL 1969). Im allgemeinen kann der von JUNGNICKEL (1969) für *Candida utilis* beschriebene Orthophosphat-Aufnahmemechanismus auch für die in einer Freiwasserzönose vorhandenen Algen und Bakterien angenommen werden. Bei orthophosphatgesättigten Zellen wird nur dann Orthophosphat aufgenommen, wenn intrazelluläres Orthophosphat durch Kondensationsreaktionen abfließt. Sobald ein ungesättigter intrazellulärer Orthophosphatpool auftritt, setzt mit hoher Geschwindigkeit dessen Auffüllung ein, um eine intensivere Überprüfung von Zellorthophosphat in kondensierte Verbindungen auf einem konstanten Niveau zu halten. Kann die Zelle auf Grund ausgeschöpfter exogener Orthophosphat-Vorräte ihren Orthophosphat-pool nicht mehr ausreichend auffüllen, so tritt eine Begrenzung der Phosphorylierungsprozesse und damit der Stoffwechselintensität ein. Zumindest in diesen Phasen scheint die lebende Zelle keine nennenswerten Phosphorverbindungen nach außen abzugeben, um die Phosphorylierungsprozesse nicht weiter zu limitieren.

Experimentell an verschiedenen Sippen ermittelte Grenzkonzentrationen für die Aufrechterhaltung einer maximalen Wachstumsrate (MÜLLER 1972) deuten darauf hin, daß die dabei gefundenen Limitwerte wahrscheinlich „art"-, zumindest aber „gruppen"-spezifisch sind. Dabei lassen verschiedene Orthophosphatkonzentrationen noch unterschiedliche Abhängigkeiten erwarten. Bei *Nitzschia actinastroides* fand MÜLLER (1972) drei Bereiche einer Abhängigkeit der Phosphataufnahme von der Substratkonzentration:

1) Bei niedrigen Substratkonzentrationen ($<50\ \mu g\ P\ l^{-1}$) ist die Aufnahmerate stark konzentrationsabhängig.
2) Zwischen 75 und $500\ \mu g\ P\ l^{-1}$ wird die Konzentrationsabhängigkeit zunehmend geringer.
3) Ab $500\ \mu g\ P\ l^{-1}$ nimmt sie wieder zu.

Wesentlich schwieriger lassen sich die Zusammenhänge für Mischpopulationen beschreiben. Die Abhängigkeitsniveaus werden durch die Zusammensetzung und Sukzession der Zönose ständig neu quantifiziert. Bei einer Phytoplankton-Bakteriengemeinschaft lassen sich für die Orthophosphataufnahme folgende Abhängigkeiten postulieren:

- von der Qualität und Quantität der Organismengemeinschaft,
- von der Wachstumsrate einzelner Organismen,
- von der Phosphatkonzentration (Orthophosphat, andere gelöste P-Verbindungen),
- vom Zustand der intrazellulären Phosphatpools der einzelnen Organismen.

Die kleinen Mikroorganismen (Nannophytoplankter, Bakterien) sind bei der Auffüllung ihres ungesättigten Orthophosphat-pools innerhalb von Mischpopulationen den größeren mikroplanktischen P-Konsumenten überlegen (s. Tab. 6). Die meisten größeren Phytoplankter können in Phasen hoher nannoplanktischer und bakterieller Stoffwechselaktivität und besonders bei Phosphatverarmung im Außenmedium ihren ungesättigten Phosphat-pool bedeutend langsamer decken bzw. nur gering-

fügige Mengen der für die Phosphorylierung wichtigen Phosphationen beziehen. Die kurzen Generationszeiten der „kleinen" Mikroorganismen und ihr hoher Stoffumsatz im kurzgeschlossenen Kreislauf gestatten jedoch den größeren Mikroorganismen, auch in diesen Phasen ständig eine gewisse Orthophosphatmenge für Stoffwechselprozesse oder für Speichervorgänge aufzunehmen.
Möglicherweise sind diese Vorgänge ein Anhaltspunkt für den zeitweise auftretenden Antagonismus zwischen hohen bakteriellen Stoffwechsel- und Phytoplanktonaktivitäten (GUSSEVA 1952). Die heterotrophen Mikroorganismen sind an Kohlenstoffquellen gebunden, die besonders in Phasen hoher primärproduktionsbiologischer Aktivitäten und gleichzeitig einhergehender Nährstoffverknappung von den Primärproduzenten in Form von Glykolsäuren und Polysacchariden zur Verfügung gestellt werden (FOGG & NALEWAJKO 1964; FOGG, NALEWAJKO & WATT 1965, FOGG 1971). Eine verstärkte heterotrophe mikrobielle Tätigkeit (hoher P-Bedarf) erlaubt den mikroplanktischen Primärproduzenten erst nach einer gewissen Erschöpfung der Kohlenstoffquellen, ihre ungesättigten Orthophosphatpools besser aufzufüllen. Natürlich sind diese populationsdynamischen Rhythmen ebenfalls sehr komplexe Vorgänge, deren Erklärungsbasis in der Abhängigkeit von vielen Einzelfaktoren liegt. So können z. B. auch die von vielen Autoren beobachteten Ausschüttungen von Selbsthemmstoffen, Antibiotika und Toxinen steuernd eingreifen (FOGG 1971).
Von LEAN (1976) und PAERL & LEAN (1976) wird allerdings darauf hingewiesen, daß die hohe Phosphataffinität des Ultrasestons nicht unbedingt mit der Phosphataffinität der darin enthaltenen Bakterien bzw. Ultraplankter gleichzusetzen ist. PAERL & LEAN (1976) fanden bei *Anabaena* spp. einen zweiphasigen Prozeß der Phosphataufnahme. In der ersten Phase wird das Orthophosphat über winzige, nur wenige µm große Fibrillen aufgenommen, darin kurzzeitig akkumuliert, ehe es in der 2. Phase in das Zellinnere überführt wird. Diese Filamente sind äußerst labil mit der Zelloberfläche verbunden. Beim Filtrationsprozeß bzw. beim Separieren verschiedener Sestonfraktionen kann sich ein Teil der Fibrillen von der Zelle lösen. Diese losgelösten Fibrillen täuschen dann durch den in ihnen enthaltenen ^{32}P-Phosphor eine höhere Phosphataffinität des Ultraplanktons vor. Inwieweit diese Prozesse auch bei anderen Fibrillen tragenden Algen auftreten, bleibt abzuwarten.
Die Aussage, daß die hohen Phosphataffinitäten selbst eutropher Gewässer (Dagowsee, Binnenmüritz, Werbellinsee) den Phosphor als Minimumstoff kennzeichnen, wird jedoch dadurch nicht eingeschränkt. Vielmehr sollte man auch in anderen Gewässern im Norden der DDR, in denen bislang dem Stickstoff eine entscheidende produktionsbegrenzende Rolle zugesprochen wurde (KLAPPER 1968), gezielte Untersuchungen zur Rolle der Phosphate durchführen. Offensichtlich befinden wir uns gegenwärtig bei der chemischen Analyse niedriger Nährstoffkonzentrationen, besonders der Phosphatkonzentration, in einem Dilemma. Die Bezeichnung „gelöstes Orthophosphat" kann unter der Annahme (zumindest unterhalb eines Konzentrationsbereichs von 10 µg P l^{-1}), die direkt im Freiwasser verfügbare Orthophosphatkonzentration ermittelt zu haben, zu schwerwiegenden Fehleinschätzungen führen. Deshalb sind auch die bei niedrigen Orthophosphatkonzentrationen ermittelten „Umsatzraten" der Phosphataffinität nur mit größter Vorsicht zu interpretieren. Alles weist darauf hin, daß die bereits von RIGLER (1966, 1968) ermittelte Diskrepanz zwischen chemisch-analytisch bestimmter Orthophosphatkonzentration und aus radiobiologischen Experimenten berechneten Werten in einem breiten Spektrum von Gewässern auftritt.

5. Zusammenfassung

Mit Hilfe von trägerfreiem ^{32}P-PO_4 wurde die Phosphataffinität von pelagischen Mikroorganismengesellschaften in einem oligo- bis eutrophen Seensystem (Stechlinseesystem) und in anderen Seen untersucht. Die Phosphataffinität ist ein Bruttoaktivitätswert, der hauptsächlich durch die Phosphatverarmung intrazellulärer P-pools, durch das Wachstum der Mikroorganismen und durch Phosphatspeicherungsprozesse bestimmt wird. Im Jahresgang unterliegt die Phosphataffinität Schwankungen von 0,0001–0,5 min^{-1} (k_1-Wert). k_1-Werte > 0,02 deuten auf eine P-limitierte Primärproduktion. Im phosphatverarmten Seston wird die Phosphataffinität fast ausschließlich durch nannoplanktische und ultraplanktische Fraktionen bestimmt.

In Phasen hoher Phosphataffinitäten kann keine Phosphatabgabe aus Mikroorganismen nachgewiesen werden. Die Zusammenhänge zwischen Phosphataffinität, Phosphatkonzentration und Primärproduktion werden statistisch belegt (Regressionsanalyse).

Summary

The affinity of pelagic microorganisms for phosphate were analyzed using carrier-free ^{32}P-PO_4 on samples of water from an oligotrophic—eutrophic lake system (Stechlinseesystem) and from other lakes. Affinity for phosphate is a gross value of activity expressing initial phosphate uptake. These values are determined through P-starvation in the intracellular P-pools growth of microorganisms and P-storing. Affinity for phosphate exhibits differences from 0,0001—0,5 min^{-1} (k_1-constant) in the seasonal periodicity. k_1-constants $>0{,}02$ indicate P-limited primary production. Affinity for phosphate is determined through nannoplanktic and ultraplanktic fractions in P-limited Seston. During high values of affinity for phosphate in microorganisms P-secretion was not established. The relations between affinity for phosphate, phosphate concentration and primary production were verified statistically (regression-analysis).

Резюме

С помощъю ^{32}P в виде фосфорной кислоты без носителя было анализировано фосфатное сродство пелагических микроорганизмов в воде системы олиго—эвтрофных озёр (система Штехлинзее) и в других озерах. Фосфатное сродство является величиной активности брутто, которая выражает инициальное применение минерального фосфата. Эта активность определяется недостатком фосфата в клетках, ростом микроорганизмов и накоплением фосфата в микроорганизмах. В годную динамику установлены в фосфатном сродстве разницы от 0,0001 до 0,5 $мин^{-1}$ (k_1-константа). k_1-константы $>$ 0,02 указывают на P-лимитную первичную продукцию. При высоких величинах фосфатное сродство определяется наннопланктонными и ультрапланктонными фракциями в P-лимитном сестоне. При высоких величинах фосфатного сродства не была установлена P-отдачи из микроорганизмов. Связи между фосфатным сродством, концентрацией минерального фосфора и первичной продукцией статистически подтверждены (корреляционный анализ).

6. Literatur

Benndorf, J., 1968: Untersuchungen zur Remineralisierung des Phosphors in der Freiwasserregion der Saidenbachtalsperre. — Internat. Rev. ges. Hydrobiol. **53**, 635—650.

— 1971: Modellversuche und vergleichende Freilanduntersuchungen zur Prognose der Phosphatelimination in Vorsperren. — Diss., Techn. Univ. Dresden.

Bylinkina, A. A., 1969: Über die Umsatzzeit und Umsatzgeschwindigkeit des Orthophosphats in Binnengewässern. — Mater. k sovešč. po prognoz. soderž. biogennych elemety i organiceskoe veščestvo v vodochraniliščach, Rybinsk, 37—44 (russ.).

— 1972: Umsatzgeschwindigkeit von Orthophosphat im Iwankowski-Stausee. — Inform. Bull. „Biol. vnutr. vod" **16**, 45—47 (russ.).

— 1977: Ermittlung der Umsatzgeschwindigkeit von Phosphaten in der Freiwasserregion von Stauseen. — Trudy Inst. Biol. Vodochr. AN USSR **36** (39), 53—73 (russ.).

Eichhorn, M., 1969: Zur Stoffproduktion kontinuierlicher Kulturen von *Scenedesmus obliquus* (Turp.) Kützing im Dauerlicht bei Phosphat- und Nitratlimitation. — Flora **A 159**, 494—506.

Fogg, G. E., 1971: Extracellular products of algae in freshwater. — Arch. Hydrobiol., Beih. Ergebn. Limnol. **5**, 1—25.

Fogg, G. E., & C. Nalewajko, 1964: Glycolic acid as an extracellular product of phytoplankton. — Verh. internat. Verein. Limnol. **15**, 806—810.

Fogg, G. E., C. Nalewajko & W. D. Watt, 1965: Extracellular products of phytoplankton photosynthesis. — Proc. R. Soc. **B 162**, 517—534.

Gächter, R., 1968: Phosphorhaushalt und planktische Primärproduktion im Vierwaldstättersee (Horwer Bucht). — Schweiz. Z. Hydrol. **30**, 2—66.

Gusseva, K. A., 1952: Die „Wasserblüte", Ursache, Prognose und Bekämpfung (nach Untersuchungen am Učinskij-Staubecken). — Trudy vsesojuznogo gidrobiol. Obšč. **4**, 1—92 (russ.).

Harald, F. M., 1966: Inorganic polyphosphate in biology, structure, metabolism and function. — Bacteriol. Rev. **30**, 772—795.

Harris, E., 1957: Radiophosphorus metabolism in zooplankton and microorganisms. — Can. J. Zool. **35**, 769—782.

Hofmann, R., 1972: Untersuchungen zum Phosphathaushalt der Talsperre Saidenbach. — Diss., Techn. Univ. Dresden.

Jungnickel, P., 1969: Zur Orthophosphatsättigung bei Phosphatmangelzellen von *Candida utilis*. — Zbl. Bakteriol. Abt. II **123** (7), 685—691.

— 1970: Untersuchungen zur phosphatinduzierten Aufnahme und Exkretion von Kalium bei Phosphatmangelhefe. — Z. allg. Mikrobiol. **10** (3), 197—207.

— 1971a: Zur Temperaturabhängigkeit der Phosphataufnahme bei Hefezellen. — Biochem. Pflanzen **162**, 301—309.

— 1971b: Untersuchungen zum Überkompensationseffekt bei Phosphatmangelhefe. — Z. allg. Mikrobiol. **11** (4), 307—317.

— 1971c: Untersuchungen über die Aufnahme und Verwertung von Phosphatverbindungen durch Phosphatmangelhefe von *Candida utilis*. I. Die Aufnahme von Pyrophosphat. — Z. allg. Mikrobiol. **11**, 367—371.

— 1972: Untersuchungen über die Aufnahme und Verwertung von Phosphatverbindungen durch Phosphatmangelzellen von *Candida utilis*. II. Pyrophosphataseaktivität der Zellen. — Z. allg. Mikrobiol. **12**, 29—36.

KETCHUM, B. H., 1939: The absorption of phosphate and nitrate by illuminated culture of *Nitzschia closterium*. — Amer. J. Bot. **26**, 399—407.

KLAPPER, H., 1968: Die wachstumsbegrenzenden Nährstoffe in Seen auf dem Gebiet der Deutschen Demokratischen Republik. — Fortschr. Wasserchemie **8**, 66—81.

KLAPPER, H., K.-H. ARNOLD, E. BEUSCHOLD, R. KOSCHEL & G. MOTHES, 1974: Maßnahmen zum Schutz der Oberflächengewässer vor schädlichen Wirkungen aus der Mineraldüngung. — Acta hydrochim. hydrobiol. **2** (3), 203—216.

KOSCHEL, R., 1974a: Einfluß der physikalischen und chemischen Umweltfaktoren auf die Primärproduktion des Phytoplanktons im Stechlinsee. — Diss., Techn. Univ. Dresden.

— 1974b: Primärproduktionsuntersuchungen im Stechlinsee. — *Limnologica* (Berlin) **9** (2), 143—156.

— 1976: Der Einfluß des Phosphorangebotes auf die Primärproduktion des Phytoplanktons in einem geschichteten Klarwassersee (Stechlinsee, DDR). — *Limnologica* (Berlin) **10** (2), 325—346.

— 1980: Untersuchungen zur Phosphataffinität des Planktons in der euphotischen Zone von Seen. — *Limnologica* (Berlin) **12** (1), 141—145.

KUENZLER, E. J., & B. H. KETCHUM, 1962: Rate of phosphorus epilimnetic uptake by *Phaeodactylum tricornetum*. — Biol. Bull. **123**, 134—135.

KUHL, A., 1960: Inorganic phosphorus uptake and metabolism. — In: LEWIN, R. A., 1960: Physiology and biochemistry of algae. — New York, London, S. 211—229.

LEAN, D. R. S., 1973: Phosphorus movement between biologically important forms in lake water. — J. Fish. Res. Board Can. **30** (10), 1525—1536.

— 1976: Phosphorus kinetics in lake water: Influence of membran filter pore size and low-pressure filtration. — J. Fish. Res. Board Can. **33** (12), 2800—2804.

LEAN, D. R. S., & F. H. RIGLER, 1974: A test of the hypothesis that abiotic phosphate complexing influences phosphorus kinetics in lakewater. — Limnol. & Oceanogr. **19** (5), 784—788.

LUND, J. W. G., 1950: Studies on *Asterionella formosa* HASS. II. Nutirent depletion and the spring maximum. — J. Ecol. **38**, 1—35.

MACKERETH, F. J., 1953: Phosphorus utilization by *Asterionella formosa* HASS. — J. exper. Bot. **4**, 296—313.

MIYACHI, S., & S. MIYACHI, 1961: Modes of formation of phosphate compounds and their turnover in *Chlorella* cells during the process of life cycle as studies by the technique of synchronus culture. — Plant & Cell Physiol. **2**, 415—424.

MOTHES, G., 1974: Phosphatbestimmung im Pelagial des Stechlinsees (1970—1971). — *Limnologica* (Berlin) **9** (2), 157—169.

MÜLLER, H., 1972: Wachstum und Phosphatbedarf von *Nitzschia actinastroides* (LEMN.) v. GOOR in statischer und homokontinuierlicher Kultur unter Phosphatlimitierung. — Arch. Hydrobiol. Suppl. **38** (4), 399—484.

NIEMEYER, R., 1969: Isolierung und Reinigung der Poly- und Metaphosphate aus der Blaualge *Anacystis nidulans*. — Diss., Eberhard-Karls-Univ. Tübingen.

OVERBECK, J., 1962: Untersuchungen zum Phosphathaushalt von Grünalgen. I. Phosphathaushalt und Fortpflanzungsthythmen von *Scenedesmus quadricauda* (TURP.) BRÉB. am natürlichen Standort. — Arch. Hydrobiol. **58** (2), 162—209.

PAERL, H. W., & D. R. S. LEAN, 1976: Visual observations of phosphorus movement between algae, bacteria, and abiotic particles in lake waters. — J. Fish. Res. Board Can. **33** (12), 2805—2813.

POMEROY, L. R., 1960: Residence time of dissolved phosphate in natural waters. — Science **131**, 1731 bis 1732.

RHEE, G. Y., 1972: Competition between an algae and an aquatic bacterium for phosphate. — Limnol. & Oceanogr. **17**, 505—514.

— 1973: A continous culture study of phosphate uptake, growth rate and polyphosphate in *Scenedesmus* sp. — J. Phycol. **9** (4), 495—506.

RIGLER, F. H., 1956: A tracer study of phosphorus cycle in lake water. — Ecology **37**, 550—562.

— 1964: The phsophorus fractions and the turnover time of inorganic phosphorus in different types of lakes. — Limnol. & Oceanogr. **9** (4), 511—518.

— 1966: Radiobiological analysis of inorganic phosphorus in lakewater. — Verh. internat. Verein. Limnol. **16**, 465—470.

— 1968: Further observations inconsistent with the hypothesis that the molybdenum blue method measures orthophosphate in the lake water. — Limnol. & Oceanogr. **13**, 7—13.

RODHE, W., 1948: Environmental requirements of freshwater plankton algae. — Symb. Bot. Upsal. **10** (1), 1—149.

SCOTT, G. T., 1954: The mineral composition of phosphate deficient cells of *Chlorella pyrenoidosa* during the restoration of phosphate. — J. cell. Com. Physiol. **26**, 35—42.

SOEDER, C. J., 1970: Zum Phosphathaushalt von *Chlorella fusca* SH. et KR. — Arch. Hydrobiol., Suppl. **38** (1/2), 1—17.

SOEDER, C. J., H. MÜLLER, H. D. PAYER & H. SCHULLE, 1971: Mineral nutrition of planktonic algae: some considerations, some experiments. — Mitt. internat. Verein. Limnol. **19**, 39—58.

VOLLENWEIDER, R. A., 1969: Scientific fundamentals of the eutrophication of lakes and flowing waters, with particular reference to nitrogen and phosphorus as factors in eutrophication. — Organisation for Economic Co-Operation and Development DAS/CSI/68. **27**, Paris, 159 S.

WATT, W. D., & F. R. HAYES, 1963: Tracer study of the phosphorus cycle in sea water. — Limnol. & Oceanogr. **8** (2), 276—285.

Eingegangen am 29. 12. 1978.

Anschrift des Verfassers:
Dr. RAINER KOSCHEL
Akademie der Wissenschaften der DDR
Forschungszentrum für Molekularbiologie und Medizin
Zentralinstitut für Mikrobiologie und experimentelle Therapie Jena
Abteilung Limnologie
DDR-6900 Jena, Beutenbergstr. 11

Limnologica (Berlin) **13** (1), 147—194, Januar 1981

GEORG MOTHES

Sedimentation und Stoffbilanzen in Seen des Stechlinseegebiets[1])

Mit 32 Abbildungen und 12 Tabellen

Inhalt

1. Einleitung

Die vorgelegten Ergebnisse beruhen auf hydrochemischen Untersuchungen (MOTHES 1980), die im Rahmen eines komplexen Forschungsprogramms über die Stoffdynamik im Stechlinseegebiet unter besonderer Berücksichtigung der pelagischen Primärproduktion (KOSCHEL 1980a, b, KÜCHLER 1980) ausgeführt wurden. An chemischen Elementen standen der Kohlenstoff als Indikator der Primärproduktion und der Phosphor als begrenzendes Element der Primärproduktion im Mittelpunkt des Interesses. Anliegen der Arbeit sind die Analyse bzw. die Bilanzierung des Nährstoffverbrauchs bei der Primärproduktion, des Verbleibs der gebildeten Biomasse im Ökosystem, des Verlusts der euphotischen Zone an Nährstoffen sowie der Rückführung der Nährstoffe aus dem Sediment in die euphotische Zone.

GÄCHTER (1968) und O'MELIA (1972) gingen bei ihren Untersuchungen im Vierwaldstättersee von einem festen C:P-Verhältnis (106:1) für die organische Substanz aus. Sie wußten um die mögliche Variabilität dieser Relation in anderen Seen (und Jahren), steckten aber mit dieser Annahme den Rahmen ab, innerhalb dessen sich die Primärproduktion abspielt.

Wir haben versucht, zu messen und mit Kalkulationen sparsam umzugehen. Folgende Annahmen halten wir für unabdingbar:

1. Die ganzjährig mächtige euphotische Zone steht mit der aphotischen Zone in einem kontrollierbaren Austausch (Zirkulation—Stagnation).
2. Das Litoral hat nur einen geringen und daher vernachläs[illegible]ren Einfluß auf den pelagischen Stoffhaushalt.

1 Für zahlreiche Hinweise und die redaktionelle Überarbeitung bin ich den Herren Dr. S. J. CASPER und Dr. D. STORCH zu Dank verpflichtet.

Die Untersuchung der Stoffflüsse von C, N und P im Jahresverlauf erstreckt sich folglich auf die Ökosystemkompartimente euphotische Zone, aphotische Zone und Sediment.

2. Methodik

Die Methodik der Nährstoffanalytik in wäßrigen Lösungen entspricht den Angaben bei MOTHES (1980). Darüber hinaus wurden Sedimente chemisch analysiert und der Vorgang der Sedimentation verfolgt (vgl. Abb. 1). Die Analyse des partikulären Phosphors erfolgte in der Sedimentasche ($T = 550$ °C) als normaler Aufschluß, wie bei wäßrigen Lösungen üblich. Die Ergebnisse unterscheiden sich nicht von solchen mit der Ausgangssubstanz Trockenmasse. Kohlenstoff, Stickstoff und Wasserstoff der partikulären Masse wurden mit einer Mikroverbrennungsmethode der Trockensubstanz analysiert.[1]

Besondere Aufmerksamkeit erforderte die Analytik des Sedimentwassers hinsichtlich zeitlicher Veränderung und konstanter Filtration (MOTHES 1974a). Die vorgelegten Ergebnisse beziehen sich auf Membranfilter Nr. SM 11306 der Firma SARTORIUS (Porenweite etwa 0,5 µm). Die Filter ermöglichten reproduzierbare Ergebnisse. Die Entnahme der Sedimentproben erfolgte mit EKMAN-BIRKE-Greifern (MOTHES 1966); lediglich am Jabelschen See stand ein Bodenstecher zur Verfügung.

Die Analytik der Sedimentationsuntersuchung geschah analog Abb. 2. Als Bojen eigneten sich besonders auf einem Seil aufgezogene Plastebälle. Je 2 Anker fixierten die Bojen. Die Sedimentationsgefäße entsprachen dem Typ OHLE (EDMONDSON & WINBERG 1971, vgl. Abb. 3). Im Gegensatz zu Plasten führten Glas und oberflächenveredeltes Metall (vernickeltes Kupfer) als Trichtermaterial zu guten Ergebnissen. Unter den Trichtern hängen Zentrifugengläser. Es wurde auf eine akkurate Gummidichtung geachtet, damit keine Verluste durch Turbulenzen auftreten. Das Hieven der Geräte nach Exposition führte zu keiner sichtbaren Turbulenz in den Trichtern.

Nach Prüfung des Periphyton-Einflusses auf die Messung wurde eine 14tägige Expositionszeit festgelegt! In diesem Zeitraum traten keine sichtbaren Beeinflussungen auf (z. B. dicke Algenwatten an der Leine oder dünne Beläge auf der Trichterwandung), die ein Abrutschen des Sestons in die Zentrifugengläser verhindern können. Kürzere Expositionszeiten (Stechlinsee 7 Tage, eutrophe Seen bis 1 Tag) gaben meßbare Ergebnisse, erforderten aber bei der Suche nach Jahresreihen einen höheren Arbeitsaufwand.

Für die Durchführung der Analytik waren jeweils 2 Sedimentationsgefäße in einem Tiefenhorizont notwendig (Abb. 2; Doppelträger Abb. 3). Zur Charakterisierung der euphotischen Zone lagen fast alle Meßstellen unter dem Kompensationspunkt der Photosynthese, auch wenn dort zeitweise Algenentwicklungen vorkamen (Nehmitzsee, 10 m Tiefe in beiden Becken). Einzige Ausnahme war der Meßpunkt Swv im Stechlin in 10 m Tiefe zur Charakterisierung horizontaler Gradienten. Zur Verdeutlichung vertikaler Gradienten hingen an den tiefsten Stellen beider Becken des Nehmitzsees und im Dagowsee 2 Paare untereinander, im Stechlinsee wegen der mächtigen vertikalen Ausdehnung des aphotischen Bereichs 3 Paare.

Für eine echte Fehlerbestimmung der Sedimentationsmessungen fehlte es an Gerätschaften und Bojen. Eine Kalkulation ermöglichte die Präzision der Gesamtphosphatbilanz der euphotischen Zone zu Beginn der Sommerstagnation bei geringstem vertikalem Austausch. Trotz der verschiedensten Einflüsse ergeben sich keine Differenzen, die 10% Sedimentation übersteigen.

Die Sedimentation beinhaltet einen vertikalen Massentransport und wurde dementsprechend als Masse pro Einheitsfläche (m^2) im Untersuchungshorizont angegeben. Die Bezugsbasis Einheitsfläche tritt in allen Bilanzen auf. Lediglich der Abbau während der Sedimentation wurde auf das Einheitsvolumen (m^3) unter der Annahme bezogen, daß der Abbau vornehmlich durch Organismen erfolgt, die selbst nicht sedimentieren, jedoch von der sedimentierenden Substanz leben.

Abkürzungen

- D — Dagowsee, Meßpunkt tiefste Stelle, Wassertiefe 9 m
- F — Phosphatstrom aus dem Sediment ins Freiwasser (mg P/m²d)
  - F_{diff} — Phosphatstrom nur auf Diffusionsbasis
  - F_{aerob} — Phosphatstrom im aeroben Milieu
  - $F_{anaerob}$ — Phosphatstrom im anaeroben Milieu
- FK — Große Fuchskuhle, Meßpunkt tiefste Stelle, Wassertiefe 4,5 m
- FM — Frischmasse
- gel.- — gelöst-
- ges.- — gesamt-
- Gl — Globsower See, Meßpunkt tiefste Stelle, Wassertiefe 2,5 m
- Jm — Jabelscher See, Mittelbecken, Meßpunkt tiefste Stelle, Wassertiefe 14 m
- Jn — Jabelscher See, Nordbecken, Meßpunkt tiefste Stelle, Wassertiefe 24 m
- Konz. — Konzentration
- Nn — Nehmitzsee-Nordbecken, Meßpunkt tiefste Stelle, Wassertiefe 18,6 m

2 Frau ROENSPIESS (Forschungszentrum für Molekularbiologie und Medizin der AdW der DDR, Berlin-Buch) sowie der Abteilung Analytik des ZIMET, Jena, danke ich für die Durchführung der Messungen.

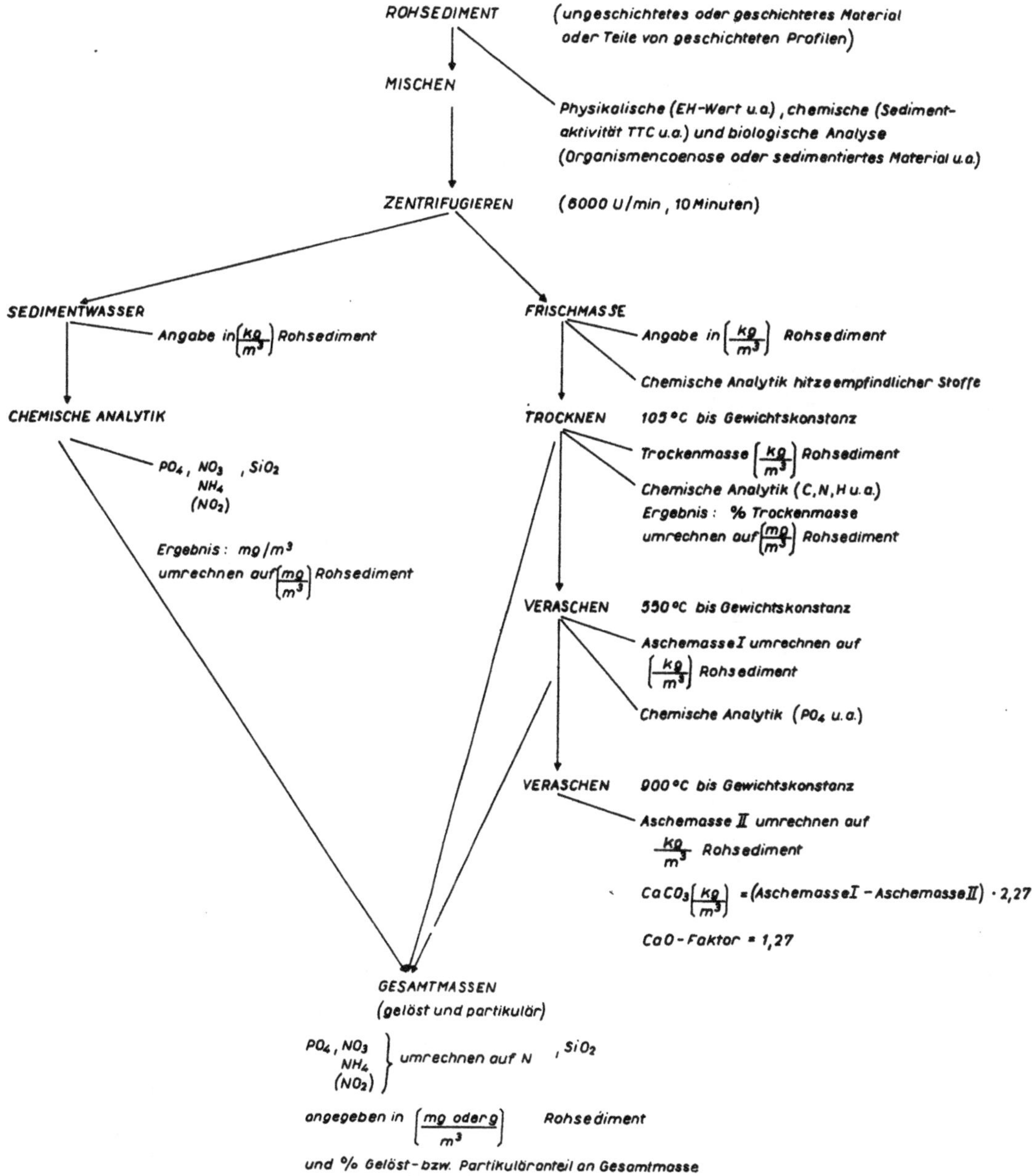

Abb. 1. Schema des Analysengangs von Sedimentproben

Ns — Nehmitzsee-Südbecken, Meßpunkt tiefste Stelle, Wassertiefe 18 m

o.-PO_4 — Orthophosphat

pel. — pelagisch

Pi — Gelöstphosphat des Interstitialwassers (mg P/l)

(Pi—Ps) — Konzentrationsgradient im obersten Zentimeter Sediment zum Pelagial

St — Stechlinsee, Meßpunkt tiefste Stelle, Wassertiefe 68 m

Swv — Stechlinsee, Meßpunkt Westbucht, Wassertiefe 12 m

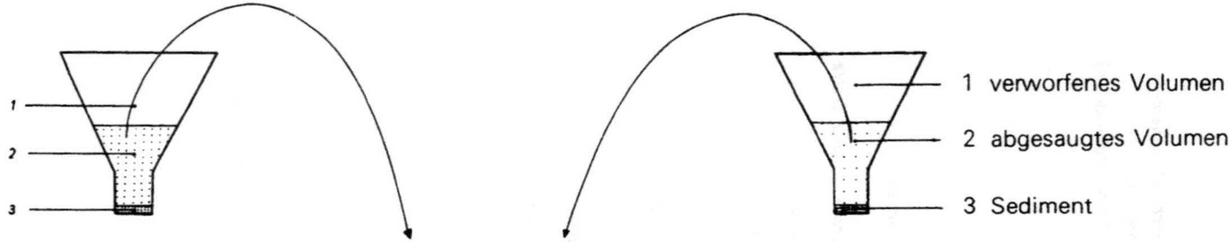

Sediment auf getrocknetes (105 °C) und gewogenes Membranfilter (Porenweite 0,5 µm) filtrieren.

Trocknen (105 °C) bis Gewichtskonstanz

$$\text{Trockenmasse}\left(\frac{\text{mg}}{\text{m}^2}\cdot \text{d}\right) = \frac{\underset{(\text{mg})}{\text{Gesamtmasse}} - \underset{(\text{mg})}{\text{Filtermasse}} \cdot \text{Flächenfaktor}}{\text{Expositionszeit (d)}}$$

Veraschen (550 °C) bis Gewichtskonstanz

$$\text{Aschemasse I}\left(\frac{\text{mg}}{\text{m}^2}\cdot \text{d}\right) = \frac{\text{Gesamtmasse (mg)} \cdot \text{Flächenfaktor}}{\text{Expositionszeit (d)}}$$

Kontrolle! Nitrozellulosefilter gibt keine Rückstände.

Veraschen (900 °C) bis Gewichtskonstanz

$$\text{Aschemasse II}\left(\frac{\text{mg}}{\text{m}^2}\cdot \text{d}\right) = \frac{\text{Gesamtmasse (mg)} \cdot \text{Flächenfaktor}}{\text{Expositionszeit (d)}}$$

$$CaCO_3\left(\frac{\text{mg}}{\text{m}^2}\cdot \text{d}\right) = \text{Aschemasse I} - \text{Aschemasse II} \cdot 2{,}27$$

(für CaO ist der Faktor 1,27)

Chemische Aufschlüsse, z. B. PO_4, Angabe des Ergebnisses über Aschemasse II in $\left(\frac{\text{mg}}{\text{m}^2}\cdot \text{d}\right)$

je eine O_2-Flasche (100 ml) über Sediment abgesaugt

Inhalt filtrieren (Membranfilter 0,5 µm Porendurchmesser)

Analytik gelöster Pflanzennährstoffe u. a.

PO_4 NO_3 NH_4 (NO_2) SiO_2

Konzentrationsangabe in mg/m³

Umrechnung auf hypolimnische Konzentrationserhöhung (Modell Stechlinsee).

$$\text{Konzentrationserhöhung}\left(\frac{\text{mg}}{\text{m}^3}\cdot \text{d}\right) = \frac{\underset{(\text{mg/m}^3)}{\text{Konzentration}} \cdot \underset{(\text{m}^3)}{\text{abgesaugtes Volumen}} \cdot \text{Flächenfaktor}}{\text{Expositionszeit (d)}}$$

$$\text{Flächenfaktor} = \frac{1}{\text{Trichteroberfläche (m}^2)}$$

Sediment zentrifugieren (6000 U/min, 10 Minuten)

Überstehendes Wasser dekantieren und verwerfen

anteilige Entnahme für biologische Analytik

Trocknen (105 °C) bis Gewichtskonstanz

anteilige Entnahme für chemische Analytik Ergebnisse als % Trockenmasse,

Umrechnung auf $\left(\frac{\text{mg}}{\text{m}^3}\cdot \text{d}\right)$

Trockenmasse, wie linke Spalte

Stechlinseegebiet: C, N, H wenige Proben Si.

Abb. 2. Schema des Analysengangs der Sedimentationsmessung

Abb. 3. Sedimentationsgefäße am Träger

3. Ergebnisse

3.1. Sedimentation

Die ersten Messungen der Sedimentation begannen im Stechlinsee im Jahre 1972. Ein intensives Meßprogramm lief im Stechlinseegebiet 1974. Lediglich im Stechlinsee ließen sich 1973—1975 durchgängige Messungen ausführen, in den anderen Seen zwang der winterliche Eisstand zu Unterbrechungen. Die vorgestellten Ergebnisse vgl. MOTHES (1977), beinhalten keine biologische Untersuchung des sedimentierenden Materials hinsichtlich der Zusammensetzung oder der Charakterisierung des Abbaues.

3.1.1. Sedimentation organischen und anorganischen Materials

Im Stechlinsee steht die Masse des sedimentierten Materials in keinem direkten Verhältnis zum Sestongehalt im Meßhorizont (MOTHES 1977). Der Sedimentationsvorgang ist mit einer Entmischung des Sestons der über dem Meßhorizont befindlichen Wassersäule verbunden.
Tab. 1 enthält die Gesamtmassen der Sedimentation im Untersuchungszeitraum für die einzelnen Jahre. Hinsichtlich der Sedimentation, gemessen an Trockensubstanz, gibt es keine bedeutenden Unterschiede zwischen den Seen trotz der unterschiedlichen Primärproduktionsleistung von Stechlinsee und Dagowsee wie etwa 1:3 (vgl. KOSCHEL 1980a). Die vertikalen und horizontalen Gradienten im Stechlinsee übersteigen den Unterschied zwischen mittlerem Stechlinsee- und mittlerem Dagowseewert weit. Wie im Stechlinsee zeigen auch beide Becken des Nehmitzsees einen deutlichen vertikalen Gradienten, unterscheiden sich aber trotz relativ gleicher Primärproduktionsleistung im absoluten Betrag stark.
Vergleicht man die sedimentierten Kohlenstoff-, Stickstoff- und Phosphormassen, so bleiben zwar die vertikalen Gradienten innerhalb der Seen erhalten, die Übereinstimmung von Stechlin- und Dagowsee geht aber verloren.
Betrachtet man die Summen der Sedimentation innerhalb der Vegetationsperiode (Tab. 2), hier gleichgesetzt mit der Stagnationsperiode des Stechlinsees, so kann man unter Berücksichtigung der Tab. 1 folgendes ableiten:

1. Während der Sommerstagnation sedimentiert durch den 20-m-Horizont im Stechlinsee (Tab. 2) in den 4 Untersuchungsjahren etwa die gleiche Masse an Trockensubstanz (35—39 g/m^2). Demgegenüber treten bei den Jahressummen nicht nur wesentlich höhere Werte auf, sie unterscheiden sich auch viel stärker (Tab. 1: 59—97 g/m^2). Die Unterschiede der Jahresbilanzen dürften auf die unterschiedliche Intensität der Winterstürme und die damit zusammenhängende Sedimentumlagerung aufgrund verstärkter Turbulenz in größerer Seetiefe zurückzuführen sein.
2. An dem turbulenzärmeren Meßpunkt Swv (Bucht) sedimentiert wesentlich mehr als in der Seemitte St, offenbar eine Folge der unterschiedlichen Windexposition.
3. Die sedimentierte Masse nimmt mit der Tiefe zu. Sedimentumlagerungen aus flacheren in tiefere Benthosbereiche oder — seltener — tief liegende Phytoplanktonmaxima wie im Nehmitzsee dürften dafür verantwortlich sein.
4. Während des Sedimentationsvorgangs erfolgt ein Substanzabbau, von dem die hypolimnische (aphotische) Zönose lebt. Auf ihn könnten die den Annahmen unter 3 widersprechenden Rückgänge im Stechlinsee zwischen 40 und 60 m der Jahre 1974 und 1975 sowie im Dagowsee zurückgehen.
5. Innerhalb eines Sees entsprechen sich etwa die Größen Trockensubstanz und Kohlenstoff. Mit steigender Produktivität des

Tab. 1. Jahressummen der sedimentierten Massen (g/m²) an verschiedenen Meßpunkten im Stechlinseegebiet

Ort	Tiefe m	Trockenmasse	C	N	P
	22. 3. 1972—27. 12. 1972				
St	20	88			0,173
St	40	122			0,258
St	60	156			0,330
	27. 12. 1972— 2. 1. 1974				
St	20	97			0,214
St	40	137			0,263
St	60	150			0,301
	2. 1. 1974— 2. 1. 1975				
St	20	59	12,902	1,349	0,224
St	40	102	20,361	2,089	0,520
St	60	92	19,944	1,992	0,186
Swv	10	172	34,971	3,098	0,277
	2. 1. 1975—17. 12. 1975				
St	20	68	14,478	1,482	0,168
St	40	118	23,645	2,307	0,251
St	60	106	21,448	2,229	0,234
Swv	10	182	34,949	2,867	0,264
	6. 3. 1974—30. 12. 1974				
Nn	10	97	21,729	2,305	0,215
Nn	15	164	32,220	4,384	0,418
Ns	10	54	13,084	1,400	0,153
Ns	15	71	17,028	1,895	0,259
	24. 4. 1974—18. 12. 1974				
D	5	103	30,104	3,983	0,739
D	7,5	100	29,900	4,492	1,191

Gewässers nimmt der Trockensubstanzgehalt an Kohlenstoff wie Nährstoff zu. Die stärkste anteilmäßige Zunahme zeigt der Phosphor.

6. Im Gegensatz zu den anderen Jahren demonstriert der Stechlinsee 1974 an St in 20 und 40 m Tiefe eine erhöhte Phosphorsedimentation. 1974 zeichnet sich gegenüber 1975 (Abb. 26) und wahrscheinlich auch 1972 und 1973 durch einen starken Nährstoffimport aus Nehmitz- und Dagowsee aus.

7. Im Nehmitzsee-Nordbecken sedimentiert gegenüber dem S-Becken ein relativ hoher Anteil an Trockensubstanz und Kohlenstoff.

8. Für eine Verdopplung der Sedimentation hinsichtlich Trockensubstanz oder Kohlenstoff ist mehr als eine Verdopplung des Nährstoffs, insbesondere des Phosphats erforderlich (Vergleich Stechlin- und Dagowsee).

Die aus den Tab. 1 u. 2 abgelesenen Schlußfolgerungen sollen durch die Interpretation der Jahresgänge der Sedimentation vertieft werden. Jahresgänge der Meßstelle St enthält Abb. 4. Die Kohlenstoffsedimentation weist 2 Maxima auf: zu Beginn der Herbstzirkulation im Dezember bzw. Januar und ein meist kleiners Maximum im Juli/August. Dazu kommen unregelmäßige Maxima wie z. B. im April 1975.

Die Maxima der Sedimentation von Kohlenstoff und Stickstoff fallen zusammen. Gewisse Unterschiede in der Ausprägung der Maxima weisen auf eine nur annähernd gleiche Stickstoffversorgung des sedimentierenden Materials hin. Die Phosphorsedimentation folgt der Kohlenstoffsedimentation, wird jedoch 1974 von völlig atypischen Maxima überlagert. Gegenüber 1975 zeichnet sich 1974 durch Kraftwerksbetrieb und massive Phosphorimporte (Abb. 26) aus.

Den Sedimentationsverlauf an Swv demonstriert Abb. 5. Auffällige Unterschiede dieser Meßstelle in der W-Bucht zum Zentralbecken des Stechlinsees sind: Die atypisch hohen Phosphorsedimentationen des Jahres 1974 fehlen. Nimmt man 1975 wegen des fehlenden Kühlwasserkreislaufes als „Normaljahr", so wechseln an Swv hohe

Tab. 2. Sedimentierte Massen (g/m²) während der Vegetationsperiode (Zeitraum angegeben) an verschiedenen Meßpunkten im Stechlinseegebiet

Ort	Tiefe m	Trockenmasse	C	N	P
	19. 4. 1972—15. 11. 1972				
St	20	38			0,083
St	40	65			0,133
St	60	66			0,159
	4. 4. 1973— 7. 11. 1973				
St	20	36			0,095
St	40	61			0,149
St	60	63			0,125
	10. 4. 1974— 6. 11. 1974				
St	20	35	7,318	0,808	0,169
St	40	62	12,151	1,304	0,436
St	60	52	11,829	1,206	0,104
Swv	10	115	23,345	2,142	0,194
	9. 4. 1975— 5. 11. 1975				
St	20	39	8,113	0,843	0,090
St	40	68	12,776	1,212	0,126
St	60	62	11,984	1,234	0,126
Swv	10	139	26,801	2,282	0,196
	3. 4. 1974—13. 11. 1974				
Nn	10	85	18,902	2,022	0,189
Nn	15	144	32,091	3,841	0,378
Ns	10	35	8,656	0,967	0,117
Ns	15	51	12,086	1,406	0,216
	24. 4. 1974— 6. 11. 1974				
D	5	96	28,553	3,791	0,714
D	7,5	93	28,462	4,232	1,165

Sedimentationen in der Vegetationsperiode mit niedrigeren im Winter ab. Das Maximum zu Beginn der Herbstzirkulation im Zentralbecken fehlt an Swv, das Juli—August-Maximum kann auftreten (1974). Die Phosphorsedimentation scheint während der Vegetationsperiode leicht anzusteigen. Die Sedimentationsraten von Kohlenstoff und Stickstoff laufen an Swv fast parallel. Die Phosphorsedimentation ist gegenüber St verringert im Vergleich zum sedimentierenden Kohlenstoff.

Einen ersten Einblick in die Sedimentationsverhältnisse im Nehmitzsee vermittelt Abb. 6. Im Verhältnis zum Stechlinsee ergibt sich für das N-Becken folgendes: Die Maxima im Juli und zu Beginn der Herbstzirkulation entsprechen denen im Stechlinsee. Große Sedimentationsraten im Frühjahr bei Kohlenstoff und Stickstoff fehlen beim Phosphor. Im August ist die Phosphorsedimentation gegenüber Stickstoff und Kohlenstoff in 15 m Tiefe erhöht.

Das S-Becken unterscheidet sich von Stechlinsee und Nehmitzsee-Nordbecken durch nur wenig ausgeprägte Maxima. Lediglich geringere Erhöhungen der Sedimentation im April und zu Beginn der Herbstzirkulation lassen sich erkennen. Eine erhöhte Phosphorsedimentation in 15 m Tiefe gibt es sowohl im S- wie im N-Becken.

Einen dem S-Becken des Nehmitzsees entsprechenden Jahresgang der Sedimentation weist auch der Dagowsee auf (Abb. 7): Die Maxima liegen im Mai (ohne erhöhte Phosphorsedimentation) und im September/Oktober. Dazwischen gibt es ein echtes Kohlenstoff- und Stickstoffminimum. Die Phosphorsedimentation ist ab Juli in 5 m erhöht; zu Beginn der Herbstzirkulation kommt es in 7,5 m Tiefe zu einer überdurchschnittlichen Phosphorsedimentation.

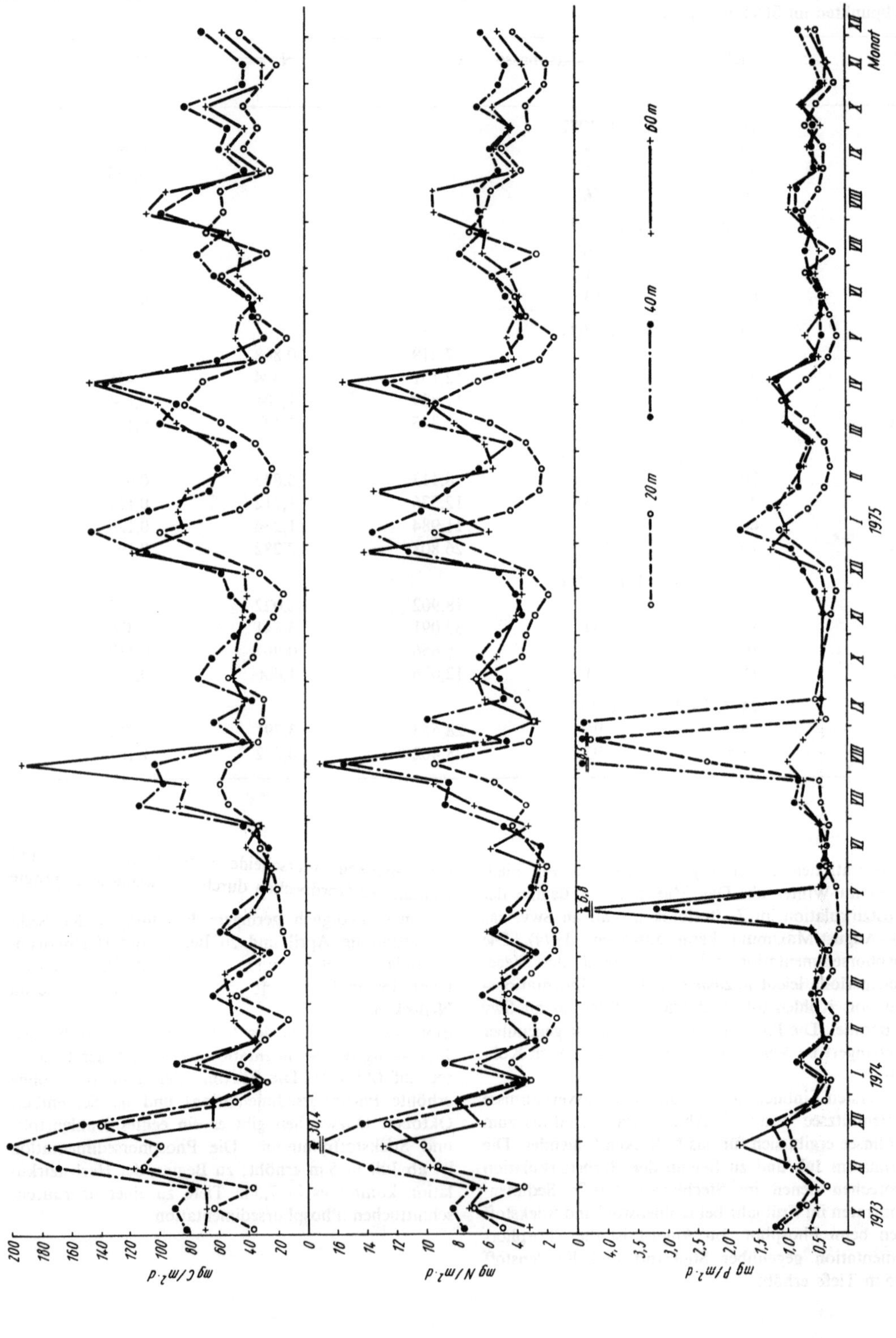

Abb. 4. Variation mittlerer Sedimentationsraten von Kohlenstoff, Stickstoff und Phosphor in verschiedenen Horizonten an der Meßstelle St im Stechlinsee

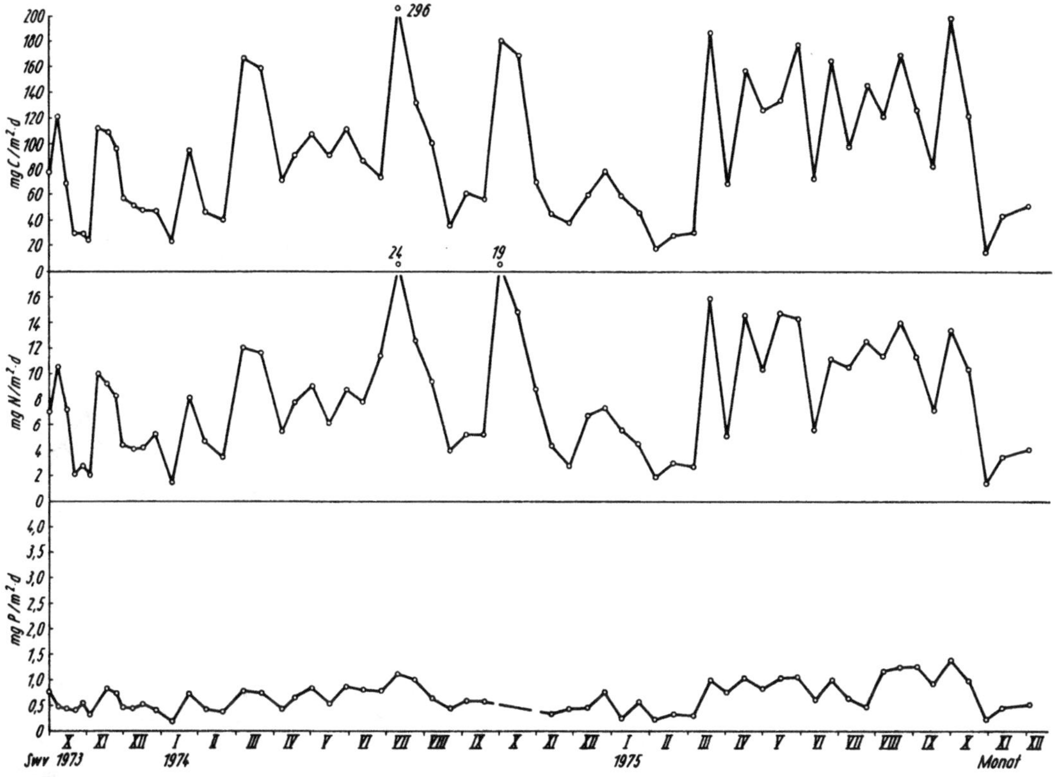

Abb. 5. Variation mittlerer Sedimentationsraten von Kohlenstoff, Stickstoff und Phosphor in 10 m Tiefe am Meßpunkt Swv im Stechlinsee

3.1.2. Beziehungen zwischen Sedimentation, Turbulenz und Chemismus im Gewässer

Eine mit der Tiefe zunehmende Sedimentationsleistung beschreibt bereits OHLE (1962) und bezeichnet den Effekt als Trichterwirkung der organischen Sedimentation. Die Trichterwirkung wird verständlich, wenn man neben der Sedimentation von im Pelagial entstandenem Seston mit der Umlagerung bereits sedimentierten Materials rechnet. Turbulenz und Stagnation sollten daher ein räumliches und zeitliches Muster der Sedimentation bedingen.

Sedimentationsmaxima durch Sedimentumlagerungen infolge starker Windeinwirkung wurden vielfach beschrieben (BACHOFEN 1960, WHITE & WETZEL 1975), treten aber nicht überall auf. Die Herbst- und Winterstürme bewirken einen Detritustransport aus dem Litoral und oberen Profundal in die Seetiefe.

STEELE & BAIRD (1972) demonstrierten am Loch Ewe starke Sedimentationsschwankungen des partikulären Kohlenstoffs in flachen Horizonten und eine relativ gleichmäßige Sedimentation in der Tiefe. Dabei nahm die Sedimentation mit ansteigender Tiefe deutlich zu. Eine derartige gleichmäßige Zunahme infolge Sedimentumlagerung ließ sich im Stechlinseegebiet nicht beobachten.

WHITE & WETZEL (1975) fanden solche Maxima bei Stickstoff und Phosphor nicht. Die Pflanzennährstoffe erreichen in diesen eutrophen Seen ihr Sedimentationsmaximum im Sommer. BACHOFEN (1960) erhielt aus Sedimentationsbehältern der euphotischen Zone wesentlich nährstoffreicheres Sediment als aus größeren Tiefen.

Im Stechlinsee ergab sich die erhöhte Sedi-

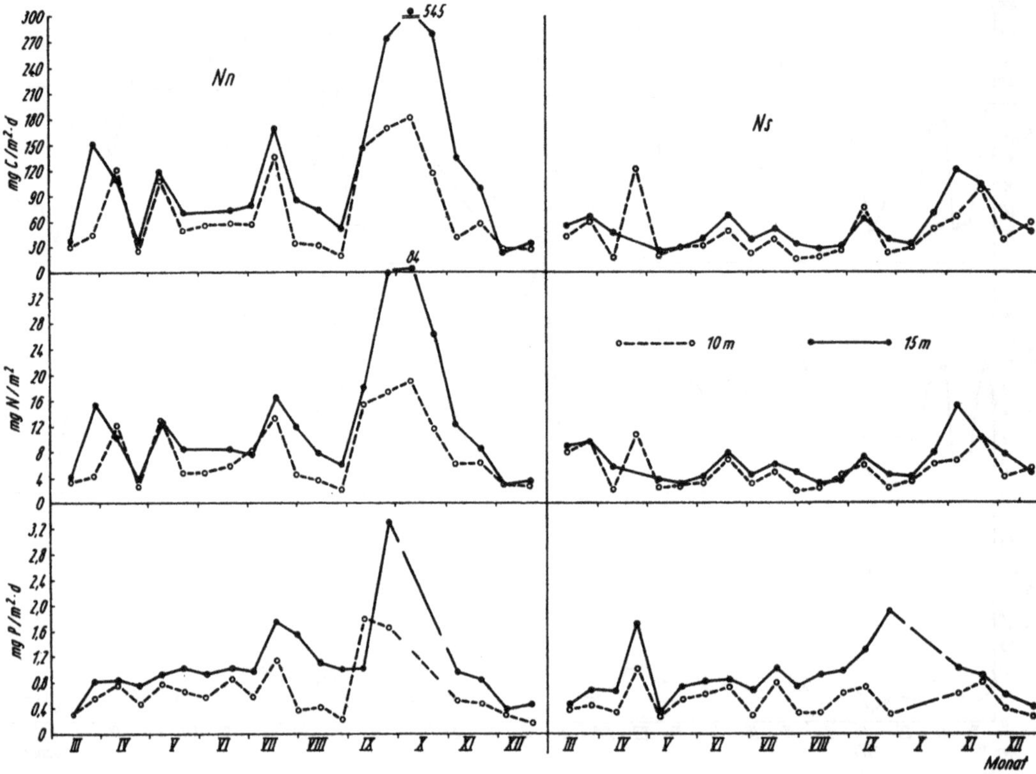

Abb. 6. Variation mittlerer Sedimentationsraten von Kohlenstoff, Stickstoff und Phosphor in verschiedenen Horizonten an den Meßstellen Nn im Nehmitzsee-Nordbecken und Ns im Nehmitzsee-Südbecken 1974

mentation an Swv aus der geringeren Wasserturbulenz in der W-Bucht, jedoch blieb der Nährstoffgehalt geringer als an St, was besonders 1974 auffiel (Phosphor). 1974 dürften Nährstoffimporte, die an Swv nicht wirksam wurden, an St die Maxima hervorgerufen haben. Die bisher bekannten Angaben über die Turbulenz im sommerlichen Hypolimnion des Stechlinsees (DORNBUSCH 1969) lassen noch keine Schlußfolgerungen auf die Ursachen der unterschiedlichen vertikalen Verteilung der Sedimentation zu.

Eine erhöhte Nährstoffkonzentration in der sedimentierenden Substanz deutet auf eine verbesserte Nährstoffversorgung hin. Der Anstieg der Phosphorsedimentation an Swv korrespondiert mit einer Nährstoff-Freisetzung in den umliegenden Gelegen bzw. mit einer entsprechenden Freisetzung nach hohen Aufwärmungen durch den Kraftwerksbetrieb (SCHRÖDER 1973, MOTHES et al. 1976). Wahrscheinlich kommt im Nehmitz- und Dagowsee zu der Phosphorsedimentation aus organischem Seston eine anorganische aus der Phosphorfällung im oxydoreduktiven Grenzbereich hinzu. Phosphor vermag sich in Sedimentationsbehältern zu sammeln, die im anaeroben Bereich liegen. Auf den Einfluß der Redoxbeziehungen weist der Dagwosee hin, wo die zusätzliche Phosphorsedimentation im Sommer nur bis in 5 m Tiefe gelangt und erst bei beginnender Herbstzirkulation in 7,5 m Tiefe einem Maximum zugeht.

3.1.3. Beziehungen zwischen Sedimentation, Primärproduktion und pelagischer Zönose in der euphotischen Zone am Beispiel des Kohlenstoffs

Im Stechlinseegebiet ist die Sedimentation ein überwiegendes Ergebnis autochthoner Stoffproduktion. Letztere bleibt primär auf die euphotische Zone beschränkt (KOSCHEL 1980a, KÜCHLER 1980), ihr Sedimentationsanteil wird

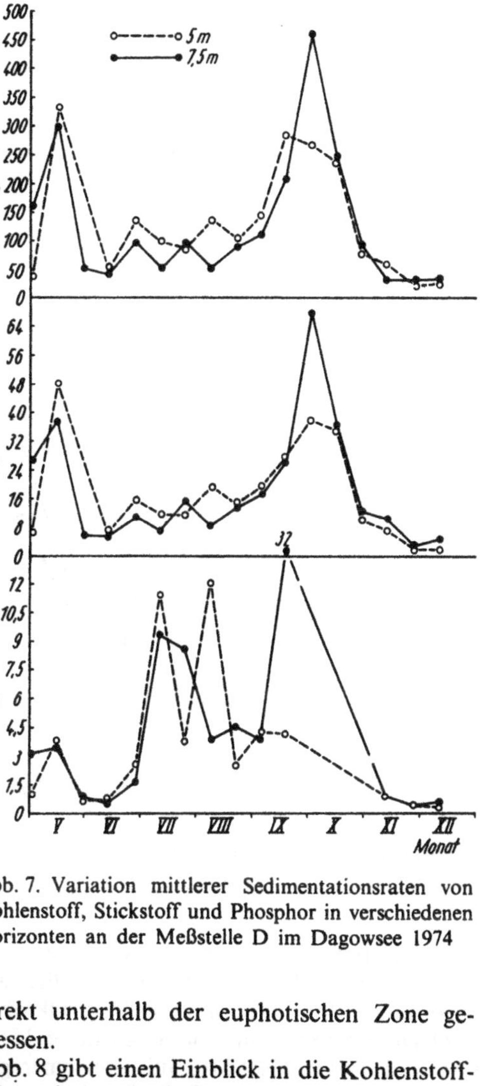

Abb. 7. Variation mittlerer Sedimentationsraten von Kohlenstoff, Stickstoff und Phosphor in verschiedenen Horizonten an der Meßstelle D im Dagowsee 1974

direkt unterhalb der euphotischen Zone gemessen.

Abb. 8 gibt einen Einblick in die Kohlenstoffbilanz der euphotischen Zone des Stechlinsees im Jahre 1974. Mit steigendem Strahlungsangebot geht die Primärproduktion einem Frühjahrsmaximum entgegen. Nach kurzer Depression der Primärproduktionsleistung kommt es zu einem absoluten Sommermaximum, das im Juli auf ein Spätsommerniveau zurückgeht und dann mit fallendem Strahlungsangebot weiter sinkt.

Mit der Herausbildung des Frühjahrsmaximums der Primärproduktion entwickelt sich das absolute Phytoplanktonmaximum, bricht dann ebenso plötzlich zusammen und bleibt bis zum Herbst auf einem mittleren Niveau von

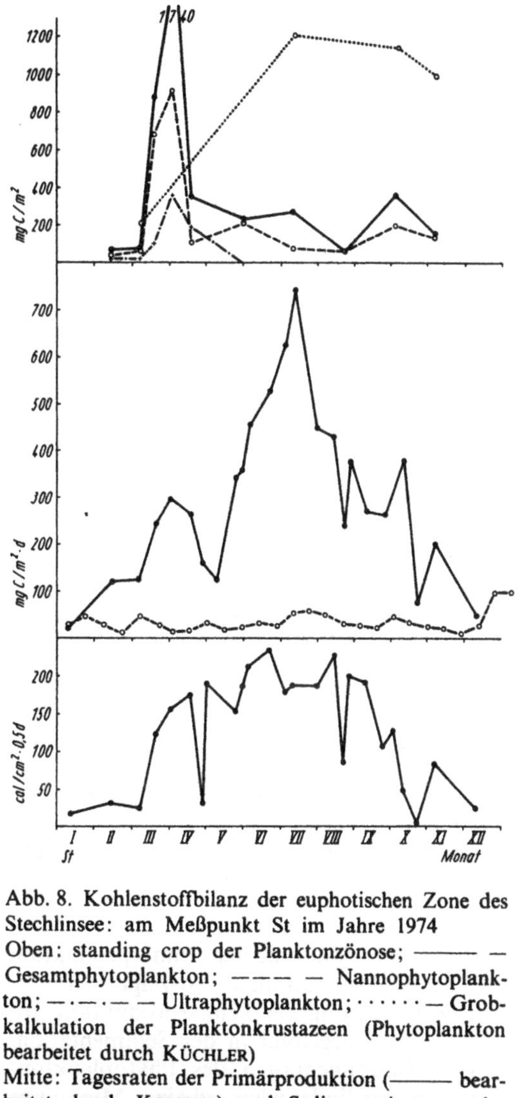

Abb. 8. Kohlenstoffbilanz der euphotischen Zone des Stechlinsee: am Meßpunkt St im Jahre 1974
Oben: standing crop der Planktonzönose; ——— — Gesamtphytoplankton; – – – — Nannophytoplankton; —·—·— — Ultraphytoplankton; · · · · · · — Grobkalkulation der Planktonkrustazeen (Phytoplankton bearbeitet durch KÜCHLER)
Mitte: Tagesraten der Primärproduktion (——— bearbeitet durch KOSCHEL) und Sedimentation aus der euphotischen Zone (– – –)
Unten: Strahlungsverlauf (zusammengestellt durch KOSCHEL)

etwa 250 mg C/m^2. Im Anschluß an das Phytoplanktonmaximum hat sich das Zooplankton[3] stark entwickelt und dominiert von der Biomasse her.

Vergleicht man die Sedimentation aus der

3 Zählung der Krustazeen auf Filtern der Porenweite ~0,5 µm: Wasservolumen etwa 1 l.

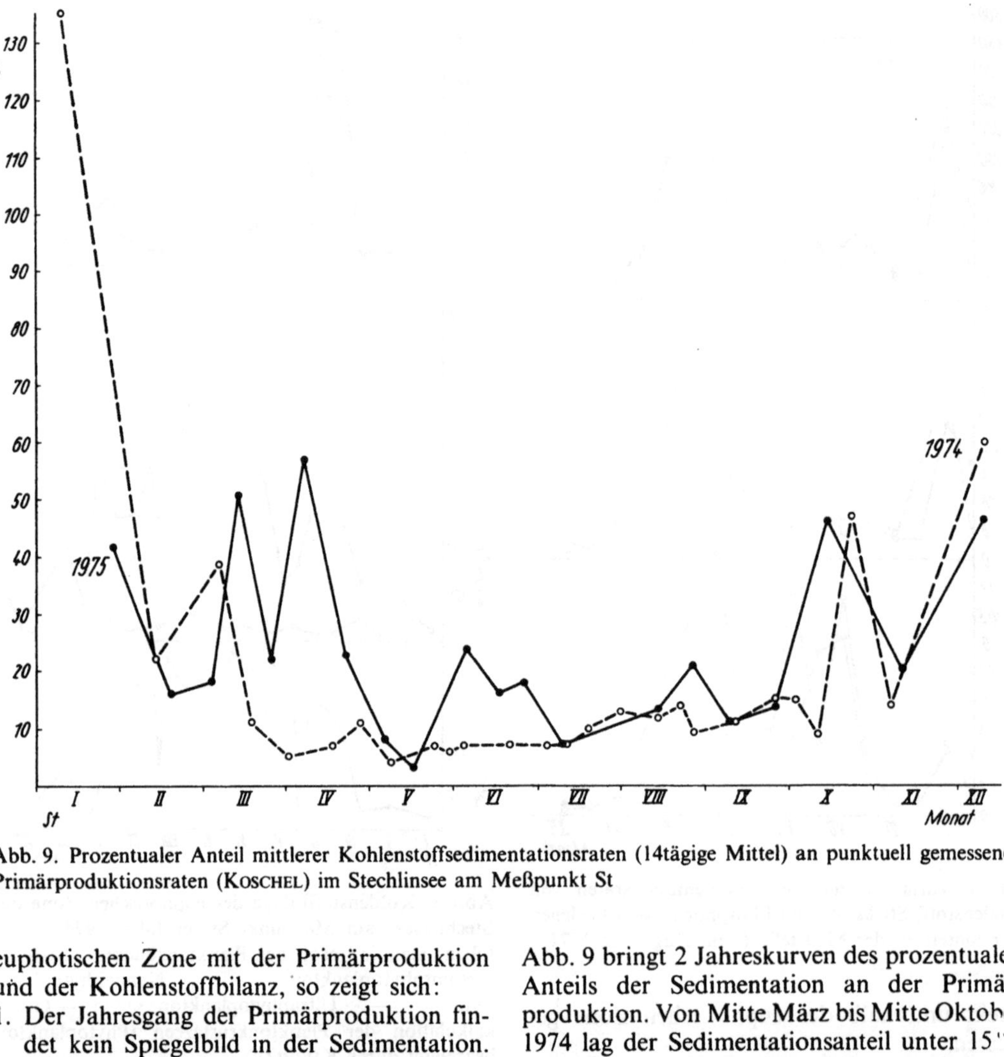

Abb. 9. Prozentualer Anteil mittlerer Kohlenstoffsedimentationsraten (14tägige Mittel) an punktuell gemessenen Primärproduktionsraten (Koschel) im Stechlinsee am Meßpunkt St

euphotischen Zone mit der Primärproduktion und der Kohlenstoffbilanz, so zeigt sich:

1. Der Jahresgang der Primärproduktion findet kein Spiegelbild in der Sedimentation. Der Zusammenbruch des Phytoplanktonmaximums findet während eines Minimums der Sedimentation statt.
2. Das Maximum der Sedimentation Juli/August geht mit dem Zusammenbruch der Cladocerenentwicklung einher (1974 eigene Zählungen[3], weitere Jahre unveröff. Material von Grüneberg & Witte sowie Fleck).
3. Der durch die Primärproduktion im Sommer gebundene Kohlenstoff ist sehr schnell in höhere trophische Niveaus transformiert worden (z. B. ins Zooplankton; Bakterien nicht untersucht). Die Kohlenstoffverluste durch die Transformation drücken sich in der geringen Sedimentation aus.

Abb. 9 bringt 2 Jahreskurven des prozentualen Anteils der Sedimentation an der Primärproduktion. Von Mitte März bis Mitte Oktober 1974 lag der Sedimentationsanteil unter 15%, von Ende März bis Mitte Juli (mit einer geringfügigen Abweichung Ende April = 11%) sogar unter 10%. Während der Vegetationsperiode verbleiben mindestens 85% des durch die Primärproduktion gebundenen Kohlenstoffs in der euphotischen Zone und führt dort zu einem intensiven Stoffumsatz im kurzgeschlossenen Kreislauf. Die hohen Winterwerte bei geringer Primärproduktion beruhen auf Sedimentumlagerungen.

Die Jahre 1974 und 1975 unterscheiden sich in den relativen Sedimentationsraten der Monate März/April und Juni; das Minimum wird in beiden Jahren im Mai erreicht.

Abb. 10 u. 11 demonstrieren die Verhältnisse in den

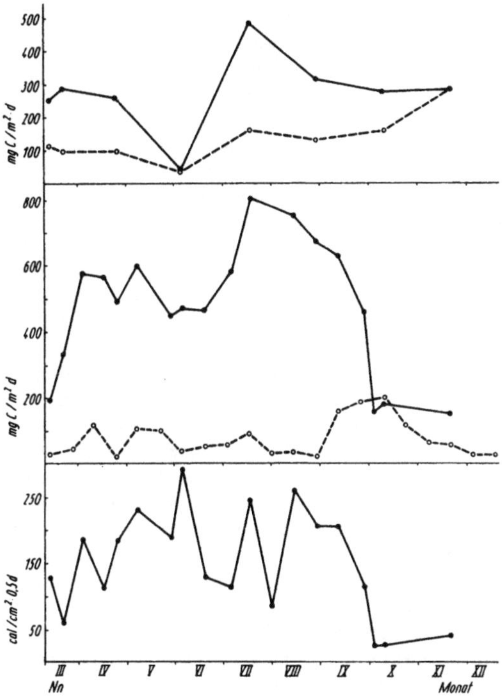

Abb. 10. Kohlenstoffbilanz der euphotischen Zone des Nehmitzsee-Nordbeckens am Meßpunkt Nn im Jahre 1974; Bezeichnungen wie Abb. 8

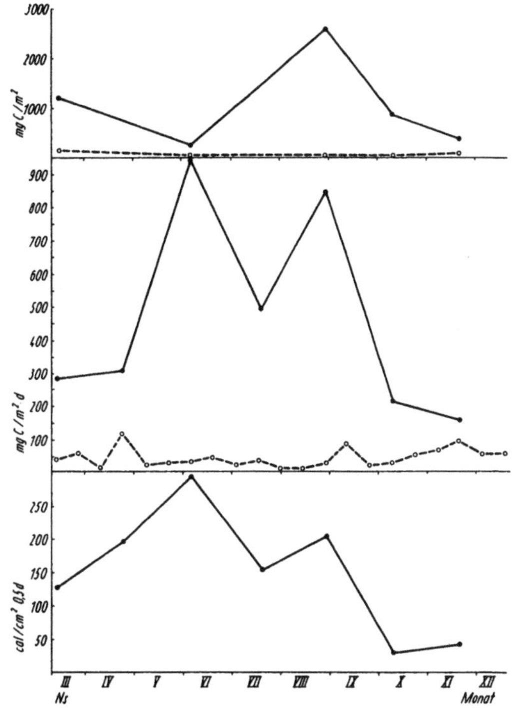

Abb. 11. Kohlenstoffbilanz der euphotischen Zone des Nehmitzsee-Südbeckens am Meßpunkt Ns im Jahre 1974; Bezeichnungen wie Abb. 8

Becken des Nehmitzsees. Die Verhältnisse im S-Becken entsprechen weitgehend denen im Stechlinsee, betrachtet man die Primärproduktion im Vergleich mit der Sedimentation. Daß diese mit einer quantitativ anders zusammengesetzten Phytozönose (Spätsommer 2500 mg C/m^2 euphotische Zone) erreicht wird, geht aus den Abb. 8 und 11 deutlich hervor. Im N-Becken des Nehmitzsees scheint die Sedimentation relativ hoch zu sein (vgl. Tab. 1 u. 2); es wird vom Kraftwerksbetrieb stark beeinflußt.

Mit durchschnittlichen Sedimentationsraten über 10% während der Vegetationsperiode wartet der Dagowsee auf (Abb. 12). Gleichzeitig kommt es im Spätsommer zu einer erhblichen Phytoplanktonbiomasse, die dem 5fachen der täglichen Primärproduktion entspricht. Im Relativwert gleicht dieses Maximum dem Frühjahrsmaximum im Stechlinsee, als das Zooplankton noch nicht voll entwickelt war.

Tab. 3 bringt Durchschnittswerte für den Anteil der Sedimentation an der Primärproduktion. Durchgehende Jahresreihen der Sedimentation gibt es nur vom Stechlinsee (kein Eisstand).

Je nach Höhe der Jahresprimärproduktion sedimentierten 13—21% der Produktion. Im Zeitraum von Anfang April bis Anfang November liegt der Hauptanteil der Primärproduktion, und es sedimentieren die Hauptanteile der produzierten Biomassen. Die Sedimentation liegt etwa bei 10% der Primärproduktion. Obgleich sich die sommerlichen Verhältnisse in den Seen deutlich unterscheiden, ist das ein einheitliches Ergebnis.

3.1.4. Beziehungen zwischen Phytozönose und Sedimentation

Aus Abb. 8 u. 10—12 läßt sich das sommerliche Verhältnis von Algenbiomasse zu Primärproduktion entnehmen. So enthält im Stechlinsee und Nehmitzsee-Nordbecken das Phytoplankton nur etwa die Hälfte des täglich assimilierten Kohlenstoffs, im Nehmitzsee-Südbecken ist es die 3fache, im Dagowsee die 5fache Kohlenstoffmasse.

Abb. 13 informiert über die wechselnde Zusammensetzung der Phytozönose in der euphotischen Zone des Stechlinsees und setzt sie zu Sedimentationsparametern in Beziehung. Danach haben recht verschiedene Algen-

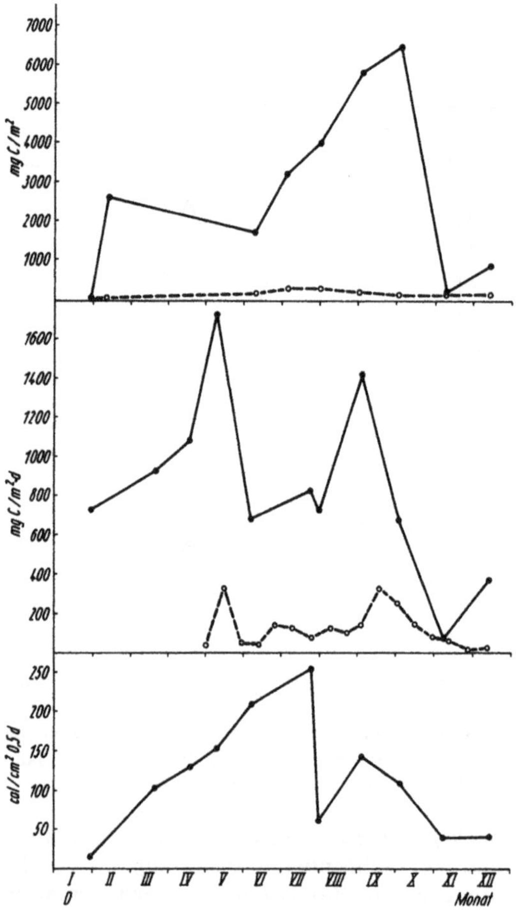

Abb. 12. Kohlenstoffbilanz der euphotischen Zone des Dagowsees am Meßpunkt D im Jahre 1974; Bezeichnungen wie Abb. 8

gruppen am Phytoplanktonmaximum (Abb. 8) Ende März teil. Im April verschwindet das Biomassemaximum, ohne ein besonderes Sedimentationsmaximum hervorzurufen. Erst Anfang Mai kommt es in 20 m Tiefe zu einem echten Sedimentationsmaximum, das sich jedoch nicht in den tieferen Horizonten fortsetzt. Wegen ihrer Kleinheit kommen die Ultraplankter für die Herausbildung des auf den 20-m-Horizont beschränkten Maximums in Frage. Insgesamt sedimentierte in diesem Zeitraum recht phosphatreiches Material. Ein wesentlicher Substanzabbau erfolgte nur im 20-m-Horizont. Daß kleine Organismen relativ viel Nährstoff benötigen, beschreibt schon MANNY (1972). Damit erscheint dieses Maximum Anfang Mai erklärbar.

Ende Mai folgt ein zweites Abbaumaximum in größeren Tiefen ohne besondere Sedimentationsmaxima. Das Sedimentationsmaximum Ende Juli wurde in Zusammenhang gebracht mit dem Ende des Cladocerenmaximums. Anfangs sedimentierte recht phosphorarmes Material, dann kommt es aber Mitte August zur Sedimentation phosphorreichen Materials. Bis in die zweite Hälfte August verschwinden die Diatomeen und Cyanophyceen. Von der Masse her spielen die Algen gegenüber den Cladoceren eine geringere Rolle (Abb. 8). Die Algen könnten aber den hohen spezifischen Phosphorgehalt bewirkt haben. Dieses Maximum spielt bei der Phosphorbilanz der euphotischen Zone noch eine Rolle. Im Nehmitzsee-Nordbecken (Abb. 14) gibt es im September/Oktober das Sedimentationsmaximum, das einerseits mit Sedimentumlagerungen zusammenhängt, andererseits verschwinden Diatomeen und Cyanophyceen (vgl. Abb. 10). Im Frühjahr und Sommer beobachtet man nur kleinere Maxima. Das erste im März hat keine Phosphatfreisetzung zur Folge und steht in Einklang mit einem Rückgang von Cyanophyceen und vor allem Diatomeen, das zweite Anfang Mai führt zum Minimum mikroplanktischer Algen und bleibt ebenfalls ohne bedeutenden Abbau. Erst wenn die Ultraplankter

Tab. 3. Gegenüberstellung von Jahresprimärproduktion und Sedimentation (Jahressumme und Hauptvegetationsperiode) und Anteil der Sedimentation an der Jahresproduktion im Stechlinseegebiet

Ort		Zeitraum	Produktion g C/m² · a	Sedimentation g C/m² · Zeitraum	Relation % Sed.
St	20	7. 3. — 7. 11. 73	115	12	10
St	20	2. 1. 74— 2. 1. 75	97	13	13
St	20	10. 4. — 6. 11. 74		7	7
St	20	2. 1. —17. 12. 75	68	14	21
St	20	9. 4. — 5. 11. 75		8	12
Nn	10	6. 3. —30. 12. 74	139	22	16
Nn	10	3. 4. —13. 11. 74		19	14
Ns	10	6. 3. —30. 12. 74	143	13	9
Ns	10	3. 4. —13. 11. 74		9	6
D	5	24. 4. —18. 12. 74	292	30	10
D	5	24. 4. — 6. 11. 74		29	10

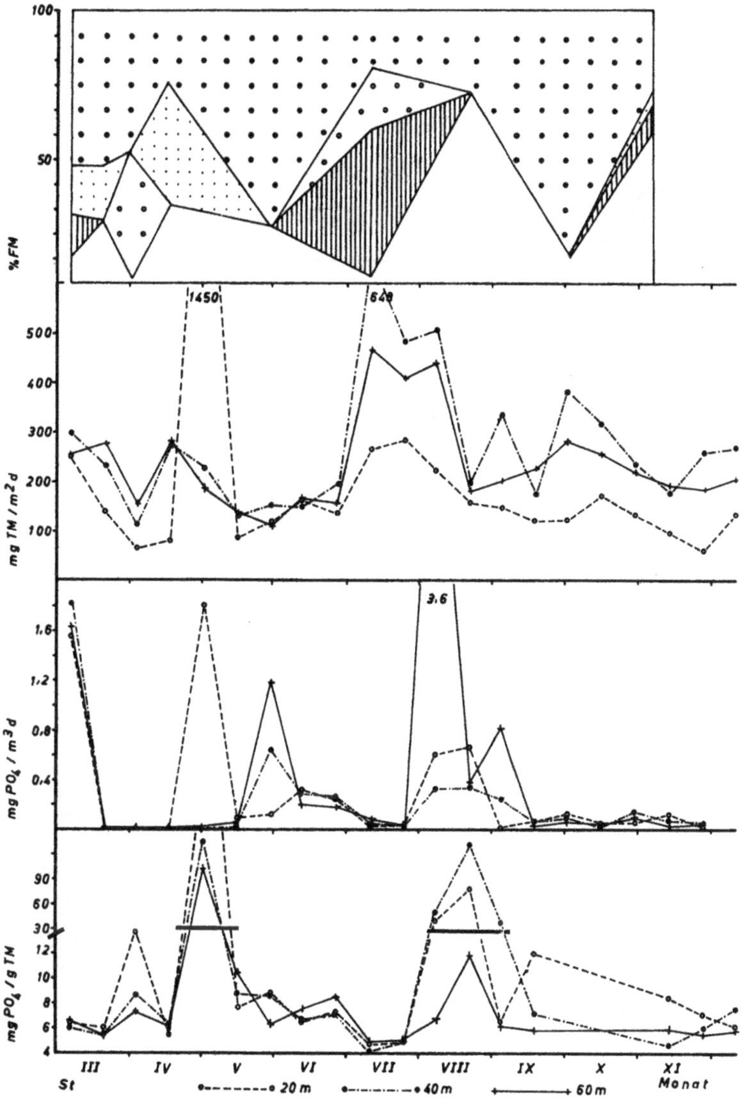

Abb. 13. Beziehungen zwischen der Sedimentation, der relativen Zusammensetzung des Phytoplanktons (bearbeitet durch KÜCHLER), des Phosphorgehalts der sedimentierenden Masse und Hinweise auf den Abbau der sedimentierenden Masse im Stechlinsee am Meßpunk St im Jahre 1974
Oben: Relative Zusammensetzung des Phytoplanktons in der euphotischen Zone – große Punkte = Diatomeen, Kreise = Cyanophyceen, senkrechte Striche = Grünalgen, kleine Punkte = Ultraplankter, weiße Flächen = Monadophyceen
Mitte oben: Tagesraten der sedimentierten Masse als Trockensubstanz in verschiedenen Meßhorizonten
Mitte unten: Tagesraten der Orthophosphatfreisetzung im jeweiligen Meßhorizont als Maß des Substanzabbaues
Unten: Relativer Phosphorgehalt der sedimentierenden Masse als Trockensubstanz im jeweiligen Meßhorizont

verschwinden, steigt der Abbau stark an. Das Maximum im Juli korreliert mit dem Rückgang von Diatomeen (wahrscheinlich auch Cladoceren) bei gleichzeitigem Anstieg von Cyanophyceen. Die Phosphatfreisetzung steigt in 15 m Tiefe an, woran die Rücklösung der Phosphatfällung beteiligt sein dürfte. Im ganzen hat der Phosphatgehalt der sedimentierenden Biomasse ein ausgeglichenes Niveau.

Im Nehmitzsee-Südbecken gibt es nur 5 stichpunktartige Untersuchungen des Phytoplanktons (Abb. 15). Ein deutliches Sedimentationsmaximum liegt im April beim Rückgang des Mikroplanktons (Abb. 11), von dem besonders die Diatomeen betroffen sind. Das nächste Maximum im September fällt mit dem Rückgang der Cyanophyceen zusammen, danach erfolgt im Oktober/November der Beginn der Herbstzirkulation mit einem Sedimentationsmaximum. Ein echtes Sommermaximum fehlt. Die Orthophosphatfreisetzung steigt im Laufe des Jahres an, geht im September in 10 m Tiefe rapide zurück und erreicht gleichzeitig in 15 m Tiefe ein Maximum. In gleicher Weise verhält sich die Phosphorkonzentration der sedimentierenden Trokkensubstanz. Das Abbaumaximum im August kann mit dem Rückgang der Grünalgen und Monaden

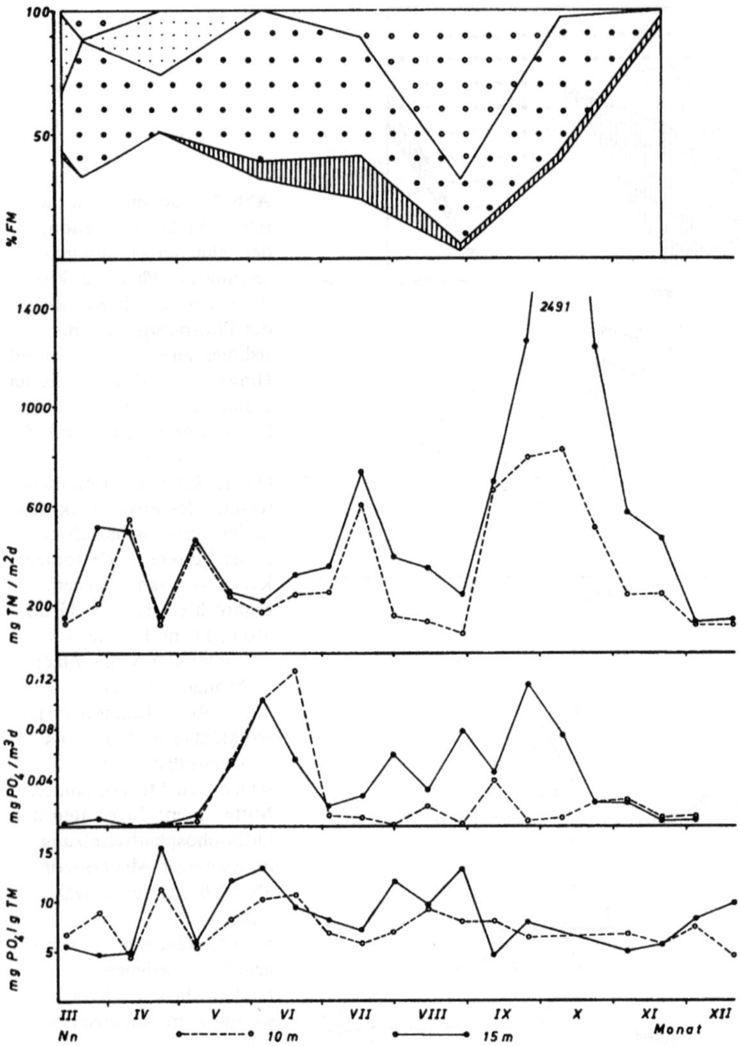

Abb. 14. Beziehungen zwischen der Sedimentation, der relativen Zusammensetzung des Phytoplanktons, des Phosphorgehalts der sedimentierenden Masse und Hinweise auf den Abbau der sedimentierenden Masse im Nehmitzsee-Nordbecken am Meßpunkt Nn im Jahre 1974; Bezeichnungen wie Abb. 13

zusammenhängen, das im September/Oktober in 15 m Tiefe mit der Phosphatfällung im oxydoreduktiven Grenzbereich.

Im Dagowsee (Abb. 16) ist das erste Sedimentationsmaximum im Mai algologisch nicht belegt. Das zweite große Maximum (September/Oktober) fällt mit dem Beginn der Herbstzirkulation und dem Zusammenbruch der Phytoplanktonentwicklung (Abb. 12) zusammen. Dazwischen liegen 2 kleinere Sedimentationsmaxima. Ende Juni gehen die Cyanophyceen zurück, im August die Grünalgen und Monaden. In beiden Fällen handelt es sich um phosphorhaltiges Material, was auch abgebaut wird (5 m). Die Phosphormaxima in 7,5 m Tiefe dürften wiederum auf Fällungserscheinungen beruhen.

Betrachtet man diese spärlichen Hinweise aus dem Seengebiet, so darf man trotz der fehlenden Diagnose des sedimentierten Materials auf folgendes hinweisen:

1. Die ständig im Sommer ablaufenden Veränderungen in der Zusammensetzung der Phytozönosen prägen von der Masse her nicht den Ablauf der Sedimentation.

2. Sedimentationsspitzen, die mit Änderungen in der Phytoplanktonbiomasse zusammenfallen, sind in der Regel klein. Im Stechlinsee und im Nehmitzsee-Nordbecken beobachtet man sie leichter im Frühjahr bei

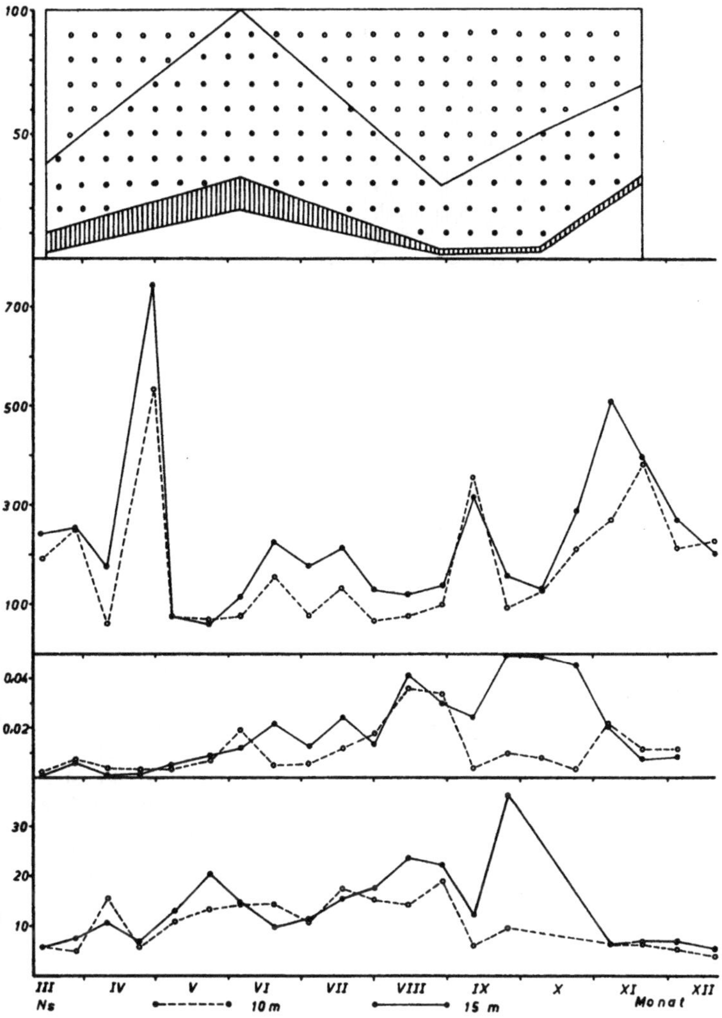

Abb. 15. Beziehungen zwischen der Sedimentation, der relativen Zusammensetzung des Phytoplanktons, dem Phosphorgehalt der sedimentierenden Masse und Hinweise auf den Abbau der sedimentierenden Masse im Nehmitzsee-Südbecken am Meßpunkt Ns im Jahre 1974; Bezeichnungen wie Abb. 13

geringer Zooplanktonentwicklung, in den anderen Seen auch im Sommer.

3. Der Abbau organischer Substanz im Hypolimnion — hier als Phosphatfreisetzung ausgedrückt — ist immer dann gut meßbar, wenn das sedimentierende Material phosphorreich ist (bei Nehmitz- und Dagowsee sei die hypolimnische Phosphatfällung und -rücklösung besonders beachtet). Die Sedimentation phosphorreichen Materials bedeutet jedoch nicht, daß auch ein Abbau erfolgt. Die Abbaumaxima finden sich oft am Ende der Sedimentationsmaxima. Bei der Sedimentation phosphorreichen Materials liegt eine Sedimentation von phytoplanktischem Seston nahe.

4. Es hat den Anschein, daß vor allem mikroplanktische Diatomeen und Cyanophyceen in den Sedimentationsbechern einem geringen Abbau unterliegen. Maximale Abbauleistungen werden bei dem Zusammenbruch von Populationen des Ultraplanktons der Monaden und der Grünalgen beobachtet.

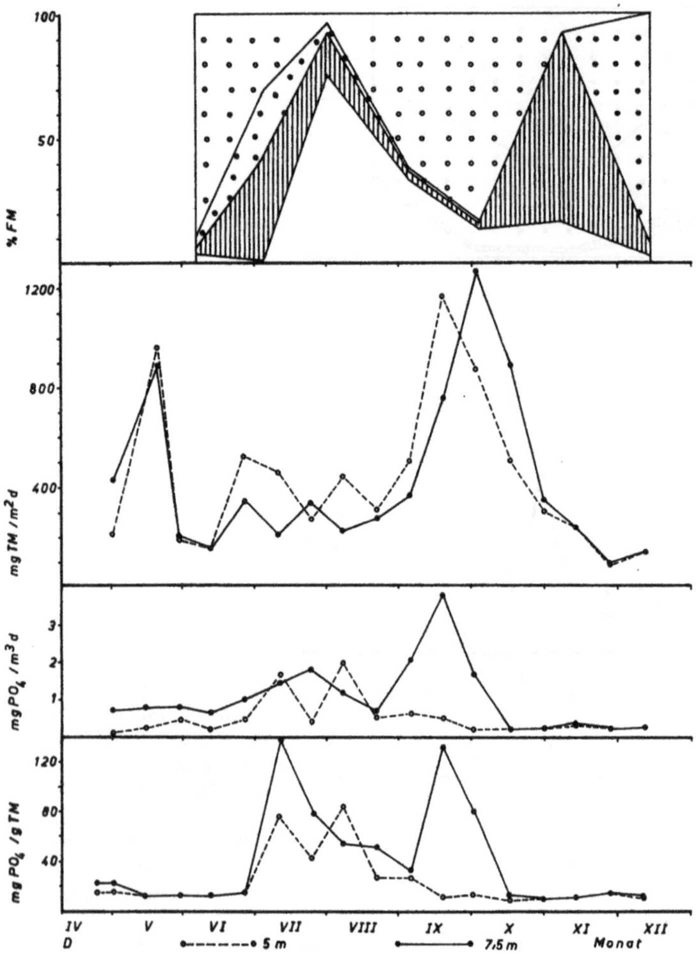

Abb. 16. Beziehungen zwischen der Sedimentation, der relativen Zusammensetzung des Phytoplanktons, des Phosphorgehalts der sedimentierenden Masse und Hinweise auf den Abbau der sedimentierenden Masse im Dagowsee am Meßpunkt D im Jahre 1974; Bezeichnungen wie Abb. 13

3.2. Phosphatbilanz der euphotischen Zone

Im Laufe der Vegetationsperiode kommt es infolge der Assimilation der Pflanzen im Wasserkörper zu Verlusten an gelöstem Phosphor, Stickstoff und Silizium (MOTHES 1980). Von der entstandenen organischen Substanz geht ein kleinerer Teil immer wieder verloren und gelangt über die Sedimentation in das Sediment. Das Sediment eines Sees ist gleichzeitig dessen Nährstoffspeicher.
In den Zirkulationsperioden besteht bei intensiver Turbulenz ein direkter Kontakt zwischen euphotischer Zone und Sediment. Dann läßt sich ein Nährstoffnachschub aus dem Sediment durch eine Konzentrationserhöhung im Pelagial messen. Zu Zeiten der Sommerstagnation trennt zumindest ein Teil des Hypolimnions das Sediment von der euphotischen Zone. Ein Nährstofftransport aus dem Sediment in die euphotische Zone muß daher zunächst zu einer Konzentrationserhöhung im Hypolimnion führen.

3.2.1. Hypolimnische Phosphatbilanz

Abb. 17 zeigt schematisch den Stoffkreislauf im Hypolimnion eines „theoretischen Sees". Das Hypolimnion wird nicht durch Zu- und

Abflüsse beeinflußt, es liegt im aphotischen Bereich und in ihm gibt es keine Strömungen. Jegliches Leben in einem solchen Wasserkörper beruht auf der Energiezufuhr in Form von organischer Substanz aus der euphotischen Zone. Die Substanzzufuhr ist durch die Sedimentation meßbar, der Substanzabbau durch den Sauerstoffverbrauch oder durch die Freisetzung von Exkreten, gemessen am Phosphor.

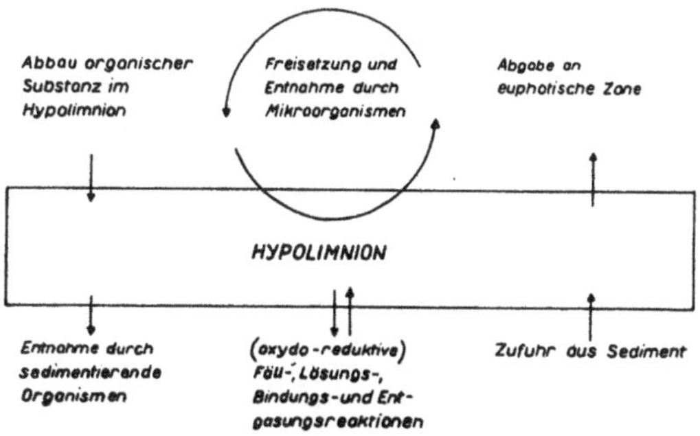

Abb. 17. Schema der Stoff-(Phosphor-)flüsse im Hypolimnion eines normal geschichteten Sees

Bei der Freisetzung von Nährstoffen (Phosphor) ist zu berücksichtigen, daß zwar eine meßbare Konzentrationserhöhung eintritt, daß aber gleichzeitig Verluste auftreten:

1. Aufnahme der freigesetzten Nährstoffe durch im Hypolimnion lebende Organismen mit nachfolgender Abgabe an das Sediment.
2. Aufnahme der freigesetzten Nährstoffe durch nährstoffverarmte Organismen während deren Sedimentation.
3. Ausfällung der gelösten Nährstoffe.

Die im Hypolimnion während der Sommerstagnation meßbare Konzentrationserhöhung des Phosphats hängt nicht allein vom hypolimnischen Abbau ab, sondern wird vom Stofftransport aus dem Sediment in Richtung der euphotischen Zone beeinflußt.

Wir versuchten, die Nährstofffreisetzung durch Abbau im Hypolimnion in kurzen Abständen zu messen. Die Wahl der Abstände sollte eine Abschätzung der Verluste ermöglichen. Der Vergleich von Konzentrationsänderung durch Abbau mit realisierter Konzentrationsänderung läßt die größenordnungsmäßige Abschätzung des Einflusses des Sediments auf die hypolimnische Konzentration zu.

3.2.1.1. Eichung der hypolimnischen Orthophosphatfreisetzung

Der Abbau organischer Substanz wurde in den Sedimentationsbehältern als Orthophosphatfreisetzung in dem über dem sedimentierten Material stehenden Wasser gemessen. Für eine Übertragung der Meßwerte auf das hypolimnische Einheitsvolumen (m^3) war eine Eichung notwendig. Der Eichung liegt der Gedanke zugrunde, daß sich im aeroben Milieu der benötigte Sauerstoff und der entstehende Phosphor entsprechen müssen. Das aerobe Milieu und einen RQ = 1 (MOTHES 1980) garantiert nur der Stechlinsee.

Wenn wir annehmen, daß die organische Substanz in unserem See entsprechend der im Meere zusammengesetzt ist, mit einem „organischen Anteil" von 106 C + 180 H + 46 O + 16 N + 1 P (+ 815 g mineralische Stoffe je Mol) (SCHWOERBEL 1971), und bei ihrer Bildung infolge photoautotropher Assimilation 154 O_2 freigesetzt werden, so entspricht 1 g PO_4 in der organischen Substanz 51,87 g freigesetztem O_2. Bei einem vollständigen Abbau bleibt dieses Phosphat/Sauerstoffverhältnis erhalten. Wir können also aus der hypolimnischen Sauerstoffzehrung eine Orthophosphatfreisetzung kalkulieren und sie den gemessenen Werten gegenüberstellen.

Das Atomverhältnis von 106 C:16 N:1 P wird

Tab. 4. Gegenüberstellung von aus dem hypolimnischen Sauerstoffdefizit errechneten Orthophosphatanstieg und dem auf 1 m^3 bezogenen gemessenen Orthophosphatanstieg in den Sedimentationsbechern im Hypolimnion des Stechlinsees (Angaben in mg PO_4/m^3)

Zeitraum	20 m		40 m		60 m	
	O_2	Sed.	O_2	Sed.	O_2	Sed.
14. 3.—26. 9. 72	37	27	33	20	48	16
29. 3.— 3. 10. 73	46	41	41	14	49	22
6. 3.— 6. 11. 74	45	48	41	38	48	96
22. 4.—10. 11. 75	40	25	35	24	45	25

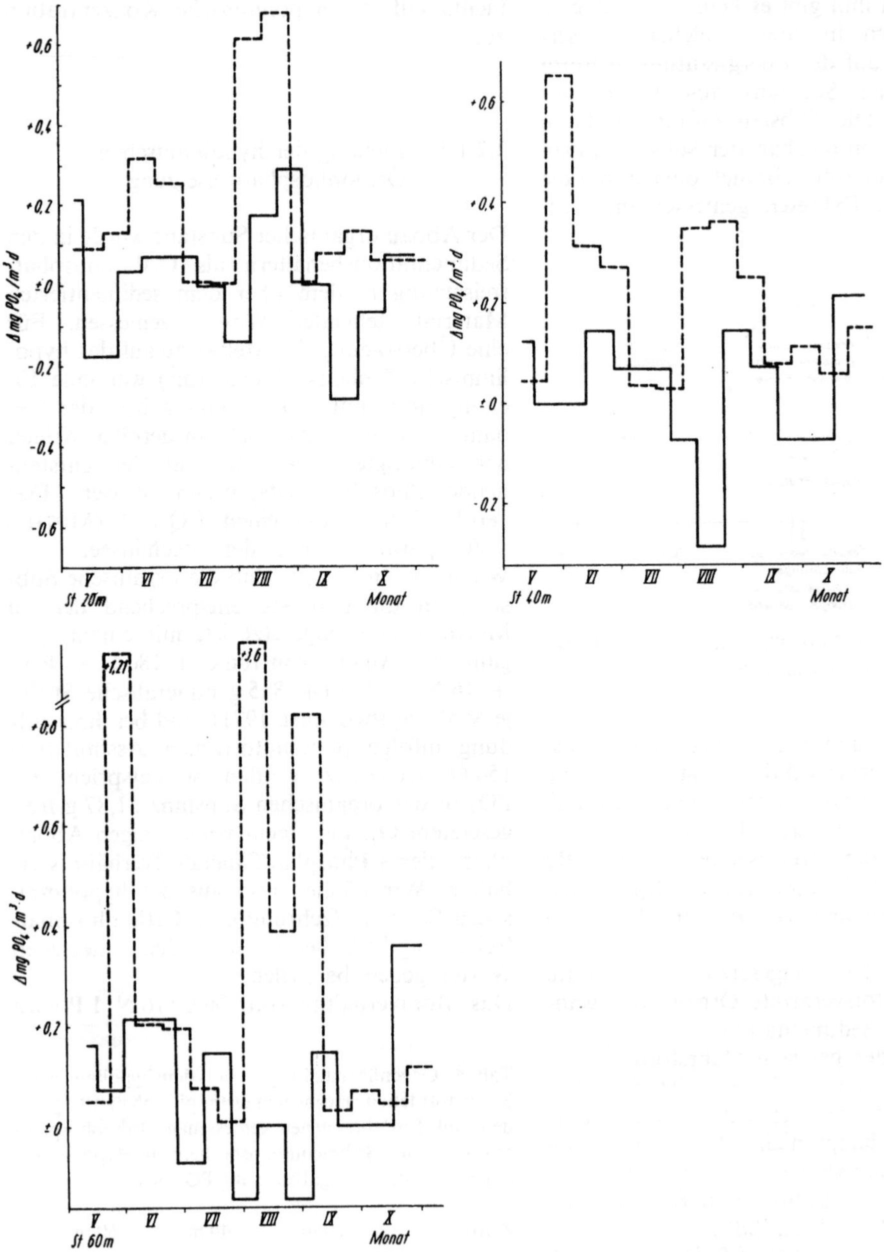

Abb. 18. Vergleich der aktuellen (———) mit der aus der Orthophosphatfreisetzung durch Abbau zu erwartenden (– – –) täglichen Orthophosphatänderung in verschiedenen Hypolimnionhorizonten des Stechlinsees am Meßpunkt St im Jahre 1974

in sehr vielen Arbeiten verwandt (vgl. UHLMANN & ALBRECHT 1968). Die größte Variation weist das Verhältnis C:P auf, womit sich das Verhältnis von PO_4 zum beim Aufbau freigesetzten Sauerstoff verschiebt. Bei der Eichung der Sedimentationsbecher verwandten wir Durchschnittswerte des C/P-Verhältnisses in den einzelnen Meßhorizonten von sedimentiertem Material (Tab. 10).

Tab. 4 enthält die Gegenüberstellung von gemessenem und errechnetem Orthophosphatzuwachs im Hypolimnion des Stechlinsees (Formel siehe Abb. 2). Für das Bezugsvolumen 1 m^3 bei der Messung in den Sedimentationsbehältern spricht folgendes:

1. Die in 14 Tagen sedimentierte Masse/m^2 entspricht weniger als 50% des Sestongehaltes/m^3 im entsprechenden Meßhorizont (MOTHES 1977).
2. Bei diesem Bezugsvolumen liegt der Meßwert niedriger als der aus dem Sauerstoffgang errechnete. 2 Ausnahmen im Jahre 1974: Der Meßwert in 20 m Tiefe ist leicht erhöht; Schwankungsbreiten von 10% sind aber von der Methode her nicht vermeidbar. Der Meßwert in 60 m Tiefe ist stark erhöht. Ein Einzelwert für 14 Tage erbringt den Betrag von 50,3 mg PO_4/m^3. Er entspricht nicht den natürlichen Verhältnissen und läßt sich nicht mit einer entsprechenden Sauerstoffzehrung belegen (Abb. 18).
3. Ein niedriger Meßwert ist zu erwarten, wenn Sauerstoff veratmet wird, ohne daß Phosphat freigesetzt wird. Das ist möglich bei der Veratmung von Kohlenstoff im aeroben Sediment. Der Einfluß des Sediments wird sichtbar aus den Quotienten der Summen der Meßwerte und der errechneten Werte (unter Korrektur des 60-m-Wertes 1974 um -50 mg PO_4), die von 20 m mit 0,84 über 0,64 auf 0,57 in 60 m Tiefe abfallen. $^1/_3$ der hypolimnischen Sauerstoffzehrung während der Sommerstagnation entfiele damit auf das Sediment.
4. Die Eichung der Orthophosphatfreisetzung auf 1 m^3 hat den Wert einer Kalkulation. Sie bedeutet, daß der „Eichwert" 1 m^3 besser als solche von 2 oder 0,5 m^3 ist.
5. Diese Form der Eichung ließ sich nur im aeroben Milieu durchführen. Wir nehmen an, daß sich der Eichwert auch im anaeroben Milieu nicht ändert.

3.2.1.2. Hypolimnische Orthophosphatbilanz

Abb. 18 zeigt die Orthophosphatbilanz im Stechlinsee am Meßpunkt St. Bis in den Oktober hinein ist die aktuelle Konzentrationsänderung in allen Tiefen geringer als die aus der gemessenen Freisetzung mögliche. Daraus geht folgendes hervor:

1. Die Konzentrationszunahme von Orthophosphat im Hypolimnion während der Sommerstagnation läßt sich in allen Meßintervallen mit der Abbauleistung der hypolimnischen Zönose erklären.
2. Aktuelle Rückgänge des Orthophosphatgehalts im Hypolimnion weisen auf phosphatverbrauchende Prozesse hin, deren absolute Größe nicht meßbar war, jedoch der Differenz von Freisetzung und aktueller Orthophosphatveränderung entsprechen dürfte.
3. Für November und Dezember reicht die Orthophosphatfreisetzung nicht ganz aus, den hypolimnischen Phosphatanstieg zu erklären (40 m noch ausgeglichen, 60 m fehlt etwa 0,1 mg $PO_4/m^3 \cdot d$). Hinweise gibt es keine. 1973 und 1975 tritt dieser Effekt als ein regelmäßiger Phosphatausstrom aus dem Sediment nicht auf. Im Jahre 1973 setzt lediglich im 20-m-Horizont eine Konzentrationssteigerung starken Ausmaßes ein, die jedoch durch Rückgänge in 40 und 60 m Tiefe auf eine hypolimnische Zirkulation hinweisen. Eine Tiefenzirkulation kommt damit auch für den Anstieg 1974 in 60 m Tiefe in Frage.

Im produktionsarmen, eutrophen Nehmitzsee ergibt sich ein ganz anderes Bild (Abb. 19). Gegenüber dem Stechlinsee demonstrieren beide Becken des Nehmitzsees folgende Unterschiede:

1. Der hypolimnische Abbau bzw. die Orthophosphatfreisetzung in den Sedimentationsbehältern ist wesentlich geringer als im Stechlinsee. 0,1 mg $\cdot$ $PO_4/m^3 \cdot d$ wird nur selten und kurzfristig erreicht.
2. Die aktuellen Konzentrationsänderungen überschreiten das vom Stechlinsee her gewohnte Maß stark.
3. Ein Verständnis dieses divergierenden Kurvenverlaufs ist nur unter der Voraussetzung möglich, daß das Sediment erhebliche Phosphatmengen freisetzt.

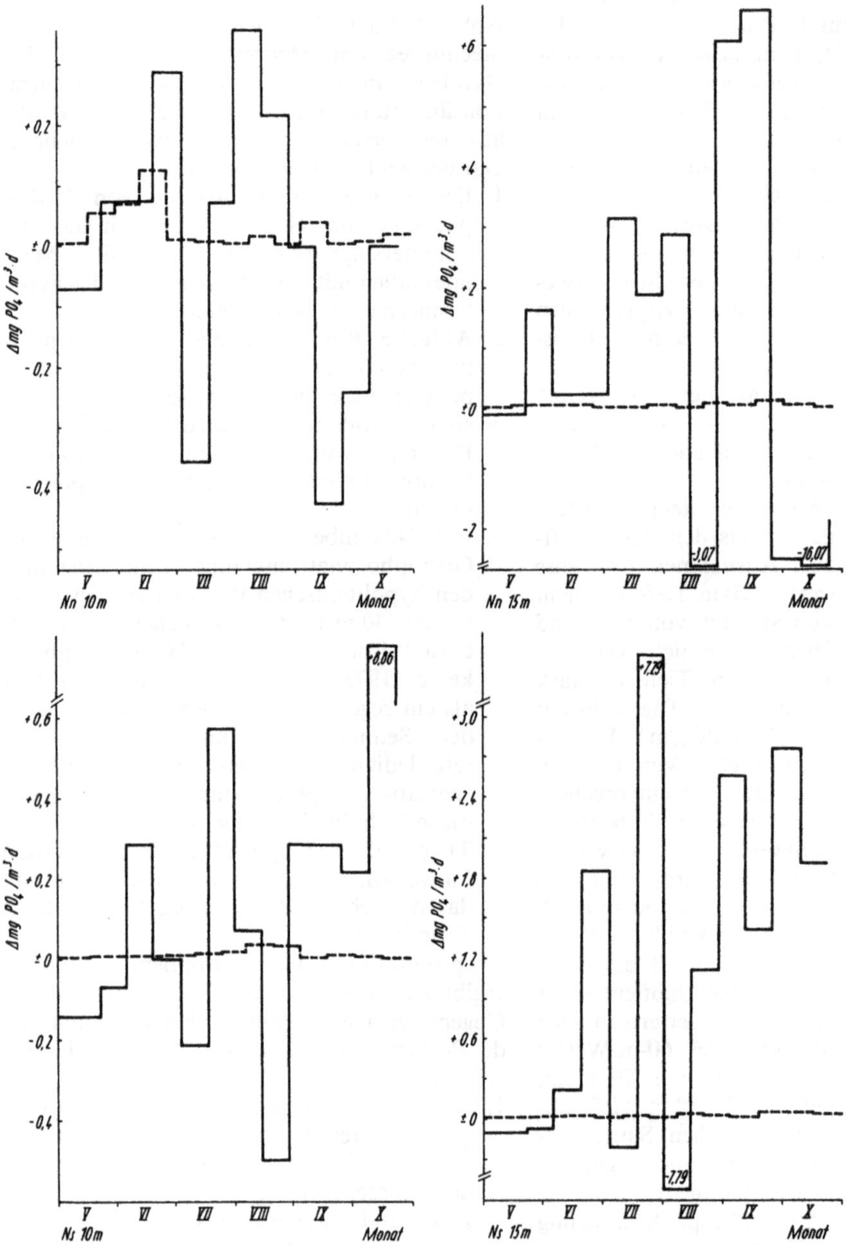

Abb. 19. Vergleich der aktuellen (———) mit der aus der Orthophosphatfreisetzung durch Abbau zu erwartenden (– – –) täglichen Orthophosphatänderung in beiden Becken des Nehmitzsees an den Meßpunkten Nn und Ns in verschiedenen Hypolimnionhorizonten im Jahre 1974

Phosphatfreisetzung bzw. Phosphatrückhaltung im Sediment sind typische Leistungen der eutrophen bzw. oligotrophen Seen. Ein Hinweis für die Phosphatquelle Sediment im Nehmitzsee sind die wesentlich größeren Konzentrationszunahmen in 15 m Tiefe gegenüber 10 m. Ebenso wie im Stechlinsee gibt es auch deutliche Rückgänge, der größte im N-Becken in 15 m Tiefe liegt im Oktober und beruht wahrscheinlich auf einer Ausfällung bei beginnender Herbstzirkulation.

Konnte man die Orthophosphatfreisetzung im Hypolimnion gegenüber der Freisetzung aus dem Sediment beim Nehmitzsee fast vernachlässigen, so erhält der Abbau im Hypolimnion beim Dagowsee wieder ein größeres Gewicht (Abb. 20). Der Abbau erreicht zwar nicht die Größe der aktuellen Konzentrationsänderung, aber in 5 m Tiefe sind die relativen Unterschiede kleiner als in 10 m Tiefe im Nehmitzsee. Dieser scheinbare Unterschied ergibt sich aus dem Phosphatstrom aus dem Sediment in die euphotische Zone, der bei weiterer Freisetzung aus dem Sediment nur noch zu geringen Konzentrationserhöhungen führt.

Im August bis Anfang September gibt es im Dagowsee einen massiven Konzentrationsrückgang, der nicht mit einer Sedimentation belegt ist, sich aber als Export in den Stechlinsee nachweisen läßt (Abb. 26). Die beginnende Zirkulation im Oktober führt auch zu einer Phosphatverteilung im See (Zunahme in 5 m, Abnahme in 7,5 m Tiefe).

Die hypolimnische Orthophosphatbilanz fordert vom Sediment des Stechlinsees eine weitgehende Phosphatrückhaltung während der Sommerstagnation, von denjenigen der Nehmitzseebecken und des Dagowsees eine Freisetzung. Die Freisetzung im Dagowsee übersteigt die der Nehmitzseebecken stark.

3.2.2. Nährstoffhaushalt des Sediments

Für eine Abschätzung des Nährstoffhaushalts der Sedimente ist die Kenntnis des absoluten Nährstoffgehalts Voraussetzung. Der Nähr-

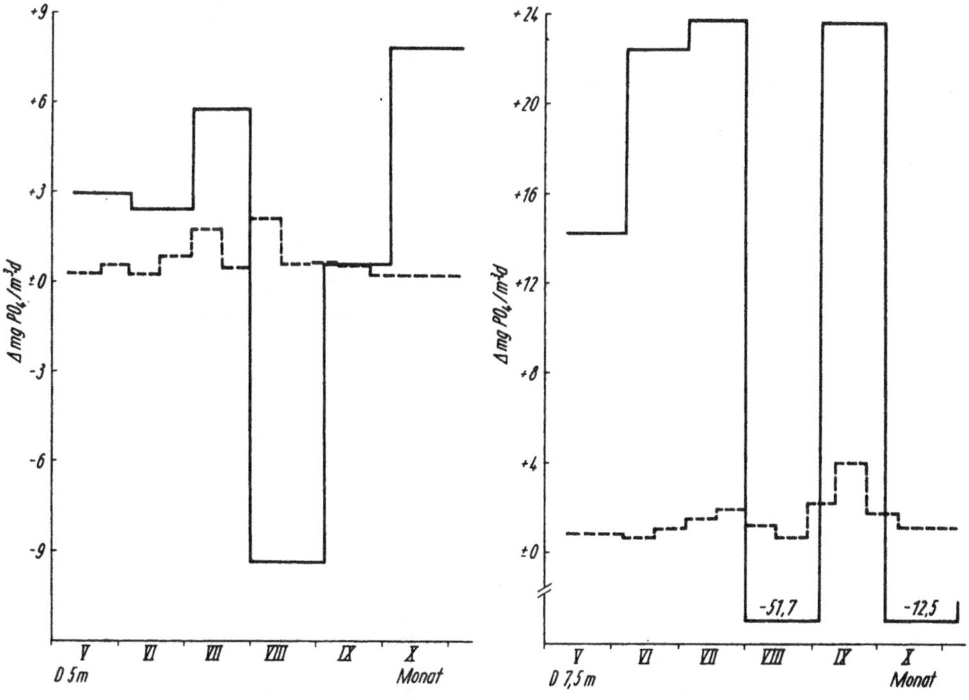

Abb. 20. Vergleich der aktuellen (———) mit der aus der Orthophosphatfreisetzung durch Abbau zu erwartenden (– – –) täglichen Orthophosphatänderung in verschiedenen Hypolimnionhorizonten des Dagowsees am Meßpunkt D im Jahre 1974

stoff liegt im Sediment in 2 Formen vor, in der abzentrifugierbaren festen Phase und in der wäßrigen Phase, dem Interstitialwasser. Beide Phasen wurden jeweils an den tiefsten Stellen der Seen des Stechlinseegebiets und weiterer Seen (zum Vergleich) untersucht.
Der Nährstoffgehalt des Sediments gibt jedoch nur ein Maß der potentiellen Nährstoffabgabe an das Pelagial. Einen besseren Einblick gewinnt man, wenn man die Verhältnisse zwischen C, N und P im sedimentierenden Material und im Sediment vergleicht. Für die Berechnung des absoluten Austausches Sediment—Wasser reicht auch das nicht aus, denn die Masse des völlig ausgetauschten sedimentierten Materials bleibt unbekannt. Da in unseren Seen Jahresschichtungen der sedimentierten Substanz fehlen, müssen Kalkulationen weiter helfen.

3.2.2.1. Nährstoffgehalt des Sediments

Tab. 5 enthält Phosphatkonzentrationen der Interstitialwässer. Die kultureutrophierten Seen unterscheiden sich von den anderen durch hohe Konzentrationen (über 10 g PO_4/m^3); der geringere Gehalt des Mittelbeckens des Jabelschen Sees entspricht dem geringeren Phosphorgehalt flacherer Sedimente in einem Gewässer (Proft 1967). Die absolute Konzentration des Gesamtphosphats besitzt eine geringere Bedeutung. Der Stechlinsee unterscheidet sich als klarer See deutlich von der Großen Fuchskuhle, in der es regelmäßig zu Vegetationsfärbungen kommt. In ähnlicher Weise unterscheiden sich beide Becken des Nehmitzsees vom Mittelbecken des Jabelschen Sees.
Deutlichere Parallelen zur Wasserqualität erbringt der Vergleich der Anteile der Gelöstphosphatfraktionen am Gesamtphosphat. Die produktionsarmen Seen weisen einen Orthophosphatanteil unter 15%, einen Gelöstphosphatanteil um 15% auf. Das deutet auf eine geringe Mineralisierungsrate im Sediment hin und korrespondiert gut mit der Produktionsarmut. Alle produktionsreichen Seen und Weiher dokumentieren eine höhere Mineralisierungsrate, die beim Orthophosphat über 50%, beim Gelöstphosphat über 75% liegt. Zwischen den produktionsreichen und -armen Gewässern steht die Große Fuchskuhle.
Tab. 6 gibt die Zusammensetzung von jeweils 1 m^3 Rohsediment an, das dem Durchschnitt der oberen 160-mm-Schicht des Sediments entspricht. Die Gegenüberstellung der 8 Fundorte enthält keine Konzentrationen, sondern die tatsächlich zur Verfügung stehenden Massen, wobei der Einfachheit halber die spezifischen Dichten des Sedimentwassers wie des Naßsediments = 1 gesetzt wurden.
Die von der Konsistenz her zähesten Sedimente (Jabelscher See) besitzen die größte Masse an Interstitialwasser, die Große Fuchskuhle mit einem relativ flüssigen Rohhumussediment die geringste. Diese Unterschiede beeinflussen jedoch nur in geringem Maße den gesamten Nährstoffgehalt im Sedimentwasser.
Die gelösten Phosphormassen in den Sedimenten der produktionsarmen Seen gleichen sich, die der produktionsreichen übersteigen erstere um 2 Größenordnungen. Beim Gesamt-

Tab. 5. Phosphatkonzentrationen einzelner Fraktionen im Sedimentwasser von Gewässern des Stechlinseegebiets und des Jabelschen Sees sowie ihr relativer Anteil am Gesamtphosphat des Interstitialwassers; Mittelwerte

	Orthophosphat		Gelöstphosphat		Gesamtphosphat
	mg PO_4/m^3	%	mg PO_4/m^3	%	mg PO_4/m^3
Stechlinsee	307	12	396	15	2588
Nehmitzsee-Südbecken	554	12	589	13	4525
Nehmitzsee-Nordbecken	576	10	899	16	5560
Große Fuchskuhle	753	35	1280	61	2105
Dagowsee	12361	64	16046	83	19296
Globsow-See	28100	70	35200	88	40000
Jabelscher See-Mittelbecken	4781	91	5199	99	5250
Jabelscher See-Nordbecken	21108	69	21335	69	30790

Tab. 6. Zusammensetzung von Sedimenten (obere 160-mm-Schicht, bezogen auf 1 m^3 der angenommenen spezifischen Masse = 1) verschiedener Seen und Weiher: Stechlinsee (St), Nehmitzsee-Nordbecken (Nn) und -Südbecken (Ns), Dagowsee (D — alle 27. 11. 74), Große Fuchskuhle (FK — 19. 9. 74), Globsow-See (Gl — 15. 5. 74), Jabelscher See-Mittelbecken (Jm) und -Nordbecken (Jn — beide 7. 5. 74)

	St	Nn	Ns	FK	D	Gl	Jm	Jn
				Interstitialwasser				
Masse (kg)	614	603	575	548	662	603	714	694
o.-PO_4 (g P)	0,018	0,008	0,007	0,165	2,655	5,529	1,266	5,065
gel.-PO_4 (g P)	0,022	0,016	0,010	0,399	3,348	6,926	1,414	5,073
ges.-PO_4 (g P)	0,453	0,679	0,512	0,488	4,126	7,870	1,421	7,842
gel.-NH_4 (g NH_4)	2,32	15,23	10,42	0,42	20,93	10,34	7,38	21,79
gel.-NO_3 (g NO_3)	0,15	0,005	0,01	0,09	0,15	0,10	n. n.	0,20
gel.-N (g N)	1,84	11,84	8,11	0,35	16,32	8,07	5,75	17,00
gel.-SiO_2 (g SiO_2)	18,94	29,54	29,40	6,90	36,75	14,40	35,48	36,34
				partikuläres Sediment				
Naßmasse (kg)	386	397	425	452	338	397	286	306
Trockenmasse (kg)	48,2	67,7	57,38	41,83	82,13	48,0	88,9	85,1
Asche (kg)	23,31	42,00	32,73	5,40	48,67	22,60	69,88	65,84
$CaCO_3$ (kg)	2,557	16,241	5,94	n. n.	10,47	?	20,60	15,85
C (kg)	10,903	14,420	13,146	18,819	16,344	13,690	14,166	13,173
N (kg)	1,133	1,368	1,366	1,247	1,355	1,234	1,173	0,928
H (kg)	1,489	1,760	1,876	2,409	1,651	1,646	1,209	1,234
P (kg)	0,309	0,241	0,302	0,031	0,106	0,129	0,164	0,184
Gesamtsumme P (g)	309,274	241,892	302,765	31,325	110,534	136,870	165,421	191,842
Anteil des Interstitialwassers an Gesamtsumme P (%)	0,146	0,281	0,169	1,558	3,733	5,750	0,859	4,088

phosphat gehört die Große Fuchskuhle zum Bereich der produktionsarmen Gewässer.

Eine Parallele zwischen Nährstoffgehalt des Interstitialwassers und der Produktivität des Gewässers läßt sich beim Phosphor, nicht aber beim Stickstoff und Silizium erkennen. Nur die Große Fuchskuhle unterschreitet bei letzteren alle anderen Gewässer deutlich, der Stechlinsee weist ebenfalls einen verminderten Nährstoffgehalt auf. Stickstoff liegt im Interstitialwasser hauptsächlich als Ammonium vor, Nitrat findet man in allen Sedimenten nur in geringen Konzentrationen.

Wesentlich geringere Unterschiede gibt es in der Zusammensetzung des partikulären Anteils. Da das Naßsediment im Vergleich mit dem Interstitialwasser den absolut geringeren Anteil hat, vergrößern sich die relativen Abweichungen. Beim Trockensediment ergeben sich Unterschiede, die im höheren Aschegehalt der produktiveren Seesedimente begründet sind.

Am Aschegehalt der produktiven Seen ist das Kalziumkarbonat wesentlich beteiligt (20% und mehr). Im Stechlinsee geht der Kalkanteil auf 10% zurück und läßt sich in der Großen Fuchskuhle nicht nachweisen.

Der Kohlenstoffanteil des Kalkes beeinflußt den angegebenen Kohlenstoff mit weniger als 10%, lediglich im Mittelbecken des Jabelschen Sees erreicht er 20% (flacherer Gewässerbereich vom Gesamtsee).

Den geringsten Kohlenstoffanteil besitzt der Stechlinsee, den höchsten die Große Fuchskuhle. Hinsichtlich des Stickstoffgehalts gleichen sich die Sedimente, lediglich das Nordbecken des Jabelschen Sees fällt etwas ab. Auch der Wasserstoffgehalt der Sedimente läßt keine Hinweise auf das Redoxpotential im Sediment zu. Der Stechlinsee weist sogar mit seinem geringen Kohlenstoffanteil auf einen relativ hohen Wasserstoffanteil hin.

Unterschiede gibt es beim Phosphorgehalt der Sedimente. Stechlinsee und Nehmitzsee-

Südbecken stehen deutlich an der Spitze, die Große Fuchskuhle unterschreitet erstere um eine Größenordnung. Beide Nehmitzseebecken müßten einen ähnlichen Phosphorgehalt besitzen, wäre nicht das N-Becken durch den Kraftwerksbetrieb deutlich verändert (Mothes 1975; Abb. 26).
Tab. 6 informiert über den Gesamtphosphorgehalt der Sedimente und den Anteil des Gesamtphosphatwerts des Interstitialwassers am Gesamtphosphorgehalt. Die Phosphorgehalte des Interstitialwassers spielen absolut gesehen eine untergeordnete Rolle, die Masse liegt partikulär vor. Der Anteil des Gesamtphosphats im Interstitialwasser an dem des Gesamtsediments liegt jedoch dort um eine Größenordnung höher, wo wir eine erhebliche Mobilisierung von Phosphor aus dem Sediment ins Freiwasser erwarten.

3.2.2.2. Vergleich des Phosphorgehalts im Sediment mit dem im Pelagial

Das Sediment wird als der Nährstoffspeicher für die Stoffdynamik in der euphotischen Zone bzw. im Gesamtsee betrachtet. Tab. 7 zeigt die Sedimentstärken an, die zum Austausch des pelagischen Phosphors mit Sedimentphosphor benötigt werden.
Tauscht man (rechnerisch) das verfügbare Interstitialwasser mit jeweils 1 m des überstehenden Pelagials aus, so erhält man Werte in der Größenordnung von wenigen Zentimetern (bis 0,25 m beim Globsower See). Die Berechnung des Austauschs mit dem gesamten überstehenden Pelagial erscheint irreal. Der Phosphorgehalt des Interstitialwassers reicht damit nicht zur völligen Pufferung des pelagischen Phosphorgehalts aus.
Versucht man das pelagische Gesamtphosphat durch partikulären Sedimentphosphor auszutauschen, so erscheint das in allen Gewässern leicht möglich. Man bleibt grundsätzlich in einem Bereich, in dem makroskopische Bodentiere das Sediment ständig umlagern. Betrachtet man den Austausch nur einer Meterschicht, so erreicht man in den produktionsarmen Gewässern die Größe von Organismen des Mikrozoobenthos, 1 mm Sedimentstärke wird abgesehen vom Globsower See kaum überschritten. Das Sediment ist damit von seinem Phosphorreichtum her in der Lage, den Phosphatgehalt im Pelagial beliebig aufzufüllen.

3.2.3. Atomare C:N:P-Relationen während der Sedimentation und im Sediment

Erwies sich das Sediment mit seinem Phosphorreichtum in der Lage, das Pelagial zu versorgen, so blieb bisher unklar, wieviel Phosphor zwischen Sediment und Pelagial ausgetauscht wird. Davon hängt die Nährstoffversorgung der Organismen im Pelagial ab. Eine gewisse Auskunft geben die C:N:P-Relationen.

Tab. 7. Sedimentstärke (mm), die mit ihrem Phosphorgehalt den pelagischen Gesamtphosphorgehalt einer 1-m-Schicht oder der gesamten Wassersäule auszutauschen vermag (jeweils tiefste Stelle des Gewässers unter der gleichen Oberfläche; Termin: Beginn Sommerstagnation); Bezeichnung der Gewässer wie Tab. 6

Gewässer	Tiefe	pelag. Konz.	Interstitialwasser		Sediment	
	m	mg P/m³	1 m	Gesamt	1 m	Gesamt
St	68	11	24	1651	0,04	2,4
Ns	17,5	13	25	444	0,04	0,8
Nn	18,5	13	19	354	0,05	0,9
FK	4	23	47	189	0,74	3,0
D	9	131	32	286	1,24	11,1
Gl	4	2121	270	1078	16,44	65,8
Jm	14	98	69	966	0,60	8,4
Jn	24	131	17	401	0,71	17,1

3.2.3.1. Sedimentation

Für eine Summenbestimmung bot sich die während der Sedimentationsmessung aufgefangene Substanz an.

Eine normal und ausreichend ernährte Phytoplanktonsubstanz sollte ein Verhältnis von C:N:P = 106:16:1 haben (SCHWOERBEL 1971). Liegen C und N über diesem Wert bei P = 1, kann eine Phosphorlimitation bestehen. Bei niedrigeren Werten darf man kaum von einer solchen Verarmung sprechen. Die gleichen Schlußfolgerungen lassen sich auch für den Stickstoff ziehen.

Abb. 21—24 stellen Jahresgänge des C- und N-Gehalts der sedimentierenden Massen in atomarer Relation zu P = 1 vor. Das Verhältnis von C und N gegenüber P ändert sich im Jahresverlauf. Die Änderung übersteigt in einigen Fällen eine Größenordnung. Der Verlauf der zusammengehörenden C- und N-Kurven erscheint weitgehend parallel. Daraus folgt ein relativ konstantes C/N-Verhältnis und eine große Variabilität von P in der sedimentierenden Masse.

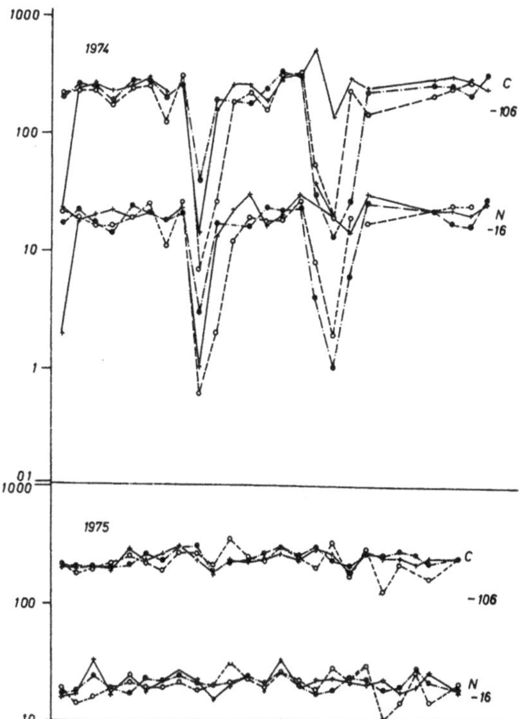

Abb. 21. Jahresgang des Kohlenstoff- und Stickstoffgehalts der sedimentierenden Masse als atomare Relation zu P = 1 im Stechlinsee in verschiedenen Meßhorizonten des Meßpunkts St der Jahre 1974 und 1975

Die Zusammensetzung der lebenden Zönose über den Sedimentationsbehältern unterliegt Schwankungen entsprechend dem Nährstoffangebot in den Gewässern. Beim schnellen Absterben verlieren manche Organismen Phosphor. Sedimentierende, lebende Organismen vermögen in tieferen Horizonten ihr Phosphordefizit aufzufüllen. Verlust durch Lysis und Anreicherung durch Aufnahme lassen sich in der Bilanz nicht trennen. Zu diesem sedimentierenden Material treten resuspendiertes Material mit einem fast beliebigen C:N:P-Verhältnis sowie im oxydoreduktiven Grenzbereich gefälltes Phosphat, das das sedimentierende Material mit Phosphor übersättigt. Allochthones Material spielt an den Meßstellen der untersuchten Seen eine geringe Rolle.

Abb. 21 zeigt 2 Jahresgänge von der tiefsten Stelle des Stechlinsees (St), an der jeweils 3 Meßhorizonte registriert wurden. Das Jahr 1975 (untere Kurve) zeichnete sich durch eine geringe exogene Beeinflussung des Sees infolge einer weitgehenden Ruhe des Kraftwerksbetriebs und fehlendem Dagowseeimport aus. Der Kohlenstoffanteil liegt für P = 1 in der Regel zwischen 200 und 300, der Stickstoffanteil meist zwischen 20 und 30. Das spricht für eine Phosphorlimitierung der pelagischen Zönose. Lediglich in den Herbstmonaten ab Ende September bis in den Januar hinein treten vor allem in 20 m Tiefe Stickstoffverarmungen auf.

Der Jahresverlauf 1974 enthält die zweimalige Sedimentation sehr phosphorreichen Materials. Dieser Phosphorreichtum tritt in allen Meßhorizonten auf und muß aus der euphotischen Zone stammen. Er ist ganz anders zu bewerten als die Spitze des 60-m-Horizonts im Januar, die auf eine Sedimentumlagerung zurückgehen dürfte.

Genaue Kenntnis besitzen wir von der Herkunft des phosphorreichen Materials, das im August sedimentierte. Am 26. 6. begann das KKW nach einer 6wöchigen Pause mit dem Betrieb. Dadurch gelangten innerhalb von etwa 10 Tagen große Phosphormengen (etwa 400 kg PO_4) in den Stechlinsee. Sie verblieben als Gesamtphosphat gut nachweisbar 4 Wochen in der euphotischen Zone. Erst danach begannen sie, mit einem Maximum 6 Wochen nach der Nährstoffzufuhr in Form phosphorreichen Materials, zu sedimentieren. Davor und danach sedimentierte normal phosphorlimitiertes Material.

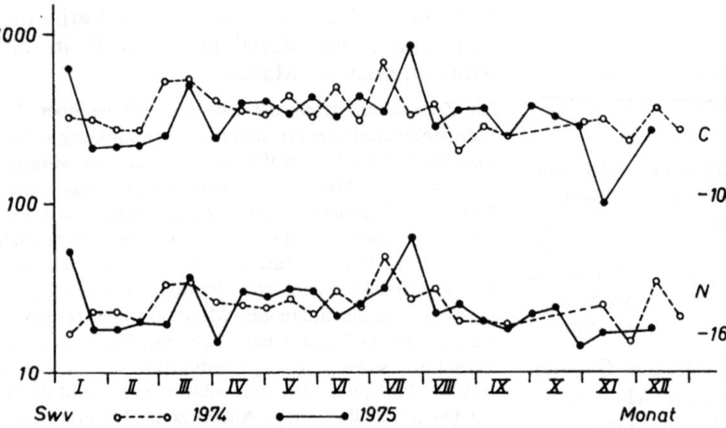

Abb. 22. Jahresgang des Kohlenstoff- und Stickstoffgehaltes der sedimentierenden Masse als atomare Relation zu P = 1 im Stechlinsee am Meßpunkt Swv in 10 m Tiefe der Jahre 1974 und 1975

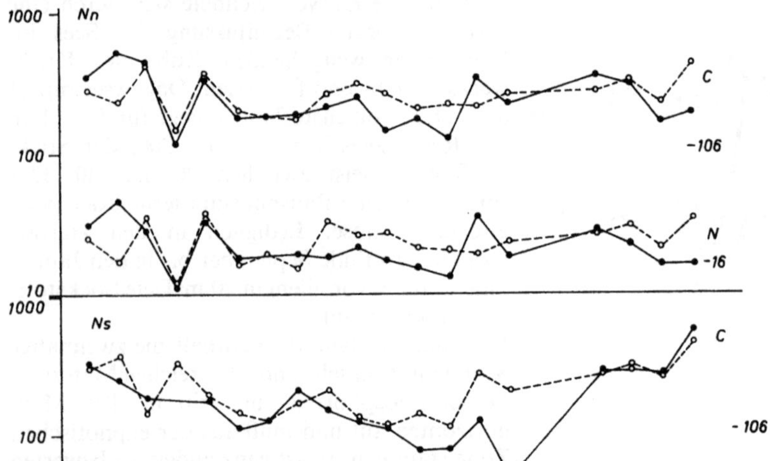

Abb. 23. Jahresgang des Kohlenstoff- und Stickstoffgehalts der sedimentierenden Masse als atomare Relation zu P = 1 in verschiedenen Meßhorizonten im Nehmitzsee-Nordbecken am Meßpunkt Nn und im Nehmitzsee-Südbecken am Meßpunkt Ns des Jahres 1974

Die Eliminationsspitze für Phosphor Anfang Mai läßt sich nicht so einfach deuten,. Sie trat in einem zeitlich relativ kurzen Abschnitt von 2 Wochen auf. Anfang Mai beginnt die Sommerstagnation, und gleichzeitig ist das der Zeitpunkt des Endes der Gesamtphosphatakkumulation im Pelagial. Hier fällt der Phosphorexport mit der Sedimentation mikroplanktischer Diatomeen zusammen. Auf die Sedimentation größerer Phosphormengen, nicht nur -konzentrationen, weist Abb. 4 in beiden Fällen hin.

Da der Gesamtphosphatanstieg im Frühjahr ein jährlich wiederkehrendes Ereignis ist, sollte man annehmen, daß auch die Phosphorelimination sich alljährlich anschließt. Das war aber 1975 nicht der Fall.

Abb. 22 enthält 2 Jahresgänge vom Ende der W-Bucht des Stechlinsees (Swv). Der Gang entspricht etwa dem Jahre 1975 an St, nur ist das Material stärker phosphorverarmt. Die Phosphoreliminationen im Zentralbecken des Jahres 1974 lassen sich hier nicht beobachten. Der Nährstoffimport aus dem Nehmitzsee kommt nicht zur Auswirkung. Die euphotische Zone im Stechlinsee ist inhomogen. Die Inhomogenität kommt auch in der Periphytonproduktion mit einem Maximum an St gegenüber Swv und Ss zum Ausdruck (SCHEFFLER 1980).

Einen ganz anderen Verlauf zeigt der Dagowsee (Abb. 24). Im Frühjahr und Spätherbst

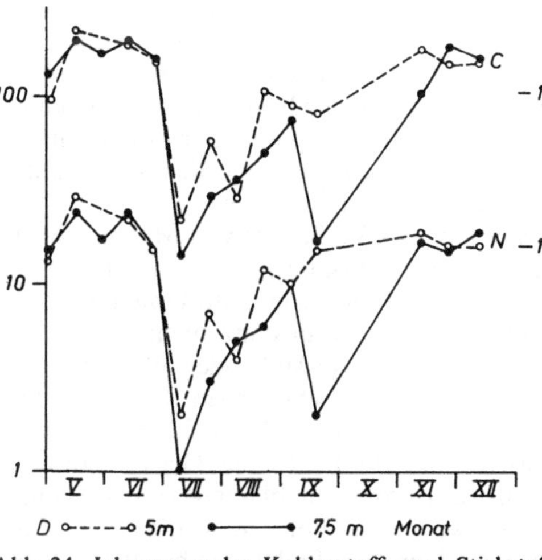

Abb. 24. Jahresgang des Kohlenstoff- und Stickstoffgehalts der sedimentierenden Masse als atomare Relation zu P = 1 in verschiedenen Meßhorizonten des Dagowsees am Meßpunkt D im Jahre 1974

ist das sedimentierende Material nicht gut mit Phosphor versorgt, trotz des relativ hohen Orthophosphatgehalts in der euphotischen Zone (MOTHES 1980). Im Juli sedimentiert sehr phosphorreiches Material, im September ebenso am tiefen Meßhorizont.

Im Juli beginnt das Sediment in großem Maße Phosphor freizusetzen, und dieser gelangt auch bis in die euphotische Zone (Abb. 28). Das Septembermaximum in 7,5 m Tiefe führen wir auf die Phosphat-Eisen-Fällung bei beginnender Zirkulation und Oxydation des hypolimnischen Wasserkörpers zurück.

Dieses Phosphormaximum im Tiefenhorizont beobachtet man ebenfalls im Nehmitzsee-Südbecken (Abb. 23). Es zeichnet sich hier bereits im August ab. Im Nehmitzsee-Nordbecken sedimentiert im tieferen Horizont im anaeroben Milieu ebenfalls mehr Phosphor, jedoch konnte die Spitze im Herbst nicht beobachtet werden (Ausfall von 2 Meßwerten).

Trotz des Phosphorangebots aus dem Sediment während der Sommerstagnation und einer teilweise sehr günstigen Phosphorversorgung (Dagowsee) fällt die Annahme einer echten Stickstofflimitation schwer. Das C/N-Verhältnis liegt zwar ungünstiger als der theoretische Wert (6,6), jedoch immer noch günstiger als der Durchschnittswert im Stechlinsee. Man wird auch in den eutrophen Seen mit einer begrenzenden Rolle des Phosphors rechnen müssen.

Tab. 8 bringt eine Zusammenstellung der prozentualen Masseanteile einzelner Elemente der Trockensubstanz. Der Kohlenstoffgehalt der sedimentierenden Trockensubstanz nimmt mit steigender Primärproduktionsleistung zu. Im Stechlinsee liegt der Durchschnitt bei 20% und steigt über die beiden Becken des Nehmitzsees bis auf etwa 28% im Dagowsee an. Nimmt der Kohlenstoffanteil während der Sedimentation bei den eutrophen Seen zu, so beobachtet man im Stechlinsee zuerst eine Abnahme, die dann zwischen 40 und 60 m in eine Zunahme übergehen kann (1974—1975, nicht 1973).

Ähnlich wie der Kohlenstoff — mit Anstieg bei steigender Primärproduktionsleistung und etwa ähnlichen Beziehungen zur Tiefe des Meßhorizonts — verhalten sich Stickstoff und Wasserstoff. Diese 3 Elemente machen daher auf den ersten Blick einen ausgeglichenen Eindruck. Betrachtet man aber den Phosphor,

Tab. 8. Mittelwerte, Maxima und Minima der Massenanteile einiger Elemente an der sedimentierenden Trockensubstanz verschiedener Seen und Tiefen

Ort	Tiefe	Jahr	C			N			H			P		
	(m)		Ø	Max.	Min.	Ø	Max.	Min.	Ø	Max.	Min.	Ø	Max.	Min.
St	20	1973	20,08	24,17	14,14	2,43	5,61	0,75	2,32	3,04	1,24	0,35	0,71	0,14
	40		19,72	24,44	17,50	2,08	2,87	1,60	2,53	5,53	1,97	0,23	0,57	0,10
	60		19,45	28,32	9,00	2,30	5,03	0,90	2,24	3,61	0,92	0,22	0,34	0,12
Swv	10		19,51	21,57	15,86	1,69	2,28	0,90	2,02	2,38	1,03	0,15	0,22	0,07
St	20	1974	20,47	23,74	15,82	2,16	3,77	1,27	2,31	3,09	1,70	0,87	7,61	0,16
	40		19,16	22,10	17,00	2,09	3,03	1,36	2,27	2,67	1,36	0,59	4,28	0,13
	60		21,53	43,54	17,81	2,19	3,85	1,32	2,55	6,51	1,73	0,49	3,64	0,16
Swv	10		19,90	23,88	15,19	1,77	2,60	1,24	2,04	2,91	1,41	0,16	0,24	0,09
St	20	1975	21,51	25,74	18,28	2,37	3,98	1,41	2,98	3,88	2,32	0,26	0,45	0,14
	40		20,06	23,75	14,89	2,03	2,71	1,10	2,73	3,60	1,78	0,22	0,29	0,14
	60		20,23	22,91	16,26	2,14	3,58	1,59	2,71	3,71	1,86	0,24	0,30	0,16
Swv	10		19,26	21,51	14,12	1,68	2,22	1,05	2,35	3,20	1,78	0,16	0,28	0,05
St	20	1973	20,78	25,74	14,14	2,34	5,61	0,75	2,60	3,88	1,24	0,49	7,61	0,14
	40	—75	19,68	24,44	14,89	2,06	3,03	1,10	2,53	5,53	1,36	0,35	4,28	0,10
	60		20,45	43,54	9,00	2,20	5,03	0,90	2,56	6,51	0,92	0,32	3,64	0,12
Swv	10		19,57	23,88	14,12	1,72	2,60	0,90	2,16	3,20	1,03	0,16	0,28	0,05
Nn	10	1974	22,88	24,55	20,66	2,43	3,20	1,96	2,76	3,53	2,24	0,27	1,05	0,14
	15		22,95	31,07	17,29	2,46	3,37	1,81	2,76	3,59	2,04	0,27	0,50	0,15
Ns	10		24,72	30,66	18,58	2,81	4,43	1,63	3,08	3,89	2,42	0,31	0,63	0,17
	15		24,95	26,41	20,04	2,74	3,91	1,96	3,15	3,73	2,26	0,43	1,21	0,14
D	5		27,29	34,36	18,19	3,62	5,01	2,33	3,50	5,10	2,26	0,85	2,72	0,35
	7,5		28,41	37,15	16,21	4,10	6,10	2,81	3,65	5,10	2,76	1,39	4,53	0,35

so passen die Mittelwerte überhaupt nicht in dieses ausgeglichene Bild. 1973 erreicht St 20 einen Mittelwert, der dem Nehmitzsee-Südbecken entspricht, jedoch nicht dessen C, N- und H-Anteil. 1974 überflügelt St 20 sogar D 5 im mittleren Phosphorgehalt, bleibt aber im C-, N- und H-Wert unter dem Jahre 1975, das den geringsten mittleren Phosphorwert erbrachte. Daraus läßt sich folgendes ableiten:

1. Im Seengebiet haben produktionsreichere Seen einen gesteigerten Trockenmasseanteil von C, N, H und P in der sedimentierenden Substanz.
2. Kurzfristige Zufuhren des produktionsbegrenzenden Phosphors vermögen zwar stark das mittlere Sedimentationsergebnis zu beeinflussen, nicht aber langfristig die sedimentierende Substanz zu verändern.

Starke Schwankungen der Zusammensetzung der sedimentierenden Substanz, wie sie an St auftraten, beobachtet man an Swv nicht. Im Nehmitzsee-Nordbecken fand sich 1974 eine im Verhältnis zu C, N und H relativ phosphorarme organische Substanz in beiden Probentiefen. Phosphorarmes Seston im Nehmitzsee-Nordbecken und phosphorreiches im Stechlinsee weisen uns auf noch unbekannte Wechselbeziehungen zwischen beiden Seen hin. Bekannt sind lediglich die Phosphorexporte des Nehmitzsees in den Stechlinsee, die den sogenannten Phosphorreichtum bewirkten.

Tab. 9 faßt das Verhältnis von Maxima : Minima der Tab. 8 zusammen. Danach bleibt die Variationsbreite des Kohlenstoffanteils der sedimentierten Trockensubstanz an einer der Meßstellen im Jahresverlauf oder über mehrere Jahre hinweg in sehr engen Grenzen. Der Quotient 2 wird nur in 4 von 22 Werten überschritten, der Quotient 5 nie. Der Kohlenstoffanteil weist damit unabhängig vom jeweiligen Absolutwert eine hohe Konstanz auf. Eine geringere Konstanz findet man bei den Anteilen von N und H. Der Quotient 3 wird nur mit 4 (N) bzw. 6 (H) von 22 Werten überschritten. Fehlende Konstanz oder eine hohe Variabilität ergibt sich beim Phosphoranteil. Nur 4 von 22 Werten liegen unter 3, der Quotient 30 wird 5mal überschritten.

Tab. 9. Variationsbreite des Gehaltes einzelner Elemente in der sedimentierenden Trockensubstanz (Maximalkonzentration : Minimalkonzentration, entsprechend Tab. 8) in Seen des Stechlinseegebietes

Ort	Tiefe m	Jahr	C	N	H	P
St	20	1973	1,71	7,48	2,45	5,07
	40		1,40	1,79	2,81	5,70
	60		3,15	5,59	3,92	2,83
Swv	10		1,36	2,53	2,31	3,14
St	20	1974	1,50	2,97	1,82	47,56
	40		1,30	2,23	1,96	32,92
	60		2,44	2,92	3,76	22,75
Swv	10		1,57	2,10	2,06	2,67
St	20	1975	1,41	2,82	1,67	3,21
	40		1,60	2,46	2,02	2,07
	60		1,41	2,25	1,99	1,88
Swv	10		1,52	2,11	1,80	5,60
St	20	1973	1,82	7,48	3,13	54,36
	40	—75	1,64	2,75	4,07	42,80
	60		4,84	5,59	7,08	30,33
Swv	10		1,69	2,89	3,11	5,60
Nn	10	1974	1,19	1,63	1,58	7,50
	15		1,80	1,86	1,76	3,33
Ns	10		1,65	2,72	1,61	3,71
	15		1,32	1,99	1,65	8,64
D	5		1,89	2,15	2,26	7,77
	7,5		2,29	2,17	1,85	12,94

Im Seengebiet stammt die sedimentierende Substanz zumeist direkt oder auch indirekt von Organismen des Gewässers ab. Hohe Konstanz bedeutet für die Organismen entweder, daß dieses Element in einem ganz bestimmten Verhältnis notwendig oder daß es immer frei verfügbar war. Wenn z. B. die Absolutanteile des Kohlenstoffs von See zu See variieren (Tab. 8), sollte eine hohe Konstanz die freie C-Verfügbarkeit bedeuten. Von den Makronährstoffen C, N und P steht danach C in ausreichendem, P nur in sehr geringem Maße zur Verfügung. Die relative Konstanz des N gegenüber P weist auf die überwiegend produktionsbegrenzende Rolle des P im Seengebiet hin.

„Normal" zusammengesetzte Trockenmasse aus der planktischen Zönose sollte einen P-Anteil von 1% und einen N-Anteil von 7% haben. Nur im Dagowsee ist dieses Limit etwa erfüllt. Im Stechlinsee unterschreiten die Minima das Limit mit N = 0,75% und P = 0,05% kräftig. Wie das Jahr 1975 beim Stechlinsee mit nur geringen äußeren Nährstoffzufuhren in den See zeigt, erfolgt noch eine ansehnliche Produktion bei Senkung des „Normalwerts" bei N auf $^1/_3$ und bei P auf $^1/_4$. Bei welchem Anteil N die Primärproduktion limitiert, geht aus dem Material nicht hervor.

3.2.3.2. Sediment

Tab. 10 gibt in der linken Hälfte eine Gegenüberstellung durchschnittlicher Proportionen von C, N und P im sedimentierenden Material und für 1974 im Sediment. Es handelt sich um Proportionen der Häufigkeit von Atomen bezogen auf P = 1. Beim Sediment wurde nur der partikuläre Anteil berücksichtigt, die Massen im Interstitialwasser vernachlässigt (siehe Tab. 6 u. 7). Da sich das sedimentierende Material während des Sedimentationsvorgangs verändert, wird die Zusammensetzung des Sediments nur mit dem sedimentierenden Material verglichen, das direkt über der Sedimentoberfläche aufgefangen wurde. Der Vergleich zeigt folgendes:

1. Im oligotrophen Stechlinsee ist das Sediment deutlich nährstoffreicher als das sedimentierende Material (geringerer Kohlenstoffanteil/Atom P, sinkendes C/N-Verhältnis).
2. Ein phosphorreicheres Sediment besitzt auch der Nehmitzsee als Typus des produktionsarmen, eutrophen Gewässers. Hinsichtlich des Stickstoffs kann es zu einer Verarmung kommen (N-Becken im Gegensatz zum S-Becken).
3. Der produktionsreiche, eutrophe Dagowsee besitzt gegenüber dem sedimentierenden Material ein nährstoffarmes Sediment.

Eine Änderung des Nährstoffgehaltes beim Übergang des sedimentierenden Materials in das Sediment bedeutet, daß entweder überwiegend C abgebaut (nährstoffreichere Sedimente von Stechlin- und Nehmitzsee) oder Nährstoff freigesetzt wird (nährstoffärmeres Sediment des Dagowsees).

Tab. 10. Durchschnittliches Atomverhältnis von Kohlenstoff und Stickstoff für P = 1 und C/N-Relationen im sedimentierenden Material (entsprechend Tab. 1) und Sediment (nur 1974) sowie der notwendige Nährstoffausgleich für die Umwandlung von 1000 C vom sedimentierenden Material in das Sediment (+ = zusätzliche Speicherung; — = Freisetzung) in Seen des Stechlinseegebiets

Ort	Tiefe	Jahr	Sedimentation			Sediment			Sedimentation		Sediment		Ausgleich	
	m		C	N	C/N	C	N	C/N	N	P	N	P	N	P
1000 C enthalten:														
St	20	1973	263	24	11									
	40		250	23	11									
	60		243	22	11				90,5	4,1			+12,3	+ 5,2
Swv	10		417	31	13									
St	20	1974	149	13	11									
	40		101	9	11									
	60		277	24	12	107	11	10	86,6	3,6	102,8	9,3	+16,2	+ 5,7
Swv	10		326	25	13									
St	20	1975	223	20	11									
	40		243	20	12									
	60		237	21	11				88,6	4,2			+14,2	+ 5,1
Swv	10		342	24	14									
St	20	1973	201	18	11									
	40	—75	168	15	11									
	60		251	22	11				87,6	4,0			+15,2	+ 5,3
Swv	10		341	25	14									
Nn	10	1974	261	24	11									
	15		199	23	9	137	12	12	115,6	5,0	87,6	7,3	−27,9	+ 2,3
Ns	10		221	20	11									
	15		170	16	10	96	10	10	94,1	5,9	104,2	10,4	+10,1	+ 4,5
D	5		105	12	9									
	7,5		65	8	8	425	33	13	123,1	15,4	77,6	2,4	—45,5	—13,0

Zur Verdeutlichung dieses Sachverhaltes enthält die rechte Seite der Tab. 10 die Anzahl von N- und P-Atomen, die mit je 1000 C-Atomen sedimentieren oder im Sediment vorhanden sind. Unter der Annahme eines fehlenden C-Abbaus müßten pro 1000 C-Atome im Stechlinsee 5 P- und 12 N-Atome, im Nehmitzsee durchschnittlich 3 P- und keine N-Atome zusätzlich gespeichert, im Dagowsee dagegen 13 P- und 46 N-Atome freigesetzt werden. Die Nährstofffreisetzung im Dagowsee läßt sich ohne, die Nährstoffbindung in den produktionsarmen Seen aber nur mit einem Kohlenstoffabbau verstehen.

3.2.4. Gesamtphosphatbilanz der euphotischen Zone

Die euphotischen Zonen der Seen im Stechlinseegebiet zeichnen sich hinsichtlich ihrer räumlichen Abgrenzung folgendermaßen aus:

1. Die Stärke der euphotischen Zone variiert ganzjährig in einem gewissen Tiefenbereich in Abhängigkeit von Strahlung und Transparenz des Wassers.
2. Während der Stagnation besteht eine zeitweise Abtrennung der euphotischen von der aphotischen Zone und dem Sediment. Der Nährstoffrückfluß aus der aphotischen Zone in die euphotische erscheint damit zeitweise als unterbrochen.
3. In Stechlin- und Nehmitzsee erreicht die euphotische Zone das sommerliche Hypolimnion, einen Wasserkörper geringer Turbulenz. Die Grenze zur aphotischen Zone erscheint damit relativ stabil.
4. Im Dagowsee bleibt die euphotische Zone von der Strahlung her gesehen zeitweise auf Teile des Epilimnions beschränkt. Da jedoch das Epilimnion infolge Windeinwirkung ständig zirkuliert, die Phytoplankter damit nur zeitweise in die aphotische

Zone gelangen, muß die euphotische Zone im Dagowsee mindestens das Epilimnion umfassen.

Abb. 25 gibt ein Schema der Stoffdynamik zwischen der euphotischen Zone und dem umgebenden Milieu, das nicht die Stoffdynamik des „kurzgeschlossenen Kreislaufs" enthält, der sich innerhalb der euphotischen Zone abspielt und in dem die größten Umsätze ablaufen (vgl. Abb. 9).

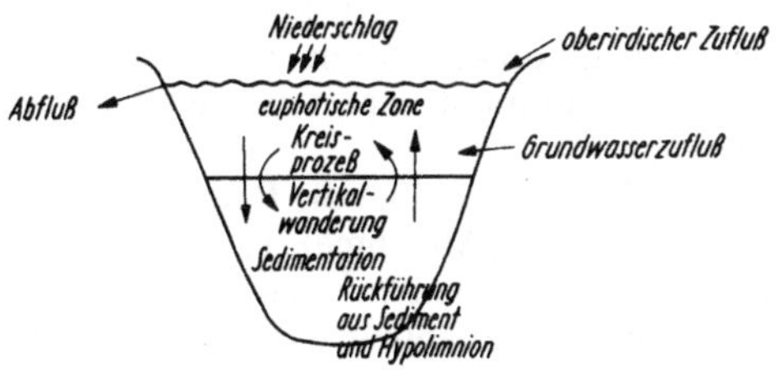

Abb. 25. Schema der Nährstofflüsse in und aus der euphotischen Zone eines geschichteten Sees

3.2.4.1. Niederschlag

Die Orthophosphatgehalte im Niederschlag schwanken stark. Je nach Dauer der Niederschlagsperiode und Zeitpunkt des Niederschlags kommen Werte zwischen 13 und 207 mg PO_4/m^3 vor. Die höchsten Werte mißt man bei Regenbeginn nach Trockenperioden und zu Zeiten aviochemischer Düngung der Umgebung. Die Gesamtphosphatgehalte liegen höher und können 300 mg PO_4/m^3 übersteigen. Der Gesamtphosphatgehalt im Schnee bleibt mit 30 mg PO_4/m^3 gering.

Als atmosphärischen Eintrag haben wir nicht nur den Niederschlag zu berücksichtigen. Staub, organismischer Eintrag wie Pollen, Bestandsabfall, Insektenleichen u. a. Zur Kalkulation dieses zusätzlichen Wertes untersuchten wir das Wasser aus Niederschlagssammlern unseres Gebiets. Die Gesamtphosphatanalysen ergaben Werte bis über 1 g PO_4/m^3.

Den größten Phosphoreintrag in die Niederschlagssammler erbrachten die Insekten. Da diese meist aus dem See selbst stammten, stellt ihr Phosphoranteil einen Export dar. Wir können ihn vernachlässigen, da seine Größe dem Import durch Staub, Pollen und Bestandsabfall entsprechen dürfte.

Als atmosphärischen Eintrag ist nur der Niederschlag zu berücksichtigen, für den ein mittlerer Phosphatgehalt von 87 mg PO_4/m^3 angesetzt wurde[4].

3.2.4.2. Grundwasser

Die Grundwasserentnahme in der Umgebung des Stechlinsees erfolgte aus Pegelrohren des FIH. Wir erhielten Ortho- und Gelöstphosphatwerte um 2 mg PO_4/m^3 bei teilweise erheblichen Gesamtphosphatkonzentrationen (20 ... > > 100 mg PO_4/m^3). Der hohe Gesamtphosphatgehalt geht auf Trübstoffe zurück, die durch die erhöhte Fließgeschwindigkeit des Wassers beim Abpumpen (Absenken des Grundwasserspiegels im Rohr um mehrere Meter) aufgewirbelt und transportiert werden. Im normalen Grundwasserstrom dürften die Trübstoffe in Ruhe verbleiben. Es erscheint daher gerechtfertigt, mit einer Grundwasserbelastung von 2 mg PO_4/m^3 im Gebiet zu rechnen. Selbst der Brunnen zwischen dem Ort Neuglobsow mit seinen vielen Sickergruben, dem produktionsreichen Dagowsee und dem bevölkerten Badestrand am Stechlinsee weist einen Wert dieser Größenordnung auf.

Nach den bisherigen Erfahrungen erfolgt die Grundwasserspeisung der Seen in die euphotische Zone. Der geringe Nährstoffimport des Grundwassers läßt sich gegen den Abfluß aufrechnen, die Wasserzufuhr gegen die Verdunstung.

3.2.4.3. Oberflächliche Zuflüsse

Die vorhandenen, oft mehr oder weniger sporadisch fließenden oberflächlichen Zuflüsse bringen erhebliche Nährstoffmassen mit. Die Verunreinigung des Dagowsees erfolgte zur Zeit der Untersuchung konzentriert aus einem Abwasserablauf mit geringer Wasserführung und diffus von verschiedenen Grundstücken aus.

Im Falle des Stechlin—Nehmitzseesystems erfolgen ein sporadischer Abfluß des Dagowsees

4 Für die Bereitstellung der Daten über die Niederschlagshöhen danke ich dem Forschungsinstitut für Hydrometeorologie (FIH).

mit etwa Oberflächenkonzentration des Dagowsees sowie kontinuierliche Abflüsse des Wulwitzsees und der Kläranlage des KKW in das Nehmitzsee-Nordbecken.

3.2.4.4. Abflüsse

Grundwasserabflüsse wurden als Nährstoffexport nicht kalkuliert, da wir annehmen, daß die Hauptnährstoffmengen angesichts ihrer Geringfügigkeit im seenahen Bereich verbleiben. Heitmann et al. (1969) geben Durchschnittswerte für den Wasserhaushalt im Seengebiet. Der oberflächliche Abfluß aus dem Stechlin—Nehmitzseesystem erfolgte nach der Regulierung aperiodisch und wird vom KKW gesteuert. Im Zeitraum der Bilanzierung ließ sich der Abfluß vernachlässigen und wird gegen den Grundwasserimport und den Einfluß des Badebetriebes aufgerechnet.

3.2.4.5. Nährstoffaustausch zwischen euphotischer und aphotischer Zone

Dieser Abschnitt behandelt: 1. Die Sedimentation aus der euphotischen in die aphotische Zone. Für ihre Registrierung diente der Sedimentationshorizont direkt unter der euphotischen Zone. 2. Der direkte Austausch zwischen beiden Zonen als Wasseraustausch während der Zirkulation oder als Organismenaustausch während der diurnalen Rhythmik in Stagnationszeiten. Diese beiden Austauschprozesse ließen sich nicht kalkulieren. 3. Der Nährstoffstrom vom Sediment in die euphotische Zone über das Hypolimnion bzw. die aphotische Zone. Dieser Nährstoffstrom bildet die Restgröße zwischen Sedimentation (Export aus der euphotischen Zone) und Änderung des Nährstoffpools in der euphotischen Zone (unter Berücksichtigung aller Importe).

Die Rückführung von Nährstoff aus Sediment und Hypolimnion in die euphotische Zone ist eine Größe, die entscheidend die Primärproduktion und damit auch die Wasserqualität beeinflußt.

Im Falle des großen und reich gegliederten Stechlinsees ergab sich eine horizontal ungleiche Sedimentation (Tab. 1, 2): Im Zentralbecken sedimentierte weniger Substanz als in der Endbucht. Abbauprodukte aus den Endbuchten, die dem kurzgeschlossenen Kreislauf zugehörig betrachtet werden, verteilten sich über den gesamten See durch die Wasserströmung. Zur Ermittlung eines Durchschnittswerts der Sedimentation im Zeitraum des Abbaus der Sommerstagnation im Jahre 1975 wurde angenommen, daß durch den Kraftwerksstillstand kein Nährstoffaustausch zwischen Nehmitz- und Stechlinsee stattfand, daß beim Aufbau der Sommerstagnation nur mit sehr geringem Wasseraustausch zwischen euphotischer und aphotischer Zone zu rechnen war und daß kein Nährstoffimport aus dem Dagowsee erfolgte.

In diesem Zeitraum müßte die Bilanz Konzentrationsänderung (Abnahme) in der euphotischen Zone als Masse/m^2 und die Sedimentation unter Einbeziehung des Niederschlags $= 0$ sein. Das wird erreicht, wenn zur Berechnung der mittleren Sedimentation der im Zentralbecken gemessene Wert (St) mit 60%, der in der Endbucht (Swv) gemessene mit 40% eingeht. Diese Verteilung der Sedimentation wurde als typisch für den Stechlinsee angenommen und für den gesamten Bilanzierungszeitraum verwendet.

Abb. 26 zeigt die Gesamtphosphatbilanz der euphotischen Zone des Stechlinsees vom Ende der Stagnationsperiode 1973 bis zum Ende der Stagnationsperiode 1975. Beide Jahre unterscheiden sich beträchtlich.

Im Jahre 1975 fehlt der Einfluß des Kernkraftwerks fast vollständig. Abgesehen von den Importen durch Niederschläge gibt es einen Zeitraum der Phosphatzunahme während der Zirkulationsperiode, anfangs noch gespeist aus dem Orthophosphatpool des Hypolimnions, dann hervorgerufen durch aktive Organismen, die dem Sediment Phosphor entnehmen. Da passive Importe aus dem Sediment in das Pelagial zu vernachlässigen sind (Hypolimnische Orthophosphatbilanz, Abb. 18), kommt es bei fehlender Zirkulation zur sommerlichen Gesamtphosphatverarmung (April bis August). Im Herbst erfolgt ein gewisser Nachschub aus dem Hypolimnion (Teilzirkulation).

Im Jahre 1974 weist die Bilanz auch im Sommer erhebliche Importe auf. Diese Importe ließen sich auf Exporte der Nachbarseen zurückführen. Im ganzen Jahresverlauf hat der Nährstoffzustrom aus der Kläranlage des KKW

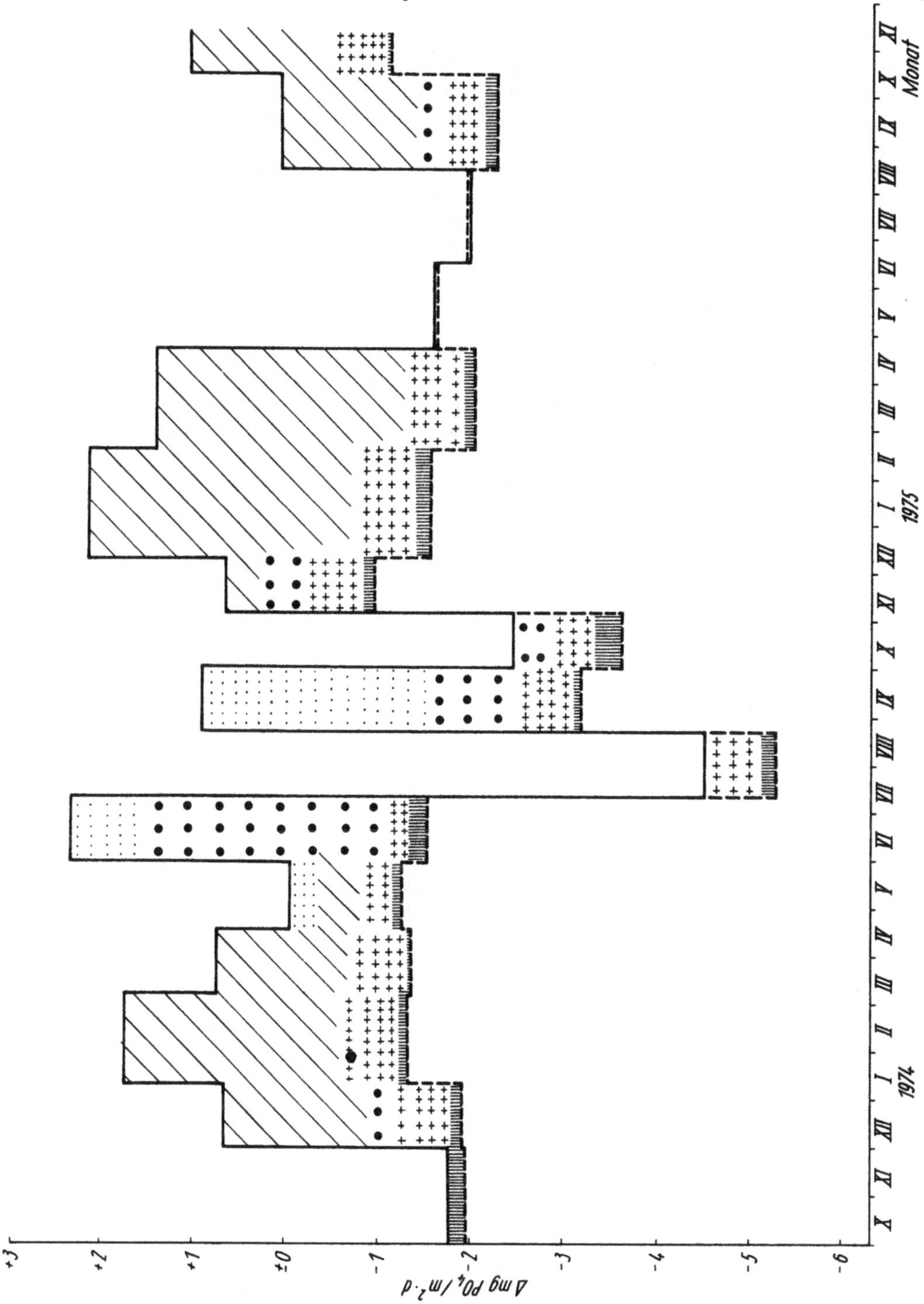

Abb. 26. Phosphatbilanz der euphotischen Zone des Stechlinsees in den Jahren 974 und 1975
——— — Gesamtphosphatänderung/Tag; — — — — Sedimentation/Tag; Zwischenräume Import (Änderung positiver als Sedimentation) und Export (Änderung negativer als Sedimentation); Herkunft bzw. Ziel von Import und Export: Senkrechte Schraffur — Import durch Niederschlag; schräge Schraffur — Import aus dem Sediment durch aktive, planktische Organismen während der Zirkulation; Kreise — passiver Import aus dem Sediment über das Hypolimnion; Kreuze — Import durch Kläranlage KKW; große Punkte — Import aus Wulwitz- und Nehmitzsee; kleine Punkte — Importe aus Dagowsee

einen deutlichen Einfluß. Die sommerlichen Nährstoffzufuhren bewirken einen deutlichen Anstieg der Primärproduktion (1974 = 97, 1975 = 68 g C/m^{2}a, KOSCHEL 1980a). Der Unterschied zwischen beiden Jahren wäre bei der Primärproduktion noch größer gewesen, wenn der Gesamtphosphataufbau 1975 durch ein kühles Frühjahr nicht begünstigt gewesen wäre.

Der Nehmitzseeeinfluß macht sich alljährlich im Herbst bei Kraftwerksbetrieb bemerkbar, wenn bei beginnender Herbstzirkulation hypolimnisch gespeichertes Orthophosphat in den Stechlinsee abgeführt wird. 1974 kam es zusätzlich zu einem massiven Sommerimport, nachdem bei mehrwöchigem Werksstillstand alle Nährstoffzufuhren im Nehmitzsee gespeichert und dann konzentriert dem Stechlinsee zugeführt wurden. Der zu frühe „Herbstimport" aus Nehmitz- und Dagowsee bereits August/September rührt von einem relativ kühlen August her.

Im Nehmitzsee-Nordbecken (Abb. 27) ergibt sich ein ganz entsprechendes Bild, nur daß zu einem Frühjahrsimport aus dem Sediment ein sommerlicher hinzutritt. Die sommerliche Phosphatzufuhr aus dem Sediment dürfte im Juni und Herbst zu gering kalkuliert sein, da Teile dieser Importe in den Stechlinsee exportiert werden und nicht meßbar sind. Gut läßt sich der Wechsel von aktiver Nährstoffentnahme durch Organismen bei aerober Sedimentoberfläche (bis April) und beginnender Phosphatfreisetzung im Juni nach Anaerobwerden des Sediments beobachten. Bei Kraftwerksstillstand nimmt der Einfluß der Kläranlage des KKW auf das N-Becken des Nehmitzsees drastische Formen an.

Spielte im Nehmitzsee-Nordbecken der Einfluß durch Niederschlag keine Rolle mehr, so ist das beim Dagowsee ebenso nicht mehr der Fall (Abb. 28). Die sommerlichen Importe aus dem Sediment über das Hypolimnion

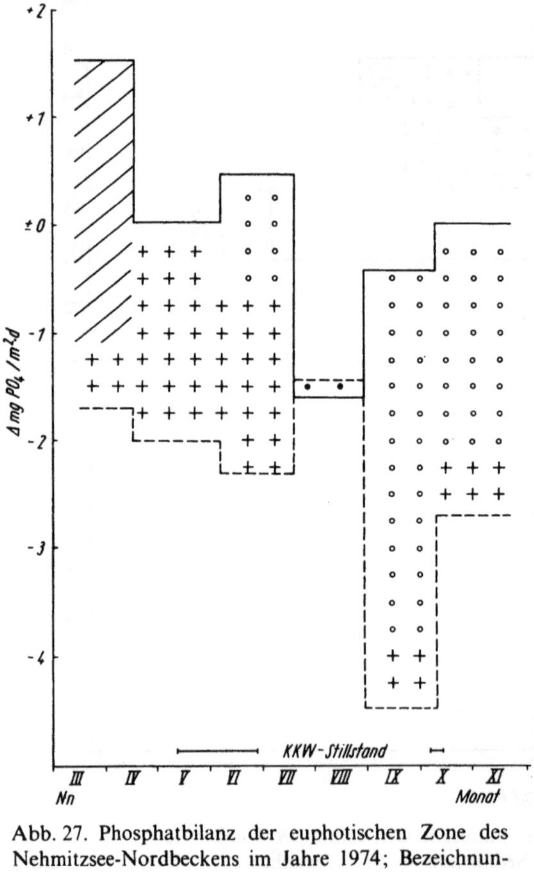

Abb. 27. Phosphatbilanz der euphotischen Zone des Nehmitzsee-Nordbeckens im Jahre 1974; Bezeichnungen wie Abb. 26

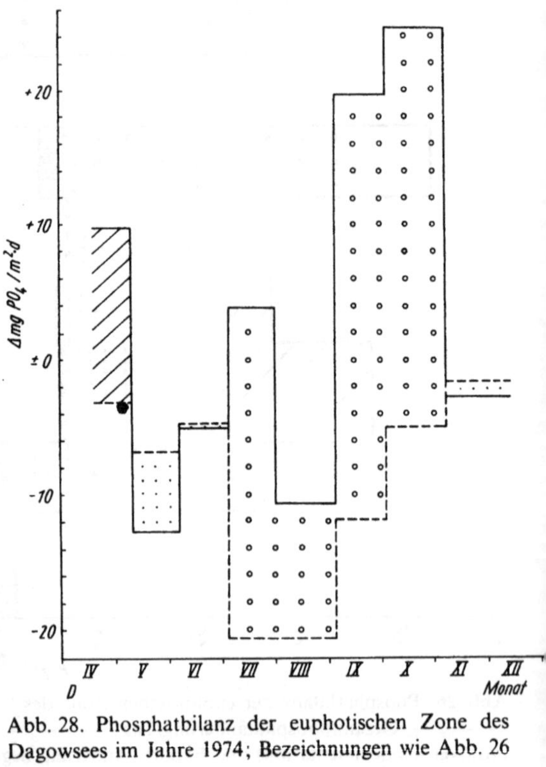

Abb. 28. Phosphatbilanz der euphotischen Zone des Dagowsees im Jahre 1974; Bezeichnungen wie Abb. 26

übersteigen die des Nehmitzsees um das Zehnfache. Es gelangen im Dagowsee etwa 30 mg $PO_4/m^2 \cdot d$ in die euphotische Zone, 100 mg verlassen täglich das Sediment. Das sind beachtliche Zahlen, in denen diffuse Importe der Anlieger untergehen. Lediglich die Massen großer Abwassereinleiter sind vergleichbar.

Der Dagowsee exportierte im Mai/Juni (meßbar an St im Juni) und im August Phosphor (meßbar an St im August/September) in den Stechlinsee. Der eingezeichnete Export ist im Bereich Mai/Juni sicher zu klein. Im August dagegen kann man den Anstieg des Gesamtphosphats im Dagowsee von Juli bis Oktober linear verbinden und optisch den Export ablesen. Der Gesamtexport beträgt weit über 140 kg PO_4.

Das Ergebnis der Bilanzen ist folgendes:

1. Es handelt sich um Nettobilanzen. Exporte bei gleichzeitigen Importen aus dem Sediment sind gesondert nachzuweisen (z. B. als Import im Nachbarsee), sonst bleiben sie unbemerkt.
2. Wie schon die hypolimnischen Orthophosphatbilanzen nahelegten, erfolgt entsprechend dem Zustand des Sediments ein Phosphatstrom aus dem Sediment bis in die euphotische Zone (Anaerobie) oder unterbleibt (Aerobie).
3. Auch bei stark eutrophen Seen scheint zu Zeiten einer oxydierten Sedimentoberfläche der Phosphatstrom aus dem Sediment in das Freiwasser unterbunden zu werden (siehe auch Gesamtphosphat Dagowsee bei MOTHES 1980). Lediglich phosphataufnehmende Organismen überwinden die Schranke des passiven Austritts.
4. Sommerliche Biomassemaxima bilden sich erst bei massiver Nährstoffzufuhr, die in eutrophen Seen aus dem Sediment in die euphotische Zone gelangen.
5. Eine Seensanierung kann sich nicht nur auf die pelagische Phosphorreduktion beschränken, sie muß sich auch auf die Unterbindung der Phosphorfreisetzung aus dem Sediment erstrecken.

Tab. 11. Durchschnittliche Freisetzung von C, N und P aus den Sedimenten im Verlaufe der Sedimentbildung auf der Grundlage der Phosphatbilanzen (Angaben in $mmol/m^2 \cdot d$)

	C	N	P
Stechlinsee			
Sedimentation 1974	4,553	0,390	0,016438
Freisetzung 1974	3,742	0,307	0,008923
% Freisetzung von Sedimentation	82	79	54
Sedimentation 1975	5,107	0,455	0,021567
Freisetzung 1975	5,797	0,525	0,027985
% Freisetzung von Sedimentation	114	115	130
Nehmitzsee-Nordbecken			
Sedimentation 1974	8,980	1,047	0,045097
Freisetzung	7,615	0,927	0,035088
% Freisetzung von Sedimentation	85	89	78
Nehmitzsee-Südbecken			
Sedimentation 1974	4,746	0,453	0,027943
Freisetzung 1974	4,082	0,384	0,021053
% Freisetzung von Sedimentation	86	85	75
Dagowsee			
Sedimentation 1974	10,469	1,348	0,161426
Freisetzung 1974	90,986	7,600	0,350877
% Freisetzung von Sedimentation	869	564	217

3.2.5. Erweiterung der Phosphatbilanz der euphotischen Zone zur allgemeinen Sedimentbilanz

Die Phosphatbilanzen ermöglichten einen Einblick in den Stoffhaushalt der Sedimente. Unter der Annahme eines konstanten Verhältnisses von C:N:P kann man aus der Freisetzung von P auch auf die Freisetzung von C und N schließen. Tab. 10 gab nur die Verhältnisse an. Jetzt lassen sich für P echte Größen einsetzen.

Tab. 11 gibt entsprechend der gemessenen Phosphatfreisetzung des Sediments (Abb. 18 bis 20, 26—28 sowie MOTHES 1980) mittlere Phosphorwerte an, woraus in Kombination der Tab. 1 und 10 die Freisetzung der anderen Elemente berechnet wurde. Die Berechnung bezieht sich auf den tiefsten Punkt und den tiefsten Meßhorizont der Sedimentation in den Seen. Für den Phosphor erscheint das einleuchtend; die Phosphorverteilung im Sediment ist tiefenabhängig (TESSENOW 1975a).

Tab. 11 zeigt, daß mindestens 80% des das Sediment erreichenden Kohlenstoffs wieder veratmet werden. Das ist verständlich, sonst wären unsere Seen längst verlandet. Im Stechlinsee und Dagowsee erhielten wir jedoch Werte, daß mehr an Kohlenstoff abgebaut als sedimentiert wird, so daß die Bilanz des Sediments negativ erscheint.

Im Stechlinsee ergab sich der Fall einer überdurchschnittlichen Freisetzung nur im Jahre 1975. 1975 zeichnete sich wie das Jahr 1970 durch einen überdurchschnittlichen Gesamtphosphatanstieg aus (MOTHES 1980). Rechnet man mit jeweils 4 Jahren entsprechend 1974 und einem Jahr entsprechend 1975 bei relativ konstanter Sedimentation; vgl. Abb. 1, 2), so kann man mit einer durchschnittlichen Freisetzungsrate bei C von 89%, N von 77% und P von 74% rechnen. Das bedeutet für den Stechlinsee einen mittleren Sedimentzuwachs von 0,000212 m bzw. in 4700 Jahren eine Aufhöhung um 1 m (vgl. VOGT 1965).

Der Aufhöhungswert steht in guter Übereinstimmung mit Direktbeobachtungen (Tauchen), die eine durchschnittliche Sedimentstärke im Stechlinsee von 500 mm und eine maximale von 3000—5000 mm erkennen ließen. Auch beide Nehmitzseebecken liegen im Bereich von 0,2—0,4 mm Sedimentzuwachs/Jahr. Dieser Wert scheint gegenwärtig typisch für die produktionsarmen Seen unseres Gebiets zu sein. Der Wert des Sedimentzuwachses kann gleichzeitig als eine Bestätigung der Sedimentationsmessung einschließlich der Kalkulationen gelten.

3.2.6. Reaktionen von Seen auf Nährstoffeintrag

THOMAS (1955) fordert von oligotrophen Seen eine sehr hohe Nährstoffrückhaltung im Bereich von 60—80% des Eintrags, bei Phosphor einen noch höheren. Das steht in gewissem Widerspruch zu Tab. 11, wo wir im Stechlinsee eine jährliche Freisetzung von 73% für P als Durchschnitt errechneten, nur 27% werden im Sediment festgelegt. Bei einer mittleren Sedimentation von 200 mg P/m^2 · a wären das 54 mg P/m^2 · a. Davon entfallen etwa 15 mg auf Niederschläge und der Rest auf Importe. Das bedeutet:

1. Bezieht man die Forderung von THOMAS (1955) auf die Oberflächenbilanz, erfüllt der Stechlinsee mit etwa 100% Rückhaltung die Anforderung.
2. Im Zeitraum 1970—1975 änderte der Stechlinsee den pelagischen Nährstoffgehalt kaum. Die Freisetzung aus dem Sediment muß den Sedimentationsverlust alljährlich ausgleichen (vgl. MOTHES 1980).
3. Die Nährstoffrückhaltung aus Importen bedeutet auch eine Rückhaltung von organischer Substanz (Konstanz C:N:P-Verhältnis), bis sich durch Anaerobie im Sediment eine beschleunigte P-Freisetzung einstellt und das Sediment nährstoffärmer werden läßt (Unterschied Nehmitzsee—Dagowsee Tab. 10).
4. Bei einem Stop der Importe wäre die überschüssige organische Substanz abzubauen und nach und nach weniger P freizusetzen. Letzteres wurde im Zeitraum 1970—1975 im Dagowsee beobachtet.

Den Fall der Änderung der Phosphorkonzentration im Sediment nach Nährstoffzufuhr beobachteten wir im Stechlinsee. Mit Inbetriebnahme des KKW gelangten größere Nährstoffmengen in den Stechlinsee (MOTHES 1975, MOTHES et al. 1976). Abb. 29 zeigt eine langjährige Reihe von Analysen der Phosphorkonzentration in der Sedimentasche des Stechlinsees. Kurz nach dem Nährstoffimport stellte PROFT (1967) eine relativ geringe Konzentration fest, nach etwa 6 Jahren lagerten sich die importierten Nährstoffe um und es kam zu einem neuen Phosphorpegel im Sediment.

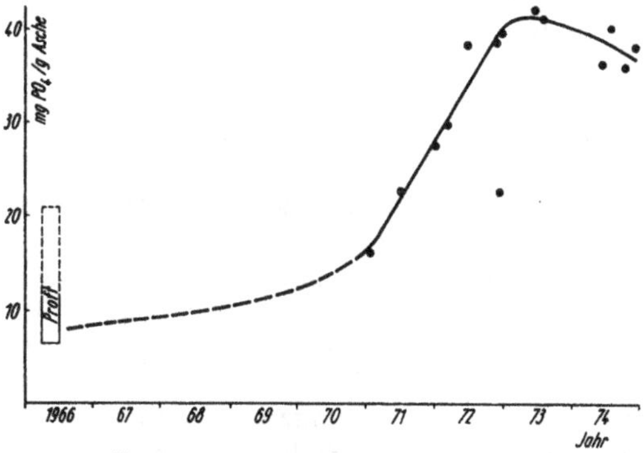

Abb. 29. Änderung der Phosphorkonzentration in der Sedimentasche des Stechlinsees

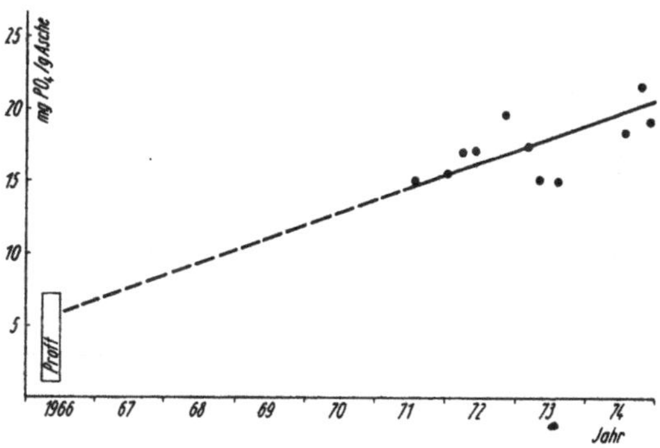

Abb. 30. Änderung der Phosphatkonzentration in der Sedimentasche des Nehmitzsee-Nordbeckens

Der Nehmitzsee (Abb. 30) scheint im gleichen Zeitraum seine ehemalige Phosphorkonzentration (die der des S-Beckens entsprechen sollte) im N-Becken aufzufüllen. Daraus geht folgendes hervor:

1. Jeder See hat sein ihm typisches Sediment. Änderungen von außen werden, waren sie kurzfristig, in längeren Zeiträumen ausgeglichen.
2. In diesen Fällen bleibt es unklar, ob es sich nur um eine Umlagerung des Phosphors handelt oder um eine Gesamtänderung des Sediments, also des C:N:P-Verhältnisses.
3. Die Phosphoranstiege in Stechlin- und Nehmitzsee-Nordbecken sind nicht auf langfristige äußere Veränderungen (abgesehen Kläranlage usw.) zurückzuführen, da das S-Becken des Nehmitzsees einen konstanten Phosphorgehalt behielt.

Auf eine Verbesserung des Phosphorgehalts des Dagowseesediments weist die Steigerung im Ascheanteil von 5,8 % im Jahre 1972 bis 6,7 % im Jahre 1974 hin. Die Steigerung ist nicht signifikant, paßt aber gut in die beobachtete Zustandsverbesserung. Der weiterhin hohe Kohlenstoffabbau — erkennbar in der Sauerstoffzehrung (MOTHES 1980) — und der Rückgang des pelagischen P-Gehalts, entsprechend einer verringerten Freisetzung aus dem Sediment, stimmen damit gut überein. Es erscheint daher gerechtfertigt, eine Diskussion des Dagowsees aufzuschieben und nicht auf eine fehlerhafte Kalkulation zu schließen.

3.2.7. Sauerstoffverbrauch des Sediments

Der Zusammenhang zwischen Sauerstoffzehrung und Kohlenstoffabbau im aeroben Milieu, wie er bei der Eichung der hypolimnischen Orthophosphatbilanz angewandt wurde, findet sich bei WOOD & VERDUIN (1972) ebenso. RICH (1975) erklärt die oft zitierten RQ-Quotienten unter 1 mit der Bildung von Reduktionsprodukten im Sediment. Im Stechlinsee lag der RQ-Wert bei 1. Tab. 12 stellt das während oder zu Anfang der Sommerstagnation gemessene hypolimnische Sauerstoffdefizit (MOTHES 1980) dem aus der mittleren Freisetzung des Sediments (Tab. 11) unter Verwendung eines RQ = 1 errechneten Sauerstoffdefizits gegenüber.

Tab. 12. Umrechnung des mittleren Kohlenstoffabbaus des Sediments (Tab. 11) auf ein mittleres hypolimnisches Sauerstoffdefizit (RQ = 1) und Anteil des Sediments am Sauerstoffdefizit (Angaben in g O_2/m^2 d)

	Hypolimnisches Defizit	Sediment-Defizit	Anteil Sediment %
St 1974	1,25	0,120	9,6
St 1975	1,25	0,186	14,9
Nn 1974	1,06	0,244	23,0
Ns 1974	1,05	0,131	12,5
D 1974	1,65	2,912	176,5

In den produktionsarmen Seen erreicht das errechnete Sauerstoffdefizit des Sediments 10 bis 25 % des gemessenen hypolimnischen Defizits. Nach Eichung der hypolimnischen Orthophosphatbilanz kamen wir im Stechlinsee auf 33 %. Der Widerspruch ergibt sich aus der Tatsache, daß das errechnete Defizit ein Jahresmittel darstellt, der Abbau jedoch zu Zeiten der stärksten Sedimentation leicht abbaubarer Substanz am höchsten ist. Das errechnete Defizit kann noch mit dem Faktor 2—3 multipliziert werden, da das gemessene Defizit für die Zeit hohen Abbaus gilt. Daraus ergibt sich:

1. Im Stechlinsee bleibt ganzjährig die Möglichkeit eines aeroben Abbaus organischer Substanz im Sediment. Das entspricht den bekannten Tatsachen.
2. In beiden Becken des Nehmitzsees ist ein aerober Abbau organischer Substanz im Sediment so lange möglich, wie das überstehende Wasser sauerstoffreich ist. Ein anaerober Abbau ergibt sich erst nach starker Sauerstoffzehrung des über dem Sediment stehenden Wassers. Das stimmt gut mit der unterschiedlichen Sedimentstruktur in Zirkulations- und Sommerstagnationsperioden überein und mit einem hypolimnischen RQ-Wert von 1,2 während des Beginns der Sommerstagnation (entsprechend Sediment-RQ unter 1).
3. Im Dagowsee erscheint ein völlig aerober Sedimentabbau ausgeschlossen zu sein. Ein mehr (Sommerstagnation) oder weniger (Winteraspekt) großer Teil des Abbaus muß über Reduktionsprodukte (CH_4, H_2S u. a.) erfolgen. Dem entspricht ein hypolimnischer RQ-Wert von 2.

Die errechneten Sedimentdefizite liegen in einer Größenordnung, wie sie EDBERG & HOFSTEN (1973) sowie HARGRAVE (1972a) angeben, wenn auch unter den Frühjahrswerten mit Abwassereinfluß von PROVINI (1975). HARGRAVE (1972b) stellte im Frühjahr eine besonders hohe Sedimentzehrung fest.

4. Diskussion der Ergebnisse

4.1. Sedimentation

Mit einer durchschnittlichen Trockenmassesedimentation von weniger als 0,2 g/m^2 · d aus der euphotischen Zone (Meßhorizont 20 m) während der Vegetationsperiode liegt der Stechlinsee bei einem sehr niedrigen Wert. Selbst der recht produktive Dagowsee erreicht mit knapp 0,5 g/m^2 · d (Meßhorizont 5 m) ein Niveau, wie es CHARLTON (1955) in einer Literaturübersicht als Minimum angibt.

Eine geringe Sedimentation kann hervorgerufen werden durch:
— geringes Sestonangebot (autochthon und allochthon),
— geringer Mineralgehalt autochthon produzierter Substanz,
— hoher Umsatz autochthon produzierter Substanz in der euphotischen Zone.

Allochthones Seston gibt es im Seensystem im Verhältnis zum autochthonen kaum. Der Aschegehalt der autochthonen Substanz ist gering (Abb. 31). Er liegt im Mittel im Stechlinsee bei 65 %, im Nehmitzsee-Nordbecken bei 55 %, im Nehmitzsee-Südbecken bei 50 % und im Dagowsee unter 50 % der sedimentierenden Trockensubstanz. Schwankungen im Jahres-

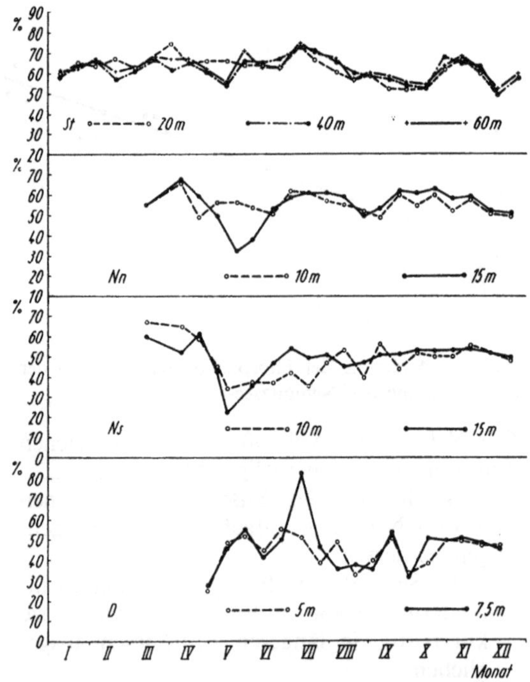

Abb. 31. Prozentualer Ascheanteil (550 °C) am Trokkengewicht der sedimentierenden Substanz im Stechlinseesystem im Jahre 1974 in verschiedenen Meßhorizonten der Meßstellen St, Nn, Ns und D

verlauf wurden von WHITE & WETZEL (1975) dem wechselnden Kalkgehalt zugesprochen. Vergleicht man den Aschegehalt der sedimentierenden Trockensubstanz anderer Gewässer (BACHOFEN 1960, CHARLTON 1975, WHITE & WETZEL 1975 u. a.), so werden dort mittlere Aschegehalte von 75 bis 80% genannt. Würde man den Aschegehalt im Stechlinsee von 60 auf 80% anheben, käme das einer Verdoppelung der Sedimentation gleich.

Ein Zusammenhang zwischen Sestongehalt und der Masse des sedimentierten Materials fehlte im Stechlinsee (MOTHES 1977; vgl. auch YOSHIMASA et al. 1968). JORDAN & LIKENS (1975) geben für einen oligotrophen See 8% Kohlenstoffsedimentation der Primärproduktion an. Das entspricht den Verhältnissen unserer Seen. HARGRAVE (1972b) rechnet beim Esrom-SS mit 32%. Es scheint daher das Sedimentationsergebnis von der Zönose abzuhängen.

Beim eutrophen Dagowsee mit einer über dem Esrom-See liegenden Produktion könnte man eine höhere Sedimentation vermuten. Nimmt man aber den Atmungswert für Blaualgen bei 25 °C mit 20% der Biomasse an (STRAŠKRABA 1976), so könnte die gesamte Primärproduktion zur Erhaltung der Phytoplanktonbiomasse benötigt (Abb. 12 u. 16) und damit jedenfalls die sehr geringe gemessene Sedimentation (Spätsommeraspekt) verständlich werden.
Im Stechlinsee wird die sommerliche Primärproduktionsleistung von einer verhältnismäßig geringen Phytoplanktonmasse erbracht. Das ist nur verständlich bei einem hohen Umsatz der Phytoplanktonbiomasse. Nach STEELE & BAIRD (1972) hat ein herbivores Zooplankton eine Faecesproduktion von 20—40% der Nahrungsaufnahme. Die Kotballen dürften nicht insgesamt sedimentieren, sondern müßten zum größeren Teil in der euphotischen Zone remineralisiert werden. 10% Sedimentation erreicht man aber nur, wenn ein größerer Teil des herbivoren Planktons von Carnivoren gefressen wird.
Entsprechend Abb. 9 sedimentiert anfangs weniger als 10% der Primärproduktion. Es ist die Phase des Aufbaus der Zooplanktonzönose und außerdem eine Zeit, in der sehr kleine Phytoplankter existieren, die selbst sehr schnell abgebaut werden (GOLTERMAN 1972). Erst ab Juli steigt die Sedimentationsrate über 10%, wenn auch Zooplankter reichlich mitsedimentieren (ungestörter Zustand 1975). Damit bleiben die geringen Sedimentationsraten im Seengebiet verständlich.
Die in praktisch allen mono- oder dimiktischen Seen nachgewiesene hypolimnische Orthophosphatzunahme während der Stagnation wurde meist auf einen Phosphorstrom aus dem Sediment zurückgeführt. BACHOFEN (1960) vermutet bereits einen mehr oder weniger großen Anteil des hypolimnischen Abbaus sedimentierender Substanz, wie wir ihn für den Phosphor deutlich machen konnten. Während aber im oligotrophen Stechlinsee Zooplankton und Bakterien zusammen einen wirkungsvollen Abbau gewährleisten, fehlt im eutrophen See im sommerlichen Hypolimnion das Zooplankton und der Abbau bleibt gering.
BURNS & ROSS (1971) beschrieben den aeroben Abbau einer Cyanophyceenblüte mit 88% im aeroben Hypolimnion und 12% im Sediment. Im Stechlinsee kalkulierten wir entsprechende Werte um 66 bzw. 33%. Der pelagische Abbau durch Zooplankton etc. nimmt mit steigender Trophie ab (ADAMS 1975), der im anaeroben Sediment dagegen zu. Das Ergebnis im hochproduktiven See ist eine Kompartimentierung des Ökosystems mit hochaktiven Gärungsvorgängen im Sediment (RQ unter 1) und einem pelagischen Abbau leicht transportierbarer Gärungsprodukte wie CH_4, NH_4, H_2S usw. (OVERBECK 1972, 1973, 1975). Der große Vorrat an Gärungsprodukten in diesen Sedimenten führt mit dem Beginn jeder Stagnationsperiode zu großen hypolimnischen Sauerstoffdefiziten und steht einer rein pelagischen Sanierung von Seen entgegen.

4.2. Sediment

Obwohl horizontale Gradienten in unseren Seen bereits früher bei chemischen (PROFT 1967) und bodenfaunistischen (MOTHES & BLUME 1969) Untersuchungen beobachtet wurden, mußten wir uns auf die tiefsten Stellen in den Seen konzentrieren. Hinweise auf Gradienten entsprechend UHLMANN & ALBRECHT (1968), TESSENOW (1975a, b), SERRUYA (1971) oder WILDUNG et al. (1974) existieren auch in unseren Seen.
OHLE (1964) wies auf den Zusammenhang zwischen dem Nährstoffgehalt des Interstitialwassers der Sedimente und der Produktionsleistung holsteinischer Seen hin. GLASS & PODOLSKI (1975) zeigten in 2 Diagrammen die Potenz einzelner im Interstitialwasser gelöster Ele-

mente zum Übertritt ins Pelagial. Das fiel der Gruppe Fe, Mn und P besonders schwer. Die chemische Dynamik im See dürfte in groben Zügen bekannt sein (BRAY 1973, WEILER 1973, WILLIAMS et al. 1976a, TESSENOW 1975a).

Die chemische Dynamik erklärt aber nicht, mit welcher Intensität die Einzelvorgänge ablaufen und die Bioaktivität des Gewässers (OHLE 1958) stimulieren. Auf das Verhältnis Ortho- zu Gesamtphosphat im Interstitialwasser wurde schon hingewiesen, auf Jahresgänge in der Sedimentzusammensetzung nicht. FRANKÓ & PONYI (1974) beobachteten einen Jahresgang des organischen Kohlenstoffgehalts, der mit dem Bakteriengehalt des Sediments erklärt wird. Dafür besitzen wir bisher keine Hinweise. Wir interessierten uns dagegen für den Jahresgang des Phosphors. Nur im Nehmitzsee-S-Becken scheinen während der anaeroben Phase die gelösten Phosphorfraktionen des Interstitialwassers in das überstehende Pelagial „auszufließen“, während der aeroben Phase im Frühjahr und Herbst dagegen zurückgehalten zu werden (Abb. 32).

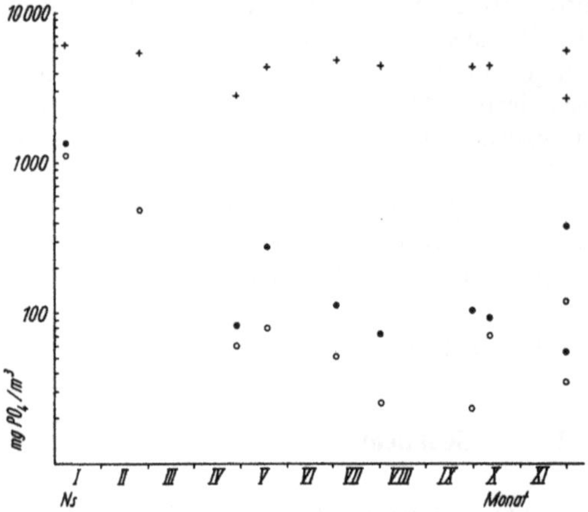

Abb. 32. Jahresgang der Phosphorkonzentration im Interstitialwasser des Nehmitzsee-Südbeckens (kombiniert aus Messungen 1972—1974); Kreuze — Gesamtphosphat; Punkte — Gelöstphosphat; Kreise — Orthophosphat

Die Freisetzung von Pflanzennährstoffen wurde in den letzten Jahren verstärkt mit Sedimentprofilen untersucht (AUSTIN & LEE 1973, BANOUB 1975, BENGTSSON 1975, HRBÁČEK & PROCHÁZKOVÁ 1975, GLASS & PODOLSKI 1975, JØRGENSEN et al. 1975, KAMP-NIELSEN 1974, 1975a, b, LI et al. 1972, MØLLER 1975, SERRUYA et al. 1974, TESSENOW 1972, 1974, 1975b). KAMP-NIELSEN (1975b) entwickelte aus diesen Ergebnissen eine Reihe von Formeln, die eine Berechnung des Phosphorstroms aus dem Sediment ermöglichen sollen. Davon wurden angewandt:

$$F_{diff} = 1{,}21\,(Pi - Ps) - 1{,}70\,, \qquad (1)$$

$$F_{aerob} = 0{,}563\,e^{0{,}203\,t} - 0{,}60\,\ln Ps - 2{,}27 \qquad (2)$$

$$F_{anaerob} = 0{,}563\,e^{0{,}203\,t} + 0{,}60\,\ln Ps + 1{,}21\,(Pi - Ps) - 3{,}97 \qquad (3)$$

Es bedeuten: F — Phosphatstrom (mg P/m² · d) gemessen als Diffusion (diff), im aeroben oder anaeroben Milieu;
Pi — Gelöstphosphat im Interstitialwasser (mg P/l);
(Pi—Ps) — Phosphatgradient zum überstehenden Wasser;
t — Temperatur °C

Für den aeroben Stechlinsee ergibt Gleichung (2) eine maximale sommerliche Phosphatfreisetzung von —10 mg $PO_4/m^2 \cdot d$. Das entspricht der eigenen Feststellung, daß das Sediment des Stechlinsees passiv kein Phosphat frei setzt. Für den anaeroben Fall (Nehmitzsee) stehen keine Formeln zur Verfügung, die tiefe Temperaturen berücksichtigen. Die reine Formel für die Diffusion (1) ergibt im Falle des Dagowsees eine tägliche Freisetzung von 20, im Nehmitzsee von —4 mg $PO_4/m^2 \cdot d$. Das ist viel zu wenig. Nimmt man aber Formel (3) auch unter der Voraussetzung unzureichender Temperaturabstimmung, so erreicht das Nehmitzsee-Nordbecken immer noch —6 mg PO_4 je $m^2 \cdot d$; es müßten aber +10 sein. Der Dagowsee besticht dagegen mit der richtigen Größenordnung von je nach Temperatur 82—96 mg $PO_4/m^2 \cdot d$ bei 100 gemessenen.

Die Gleichungen vermögen damit nur Extreme (oligotroph—eutroph) zu erfassen. Der biologische Anteil läßt sich wohl schwer in eine Formel pressen (BUSCEMI & PUFFER 1975, MORTIMER 1971). HARGRAVE (1975) beschreibt die anfangs hohe, dann rasch absinkende Phosphatfreisetzung aus Profilen, also deren Veränderung nach Isolierung. Völlig fehlt der Transportmechanismus Methangärung für den Nährstofftransport Sediment—Epilimnion (OHLE 1968, MACGREGOR & KEENEY 1973). Aus diesen Schwierigkeiten ergibt sich der besondere Vorteil der vorgestellten Phosphorflüsse in zeitlicher Variation, da diese Kalkulation auf dem unveränderten Zustand des Gesamtgewässers beruht.

4.3. Grundlagen von Nährstoffbilanzen

Die einfachste Form von Nährstoffbilanzen sind Oberflächenbilanzen, die Differenzbildung aller Zu- und Abflüsse. Solche Bilanzen gaben AULENBACH & CLESCERI (1972), JÓNASSON et al. (1974), MØLLER (1974), SERRUYA (1975). Eine solche Bilanz liegt auch für den Stechlinsee vor (MOTHES 1974b). Die Oberflächenbilanzen enthalten nur Mindestumsätze ohne Berücksichtigung einer zeitlichen Dynamik. Interessanter werden die Bilanzen, bezieht man die Organismenaktivität mit ein, wie es ROBERTSON & EADIE (1975) und RICH & WETZEL (1972) am Beispiel des Kohlenstoffs versuchten. Die Seen im Stechlinseegebiet zeichnen sich durch eine dominierende innere Stoffdynamik aus. Die Beeinflussungen von außen bleiben in einem relativ geringen Rahmen. Damit erübrigen sich Versuche der Vorhersage, wie sie DILLON & RIGLER (1974, 1975) beschreiben, vgl. RIGLER (1975). Im Stechlinsee spielt die Niederschlagskomponente normalerweise eine bedeutende Rolle. Trotzdem ist sie gering im Vergleich zu anderen Angaben wie CHALUPA (1960), CHAPIN & UTTORMARK (1973), PEUKERT (1976), RIGLER (1975).

Eine wichtige Basis der eigenen Bilanzen waren die C:N:P-Verhältnisse in der sedimentierenden Substanz und im Sediment. Die Zusammensetzung des Planktons unterscheidet sich sowohl vertikal (HOLM-HANSEN 1972, STADELMANN 1971) wie auch zeitlich (SERRUYA et al. 1974). Im Stechlinsee ergaben sich Extreme im Verhältnis C:N:P des sedimentierenden Materials von 19:2:1 (14.—28. VIII. 74, St 20) bis 859:63:1 (16.—30. VII. 75, Swv 10). Die starken Schwankungen ließen sich im Stechlinsee auf punktuelle Nährstoffimporte zurückführen, in eutrophen Seen (Dagowsee) scheinen sie gesetzmäßig vorzukommen. Wenn GÄCHTER (1968) wie viele andere Autoren ein konstantes C:(N):P-Verhältnis für Bilanzen verwendet, so ist bereits vom Ansatz her eine Fehlerquelle gegeben, vgl. UHLMANN & ALBRECHT (1968).

O'MELIA (1972) übernimmt einen inzwischen weit verbreiteten Standpunkt, daß P-Zufuhren unter 0,2—0,5 g P/m² · a die Erhaltung oligotropher Bedingungen garantiert. Im Stechlinsee bewirken Zufuhren um 0,1 g P/m² · a (einschließlich Orthophosphatfreisetzung durch thermische Schädigung des Planktons beim Kraftwerksbetrieb) größenordnungsmäßig eine Verdoppelung der Jahresprimärproduktion und führen den See in den mesoproduktiven Bereich. Die Zufuhr kann ein Sauerstoffdefizit bei einmaliger Sedimentation bis zu über 100 g/a bedeuten. Wir halten derartige Importe in unsere Seen für äußerst bedenklich. Ebenso problematisch sind die Annahmen der Kohlenstoffsedimentation. Nach unseren bisherigen Kenntnissen erfolgt die Kohlenstoffdeponie in einem Ruhesediment in unserem Seengebiet unterschiedlich, im Litoral in Form von Kalk, im Profundal in Form von organischer Substanz. Entsprechend schwierig wird eine Kalkulation der Kohlenstofffreisetzung, verfügt man nicht über genügend Meßwerte. Berücksichtigt werden muß außerdem die Tatsache, daß das Epilimnion und mehr noch die euphotische Zone nicht als ein wohldurchmischtes System anzusehen sind.

Grundsätzlich kann auf Annahmen und Festlegungen für summarische Betrachtungen nicht verzichtet werden. Kalkulationen, Modelle, Entscheidungsfindungen für Bewirtschaftungsfragen erfordern sie. Sie bedürfen aber der kritischen Analyse mit Hilfe einer dynamischen Betrachtungsweise. Mit ihrem dominierenden inneren Nährstoffkreislauf sind die Seen des Stechlinseegebiets besonders günstige Objekte zum Studium der „Bioaktivität" des Sees.

5. Zusammenfassung

Die Sedimentation unterliegt im Seengebiet einem charakteristischen Jahresgang, wobei ein Herbstmaximum zu Beginn der Zirkulation allen Seen gemeinsam ist und auf Sedimentumlagerung beruht. Eutrophe Seen weisen in der Tiefe eine zusätzliche Phosphorsedimentation auf, die auf Phosphatausfällungen an der oxydo-reduktiven Grenzschicht zurückgeführt werden. Es gibt ein vertikales und im Stechlinsee auch ein horizontales Muster der Sedimentation.

Die Kohlenstoffsedimentation erreicht während der Vegetationsperiode etwa 10% der Primärproduktion und ist abhängig von der spezifischen Leistung der Zönosen. Phytoplanktonänderungen schlagen sich kaum in Kohlenstoffsedimentationsänderungen nieder.

Die hypolimnische Orthophosphatbilanz erklärt den Konzentrationsanstieg während der Sommerstagnation im Stechlinsee aus dem Abbau sedimentierenden Sestons. In den eutrophen Seen kommt zu einem verringerten Abbau ein Phosphorfluß aus dem Sediment hinzu. Die Phosphorfreisetzung aus dem Sediment läßt sich nicht einfach mit Konzentrationsgradienten erklären, aktive Organismen sollten beteiligt sein.

Der Phosphatgehalt des Interstitialwassers steigt mit der Produktivität des Gewässers an. Als wichtiges Kriterium stellt sich der Mineralisationsgrad des Interstitialwassers, der Anteil von Orthophosphat am Gesamtphosphat heraus. Er ist Auddruck der Sedimentaktivität und gibt Hinweise auf die Phosphorfreisetzung aus dem Sediment.

Die absoluten Phosphormengen im Interstitialwasser steigen mit der Produktivität der Seen. Im Stickstoffgehalt gleichen sich die eutrophen Seen. Die Große Fuchskuhle als saures Gewässer weist einen geringeren Nährstoffgehalt auf. Der Nährstoffgehalt des partikulären Sediments übersteigt den des Interstititialwassers stark. Die absolut höchsten Phosphorgehalte/m^3 Sediment besitzen die produktionsarmen Seen.

In den produktionsarmen Seen beträgt das C:N:P-Verhältnis im sedimentierenden Material etwa 200:10:1, im Dagowsee 100:10:1. In den Sedimenten liegen die Verhältnisse umgekehrt mit etwa 110:11:1 und 425:33:1. Das bedeutet ohne den Abbau organischer Substanz im Sediment eine N- und P-Speicherung im Stechlinsee, eine N- und P-Freisetzung im Dagowsee.

Während der Sommerstagnation erhält die euphotische Zone des Stechlinsees keinen meßbaren Phosphorzustrom aus dem Sediment, die der beiden Nehmitzseebecken 3, die des Dagowsees 30 mg $PO_4/m^2 \cdot d$. Die Freisetzung des Tiefensediments beträgt gleichzeitig in den Nehmitzseebecken 6—10, im Dagowsee 100 mg $PO_4/m^2 \cdot d$. Die Freisetzungsperiode währt etwa 100 bis 120 Tage.

Der das Sediment in der Seetiefe erreichende Kohlenstoff wird zu 80% und mehr aus dem Sediment freigesetzt, beim Phosphor liegt der oligotrophe Stechlinsee darunter, der eutrophe Dagowsee darüber. Die Phosphorfreisetzung aus dem Sediment erfolgt im Stechlinsee vor allem im Winter und Frühjahr (Zirkulationsperiode) und wird durch aktive, phosphoraufnehmende Organismen gefördert, im Dagowsee vor allem im Sommer während der Stagnationsperiode.

Die Ergebnisse weisen daraufhin, daß die Seensanierung neben der Begrenzung der Importe auch eine Oxydation der Reduktionsprodukte in den Sedimenten bzw. die Entfernung entsprechender Sedimentschichten beinhalten muß.

Summary

In Lake Stechlin area sedimentation has a characteristic annual cycle with a maximum in autumn at the beginning of the circulation. This maximum depends on a displacement of the sediment. In eutrophic lakes there is an additional sedimentation of phosphate in the depth depending on the precipitation of phosphorus in the oxydoreductive boundary. In Lake Stechlin can be discerned a horizontal and a vertical pattern of sedimentation.

During the vegetation period the sedimentation of carbon amounts to about 10% of the primary production and depends on the specific efficiency of the coenoses. In the euphotic zone of Lake Stechlin the high mass turnover leads to a relatively great biomass of zooplankton. Variation of phytoplankton masses only induces few variations in the masses of the sedimentated material.

It follows from the balance of hypolimnetic orthophosphate, that during the summer stagnation the accumulation of orthophosphate results from decomposition of sedimentating seston in Lake Stechlin. In eutrophic lakes decomposition is relatively decreased and phosphorus is released out of the sediment. The phosphorus release from the sediment couldn't only be explained by a gradient of concentration, activity of organisms also takes place.

The amount of phosphate within the interstitial water corresponds with the productivity of lakes. In the interstitial water the degree of mineralization expressed by the ratio of orthophosphate to total phosphate is a main criterion. The degree of mineralization is an expression of sediment activity and gives hints to the release of phosphorus from the sediment.

In interstitial water the content of phosphorus increases with the productivity of lakes. The content of nitrogen is nearly equal in eutrophic lakes. Lake Stechlin has a lower content of nitrogen in its interstitial water. Contrary to other lakes the acid bog lake „Große Fuchskuhle" has a lower nutrient content in the interstitial water. The particulate material of the sediment has a much higher content of nutrients than the interstitial water. Lakes with low productivity possess the highest concentrations of phosphorus in the total sediment.

In sedimenting material the ratio of C:N:P amounts to about 200:10:1 in case of lakes with low productivity and to 100:10:1 in Lake Dagow. In sediments there is an opposite ratio namely about 110:11:1 and 425:33:1. That indicates — without regarding the decomposition of organic material in the sediment — a storage of N and P in the sediment of Lake Stechlin and a release of N and P out of that of Lake Dagow.

In Lake Stechlin no transition of phosphorus from the sediment into the euphotic zone can be observed during the summer stagnation, but in the case of Lake Nehmitz and Lake Dagow such a transport of phosphorus amounts to 3 mg PO_4/m^2d and 30 mg PO_4/m^2d respectively. On the whole the sediment of Lake Nehmitz is releasing 6—10 mg PO_4/m^2d, that of Lake Dagow 100 mg PO_4/m^2d and this takes place about 100 up to 120 days.

In deep parts of the lake sedimented carbon compounds will be broken down to 80% and more. The decomposition of phosphorus compounds is lower than 80% in Lake Stechlin and higher than this value in Lake Dagow. In Lake Stechlin the release of phosphorus from the sediment is chiefly appearing in winter and spring (circulation period), and this release is obviously connected with a high development of phytoplankton. In Lake Dagow phosphorus is mainly released during the summer stagnation.
The results lead to the following conclusion: To restore lakes ist is not only important to restrict the import of nutrients, but it is also necessary to take care for an oxidation of reduced substances or to remove reduced sediment out of the lake.

Резюме

В районе Стехлинского озера седиментация водоёмов показывает типичный годовой цикл. Максимум седиментации состоится во всех озерах осенью в начале циркуляции и основывается на перемещении отложений. В глубине эвтрофных озёр наблюдается добавочное осаждение фосфора, в зависимости от осадки фосфора в окислительно-восстановительном граничном слое. В Стехлинском озере отложения являются различными в вертикальном и тоже горизонтальном направлении.
Во время вегетационного периода седиментация углерода достигает приблизительно 10% первичной продукции и зависит от специфической продуктивности сенозов. Высокий оборот в круговороте внутри эвфотической зоны Стехлинского озера причиняет относительно большой масс цоопланктона. Изменения фитопланктона чуть наблюдаются изменения углерода в седименте.
Гиполимнический баланс ортофосфата показывает, что в Стехлинском озере увеличение концентрации во время летней стагнации базируется на разложении седиментирующего сестона. В эвтрофных озерах это увеличение содержания фосфора меньше причиняется разложением но прежде всего выходявшим потоком фосфора из седимента. Освобождение фосфора из седимента не только объясняется градиентом концентрации, но вероятно активные организмы участвуют в этом процессе.
Содержание фосфата в интерстициальной воде увеличается с продуктивностью водоёма. Част ортофосфата от суммарного фосфата выражаемая в размере минерализации интерститиальной воды является важным критерием. Минерализация — знак активности седимента и указывает на поток фосфата из седимента.
Содержания фосфата в интерстициальной воде на кубометр седимента поднимаются с продуктивностью озёр, количество азота — около равно в эвтрофных озерах а в Стехлинском озере меньше. Только озеро „Большая Фухскуле", которое представляет собой кислый водоём, содержает малые питательные вещества. Питательные вещества партикульярного седимента в значительной мере превосходят те интерстициальной воды. Самые высокие количества фосфата/м^3 седимента появляются в озерах с ничтожной продуктивностью.
В мало-продуктивных озерах соотношение C-N-P (углерод — азот — фосфор) в седиментирующем веществе составляет около 200:10:1, то в Даговском озере 100:10:1. В седиментов соотношения обратны, а именно 100:11:1 и 425:33:1. Несмотря на разложение органических веществ эти пропорции показывают аккумуляцию азота и фосфора в седименте Стехлинского озера но освобождение азота и фосфора из седимента Даговского озера.
Во время летней стагнации эвфотическая зона Стехлинского озера не получает поток фосфора из седимента, а в обоих бассейнах Немицкого озера эта зона получает 3 мг PO_4/м^2 · день а та Даговского озера 30 мг PO_4/м^2 · день. Общее освобождение из глубокого седимента в то же время составляет в Немицком озере 6—10 мг PO_4/м^2 · день а в Даговском озере 100 мг PO_4/м^2 · день. Период освобождения продолжается около 100—120 дней.
От седиментирующих углеродных веществ только 20% остаются в седименте, часть фосфора в Стехлинском озере больше, в эвтрофном Даговском озере меньше чем 20%. Истекающий из седимента поток фосфора состоится в Стехлинском озере прежде всего зимой и весной — в периоде циркуляции. Этот процесс способствуется активными, принимающими фосфор организмами, — в Даговском озере в главным образом летом во время стагнации.
Результаты этой работы показывают, что мероприятия по оздоровлению не только требуют лимитировать подвоз питательных веществ, но и окислять восстановительные продукты в седиментах или удалять соответствующие слой отложений.

6. Literatur

Adams, D. D., 1975: A laboratory model for plankton decomposition. — Verh. internat. Verein. Limnol. **19**, 2336—2339.

Aulenbach, D. B., & N. L. Clesceri, 1972: Sources and sinks of nitrogen and phosphorus: water quality management of lake George (N.Y.). — FWI Report **72-32**, 25 S.

Austin, E. R., & G. F. Lee, 1973: Nitrogen release from lake sediments. — J. WPCF **45**, 870—879.

Bachofen, R., 1960: Stoffhaushalt und Sedimentation im Baldegger- und Hallwilersee. — Diss., Zürich, 118 S.

Banoub, M.-W., 1975: Experimental studies on material transactions between mud and water of the Gnadensee (Bodensee). — Verh. internat. Verein. Limnol. **19**, 1263—1271.

BENGTSSON, L., 1975: Phosphorus release from a highly eutrophic lake sediment. — Verh. internat. Verein. Limnol. **19**, 1107—1116.

BRAY, J. T., 1973: The behavior of phosphate in the interstitial waters of Chesapeake bay sediments. — PhD thesis, John's Hopkins Univ., Baltimore, Maryland. 167 S.

BURNS, N. M., & C. ROSS, 1971: Nutrient relationsships in a stratified eutrophic lake. — Proc. 14th Conf. Great Lakes Res. **1971**, 749—760.

BUSCEMI, P. A., & J. H. PUFFER, 1975: Chemico-trophic attributes of detrital aggregates in a New Mexico alkaline reservoir. — Verh. internat. Verein. Limnol. **19**, 358—366.

CHALUPA, J., 1960: Eutrophication of reservoirs by athmospheric phosphorus. — Sbornik (Wassertechnologie, Prag) **4**, 295—308.

CHAPIN, J. D., & P. D. UTTORMARK, 1973: Atmospheric contributions of nitrogen and phosphorus. — Univ. Wisconsin, technical report WIS-WRC **73-2**,35 S.

CHARLTON, M. N., 1975: Sedimentation: measurements in experimental enclosures. — Verh. internat. Verein. Limnol. **19**, 267—272.

DILLON, P. J., & F. H. RIGLER, 1974: A test of a simple nutrient budget model predicting the phosphorus concentration in lake water. — J. Fish. Res. Board Can. **31**, 1771—1778.

— 1975: A simple method for predicting the capacity of a lake for development based on lake trophic status. — J. Fish. Res. Board Can. **32**, 1519—1531.

DORNBUSCH, W., 1969: Zur Messung der Zirkulation im Stechlinsee. — Gerlands Beitr. Biophys. **78**, 499—510.

EDBERG, N., & B. v. HOFSTEN, 1973: Oxygen uptake of bottom sediments studied in situ and in the laboratory. — Water. Res. Pergamon Press **7**, 1285—1294.

EDMONDSON, W. T., & G. G. WINBERG, 1971: A manual on methods for the assessment of secondary productivity in freshwaters. — IBP handbooks Nr. 17, 358 S., Oxford (Blackwell).

FRANKÓ, A., & J. PONYI, 1974: Seasonal change of the organic carbon content of lake Balaton during 1972. — Ann. Biol. Tihany **40**, 185—195.

GÄCHTER, R., 1968: Phosphorhaushalt und planktische Primärproduktion im Vierwaldstättersee (Horwer Bucht). — Schweiz. Z. Hydrol. **30**, 1—66.

GLASS, G. E., & J. E. PODOLSKI, 1975: Interstitial water components and exchange across the water sediment interface of western lake Superior. — Verh. internat. Verein. Limnol. **19**, 405—420.

GOLTERMAN, H. L., 1972: The role of phytoplankton in detritus formation. — Mem. Ist. Ital. Idrobiol., Suppl. **29**, 89—103.

HARGRAVE, B. T., 1972a: Aerobic decomposition of sediment and detritus as a function of particle surface area and organic content. — Limnol. & Oceanogr. **17**, 583—596.

— 1972b: A comparison of sediment oxygen uptake, hypolimnic oxygen deficit and primary production in lake Esrom, Denmark. — Verh. internat. Verein. Limnol. **18**, 134—139.

— 1975: Stability in structure and function of the mud-water interface. — Verh. internat. Verein. Limnol. **19**, 1073—1079.

HEITMANN, M.-L., D. RICHTER & D. SCHUMANN, 1969: Der Wärme- und Wasserhaushalt des Stechlin- und Nehmitzsees. — Abh. meteor. Dienstes DDR Nr. 96 (**12**), 98 S.

HOFMANN, R., 1975: Untersuchungen zum Phosphatmetabolismus einer Trinkwassertalsperre. — Internat. Rev. ges. Hydrobiol. **60**, 63—95.

HOFMANN, R., & J. BENNDORF, 1976: Phosphathaushalt und planktische Bioaktivität in einem eutrophierten Rinnenstausee. — *Limnologica* (Berlin) **10** (2), 269—278.

HOLM-HANSEN, O., 1972: The distribution and chemical composition of particulate material in marine and fresh waters. — Mem. Ist. Ital. Idrobiol. Suppl. **29**, 37—51.

HRBÁČEK, J., & L. PROCHÁZKOVÁ, 1975: Release of nitrogenous substances from bottom sediments under laboratory conditions. — Verh. internat. Verein. Limnol. **19**, 1899—1906.

JÓNASSON, P. M., E. LASTEIN & A. REBSDORF, 1974: Production, insolation, and nutrient budget of eutrophic lake Esrom. — Oikos **25**, 255—277.

JORDAN, M., & G. E. LIKENS, 1975: An organic carbon budget for an oligotrophic lake in New Hampshire, USA — Verh. internat. Verein. Limnol. **19**, 904 bis 1003.

JØRGENSEN, S. E., L. KAMP-NIELSEN & O. S. JACOBSEN, 1975: A submodel for anaerobic mud-water exchange of phosphate. — Ecol. modelling **1**, 133—146.

KAMP-NIELSEN, L., 1974: Mud-water exchange of phosphate and other ions in undisturbed sediment cores and factors affecting the exchange rates. — Arch. Hydrobiol. **73**, 218—237.

— 1975a: Seasonal variation in sediment—water exchange of nutrient ions in lake Esrom. — Verh. internat. Verein. Limnol. **19**, 1057—1065.

— 1975b: A kinetic approach to the aerobic sediment—water exchange of phosphorus in lake Esrom. — Ecol. modelling **1**, 153—160.

KOSCHEL, R., 1976: Der Einfluß des Phosphorangebotes auf die Primärproduktion des Phytoplanktons in einem geschichteten Klarwassersee (Stechlinsee, DDR). — *Limnologica* (Berlin) **10** (2), 325—346.

— 1980a: Bilanz der Primärproduktion des Phytoplanktons in den Gewässern des Stechlinseesystems. — *Limnologica* (Berlin) **13** (1), 55—81.

— 1980b: Die Phosphataffinität von Mikroorganismengesellschaften im Stechlinseesystem und in anderen Seen. — *Limnologica* (Berlin) **13** (1), 129—145.

KÜCHLER, L., 1980: Phytoplanktonuntersuchungen im Stechlinseegebiet in den Jahren 1973—1975. — *Limnologica* (Berlin) **13** (1), 83—99.

LI, W. C., D. E. ARMSTRONG, J. D. H. WILLIAMS, R. F. HARRIS & J. K. SYERS, 1972: Rate and extent of inorganic phosphate exchange in lake sediments. — Soil. Sci. Soc. Amer. Proc. **36**, 279—285.

MACGREGOR, A. N., & D. R. KEENEY, 1973: Methane formation by lake sediments during in vitro incubation. — Water Res. Bull. **9**, 1153—1158.

MANNY, B. A., 1972: Seasonal changes in organic nitrogen content of net- and nannophytoplankton in two hardwater lakes. — Arch. Hydrobiol. **71**, 103—123.

MØLLER, A. J., 1974: Nitrogen and phosphorus budgets and the role of sediments in six shallow Danish lakes. — Arch. Hydrobiol. **74**, 528—550.

— 1975: Influence of pH on release of phosphorus from lake sediments. — Arch. Hydrobiol. **76**, 411—419.

MORTIMER, C. H., 1971: Chemical exchanges between sediments and water in the Great lakes — speculations on probable regulatory mechanisms. — Limnol. & Oceanogr. **16**, 387—404.

MOTHES, G., 1964: Die makroskopische Bodenfauna des Stechlinsees. Ein Überblick über ihre quantitative Verteilung. — *Limnologica* **2** (2), 205—216.

— 1966: Beitrag zur Methodik der quantitativen Bearbeitung von makroskopischer Bodenfauna in stehenden Gewässern. — *Limnologica* (Berlin) **4** (2), 343—350.

— 1974a: Phosphatbestimmungen im Pelagial des Stechlinsees (1970—71). — *Limnologica* (Berlin) **9** (2), 157—169.

— 1974b: Veränderungen im Nährstoffstandard und Fauna im Stechlinsee-System unter Einfluß von Strömung und Temperatur. — Naturschutzarb. Berlin u. Brandenburg **10**, 50—55.

— 1975: Der Einfluß eines Kraftwerkes auf das Makrozoobenthos des Stechlinseesystems. — Acta hydrochim. hydrobiol. **3**, 353—367.

— 1977: Sedimentationsvorgänge im Stechlinseegebiet. — Acta hydrochim. hydrobiol. **5** (3), 269—281.

— 1980: Physikalische und chemische Parameter der Wasserbeschaffenheit in Seen des Stechlinseegebiets. — *Limnologica* (Berlin) **13** (1), 1—53.

MOTHES, G., & R. BLUME, 1969: Versuch einer biozönotischen Gliederung des Stechlinsees anhand der ökologischen Analyse des Makrobenthos in Verbindung mit statistischen Auswertungsverfahren. — Z. wiss. Zool. **180**, 67—147.

MOTHES, G., R. KOSCHEL & W. SCHEFFLER, 1976: Der Einfluß der Aufwärmung eines Sees durch ein Kraftwerk auf Phosphorhaushalt und Stoffproduktion. — *Limnologica* (Berlin) **10** (2), 489—501.

OHLE, W., 1958: Typologische Kennzeichnung der Gewässer auf Grund ihrer Bioaktivität. — Verh. internat. Verein. Limnol. **13**, 196—211.

— 1962: Der Stoffhaushalt der Seen als Grundlage einer allgemeinen Stoffwechseldynamik der Gewässer. — Kieler Meeresforsch. **18**, 107—120.

— 1964: Interstitiallösungen der Sedimente, Nährstoffgehalt des Wassers und Primärproduktion des Phytoplanktons in Seen. — Helgol. wiss. Meeresunters. **10**, 411—429.

— 1968: Chemische und mikrobiologische Aspekte des biogenen Stoffhaushaltes der Binnengewässer. — Mitt. internat. Verein. Limnol. **14**, 122—133.

O'MELIA, C., 1972: An approach to the modelling of lakes. — ESE publ. No. 283 = EAWAG publ. No. 412, 47 S.

OVERBECK, J., 1972: Zur Struktur und Funktion des aquatischen Ökosystems. — Ber. dtsch. bot. Ges. **85**, 553—577.

— 1973: Über die Kompartimentierung der stehenden Gewässer — ein Beitrag zur Struktur und Funktion des limnischen Ökosystems. — Verh. Ges. Ökol., Saarbrücken **1973**, 211—223.

— 1975: Distribution pattern of uptake kinetic responses in a stratified eutrophic lake (Plußsee ecosystem study IV). — Verh. internat. Verein. Limnol. **19**, 2600—2615.

PEUKERT, V., 1976: Untersuchungen über den Einfluß atmosphärischer Verunreinigungen auf die Eutrophierung der Gewässer. — *Limnologica* (Berlin) **10** (2), 483—488.

PROFT, G., 1967: Beiträge zur Sedimentchemie von Binnengewässern. I. Die Verteilung des Phosphors in Sedimenten von Seen und Talsperren. — *Limnologica* (Berlin) **5** (3), 397—404.

PROVINI, A., 1975: Sediment respiration in six Italian lakes in different trophic conditions. — Verh. internat. Verein. Limnol. **19**, 1313—1318.

RICH, P. H., 1975: Benthic metabolism of a soft water lake. — Verh. internat. Verein. Limnol. **19**, 1023 bis 1028.

RICH, P. H., & R. G. WETZEL, 1972: The benthic carbon budget af a southern Michigan marl lake. — Verh. internat. Verein. Limnol. **18**, 157—161.

RIGLER, F. H., 1975: Nutrient kinetics and the new typology. — Verh. internat. Verein. Limnol. **19**, 197—210.

ROBERTSON, A., & B. J. EADIE, 1975: A carbon budget for lake Ontario. — Verh. internat. Verein. Limnol. **19**, 291—299.

SCHEFFLER, W., 1980: Quantitative Erfassung des Periphytons im Stechlinsee. — *Limnologica* (Berlin) **13** (1), 101—122.

SCHRÖDER, R., 1973: Die Freisetzung von Pflanzennährstoffen im Schilfgebiet und ihr Transport in das Freiwasser am Beispiel des Bodensee-Untersees. — Arch. Hydrobiol. **71**, 145—158.

SCHWOERBEL, J., 1971: Einführung in die Limnologie. — Jena (VEB Gustav Fischer Verlag).

SERRUYA, C., 1971: Lake Kinneret, the nutrient chemistry of the sediments. — Limnol. & Oceanogr. **16**, 510—521.

— 1975: Nitrogen and phosphorus balances and load-biomass relationship in lake Kinneret (Israel). — Verh. internat. Verein. Limnol. **19**, 1357—1369.

SERRUYA, C., M. EDELSTEIN, U. POLLINGHER & S. SERRUYA, 1974: Lake Kinneret sediments: Nutrient composition of the pore water and mud water exchanges. — Limnol. & Oceanogr. **19**, 489—508.

STADELMANN, P., 1971: Stickstoffkreislauf und Primärproduktion im mesotrophen Vierwaldstättersee (Horwer Bucht) und im eutrophen Rotsee mit besonderer Berücksichtigung des Nitrats als limitierender Faktor. — Schweiz. Z. Hydrol. **33**, 1—65.

STEELE, J. H., & I. E. BAIRD, 1972: Sedimentation of organic matter in a Scottish sea loch. — Mem. Ist. Ital. Idrobiol., Suppl. **29**, 73—88.

STRAŠKRABA, M., 1976: Development of an analytical phytoplankton model with parameters empirically related to dominant controlling variables. — Abh. AdW DDR **1974**, Umweltbiophysik, 33—65.

TESSENOW, U., 1972: Lösungs-, Diffusions- und Sorptionsprozesse in der Oberschicht von Seesedimenten. I. Ein Langzeitexperiment unter aeroben und anaeroben Bedingungen im Fließgleichgewicht. — Arch. Hydrobiol. Suppl. **38**, 353—398.

— 1974: Lösungs-, Diffusions- und Sorptionsprozesse in der Oberschicht von Seesedimenten. IV. Reaktionsmechanismen und Gleichgewichte im System Eisen—Mangan—Phosphat im Hinblick auf die Vivianitakkumulation im Ursee. — Arch. Hydrobiol. Suppl. **47**, 1—79.

— 1975a: Akkumulationsprozesse in der Maximaltiefe von Seen durch postsedimentäre Konzentrationswanderung. — Verh. internat. Verein. Limnol. **19**, 1251—1262.

— 1975b: Lösungs-, Diffusions- und Sorptionsprozesse in der Oberschicht von Seesedimenten. V. Die Differenzierung der Profundalsedimente eines oligotrophen Bergsees (Feldsee, Hochschwarzwald) durch Sediment-Wasser-Wechselwirkungen. — Arch. Hydrobiol. Suppl. **47**, 325—412.

THOMAS, E. A., 1955: Sedimentation in oligotrophen und eutrophen Seen als Ausdruck der Produktivität. — Verh. internat. Verein. Limnol. **12**, 383—393.

UHLMANN, D., & E. ALBRECHT, 1968: Biogeochemische Faktoren der Eutrophierung von Trinkwasser-Talsperren. — *Limnologica* (Berlin) **6** (2), 225—245.

VOGT, P., 1965: Aktuogeologische Untersuchungen am Großen Stechlinsee. — *Limnologica* (Berlin) **3** (2), 97—138.

WEILER, R. R., 1973: The interstitial water composition in the sediments of the Great lakes. I. Western lake Ontario. — Limnol. & Oceanogr. **18**, 918—931.

WHITE, W. S., & R. G. WETZEL, 1975: Nitrogen, phosphorus, particulate and colloidal carbon content of sedimenting seston of a hardwater lake. — Verh. internat. Verein. Limnol. **19**, 330—339.

WILDUNG, R. E., R. L. SCHMIDT & A. R. GAHLER, 1974: The phosphorus status of eutrophic lake sediments as related to changes in limnological conditions — total, inorganic and organic phosphorus. — J. environm. qual. **3**, 133—138.

WILLIAMS, J. D. H., J.-M. JAQUET & R. L. THOMAS, 1976: Forms of phosphorus in the surficial sediments of lake Erie. — J. Fish. Res. Board Can. **33**, 413—429.

WOOD, K. G., & J. VERDUIN, 1972: Correlation between CO_2 and O_2 concentrations in lake Erie, U.S.A. — Arch. Hydrobiol. **71**, 1—16.

YOSHIMASA, T., S. HORIE & Y. SAIJO, 1968: Studies on the sedimentation in lake Biwa from the viewpoint of lake metabolism. — Mitt. internat. Ver. Limnol. **14**, 243—255.

Eingegangen am 9. 3. 1979.

Anschrift des Verfassers:

Dr. habil. GEORG MOTHES
Akademie der Wissenschaften der DDR
Institut für Geographie und Geoökologie
— Bereich Hydrologie —
DDR-1162 Berlin
Müggelseedamm 260

Limnologica (Berlin) **13** (1), 195—202, Januar 1981

Jürgen Benndorf, Rainer Koschel &
Frieder Recknagel

Erste Ergebnisse der Ökosystemanalyse des Pelagials des Stechlinsees mit der Modellmethode

Mit 10 Abbildungen

Inhalt

1. Einleitung

Es besteht gegenwärtig weitgehende Übereinstimmung zwischen den überwiegend theoretisch arbeitenden Limnologen und denen, die ihre Arbeiten mehr experimentell ausrichten, daß ökologische Modelle einen wesentlichen Beitrag zur Aufklärung der Funktionsmechanismen in Gewässerökosystemen leisten können. Voraussetzung hierfür ist allerdings, daß die beiden Arbeitsrichtungen nicht mehr oder weniger voneinander isoliert tätig sind, sondern eine ausgewogene Einheit bilden. Der unter diesen Voraussetzungen ablaufende Prozeß der Funktions- und Strukturanalyse von Gewässerökosystemen kann mit einer „Spirale" verglichen werden: Messungen und Experimente am Ökosystem und seinen Elementen — Hypothesenbildung und Verallgemeinerungen — Entwurf mathematischer Modelle — Simulation — Vergleich zwischen Modell- und Meßwerten — Bestätigung oder Neuformulierung der Hypothesen und Verallgemeinerungen auf einem höheren Niveau — neue Messungen und Experimente — usw. Von dieser Strategie profitieren sowohl die experimentell arbeitenden Ökologen als auch die Theoretiker. Erstere erhalten durch die (nur im Modell mögliche) Synthese einer Vielzahl von Einzelprozessen wichtige Hinweise auf experimentelle Schwerpunkte oder bisher vielleicht völlig übersehene Zusammenhänge (z. B. Variabilität wichtiger Kenngrößen, die vorher als konstant angesehen wurden, vgl. Straškraba 1976). Andererseits gewinnt der Theoretiker Einsichten in die Vollständigkeit oder — gegenwärtig weitaus wahrscheinlicher — Unvollständigkeit seiner theoretischen Überlegungen und Modelle.

Der Vergleich zwischen Modell- und Meßwerten nimmt in dem geschilderten spiralartigen Erkenntnisprozeß eine wesentliche Stellung ein (Straškraba & Dvořakova 1977, Verhagen 1978, Recknagel 1979). Dabei sollten solche Vergleiche durchaus schon zu einem Zeitpunkt erfolgen, an dem weitgehende Übereinstimmung zwischen Modell- und Originalverhalten kaum erwartet werden kann, weil der Kenntnisstand noch sehr gering und die Modelle folglich noch sehr einfach sind.

In der vorliegenden Arbeit werden Beobachtungen über die Dynamik wichtiger produktionsbiologischer Größen im Pelagial des Stechlinsees mit Modellergebnissen verglichen. Das Modell entspricht demjenigen, das von Benndorf & Recknagel (1979) für eine geschichtete mesotrophe Talsperre vom Rinnentyp (Saidenbachtalsperre) entwickelt wurde (Abb. 1). Der einzige Unterschied besteht darin, daß bei der Stechlinsee-Simulation der Wasserzufluß und -abfluß nur epilimnisch erfolgt. Es wurden bewußt keinerlei weitere Änderungen oder Anpassungen des Modells an den oligotrophen Stechlinsee vorgenommen. Die Eingangsdaten stammen aus den Jahren 1974 und 1975. Diese beiden Jahre unterscheiden sich bezüglich des Wasserdurchsatzes, der thermischen Belastung und des Phosphatimports erheblich, weil das Kernkraftwerk, das Kühlwasser in den See abgibt, im Jahre 1975 kaum in Betrieb war, während 1974 die Kühlwassereinspeisung und der entsprechende Abfluß zum Nehmitzsee fast durchgängig erfolgte (vgl. KOSCHEL, 1977).

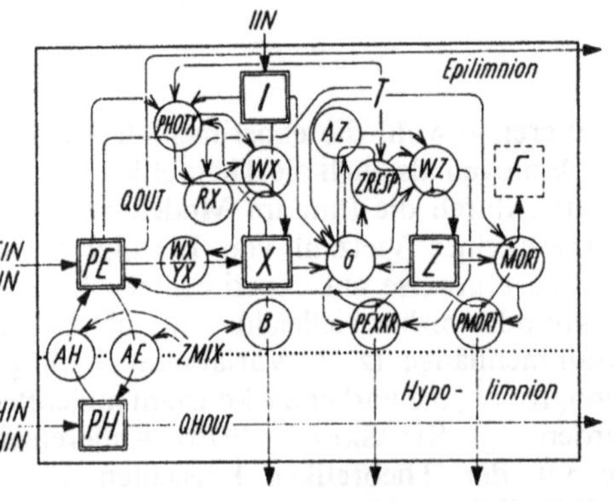

Abb. 1. Vereinfachtes Schema des Pelagialmodells; I — photosynthetisch aktives Licht; T — Temperatur; PE — Orthophosphat im Epilimnion; PH — Orthophosphat im Hypolimnion; X — Phytoplankton; Z — Zooplankton; F — Fische; doppelte Quadrate — Systemvariable; Kreise — Raten; Symbole ohne Quadrat oder Kreis — Eingangsgrößen; ⟶ — Stoff- und Energiefluß; ⟶ — Informationsfluß; vollständiges Symbolverzeichnis s. BENNDORF & RECKNAGEL (1979).

Die Vergleichsdaten resultieren bezüglich des Phytoplanktons (KÜCHLER 1980) und des Zooplanktons (KASPRZAK unveröff.) aus Direktzählungen und Berechnungen des Planktonvolumens. Die Orthophosphatbestimmungen erfolgten nach VOGLER (MOTHES 1980). Die Primärproduktion wurde über die ^{14}C-Inkorporation (Exposition: ∅ 6 h) als angenäherter Bruttowert erfaßt (KOSCHEL 1980a). Der Stechlinsee kann als besonders geeignet für vergleichende Betrachtungen angesehen werden, weil er wegen seiner Nährstoffarmut einen Extremfall darstellt. Gerade an solchen Extremfällen werden aber Fehler und Abweichungen in den theoretischen Annahmen gut sichtbar. Darüber hinaus bieten die zeitlichen Änderungen des thermischen und hydrodynamischen Verhaltens in Abhängigkeit vom Betrieb des Kernkraftwerks günstige Möglichkeiten zum Studium des Einflusses dieser Prozesse auf das Ökosystem.

2. Vergleich zwischen Beobachtungsergebnissen und Modellresultaten

Infolge der mehr oder weniger durchgängigen Kühlwassereinleitung im Jahr 1974 wies der Stechlinsee im Vergleich zum Jahr 1975 (fast keine Kühlwasserzufuhren) sowohl in vertikaler als auch in horizontaler Richtung ein höheres Maß an räumlicher Inhomogenität auf (RICHTER, NEUBERT & KLÄMT 1979). Da das Modell generell mit homogener Verteilung aller Pelagialkomponenten (außer Licht) rechnet, ermöglicht die Gegenüberstellung beider Jahre Aussagen über die Wirkung der hydrodynamischen Prozesse auf die Elemente des Ökosystems.

2.1. Dynamik wichtiger Pelagial-Komponenten in einem Jahr mit starker räumlicher Inhomogenität

Das Modell rechnet nur mit einer einheitlichen Phytoplanktonzusammensetzung (mikroplanktische Diatomeen). In diesem Punkt besteht von vorherein ein wesentlicher Unterschied zum Original, denn im Stechlinsee dominieren: März—April 1974 nannoplanktische Monaden und ultraplanktische Formen; Sommer und Herbst 1974 *Cyclotella* spp., Chlorococcale, nannoplanktische Monaden, Ultraplankton und nur geringe Mengen mikroplanktischer Diatomeen; April—Mai 1975 *Cyclotella* spp.; Sommer und Herbst 1975 *Cyclotella* spp., *Stephanodiscus* sp., *Dinobryon* sp. und Chlorococcale. Dabei treten im Sommer und Herbst ausgeprägte Sukzessionen auf (vgl. KÜCHLER 1980).

Die Abweichungen der Phytoplanktonbiomasse zwischen Modell und Original sind im Jahr 1974 sehr erheblich (Abb. 2). Das Frühjahrsmaximum im See liegt etwa 2 Monate vor dem Frühjahrsanstieg im Modell. In der Höhe des Maximums treten dagegen nur geringfügige Unterschiede auf. Möglicherweise weichen wichtige Parameter der Photosynthese und Respiration der dominierenden Monaden und Ultraplankter stark von denen der Modell-Diatomeen ab, so daß relativ hohe Wachstumsraten schon bei niedrigen Wassertemperaturen und Lichtintensitäten möglich sind. Andererseits führen Inhomogenitäten in der vertikalen Verteilung (höhere Biomasse in den mittleren und oberen Wasserschichten) gerade während der Vollzirkulation zwangsläufig zu erheblichen Abweichungen vom Modellverhalten, weil im Modell eine homogene Verteilung aller Komponenten angenommen wird. Bei einer mittleren Tiefe von 23,4 m bedeutet homogene Verteilung der Algen (bei exponentiell mit der Tiefe abnehmendem Licht) eine sehr niedrige mittlere Wachstumsrate bis Ende April (Abb. 3). In dieser Zeit liegt die Extinktionstiefe (Durchmischungstiefe × Extinktionskoeffizient) zwischen 9 und 10 m. Bei einem so hohen Wert ist auch nach OSKAM (1978) und STEEL (1978) nur mit geringem Phytoplanktonwachstum zu rechnen. Demgegenüber zeigen die Algen bei inhomogener Verteilung im

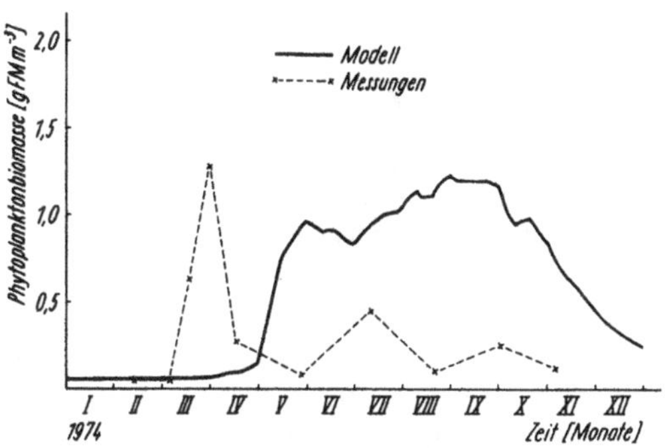

Abb. 2. Phytoplanktobiomasse im Stechlinsee für ein Jahr mit Kühlwassereinleitung; die Modell- und Meßwerte repräsentieren einen Mittelwert zwischen Oberfläche und der zeitvariablen Durchmischungstiefe; die Meßwerte beziehen sich auf den Meßpunkt St (tiefste Stelle 68 m) im Nordbecken

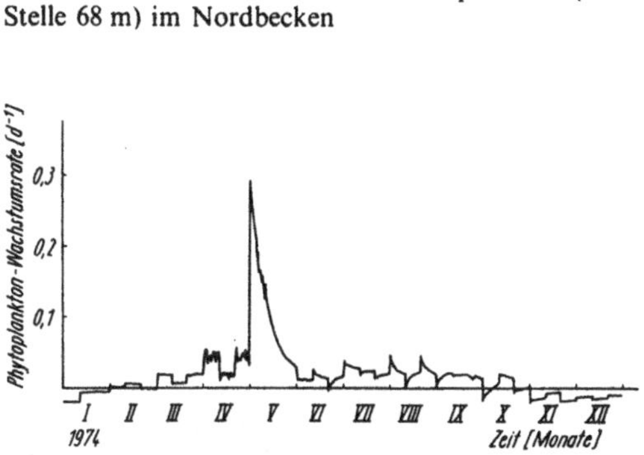

Abb. 3. Modell-Wachstumsrate des Phytoplanktons im Stechlinsee für ein Jahr mit Kühlwassereinleitung; Mittelwert für die durchmischte Schicht des gesamten Sees

See eine höhere mittlere Wachstumsrate. Diese Annahme wird durch die höhere gemessene Primärproduktion gegenüber den Modellwerten (vgl. Abb. 6) gerechtfertigt.

Die Differenzen der beiden Phytoplanktonverläufe im Sommer und Herbst 1974 (Abb. 2) haben andere Ursachen, als sie für das Frühjahr diskutiert wurden. In dieser Zeit dürften die starke horizontale Inhomogenität infolge der Kühlwassereinleitung und die ungenaue Berücksichtigung des Fraßverhaltens des Zooplanktons die Hauptursachen sein. Die durchweg sehr niedrigen Wachstumsraten des Sommerphytoplanktons im Modell (Abb. 3) wie auch die im Vergleich zum Original niedrige Primärproduktion (Abb. 6) beweisen, daß die Abweichung der berechneten von der gemessenen Biomasse im Sommer und Herbst 1974 (Abb. 2) nicht in einer Überbewertung des Wachstums im Modell, sondern vor allem in einer Unterbewertung der Verluste durch Zooplanktonfraß zu suchen ist. Diese Feststellung wird auch durch die im Vergleich zum Modell hohen Zooplanktonwerte des Jahres 1978 im Stechlinsee unterstützt (vgl. Abb. 10). Offensichtlich sind die verschiedenen Zooplanktonpopulationen im Stechlinsee besser als in nährstoffreicheren Gewässern befähigt, noch geringe Phytoplanktonbiomasse effektiv auszunutzen.

Diese Erklärung der Differenzen zwischen Original und Modell bezüglich der Phytoplanktonbiomasse im Sommer und Herbst schließt allerdings noch nicht die erheblichen Unterschiede zwischen Modell-Primärproduktion und den mittels der ^{14}C-Technik gemessenen Werten ein (Abb. 6). Die invers hyperbolische Abhängigkeit der spezifischen Primärproduktionsrate von der Biomasse des Phytoplanktons, die im Modell berücksichtigt wird, führt zwar bei erniedrigten Phytoplanktonwerten (Zooplanktonfraß) zu einer Steigerung der spezifischen Primärproduktionsrate, aber kaum zu einer Steigerung der Primärproduktion (Produkt aus Biomasse und spezifischer Rate). Die Abweichungen der gemessenen von der berechneten Primärproduktion (Abb. 6) sind sicher zu einem großen Teil auf die erhebliche horizontale Inhomogenität im Kühlwasser-beeinflußten Stechlinsee zurückzuführen. Wie ein Vergleich mit Abb. 7 zeigt, liegen die Meßwerte allerdings auch ohne Kühlwassereinfluß über den Modellwerten, wobei die Diskrepanz hier aber geringer ist. Vertikale Inhomogenität, Mängel in der richtigen Beschreibung der Phytoplankton-Respiration sowie der Brutto-Photosynthese als Folge der einheitlichen Phytoplanktonkomponente im Modell dürften die wesentlichen Gründe für diese „Restabweichung" sein. Die Orthophosphatkonzentration im Modell (Abb. 8) beschreibt den Frühjahrsverlauf 1974 im Original erwartungsgemäß schlecht, weil das zeitige Algenmaximum im See selbstverständlich auch einen sehr schnellen Abfall des Orthophosphats verursacht. Somit sind die Gründe für die Abweichung des Modell-Orthophosphats vom gemessenen Verlauf identisch mit den bereits im Zusammenhang mit der Phytoplanktonbiomasse diskutierten Erklärungen (vertikale Inhomogenität). Als Folge dieses raschen Sinkens der Orthophosphatkonzentration im Original herrscht zum Zeitpunkt des Eintritts in die Sommerstagnation (Anfang Mai) ein niedriger Wert vor, so daß die Hypolimnion-Konzentration im Gewässer unter den Modellwerten liegt. Epilimnionwerte und die Werte in der Herbstvollzirkulation zeigen weitgehende Übereinstimmung zwischen Modell und Original. Allerdings sollte diese gute Übereinstimmung nicht darüber hinwegtäuschen, daß auch hier möglicherweise größere Differenzen auftreten als die, die aus dem Vergleich zwischen Modell-outputs und Meßwerten ersichtlich sind. Bei derartig niedrigen Orthophosphatkonzentrationen spricht vieles dafür, daß durch die chemische Analytik wesentlich höhere Werte des verfügbaren Orthophosphats vorgetäuscht werden (vgl. Koschel 1980b). Eine effektivere Nährstoffausnutzung durch die im Stechlinsee vorherrschenden Ultraplankter, nannoplanktischen Monaden und nannoplanktischen Diatomeen im Vergleich zu dem im Modell vorgegebenen Kenngrößen für mikroplanktische Diatomeen liegt auf der Hand.

2.2. Dynamik wichtiger Pelagial-Komponenten in einem Jahr mit schwacher räumlicher Inhomogenität

Theoretisch müßte die Übereinstimmung zwischen Modell- und Originalverhalten im Jahr 1975 besser sein als für 1974 gezeigt wurde, weil 1975 die wichtige Modellvoraussetzung räumlicher Homogenität (außer Trennung Epilimnion/Hypolimnion) besser erfüllt wird. Das Phytoplankton (Abb. 4) zeigt die Richtigkeit dieser Annahme, obwohl der prinzipielle Unterschied zwischen Modell und Original der gleiche ist wie im Jahr 1974: zu langsames Wachstum im Modell während der Frühjahrsvollzirkulation und zu geringe Verluste durch Zooplanktonfraß im Sommer und Herbst.

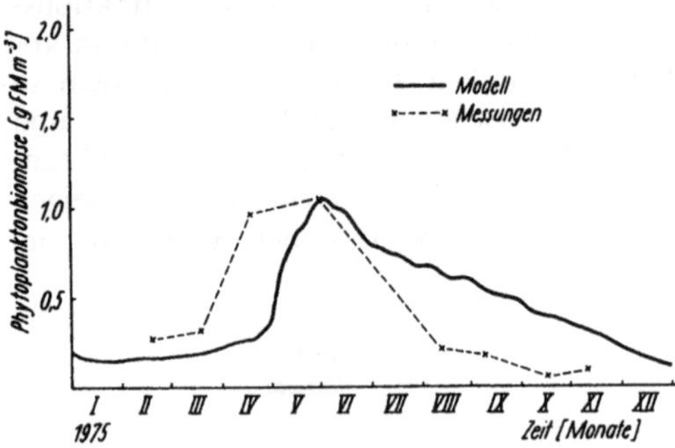

Abb. 4. Phytoplanktonbiomasse im Stechlinsee für ein Jahr ohne Kühlwassereinleitung (vertikale Mittelwertbildung und Lage des Meßpunkts wie in Abb. 2)

Wegen der geringeren Inhomogenität des Wasserkörpers — vor allem in horizontaler Richtung — im Jahr 1975 verlaufen die gemessene und berechnete Phytoplanktonbiomasse aber sehr viel weniger abweichend voneinander als 1974. Aus den niedrigen Modell-Wachstumsraten im Sommer und Herbst (Abb. 5), die durch das Überwiegen der Respiration sogar

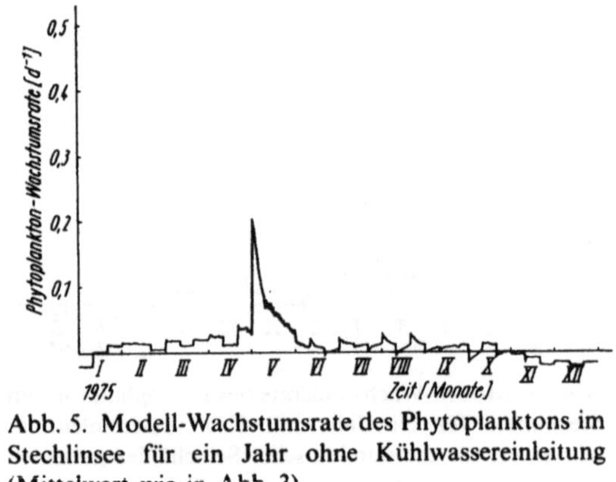

Abb. 5. Modell-Wachstumsrate des Phytoplanktons im Stechlinsee für ein Jahr ohne Kühlwassereinleitung (Mittelwert wie in Abb. 3)

mehrmals negative Werte annehmen, resultiert, daß für die zu hohen Sommer- und Herbstwerte im Modell in erster Linie eine Unterbewertung der ökologischen Verlustgrößen (Zooplanktonfraß, eventuell auch natürliche Mortalität oder Parasitismus) verantwortlich sein dürfte.

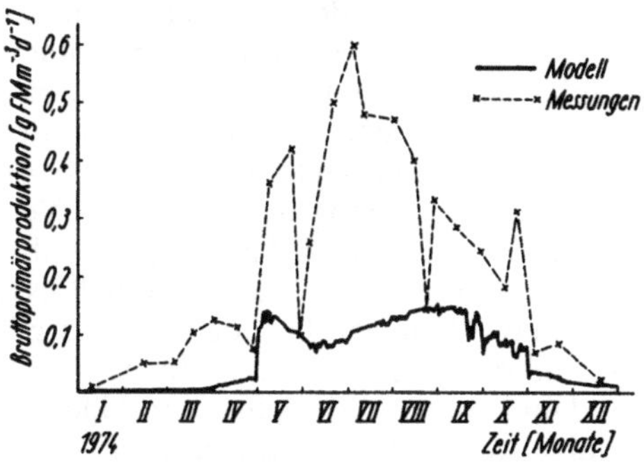

Abb. 6. Bruttoprimärproduktion im Stechlinsee für ein Jahr mit Kühlwassereinleitung (vertikale Mittelwertbildung und Lage des Meßpunkts wie in Abb. 2)

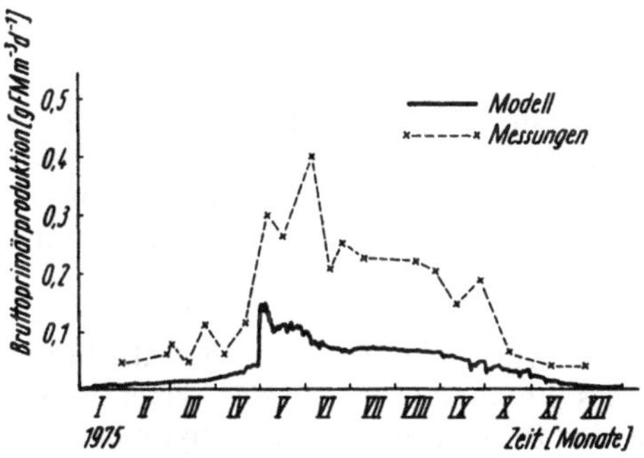

Abb. 7. Bruttoprimärproduktion im Stechlinsee für ein Jahr ohne Kühlwassereinleitung (vertikale Mittelwertbildung und Lage des Meßpunkts wie in Abb. 2)

Die Bruttoprimärproduktion wird bezüglich des Trends vom Modell sehr gut beschrieben; die absoluten Werte betragen jedoch nur etwa 30—50 % der gemessenen (Abb. 7). Als Gründe für diese Abweichungen wurden vertikale inhomogene Phytoplanktonverteilung, bessere Nährstoffausnutzung durch das Stechlinseephytoplankton sowie ungenaue Beschreibung der Brutto-Photosyntheserate und der Phytoplanktonrespiration bereits diskutiert (vgl. 2.1.).

Die Übereinstimmung der beiden Orthophosphat-Jahresgänge für 1975 (Abb. 9) ist befriedigend, wenn man bedenkt, daß die Variationsbreite nur etwa 1 mg P m^{-3} beträgt und im niedrigen Konzentrationsbereich die Analytik erhebliche Unsicherheiten aufweist (vgl. 2.1.). Als beachtenswerter Unterschied zwischen gemessenem und berechnetem Orthophosphat tritt auch hier der rasche Abfall im See während des Frühjahrs auf. Dieses Verhalten muß aber wegen des im See ebenfalls früheren Algenmaximums (vgl. Abb. 4) erwartet werden.

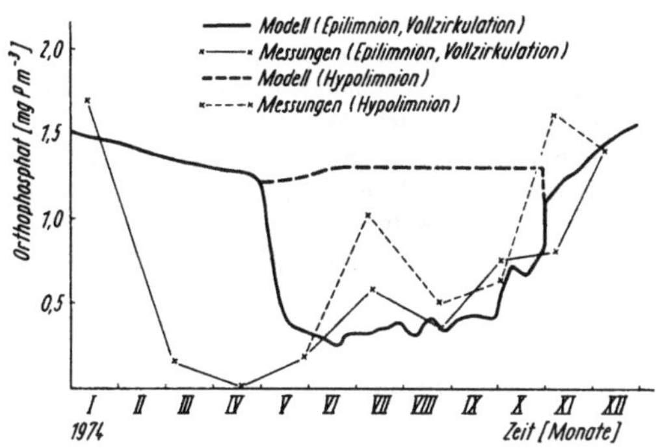

Abb. 8. Gelöstes Orthophosphat im Stechlinsee für ein Jahr mit Kühlwassereinleitung (vertikale Mittelwertbildung und Lage des Meßpunkts wie in Abb. 2)

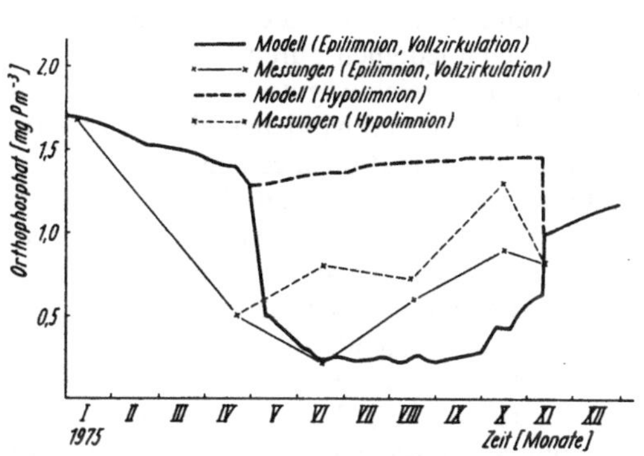

Abb. 9. Gelöstes Orthophosphat im Stechlinsee für ein Jahr ohne Kühlwassereinleitung (vertikale Mittelwertbildung und Lage des Meßpunkts wie in Abb. 2)

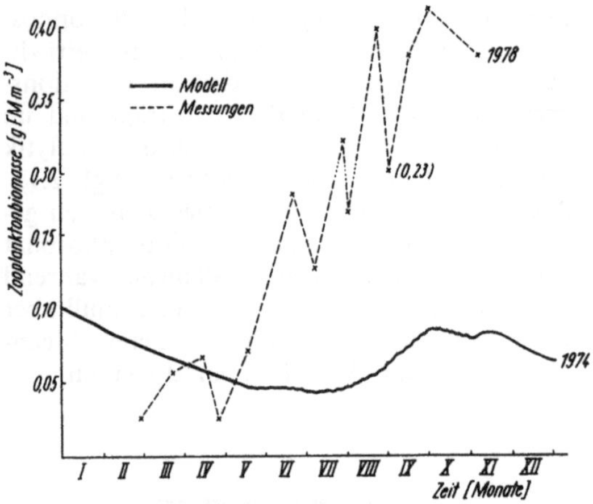

Abb. 10. Modellverlauf der Zooplanktonbiomasse im Stechlinsee für ein Jahr mit Kühlwassereinleitung und durch Zählung ermittelte Werte für 1978 (Kühlwassereinleitung); die Gegenüberstellung der Werte von 1978 erfolgt wegen des Fehlens entsprechender Beobachtungen im Jahre 1974 bzw. 1975 (vertikale Mittelwertbildung und Lage des Meßpunkts wie in Abb. 2)

3. Schlußfolgerungen

Der Vergleich zwischen Beobachtungs- und Modellergebnissen ergibt für den Stechlinsee in der gegenwärtigen Phase der experimentellen Erforschung und Modellbildung noch erhebliche Diskrepanzen. Dabei muß allerdings unbedingt berücksichtigt werden, daß das eingesetzte Modell ohne jede Anpassung an das Untersuchungsobjekt (Parameteroptimierung) benutzt wurde. Diese Strategie fand deshalb Anwendung, weil die Bearbeiter die Auffassung vertreten, daß eine lediglich durch Optimierung von Parametern erreichte gute Übereinstimmung von Meßwerten und Modellergebnissen für die Analyse der Funktionsmechanismen in Ökosystemen nicht viel aussagt. Im Hinblick auf eine Vervollkommnung der experimentellen Untersuchungen, der Meßdatengewinnung und des Pelagialmodells zeichnen sich die folgenden vorrangigen Probleme ab:

1) In Gewässern von der Tiefe des Stechlinsees (mittlere Tiefe 23,4 m) scheint stärkeres Phytoplanktonwachstum bei Vollzirkulation nur dann möglich zu sein, wenn die Durchmischung keine völlige Homogenität der Algenverteilung gewährleisten kann. In gleicher Weise gilt das für Gewässer mit geringerer mittlerer Tiefe, aber höherem Extinktionskoeffizient, wobei allerdings im Extremfall (sehr flache Gewässer mit sehr hohem Extinktionskoeffizient) gerade bei intensiver Durchmischung wieder eine höhere Primärproduktion erwartet werden muß (vgl. BENNDORF & BAUMERT 1979). Abgesehen von diesem Extremfall wird also homogene Verteilung des Phytoplanktons zu einer Verschiebung des Frühjahrsmaximums zum Spätfrühjahr hin führen: Genau diesen Verlauf zeigt das Modell im Vergleich mit den Beobachtungsergebnissen (Abb. 2 und Abb. 4). Ein Modell mit homogener vertikaler Verteilung der Systemvariablen kann folglich selbst bei Vollzirkulation die realen Verhältnisse nur sehr unvollkommen beschreiben. Das gilt analog für das sommerliche Epilimnion, vor allem dann, wenn die Epilimnion-Mächtigkeit einige wenige Meter überschreitet.

2) Falls horizontal inhomogene Verteilung der Größen vorliegt (z. B. Kühlwassereinfluß im Stechlinsee; in Talsperren generell) sind Messungen an einem Punkt für das Gesamtsystem wenig aussagekräftig und für Vergleiche mit einem Modell, das die horizontale Inhomogenität nicht beschreibt, nur bedingt geeignet. Aus 1) und 2) folgt, daß der stärkeren räumlichen Diskretisierung sowohl im Modell als auch bei der Gewinnung der Meßwerte in Zukunft größere Aufmerksamkeit gelten muß.

3) Die Analyse der ökologischen Verlustfaktoren (vor allem Zooplanktonfraß) bezüglich des Phytoplanktons bedarf einer weitergehenden Bearbeitung, weil die Phytoplankton-Dynamik in der wärmeren Jahreszeit nur im Zusammenhang mit dieser Analyse erklärbar ist.

4) Die Erforschung der Abhängigkeiten der Photosynthese (Brutto-Primärproduktion) und Respiration des Phytoplanktons von den Steuergrößen bedarf einer weiteren Vertiefung. Dabei ist es wichtig, beide Prozesse zu trennen, was im Modell sehr viel einfacher realisiert werden kann als bei den Experimenten. Die möglichst exakte Trennung sollte aber trotzdem auch bei den Experimenten angestrebt werden, weil die Kausalanalyse der Wachstumsprozesse aus der Messung des Wachstums (bzw. der Netto-Primärproduktion) als „black box" allein nicht möglich ist.

5) Für die Weiterentwicklung des ökologischen Modells erhebt sich die Frage, ob eine weitere Vertiefung biologischer Details *ohne* Kopplung an ein hydrodynamisches Transportmodell überhaupt noch sinnvoll ist, weil eine exakte Prüfung der Modellergebnisse an Meßdaten praktisch nicht möglich ist.

4. Zusammenfassung

Es wurde für den oligotrophen Stechlinsee die prinzipielle Anwendbarkeit eines ökologischen Pelagial-Modells erprobt, das bisher nur auf eine mesotrophe Talsperre angewandt worden war. Dabei wurde das Modell lediglich geringfügig bezüglich der im Wasserabfluß zwischen See und Talsperre bestehenden Unterschiede geändert; es erfolgte keine Parameteranpassung. Die Parameter stammen überwiegend aus Laborversuchen.

Es werden für die Jahre 1974 und 1975 Beobachtungswerte und Modellwerte verglichen. Der wesentliche Unterschied zwischen beiden Jahren besteht darin, daß 1974 der Stechlinsee infolge Kühlwassereinspeisung aus einem Kernkraftwerk eine größere horizontale und vertikale Inhomogenität aufwies als im Jahr 1975, in dem keine nennenswerte Kühlwassereinleitung erfolgte.

Die berechneten und gemessenen Jahresverläufe der Phytoplanktonbiomasse (Abb. 2 u. 4), der Brutto-Primärproduktion (Abb. 6 u. 7) sowie des gelösten Orthophosphats (Abb. 8 u. 9) weisen für 1975 eine bessere Übereinstimmung auf, als das für 1974 der Fall ist. Es wird der Versuch unternommen, diesen Unterschied durch das in beiden Jahren verschieden hohe Ausmaß der räumlichen Inhomogenität des Wasserkörpers zu erklären.

Für die experimentelle Arbeit und die Weiterentwicklung des Modells ergeben sich vor allem drei Schwerpunkte:

- Bessere Berücksichtigung der räumlichen Inhomogenität des Wasserkörpers. In vertikaler Richtung ist die Unterteilung in 2 Schichten (Epi- und Hypolimnion) unzureichend;
- Bessere Erfassung und Beschreibung der ökologischen Verlustfaktoren für das Phytoplankton (vor allem Zooplanktonfraß);
- Vertiefte Kausalanalyse der Beziehungen zwischen den Steuergrößen und der Photosynthese (Bruttoprimärproduktion) sowie der Respiration des Phytoplanktons.

Summary

The principal applicability of an ecological model, which has been used as yet for a mesotrophic reservoir only, was tested for an oligotrophic lake (Stechlinsee, DDR). In doing so the model was modified insignificant relative to differences of water-outflow between lake and reservoir; the parameters were not adapted for the model. Parameters were calculated from laboratory-experiments.

Observed and computed facts were compared in 1974 and 1975. Between these years the fundamental difference is in existence of a greater horizontal and vertical inhomogenity in consequence of cooling water input from a nuclear power plant in lake Stechlinsee 1974 than 1975, where cooling water input was not followed appreciable.

Computed and measured seasonal periodicities of phytoplankton biomass, gross primary production and dissolved orthophosphat show a better agreement in 1975 than in 1974. It is attempted exploining this difference through different dimension of space inhomogenity of waterbody.

It results in first of all 3 important points for the experimental work and the evolution of model:

- better consideration of space inhomogenity of water-body. Subdivision in 2 horizonts (Epi- and Hypolimnion) is insufficient in vertical direction.
- better registration and specification of ecological loss-factors for the phytoplankton (first of all grazing by zooplankton)
- Deepened causal analysis of relationships between controlling factors and photosynthesis (gross primary production) and respiration of phytoplankton.

Резюме

Испытывана принципиальная применимость экологической пелагиальной модели для олиготрофного озера (Стехлинское озеро, ГДР), которая до сих пор применилась только для мезотрофного водохранилища. При этом модель только незначительно изменяется относительно разниц, имеющихся в оттоке воды между озером и водохранилищем; адаптации параметров не осуществлена. Параметры были получены в большинстве случаев при проведении лабораторных экспериментов.

Сопоставлены за 1974 и 1975 гг. результаты модели и измерений in situ. Важная разница между двумя годами заключается в том, что в 1974 г. Стехлинское озеро вследствие подвода охлаждающей воды из атомной электростанции проявляло бо́льшую горизонтальную и вертикальную неоднородность чем в 1975 г. Замечательного подвода охлаждающей воды в 1975 г. не имел место.

Вычисленные и измеренные сезонные динамики биомассы фитопланктона (рис. 2), первичной продукции брутто (рис. 6), а также растворенного ортофосфата (рис. 8) в 1975 г. находятся в лучшем согласии чем в 1974 г. Делается попытка объяснить эту разницу различным размером объемной неоднородности водной массы, за эти два года.

Для экспериментальной работы и дальнейшего развития модели являются важными следующие 3 основные задачи

— обратить бóльшее внимание на объёмную неоднородность водной массы. В вертикальном направлении подразделение на два слоя (эпилимнион и гиполимнион) является не достаточным;
— точнее определить и описать экологические факторы потери фитопланктона (главным образом величину приема планктонного корма);
— проводить углублённые причинные анализы связей между управляющими факторами и фотосинтезом (первичной продукцией брутто), а также дыханием фитопланктона.

5. Literatur

BENNDORF, J., & H. BAUMERT, 1979: Modellvorstellungen zum Einfluß der Durchmischung des Wasserkörpers auf die phytoplanktische Primärproduktion. — Abh. Akad. Wiss. DDR. Sd.-Bd. „Biophysikalische Ökologie u. Ökosystemforschung" (im Druck).

BENNDORF, J., & F. RECKNAGEL, 1979: Experimente mit einem dynamischen ökologischen Modell der Freiwasserregion von Talsperren und Seen. — Acta hydrochim. hydrobiol. **7** (5), 473—490.

KOSCHEL, R., 1977: Erfassung der phytoplanktischen Primärproduktion in der euphotischen Zone des Stechlinseesystems unter systemtheoretischen Aspekten. — Forsch.-Ber. Zentralinst. Mikrobiol. u. Exp. Therapie Akad. Wiss. DDR Jena, 1—59 (unveröff.)

— 1980a: Bilanz der Primärproduktion des Phytoplanktons in den Gewässern des Stechlinseesystems. *Limnologica* (Berlin) **13** (1), 55—81.

— 1980b: Die Phosphataffinität von Mikroorganismengesellschaften im Stechlinseesystem und anderen Gewässern. — *Limnologica* (Berlin) **13** (1), 129—145.

KÜCHLER, L., 1980: Phytoplanktonuntersuchungen im Stechlinseegebiet in den Jahren 1973—1975. — *Limnologica* (Berlin) **13** (1), 83—99.

MOTHES, G., 1980: Physikalische und chemische Parameter der Wasserbeschaffenheit in Seen des Stechlinseegebiets. — *Limnologica* (Berlin) **13** (1), 1—53.

OSKAM, G., 1978: Diskussionsbeitrag. — DVGW-Schr.-R. Wasser Nr. 16. „Verminderung der Algenentwicklung in Speicherbecken und Talsperren", 112.

RECKNAGEL, F., 1979: Die systemtechnische Behandlung von limnischen Ökosystemen. — Acta hydrochim. hydrobiol. **7** (2), 179—187.

RICHTER, D., W. NEUBERT & A. KLÄMT, 1979: Temperatur und Wärmehaushalt des thermisch belasteten Stechlin- und Nehmitzsees. — Abh. meteor. Dienstes DDR Nr. 123 (**16**), 1—40.

STEEL, J. A., 1978: Diskussionsbeitrag. — DVGW-Schr.-R. Wasser Nr. 16, „Verminderung der Algenentwicklung in Speicherbecken und Talsperren", 112.

STRAŠKRABA, M., 1976: Development of an analytical phytoplankton model with parameters empirically related to dominant controlling variables. — Abh. Akad. Wiss. DDR, Sd.-Bd. „Umweltbiophysik", 33—65.

STRAŠKRABA, M., & M. DVOŘÁKOVÁ, 1977: Probleme der Simulation von Talsperrenökosystemen. — Acta hydrochim. hydrobiol. **5** (3), 211—230.

VERHAGEN, J. H. G., 1978: Planktonproduktionsmodelle für die Beschreibung von Planktonzyklen in künstlichen Seen. — DVGW-Schr.-R. Wasser Nr. 16, „Verminderung der Algenentwicklung in Speicherbecken und Talsperren", 29—41.

Anschriften der Verfasser:

Dr. JÜRGEN BENNDORF & Dr. FRIEDER RECKNAGEL,
Sektion Wasserwesen, Bereich Hydrobiologie,
der Technischen Universität Dresden
DDR-8027 Dresden, Mommsenstr. 13

Dr. RAINER KOSCHEL
Akademie der Wissenschaften der DDR
Forschungszentrum f. Molekularbiologie u. Medizin
Zentralinstitut für Mikrobiologie
und experimentelle Therapie Jena
Abteilung Limnologie
DDR-6900 Jena, Beutenbergstr. 11

Limnologica (Berlin) **13** (1), 203—212, Januar 1981

WILFRIED SCHÖNBORN

Die Ziliatenproduktion eines Baches[1])

Mit 8 Abbildungen und 7 Tabellen

1. Einleitung

Die Ziliaten besiedeln die Gewässer, besonders die abwasserbelasteten, mit einer hohen Arten- und Individuendichte. Sie stellen hervorragende Indikatoren bei der Beschreibung der Saprobiestufen dar. Es ist daher nicht unwichtig, ihre Rolle im Stoffhaushalt der Gewässer zu kennen und zu bilanzieren. Erste Werte für die Tagesproduktion von Ziliaten ermittelten FENCHEL (1975) und BURKOVSKY (1978).
Im untersuchten Bach traten lorikate Arten nur sporadisch auf, so daß sie vernachlässigt wurden. Bäche können sehr unterschiedlich von Ziliaten besiedelt sein, wie dies PÄTSCH (1974) bei vergleichenden Untersuchungen feststellte.

2. Gebiet und Beschreibung der Untersuchungsstelle

Die Produktionsbestimmungen wurden in einem kleinen Bach, dem Ammerbach, nahe der Stadt Jena (DDR, Thüringen) durchgeführt. Die Untersuchungsstelle des Baches zeichnet sich durch folgende morphometrische und hydrologische Daten aus: Durchschnittliche Breite: 163 cm; durchschnittliche Tiefe: 7,5 cm; Fließgeschwindigkeit (bei MQ): 0,55 m/s; Durchfluß (MQ): 0,034 m^3/s. Der Temperaturgang des Wassers ist in Abb. 1 dargestellt. Der Jahresmittelwert liegt bei +8,5 °C.
Der O_2-Gehalt schwankte zwischen 80 und 90% Sättigung. Der Saprobieindex (ausschließlich nach dem Indikatorwert der gefundenen Ziliatenarten) beträgt 2,6 (=α-meso ... β-mesosaprob).
Das Bachbett ist zu 100% mit Steinen belegt. Als Besiedlungssubstrat für Ziliaten dienen *Cladophora*-Aufwuchs (auf Steinen) und Laub, welches von den Uferbäumen stammt. In Tab. 1 sind Substratfolge und Substratfläche im Jahresverlauf zusammengestellt.

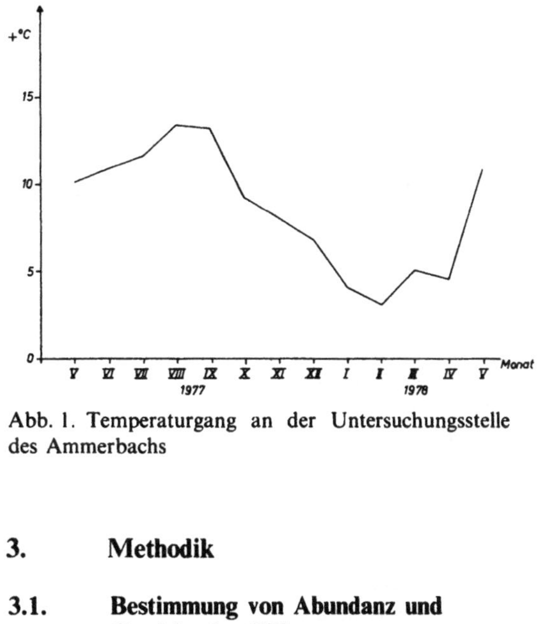

Abb. 1. Temperaturgang an der Untersuchungsstelle des Ammerbachs

3. Methodik

3.1. Bestimmung von Abundanz und Gewicht der Ziliaten

Die Abundanz der Ziliaten wurde für die Substrate „Laub" und „*Cladophora*" bestimmt. Das Laub wurde auf 1 m^2 Bachbett eingesammelt, im Labor auf Filterpapier möglichst lückenlos zusammengelegt und die entstandene Fläche ausgemessen. Es wird angenommen, daß die Blätter beidseitig relativ gleichmäßig besiedelt werden. Die direkte Auszählung der Ziliaten erfolgte unter dem Mikroskop, indem aus den Blättern kleine Rechtecke ausgestanzt und in Schälchen sorgsam abgekratzt und abgespült wurden.
Zur Bestimmung der Abundanz im *Cladophora*-Aufwuchs wurden bewachsene Steine dem Bach entnommen und aus der dem Stein anliegenden Aufwuchsfläche mit einem Korkbohrer (Durchmesser 8 mm) Portionen

1 Herrn Prof. Dr. M. GERSCH zum 70. Geburtstag gewidmet.

Tab. 1. Das Besiedlungssubstrat für die Ziliaten im Bach (Veränderungen im Jahresverlauf)

Monat	Substrat	Fläche [cm²] · m⁻² Bachbett	Monat	Substrat	Fläche [cm²] · m⁻² Bachbett
I	Laub	4680	VII	*Cladophora*	150
II	Laub	2940	VIII	*Cladophora*	120
III	Laub	2160	IX		Hochwasser
	Cladophora	70	X	Laub	3520
IV	Laub	510	XI	Laub	6500
	Cladophora	150	XII		Hochwasser
V	*Cladophora*	200			
VI	*Cladophora*	150			

Zusammensetzung und Flächenprozente der Laubanteile: 60% Weide, *Salix* sp.; 25% Erle, *Alnus glutinosa* (L.); 15% Feldahorn, *Acer campestris* L.

(bis auf den Stein) ausgestanzt. Die Auszählung der Portionen geschah wiederum unter dem Mikroskop. Die Umrechnungen auf 1 m² erfolgten durch Multiplikation mit den in Tab. 1 angegebenen Werten.
Das Gewicht wurde aus dem Biovolumen bestimmt (spez. Gewicht als 1 angenommen) und ist für die einzelnen Arten in Tab. 2 angegeben.

Tab. 2. Gewicht [mg] bezogen auf 10^6 Individuen. (Zahl der gemessenen Individuen/Art = 10)

Art	Gewicht
Litonotus lamella (groß)	34,5
Litonotus lamella (klein)	20,0
Litonotus fasciola	75,4
Chilodonella cucullulus	288,7
Chilodonella uncinata	12,1
Cyclidium elongatum	1,2
Carchesium polypinum	121,3
Stentor roeseli	11108,6
Euplotes patella	503,3
Euplotes affinis	32,7
Stylonychia mytilus	402,3
Uroleptus piscis	487,8
Tachysoma pellionella	33,6

(Die Messungen wurden unmittelbar nach der Probenentnahme durchgeführt.)

3.2. Die Berechnung der Produktion

Parallel zu den Abundanzbestimmungen wurde die Produktion der dominanten Arten ermittelt. Sehr kleine Arten, wie *Aspidisca lynceus*, blieben unberücksichtigt, auch wenn sie häufig auftraten. Die Produktion wurde immer jeweils für 14 Tage bestimmt. Die Jahresproduktion ist dann die Summe der 14tägigen Produktionswerte.

Individuen der dominanten Arten wurden isoliert und in Probenwasser mit etwas Substrat in Produktionskammern überführt. Die Produktionskammern sind 1,5 cm lange und 0,3 cm weite Glasröhrchen, auf die Gummiringe gesteckt werden, deren eine Seite mit Membranfilter-Plättchen (10 µm Porenweite) verschlossen sind. Mehrere Kammern werden in einem Schutzröhrchen zusammengefaßt, welches dann im Bachbett exponiert werden kann (Abb. 2). Von jeder Art wurden jeweils 3 ... 5 Individuen einzeln in Kammern exponiert. Die Kontrolle erfolgte bis zur ersten Teilung. Die während einer Untersuchungszeit gemessenen Generationszeiten der exponierten Individuen einer Art wurden gemittelt. Die Kontrollen erfolg-

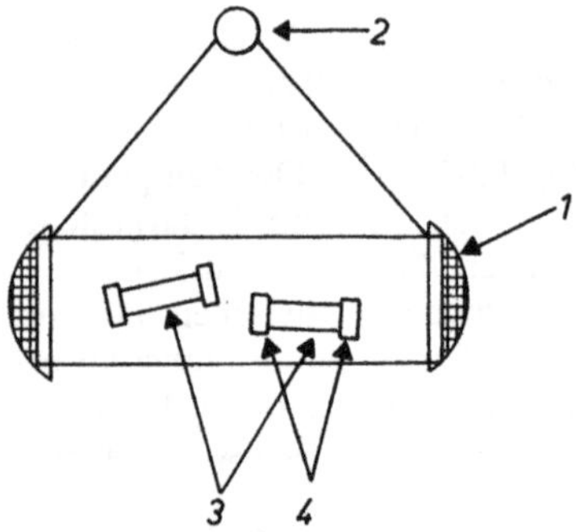

Abb. 2. Exponierte Produktionskammern
1. — Schutzröhrchen, an beiden Seiten mit Gaze-Aufsteckringen verschlossen; 2. — Schnur und Ringe zur Befestigung im Bachbett; 3. — Produktionskammern im Schutzröhrchen; 4. — Aufsteckringe mit Membranfilter-Plättchen zum Verschluß der Produktionskammern

ten in den Abständen 17^{00} ... (15 h) ... 8^{00} (24 h) ... 17^{00} ... (38 h) ... 7^{00} ... (48 h) ... 17^{00} ... (72 h) ... 17^{00} usw. Wurde nach einer Kontrolle die Teilung eines Individuums registriert, so galt diese Zeit als seine Generationszeit. Die Produktion (P) berechnet sich dann nach der Formel

$$P_t = A(2^{t/t'} - 1) \qquad (1)$$

Es bedeuten: A = Abundanz (Mittelwert aus Anfangs- und Endabundanz der Zeit t); t = Zeit für die die Produktion berechnet wird (in Stunden), im vorliegenden Fall für 14 Tage (= 336 h); t' = durchschnittliche Zeit, in der sich die Art unter den konkreten Bedingungen des Gewässers teilt (in Stunden).

Ein Verfolgen der Generationen über den ersten Teilungsschritt hinaus ist nicht möglich, da die Mortalität nicht kontrollierbar ist und sich auch die Lebensbedingungen in den Kammern ändern. Die Mortalität ist mit der beschriebenen Methode nicht bilanzierbar, daher läßt sich aus Anfangsabundanz und Teilungsrate auch nicht die zukünftige Abundanz berechnen. Die Möglichkeit, daß in den exponierten Produktionskammern in der relativ kurzen Zeit bereits Zysten keimen, konnte in Kontrollversuchen ausgeschlossen werden.
Für die 14tägigen Intervalle lassen sich nach der Formel (1) ebenfalls die Generationsfolgen und Tagesproduktionen berechnen.

3.3. Die Bestimmung der Menge der aufgenommenen Nahrung

Diatomeenfresser (bzw. Algenfresser) und räuberische Arten wurden aus dem frischen Probenmaterial in nahrungsfreies Wasser überführt. Da die geprüften Individuen eine ständig etwa gleichgroße Nahrungsmenge in ihren Vakuolen besaßen, ist die Verdauungszeit der Vakuoleninhalte gleich der Zeit, in der diese Nahrungsmengen aufgenommen wurden. Das nahrungsfreie Medium war membranfiltriertes Probenwasser und besaß etwa die gleiche Temperatur wie das Bachwasser.
Bei Bakterienfressern konnten entweder die Bildung der Nahrungsvakuolen und die darin eingeschlossenen Bakterien direkt unter dem Mikroskop beobachtet und gezählt werden, oder die Ziliaten wurden isoliert, mit dem Vitalfarbstoff Acridinorange angefärbt und unter dem Fluoreszenzmikroskop auf ihren Vakuoleninhalt untersucht. Die Verdauungszeit entspricht auch hier der Aufnahmezeit (FENCHEL 1975). Die Erfassung der aufgenommenen Nahrungsmenge durch Auszählen der Vakuoleninhalte geht auf die Arbeiten von HARDING, (1937), BAHR (1954), GOULDER (1973), TEZUKA (1974), WENZEL & LIEBSCH (1975) u. a. zurück und kann als hinreichend genau angesehen werden.
Die Ziliaten sind oft polyphag. Die Nahrungsuntersuchungen beziehen sich auf die im Bach vorherrschende Ernährung der Arten. Durch Unkenntnis weiterer Nahrung kann es allerdings zur Messung von zu geringen Nahrungsmengen kommen. Bei Arten, die sich während der Diatomeenmaxima ausschließlich von Diatomeen, in den anderen Zeiten aber von Bakterien ernähren, wurde die quantitative Aufnahme beider Nahrungsarten erfaßt.

4. Ergebnisse

4.1. Abundanz und Biomasseänderungen im Jahresverlauf

Abb. 3 gibt die jährlichen Dichteschwankungen der Ziliatenzönose des Ammerbachs wieder. Die Dichteänderungen erfolgen in Form von

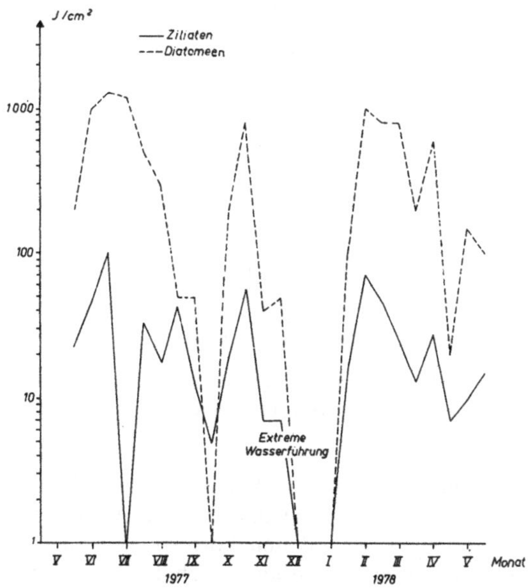

Abb. 3. Abundanzkurven im Jahresverlauf von Ziliaten und Diatomeen im Ammerbach

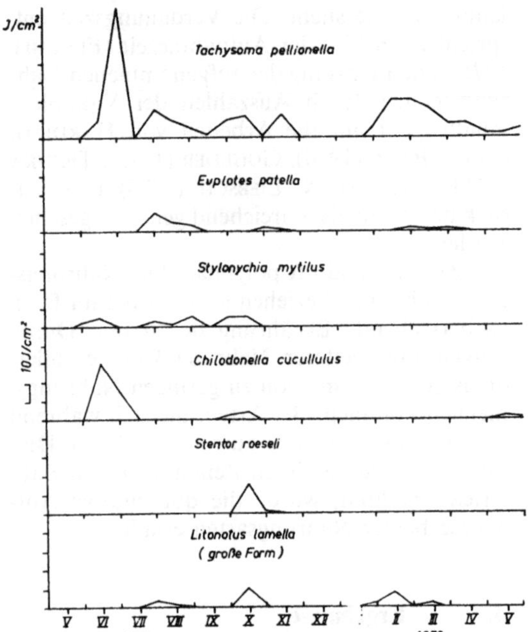

Abb. 4. Abundanzkurven ausgewählter häufiger Ziliatenarten im Ammerbach

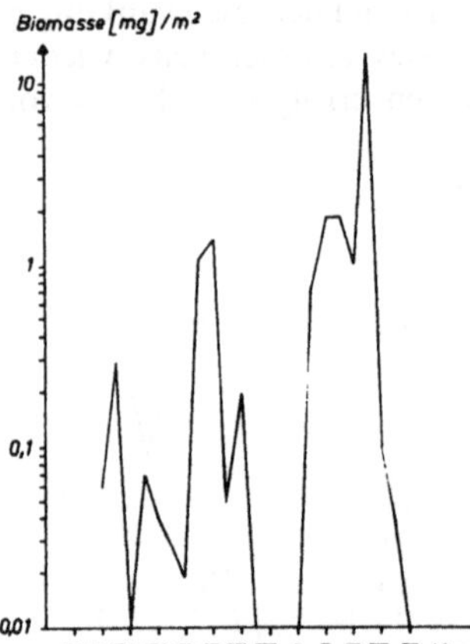

Abb. 5. Biomasse-Schwankungen von *Tachysoma pellionella* im Jahresverlauf im Ammerbach

Oszillationen, wobei Maxima und Minima immer nur kurzzeitig dauern. Die Abundanzänderungen der Ziliaten korrespondieren eindeutig mit der Diatomeendichte. Die Dichte der Diatomeen scheint die Dichte der Ziliaten zu steuern. Eine Rückkopplung in diesem Biosystem ist aus den Kurven nicht ersichtlich.

Abb. 4 zeigt die sehr diskontinuierlichen jährlichen Abundanzkurven einiger ausgewählter dominanter Ziliatenarten, darunter eine räuberische Art (*Litonotus lamella*). Die gleiche Diskontinuität im Jahresablauf ergibt sich auch für die Biomasse (Abb. 5 u. 6).

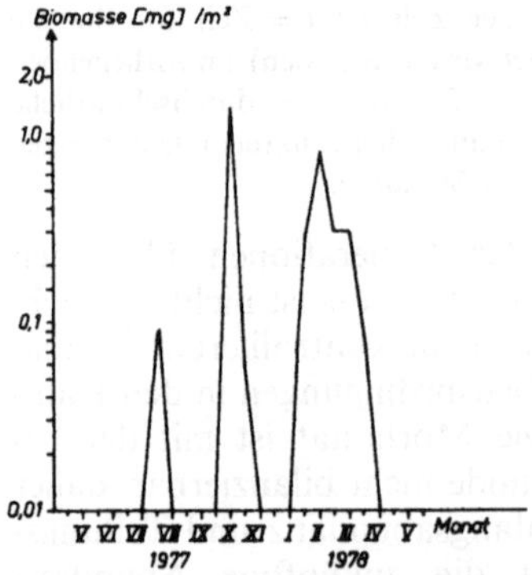

Abb. 6. Biomasse-Schwankungen von *Litonotus lamella* (große Form) im Jahresverlauf im Ammerbach

4.2. Ziliatenproduktion

Die Produktionsrhythmik weicht deutlich von der der Abundanz ab. Die Produktion zeigt ein deutliches Sommermaximum und ein kleines Winter- ... Frühjahrsmaximum. Zwischen beiden Maxima liegt ein etwa einmonatiges Minimum (Abb. 7). Der Produktionsausfall von November bis in den Januar hinein war durch Hochwasser bedingt.

Tab. 3 faßt die Jahressummen der Produktionswerte und die Jahresdurchschnitte der für die Berechnung der Produktion gemessenen Größen zusammen. Es werden im Jahr über $11 \cdot 10^6$ Individuen/m² mit einer Biomasse von 8,4 g produziert. Demgegenüber ist die durchschnittliche Biomasse mit 31,3 mg gering. Biomassemaxima wurden bei *Tachysoma pellionella* (14,9 mg/m²) und *Stentor roeseli* (625 mg pro m²) gemessen, wobei *Stentor*, wie noch näher zu erörtern sein wird, durch seine Größe aus dem üblichen Produktionsregime der Ziliaten herausfällt. Die Relationen von durchschnittlicher Biomasse und Jahresproduktion zeigen den hohen Umsatz, den die Ziliaten im

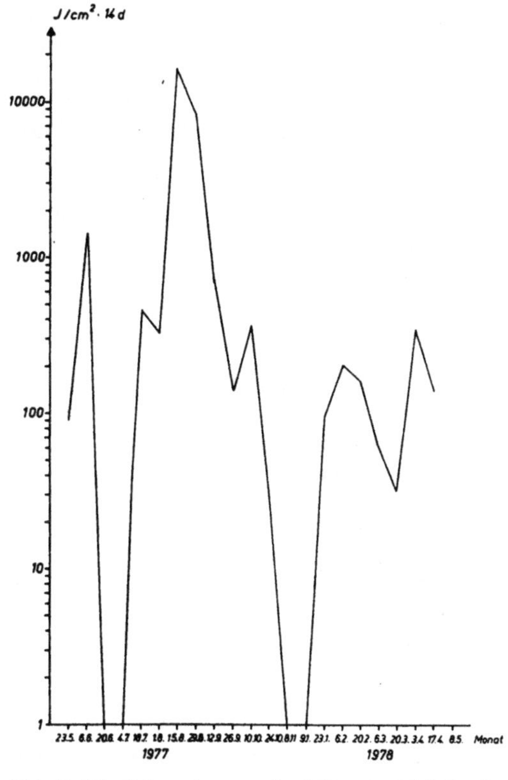

Abb. 7. Die Schwankungen der Ziliatenproduktion im Jahresverlauf im Ammerbach

Stoffhaushalt eines Gewässers leisten. Der durchschnittliche P/B im Jahr beträgt 195, ein Wert, der bisher noch von keiner anderen Tiergruppe bekannt ist. Die durchschnittliche Teilungsfrequenz liegt bei 90,1 Stunden. Nur selten teilten sich die Tiere innerhalb von 24 Stunden, wie dies bei Kulturpopulationen von Ziliaten die Regel ist. Je höher die Ziliatendichte im Bach, um so schneller erfolgten auch die Teilungen in den Produktionskammern. Bei geringen natürlichen Dichten ließen sich die exponierten Individuen bis zu 14 Tagen erhalten, ohne daß sie sich teilten. In mehreren Fällen starben sie ab, ohne sich vermehrt zu haben.

Protozoen können unter ungünstigen Bedingungen sehr lange Generationszeiten haben. FINLAY (1977) registrierte von *Spirostomum teres* bei 8,5 °C eine Generationszeit von 1004 Stunden.

Tab. 3. Jahressummen und Jahresdurchschnitte; Zahl der Kontrollen: 23/a; P/m² [C] = 421,9 mg

Art	$\bar{x}$ I/cm²	Teilungszeit (h) (von ... bis)	$\bar{x}$ Teilungszeit (h)	$\bar{x}$ I/m²	Σ P/cm² (I)	Σ P/m² (I)	$\bar{x}$ B/m² (mg)	Σ P/m² (mg)	P/B [a]
Litonotus lamella (groß)	1,3	24 ... 240	108	4078,3	327,7	$730 \cdot 10^3$	0,13	25,1	193
Litonotus lamella (klein)	0,8	38 ... 120	108	1336,5	112,5	$170,4 \cdot 10^3$	0,02	3,4	170
Litonotus fasciola	0,3	72 ... 120	96	918,3	30,9	$108,7 \cdot 10^3$	0,07	8,1	116
Chilodonella uncinata	0,1	24 ... 120	72	319,6	29,9	87600	0,00	1,0	250
Chilodonella cucullulus	2,8	24 ... 120	74	1482,1	627,7	$315,5 \cdot 10^3$	0,38	91,0	239
Cyclidium elongatum	0,0	38 ... 120	78	435,6	18,6	65472	0,00	0,0	140
Carchesium polypinum	0,2	72 ... 120	96	612,2	20,6	72500	0,07	8,8	126
Stentor roeseli	0,7	24 ... 120	72	2601,7	197,6	$695,5 \cdot 10^3$	28,20	7726	274
Euplotes patella	1,1	24 ... 120	97,5	1058,5	274,1	81521	0,52	40,9	79
Euplotes affinis	0,3	24 ... 120	84	134,8	80	9909	0,00	0,3	75
Stylonychia mytilus	1,2	24 ... 360	118,5	1648,7	125,8	$476,5 \cdot 10^3$	0,71	191	269
Uroleptus piscis	0,2	24 ... 120	72	418,7	23,2	$136,4 \cdot 10^3$	0,19	66,3	348
Tachysoma pellionella	9,9	24 ... 240	95,4	31811,3	$131,9 \cdot 10^3$	$8,2 \cdot 10^6$	1,06	277,9	262
Σ, $\bar{x}$	18,9	24 ... 360	90,1	46856,3	133797	$11,1 \cdot 10^6$	31,35	8439	195

Tab. 4. Tagesproduktionen dominanter Ziliaten des Ammerbaches

Litonotus lamella (groß)
Ø 8314 I/m² · d ≙ 0,3 mg/m² · d P/B = 0,4
max 42240 I/m² · d ≙ 1,4 mg/m² · d P/B = 1,0
min 12 I/m² · d ≙ 0,05 mg/m² · d P/B = 0,2

Chilodonella cucullulus
Ø 3515 I/m² · d ≙ 1,0 mg/m² · d P/B = 0,8
max 5446 I/m² · d ≙ 1,6 mg/m² · d P/B = 0,5
min 600 I/m² · d ≙ 0,2 mg/m² · d P/B = 1,0

Euplotes patella
Ø 860 I/m² · d ≙ 0,4 mg/m² · d P/B = 0,4
max 1500 I/m² · d ≙ 0,7 mg/m² · d P/B = 1,0
min 120 I/m² · d ≙ 0,06 mg/m² · d P/B = 0,2

Stylonychia mytilus
Ø 4665 I/m² · d ≙ 1,8 mg/m² · d P/B = 0,7
max 17600 I/m² · d ≙ 7,0 mg/m² · d P/B = 1,0
min 12 I/m² · d ≙ 0,005 mg/m² · d P/B = 0,1

Tachysoma pellionella
Ø 6257 I/m² · d ≙ 0,2 mg/m² · d P/B = 0,4
max 44600 I/m² · d ≙ 1,5 mg/m² · d P/B = 0,1
min 120 I/m² · d ≙ 0,004 mg/m² · d P/B = 0,1

Stentor roeseli
Ø 56320 I/m² · d ≙ 625 mg/m² · d P/B = 1,0

Die durchschnittlichen Tageswerte der Produktion liegen meist unter 1 mg Biomasse; nur *Stylonychia mytilus* übersteigt mit einem Durchschnittswert von 1,8 mg und einem Maximalwert von 7,0 mg die Leistungen der übrigen Arten (Tab. 4). Die Individuenproduktion beträgt bei *Tachysoma pellionella* 44600 I/d. Eine Ausnahme macht *Stentor roeseli*, der in seiner einmaligen jährlichen Erscheinungsperiode eine hohe Tagesproduktion bringt und auch maßgeblich die Jahresproduktion bestimmt. *Stentor roeseli* gehört mit einer maximalen Länge von 1 mm bereits zur Mesofauna und muß daher produktionsbiologisch anders beurteilt werden als die übrigen Ziliatenarten.

4.3. Die Generationsfolgen

Die Zahl der Generationen der Arten im Jahr und ihre Verteilung während der produktiven Phasen ist in Tab. 5 dargestellt. Die niedrigste Zahl an Generationen weisen *Litonotus fasciola* und die sessile *Carchesium polypinum* auf. Sessile Arten fehlen fast völlig in diesem Bach. Die häufigste Art ist *Tachysoma pellionella* mit 82 Generationen im Jahr, verteilt auf 17 Produktionsphasen. Ihr folgen die räuberischen *Litonotus-lamella*-Formen. Auch *Euplotes patella*, eine polyphage Art und *Chilodonella cucullus*, die sich von Bakterien und Diatomeen ernähren, haben hohe Generationsfolgen. Diese häufigen Arten bestimmen auch die Jahresproduktion, wenn man von *Stentor roeseli* absieht.

Tab. 5. Die Generationsfolgen der erfaßten Ziliatenarten

Art	Zahl der Generationen in den produktiven Phasen	Jahressumme der Generationsfolgen
L. lamella gr.	2 · 3 + 2 · 2 + 1 · 4 + 1 · 5	19
L. lamella kl.	3 · 3 + 1 · 4	13
L. fasciola	1 · 3	3
Ch. cucullulus	2 · 5 + 1 · 4	14
Ch. uncinata	1 · 5	5
C. elongatum	1 · 4	4
C. polypinum	1 · 3	3
St. roeseli	1 · 5	5
E. patella	3 · 3 + 1 · 5 + 1 · 4	18
E. affinis	1 · 3 + 1 · 5	8
St. mytilus	1 · 5 + 3 · 2	11
U. piscis	1 · 5	5
T. pellionella	6 · 2 + 2 · 5 + 2 · 6 + 3 · 11 + 1 · 4 + 1 · 7 + 1 · 3 + 1 · 1	82

4.4. Die von der Ziliatenzönose im Jahr konsumierte Nahrungsmenge

Die von den untersuchten Individuen aufgenommene Nahrung ist in Tab. 6 wiedergegeben. Die Ergebnisse, die an den geprüften Individuen einer Art gewonnen wurden, waren auffallend konstant. Trotzdem erscheint die gemessene Menge der aufgenommenen Nahrung noch zu gering, da sie, mit Ausnahme bei den Räubern, weniger als 100% der eigenen Biomasse beträgt. PROPER & GARVER (1966) bestimmten den Quotienten aus Protozoen-Biomasse und Biomasse der aufgenommenen Bakterien mit 0,78. BAHR (1954) registrierte bei *Paramaecium caudatum* eine Nahrungsaufnahme von umgerechnet 10^6 Bakterien pro Tag und Individuum. LAYBOURN & STEWART (1975) fanden bei *Colpidium campylum*, einer Art, deren Körpervolumen etwa doppelt so groß ist wie das von *Euplotes affinis*, einen Verbrauch von $125 \cdot 10^4$ Bakterien pro Tag und Individuum.

Die von den genannten Autoren angegebenen Nahrungsmengen übertreffen um ein Vielfaches die bei den vorliegenden Untersuchungen gefundenen. Zu berücksichtigen ist allerdings, daß es sich um in Kulturen lebende Populationen handelte, die auf eine Nahrungsart geprägt waren. FENCHEL (1975) dagegen, der ebenfalls Individuen aus natürlichen Populationen untersuchte, fand tägliche Nahrungsmengen, die nur 15 ... 25% der eigenen Biomasse entsprachen.

Die Gründe für die im Vergleich zu Kulturpopulationen geringere Nahrungsaufnahme können verschieden sein. Es kann ein echter Unterschied im Stoffwechsel zwischen natürlichen und Kulturpopulationen bestehen. Auch kann eine zu geringe Aktivität der dem natürlichen Milieu entnommenen Tiere unter dem Deckglas dafür verantwortlich sein. Die Mehrzahl der unter natürlichen Bedingungen lebenden Arten ist, wie erwähnt, polyphag. So ist beispielsweise *Euplotes patella* Räuber und Bakterienfresser. Im vorliegenden Fall wurde nur die räuberische Nahrungsaufnahme untersucht. Die neben der räuberischen Ernährungsweise aufgenommenen Bakterien entziehen sich zumeist der Beobachtung. Auch ändert sich das Verhalten der Tiere in Abhängigkeit von der Dichte und Habitatstruktur (SALT 1967).

In Tab. 7 ist die im Jahr von der Ziliatenzönose des Ammerbachs konsumierte Nahrungsmenge berechnet. Die Dominanz der Bakterienfresser

Tab. 6. Die von den geprüften Individuen der Arten aufgenommene Nahrung, umgerechnet und aufgerundet auf Tageswerte; Zahl der geprüften Individuen pro Art: 5

Art	Nahrungsaufnahme/Tag	Gesamtvolumen d. aufgenommenen Nahrung/d μm^3
L. lamella (gr.)	Flagellaten: 480	72255
L. lamella (kl.)	Flagellaten: 192	28902
L. fasciola	nicht untersucht, wie *L. lamella* (kl.) angenommen	
Ch. cucullulus	Diatomeen: 600, Bakterien: 43200	414954
Ch. uncinata	Bakterien: 2400	10000
C. elongatum	Bakterien: 300	345
C. polypinum	Bakterien: 43200	49670
St. roeseli	Bakterien: $1,4 \cdot 10^6$	$6,0 \cdot 10^6$
E. patella	Kl. Flagellaten u. Ziliaten: 100	100000
E. affinis	Bakterien: 7200	30100
St. mytilus	Diatomeen u. Algen: 2400	361000
U. piscis	Bakterien: 72000	301000
T. pellionella	Diatomeen: 48, Bakterien: 7200	48820

Σ Bakterienfresser: Aufnahme/d: 29 ... 92% der eigenen Biomasse (Ø 64%)
Σ Diatomeenfresser: (einschl. anderer Algen) Aufnahme/d: 55 ... 90% der eigenen Biomasse (Ø 75%)
Σ Räuber: Aufnahme/d: 20 ... 209% der eigenen Biomasse (Ø 123%)

Tab. 7. Die im Jahr konsumierte Nahrung der Ziliaten (Berechnet durch Multiplikation aus der durchschnittlichen täglichen Nahrungsaufnahme eines Individuums, der im Jahr produzierten Individuen der Art und der durchschnittlichen Generationszeit in Tagen)

Art	Im Jahr konsumierte Nahrung in mg/m²	Art der Nahrung
L. lamella gr.	258,2	Flagellaten
L. lamella kl.	22,1	Flagellaten
L. fasciola	12,5	Flagellaten
Ch. cucullulus	147,6 + 57,0 = 204,6	Diatomeen + Bakterien
Ch. uncinata	2,6	Bakterien
C. elongatum	0,07	Bakterien
C. polypinum	14,4	Bakterien
St. roeseli	12581	Bakterien
E. patella	32,6	Kl. Flagellaten u. Ziliaten
E. affinis	1,0	Bakterien
St. mytilus	842,8	Diatomeen u. andere Algen
U. piscis	123	Bakterien
T. pellionella	411,6 + 325,2 = 736,8	Diatomeen + Bakterien
Σ Protozoenfresser (Räuber):	325,4 mg ≙ 16,2 mg C = 2,2%	
Σ Diatomeenfresser:	1402 mg ≙ 70,1 mg C = 9,4%	
Σ Bakterienfresser:	13104 mg ≙ 655,2 mg C = 88,4%	
Gesamt:	14831 mg ≙ 741,5 mg C	

wird durch *Stentor roeseli* erreicht, der in 5 Generationen mit einer relativ hohen Teilungsrate und Biomasse einen hohen Konsum an Bakterienbiomasse aufweist. Unter den übrigen Arten dominieren dann die Diatomeenfresser (bei Abzug von *Stentor roeseli* mit 62,3%).

Die Abundanzkurven der Ziliaten sind daher im Jahresablauf deutlich von der Diatomeendichte beeinflußt (Abb. 3). Die räuberischen Arten stehen erwartungsgemäß an letzter Stelle im Ernährungsspektrum der Zönose.

4.5. Die Stoffbilanz der Ziliatenzönose

Aus der gemessenen jährlichen Nettoproduktion und der berechneten Menge der jährlichen aufgenommenen Nahrung läßt sich für die Ziliatenzönose ein Stoffbudget entwerfen (Abb. 8). Es wird dabei angenommen, daß der durchschnittliche Kohlenstoffgehalt der Protozoenbiomasse (Frischgewicht) 5% beträgt. Die Differenz aus Nettoproduktion und konsumierter Nahrung ergibt den Verlust durch Respiration und Ausscheidungen (Defäkation und Exkretion). Er beträgt im vorliegenden Fall 42,5%. Dieser Wert erscheint nach vorliegenden Laborerfahrungen an Kulturpopulationen als zu gering. Die möglichen Gründe für den zu geringen Konsum wurden bereits

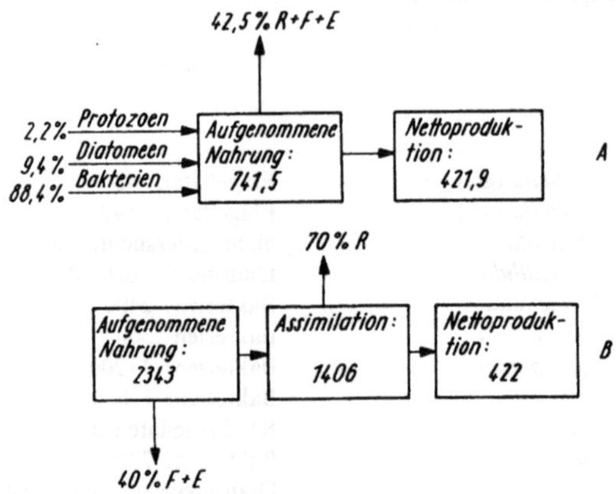

Abb. 8. Kohlenstoff-Jahresbilanz der Ziliatenzönose des Ammerbaches
A — Gemessene Bilanz; B — Korrigierte Bilanz auf der Basis gemessener Nettoproduktion und aus Laborversuchen bekannter Werte für Respiration und dem ungenutzten Nahrungsanteil; R — Respiration; F — Faeces; E — Exkretion; Werte in mg C/m² · a

dargelegt, wobei es unentschieden bleibt, ob hierfür nur methodische Unzulänglichkeiten oder auch Stoffwechselunterschiede verantwortlich sind.
Aufgrund der Laborerfahrungen kann man annehmen, daß etwa 40% des Kohlenstoffs der aufgenommenen Nahrung wieder ausgeschieden und 60% inkorporiert (assimiliert) werden. Von dem assimilierten Kohlenstoff werden etwa 70% veratmet (COLEMAN 1964, CURDS & COCKBURN 1968). In Abb. 8 (B) ist die mit Hilfe dieser Werte korrigierte Bilanz dargestellt.

5. Diskussion

Vergleicht man die gemessene Ziliatenproduktion mit den Produktionsleistungen anderer ökologischer Gruppen in ähnlichen Ökosystemen, so wird die Bedeutung der Ziliaten für den Stoffhaushalt der Gewässer abschätzbar. In der oberen mittleren Saale beispielsweise, einer Flußstrecke, die noch „Bachcharakter" zeigt und dasselbe Einzugsgebiet wie der Ammerbach besitzt, beträgt die benthische Primärproduktion in Normaljahren (auf Nettoproduktion umgerechnet) 50 g C/m^2 · a (SCHÖNBORN 1980). Die Ziliatenproduktion des Ammerbachs erreichte also 0,84% der gesamten Primärproduktion eines Flusses. In demselben Abschnitt der Saale produziert nach FLÖSSNER (1980) das gesamte Makrozoobenthos 14 g C/m^2 · a. Die Ziliatenproduktion erreichte also 3% der Makrozoobenthos-Produktion.
Bei der Beurteilung der Leistungen einer Tiergruppe im Ökosystem spielt auch die Geschwindigkeit ihres Stoffumsatzes eine wichtige Rolle. Während der P/B des Makrozoobenthos nur selten den Wert 10 überschreitet, beträgt er bei den Ziliaten im Jahresdurchschnitt 195. Der Stoffumsatz der Ziliaten ist also fast 20 mal höher als der des Makrozoobenthos. Die Ziliaten stellen eine „Schwerindustrie" in den aquatischen Ökosystemen dar, die schnell und in größeren Menge die Urproduktion in tierische Produktion umwandelt und sie dem übrigen Ökosystem zugänglich macht.

6. Zusammenfassung

In einem kleinen Bach, dem Ammerbach, nahe der Stadt Jena (DDR, Thüringen), wurden Abundanz, Biomasse, Produktion, die Generationsfolgen, die aufgenommene Nahrungsmenge und eine Kohlenstoff-Bilanz der Ziliatenzönose bestimmt. Es wurden 8,4 g Biomasse/m^2 · a (= 421,9 mg C) produziert. Der durchschnittliche P/B beträgt 195. Die Ziliatenzönose konsumiert im Jahr 14,8 g Biomasse/m^2 · a an Bakterien, Diatomeen und anderen Protozoen (= 741,5 mg C). Die höchste Zahl an Generationsfolgen zeigte *Tachysoma pellionella* mit 82, aufgeteilt auf 17 produktive Phasen im Jahr.
Nach der gemessenen Bilanz werden von der aufgenommenen Nahrung 42,5% veratmet und ausgeschieden. Diese Bilanz wurde aufgrund von Werten, die von Kulturpopulationen stammen, korrigiert.

Summary

In a little brook, called Ammerbach, near Jena (GDR, Thuringia), the density, biomass, production, number of generations, ingestion, and carbon-balance of ciliated protozoa were investigated. 8,4 g biomass/m^2 · a (≙ 421,9 mg C) were produced. P/B amounted to 195. The association of Ciliata consumed 14,8 g biomass to m^2 · a (≙ 741,5 mg C) of bacteria, diatoms and other protozoa. The maximal number of annual generations shows *Tachysoma pellionella*: 82 in 17 phases of production.
The measured balance shows 42,5% respiration and egestion. With the help of values from culture-populations the measured balance were corrected.

Резюме

В маленьком ручее Аммербахе, недалеко от города Иены (ГДР, Тюрингия), были определены плотность популяции, биомасса, продукция, чередование поколений, принятое количество пищи и углеродный баланс ценоза ресничных инфузорий. Было продуцировано 8,4 г биомассы/м^2 · а (= 421,9 мг С). Средняя величина Р/В составляет 195. Ценоз ресничных инфузорий потребляет в течение года 14,8 г биомассы/м^2 · а бактерий, диатомей и других простейших (= 741,5 мг С). Максимальное число чередований поколений было обнаружено у *Tachysoma pellionella* и оно составляет 82, разделенное на 17 продуктивных фаз в течение года.
По измеренному балансу 42,5% принятого количества пищи потребляется дыханием и выделяется. Этот баланс был улучшен на основе величин, которые были получены у культурных популяций.

7. Literatur

BAHR, H., 1954: Untersuchungen über die Rolle der Ciliaten als Bakterienvernichter im Rahmen der biologischen Reinigung des Abwassers. — Z. Hyg. Infekt. Krankh. **139**, 160—181.

BURKOVSKY, I. V., 1978: Structure, dynamics and production of a community of marine psammophilous ciliates. — Zool. Ž. **57** (3), 323—337.

COLEMAN, G. S., 1964: The metabolism of *Escherichia coli* and other bacteria by *Entodinium caudatum*. — J. gen. Microbiol. **37**, 209—223.

CURDS, C. R., & A. COCKBURN, 1968: Studies on the growth and feeding of *Tetrahymena pyriformis* in axenic and monoxenic culture. — J. gen. Microbiol. **54**, 343—358.

FENCHEL, T., 1975: The Quantitative Importance of the Benthic Microfauna of an Arctic Tundra Pond. — Hydrobiologia **46** (4), 445—464.

FINLAY, B. J., 1977: The dependence of reproductive rate on cell size and temperature in freshwater ciliated protozoa. — Oecologia (Berl.) **30**, 75—81.

FLÖSSNER, D., 1980: Kohlenstoffproduktion und Respiration des lithalen Makrozoobenthos der mittleren Saale. — *Limnologica* (Berlin) **12** (2), 235—242.

GOULDER, R., 1973: Observations over 24 hours on the quantity of algac inside ciliated protozoa. — Oecologia (Berlin), **13**, 177—182.

HARDING, J. P., 1937: Quantitative studies on the ciliate *Glaucoma*. I. The regulation of the size and the fission rate by the bacterial food supply. — J. exp. Biol. **14**, 422—430.

LAYBOURN, J. E. M., & J. M. STEWART, 1975: Studies on consumption and growth in the ciliate *Colpidium campylum* STOKES. — J. animal Ecol. **44** (1), 165—174.

PÄTSCH, B., 1974: Die Aufwuchsziliaten des Naturlehrparkes Haus Wildenrath. Monographische Bearbeitung der Morphologie und Ökologie. — 78 S., Bonn.

PROPER, G., & J. C. GARVER, 1966: Mass culture of the protozoa *Colpoda steinii*. — Biotechn. Bioeng. **8**, 287—296.

SALT, G. W., 1967: Predation in an experimental protozoan population (*Woodruffia—Paramaecium*). — Ecol. Monogr. **37**, 113—144.

SCHÖNBORN, W., 1980: Der Kohlenstoffhaushalt des Periphytons der mittleren Saale. — Limnologica (Berlin) **12** (2), 223—233.

TEZUKA, Y., 1974: An experimental study on the food chain among Bacteria, *Paramecium* and *Daphnia*. — Internat. Rev. ges. Hydrobiol. **59** (1), 31—37.

WENZEL, F., & H. LIEBSCH, 1975: Quantitative Untersuchungen zur Nahrungsaufnahme von *Stentor coeruleus* EHRENBERG. — Zool. Anz. **195**, 319 bis 337.

Anschrift des Verfassers:
Dr. habil. WILFRIED SCHÖNBORN
Akademie der Wissenschaften der DDR
Forschungszentrum f. Molekularbiologie u. Medizin
Zentralinstitut für Mikrobiologie
und experimentelle Therapie Jena
Abteilung Limnologie
DDR-6900 Jena, Beutenbergstr. 11

Limnologica (Berlin) **13** (1), 213—246, Januar 1981

Rezensionen

L. E. Komarenko & I. I. Vasil'eva: **Presnovodnye diatomovye i sinezelenye vodorosli vodoemov Jakutii** (Süßwasserdiatomeen und Blaualgen der Gewässer Jakutiens). Moskva: Izd. Nauka 1975. 423 S., 96 Taf., Ln. M 15,— [Zu beziehen über VEB LKG Leipzig]

Die Monographie der Kiesel- und Blaualgen der Gewässer Jakutiens erfaßt 41 Gattungen mit 628 Arten, Varietäten und Formen bei den Kieselalgen und 57 Gattungen mit 335 Arten, Varietäten und Formen bei den Blaualgen, darunter zahlreiche für die Wissenschaft neue oder neukombinierte Sippen. Dem systematischen Hauptteil sind Informationen über die Natur des behandelten Gebiets, vor allem über die der Flüsse und Seen, sowie über die Geschichte der Erforschung der Wasservegetation vorangestellt. Alphabetisch geordnete Verzeichnisse der lateinischen Sippenbezeichnungen der Algen und ein vor allem sowjetische Literatur berücksichtigendes Literaturverzeichnis bilden den technischen Apparat. Auf 96 ganzseitigen Tafeln mit über 1000 Einzelfiguren sind die Sippen zeichnerisch wiedergegeben. Die Bestimmungsschlüssel umfassen die Kategorien von der Klasse bis hinab zur Art; infraspezifische Sippen werden nicht aufgeschlüsselt. Die Beschreibungen sind ausreichend. Systematisch bemerkenswert ist die Untergliederung der Blaualgen in die Klassen Chroococcophyceae, Chamaesiphonaceae und Hormogonophyceae. Die Darstellung berücksichtigt stark die Erkenntnisse der sowjetischen Algologen Hollerbach und Elenkin. Insgesamt eine wertvolle Gebietsmonographie, die nicht nur die Beachtung der Algenkundler, sondern auch die der Limnologen verdient.

S. J. Casper, Jena

Paul Müller (Hrsg.): **Verhandlungen der Gesellschaft für Ökologie. Göttingen 1976.** The Hague: Dr. W. Junk b.v. 1977. XV, 622 S., 195 Abb., 79 Tab. Brosch. Dfl. 100,—/US $ 49.00

Die 6. Jahresversammlung der „Gesellschaft für Ökologie" bot ein Programm, wie man es sich förderlicher für die Ökologie kaum wünschen kann. Die 67 Vorträge behandelten klassische und moderne Aspekte, Grundlagen, angewandte und didaktische Probleme, den terrestrischen sowie den aquatischen Bereich. Kritische Einstellungen und Hypothesenfreudigkeit waren gleichermaßen vertreten.

Eine große Anzahl der gedruckten Vorträge ist der Ökosystemforschung im Solling gewidmet. Die Forschungen reichen von der Erfassung des Wasserhaushalts dieses Waldgebiets über die zoozönotische Strukturanalyse bis zum Stoff- und Energietransport in Waldzoozönosen. Dies dürfte die bisher umfangreichste zoozönotische Untersuchung eines mitteleuropäischen Waldes sein. Zwei Arbeiten befassen sich direkt mit den Problemen des Stoffbestandes und Kaloriengehaltes in Pflanzen und Tieren, wobei W. d'Oleire-Oltmanns sich kritisch mit der ökologischen Aussagekraft von Energiebudgets für Tiere und Tiergemeinschaften auseinandersetzt. Die übrigen Vortragskomplexe beziehen sich auf „Monokulturen", „Sozialbrache und Flächenfreihaltung", „Gewässer-Belastung", „Human-Ökologie" und „Didaktik der Ökologie".

Die Vorträge über die „Gewässer-Belastung" befassen sich in der Mehrzahl mit den Auswirkungen der Abwässer auf die Pflanzen- und Tierwelt. Mehrere Arbeiten sind den Makrophyten in belasteten Gewässern gewidmet, die den lange Zeit verkannten Indikatorwert der höheren Vegetation erneut bestätigen. Interessant und beispielgebend ist der Beitrag von R. Grimm über die Konzeption eines „ökologischen Gesamtlastplanes" für das Niederelbegebiet, welches sich in naher Zukunft aus einem Agrar- und Erholungsgebiet in eine Industrie- und Hafenregion verwandeln wird. Hier soll ein „ökologischer Gesamtlastplan" als Instrument für eine sinnvolle Kombination ökonomischer und ökologischer Belange die totale Zerstörung des „Ökosystems Niederelbe" verhindern.

Die „Human-Ökologie" beschäftigt sich noch mit Standortsfragen und Konzeptionen. Dabei muß man H. Knötig zustimmen, der eine Integration der Humanökologie in die heutige Synökologie oder auch Allgemeine Ökologie für sachlich nicht gerechtfertigt hält. Sehr zu begrüßen sind auch die Beiträge über die „Didaktik der Ökologie", die sich bemühen, Ökologie und

Umweltschutz als Lernfächer des Schulunterrichts zu gestalten. Hier wird echte Basisarbeit geleistet, der kommenden Generation neben dem Wissen über die Pflanzen- und Tiergemeinschaften unserer Umwelt auch eine neue Umweltmoral zu geben.

W. SCHÖNBORN, Jena

•

FREDDY B. CHRISTIANSEN, TOM M. FENCHEL: **Theories of Populations in Biological Communities** (Ecol. Stud. **20**). Berlin, Heidelberg, New York: Springer-Verlag 1977. 144 S., 68 Abb., 5 Tab. Ln DM 62,—

Anliegen der Autoren des vorliegenden Buches ist es, einen Beitrag zur theoretischen Durchdringung der allgemeinen Grundlagen der Ökologie zu liefern. Sie gehen dabei von der berechtigten Überzeugung aus, daß sich theoretische und Feldökologie nur nach dem Prinzip der wechselseitigen Erhellung erfolgreich entwickeln können. Denn ohne die ständige Wechselwirkung zweier sich ergänzender Arbeitsweisen bleiben theoretische Einsichten in allgemeine ökologische Zusammenhänge weitgehend Stückwerk, schwebt eine mathematisierte Ökologie gleichsam im luftleeren Raum und wird zum reinen Selbstzweck.

Die Ökologie als noch sehr junges, unausgereiftes und überaus komplexes Wissenschaftsgebiet unterliegt aber noch einer weiteren Gefahr. Seit einigen Jahren droht ihr im Zusammenhang mit der sogenannten „Umweltkrise" eine zunehmende Ideologisierung, die zu Verdrehungen und Verzerrungen der wahren Sachverhalte führt und allzu schnell geneigt ist, anstelle fehlender oder unvollständiger Informationen leere Phrasen, wie etwa die sogenannte „Ökosystem-Strategie" zu setzen. Es ist deshalb jeder ernsthafte Versuch zu begrüßen, einen Beitrag zur Errichtung eines festen Fundaments der Ökologie zu liefern.

Die vorliegende Darstellung einer theoretischen Populationsökologie geht von der Grundüberzeugung aus, daß ein wahres Verständnis des Wesens und der Gesetzmäßigkeiten von organismischen Vergesellschaftungen nur über die Kenntnis der durch natürliche Selektion herausgebildeten, für den Fortbestand der Individuen und Populationen am besten geeigneten Merkmale und Eigenschaften erreicht werden kann. Diese Zusammenschau von Populationsökologie und Populationsgenetik zieht sich wie ein roter Faden durch das ganze Buch. In 4 Hauptkapiteln werden mathematische Modelle des Populationswachstums, die Wechselbeziehungen zwischen verschiedenen Arten und die Stabilität von artenreichen, auf mutualistischen, Konkurrenz- und Räuber—Beute-Beziehungen aufgebauten Ökosystemen, das Konzept der ökologischen Nische und das auf Abwanderung und Auslöschung beruhende Gleichgewicht räumlich und zeitlich stark strukturierter Biotope behandelt. Den Schluß der kurz gefaßten, sich auf das Wesentliche beschränkenden Übersicht bildet eine kritische Auseinandersetzung mit dem Begriff der Zönose, an dem sich die Geister noch immer scheiden. Da der Stoff weitgehend in mathematischen Formulierungen dargestellt wird, ist die Lektüre des Buches keine leichte Angelegenheit. Die behandelten theoretischen Modelle werden aber in Verbindung mit konkreten Beispielen aus der Natur belegt, so daß auch der mathematisch weniger geschulte Leser Nutzen und Gewinn aus der empfehlenswerten Übersicht ziehen kann.

D. FLÖSSNER, Jena

WERNER PLESSE & DIETER RUX (Hrsg.): **Biographien bedeutender Biologen.** Eine Sammlung von Biographien. Berlin: Volk und Wissen Volkseigener Verlag 1977. 384 S., Hln. M 16,50

Die in diesem Buch zusammengestellten „wissenschaftshistorischen Skizzen" über bedeutende Biologen und einige Forscher anderer Wissenschaftsdisziplinen, welche die Entwicklung der Biologie fördernd beeinflußten, reichen von der Zeit antiker Anfänge biologischer Betrachtungen bis zur Entwicklung der Biowissenschaften unserer Zeit. An der Abfassung der dargebotenen 57 Biographien von bekannten und weniger bekannten Forschern waren 23 Autoren beteiligt. Die einzelnen Lebensbeschreibungen sind in folgende Sachgruppen geordnet: Biologie im Altertum, Morphologie, Anatomie und Systematik, Evolution der Organismen, Zelluläre Organisation der Organismen, Mikrobiologie und Immunologie, Physiologie, Vererbung, Umweltbeziehungen und Verhalten. Vorangestellt ist ein Abschnitt „Wissenschaftsgeschichte und Erziehung". Eine Zeittafel, Literaturverzeichnis und Personenregister beschließen den Band. Für Auswahl, Zusammenstellung und Gestaltung der Biographien waren in erster Linie die in den Biologielehrplänen der allgemeinbildenden polytechnischen Oberschulen der DDR ausgewiesenen wissenschaftshistorischen Anforderungen bestimmend. Das Buch soll dem Biologielehrer als Unterrichtshilfe dienen, aber auch von Schülern höherer Klassen genutzt werden. Sicher können aber auch andere Interessenten, auch Wissenschaftler, aus dem Buche mancherlei Nutzen ziehen. Der Limnologe wird vor allem die Berücksichtigung AUGUST THIENEMANNS begrüßen. Gegenüber anderen Wissenschaftsbereichen scheint indessen die Ökologie etwas zu kurz gekommen zu sein, ferner wünschte man sich — auch im Hinblick auf die Lehrpläne und die Erziehungsziele der Schule — die Aufnahme von Persönlichkeiten aus den Gebieten des Natur- und Umweltschutzes. Ansonsten bietet dieses Buch eine durchaus ausgewogene, allgemeinverständlich geschriebene und informationsreiche Darstellung von Leben und Leistung führender Biologen. Daß manche Leser einige Persönlichkeiten z. T. auch etwas anders beurteilen werden, als hier vorgenommen, dürfte auf der Hand liegen. Die Ausstattung des Bandes mit zahlreichen Bildern der Dargestellten, ihrer Arbeitsstätten und Arbeitsgeräte und sonstigen zeitgenössischen Abbildungen ist hervorzuheben, die mindere Papierqualität dagegen bedauerlich.

H.-D. KRAUSCH, Potsdam

R. GUDERIAN: **Air Pollution.** Phytotoxicity of Acidic Gases and Its Significance in Air Pollution Control (Ecol. Stud. **22**). Berlin, Heidelberg, New York: Springer-Verlag 1977. VIII, 127 S., 40 Abb., (4farb.), 26 Tab. Geb. DM 58,— (US $ 25.60)

Entsprechend dem Untertitel befaßt sich diese ökologische Studie mit der Phytotoxizität „saurer Gase" und ihrer Bedeutung für die Kontrolle von Luftverunreinigungen. Im Mittelpunkt stehen SO_2, HCl und gasförmige Fluoride, insbesondere HF. Diese Verbindungen treten weltweit in zunehmendem Maße als Luftverunreinigung auf, so z. B. SO_2 in der BRD: 1969 3,5 Mio t, 1973 4,2 Mio t, 1980 voraussichtlich 4,6 Mio t. Die Pflanzenschäden, die durch diese Luftverunreinigungen verursacht werden, sind enorm, so daß die Zusammenstellung der wichtigsten Untersuchungsergebnisse auf diesem Gebiet ein verdienstvolles Unternehmen ist (die Schädigung tierischer Organismen und des Menschen bleibt unberücksichtigt).
Das Buch gliedert sich in 4 Teile. Auf eine 10 S. umfassende Darstellung des Untersuchungsmaterials und der angewandten Methoden folgt ein Kapitel (50 S.), das sich mit der experimentellen Analyse des Einflusses der genannten gasförmigen Luftverunreinigungen auf die Pflanzen beschäftigt. Die Versuchspflanzen wurden in Kammern unterschiedlichen Gaskonzentrationen, unterschiedlicher Zeitdauer (kontinuierlich oder mit Unterbrechungen) und unterschiedlichen Gaskombinationen ausgesetzt. Weiterhin wurden die Strahlungsintensität, Temperatur, Luftfeuchtigkeit, Bodenfeuchte und Nährstoffversorgung der Pflanzen variiert. Alle diese Umweltfaktoren beeinflussen die Reaktion der Pflanzen auf Luftverunreinigungen. Es treten darüber hinaus Sortenunterschiede auf, ja selbst die Individuen können sich unterschiedlich verhalten. Bedeutungsvoll sind auch das Entwicklungsstadium der Pflanzen und das Blattalter. Im dritten Kapitel (15 S.) wird die phytotoxische Wirkung von SO_2, HF und HCl verglichen. Es wird den Fragen nachgegangen, in welchem Umfang diese Luftverunreinigungen in Pflanzen akkumuliert werden können und welche Beziehungen zwischen Akkumulation und Schadbild bestehen, wobei festgestellt wird, daß das Ausmaß der Akkumulation in den Pflanzen als Indikator für den Grad der Luftverschmutzung verwendet werden kann. Dieses Problem wird im 4. Kapitel (20 S.) eingehend diskutiert. Dabei kommen praktische Belange zur Sprache wie Kriterien für Luftqualität, Standards für Luftverunreinigungen usw. Den Abschluß bildet ein 15 S. umfassendes Literaturverzeichnis und ein zehnseitiges Sachregister.
Das Buch gewinnt durch die knappe und klare Darstellung. Es ist ausgezeichnet geeignet, einen Überblick über den gegenwärtigen Stand der Untersuchungen zum Einfluß von Luftverunreinigungen auf Pflanzen zu vermitteln.

G. SCHÄLLER, Jena

HAROLD BARNES (ed.): **Ninth European Marine Biology Symposium.** Aberdeen: University Press 1975. 760 S., 315 Abb., 101 Tab. Geb. £ 18.00

Das 9. Europäische Meeresbiologische Symposium, das vom 2. bis 8. Oktober 1974 in Oban/Schottland stattfand, trug den Titel „Biochemie, Physiologie und Verhalten von Meeresorganismen in Beziehung zu ihrer Ökologie". Obwohl der Herausgeber wegen der Mannigfaltigkeit der 47 Vortragsthemen auf eine Untergliederung in Themenkreise verzichtete, ist der Schwerpunkt eindeutig durch die Fokussierung auf ökologisch relevante Fragestellungen aus Biochemie, Physiologie und Autökologie sowie Ethologie gegeben. So widmen sich 11 Beiträge biochemischen Problemen, wobei Enzymmuster und bio- bzw. naturstoffchemische Analyse im Vordergrund stehen. Krebse und Muscheln sind dafür ebenso Vorzugsobjekte wie für das Studium physiologischer und autökologischer Fragestellungen. 12 Arbeiten behandeln vornehmlich Stoffwechseladaptationen und Wirkung abiotischer Umweltfaktoren. Im dritten Komplex, Ethologie und Ökologie, wird auf Nahrungsaufnahmeverhalten und umweltabhängige Aktivitätsmuster bei Fischen, Krebsen und einigen anderen Evertebraten eingegangen (11 Arbeiten). Darüber hinaus sind Beiträge aus Populationsökologie, ökologischer Genetik, Biologie i. e. S. und Produktionsbiologie vertreten.
Die Autorenschaft rekrutiert sich vor allem aus westeuropäischen Ländern und den USA. Insgesamt sind 11 Länder repräsentiert, wobei Großbritannien mit 23 Publikationen weit vor den Niederlanden (7), Frankreich (4) und den USA (4) liegt.
Die meisten Vorträge sind qualitativ so gut und in vieler Hinsicht anregend, daß sie von vielen Biologen mit großem Gewinn gelesen werden können. Damit ist das Vorhaben der Organisatoren offensichtlich geglückt, den Erfolg des Symposiums durch die Qualität der Vorträge — und der leider nicht enthaltenen Diskussionen — zu sichern und dabei noch nicht ganz abgeschlossene Arbeiten von hoher Qualität solchen mit der Darstellung „alter Geschichten" vorzuziehen.

E. A. ARNDT, Rostock

LÁSZLÓ JAKUCS: **Morphogenetics of Karst Regions.** Variants of Karst Evolution. Budapest: Akadémiai Kiadó 1977. 284 S., 38 Photos, 100 Abb., Ln. Ft. 170

Die reich mit Diagrammen und Bildmaterial ausgestattete Monographie des durch zahlreiche Publikationen bekannten ungarischen Karstforschers L. JAKUCS behandelt äußerst vielseitig den Stand und die Bedeutung der Karstmorphologie. Hierbei werden in stark untergliederten Kapiteln die Stellung der Karstmorphologie innerhalb des Systems der Wissenschaften und die wichtigsten Kriterien der Verkarstung dargestellt. Korrosion und Mischkorrosion, petrologische, epirogenetische und klimatische Beeinflussungen und ihre geomorphologischen Konsequenzen sowie die vielfältigen klimatischen Variationen sollen hier als Schwerpunktbeispiele stehen. Zwar wird der Karst in allen Klimabereichen behandelt, aber das Hauptaugenmerk des Verfassers gilt dem Karst in den gemäßigten Breiten und unter verschiedenen hydrologischen Aspekten, was auch für limnologisch-grundwasserbiologische Erkundungen im weitesten Sinne von größtem Interesse ist. Auf veränderte Lösungspotentiale infolge unterschiedlicher CO_2-Gehalte und insbesondere unterschiedlicher Druckverhältnisse wird ausführlich hingewiesen. Ebenso sind mineralische und Lagerungs-Unterschiede der Gesteine gut herausgearbeitet, und es wird besonders eingegangen auf die dreifache Zonierung (zone of infiltration, oberflächennah, besonders aggressive Wässer, gravity zone, und lenticular zone mit Auslaugung durch horizontale Wasserbewegung). Besorgniserregend sind aber die nachweisbaren anthropogenen Einflüsse (z. B. Abholzung), welche eine „cultural erosion" hervorrufen. Stets kann der Verfasser auf eine Vielzahl eigener Beispiele, insbesondere aus ungarischen Höhlen, zurückgreifen.

Ein Literaturverzeichnis von über 700 Titeln — auch aus wenig erschlossenen Bereichen — macht die Benutzung dieses vorzüglichen Bandes ganz besonders wertvoll.

L. KREY, Jena

ERICH THENIUS: **Meere und Länder im Wechsel der Zeiten.** Die Paläogeographie als Grundlage für die Biogeographie (Verständliche Wissenschaft Band 114). Berlin, Heidelberg, New York: Springer-Verlag 1977. X, 200 S., 74 Abb., 1 Tab., Geh. DM 12,— (US $ 5.30)

Das Bild der Erdoberfläche, die Verteilung von Land und Meer, erscheint unserem Auge als feststehend und unveränderlich. Nur selten machen Erscheinungen wie die „Geburt" der Vulkaninsel Surtsey südlich von Island im Jahre 1963 uns darauf aufmerksam, daß dieses Bild trügt. Offensichtlich ist die Erdoberfläche „in Bewegung", im allgemeinen allerdings in so geringem Maße, daß wir die daraus resultierenden Veränderungen nur mit spezifischen Meßgeräten erfassen können. Indirekt hat die Wissenschaft, insbesondere die Biogeographie, schon lange die Konstanz von Ozeanen und Kontinenten bezweifelt, da die eigenartigen Verbreitungsmuster der Pflanzen und Tiere eine sich in langen Zeiträumen wandelnde Erdoberfläche geradezu forderten, da sie weder durch die gegenwärtige Verteilung von Land und Meer noch durch eiszeitliche Landbrücken erklärbar sind. Hier setzt die Kontinentalverschiebungstheorie ALFRED WEGNERS an, dem das Bändchen gewidmet ist. Nach Jahrzehnten der Ablehnung oder des Zweifels haben die in den letzten zwei Jahrzehnten gewonnenen Ergebnisse der Geophysik, Ozeanographie, Geologie und Paläontologie die Fruchtbarkeit des WEGNERschen Ansatzes bestätigt und zu neuen „Ansichten über die Entstehung der Ozeane und Kontinente und damit über die geographische Entwicklung in der Vorzeit geführt".

Der Verfasser schildert eindringlich, kompetent und klar in 11 Kapiteln die vielfältigen Phänomene der Paläogeographie und ihre Verknüpfung mit der Biogeographie, damit einem Wunsch des Herausgebers entsprechend, gleichzeitig der wechselseitigen Bedingtheit und Verknüpfung der beiden Disziplinen gerechtwerdend. (Im Untertitel hätte der Rezensent lieber „Die Paläogeographie als eine der Grundlagen für die Biogeographie" gelesen.)

Das gut gedruckte und ausgezeichnet illustrierte Bändchen ist sehr lesenswert. Ein Glossar macht den flüssig geschriebenen Text auch für den interessierten Laien leicht verständlich. Literatur-, Namen- und Sachverzeichnisse fehlen nicht. Autor und Verlag bieten „Verständliche Wissenschaft" im besten Sinne des Wortes!

S. J. CASPER, Jena

HANS MURAWSKI: **Geologisches Wörterbuch.** 7., durchgesehene u. erw. Aufl. Stuttgart: Ferdinand Enke Verlag 1977. XII, 280 S., 78 Abb., 9 Tab. Brosch. DM 13,80

40 Jahre nach der ersten, von C. CHR. BERINGER besorgten Auflage legt der Verfasser nunmehr die 7. Auflage dieses Wörterbuchs vor; allein dies beweist seinen Wert und die Notwendigkeit der Herausgabe. Eine umfassende Würdigung dieses Buches, das nicht nur für Geologen und Paläontologen wichtig ist, erübrigt sich daher. Inzwischen ist es nämlich auch bei Geographen, Bodenkundlern, Biologen und anderen zu einer nützlichen Hilfe bei interdisziplinärer Zusammenarbeit geworden.

Erweitert wurden in der 7. Auflage vor allem Begriffe aus den Gebieten der Geodynamik, Plattentektonik, Tektonik und Sedimentologie sowie das Tabellenwerk im Anhang. Herausgekommen ist dabei ein sehr nützliches modernes Wörterbuch, das leider mit ca. 100 Druck- und Sachfehlern „verziert" ist. Es bedarf für die 8. Auflage einer gründlichen Überarbeitung. Der Autor ALEXANDRE BRONGNIART wird z. B. immer BROGNIART geschrieben. Der Begriff „Formation" sollte auch auf S. 3, 89 und in Tab. III durch „System" ersetzt werden. Auf S. 154 erscheint Muskovit als Stichwort (in Klammern Muskowit), auf S. 36 und 199 steht aber Muskowit. Der Begriff Downtonien fehlt in der angegebenen Tabelle. S. 89 muß es Goldlauterer Schichten und Goldlauter heißen. Wenn auf S. 5 nur die Schreibweise „akzessorisch" verwendet wird, dürfte es auf S. 90 nicht „Accessorien" heißen. Die Angaben der Eisgeschwindigkeiten auf S. 86 und 104 sollten überprüft werden. Auf S. 166 wird bei „periodische Quelle" u. a. auf „Hungerbrunnen" verwiesen, als Stichwort erscheint aber „Hungerquelle". Bei „Perm" sollte die Erläuterung heißen „n. d. gleichnamigen, ehemaligen russ. Gouvernement am Ural". Statt „posthum" sollte „postum" verwendet werden (S. 177, 187). Beim Stichwort „subaquatisch" muß die erste Zeile erneuert werden. Bei der „Warthe-Vereisung" wird auf das Gerdau-Interstadial verwiesen, das aber im Buch nicht gefunden wurde. Die Unterteilung des Westfals in die Abschnitte A—D erfolgte erst 1935 durch den 2. Heerlener Kongreß (S. 251).

Folgende Druckfehler seinen erwähnt: S. 3 Festungsacht statt — achat, S. 21 *pinus* statt *Pinus*, S. 67 Algonikum statt Algonkium, S. 83 Übermengteile statt Übergemengteile, S. 95 Faunelemente statt Faunenelemente, S. 146 festellbaren statt feststellbaren, S. 163 paligenen statt palingenen, S. 171 Plinsbach (ium) statt Pliensbach (ium), S. 197 gaziale statt glaziale und S. 255 ergebirg statt erzgebirg.

Mit diesen Hinweisen möchte der Rezensent zur weiteren Verbesserung des sehr wertvollen Wörterbuchs beitragen.

D. STORCH, Jena

ERICH OBERDORFER: **Süddeutsche Pflanzengesellschaften** (Pflanzensoziologie **10**), Teil I. 2., stark bearb. Aufl. Jena: VEB Gustav Fischer Verlag 1977. 311 S., 6 Abb., 75 Tab., Brosch. M 35,—

Die vor 20 Jahren erschienenen „Süddeutschen Pflanzengesellschaften" von E. OBERDORFER fielen durch ihren im wesentlichen nur aus Tabellen und kurzen Beschreibungen bestehenden Inhalt aus dem Rahmen der bisherigen Bände der vegetationskundlichen Gebietsmonographien. Dennoch oder vielleicht auch deshalb wurde dieses Werk zu einem unentbehrlichen Handbuch für alle in Mitteleuropa und darüber hinaus tätigen Vegetationsforscher und war in relativ kurzer Zeit vergriffen. Auch im südlichen Raum der BRD konnten, auf dieser ersten Zusammenschau aufbauend, zahlreiche seitdem durchgeführte vegetationskundliche Arbeiten die bisherigen Kenntnisse weiter vertiefen und das Aufnahmematerial erheblich vermehren. So lag es nahe, eine neue Auflage der „Süddeutschen Pflanzengesellschaften" zu erarbeiten. Da das pflanzensoziologische Aufnahmematerial für einen so ausgedehnten und vielfältigen Raum von einem einzelnen kaum mehr zu übersehen und zu bewältigen ist, hat E. OBERDORFER weitere Fachkollegen herangezogen, die nach einheitlichen Gesichtspunkten und in enger kollektiver Zusammenarbeit, aber doch in eigener Verantwortung, die Bearbeitung einzelner Vegetationsklassen übernommen haben.

Die Fülle des Materials zwang zu einer Aufteilung des Werkes in 4 Teile. Der vorliegende erste Teil enthält neben den Mauer-, Felsspalten-, Steinschutt- und Schneetälchen-Gesellschaften vor allem die Vegetationseinheiten der Wasser-, Verlandungs- und Moorvegetation und ist daher auch für den Limnologen von besonderem Interesse. Im einzelnen werden in diesem Band folgende Vegetationsklassen dargestellt (in Klammern der Name des Bearbeiters): Asplenietea rupestris (OBERDORFER), Parietarietea judaicae (OBERDORFER), Thlaspietea rotundifolii (SEIBERT), Lemnetea (MÜLLER), Charetea fragilis (KRAUSE & LANG), Potamogetonetea (Ranunculion fluitantis MÜLLER, sonst GÖRS), Phragmitetea (PHILIPPI), Isoëto-Nanojuncetea (PHILIPPI), Littorelletea (OBERDORFER m. DIERSSEN), Utricularietea (OBERDORFER m. DIERSSEN), Montio-Cardaminetea (PHILIPPI & OBERDORFER), Salicetea herbaceae (OBERDORFER), Scheuchzerio-Caricetea fuscae (teils von PHILIPPI, teils von GÖRS, teils von beiden zusammen) und Oxycocco-Sphagnetea (DIERSSEN). Den Band beschließen ein 12 S. umfassendes Literatur-Verzeichnis und ein Register der Vegetationseinheiten.

Prinzipiell folgen die Bearbeiter den auch in der 1. Auflage angewandten Grundlinien einer sich an Kenn- und Trennarten orientierenden Vegetationsgliederung, die in Einzelheiten natürlich mancherlei Verbesserungen und Veränderungen erfuhr. „Nirgends zeigte sich überzeugend Besseres, so daß keine Veranlassung bestand, den eingeschlagenen Weg zu verlassen oder sich auf neue methodische Abenteuer einzulassen." Dieser Einstellung kann nur zugestimmt werden. Zur Darstellung selbst wäre zu sagen, daß in den stark angewachsenen Sammeltabellen die Stetigkeit der Arten in Form von Prozentzahlen angegeben wird, was eine bessere Beurteilung der Vorkommen, zugleich aber auch eine leichte Umrechnung in die üblichen 5 Stetigkeitsklassen ermöglicht. Sehr zu begrüßen ist die Darstellung der Gesellschaften aus Armleuchteralgen, die in KRAUSE und LANG sachkundige Bearbeiter gefunden haben. Dabei bemühen sie sich, unter Berücksichtigung der Verhältnisse in anderen Territorien Europas (und anderer Erdteile) zu einer allseits gültigen Gliederung dieser Gesellschaftsklasse zu gelangen. Innerhalb der Röhrichte wird das bisherige Scirpo-Phragmitetum in mehrere Einzel-Assoziationen (Scirpetum lacustris, Typhetum angustifoliae, Typhetum latifoliae, Phragmitetum communis, Sparganietum erecti) aufgelöst. Auch sonst finden wir mancherlei Neufassungen, Zusammenlegungen und Aufgliederungen bisheriger Vegetationseinheiten, auf die hier natürlich nicht im einzelnen eingegangen werden kann. Wenn vielleicht auch nicht alle Neuerungen die Zustimmung der übrigen Vegetationsforscher finden werden, das meiste davon kann positiv bewertet werden und stellt einen echten Fortschritt in der Syntaxonomie dar. Noch keine Berücksichtigung konnte in diesem Werk der erst 1976 veröffentlichte „Code der pflanzensoziologischen Nomenklatur" von BARKMAN, MORAVEC & RAUSCHERT finden, dessen konsequente Anwendung sicher noch einige Veränderungen erforderlich machen würde. So können z. B. nach diesem Code die umständlichen Schreibungen „Potamogetonetea" usw. wieder durch die vereinfachten Formen „Potametea" usw. ersetzt werden.

Insgesamt liegt uns in dem vorliegenden Band der 1. Teil einer modernen, gut durchgearbeiteten und vernünftigen Grundprinzipien folgenden Übersicht der Pflanzengesellschaften im Süden der BRD vor. Daß diese zu einem Standardwerk der Vegetationskunde nicht nur Mitteleuropas und zu einem wichtigen Nachschlagewerk für zahlreiche Nachbarwissenschaften, für Natur- und Umweltschutz, Territorialplanung und Landschaftspflege werden wird, daran besteht kaum ein Zweifel. Mit großem Interesse sieht man daher dem Erscheinen der übrigen 3 Teile dieses Werkes entgegen.

H.-D. KRAUSCH, Potsdam

A. T. S. RAMSAY (ed.): **Oceanic Micropaleontology,** vols. 1 & 2. London: Academic Press Inc. 1977. Bd. 1: XII, 808, 29 S. Geb. US $ 87.00. Bd. 2: XI, 645, 36 S. Geb. US $ 70.25

Im Band 1, der in 5 Kapiteln die planktischen Foraminiferen vom Mesozoikum bis zur Neuzeit sowie die Pteropoden in ihrer Bedeutung als Indikatoren der Mikrostratigraphie behandelt, ist der Beitrag von MASTERS der gewichtigste. Er wäre geeignet, allen Taxonomen zur Pflichtlektüre zu dienen. Nicht nur die Akribie der Verzeichnisse mesozoischer Foraminiferen besticht, sondern mehr noch die eindringliche und begründete Mahnung zur Eindämmung der Neubeschreibungsflut, welche durch eine Besinnung auf einfache biologische Sachverhalte möglich erscheint. Die Betrachtung der uns überkommenen Hartteile als Produkte lebender Wesen, welche durch vielerlei biotische und abiotische Faktoren die Ausbildung von Hüllen und Schalen modifizierten, erscheint ebenso selbstverständlich, wie sie in der täglichen taxonomischen Arbeit ignoriert wird.

Der 2. Band ist mit je 3 Kapiteln den Radiolarien und Coccolithen gewidmet, enthält je einen Beitrag über Silicoflagellaten, Dinozysten und kalkige Nannofossilien und wird durch 3 Arbeiten allgemeinen Inhalts (Automatisierte Biostratigraphie, ^{18}O als Hilfsmittel der Mikropaläontologen, Sedimentologische Schlüssel zur Paläo-Ozeanographie) abgerundet. Trotz der wachsenden Erkenntnis über die stratigraphische Bedeutung ozeanischer Diatomeensedimente — ca. 8% des Meeresbodens sind von diesen Sedimenten bedeckt — wurde diese Gruppe ausgeklammert.

Die Abbildungen profitieren stark von der rasterelektronenmikroskopischen Technik, die hier ein breites Anwendungsfeld gefunden hat. Die Fülle des Materials zwang jedoch ebenso wie bei den Zeichnungen in den zahlreichen Tabellen zur drastischen Größenreduktion, so daß häufig Bildinformationen verlorengingen. Jedes Kapitel hat sein eigenes Literaturverzeichnis; die Inhaltsverzeichnisse mit 29 resp. 36 Seiten gliedern sich am Schluß in einen Sachwort- und taxonomischen Teil, womit das Werk nicht zuletzt den Charakter eines Bestimmungsbuches erhält, das durch die von Experten erfolgte Überarbeitung der Taxonomie — vor allem der Synonymie — der Organismengruppen besonderen Wert erlangte.

C. SCHÖNFELD, Jena

ANDREW C. CAMPBELL: **Der Kosmos-Strandführer.** Pflanzen und Tiere der europäischen Küsten in Farbe. Stuttgart: Franckh'sche Verlagshandlung (Kosmos-Verlag) 1977. 302 S., 848 Farbbilder, 109 Schwarzweiß-Zeichn. Kart. DM 19,80

Der Naturführer ist original 1976 unter dem Titel „The Hamlyn Guide to Seashore and Shallow Seas of Britain and Europe" in Feltham erschienen. Die vorliegende deutsche Übersetzung und Bearbeitung besorgten HELGE HILGERS & HEINZ SPLECHTUA. Studenten und interessierte Laien sollen mit seiner Hilfe die häufigsten marinen Pflanzen und Tiere leicht, d. h. ohne besondere wissenschaftliche Vorkenntnisse, bestimmen können. Diesem Zweck dienen über 800 instruktive, auf Tafeln den Textseiten gegenüber angeordnete farbige Zeichnungen und einfache Beschreibungen der Gestalt, des Vorkommens und der Verbreitung wichtiger Arten. Die Bestimmung der rund 1000 ausgewählten Sippen ist ohne Mikroskop, in einigen Fällen mit Hilfe einer Lupe, möglich.

Berücksichtigung finden Seesterne, Korallen, Schwämme, Seeigel, Krebse, Muscheln, Schnecken, Würmer, Fische und Tange der Küstengebiete von Nord- und Ostsee, von Atlantik und Mittelmeer. Kurze Bemerkungen über die Geschichte der Meeresbiologie, die europäischen Meere und das Leben an ihren Küsten, die verschiedenen Küstenformen, die Flachsee gehen dem eigentlichen Bestimmungsteil voran, in den Hinweise auf die Benutzung des Buches, auf das Sammeln und ein Bestimmungsschlüssel wesentlicher Systemgruppen (Pflanzen, pflanzenähnliche Tiere, Tiere mit und ohne Schale, Tiere mit gegliederten Beinen) einführen. Die Anordnung der Organismen folgt streng systematischen Gesichtspunkten. Ein Literaturverzeichnis mit Kommentar sowie Register der Fachausdrücke und Sippen erhöhen die Brauchbarkeit des Bandes, der ein zuverlässiger und praktischer Führer durch Fauna und Flora der Küstengewässer für Fachmann und Laien ist.

S. J. CASPER, Jena

N. V. TIMOFÉEFF-RESSOVSKY, A. V. JABLOKOV & N. V. GLOTOV: **Grundriß der Populationslehre.** Aus dem Russischen übersetzt von W. WANDELT (Quedlinburg), redigiert von H. STUBBE (Gatersleben). Jena: VEB Gustav Fischer Verlag 1977. 266 S., 89 Abb., 5 Tab. Brosch., M 38,–

Das Original des vorliegenden Beitrages erschien in Moskau (Verlag „Nauka", 1973). Der Herausgeber und der Übersetzer haben am Ende des Buches eine Nachbemerkung zur deutschsprachigen Ausgabe geschrieben, wo unter anderem unterstrichen wird, daß die Autoren nicht die Absicht hatten, „alle Bereiche einer modernen Populationslehre zu umfassen". Mit diesem Satz sollen alle Kritiker beruhigt werden, die diese oder jene Probleme im Buche als übergangen oder vergessen betrachten. Das Hauptverdienst der Autoren sehen STUBBE und WANDELT mit Recht darin, daß diese „die vermittelnde, durch keinen anderen Mechanismus ersetzbare Funktion der Population als Bindeglied zwischen Genotyp und allen auf diesem Niveau erfolgenden Prozessen und der Evolution der Organismen klar herausstellen" . . .

Da der Rezensent bereits die russische Ausgabe besprochen hat (in TAG **44** (8), S. 382, 1974), bleibt nicht mehr viel zu sagen. Das Buch hat 5 Kapitel; in jedem von diesen erscheint der Senior-Autor, TIMOFÉEFF-RESSOVSKY, der dem deutschen genetisch orientierten Leser sehr gut bekannt ist (seine erste deutsche Arbeit wurde bereits 1925 publiziert) entweder allein (Kap. 1 „Biosphäre — Biogeozönose — Biozönose — Population") oder als Mitautor mit JABLOKOV (Kap. 2 „Populationen", Kap. 4 „Populationsphänetik", Kap. 5 „Populationen — Evolutionen — Systematik") oder mit GLOTOV (Kap. 3 „Populationsgenetik"). Obwohl der letztere mathematisch voll gerüstet ist (oder gerade deswegen?), gelang es ihnen, auch dieses Kapitel ohne übertriebene Mathematisierung zu meistern, was sicher viele Feldbiologen mit dem Buche befreunden wird, denn diese neigen meist nicht sehr zur Mathematik. Die endgültige Form des Buches wurde aber von allen Autoren gemeinsam gestaltet, so daß es eine feste Einheit bildet. Dem Rezensenten ist nicht klar, warum das interessanteste Kapitel über Populationsphänetik, hinter das Kapitel über Populationsgenetik gestellt wurde; didaktisch wäre es umgekehrt vielleicht günstiger.

Der Text für die deutsche Ausgabe wurde von den Autoren durchgesehen (doch kaum geändert), das Literaturverzeichnis durch einige neuere Titel vermehrt (es umfaßt 37 S. Petit-Druck). Als neu sind mehrere Abbildungen dazugekommen, einige wurden abgeändert. Da heute viele Biologen nur auf dem molekularen oder zytologischen Niveau arbeiten, so erscheint es uns als nützlich, daß fast bei jeder Abbildung (Karte, Schema, Kurve) an der Seite das entsprechende Tier (selten eine Pflanze, denn alle Autoren sind Zoologen) klein gezeichnet ist, was einem Laborbiologen in der Erkenntnis der Natur zugute kommen kann. Nur schade — und das betrifft in erster Linie die russische Ausgabe —, daß nicht alle Tierchen ganz elegant gezeichnet sind (z. B. Abb. 38, 56 u. a.) . . . Man kann freilich nicht von jedem Zoologen verlangen, daß er mit solcher Grazie seine Bücher illustriert wie etwa A. N. FORMOSOV oder GEROLF STEINER! Das ist aber nur ein Schönheitsfehler im wahrsten Sinne des Wortes und beeinträchtigt keinesfalls diese gut gelungene Einführung in die Populationswissenschaften.

I. GREBENŠČIKOV, Gatersleben

GUSTAV FRÖBRICH et al.: **Gewässerkundliche Studie über sechs Seen bei Füssen im Allgäu.** München: Schr.-R. Bayer. Landesamtes Wasserwirtschaft 3, 1977. XI, 176 S., 111 Abb., 47 Tab., 13 Kt. Brosch. DM 48,–

Von den um Füssen gelegenen Seen wurden Bannwaldsee, Hopfensee, Weissensee, Alatsee, Alpsee und Schwansee von einem Limnologenteam nach vielen Richtungen hin durchforscht, um der Praxis Unterlagen für abwassertechnische Sanierungen zur Verfügung zu stellen. Die Untersuchungen betreffen Morphometrie, Zu- und Abflüsse, Wasserstände, Thermik, Chemische Verhältnisse (Sauerstoff, Anorganischer Stickstoff, Phosphor, Alkalinität, pH-Wert, Kohlendioxid, Chlorid, gelöste Kieselsäure, Schwefelverbindungen, Zustand der Zuflüsse) und biologische Verhältnisse (Makrophytenvegetation, Plankton, teilweise auch Bodensediment und Fische). Der Zustand der einzelnen Seen ist unterschiedlich, 2 Seen werden als oligo- bis mesotroph, einer als mesotroph, 2 als meso—eutroph und einer als eutroph eingestuft. Die reiche Ausstattung mit graphisch erstklassigen, aber auch in methodischer Hinsicht vielfach beachtenswerten Diagrammen, Profilen und Karten beeindruckt sehr. Zum Beispiel wird die Verteilung der Makrophyten in den einzelnen Seen jeweils durch dreifarbige Karten dokumentiert, auf denen die Bioindikation der einzelnen Makrophyten mittels unterschiedlicher Farbsignaturen dargestellt ist: Eutrophe Arten haben rote, mesotrophe Arten grüne und oligotrophe (-mesotrophe) Arten blaue Symbole. Ob man freilich *Phragmites* und *Scirpus lacustris* als mesotrophe Arten und *Potamogeton berchtoldii* als oligotrophe Art bewerten kann, sei dahingestellt. Hingegen erwiesen sich auch hier die Characeen als gute Indikatoren für Oligotrophie. Insgesamt bietet die vorliegende Arbeit eine Fülle von Informationen über die behandelten Seen und vermittelt mancherlei Anregungen für ähnliche Untersuchungen in anderen Territorien.

H.-D. KRAUSCH, Potsdam

HAROLD BARNES (ed.): **Oceanography and Marine Biology.** An Annual Review. **Vol. 14.** Aberdeen: University Press 1976. 559 S., 207 Abb., 70 Tab. Geb. £ 25.00

Die Serie behandelt in Jahresbänden die verschiedenen Aspekte der physikalischen, chemischen und biologischen Ozeanographie. Der vorliegende 14. Band enthält zehn in Inhalt und Umfang durchaus verschiedene Beiträge von anerkannten Spezialisten. — Die Ozeanographie der Adria wird von M. BULJAN & M. ZORE-ARMANDA (Jugoslawien) als geraffte Übersicht über die physikalischen und chemischen Eigenschaften des Wassers der Adria dargestellt. Der Beitrag ist eine gute Einführung und aktuelle Basisinformation für Untersucher dieses Teils des Mittelmeers. Bioproduktion und Pollution werden nicht berücksichtigt. — K.-H. SZEKIELDA (USA.) beschreibt Methoden und Anwendungsmöglichkeiten der Kosmischen Ozeanographie (Spacecraft Oceanography) auf der Basis von Aufnahmen der Satelliten ERTS, NIMBUS II, III, IV und V von typischen Aufquellgebieten mit hoher biologischer Produktion und großen Temperaturunterschieden im Oberflächenwasser. — In einem kurzen Beitrag stellt R. A. HORNER (USA.) die historische Entwicklung und den gegenwärtigen Stand der Erforschung der Organismen des Meereises vor (15 S., 2 Abb., 2 Tab.). Die Diatomeen (mit erstaunlich hohen Produktionsraten), Dinoflagellaten und Flagellaten an Eiskristallen und im interstitiellen Wasser im Eis von Alaska — auch Vergleich mit Bering-See und Ostsee — werden von ihr auch in den ökologischen Bezügen diskutiert. — Der Bericht über den Stand der Untersuchungen zum Wachstum riffbildender symbiontischer Korallen von R. W. BUDDEMEIER & R. A. KINZIE III (USA.) geht auch auf alle modernen Methoden zur quantitativen Bestimmung des Skelettwachstums ein. Die hohe Variabilität täglicher und jährlicher Wachstumsraten und die hohe Plastizität der Wuchsformen gegenüber Umweltfaktoren werden hervorgehoben. — Das Sammelreferat über die Dermatologie mariner Teleostier wird mit der Schilderung der Hauterkrankungen (Hyperplasie, Neoplasie, Papillome, Granulome etc.) durch R. J. ROBERTS & A. M. BULLOCK (U.K.) fortgesetzt. — In dem Beitrag von D. E. GASKIN (Kanada) über die Evolution, Zoogeographie und Ökologie der Wale stehen die Walpopulationen in ihren Beziehungen zu ihrer Umgebung in Raum und Zeit im Vordergrund. Die monophyletische paläozäne Entstehung und eozäne Differenzierung der Wale, die Verbreitungsökologie sowie das Verhalten und die Wanderung der Subpopulationen inkl. ihrer Populationsdynamik werden besonders behandelt, wobei die genauen Schätzungen der Bestände nicht gerade Optimismus hinsichtlich der Überlebenschance dieser Großsäuger aufkommen lassen. — Ein Altmeister der Ostseebiologie, S. G. SEGERSTRÅLE, geht in seinem Beitrag über die gegenwärtigen Trends in der Erforschung der Ostsee auf die Arbeiten zur Ökosystemmodellierung sowie zur Verunreinigung und Eutrophierung dieses besonders gefährdeten Binnenmeeres und auf die internationale Zusammenarbeit im Ostseeraum ein. — Die Notwendigkeit von Langzeituntersuchungen in Ökosystemen erörtert J. R. LEWIS (U.K.) am Beispiel des Felslitorals. Die enorme Variabilität der natürlichen Besiedlung erschwert die Abschätzung der durch den Menschen verursachten Veränderungen. — Die Fortschritte in den Techniken zur Lipidanalyse (Dünnschicht- und Gasflüssigkeitschromatographie) und die Analyse von marinen Fettsäureestern stehen im Vordergrund des Beitrages von R. J. MORRIS & F. CULKIN (U.K.) über „Marine Lipide". — Die Fortschritte der letzten zehn Jahre bei der Analyse der Biologie und der Entwicklung von Zuchtmöglichkeiten für Garnelen, die mit einem jährlichen Verbrauch von über 1 Mill. t allein in den USA. und Japan durchaus wirtschaftliche Bedeutung haben, faßt J. F. WICKNIS (U.K.) zusammen. — Ein Autorenverzeichnis, ein systematischer Index und ein Sachindex beschließen den Band, der sich organisch in die wertvolle Serie einfügt.

E. A. ARNDT, Rostock

VLADIMÍR HYHLÍK & FRANTIŠEK PŘEUČIL: **Východní Čechy.** Praha: Olympia 1978. 237 S., 216 Abb. Ln. Kčs 85,—

Dieser Bildband mit 216 meist ganzseitigen Photos schildert die Schönheiten Ostböhmens, der Landschaft zwischen dem Riesen- und Adlergebirge, den Sandsteinwänden von Broumov und dem Böhmisch-Mährischen Hügelland, zwischen Jaroměř und Kolín. Hier entspringt u. a. die Elbe, der Hauptvorfluter der DDR. Dieser Teil der ČSSR zeigt eine äußerst vielgestaltige naturräumliche Gliederung: von der Ebene des Elbtals über Hügellandschaften bis zum Gipfel des Riesengebirges, der 1602 m hohen Schneekoppe. Mehrere Naturschutzgebiete sind vorhanden, u. a. der Riesengebirgsnationalpark, das Adlergebirge, Polabing (Elbniederung), Prachover Felsen (Böhmisches Paradies) und Stvořidla (Scízavatal). Wenn das gut gedruckte Buch auch überwiegend den Architekturdenkmälern gewidmet ist, so wirbt es doch durch seine Photos für die Erhaltung der vorhandenen und vom Menschen noch nicht oder nur wenig veränderten naturnahen Landschaften.

D. STORCH, Jena

G. E. LIKENS et al.: **Biogeochemistry of a Forested Ecosystem.** Berlin, Heidelberg, New York: Springer-Verlag 1977. X, 146 S., 37 Abb., 22 Tab. Brosch. DM 22,30

Die Untersuchungen des interdisziplinären Teams, das unter der Leitung von 2 auf diesem Gebiet seit Jahren international bekannten Experten steht, werden seit über 15 Jahren auf einer ca. 3000 ha großen Experimentalfläche in New Hampshire (USA) an einem naturnahen Mischwald durchgeführt. Die methodische

Konzeption der Kleineinzugsgebiete geht davon aus, daß die Eingangs- und Ausgangsgrößen des Nährstoff- und des Wasserkreislaufs miteinander in Beziehung gesetzt und quantifiziert werden können, wenn ein überschaubares, in sich homogenes Einzugsgebiet mit dichtem Untergrund als Bezugsbasis verwendet wird. Die Analyse erfolgt durch Kompartimentierung des Ökosystems auf Grundlage der ODUMschen Ökosystemtheorie.

Aus der Fülle der Ergebnisse seien nur einige herausgegriffen, die über das Experimentierobjekt hinaus Beachtung verdienen: Mittels der „small watershed technique" werden nicht nur die Ein- und Ausgangsgrößen von Wasser und einer größeren Anzahl ökologisch entscheidenden Ionen erfaßt, sondern auch die Größenordnung der mittelperiodischen Schwankungen, die Fehlergrößen und eine Absteckung des Übertragbarkeitsrahmens. — Sehr deutlich wird die Bedeutung des Niederschlags und der Transpiration für den Chemismus des Waldökosystems. Die steigende SO_2-Belastung (Fernwirkung von Industriegebieten) und eine Kontaminations-Pufferwirkung, deren Grenzen allerdings noch ungenügend bekannt sind, kommen deutlich zum Ausdruck. Die Transpiration wirkt als Mechanismus des Nährstoffrückhalts; die Evapotranspiration reguliert Erosion und Stoffhaushalt. Die Herkunft der im Niederschlag nachgewiesenen Ionen wird analysiert; für das Wechselspiel zwischen gasförmigen, festen und gelösten Stoffen im Nährstoff-input sowie zwischen Verwitterung und input/output wird eine Hypothese abgeleitet. — Die ökologisch relevanten Ionen werden 3 input-output-Typen zugeordnet. Für Ca und S werden quantifizierte Stoffkreisläufe, über die Ökosystem-Kompartimente, vorgelegt. — Es werden Aussagen über die Voraussagbarkeit des Stoffhaushalts in den Vorflutern gemacht. Der Abflußchemismus erweist sich als feiner und schneller Indikator gegenüber Bedingungen und Veränderungen in den Ökosystemen des Einzuggebiets. — Sowohl Energiefluß als auch Stoffhaushalt erfahren jedoch wesentliche Modifikationen durch die Ökosystemstruktur. Man darf daher mit Interesse den angekündigten 2. und 3. Teil der Ergebnisstudien erwarten, in denen diese Fragen, insbesondere in Gegenüberstellung ungestörter und ± stark veränderter, experimentell manipulierter Ökosysteme des gleichen Untersuchungsgebiets behandelt werden sollen.

Amüsant zu lesen ist auch die abschließend wiedergegebene „Odyssee" zweier Atome durch zwei verschieden behandelte Ökosystemkomplexe, wie sie ALDO LEOPOLD bereits vor fast 30 Jahren anschaulich schilderte. Insgesamt ist das Buch gerade in seiner knappen, einfachen Darstellung bei Verarbeitung einer großen Informationsmenge sehr anregend und einschließlich seiner methodischen Konzeption hochaktuell im Hinblick auf das Verständnis der Wirkungsweise von Ökosystemen einschließlich ihrer Reaktion gegenüber „Störungen" mannigfacher Art. E. NIEMANN, Jena

PAUL SMART: **Kosmos-Enzyklopädie der Schmetterlinge.** Die Tagfalter der Erde in Farbe. Über 2000 Arten in Lebensgröße. Stuttgart: Franckh'sche Verlagshandlung W. Keller & Co., Kosmos-Verlag 1977. 275 S., 2230 Farb-, 21 Schwarzweißfotos, 9 Zeichn. Geb. DM 78,—

Die prachtvollen Farben und Muster der Schmetterlinge haben seit jeher das Interesse von Wissenschaftlern und Laien, vor allem aber von Sammlern geweckt. Dem ernsthaften Sammler bietet der britische Lepidopterologe P. SMART eine einzigartige Zusammenstellung von Abbildungen von über 2000 Tagfaltern in natürlicher Größe, die den genauen Vergleich untereinander und damit eine exakte Bestimmung ermöglichen. Es ist erstaunlich, wie hervorragend die moderne Reproduktions- und Drucktechnik die feinsten Farbnuancen wiederzugeben vermag. Aber nicht nur präparierte Falter werden gezeigt. Auf mehr als 100 Farbfotos lernt der Betrachter die Schmetterlinge in ihrer natürlichen Umgebung kennen. Gerade hier finden sich besonders eindrucksvolle Bilder, die bestimmte Aspekte wie z. B. biologische, morphologische, sexuelle oder ökologische Erscheinungen beleuchten. Der Bildteil wird ergänzt durch ausreichende, sachgerechte Texte zur Herkunft und Klassifikation der Schmetterlinge, zu Bau und Funktion des Körpers der Falter, zu ihrem Lebenszyklus, zur Ökologie, Verbreitung und Vererbung, natürlich auch zur Färbung (Tarnung und Werbung, Variation, Mimikry). Außerdem erfährt der Leser allerhand Wissenswertes über die Geschichte der Schmetterlingskunde (leider steht auf der Randleiste mißverständlich „Geschichte der Schmetterlinge"), über das Sammeln, die Fortpflanzung und die Zucht.

Eine aufschlußreiche Einführung in den systematischen Teil (fälschlich wird auf S. 10 angegeben, daß die Abkürzung „var." für „variatio" statt richtig für „varietas" steht) leitet zur eigentlichen Darstellung der Formenmannigfaltigkeit über. Die Tagfalter werden in traditioneller Weise auf 15 Familien verteilt, die mit ihren charakteristischen Merkmalen vorgestellt werden. Daran schließen sich die Abbildungen der Schmetterlinge an, wobei sie auf Grund ihrer Bedeutung und äußeren Erscheinung ausgesucht wurden. Jeder Falter ist mit seinem Artnamen (nicht Gattungsnamen, wie auf S. 108 steht) aufgeführt, mit dem abgekürzten Autorennamen und der Angabe der Verbreitung versehen sowie numeriert. Ein systematisches Verzeichnis erfaßt alle bekannten Arten von 8, alle Gattungen von 3 und alle Triben von den verbleibenden 4 Schmetterlingsfamilien. Literaturverzeichnis, Register und ein Einzelfragen erläuternder Anhang vervollständigen die Darstellungen.

Die englische Originalausgabe erschien 1975 unter dem Titel: „The illustrated Encyclopedia of the Butterfly World in Colour" bei Salamander Books Limited in London. Das Werk wurde mit Unterstützung des Saruman-Museums und anderer Forschungsstätten so-

wie vieler Privatsammler geschaffen. TREVOR SCOTT präparierte und fotografierte die ausgewählten Schmetterlinge. Von den etwa 140000 bekannten Schmetterlingsarten konnte verständlicherweise nur ein Bruchteil aufgenommen werden. Der mitteleuropäische Sammler und Liebhaber wird in den meisten Fällen kaum einen „natürlichen" Zugang zu den überwiegend aus tropischen und subtropischen Ländern vorgestellten „Prachtfaltern" haben. Es sei denn, er hat Gelegenheit, sie durch Tausch oder Kauf zu erwerben. Es ist in diesem Zusammenhang wichtig und erfreulich, daß der Autor auch auf die Gefahren der Sammelleidenschaft aufmerksam macht und die Pflicht der Beachtung von Naturschutzgesetzen hervorhebt. Um das Überleben von Wildtieren zu sichern, werden die Möglichkeiten der Zucht von Tagfaltern ausführlich und eindringlich erörtert.
Insgesamt ist die Schmetterlings-Enzyklopädie eine überzeugende Leistung, Bestimmungsbuch, einführendes Lehrbuch und Nachschlagewerk zugleich.

S. J. CASPER, Jena

Urania-Pflanzenreich in drei Bänden. Niedere Pflanzen. 2. Aufl. Leipzig, Jena, Berlin: Urania-Verlag 1977. 501 S., 385 Abb., 119 Farbfotos, 9 Tab. Geb. M 33,—

Das „Urania-Pflanzenreich" will eine populärwissenschaftliche Übersicht über die Formenmannigfaltigkeit der pflanzlichen Organismen geben, wobei die morphologische Charakterisierung der Klassen, Ordnungen, Familien, Gattungen und Arten sowie die verwandschaftlichen Beziehungen zwischen den Pflanzengruppen im Mittelpunkt der Darstellung stehen. Besondere Aufmerksamkeit wird den Formen gewidmet, die aus allgemeinen biologischen Gründen von Interesse sind oder eine praktische Bedeutung für den Menschen erlangt haben. In dem vorliegenden Band haben 10 namhafte Autoren einen Überblick über die niederen Pflanzen gegeben. Bereits kurze Zeit nach dem Erscheinen war die 1. Auflage vergriffen und eine Neuauflage erforderlich. Diese Tatsache beweist, daß auch eine Darstellung der weniger auffälligen niederen Pflanzen einen breiten Interessentenkreis gefunden hat.
Nach einer kurzen Einleitung (S. DANERT) werden die Grundlagen der systematischen Gliederung des Pflanzenreichs (S. J. CASPER) dargestellt. In systematischer Reihenfolge sind dann die Viren (K. SCHMELZER), Bakterien (K. E. LINDNER), Blaualgen (S. J. CASPER), Algen (S. J. CASPER), Pilze (E. H. BENEDIX, W. SENGE, M. SCHMIEDEKNECHT), Flechten (R. SCHUBERT) und Moose (M. SIEGEL) behandelt. Ein Glossarium, in dem die wichtigsten Fachtermini erläutert werden, ein Literaturverzeichnis und ein Register schließen den Band ab. Zahlreiche übersichtliche Zeichnungen, photographische Aufnahmen und 119 Farbfotos sorgen für eine gute Illustration des Werkes. Bei der Behandlung der meisten Organismengruppen sind dem taxonomischen Teil allgemeine Abschnitte z. B. über Morphologie und Zytologie, Fortpflanzung und Generationswechsel, Vorkommen in der Natur und die wirtschaftliche Bedeutung vorangestellt. Diese Kapitel sind durch Überschriften gekennzeichnet, wodurch die Übersichtlichkeit des Bandes sehr gewonnen hat. Leider fehlt beim Abschnitt „Pilze" eine entsprechende Gliederung. Hier vermißt man die straffe Hand eines Herausgebers.
Bei der weiteren Betrachtung soll das Kapitel „Algen" im Vordergrund stehen. Scharf grenzt der Autor diesen Abschnitt von dem der „Blaualgen" ab. Er folgt damit dem Trend aller modernen Lehrbücher. In einleitenden Kapiteln werden die Begeißelungsverhältnisse, Assimilationspigmente, Reservestoffe, Struktur der Chromatophoren und die Organisationsstufen dargestellt, wobei nur die für die Mehrzahl der Algengruppen geltenden Verhältnisse berücksichtigt werden. Übersichtliche Tabellen, Zeichnungen und elektronenoptische Aufnahmen erläutern den gut gegliederten Text. Die taxonomische Unterteilung in 11 Abteilungen (Chryso-, Bacillario-, Xantho-, Phaeo-, Rhodo-, Crypto-, Dino-, Eugleno-, Chloro-, Zygo- und Charophyta) kann als konservativ angesehen werden. Bei der weiteren Untergliederung in Klassen wurden teilweise neue Wege beschritten. Wo neue Bezeichnungen eingeführt wurden, sind die älteren und noch gebräuchlichen Namen in Klammern angegeben. Auf insgesamt 120 Seiten wird eine sehr gute Übersicht über das Gesamtgebiet der Algen gegeben. Die Fakten sind wissenschaftlich exakt behandelt, der Text ist flüssig geschrieben und auch kompliziertere Begriffe und Vorgänge werden verständlich erklärt. Um so erstaunlicher ist es, daß ausführlich beschriebene und oft auch in Abbildungen erläuterte Termini wie z. B. Auxospore, Gonimoblast, Haptonema, Karposporophyt, Tetrasporophyt, Agar, Alginat und Wasserblüte im Register nicht aufgeführt sind. Diese Unvollständigkeit des Registers betrifft nicht nur die Algen, sondern ist ein Mangel des gesamten Bandes. Durch eine wesentliche Ergänzung des Registerteils durch Aufnahme weiterer Fachtermini könnte bei einer bald zu erwartenden Neuauflage der Gebrauchswert des Werkes wesentlich erhöht werden.
Im Text sind Rez. nur wenige Fehler aufgefallen. So können die „Azeton-Verwertung" der Volvocaceae (S. 214), die Größenangabe von nur 80 µm bei *Pandorina morum* (S. 216) und der fehlerhafte *Lithothamnion*-Artname auf Abb. 34 als Druckfehler angesehen werden.
Insgesamt ist ein wohlausgestattetes Buch entstanden, das einem breiten Leserkreis zur Information über die Fülle der niederen pflanzlichen Organismen auf unserer Erde und vor allem als Nachschlagewerk sehr empfohlen werden kann.

H. HÜBEL, Kloster

W. RATHMAYER (Hrsg.): **Verhandlungen der Deutschen Zoologischen Gesellschaft. 70. Jahresversammlung 1977 in Erlangen.** Stuttgart, New York: Gustav Fischer Verlag. VI, 350 S., 152 Abb., 10 Tab. Kart. DM 120,—

Vom 31. 5.—4. 6. 1977 fand in Erlangen die 70. Jahresversammlung der Deutschen Zoologischen Gesellschaft statt. Schwerpunktthemen waren: „Photoreception", „Ökosystemforschung", „Zellbiologie und Protozoologie" und „Entwicklungsbiologie". Die Hauptvorträge zu diesen Themen sind im Gesamttext abgedruckt, die Kurzvorträge als „Abstracts". Insgesamt wurden 124 Vorträge gehalten.
Die beiden Hauptvorträge über die Ökosystemforschung betreffen den limnischen (U. HALBACH: „Probleme der Ökosystemforschung am Beispiel der Limnologie") und marinen (G. HEMPEL: Fischerei in marinen Ökosystemen) Bereich. Nach den Ausführungen von HALBACH ist das „Endziel der Ökosystemforschung ... ein Modell". „Die Kausalanalyse sollte nur so tief wie nötig geführt werden, um der jeweiligen Fragestellung in der Synthese zu entsprechen". Dabei gibt es kein ideales Modell, sondern „allenfalls ein optimales für das jeweilige Problem". Der Autor stellt hierzu sein in Ansätzen bereits modelliertes Räuber—Beute-System bei Rotatorien vor. Die für den Synökologen so wichtigen Übergänge von einer Integrationsebene zur anderen (von der molekularen Stufe bis zum Ökosystem) hofft HALBACH, in Anlehnung an von der Physik bereits entwickelte Formalismen, interpretieren zu können. HALBACH kommt von der Tiergruppenökologie zum Ökosystem und bringt daher die nötigen Detailkenntnisse für die Beurteilung dieser schwierigen Fragen mit. Im Gegensatz zu den Binnengewässern konzentriert sich die marine Ökosystemforschung auf das flache Litoral als den am leichtesten zugänglichen Teil des Meeres. Auch in der angewandten marinen Ökologie strebt man Modelle an, im vorliegenden Fall fischereiorientierte Ökosystemmodelle. Erschwerend ist dabei, wie G. HEMPEL ausführt, daß die Entwicklungsstadien der meisten Nutzfische zu verschiedenen Lebensgemeinschaften gehören.
Die Kurzvorträge zum Thema „Ökosystemforschung" beschäftigen sich u. a. mit Problemen der Stabilität in Tierpopulationen des Süßwassers (SEITZ, STREIT), mit Regulationsprozessen in Ökosystemen (ZWÖLFER) und auch mit Lebensgemeinschaften in Wäldern (FUNKE, ALTMÜLLER, THIEDE). Von den übrigen Vorträgen des inhaltsreichen und repräsentativen Bandes sei noch auf zwei hingewiesen, die ein über die Forschungsrichtung hinausgehendes Interesse beanspruchen dürften: R. B. CLARK: „Phylogenetic Reconstruction", die auf der Basis funktioneller Morphologie erfolgt, und H. W. SAUER: „Entwicklungsbiologie heute. Mechanismen der Genexpression".
Wie jeder Band der Verhandlungen, so schließt auch dieser mit Nachrufen auf durch den Tod entrissene Zoologen. Diesmal sind es: M. B. MIRZA, H. WURMBACH, A. REMANE, J. M. ULRICH und W. HENNIG.

W. SCHÖNBORN, Jena

FINN H. BRAEKKE: **Impact of Acid Precipitation on Forest and Freshwater Ecosystems in Norway** (Research report FR 6/76). Oslo-As: Norwegian Council for Scientific and Industrial Research, Agricultural Research Council of Norway, SNSF-project 1976. 111 S., 7 Abb., 76 Taf., 16 Tab. Brosch.

Der Forschungsbericht „Die Einwirkung von sauerem Niederschlag auf Forst- und Süßwasser-Ökosysteme in Norwegen" stellt die Ergebnisse des SNSF-Projektes (aus dem Norwegischen, etwa: Sauerer Niederschlag — Wirkung auf Forst und Fisch) der Jahre 1972—1975 vor. Das Ziel des Projekts ist, die Wirkung des saueren Niederschlags auf Wälder und Süßwasserfische so genau wie möglich nachzuweisen, d. h. die Erforschung der Auswirkungen der Luftverunreinigung auf Boden, Vegetation und Wasser. Am Projekt arbeiten zahlreiche Forschungsinstitute und Universitäten mit. Nach einer generellen Einführung ist der Bericht in 4 Teile untergliedert: 1. Ablagerung der Luftverunreinigungen in Norwegen, 2. Wirkung des saueren Niederschlags auf Nadelwälder, 3. Wirkung des saueren Niederschlags auf den Wasserchemismus, 4. Wirkung des saueren Niederschlags auf Süßwasserorganismen. Alle Teilberichte wurden von Autorenkollektiven erarbeitet. Sie sind in sich geschlossene Arbeiten mit Einleitung, Ergebnissen und Literaturverzeichnis.
Der 1. Teil enthält folgende Kapitel: Meßstationen in Norwegen, Herkunft und Transport der Schwefel- und Stickstoffkomponenten, Ablagerung der Luftverunreinigungen, Verteilungsmodell zur Schätzung des „Schwefelniederschlages". Der 2. Teil untersucht besonders forstliche Belange: Beschreibung der Feldstudien, Wirkung der saueren Niederschläge auf die Vegetationsdecke, ... den Boden, ... auf das Wachstum, Diskussion. Der 3. Teil konzentriert sich auf die Wasserchemie: Regionaler Überblick über die Seen in Südnorwegen, kleine Wasserscheiden-Studie, Perioden sauerer Niederschläge, Kurz- und Langzeitwirkung auf den Chemismus der Seen, Folgen für die aquatische Biosphäre. Der 4. Teil behandelt biologische Probleme: Primärproduzenten und Zersetzungsprozesse, Invertebraten, Fischstudien, der Tovdal-Fluß: Eine Fall-Studie.
Insgesamt wird eine derartige Fülle interessanter, aber teilweise besorgniserregender Ergebnisse gebracht, daß es den Rahmen der Besprechung sprengen würde, näher auf Einzelheiten einzugehen. Instruktive Tafeln und Tabellen sowie einige ausgewählte Fotos sind dieser ausgezeichneten Arbeit ein würdiger Rahmen.

L. KÜCHLER, Neuglobsow

M.E. KIRPICZNIKOV & N. N. ZABINKOVA: **Lexicon rossico-latinum in usum botanicorum.** Leningrad: izd.-vo Nauka 1977. 854 S. Geb. Rbl 5,23 (Zu beziehen über VEB LKG Leipzig; M 26,15)

Die Bedeutung der lateinischen Sprache ist besonders für den Botaniker sehr groß, da dieser nach dem Internationalen Code der Botanischen Nomenklatur verpflichtet ist, alle Diagnosen neuer Taxa in lateinischer Sprache anzufertigen, wobei auch Vergleiche mit bereits beschriebenen Taxa anzustellen sind. Häufig werden sowohl die Fundorte als auch die Etymologie der Namen ebenfalls in lateinischer Sprache angegeben. Dabei sind Übersetzungen von Worten ins Lateinische nötig, die in dieser Sprache niemals existierten, z. B. Sowchos, Aerodrom usw. Das Ziel des Wörterbuchs ist es, dem die russische Sprache nutzenden Botaniker beim Lesen der Spezialliteratur besonders des 19. und 20. Jahrhunderts zu helfen, wobei sich die Autoren vor allem auf die moderne Terminologie konzentrieren.
Die Arbeit an dem Wörterbuch dauerte 15 Jahre, von 1958 bis 1973. Das Wörterbuch ist eine Ergänzung und Erweiterung des von den gleichen Autoren 1957 herausgegebenen „Lateinisch-russischen Wörterbuches für Botaniker". Es umfaßt 15000 Stichwörter, vorangestellt sind dem Buch die Benutzungshinweise (in russischer Sprache), ein Verzeichnis der wichtigsten Quellen und Hilfsmittel sowie das russische, neu-lateinische und griechische Alphabet. Als Anhang wurde eine kurze Anleitung zur Rechtschreibung einiger komplizierter Adjektive der botanischen Nomenklatur beigegeben.
Stichprobenartig überzeugte sich der Rezensent von der Zuverlässigkeit und Genauigkeit der Übersetzungen. Das Buch kann somit nicht nur den sowjetischen Botanikern empfohlen werden, sondern auch den ausländischen, die einen Zugang zur modernen sowjetischen systematischen Literatur suchen.

D. STORCH, Jena

MICHAEL CHINERY: **Insekten Mitteleuropas.** Ein Taschenbuch für Zoologen und Naturfreunde. Übers. u. bearb. von Dr. I. JUNG u. Dr. D. JUNG. Hamburg, Berlin: Paul Parey Verlag 1976. 389 S., 1580 Abb. (davon 924 farb.). Balacron. DM 48,—

Der vorliegende Naturführer ist eine Parallele zu dem im gleichen Verlag erschienenen Taschenbuch „Die Vögel Europas". Format, Konzeption und technische Ausführung entsprechen sich weitgehend. Es wurde versucht, einen Feldführer zu schaffen, der einen geschlossenen Überblick über die Mannigfaltigkeit der Entomofauna Mitteleuropas ermöglicht. Der Bestimmung dienen einfache Schlüssel, die bei den meisten Ordnungen bis zur Familie, bei Käfern, Schmetterlingen und Hautflüglern bis zur Überfamilie führen. Auf 64 Taf. sind typische Arten jeder Familie farbig abgebildet. Ergänzend werden naturkundliche Einführungen zu den einzelnen Insektenordnungen und ihren Familien beigegeben, die wichtige Hinweise auf Erkennungsmerkmale, Lebensraum und Lebensweise, Nahrung und Verhalten sowie Fang und Präparation beinhalten. Instruktive Zeichnungen veranschaulichen den Text. Folgende allgemeine Abschnitte umrahmen den Hauptteil des Buches: Anatomie und Biologie der Insekten, Sammlung und Präparation, Zucht, das System der Insekten, Erläuterung entomologischer Fachausdrücke, Verzeichnis weiterführender Literatur, Verzeichnis entomologischer Handlungen. Ein übersichtliches Register schließt den Band ab.
Mit diesem Buch ist Verfassern und Verlag ein entomologischer Feldführer gelungen, der im deutschsprachigen Raum bisher ohne Beispiel ist. Durch kluge Auswahl der Objekte einerseits und eine vielseitige Formenübersicht andererseits ist es geglückt, einen abgerundeten, anregenden und im besten Sinne populären Überblick über die Insektenwelt unserer Breiten zu schaffen. Die Abbildungen sind hervorragend. Ihre Ausführung und Anordnung auf den Tafeln ist nicht nur für die Bestimmung sachlich nützlich, sondern auch ästhetisch ansprechend. Sie helfen in vielen Fällen auch dort weiter, wo Worte versagen. Der Text ist klar, genau formuliert und aussagekräftig. Hier wird deutlich, daß die deutschen Bearbeiter langjährige Erfahrungen in der Ausbildungspraxis von Studenten besitzen. Die Benutzung des Buches wird allerdings etwas erschwert, weil die Textbeiträge meist an anderer Stelle stehen als die dazugehörigen Bildtafeln. Für künftige Auflagen sei deshalb empfohlen, den Tafelteil vom Text zu trennen und geschlossen anzufügen.
Neu ist, daß hier erstmalig die Insektengruppen im wesentlichen entsprechend ihrer artenmäßigen Häufigkeit und systematischen Bedeutung repräsentiert sind. Die ohnehin beliebten Schmetterlinge und Käfer überwiegen also nicht, sondern die weniger bekannten Gruppen, wie Wanzen, Fliegen oder Heuschrecken, finden gebührende Beachtung. Das Buch wird seinen Weg machen.

W. SCHEFFLER, Neuglobsow

M. A. ALI, M. ANCTIL: **Retinas of Fishes.** An Atlas. Berlin, Heidelberg, New York: Springer-Verlag 1976. 284 S., 364 Abb. Geb. DM 146,—

In vorzüglicher Ausstattung wird in dem vorliegenden Werk das Wissen über die Retina der Fische so dargestellt, daß es sowohl für Laien und Studenten als auch für Spezialisten dieses Fachgebietes verständlich ist und eine Anregung für die Beschäftigung mit diesem bei der großen Gruppe der Fische so vielgestaltigen Organ bietet.

Der Atlas ist in drei Hauptteile gegliedert. Der erste Teil enthält die morphologischen Grundlagen der Fischretina und erklärt die im Buch benutzten Fachausdrücke. Darüber hinaus wird hier eine Übersicht der histologischen Techniken gegeben und die Präparation der Retina beschrieben. Der zweite Teil beansprucht den größten Raum, denn er wurde als ein Katalog der Fischretinastruktur auf der Basis der modernen entwicklungsgeschichtlichen Klassifikation abgefaßt. Über 150 Fischfamilien, von denen über 100 durch gelungene Mikrofotografien repräsentiert werden, lieferten Material für diese eindrucksvolle Sammlung. Bei der Darstellung der einzelnen Familien wurde immer nach der gleichen Gliederung vorgegangen. Neben den rechts angeordneten Tafeln steht links im Text 1. die phylogenetische Stellung der jeweiligen Fischgruppe, 2. eine Umrißskizze und eine kurze Beschreibung der entsprechenden Familie, 3. die Zusammenfassung der charakteristischen Merkmale der Retina eines oder mehrerer Vertreter dieser Familie, 4. dementsprechende Literaturhinweise, 5. wenn verfügbar, eine Aufstellung sonstiger erforschter Fakten (Vit. A_1, A_2, max.) über die Sehpigmente dieser Fischgruppe und schließlich 6. die Legende der gegenüberstehenden Tafel. Der dritte Teil besteht aus einem umfangreichen Literaturverzeichnis, einer Übersicht der Fischfamilien nach der modernen Systematik und dem Index.

Der Atlas stellt eine Fundgrube für Anatomen, Biochemiker und Sinnesphysiologen dar und kann als ein modernes Standardwerk des behandelten Fachgebiets bezeichnet werden.

H. MÜLLER, Berlin

G. KLAFS & J. STÜBS (Hrsg.): **Avifauna der Deutschen Demokratischen Republik. Bd. I: Die Vogelwelt Mecklenburgs.** Jena: VEB Gustav Fischer Verlag 1977. 358 S., 17 Diagr., 41 Verbr.-Kt., 1 mehrfarb. Übers.-Kt., 32 Fototaf. Ln. M 32,—

Als erster der auf 5 Bände veranschlagten Avifauna der DDR liegt jetzt der Band über die Vogelwelt Mecklenburgs vor. Gegenüber seinem klassischen Vorgänger, dem vor nahezu 40 Jahren erschienenen Buch von R. KUHK, haben sich zahlreiche Veränderungen ergeben. Das behandelte Gebiet umfaßt die heutigen Bezirke Rostock, Schwerin und Neubrandenburg und schließt damit wesentliche Teile des ehemaligen Vorpommern und der Mark Brandenburg ein. Zum anderen hat sich durch die stark erhöhte Zahl avifaunistischer Mitarbeiter das Datenmaterial bedeutend verdichtet, so daß die Angaben zur Bestandsgröße vieler Arten, den heutigen Erfordernissen entsprechend, wesentlich präziser gefaßt werden konnten.

Ein knapp gehaltener allgemeiner Teil unterrichtet über die Geschichte der ornithologischen Forschung, die Landschaftsgliederung, Vegetation, Subfossilgeschichte der mecklenburgischen Avifauna, die Einwirkungen der Landnutzung auf die Vogelwelt und über Fragen des Vogelschutzes und der Jagd. Die Darstellung der einzelnen Arten im speziellen Teil ist einheitlich und übersichtlich gegliedert in Status mit Häufigkeitseinschätzung nach einer 9teiligen Skala, Verbreitung bzw. Vorkommen, Lebensraum bzw. Rastbiotop, Bestandsdichte und -veränderungen, Wanderungen bzw. Auftreten im Jahreszyklus. Zugdiagramme und Tabellen mit Brutpaarzahlen bilden eine willkommene Ergänzung des im Text gebotenen Datenmaterials. In einem Anhang ist von 41 Arten die Verbreitung auf Punktkarten sehr übersichtlich dargestellt. Das Literaturverzeichnis bringt leider keine vollständige Bibliographie des ornithologischen Schrifttums in Mecklenburg, da für den Zeitraum vor 1945 eine Auswahl der vorhandenen Quellen getroffen wurde. Die 54 Bilder auf den Fototafeln zeigen bemerkenswerte Vogelarten und typische Biotope der mecklenburgischen Landschaft in durchweg befriedigenden Aufnahmen. Ein Register der Vogelnamen beschließt das Buch.

Bei der großen Zahl von Mitarbeitern sind die einzelnen Artbearbeitungen recht unterschiedlich ausgefallen. Auffallend ist, daß die meisten Wasservögel und Limikolen, aber auch Weißstorch, Schwarzstorch, Graureiher, Kormoran, Seeadler und Kranich, also leicht zu erfassende Arten oder beschränkt verbreitete Großvögel, eine ausgezeichnete Bearbeitung erfahren haben, während viele der im Lande weit verbreiteten und häufigen Sperlingsvögel vergleichsweise zu kurz weggekommen sind. Hier scheinen aber bewußt Schwerpunkte in der Erforschung gesetzt worden zu sein. Durch eine Fülle von Einzeldaten ist das Zuggeschehen der Gastvogelarten hervorragend dokumentiert.

Einige kritische Bemerkungen seien dennoch erlaubt. Die Angaben zu Verbreitung und Vorkommen sind vielfach zu allgemein gehalten, wie bei Ringelgans, Höckerschwan (gibt es im Gebiet noch echte Wildvogelpopulationen?), Stockente, Austernfischer, Kernbeißer (wirklich über das ganze Gebiet verbreitet?), Schellente und Rotmilan (Heimzug nicht dargestellt). Manche Dichteangaben erscheinen zu hoch, z. B. von Rebhuhn (Häufigkeitsziffer), Waldschnepfe im Kreis Greifswald, Pirol, Buchfink und Rohrammer (wirklich häufiger als Haussperling, Amsel und Star?). Leider sind auch zu konkreten Einzeldaten nicht immer die Quellen genannt. Vermißt wird schließlich ein zusammenfassendes tiergeographisches Kapitel, da gerade in Mecklenburg verschiedene Vogelarten den Grenzbereich ihrer Brutverbreitung erreichen.

Von diesen kritischen Bemerkungen abgesehen, erweist sich die vorliegende Vogelfauna von Mecklenburg als zuverlässige Informationsquelle, die wegen ihrer sehr gründlichen Bearbeitung der Wasser- und Sumpfvögel gerade auch von Limnologen und Hydrobiologen gern zu Rate gezogen werden dürfte. Da das Buch binnen kurzem vergriffen war, hat sich der Verlag zu einem unveränderten Nachdruck entschlossen.

D. FLÖSSNER, Jena

THEODOR HALTENORTH & HELMUT DILLER: **Säugetiere Afrikas und Madagaskars** (BLV-Bestimmungsbuch Bd. 19). München: BLV Verlagsgesellschaft 1977. 403 S., 63 Farbtaf., 42 Abb. Lam. DM 36,—

Afrika als einer der ältesten und nur wenig veränderten Erdteile beherbergt etwa 1500 Säugerarten. Große zusammenfassende Arbeiten sind bisher kaum erschienen, jedenfalls nicht im deutschsprachigen Raum. Vor allem die Kleinsäuger und Fledermausartigen fanden und finden kaum eine Darstellung; leider auch nicht im vorliegenden Band: Diese Zusammenstellung berücksichtigt nur die Großsäuger und einige auffällige Kleinsäuger.
Durch die Aufnahme der Afrika vorgelagerten Inseln und ihrer Säugerfauna unterscheidet sich das Buch jedoch vorteilhaft von anderen ähnlichen Darstellungen der letzten Jahre. Nach der Einleitung mit der Erd- und Klimageschichte Afrikas und Madagaskars sowie der Geschichte der Säuger dieses Gebiets folgt im Hauptteil die Darstellung der Paarhufer, Unpaarhufer, Schlieftiere, Rüsseltiere, Seekühe, Röhrenzähner, Schuppentiere, Nagetiere, Hasenartigen, Flossenfüßer, Raubtiere, Herrentiere und eines Teils der Kerbtierfresser. Von den rund 1500 Arten werden 324 besprochen, ein relativ geringer Anteil, doch muß man berücksichtigen, daß vor allem die artenreichen Kleinsäuger dem touristischen Laien sicher selten zu Gesicht kommen und deshalb nicht mit aufgenommen wurden. Zu jeder Art werden Angaben über Aussehen und Körperbau, Maße und Gewichte, Verbreitung, Lebensraum, Tätigkeit und Bewegungsweise, Körperpflege, Lautgebung, Sinnesleistung, Nahrung, Feinde, Geselligkeit, Fortpflanzung und Aufzucht der Jungen sowie Lebensdauer in knapper, stichworthafter, aber ausreichender und informativer Art gebracht. Obwohl in erster Linie für den naturkundlich interessierten und vorgebildeten Touristen gedacht, ist das Buch durch die Fülle seiner Darstellung und vor allem der sonst unbearbeiteten madagassischen Säuger auch für den Biologen ein wertvolles Nachschlagewerk. Einige Unzulänglichkeiten sollten in weiteren Auflagen beseitigt werden. Die Abkürzungen wie Größe, Lebensweise usw. könnten ausgeschrieben werden oder die Erklärung ausklappbar gestaltet werden, um unnötige Blätterei zu vermeiden. Ebenso sollten die Farbtafeln Hinweise auf die Seiten der Artbesprechung enthalten, da viele Benutzer von den Farbtafeln ausgehen werden. Ebenso sollten bei sehr ähnlichen Arten Hinweise auf wichtige Unterscheidungsmerkmale auf den Tafeln vermerkt werden, wie dies bei DORST & DANDELOT (Säugetiere Afrikas) 1973 geschah. Das umfangreiche Artenregister, untergliedert in wissenschaftliche Namen und Trivialnamen in Deutsch, Englisch, Französisch, Afrikaans, Madagassisch und Kisuaheli, werden den Benutzerkreis erweitern.

D. RONNEBERGER, Jena

S. FRED SINGER (ed.): **The Changing Global Environment.** Dordrecht, Holland/Boston, USA: D. Reidel Publishing Company 1975. 423 S., 72 Abb., 51 Tab. Ln. Dfl. 95,—/US $ 39.00

27 Wissenschaftler aus den USA und Schweden stellen in 5 Problemkreisen mit 24 Beiträgen Schwerpunktprobleme der Auswirkungen von Verschmutzungen auf die globale Umwelt infolge menschlicher Tätigkeit dar. Besondere Behandlung finden die Auswirkungen von Verschmutzungen auf das globale Klima (S. F. SINGER, W. W. KELLOGG, R. A. BRYSON & W. M. WENDLAND, J. M. MITCHELL jr., S. MANABE, V. J. SCHAEFER, H. E. LANDSBERG, H. W. ELLSAESSER); die Umwelteffekte der Energieproduktion (S. F. SINGER); die Gasbilanz in der Erdatmosphäre, insbesondere die CO_2-Bilanz und atmosphärische Verschmutzungen von menschlichen Siedlungen und Naturressourcen sowie der CO_2-Austausch zwischen Atmosphäre und Wasser (F. S. JOHNSON, F. D. SISLER, S. MANABE, R. BERGER & W. F. LIBBY, L. S. JAFFE, E. ROBINSON & R. C. ROBBINS); globale Effekte des Überschalltransports in der Atmosphäre (S. F. SINGER); die Rolle des Menschen beim Sedimenttransport und den hauptsächlichsten Stoffkreisläufen (E. D. GOLDBERG); DDT in der Biosphäre (G. M. WOODWELL, P. P. CRAIG und H. A. JOHNSON); biologische Probleme der globalen Verschmutzung der Meere durch toxische Abstoffe (B. H. KETCHUM); die Wechselbeziehungen zwischen Ozeanen und terrestrischen Ökosystemen (B. LUNDHOLM); der Stickstoffkreislauf und die Stickstoffkomponenten im Boden, in pflanzlichen Produkten, im Wasser, in der Atmosphäre und im Niederschlag (B. COMMONER, D. R. KEENEY & W. R. GARDNER, T. C. BYERLY), die durch menschliche Tätigkeit verursachte Eutrophierung von Seen (A. D. HASLER).
Die aufgezeigten Verschmutzungen in der Umwelt werden besonders hinsichtlich weitreichender Auswirkungen auf die Biosphäre, die Wechselbeziehungen und Schwachglieder im Ökosystem, Rückkopplungsmechanismen mit tiefgreifenden Auswirkungen auf das Klima, Effekte infolge menschlicher Tätigkeit, die die natürlichen Stoffkreisläufe beschleunigen, des Einsatzes neuer Chemikalien oder neuer Effekte, wie durch Abwässer oder Überschalltransport in der Stratosphäre, abgehandelt. Die dargestellten Probleme und Aussagen werden mit umfangreichen Auswertungen theoretischer und experimenteller Ergebnisse sowie globaler Soffbilanzen erhärtet. Dabei stehen als generelle Fragestellungen bei den Beiträgen im Vordergrund die Identifizierung der Ursachen für Veränderungen in der globalen Umwelt, die Erkennung der Kausalbeziehungen und die Weiterentwicklung theoretischer Grundlagen, die Bewertung der Umweltveränderungen, die Erfordernisse und Möglichkeiten der Kompensierung bzw. Verhinderung von Umweltverschmutzungen.
Die Beiträge geben in ihrem Zusammenhang einen

guten Überblick über globale Verschmutzungseffekte der Umwelt, den fortgeschrittenen Stand der Erkennung der Gesetzmäßigkeiten von Stoffkreisläufen, des Stofftransports und -umsatzes und ihren Auswirkungen sowie über weitere erforderliche Forschungen und Regelungen. Das Buch stellt in seiner Geschlossenheit der Behandlung der genannten Schwerpunkte der Umweltverschmutzung ein sehr instruktives Material für die auf dem Gebiet der Umweltwissenschaften und des -schutzes Tätigen dar. Besondere Aufmerksamkeit verdienen das sehr aussagefähig dargestellte umfassende Datenmaterial und die zur Vertiefung ausgewiesenen 1181 Quellen- bzw. Literaturangaben.

G. WALTER, Berlin

TIBOR SIMON: **Vegetationsuntersuchungen im Zempléner Gebirge.** Die Vegetation ungarischer Landschaften 7. Budapest: Akadémiai Kiadó 1977. 350 S., 62 Fot., 46 Abb., 3 Kt. 22 Tab. Ln. Ft 400,—

Obwohl in Ungarn seit den dreißiger Jahren zahlreiche Pflanzengesellschaften beschrieben wurden, ist das vorliegende Material nach Auffassung des Verf. für eine Synthese noch nicht reif, da einmal noch Informationslücken bestehen, zum anderen im Laufe der Bearbeitung wenig objektive, quantitative Abgrenzungsmethoden angewendet wurden. Erst eine Ergänzung des zur Verfügung stehenden phytosoziologischen Materials und seine Aufbereitung nach objektiven Methoden könnte — so SIMON — die Systematisierung der Kenntnisse über die Vegetation Ungarns in hohem Maße voranbringen. Die Vegetationsuntersuchungen im Zempléner Gebirge, dem nordöstlichsten Teil des Ungarischen Mittelgebirges, sollen diesen Zielen dienen. Das hier gewonnene Aufnahmematerial wurde z. T. unter Anwendung der Computertechnik, z. T. mit Hilfe von zytozönologisch-zytoökologischen Analysen aufgearbeitet. So gewann man gut umgrenzte Vegetationseinheiten, die sich — mittelbar — dazu eigneten, auf supraindividuellem Niveau ökologische Informationen und neue Daten zur Klärung der Frage der Polyploidie abzuleiten.
Der erste Teil des Buches enthält einen Überblick über die natürlichen Verhältnisse des Untersuchungsgebiets, wobei auch Ergebnisse palynologischer Untersuchungen vorgelegt und ausgewertet werden. Recht ausführlich geht der Verf. im zweiten Teil auf die von ihm benutzten, z. T. neuartigen Methoden ein. Im Hauptteil des Werkes werden die Ergebnisse vorgelegt, zunächst die zönologisch-ökologischen Untersuchungen, dann die Vegetationskartierung, die bryozönologischen und -ökologischen Untersuchungen sowie die zytozönologisch-zytoökologischen Analysen und abschließend Produktion und Bonität der einzelnen Waldgesellschaften. Im Anschluß an die Erörterung der Vegetationseinheiten findet man einen Gesellschafts-Bestimmungsschlüssel. Die 22 Tabellen geben Auskünfte über die einzelnen Vegetationseinheiten, die Bodenanalysen sowie über die zytologisch-zytoökologischen und palynologischen Daten.
Durch seine z. T. neuartigen methodischen Ansätze ist das vorliegende Buch mehr als die Vegetationskunde einer ungarischen Landschaft und verdient daher allgemeine Beachtung.

H.-D. KRAUSCH, Potsdam

HOLGER HEUSELER & AMBROS BRUCKER (Hrsg.): **Die Erde aus dem All.** Satellitengeographie unseres Planeten. Stuttgart, Braunschweig: Deutsche Verlags-Anstalt/Georg Westermann Verlag 1976. 160 S., 121 farb., 20 Schwarz-Weiß-Abb., 57 Kt. Geb. DM 98,—

H. HEUSELER legt hiermit den dritten Band seiner Trilogie vor, die Satellitenbilder unserer Erde zeigt, vgl. Rezension in *Limnologica* **12** (2), S. 347. Als Autoren zeichnen diesmal A. BRUCKER, G. CORDES, H. HEUSELER, H. KAMINSKI & H. SCHROEDER-LANZ. Wiedergegeben werden überwiegend farbige Aufnahmen von Gebieten aller Erdteile, die von verschiedenen amerikanischen Satelliten aus 35800, 1500, 915 und 435 km Höhe über der Erdoberfläche aufgenommen wurden. Auch eine Aufnahme des unbemannten sowjetischen Satelliten Meteor 22 aus dem Jahre 1975 ist enthalten. Diesen „Weltraumaufnahmen“ gegenübergestellt werden in vielen Fällen topographische Karten, wobei auf deren Mängel hingewiesen wird. Im Vordergrund der Auswertung und der Erläuterung der Photos stehen vorwiegend Fragen aus dem Gebiet der Geowissenschaften: Geologie, Geophysik, Bodenkunde, Land- und Forstwissenschaft, Ozeanographie, Hydrologie, Wasserbau, Meteorologie, Klimatologie, Geodäsie, Kartographie und Geographie. Sie zeigen die enorme praxiswirksame Bedeutung der Satellitenaufnahmen, u. a. für die Rohstofferkundung, die Steigerung der pflanzlichen Produktion, aber auch für die Erfassung von Umweltschäden. Beispielsweise werden die Verschmutzung der Meere durch die großen Flüsse und durch Erdöl sowie die Folgen der barbarischen Kriegsführung der US-Armee während des Vietnamkrieges deutlich sichtbar. Aufgezeigt werden viele Beispiele für weitere Nutzungsmöglichkeiten solcher Aufnahmen.
Das Buch ist hervorragend ausgestattet. Bei einer eventuellen Neuauflage sollten die Abbildungen auf den ersten Seiten neu geordnet werden, um sie den Angaben im Text anzupassen.

D. STORCH, Jena

V. SLÁDEČEK (ed.): **Symposium on Saprobiology.** Ergebnisse der Limnologie Heft 9. Stuttgart: E. Schweizerbart'sche Verlagsbuchhandlung (Nägele u. Obermiller) 1977. 245 S., 89 Abb., 40 Tab., 4 Taf. Brosch. DM 88,—

Fragen und Probleme der Wasserqualität stehen seit Jahrzehnten im Vordergrund der angewandten Limnologie. Ihre Bedeutung nimmt dabei infolge der gegenwärtigen weltweiten Umgestaltung der Biosphäre durch den Menschen sprunghaft zu. Es ist deshalb sehr zu begrüßen, daß nach SLÁDEČEKS umfassender Bearbeitung der biologischen Wassergüteanalyse in derselben Reihe (vgl. Rez. in *Limnologica* **10** (1976), 642—643) jetzt, wenn auch mit einiger Verspätung, die auf dem Prager Symposium über Saprobiologie 1973 gehaltenen Vorträge gedruckt vorliegen.

Einleitend umreißt H. CASPERS in seinem Beitrag „Qualität des Wassers — Qualität der Gewässer" die Problematik der Saprobiensysteme. Mit methodischen Fragen befassen sich die Vorträge von V. SLÁDEČEK („Einführung in die quantitative Saprobiologie"), J. ROTHSCHEIN („Saprobität und Wasserchemismus"), J. Z. KADŁUBOWSKA („Einfache Methode zum quantitativen Vergleich von Saprobiocoenosen"), L. SIMANOV („Methoden zur Saprobitätsbestimmung in der tschechoslowakischen Wasserwirtschaft") und D. MATULOVÁ („Water quality of some Minnesota lakes"). Stoffwechseldynamische Gesichtspunkte der Gewässerverschmutzung werden von L. KARBE („Sauerstoffhaushalt und Stickstoffumsatz in Gewässern unterschiedlicher Saprobität"), E. EICHENBERGER („Die Entwicklung von Biozönosen in Modellfließgewässern bei verschiedenen Abwasserbelastungen und die Auswirkung der Beweidung durch herbivore Insektenlarven"), R. BRETTHAUER („Flagellatensukzession beim Abbau N-haltiger organischer Substanz und Stickstoffbilanz (Modellversuche)"), und E. FJERDINGSTAD („Effect of warm water discharges from power plants on the bacterial decomposition in the bottom mud of a stream") behandelt. Dem Themenkomplex Trophie/Saprobie sind die Beiträge von V. SLÁDEČEK („Zum Verhältnis Saprobität: Trophie"), D. UHLMANN & I. FRITZSCHE („Die planktische Primärproduktion bei extrem hoher organischer Belastung — ein Beitrag zur Diskussion „Trophie/Saprobie") und N. STRNADOVÁ („Trophic potential") gewidmet. Über die Abwassersituation bestimmter Gebiete des nordeuropäischen Raumes berichten H. PENZKORN („Die Auswirkung aperiodischer Abwassereinleitungen auf die Planktonbiocoenosen der Vorfluter. Untersuchungen in Hamburger Stadtgewässern"), G. OTTE („Organische Abwassereinleitungen in Wattengebiete: Versuch einer saprobiellen Wertung") und D. MÜLLER („Störung mariner Wattenbiocoenosen durch toxische Abwasserkomponenten"). Über die Ökologie und Indikatoreigenschaft der Saprobien unterrichten schließlich die Beiträge von A. NEHRKORN („Statistische Untersuchungen zur Ökologie von Saprobien"), L. KALBE (Zur morphologisch-ökologischen Differenzierung der Kieselalge *Stephanodiscus hantzschii* und ihrer Bedeutung als Leitform der Saprobie"), V. MORAVCOVÁ („Addenda to the list of Protozoa as saprobic indicators") und A. SLÁDEČKOVÁ & V. SLÁDEČEK („Periphyton as indicator of the reservoir water quality. II. Pseudoperiphyton"), wobei im letztgenannten Artikel die saprobielle Einstufung der Cladoceren nicht immer richtig erscheint. Der vorliegende Sammelband gibt einen umfassenden Überblick über den gegenwärtigen Problemstand der Saprobiologie und insbesondere über die Auseinandersetzungen um die Anwendbarkeit des Saprobiensystems. Hier scheint allerdings die Gefahr zu bestehen, daß ein durchaus brauchbares Pferd langsam zu Tode geritten wird. Das Heft bietet eine Fülle von Informationen und Anregungen.

D. FLÖSSNER, Jena

M. E. THIEL: **Dr. H. G. Bronns Klassen und Ordnungen des Tierreichs** II. Bd. Spongiaria, Coelenterata, Echinodermata II. Abt.: Coelenterata **2. Buch: Scyphomedusa 8. Lfg. Bibliographie.** Jena: VEB Gustav Fischer Verlag 1977. 104 S. Brosch. M 29,—

Die vorliegende Bibliographie enthält ca. 2700 Literaturzitate und stellt den Versuch dar, die gesamte Literatur über Scyphomedusen — etwa bis 1971 — zusammenzufassen. Der Autor war selbst jahrzehntelang wissenschaftlich mit den Scyphozoen beschäftigt und war in den 30er Jahren Bearbeiter der Stauromedusen, Cubomedusen und Coronaten und später (1959/62) auch der Semaeostomen. In diesem Umfang fehlte bisher den deutschen Bearbeitungen ein entsprechendes Literaturverzeichnis.

E. A. ARNDT, Rostock

JÖRGEN MÖLLER CHRISTENSEN: **Die Fische der Nordsee** (Kosmos-Feldführer). Stuttgart: Frankh'sche Verlagsbuchhandlung 1977. 128 S., 94 Abb., 16 Fotos, Lam. Pappband. DM 14,80

„Die Fische der Nordsee" sind nicht nur eine Aufzählung der vorkommenden Arten, sondern die kurze Beschreibung eines Biotops mit seinen Wechselbeziehungen, wobei dem Titel entsprechend die Fische im Vordergrund stehen. Die einführenden Seiten bringen in kurzer, anschaulicher Form einen Überblick über die Hydrographie der Nordsee. Dann folgt für die häufigsten und wirtschaftlich wichtigsten Fische und auffälligsten Fischgäste der Nordsee eine kurze Beschreibung. Neben der Körpergröße und den allgemeinen Angaben zum Äußeren werden kurz Lebensweise, Nahrung und Befischung angegeben, bei einigen Arten auch die Verhaltensweise. Es ist besonders zu begrüßen, daß ein fast ebenso großer Raum der Darstellung der Beziehungen Fisch—Umwelt, des Laichverhaltens der Fische, der Sinnesorgane und des Einflusses der Fischerei auf die Störung des natürlichen Gleichgewichts im Meer bei Überfischung gewidmet ist.

Leider haben sich einige Fehler und Unzulänglichkeiten

eingeschlichen. So wäre eine gleichmäßige Gliederung bei der Behandlung der einzelnen Arten etwa in Vorkommen, Verhalten, Nahrung, Fortpflanzung, Befischung usw. nützlich gewesen. Alle erwähnten Fischarten sollten auch im Register erscheinen, zumindest alle abgebildeten. So ist im Register zwar Silberbeil, Grenadierfisch, Glasauge und Lachshering erwähnt, nicht aber der auf gleicher Seite abgebildete Rotbarsch. Auf S. 78 wird für *Petromyzon marinus* sowohl der deutsche Name „Meerneunauge" als auch „Lamprete" gebraucht. Letzterer Name wird aber für die Gattung *Lampetra* angewendet. Auf S. 95 ist nicht die Änderung der Nahrungszusammensetzung eines heranwachsenden Hais, sondern des Kabeljaus dargestellt. Abgesehen von diesen, in der zweiten Auflage sicher auszumerzenden Fehlern, ist das Buch mit den ausgezeichneten Farbabbildungen zu begrüßen, besonders auch, weil die Gefahren der ständig steigenden Befischung und Überfischung einzelner Arten aufgezeigt werden und auf die Wechselwirkung zwischen den fischereilich genutzten Arten hingewiesen wird.

D. RONNEBERGER, Jena

J. P. COOPER (ed.): **Photosynthesis and productivity in different environments.** Cambridge: University Press 1975. XXIV, 715 S., 113 Abb., 48 Tab., 1 Foto. Ln. £ 25.—

Im Internationalen Biologischen Programm erfolgte von 1964—1974 eine weltweite Analyse zur Produktivität unterschiedlicher Ökosysteme. Die abschließende Auswertung der gesammelten Daten, allein von der Sektion „Produktivität der Binnengewässer" wurden 260 Untersuchungsobjekte in 39 Ländern betreut, wird sicher noch einige Jahre in Anspruch nehmen. Doch bereits zum gegenwärtigen Zeitpunkt lassen sich aus verschiedenen Symposiums- und Synthesebänden des IBP umfassende Ergebnisse entnehmen.
Das vorliegende Buch vermittelt einen Überblick zur photosynthetischen Energietransformation auf unserem Planeten. Der Band basiert auf den redigierten Beiträgen eines 1973 in Aberystwyth (Schottland) veranstalteten Symposiums „The IBP Synthesis Meeting on the Functioning of Photosynthetic System in Different Environments". In 34 Beiträgen beschäftigen sich 49 profilierte Wissenschaftler aus 16 Ländern mit der Primärproduktion und den Photosyntheseprozessen in terrestrischen und aquatischen Ökosystemen. Der Band ist in 8 Abschnitte gegliedert: Primärproduktion in terrestrischen Ökosystemen (10 Beiträge), Primärproduktion in aquatischen Ökosystemen (5 Beiträge), Verteilung von Sonnenenergie und CO_2 in Beziehung zur Struktur und Schichtung der Organismengesellschaften (3 Beiträge), photosynthetische Aktivität von einzelnen Pflanzen und Geweben (3 Beiträge), Verwendung der Assimilate für Erhaltung, Wachstum und Entwicklung (4 Beiträge), Einfluß von Streßfaktoren auf die Assimilation (4 Beiträge), aktuelle und potentielle Produktion in photosynthetischen Systemen (4 Beiträge) und ein Schlußkapitel zum Gesamtthema (1 Beitrag).
Eine Aufzählung der Einzelarbeiten, deren Spektrum von der Primärproduktion in Wüstenregionen bis zur Produktivität von landwirtschaftlichen Nutzflächen oder der Photosynthese von Moosen und Flechten bis zur modellmäßigen Simulation des Ertrages von Nutzpflanzen reicht, würde hier zu weit führen. Für den Meeresbiologen und Limnologen sei auf die in ihrem zusammenfassenden Charakter ausgezeichneten Darstellungen von D. F. WESTLAKE; K. H. MANN & A. R. O. CHAPMAN; J. F. TALLING und T. PLATT & D. V. SUBBA RAO, die sich mit der Primärproduktion von Süßwassermakrophyten, marinen Makrophyten, Süßwassermikrophyten und marinen Mikrophyten auseinandersetzen, sowie von D. W. SCHINDLER & E. J. Fee; G. E. FOGG und E. STENGEL & C. J. SOEDER, welche die Rolle von Nährstoffzyklen und Sonnenenergie für die Primärproduktion in aquatischen Ökosystemen, die biochemischen Mechanismen in einzelligen Pflanzen sowie die Kontrolle der photosynthetischen Produktion im Gewässer zum Inhalt haben, hingewiesen.
Insgesamt ein Werk von höchster Aktualität für die Produktionsbiologie, dessen Bedeutung für die unterschiedlichsten Bereiche der ökologisch orientierten Wissenschaft und Wirtschaft auf der Hand liegt. Druck und Ausstattung des Bandes sind hervorragend, ein ausführlicher Index am Schluß sehr begrüßenswert.

R. KOSCHEL, Berlin

N. J. KATZ, S. V. KATZ & E. I. SKOBJEWA: **Atlas der pflanzlichen Reste in Torfen.** [russ.] Moskau: Nedra 1977. 372 S., 160 Abb., 160 Taf. Ln. Rbl. 3,20

Der Altmeister der sowjetischen Moorforschung N. J. KATZ legt zusammen mit seiner Frau und einer weiteren Mitarbeiterin ein umfassendes Nachschlage- und Bestimmungswerk der in Torfen anzutreffenden pflanzlichen Reste vor. Angefangen von den Pilzen über die verschiedensten Gruppen der Algen einschließlich der Charophyten, der Moose und Farne bis hin zu den Angiospermen werden sämtliche Arten, deren Reste in Torfen und Sedimenten der Sowjetunion zu finden sind, aufgeführt, dazu noch die häufigsten tierischen Reste der Cladoceren, Bryozoen, Spongien, Rhizopoden und Infusorien. Den ersten Teil des Werkes nimmt die Beschreibung der einzelnen Sippen und ihrer Reste ein. Der zweite Teil ist ein Bilderatlas, in dem auf 160 Taf. und ebenso vielen Textabbildungen diese Reste (Hyphen, Sporen, Thallien, Wurzeln, Sprosse, Blätter, Samen, Früchte usw.) anhand von rd. 2000 Originalzeichnungen bis in alle Einzelheiten abgebildet werden. Da auch die Reste zahlreicher Wasserpflanzen zur Darstellung gelangen, ist dieses Werk zugleich ein wichtiges Hilfsmittel zur Bestimmung limnischer Sedimente und somit auch für den Limnologen von Bedeutung.

H.-D. Krausch, Potsdam

Dankwart Seidel & Wilhelm Eisenreich: **Heimische Pflanzen.** Unsere häufigsten wildwachsenden Blütenpflanzen nach Farbfotos bestimmen (BLV-Naturführer). München, Bern, Wien: BLV Verlagsgesellschaft 1977. 144 S., 112 Farbfotos, Kart. DM 9,80

In diesem Band werden über 100 Blütenpflanzen in Farbfotos gezeigt. Beschrieben werden die wichtigsten Merkmale, der Standort und die Verbreitung. Dazu kommen Angaben zur Ökologie, Heilwirkung und Unterscheidung verwandter Arten. In der Einleitung wird der Bau der Pflanzen und ihrer Organe erläutert und durch Zeichnungen veranschaulicht. Einführend verweisen die Verfasser darauf, daß die meisten der exakten Bestimmungsbücher von einem Niveau ausgehen, das für die erste Stufe des Kennenlernens zu anspruchsvoll erscheint und in ihrer Wissenschaftlichkeit für Laien eher abschreckend als anregend wirken, sich mit der bunten Vielfalt der „Pflanzenwelt am Wegesrand" näher zu befassen. Hier Hilfe zu bieten und durch eine Fotografie am Standort sowie einen sachlichen Text das Erkennen häufiger Pflanzen „auf einen Blick" zu ermöglichen, ist das Anliegen dieses Bandes.
Das Ziel ist den Verfassern gelungen. Die Fotos sind typisch und von drucktechnisch guter Qualität. Gut ist, daß die Überbetonung des ästhetischen Reizes, dem viele Farbfotografen allzu leicht unterliegen, hier vermieden wurde. Die Bilder sind in erster Linie sachlich und der Vergleich mit der Natur leicht vollziehbar. Ausnahme: Hederich und Pestwurz. Bei letzterer sind Blüte und Blatt gemeinsam abgebildet, obwohl erklärt wird, daß die Blüten vor den Blättern erscheinen. Die Textbeiträge sind fachlich einwandfrei. Sie erscheinen jedoch für die mit dem Büchlein angesprochenen Laien zu „trocken" und mit zu vielen Fachausdrücken belastet. Ein Fremdwortregister am Schluß des Buches fehlt leider.

W. Scheffler, Neuglobsow

Jean-Claude Gall: **Environments sédimentaires anciens et milieux de vie.** Introduction a la paléoécologie. — Paris: Doin éditeurs 1976. 228 S., 129 Abb., 2 Taf. Brosch.

Das Buch gliedert sich in 2 Teile — „Die durch die Fossilien und das Sediment gelieferten Informationen" und „Rekonstruktion einiger alter Landschaften". Dem Buch vorangestellt ist ein Vorwort von Prof. G. Millot, in dem dieser u. a. über die Rolle der Paläobiologie sagt: Sie „ist das Fundament der Wissenschaften von der Evolution". Die Paläoökologie ist ein Teilgebiet der Paläobiologie; ihre Methoden und die erzielbaren bzw. bereits erzielten Ergebnisse werden dem Leser vorgestellt. Im ersten Teil werden behandelt: Die Lebensformen, Die Existenzbedingungen, Die Zeugen der biologischen Aktivität, Das Sediment, Die Sedimentationsmilieus, Die fossilführenden Ablagerungen. Dieser erste Teil erlaubt es, die verschiedenen Milieus zu charakterisieren und die Genese der fossilführenden Ablagerungen zu verstehen. Der zweite Teil bringt die Anwendung der im ersten Teil vorgestellten Methoden. In 9 Kapiteln werden alte Landschaften rekonstruiert: Die Faunen von Ediacara (Südaustralien, Präkambrium), Der Old-Red-Kontinent (Devon), Das Kohlenbecken von Decazeville (Karbon), Das Buntsandsteindelta (Trias), Die Riffe vom Hohen Göll (Trias), Das Meer der bituminösen Schiefer von Holzmaden (Jura), Die Lagune von Solnhofen (Jura), Die Strände des Auversien-Meeres (Tertiär), Die Grotte der Acheuléen-Jäger von Lazaret (Quartär).
Im Anhang werden in tabellarischer Form noch einmal die wesentlichen Charakteristika für die paläoökologische Auswertung zusammengefaßt; außerdem werden in einer stratigraphischen Tabelle wichtige west- und mitteleuropäische Fundorte aufgeführt. — Das Buch ist als gelungene Einführung in die Paläoökologie zu bezeichnen.

D. Storch, Jena

Karel Hudec & Walter Černý: **Fauna ČSSR. Svazek 21. Ptáci — Aves. Díl II.** Praha: Academia 1977. 893 S., 379 Abb., 25 Farbtaf. Ln. Kčs 120,—

Der 2. Band der großangelegten modernen Avifauna der Tschechoslowakei behandelt die Greifvögel, Hühnervögel, Rallen, Schnepfenvögel, Möwen, Alken und Tauben. Die Darstellung des umfangreichen Stoffes ist eng an das bewährte Vorbild des Handbuchs der Vögel Mitteleuropas angelehnt, wobei die einzelnen Artkapitel einheitlich nach folgendem Schema gegliedert sind: Verbreitung der Art und ihrer Unterarten, Beschreibung, Maße, Feldkennzeichen, Verbreitung, Vorkommen in der ČSSR, Wanderungen, Biotop, Fortpflanzung, Nahrung, Wirtschaftliche Bedeutung, Parasiten und Literatur. Ein eigenes Verhaltenskapitel, das im neuen Niethammer einen so breiten Raum einnimmt, entfällt, dafür sind einzelne Verhaltensmerkmale im Abschnitt Fortpflanzung besprochen. Das Literaturverzeichnis bringt nur eine knappe Auswahl der einschlägigen Schriften, wobei besonders auffällt, daß selbst im Text genannte Literaturzitate mehrfach im Verzeichnis nicht angeführt sind.
Der ausführliche Text wird durch zahlreiche graphische Darstellungen, Verbreitungskarten und Fotos belebt, welche die behandelten Vogelarten in ihrem Lebensraum, deren Nester und Gelege darstellen. Einfache und klare Strichzeichnungen geben wichtige Bestimmungsmerkmale und Feldkennzeichen, wie Flugbilder,

wieder. Die Beringungsergebnisse sind bei einzelnen Arten übersichtlich auf Karten dargestellt. Eine deutsche Zusammenfassung enthält die wichtigsten Informationen des Textes. Auf 25 Farbtafeln sind die behandelten Vögel sowie eine Auswahl von Eiern abgebildet, deren drucktechnische Wiedergabe nur bei letzteren zu befriedigen vermag. Allerdings ist vom Schreiadler das untypische, völlig ungefleckte Ei dargestellt und beim Ei des Baumfalken ist die Farbe der Flecken nicht richtig getroffen. Das Hauptgewicht der Darstellung liegt auf der Brutbiologie. Sehr ausführlich und übersichtlich in Form von Diagrammen und tabellarischen Zusammenstellungen ist auch die Zug- und Brutphänologie abgehandelt, während Siedlungsdichte- und Bestandsangaben zu wenig Raum (wegen fehlender Unterlagen?) gewährt wurde, z. B. bei häufigeren Brutvögeln, wie Mäusebussard, Sperber und Habicht. Ebenso ist die Behandlung der Ökologie ziemlich kurz. Auch die Brutverbreitung seltener Arten wünschte man sich ausführlicher dargestellt.
Trotz dieser kritischen Anmerkungen bildet der vorliegende Band eine Fundgrube verläßlichen Wissens für alle an der Avifauna unseres Nachbarlandes interessierten Fachleute und Laienornithologen.

D. FLÖSSNER, Jena

YVES SELL, FOCKO WEBERLING & HARALD LORENZEN (Hrsg.): **Morphologie, Anatomie und Systematik der Höheren Pflanzen.** Stuttgart, New York: Gustav Fischer Verlag 1977. 7 S. unpag., 396 S., 149 Abb. Kart. DM 78,—

Dieser Band, der als „Sonderausgabe" der „Berichte der Deutschen Botanischen Gesellschaft" Bd. 90, H. 1/2, 1977 erschien und sich von diesem Doppelheft der Zeitschrift nur durch die Hinzufügung einer (leider unpaginierten) 3seitigen Laudatio „Wilhelm Troll zum 80. Geburtstag" unterscheidet, umfaßt Vorträge eines Symposiums, das von der Société Botanique de France und der Deutschen Botanischen Gesellschaft im März 1977 zu Ehren von Prof. Dr. WILHELM TROLL in Strasbourg durchgeführt wurde.
Der Band enthält 33 Beiträge, die sich vor allem mit Problemen der Blütenmorphologie (lesenswert vor allem der Übersichtsbeitrag von P. K. ENDRESS: Blütenmorphologie — Rückblick und aktuelle Probleme, S. 1—13), der Wurzelmorphologie, der Morphologie und Systematik der Rubiaceae (hier ist vor allem die Arbeit von F. WEBERLING: Beiträge zur Morphologie der Rubiaceen-Infloreszenzen, S. 191—199, zu erwähnen) und mit dem Konvergenzproblem befassen. Unter dem letztgenannten Aspekt fand der Rez. einige sehr interessante Beiträge, die auch dem Titel des Sammelbandes besser gerecht werden als viele Arbeiten mit sehr spezieller Thematik. Es sind dies: „Über den Konvergenzbegriff in der vergleichenden Morphologie und Verwandtschaftsforschung" (W. HAGEMANN, S. 303 bis 308) und „Über Konvergenzen bei embryonalen Merkmalen der Angiospermen" (U. HAMANN, S. 369 bis 384). Den Band beschließt eine Arbeit von F. P. JONKER: Der Tendenzbegriff: Eine Anschauung gerichtet auf die Evolution im Pflanzenreich (S. 391—396), die eine Übersicht über die Bedeutung von Tendenzen und ihre Abgrenzung zu Konvergenzen vor allem bei der Evolution der Landpflanzen beinhaltet und die zu einer gründlichen Diskussion Anlaß sein sollte.
Obwohl auf der Rückseite des Titelblatts vermerkt ist: „Die Einzelarbeiten können ... auch unter dem Autorennamen mit gleicher Paginierung aus Ber. Deutsch. Bot. Ges. 90 (1977) korrekt zitiert werden" sollte die Herausgabe derartiger leicht veränderter „Sonderausgaben" nicht Schule machen und die ohnehin schon platzbeengten Bibliotheken mit fast identischen Doppelstücken belasten.

H. MANITZ, Jena

H. SCHUHMACHER: **Korallenriffe.** Ihre Verbreitung, Tierwelt und Ökologie. München: BLV-Verlagsgesellschaft 1976. 275 S., 127 Farb- u. 78 SW-Fotos, 28 Abb., 1 Kt. Lam. DM 28,—

SCHUHMACHERS Verdienst bei der Einführung in diese vielfältige und ökologisch vielgestaltige Welt ist die komplexe Darstellung des Themenkreises. Ausgehend von der Definition „Korallenriff" wird in den ersten drei Kapiteln Grundsätzliches über die Riffgebiete der Erde und die unterschiedlichen Rifftypen geschrieben. Im Anschluß wird auf den Aufbau und die Lebensweise der Steinkoralle eingegangen. Durch diese klare Darstellung erhält man die Grundlage für die weiteren Kapitel, die vor allem die Ökologie der verschiedenen Lebensräume, die Riffbildungsmechanismen sowie die Entstehung der Koralleninseln und Atolle behandeln. Besonderer Wert wird dabei auf die inner- und zwischenartlichen Verhaltensweisen der Riffbewohner gelegt. Dabei werden sowohl großräumige Lebensstätten betrachtet als auch die Kleinökotope innerhalb des Riffs. Der faszinierende Bildteil, der sowohl die Lebensräume als auch die Bewohner darstellt, unterstützt und ergänzt den Textteil in idealer Weise.
Die umfassende Darstellung des gesamten Komplexes „Korallenriff" in verständlicher, aber dabei exakt bleibender Form macht das Buch sowohl für den Laien als auch für den Naturwissenschaftler wertvoll.

D. RONNEBERGER, Jena

KARLHEINZ KREEB: **Methoden der Pflanzenökologie.** Jena: VEB Gustav Fischer Verlag 1977. 235 S., 69 Abb., 12 Tab. Ln. M 33,—

Aus dem Bereich der Klima-, Boden- und Gewässerkunde liegen z. T. umfassende Methodenbücher vor.

Erfreulicherweise sind auch in den letzten Jahren einige auf das biologische Objekt bezogene ökologische Praktikumsbücher erschienen, doch eine vollständige Übersicht über Methoden der Pflanzenökologie fehlte bisher. So erscheint die Herausgabe des Buches von KREEB, dem wir ja auch schon die „Ökophysiologie der Pflanzen" verdanken, als wichtig und anerkennenswert. Es unterstreicht den Wert und läßt bereits die Breite und Gediegenheit vermuten, wenn die Mitarbeit von U. BUSCHBOM, F. DUHME, W. LARCHER, H. RICHTER sowie weiterer 12 Mitarbeiter und Studenten bei der Ausarbeitung und Geländeerprobung angezeigt wird.
Das Besondere liegt indes nicht allein in dieser fachspezifischen, kritischen, methodischen Zusammenschau, sondern vor allem auch in methodologischer, heuristischer Sicht. Die Ausführungen erstrecken sich jeweils von der Beschreibung der Methoden, ihres Prinzips, ihrer Vor- und Nachteile bis hin zu Angaben über die Grenzen und möglichen Meßfehler. Auf die entsprechende Originalliteratur wird jeweils verwiesen. Zwar betont der Autor auch die spezielle Bedeutung von Feldlabors, Meßwagen und elektronischen Datenverarbeitungsanlagen, doch wird immer wieder der Vorzug leicht überschaubarer Feldmethoden hervorgehoben. Wichtig ist gleichfalls, daß sofort klar wird, was unter Pflanzenökologie bzw. pflanzenökologischer Methodik verstanden wird. Im Mittelpunkt stehen eben funktionelle Betrachtungsweisen, stehen Messungen am pflanzlichen Objekt selbst, wobei aber dennoch auch auf die hierarchische Einbindung in die Ökosysteme verwiesen wird.
In einer Einführung wird zunächst der Methodenbegriff erläutert und in seine Bedeutung für die experimentelle Ökologie umrissen. Ein zweiter Abschnitt führt über allgemeine methodische Darlegungen vom Messen, Protokollieren und Auswerten zur Darstellung wichtiger statistischer Verfahren. Kurz nur werden Methoden zur Erfassung der abiotischen Umweltfaktoren (Klima, Boden) erwähnt.
Den Hauptteil des Buches nehmen schließlich die Methoden zur Erfassung der Reaktion von Pflanzen auf die Umweltfaktoren Temperatur, Wasser und Licht, auf chemische und mechanische Faktoren ein. Auch in dieser Form kommt bei der Darstellung der Methoden ein durchgängiges Prinzip zum Ausdruck! So behandelt der 4. Abschnitt Methoden zur Erfassung von Pflanzentemperaturen, der Hitze- und Kälteresistenz sowie phänologische und phänometrische Beobachtungen. Der 5. Abschnitt erläutert Messungen des Wassertransportes im Sproßsystem, der Evaporation und Transpiration, gibt Hinweise zur Bestimmung der Stomatabreite und erfaßt dann vor allem ausführlich Aspekte des Wasserzustands (Hydratur), des Wasserhaushalts, des Wassergehalts und des Wasserpotentials, wobei elektrische Verfahren und Isotopentechniken besonders hervortreten. Beim Lichtfaktor werden zunächst die verschiedenen Maßeinheiten erwähnt. Dann folgen entsprechend ihrer zentralen ökologischen Bedeutung umfassende Ausführungen über die (Netto-) Photosynthese bei Land- und Wasserpflanzen. Als Besonderheit wird auf die Summe aller Atmungsvorgänge im Boden (Bodenatmung) eingegangen. Im 7. Abschnitt verweist der Autor auf den Wert beschreibender Methoden zur Darstellung mechanischer Belastungen (Wind, Feuer, Blitz, Schnee, Rauhreif, Beweidung, Verbiß, Tritt). Es folgen Hinweise zur Freilegung von Wurzelsystemen. Bezüglich der Erfassung chemischer Wirkungen wird über Chlorophyllanalysen und Zellsaftanalysen (Chloridgehalt) berichtet. Das 8. Kapitel bringt Methoden einer Vitalitätsbestimmung. Zunächst erscheinen Aspekte zur Schadenserkennung (Photosynthese-, Atmungsstörung, Protoplasmaströmung, Welken, Verfärbung, mikroskopische, integrale, biochemische Verfahren). Darauf folgen Angaben zur Erfassung des Schadens, des Schadensausmaßes bzw. der Schadensausdehnung. Dieser Abschnitt erscheint vor allem wichtig für die Bestimmung und Beurteilung von Umweltschädigungen in den verschiedenen Bereichen. Inwieweit dabei mit den vorgeschlagenen Schadenskategorien (Bonitierungsskala, Schädigungsstufen) praktikabel gearbeitet werden kann, bleibt im konkreten Fall zu prüfen. Diese Ausführungen führen ganz folgerichtig zum neunten Abschnitt, der über bewährte, aber auch neuere physiologische Methoden der Bioindikation Auskunft gibt. Möglichkeiten einer Standortkennzeichnung durch Zeigerarten (-gruppen), durch Vegetations- und Bodenkarten werden erwähnt. Besonders betont wird die Flechtenkartierung, wobei hervorgehoben wird, daß eine „Eichung der Flechtenvegetation auf einen isolierten Faktor" kaum möglich ist. Abschließend berichtet der Autor über Testpflanzenverfahren und die besondere Bestimmung der Konkurrenzwirkung.
Das Literaturverzeichnis umfaßt ca. 650 Titel. Von den Zeitschriftenaufsätzen werden aber fast durchweg nicht die vollständigen Titel der Arbeiten genannt. Ein solches „Verzeichnis benutzter Literatur" ist zwar „modern" und platzsparend, doch verliert es beträchtlich an Informationsgehalt, denn der Leser wird es nur in Verbindung mit dem Text des Buches auswerten können.
Die Autoren zielen selbst darauf und wünschen, daß bald weitere methodische Darlegungen folgen, die schließlich zum Verständnis der verschieden integrierten Ökosysteme führen. Es ist nur zu hoffen, daß möglichst viele Biologen, Ökologen oder Physiologen, Lehrende und Lernende, daß alle mit landeskultureller Betrachtung verbundenen Fachkollegen zu diesem Buche greifen. Einerseits, um die heute gebräuchlichen Methoden kennenzulernen und anzuwenden, andererseits aber auch um zu erkennen, wo wir bei der Aufklärung kausaler, funktionaler Zusammenhänge, bei der Bewältigung einer experimentellen Pflanzenökologie in Lehre und Forschung stehen!

W. HEINRICH, Jena

Hans Dietrich Lang et al.: **Richtlinien für die Verfasser geowissenschaftlicher Veröffentlichungen.** Hannover: Bundesanstalt für Geowissenschaften und Rohstoffe und Geologische Landesämter der BRD; Stuttgart: E. Schweizerbart'sche Verlagsbuchhandlung (Nägele u. Obermiller) (in Komm.) 1976. 36 S. Geh. DM 6,40

Im Jahre 1929 einigten sich in Bonn die Beauftragten von etwa 30 deutschen geologischen, mineralogischen, paläontologischen und zoologischen Zeitschriften auf die „Anweisungen für die Verfasser naturwissenschaftlicher Arbeiten". Diese „Bonner Anweisungen" haben sich in der Vergangenheit gut bewährt und sind jetzt überarbeitet worden, wobei die Neufassung die modernen Gestaltungsformen internationaler naturwissenschaftlicher Schriftenreihen berücksichtigt.

„Ziel der Richtlinien ist es, die Veröffentlichung wissenschaftlicher Informationen in klarer, fehlerfreier Form zu fördern, den Verfassern, Redaktionen und Druckereien die Arbeit zu erleichtern, den Druck zu beschleunigen und Geld zu sparen."

Die Neufassung der Richtlinien ist im Interesse der Autoren und der Redaktionen, sie ist daher zu begrüßen.

D. Storch, Jena

J. Cairns & K. L. Dickson (eds.): **Biological methods for the assessment of water quality.** Philadelphia, Pa.: ASTM 1976. 3. Aufl., 256 S. Ln. $ 16.25

Der Band enthält die 17 auf dem Symposium über Biologische Methoden für die Beurteilung der Wassergüte vom 26.—29. Juni 1972 gehaltenen Vorträge. Sein Inhalt sei durch die Aufzählung der einzelnen Beiträge und ihrer Verfasser kurz umrissen: W. W. Eckenfelder, Zusammenarbeit zwischen Ingenieuren und Biologen bei der Steuerung der Wassergüte; J. B. Sprague, Das ABC der biologischen Verschmutzungs-Prüfung mittels Fischen; C. M. Fetterolf, Konzeptionen von Mischzonen; C. I. Weber, Biologische Überwachung der aquatischen Umwelt; T. L. Bott, Bakterien und Wassergüte-Beurteilung; Ruth Patrick, Die Verwendung von Algen, speziell von Diatomeen, bei der Beurteilung der Wassergüte; A. R. Gaufin, Die Verwendung von aquatischen Wirbellosen bei der Beurteilung der Wassergüte; W. A. Brungs, Biologische Prüfungen unter Fließwasser-Bedingungen mittels Wasserorganismen: Verfahren und Anwendungen; J. Cairns, R. E. Sparks & W. T. Waller, Vorschlag eines Versuchs über ein schnelles zwischengeschaltetes biologisches Überwachungssystem; J. Cairns, K. L. Dickson & Guy Lanza, Ein schnelles biologisches Überwachungssystem für die Bestimmung von Strukturen aquatischer Vergesellschaftungen; C. E. Stephan & D. I. Mount, Die Anwendung von Toxizitäts-Tests mit Fischen bei der Kontrolle der Gewässerverschmutzung; N. A. Thomas, Die Beurteilung von Fischfleisch-verderbenden Substanzen; D. E. Hinton, M. W. Kendall & B. B. Silver, Die Verwendung von histologischen und histochemischen Prüfverfahren bei der Prognose von Auswirkungen von Gewässerverschmutzungen; V. T. Stack, Die Stabilisation des Sauerstoffbedarfs; P. J. Marks, Testverfahren für mikrobiologische Hemmung; T. W. Beak, T. C. Griffing & A. G. Appleby, Die Verwendung von künstlichen Substrat-Modellen bei der Beurteilung der Gewässerverschmutzung; R. M. Gerhold, Mobile Laboratorien für die biologische Beurteilung (von Gewässern).

Der Vortragsband erschien erstmalig 1973 und hat bis 1976 zwei Nachauflagen erfahren, ein Zeichen für das große Interesse, welches den hier vorgestellten Methoden und Verfahren innerhalb und außerhalb der Vereinigten Staaten entgegengebracht wird.

H.-D. Krausch, Potsdam

S. Kluge & G. Menzel: **Mikrobiologie.** Berlin: Volk und Wissen Volkseigener Verlag 1977. 160 S., 58 Abb., 3 Tab. Brosch. M 3,70

Als der Rezensent seinerzeit die Schulbank drückte, beschränkte sich der Anteil der Mikrobiologie im Biologieunterricht auf wenige Stunden, irgendwelche Experimente oder auch nur mikroskopische Untersuchungen gab es überhaupt nicht. Umso mehr ist es zu begrüßen, wenn jetzt mit dem vorliegenden Band diese einst so schmerzlich empfundene Lücke — wenigstens im Rahmen von Schülerarbeitsgemeinschaften — geschlossen wird. Die Verfasser gehen mit ihrer „Mikrobiologie" über die drei „klassischen" Disziplinen Bakteriologie, Virologie und Mykologie hinaus, unter Verzicht auf virologische Experimente wird hier versucht, die Palette der übrigen Mikroorganismen, also auch der Protozoen und mikroskopisch kleinen Algen, zu erfassen.

Der Band ist in fünf Teile gegliedert, 1. Einführung in die Biologie von Mikroorganismen, 2. Zur Arbeit mit den Mikroorganismen, 3. Äußere Gestalt und innerer Bau von Mikroorganismen, 4. Ökologie der Mikroorganismen und 5. Stoffwechselvorgänge bei Mikroorganismen. Ein kurzes Verzeichnis von weiterführender Literatur, die sicher leicht zu beschaffen sein dürfte, sowie ein Rezeptanhang und ein Register vervollständigen den technischen Apparat. Insgesamt werden 56 Experimente angeboten, die im Prinzip in jeder Schüler-AG mit mikrobiologischer Zielsetzung durchführbar sein sollten. Vor jedem Versuch wird eine kurze Einführung in die Problematik gegeben, wichtige „Merksätze" sind fett gedruckt. Die Versuchsanleitungen werden als fertige „Kochrezepte" geliefert und dürften kaum Grund für Mißverständnisse oder Fehler bieten, zahlreiche Abbildungen — Fotos oder Strichzeichnungen — erleichtern den Zugang. Papier, Druck und Aufmachung entsprechen dem Schulbuchstandard, ebenso der niedrige Preis.

Es wäre wünschenswert, wenn dieser Band über den Rahmen von Arbeitsgemeinschaften hinaus zum festen Bestandteil des Unterrichtsmaterials an unseren Schulen würde, um die leider noch immer verbreitete Unkenntnis bzw. „Schmalspurkenntnis" auf dem Gebiet der Mikrobiologie zu beseitigen.

G. HAUBOLD, Neuglobsow

EINHARD BEZZEL: **Ornithologie** (Uni-Taschenbuch Band 681). Stuttgart: Verlag Eugen Ulmer 1977. 303 S., 24 Abb., 7 Tab. Kst. DM 19,80

Dieses Kurzlehrbuch füllt wirklich eine Lücke, da es erstmals im deutschsprachigen Schrifttum für einen breiten Leserkreis eine umfassende Einführung in die vielfältigen Aspekte gegenwärtiger Ornithologie schafft. Die Konzeption des Taschenbuches ist ein Vermächtnis eines der führenden deutschen Ornithologen, Prof. Dr. GÜNTHER NIETHAMMER, von dessen souveräner Stoffbeherrschung und großer pädagogischer Erfahrung der Autor wesentlich profitierte. Der allgemeinverständliche, aber durchaus wissenschaftlichen Ansprüchen genügende Text will vor allem für Studierende und die große Schar der begeisterten Freizeitforscher einen vollständigen Überblick über das weitgespannte Gebiet der Vogelforschung vermitteln. In übersichtlicher Gliederung und meisterhaft klarer Textgestaltung werden Bau und Funktion von Organsystemen des Vogels, sein Verhalten, die Lautäußerungen, die Fortpflanzung und Populationsbiologie, Wanderung und Verbreitung, Vogelschutz sowie Systematik und Klassifikation der Vögel behandelt. Es sind damit alle wesentlichen Arbeitsbereiche der Ornithologie berücksichtigt und nach dem neuesten Kenntnisstand dargestellt. Zur weiteren Vertiefung in die oftmals nur in wenigen Sätzen angeschnittenen Probleme dient ein über 700 Nummern umfassendes Schriftenverzeichnis, in dem man sich der besseren Übersichtlichkeit halber eine Trennung der allgemeinen und zusammenfassenden Literatur von den Spezialuntersuchungen gewünscht hätte. Auch überrascht, daß O. HEINROTHS klassische populärwissenschaftliche Darstellung „Aus dem Leben der Vögel" nicht angeführt ist. Bis auf die etwas zu sparsame Bebilderung gibt es aber sonst nichts an dieser ausgezeichneten, wohlausgewogenen Einführung in die Vogelkunde auszusetzen.

D. FLÖSSNER, Jena

WILHELM JOST: **Globale Umweltprobleme.** Darmstadt: Dr. Dietrich Steinkopff Verlag 1974. VIII, 125 S., 23 Abb., 14 Tab. Flex. Taschenb. DM 17,80

Der Verfasser, ein anerkannter Physikochemiker, setzt sich in dem in der UTB-Reihe (Nr. 338) erschienenen Bändchen mit Rohstoff-, Energie-, Abgas- und Emissionsproblemen auseinander. Die Fakten werden sachgerecht und ohne gefährliche Emotionen vermittelt. Der Exkurs berührt außerdem historische Seiten der Umweltbeeinträchtigung, Probleme der Bevölkerungsentwicklung und einige ökologische Folgeerscheinungen. Allerdings werden viele durchaus als „global" zu bezeichnende medizinische, hygienische, genetische, radiologische, wasserwirtschaftliche, ökologische oder durch den Einsatz von Kriegsmaterial bzw. Massenvernichtungsmitteln heraufbeschworene Umweltprobleme nur am Rande oder gar nicht genannt, geschweige in den ihnen gebührenden Rahmen gestellt. Das muß dem mehr auf physikalisch-chemische Probleme orientierenden Büchlein nicht unbedingt zum Nachteil gereichen, zumal die genannten Schwerpunktthemen sicher zu den gravierendsten Umwelterscheinungen unserer Zeit gehören. Wesentlich kritischer muß der Versuch des Autors gewertet werden, an verschiedenster Stelle die vermeintlichen Wurzeln der Umweltproblematik aufzuzeigen. Wenn z. B. die Bevölkerungsexplosion in den „Entwicklungsländern" als eine Bestätigung von MALTHUS abgehandelt wird und im weiteren noch MARX vorgeworfen wird, sich nicht tiefgründig mit MALTHUS auseinandergesetzt zu haben, so müssen Zweifel aufkommen, ob der Autor wirklich zu den objektiven Ursachen der Umweltverschmutzung gefunden hat. JOST selbst läßt an anderer Stelle diese Zweifel zur Gewißheit werden. Er schreibt: „Es spricht nichts dafür, daß Umweltprobleme primär mit gesellschaftspolitischen Problemen zusammenhängen." Dieses Manko ist um so bedauerlicher, da das Büchlein besonders dem Studenten und angehenden Wissenschaftler verschiedenster Fachdisziplinen eine Orientierungshilfe sein soll.

R. KOSCHEL, Berlin

JAROSLAV HOFMAN: **Taschenatlas der Ziersträucher.** Abbildungen von J. KAPLICKA & I. KINGL. Praha: Artia 1977. 216 S., 94 Abb. (88 farb.) Geb. M 10,50 (zu beziehen über VEB Leipziger Kommissions- und Großbuchhandel Leipzig)

Ziersträucher gehören zwar nicht unbedingt zum Arbeitsgebiet des Limnologen, ein gewisses Interesse haben sie aber doch für den Leserkreis der LIMNOLOGICA. Ein erstrebenswertes Ziel muß es für jeden Limnologen sein, nicht nur die Gewässer rein zu halten oder zu sanieren, sondern auch dazu beizutragen, deren Ufer bzw. Umgebung ansprechend zu gestalten. Dazu kann dieser Band einen Beitrag leisten, bringt er doch ausführliche Hinweise über „die Verwendung von Sträuchern in Gärten und Parkanlagen", die Vermehrung von Sträuchern und die Pflanzung, Pflege und Formung von Sträuchern. 88 Sippen werden in Text und Bild vorgestellt, in ihren Ansprüchen erläutert und Pflegehinweise gegeben. Den gebundenen Band beschließen ein Literaturverzeichnis (leider völlig regellos durcheinander), eine Tabelle der Eigenschaften, Ansprüche und Verwendungen von Ziersträuchern sowie Verzeichnisse der deutschen und lateinischen Namen. Der Band erfüllt voll den angestrebten Zweck, die wenigen Druckfehler sind nicht sinnentstellend, z. B. S. 170 eimige statt einige, S. 208 MITSCHELL statt MITCHELL.

D. STORCH, Jena

WALTER L. H. MOLL: **Taschenbuch für Umweltschutz.** Darmstadt: Steinkopff-Verlag 1973, 1976. **I.: Chemische und technologische Informationen** (UTB 197). VIII, 237 S., 8 Abb., 47 Tab. Kunststoff. DM 19,80 **II.: Biologische Informationen** (UTB 511). X, 234 S., 3 Abb., 50 Tab. Kunststoff. DM 23,80

In handlicher Form wird — abseits der „Mode gewordenen Umweltliteratur" — ein kritisches, aber unpolemisches Übersichtswerk einem weiten Leserkreis in die Hand gegeben. Als eine Materialsammlung ohne Kommentar, die zum Mitarbeiten und Weiterstudium anregen soll, charakterisiert der Autor sein zunächst auf zwei Bände konzipiertes Taschenbuch. Die Fülle des Materials zwang zur Erweiterung auf drei Teile, wobei der noch ausstehende 3. Teil sich mit den ökologischen Zusammenhängen befassen soll. Mit Einzelpublikationen, Fachbüchern, Parlamentserklärungen, Spezialgutachten, Tabellen und Gesetzesvorschriften, aber auch mit Toleranzwerten und Vergleichen verschiedener nationaler Unterschiede in den Grenzwerten fasziniert der Autor in den stark untergliederten problemgeladenen und zugleich alarmierenden Kapiteln, die hier nur aufgezählt werden sollen:

Bd. I: Luft, Wasser, Energie, Verkehr, Umweltchemikalien, Kunststoffe und Verpackung, Müll und Abfälle.

Bd. II: Bevölkerungspolitik, Gesundheitswesen, Pharmaka, Hygiene und Kosmetika, Toxikologie, Lebensmittel.

Die MIK- und MAK-Werte werden intensiv behandelt, besonders dort, wo ihre Festlegung problematisch erscheint, da die Metabolismen durchaus oft noch unklar sind und häufig die Hauptgefahr im Zusammenwirken mehrerer Einzelsubstanzen besteht. Dabei werden mehrfach die Grenzwerte der UdSSR sehr positiv zum Vergleich herangezogen. Die Ausführungen zu den allgemein-hygienischen Toleranzwerten zur Verhinderung von Störungen der biologischen Selbstreinigung verdienen besonders hervorgehoben zu werden. Man möchte hoffen, daß Band III wieder zur drucktechnischen Akkuratesse von Band I zurückfinden wird.

L. KREY, Jena

JÖRG VIERKE: **Zwergbuntbarsche im Aquarium.** Ihre Pflege und Zucht. Stuttgart: Franckh'sche Verlagshandlung 1977. 64 S., 1 Abb., 25 Farbfotos. Kart. DM 7,80

VIERKE legt in diesem Bändchen eine Zusammenstellung vieler klein bleibender Cichlidenarten aus den unterschiedlichsten Gattungen vor. Einleitend wird auf den Namenswirrwarr sowohl der deutschen als auch der lateinischen Artbezeichnungen hingewiesen. Die folgende Darstellung der Verhaltensmuster gibt dem Anfänger eine gute Anleitung zum Beobachten seiner Fische, ebenso wie im ersten Kapitel „Haltung und Zucht" noch manches vor allem über das Balzverhalten berichtet wird. Besonders die Gattung *Apistogramma* wird gründlich behandelt, wenn auch längst nicht mit allen Arten. Zu jeder Art werden kurz einige Angaben zum Aussehen, Verhalten, zu den Pflegeansprüchen und Zuchtbedingungen gemacht, wobei noch Platz für nomenklatorische Probleme einzelner Arten bleibt. Bei den meisten Arten tragen farblich bestechende Fotos zur besseren Anschaulichkeit der Beschreibung bei. Die Gattungen *Apistogrammoides*, *Taenicara* und *Crenicara* werden nur kurz gestreift, ebenso wie die Gattungen *Aequidens*, *Telmatochromis* und *Lamprologus*. Ausführlicher wird die *Pelmatochromis-Pelvicachromis*-Gruppe behandelt. Die Gattungen *Nanochromis*, *Pseudocrenilabrus* und *Julidochromis* könnten ausführlicher besprochen werden.

VIERKES Bändchen hätte gewonnen, wenn es sich in der Behandlung auf die klein bleibenden Gattungen, diese dann ausführlicher und vollständiger, beschränkt hätte. Ebenso hätte die Literaturzusammenstellung sorgfältiger geschehen können. Als Einführung in die Welt der Zwergbuntbarsche, insbesondere durch die eindrucksvollen Farbaufnahmen, ist das Buch gut geeignet.

D. RONNEBERGER, Jena

HORST GERALD MLETZKO & INGRID MLETZKO: **Biorhythmik.** Elementareinführung in die Chronobiologie (Die Neue Brehm-Bücherei Nr. 507). Lutherstadt Wittenberg: A. Ziemsen Verlag 1977. 160 S., 80 Abb. Brosch. M 15,—

Das vorliegende Heft bringt eine erste Einführung in die sich stürmisch entwickelnde Disziplin der Chronobiologie. Diese untersucht die rhythmischen Erscheinungen in der belebten Natur, vom Bereich der Zellen bis hin zu Ökosystemen. Nach einer kurzen Einleitung in den Problemkreis werden die primären (starken) und sekundären (schwachen) Zeitgeber sowie die endogenen, auf Vererbung beruhenden Zeitgeber als Regler von biologischen Spontanrhythmen behandelt. Es schließen sich Kapitel über die biozönotischen Zeitgeber und die Bedeutung der Orientierungsrhythmik, über die Funktionsweisen des Biorhythmus und über die praktische Bedeutung von Bioschwingungen an. Ein Anhang bringt eine Liste der verwendeten Symbole und eine Aufstellung von Begriffserklärungen. Ein umfangreiches Literaturverzeichnis und ein Sachregister beschließen das in flüssigem Stil leichtverständlich geschriebene

Büchlein. Zahlreiche graphische Darstellungen erläutern die im Text gebrachten Sachverhalte.
Das Heft bildet eine hochwillkommene Zusammenstellung der in der Fachliteratur weit verstreuten Einzeltatsachen biorhythmischer Forschungen und versucht sie unter dem Aspekt des Raum-Zeit-Gefüges der belebten Materie als eigenständiges Wissensgebiet vorzustellen. Der Versuch scheint gelungen, so daß man das Heft allen an der Chronobiologie interessierten Biologen, Medizinern, Landwirten, Biologielehrern und Studenten sehr empfehlen kann.

D. FLÖSSNER, Jena

JOHN L. MONTHEITH: **Grundzüge der Umweltbiophysik.** Aus dem Englischen übersetzt von R. SCHLÖGL. Darmstadt: Dr. Dietrich Steinkopff Verlag 1978. XVI, 183 S., 110 Abb., 15 Tab. Geb. DM 44,—

Die Anforderungen des Umweltschutzes, die zu einer starken Entwicklung der Ökologie führten, bringen neue interdisziplinäre Richtungen hervor. Dies betrifft auch das Grenzgebiet auf dem „Dreiländereck": Biologie, Physik, Meteorologie. Disziplin-Bezeichnungen werden geboren durch Überschriften zu Tagungen und Monographien. So erscheinen auch Begriffe wie „Umweltbiophysik" (CAMPBELL 1977) oder „biophysikalische Ökologie" (GATES & SCHMERL 1975). Diese Überschriften deuten Schwerpunkte sich überlappender oder z. T. sogar identischer Bereiche an. Das vorliegende Werk ist stark physikalisch ausgerichtet, obgleich eng bezogen zur ökologischen Problematik. Es führt den Biologen in physikalische und geophysikalische Sachverhalte ein und stellt den Bezug zum lebenden Organismus und zur Lebensgemeinschaft an konkreten Beispielen dar. Als Schwerpunkte seien genannt: die Strahlungsumwelt, Wind, Wärmeübertragung, Massentransport, Energiebilanz, Mikrometeorologie. Schwerpunktmäßig werden die Pflanze sowie Pflanzenbestände betrachtet. Dies liegt zweifellos im Sinne der generellen Aufgabenstellung. Als Beispiele seien genannt: Beleuchtungsdichte des Blattwerkes, Energiebilanz von Pflanzenbeständen, aerodynamische Schubkräfte auf Bäume, Wärmeverteilung im Boden, Blatt-Transpiration, Mikroklimata in Getreidebeständen. Jedoch sind auch Probleme der Wärmebilanz von Mensch und Tier sowie andere Fragen des nicht-pflanzlichen Organismus dargestellt. Das Biotop Wasser ist in dieser Monographie leider nicht berücksichtigt. Das vorliegende Buch wird sowohl den praktizierenden Umweltforscher interessieren als auch den Ökologen, Biophysiker und Physiologen. Es ist eine willkommene Ergänzung der Aus- und Fortbildungsliteratur und somit auch als Meilenstein auf dem Wege der Entwicklung einer modernen Ökologie und der Herausbildung des Gebietes der Biophysik zu sehen. Bezüglich seines Inhalts und seiner Didaktik kann es gelobt werden.

R. GLASER, Berlin

WILHELM BARTHLOTT & NESTA EHLER: **Raster-Elektronenmikroskopie der Epidermis-Oberflächen von Spermatophyten** (Tropische und subtropische Pflanzenwelt **19**). Mainz: Akademie der Wissenschaften und der Literatur; Wiesbaden: Franz Steiner Verlag GmbH (in Komm.) 1977. 105 S., 119 Abb. Brosch. DM 38,—

Die Anwendung der Raster-Elektronenmikroskopie zur Untersuchung pflanzlicher Oberflächen hat seit 1967 sprunghaft zugenommen. Die publizierten Arbeiten zeichneten sich nach Ansicht der Autoren „oftmals durch Unsicherheit und Fehler bei der Interpretation der beobachteten Strukturen aus". Die Verfasser versuchen mit ihrer Arbeit, eine zusammenfassende Darstellung der Epidermis-Oberflächen (Sproß, Laub- und Blütenblätter, Samenschalen) von etwa 2100 Angio- und 45 Gymnospermenarten zu geben, wobei sie ca. 12000 Aufnahmen auswerteten. Sie klassifizieren die mikromorphologische Mannigfaltigkeit durch 3 Merkmalskomplexe: Musterbildung der Epidermiszellen, Form der Einzelzellen und die Oberflächenskulpturen der Zellwände. Die letzteren fassen sie in vier Gruppen zusammen. Dazu gehören u. a. die der Kutikula aufgelagerten epikutikularen Wachse. Sie werden in zwei Grundtypen unterteilt (flächige und lokale Wachsabscheidungen). Die biologisch-ökologische Bedeutung der Wandoberflächenskulpturen wird in der Erhöhung der Unbenetzbarkeit sowie in der Verbesserung der mechanischen und optischen Eigenschaften der Zellwandoberflächen gesehen. Die beschriebenen Skulpturen haben teilweise auch taxonomisch-systematische Bedeutung, wie ausgewählte Beispiele beweisen.
Die Autoren geben in ihrer Arbeit eine Systematisierung der verwandten Begriffe und schlagen eine neue Terminologie vor, die nicht nur für die Beschreibung von Spermatophyten geeignet ist. Die Arbeit ist eine wertvolle Hilfe für alle, die sich mit pflanzlichen Epidermisstrukturen beschäftigen, sowohl mit rezenten als auch mit fossilen. Die Abbildungen sind hervorragend ausgewählt und gedruckt. Das recht vollständige Literaturverzeichnis reicht bis zum Jahr 1976. Wünschenswert erschiene dem Rezensenten zumindest ein Artenindex.

D. STORCH, Jena

HERMANN BEYER: **Handbuch der Mikroskopie.** 2., stark bearb. Aufl. Berlin: VEB Verlag Technik 1977. 496 S., 493 Abb., 45 Taf. Ln. M 48,50

Die bereits nach 4 Jahren nötig gewordene 2. Auflage des Handbuchs der Mikroskopie entspricht in Konzeption und Gliederung der ersten. Sie beinhaltet in 11 Kapiteln die Lichtmikroskopie und die der benachbarten IR- bzw. UV- und Röntgenstrahlen, dagegen nicht die Elektronenmikroskopie. 12 Autoren — sämtlich aus dem VEB Carl Zeiss Jena — zeichnen für die Überarbeitung und Modernisierung der Kapitel verantwortlich: 1. Historischer Rückblick (10 S., BEYER), 2. Optisches System (74 S., RIESENBERG), 3. Beugungstheorie der mikroskopischen Abbildung (11 S., BEYER), 4. Mechanischer Aufbau des Mikroskopes (27 S., SCHÜLLER), 5. Lichtquellen und Lichtfilter (9 S., BERGNER), 6. Mikroskopierverfahren (Durchlicht 126 S., BEYER, OTTO, GAUSE, BÖRNER, RIESENBERG, BERGNER — Auflicht 68 S., BEYER, BERGNER, BERNST), 7. Stereomikroskopie (7 S., BEYER), 8. Wiedergabe mikroskopischer Bilder (48 S., WEIDEL), 9. Messen und Zählen mit dem Mikroskop (29 S., GRÖBLER), 10. Mikroskopie unter besonderen Temperatur- und Umweltbedingungen (34 S., NEUPERT), 11. Ausblick auf die zukünftige Entwicklung der Lichtmikroskopie (3 S., BEYER, GRÖBLER). Aus der Sicht des Mikrobiologen bringt die Neubearbeitung nicht viel Neues. Im Kapitel Fluoreszenz erscheinen die neuen Zeiss-Filterbezeichnungen für altbekannte Schottgläser (im Kap. 5 dagegen die neuen Schott-Nummern), eine für den Praktiker mißliche „Modernisierung". Der Entwicklung von dichroitischen Interferenz-Erregerfiltern mit steiler Kante wird am Beispiel des ZEISS-KP 490 (FITC) und KP 560 (TRITC) angedeutet, wie überhaupt ZEISS-Geräte und -Verfahren die Überhand haben. Eine Ausnahme machen vielleicht die relativ breit dargestellte Temperaturmikroskopie mit überreichem Bildmaterial auch von Fremdfabrikaten und der neu aufgenommene Abschnitt über Automatische Bildanalyse (10 S.) mit dem Geräte-Schwergewicht auf dem EPIQUANT von ZEISS und QUANTIMET von IMANCO. Dem Differentiellen Interferenzkontrast nach NOMARSKI werden die wenigen Sätze nicht ganz gerecht. Er ist zu einer echten und wichtigen Ergänzung des Phasenkontrastes geworden, so daß man seine Leistungsfähigkeit gern auch bildlich — vielleicht unter Reduzierung des Phasenkontrast-Bildmaterials — dokumentiert sähe. Die Drucktechnik der Schwarzweiß-Vorlagen mag man als genügend einschätzen, die farbigen Vorlagen zeigen häufig nur, wie schlecht eine gute Mikrofotografie gedruckt werden kann, wenn sie nicht gerade in Firmendruckschriften für Mikroskope wirbt. Leider stehen die Bildtafeln 8.45 noch immer verkehrt (wie schon die 8.42 in der 1. Auflage), doch zeigen sie sowieso kaum das Gewünschte.

Durch den zweispaltigen Satz des Textteils ist dessen Lesbarkeit sehr verbessert worden; er bringt auch das Bildmaterial platzsparender zur Wirkung. Der Zugriff zu Literaturquellen und dem überreichen Informationsgehalt des Handbuchs wird durch ein Literatur-, Namens- und Sachwortverzeichnis ermöglicht. Ersteres ist nach Kapiteln geordnet — jedoch nur mit den Kapitelzahlen bezeichnet — auf 22 Seiten am Buchende zu finden. Ein alphabetisches Gesamtregister wäre m. E. zweckmäßiger gewesen. Trotz Überarbeitung des Sachwortverzeichnisses in typologischer Hinsicht erscheint es mit 6 Seiten zu knapp bemessen. Der Nutzer wird sicher rasch bemerken, daß er herumsuchen muß, um die verstreuten Angaben über ein Gebiet zusammenzustellen, wie z. B. beim Stichwort Fotometer, welches nur als Fotometerblende erscheint, ergänzt durch die Suchwörter AMPLIVAL-photometrie, Auflicht-Mikroskopfotometrie, Lichtelektrisches Fotometer, Mikrofotometer, -fotometrie, Mikroskop-photometer, Mikrospektralfotometrie, Reflexionsmikrofotometer, Remissionsfotometer an den entsprechenden Stellen des Alphabets. Eine umfangreiche Namensliste (6 S.) rundet die Register ab. Bei der Bedeutung der Mikroskopie und der Güte des vorliegenden Handbuchs sollte auch die 2. Auflage als wichtiges Informationsmittel rasch die Mikroskopiker erreichen, wenn sie dem raschen Fortschreiten des Gerätebaus und dessen theoretischen Grundlagen sowie den immer weiter auffächernden Anwendungsgebieten folgen wollen.

C. SCHÖNFELD, Jena

Illustrierte Flora von Mitteleuropa. Band II, Teil 1, Lief. 4, S. 241—320. Begründet von G. HEGI. 3., völlig neubearb. Aufl. Berlin, Hamburg: Verlag Paul Parey 1977. Brosch. DM 28,—

Die Lieferung umfaßt den Schluß der Bearbeitung der Cyperaceen (S. 241—274) durch SCHULTZE-MOTEL (Nr. 102: *Carex extensa* bis Nr. 119: *Carex atherodes*; Bestimmungsschlüssel der in der Flora behandelten Arten der Gattung), die Neufassung der Typhales (S. 275—317) mit den Gattungen *Typha* und *Sparganium* durch UTE MÜLLER-DOBLIES & DIETRICH MÜLLER-DOBLIES sowie den Anfang der Arales (Araceae) (S. 318 bis 320) durch HARALD RIEDL.

Besonderes Interesse darf die Bearbeitung der Rohr- und Igelkolbengewächse beanspruchen, da die beiden Verfasser in den Jahren 1969 und 1970 bemerkenswerte Untersuchungen über die Verwandtschaft von *Typha* und *Sparganium* auf der Grundlage des Baues der Blütenstände und Blüten geliefert haben. Es ist erfreulich, daß die Ergebnisse den ihrer Bedeutung entsprechenden Niederschlag im „HEGI" gefunden haben. So ist die bisher übliche Aufteilung auf die 2 Familien Typhaceae und Sparganiaceae zugunsten einer einheitlichen Familie Typhaceae aufgegeben worden. Die Gattung *Sparganium* ist nunmehr mit 5 Arten im Gebiet vertreten. Das polymorphe *Sparganium erectum* L. wird in der vorliegenden Fassung in 3 Unterarten gegliedert. Eine vierte Sippe, *S. oocarpum*, wird nicht anerkannt. Überhaupt halten sich die Autoren hinsichtlich der infraspezifischen Aufspaltung wohltuend zurück. Innerhalb der Gattung *Typha* schließt *T. domengensis* PERSOON die vor allem in soziologischen Arbeiten immer wieder auftretenden Sippen *T. angustata* BORY & CHAUB. und *T. australis* SCHUM. & THONN. ein. Die wie immer vorbildlich ausgestattete und gut gedruckte Lieferung setzt den Band II, Teil 1, auf hohem Niveau fort.

S. J. CASPER, Jena

R. J. PANKHURST (ed.): **Biological Identification with Computers** (Systematics Association Spec. Vol. 7). London, New York: Academic Press 1975. X, 333 S., 41 Abb., 29 Tab. Geb. £ 11.—

Die Identifizierung als Mittel zur Bewältigung der Vielfalt und Mannigfaltigkeit der Organismen und zur wechselseitigen Verständigung über sie ist eine praktische Aufgabe des Menschen seit Anbeginn. Ebenso alt ist das Wechselspiel zwischen Klassifizierung und Identifizierung. In den letzten zwei Jahrzehnten sind die Anforderungen und Möglichkeiten für beide Prozesse in ungeahnter Weise gewachsen. Die vorliegenden Symposiums-Proceedings markieren mit ihren 16 Beiträgen den wesentlichen Teilaspekt dieser Entwicklung.
In einem Überblick werden die Identifizierungsmethoden dargelegt und gruppiert: dichotome Schlüssel, simultane Merkmalssatzmethoden sowie polyklave und andere sequentielle Methoden. Es wird gezeigt, daß mit Ausnahme fast aller dichotomen Schlüssel die meisten Methoden monothetisch und polythetisch gehandhabt werden können. Publizierte Methoden werden diesen methodischen Gruppen zugeordnet. Die Effektivität des Computereinsatzes zur Realisierung der Methoden und ihre Eignung für spezielle Zwecke und Gebiete werden hier und an vielen anderen Stellen kritisch diskutiert. Computergespeicherte dichotome Schlüssel bieten keine Vorteile gegenüber gedruckten. Hingegen können im online-Verfahren durch Einzeleingabe von Merkmalen in beliebiger Reihenfolge gegen eine vorgegebene Matrix Identifizierungen insbesondere für Lehrzwecke demonstriert werden. Mit den Systemen zur automatischen Konstruktion dichotomer Schlüssel werden die Minimierung der Merkmalszahlen, die Bevorzugung leicht zu beobachtender Merkmale, die quantitative Gleichheit der nach der Entscheidung entstehenden Gruppen und das frühzeitige Erreichen der häufigsten Taxa auf dem Identifizierungsweg angestrebt.
Polyklave oder „multi-entry"-Schlüssel auf Sichtlochkarten lassen sich von Hand oder mit Computern herstellen, vervielfältigen und nutzen. Auch unsichere und multistate Merkmale können verarbeitet werden. Die Identifizierung durch matching, d. h. durch den Vergleich der Merkmale des zu identifizierenden Organismus mit denen bekannter Vertreter ist aufwendig und vorzugsweise für schwierige Sippen geeignet. Bei diesen und anderen Methoden wird mit verschiedenen Ähnlichkeitskoeffizienten, wie sie u. a. in der numerischen Taxonomie angewandt werden, gearbeitet. Dementsprechend sind einige der vorgeschlagenen Programme sowohl zur Identifizierung als auch zur Klassifizierung geeignet. Auf beiden Gebieten hat die Mikrobiologie und speziell die Bakteriologie gegenüber anderen biologischen Bereichen einen gewissen, zumindest praktischen Vorsprung, der sich aus der Art der Objekte, der Art ihrer labormäßigen Untersuchung, der Notwendigkeit rascher Identifizierungen und einer relativ geringeren Traditionsgebundenheit ergibt. So existieren bereits seit Jahren routinemäßig für die Allgemeinheit arbeitende computergestützte Identifizierungsprogramme, z. B. für 90 Arten gramnegativer stäbchenförmiger Bakterien unter Benutzung von 90 meist biochemischen Testen. Hierzu wird eine auf BAYES' Theorem basierende Identifizierungsmethode durch Zusatzprogramme ergänzt. Ausdrücklich wird die Notwendigkeit der zwischenzeitlichen Kontrolle des Ablaufs des Identifizierungsprozesses und seines Endergebnisses durch den Mikrobiologen betont. Eine andere polythetische Merkmalssatz-Methode bedient sich eines multidimensionalen Identifizierungsraumes. In ihm erhalten die Taxa Hypersphären mit computerbestimmten Zentren und jeweils zwei Radien. Aus der Position eines zu identifizierenden Organismus in diesem Raum wird er als identifiziert, intermediär, benachbart oder außerhalbliegend erkannt. Auch die computergesteuerte Selbstkorrektur ursprünglich eingegebener Systeme auf der Basis des aus den laufenden Identifizierungsprozessen resultierenden Informationszuwachses ist möglich. Dies veranschaulicht wiederum die enge Wechselbeziehung zwischen Klassifizierung und Identifizierung, wie sie von mehreren Autoren intensiv diskutiert wird. Ausführlich werden die Vorteile allgemeiner beschreibender Datenbanken sowie Voraussetzungen und Möglichkeiten für ihre Nutzung zur Identifizierung dargelegt. Hinweise, wie Neubeschreibungen von Organismen angelegt werden sollten, um die Daten später optimal in Computern verarbeiten zu können, und Beispiele für die effektive internationale Nutzung kommerzieller Rechenzentren und dort vorhandener Programme beschließen die Darstellungen.
Die Autoren sind meist Botaniker, Zoologen und Mikrobiologen. Sie vermitteln ein reales Bild der gegenwärtigen und zukünftigen Möglichkeiten. Die Beiträge sind nicht gleichermaßen für den Außenstehenden verständlich. Dennoch ist das Buch auch für jene mit den Aufgaben und Problemen der Identifizierung befaßten Leser von Interesse, die nicht mit Computern arbeiten wollen und können. Neben einer Bibliographie ausgewählter Computerprogramme und einem kurzen Index findet sich ein nützliches Glossarium spezieller Fachbegriffe, das noch umfangreicher hätte sein können. Das Buch ist ausgezeichnet gedruckt und ausgestattet.

H. PRAUSER, Jena

W. P. KOLTSCHANOW & N. N. ARMAND (Hrsg.): **Deutsch-russisches geologisches Wörterbuch.** — Moskau: Verlag Russkij Jazyk 1977. 784 S. Rbl. 4,42 (DDR: M 22,10, zu beziehen über VEB LKG Leipzig)

Die große Bedeutung der deutschen Sprache für die Schaffung geowissenschaftlicher Termini veranlaßte die Herausgeber, dieses neue Wörterbuch mit etwa 50000

Fachbegriffen zu erarbeiten, nachdem sie bereits 1962 ein Deutsch-russisches geologisch-mineralogisches Wörterbuch mit ca. 28000 Begriffen herausgegeben hatten. Bei der Erarbeitung des Wörterbuchs wurden die Neuerscheinungen (Monographien und Zeitschriften) aus allen deutschsprachigen Ländern berücksichtigt. Das Wörterbuch beinhaltet ziemlich vollständig die Begriffe folgender Disziplinen: Allgemeine Geologie, Stratigraphie, Lithologie, Paläontologie, Geomorphologie, Tektonik, Petrographie, Vulkanologie, Mineralogie, Kristallographie, Kohle- und Erdölgeologie, Meeresgeologie, Hydrogeologie, Geophysik und Edelsteinkunde. Daneben sind viele wichtige Begriffe aus benachbarten Wissenschaften aufgenommen worden, u. a. auch aus der Limnologie.

Dadurch ist dieses Wörterbuch nicht nur für den russisch sprechenden Geologen, sondern auch für die Wissenschaftler verschiedener anderer Disziplinen und für Übersetzer von Interesse. Die durchgeführten Stichproben belegen die Zuverlässigkeit des Wörterbuchs. Ihm ist eine weite Verbreitung zu wünschen.

D. Storch, Jena

Wolfgang Reichardt: **Einführung in die Methoden der Gewässermikrobiologie.** Stuttgart, New York: Gustav Fischer Verlag 1978. 250 S., 33 Abb., 27 Tab. Kart. DM 48,—

Mit diesem Buch will der Verfasser eine „gewiß lückenhafte Einführung in die Methoden der limnischen und marinen Mikrobiologie" geben. Um es vorwegzunehmen, es ist ihm vorzüglich gelungen. Der Aufschwung in den Methoden der aquatischen Mikrobiologie machte das Erscheinen eines solchen Buches längst notwendig. Reichardt will keine „verbindlichen Kochrezepte" liefern, das umfangreiche Literaturverzeichnis fordert ja auch geradezu zur Beschäftigung mit der Originalliteratur heraus.

Das Buch ist in drei große Komplexe gegliedert. Am Anfang stehen traditionelle allgemeine Gesichtspunkte wie technische Voraussetzungen für mikrobiologische Arbeiten und Methoden der Probenentnahme. Es folgt der Komplex „Biomasse und Struktur der Mikroflora", der die Zählverfahren, analoge Erfassungsmethoden sowie Nachweisverfahren umfaßt. Im dritten Komplex („Bioaktivität der Mikroflora") behandelt der Autor Methoden zur Anreicherung und Messung des Stoffumsatzes, zu ausgewählten Stoffwechselaktivitäten, wie $^{14}CO_2$-Fixierung, Fixierung von ^{14}C-markierten organischen Verbindungen, N,S,P-Umsatz u. a., sowie Methoden zu kinetischen Fragestellungen. Ein Abschlußkapitel „Gütekriterien, Wasserhygiene" beleuchtet dieses wichtige Feld mikrobiologischer Arbeiten.

Der technische Apparat ist vorzüglich ausgestattet, umfangreiche Literaturverzeichnisse (insgesamt 1333 Zitate), die auf die einzelnen Kapitel folgen, ein Rezeptanhang sowie ein Anhang mit Bezugsquellen und ein 5 Seiten umfassendes Stichwortverzeichnis gehören dazu.

G. Haubold, Neuglobsow

Paul Müller (ed.): **Ecosystem Research in South America.** (Biogeographica **8**). The Hague: Dr. W. Junk B.V. Publishers 1977. VIII, 151 S., 50 Fig., 20 Tab. Ln. Dfl. 45,—

Der Band umfaßt 7 in sich geschlossene Abhandlungen vornehmlich zu Problemen der Waldökologie, daneben auch zur allgemeinen Biogeographie und zur Agrarökologie. H. Lamprecht (Structure and Function of South American Forests) behandelt die tropischen immergrünen Wälder und Feuchtwälder des nördlichen Südamerika. Die Grundflächenhaltung dieser artenreichen (40 bis 80 Arten je ha), noch sehr naturnahen Mischwälder erstreckt sich von etwa 20 m^2/ha in den tropischen tropophytischen Wäldern bis zu einem Maximum von 50—60 m^2/ha in den Nadelwäldern der Anden. Hinsichtlich ihrer Schutzfunktionen ist die Leistung dieser Wälder befriedigend, aber ihre produktiven Funktionen sowie ihre Rekreationsfunktion sind unzureichend. Das Wirtschaftsziel muß darin bestehen, bei Umwandlung in produktive Wirtschaftswälder eine Verminderung ihrer Schutzfunktionen zu vermeiden. Man vermißt eingehende Hinweise auf auszuscheidende oder bestehende Waldreservate und ihre Aufgabenstellung. K. Irmler (Inundation-Forest Types in the Vicinity of Manaus) unterscheidet im Amazonasgebiet 5 Typen von Überschwemmungswäldern nach Benthoszusammensetzung und Standortfaktoren an 21 Meßpunkten. Dabei spielen vor allem der Anteil an „Weißwasser" und „Schwarzwasser" sowie die Strömungsbedingungen eine Rolle. „Überschwemmungswald", „Igapo", „Varzea" werden nach limnologischen Kriterien definiert.

Die klimatischen Abfolgen Chiles in ihrer latitudinalen und vertikalen Erstreckung sowie die von ihnen geprägten Differenzierungen in der Vegetationsbedeckung, den hydrographischen Bedingungen und der davon abhängigen Unterschiede in Lebensform und Wirtschaftsweise der Bevölkerung werden von V. Quintanilla (A Contribution to the phytogeographical Study of Temperate Chile) dargestellt. Im Mittelpunkt stehen dabei Verbreitung und Beschreibung der Waldformationen. Die große Mannigfaltigkeit der Naturausstattung mit markantem Wechsel ökologischer Situationen innerhalb eines gut überschaubaren Raumes, in dem die territoriale Landschaftsentwicklung noch stark mit der natürlichen Landschaftsgliederung korrespondiert, veranlaßten zu einer Charakterisierung von 17 „Makro-Ökosystemen" in Ostparana (H. Jakobi, Ökosysteme Ostparanas). Die beschriebenen Einheiten sind eine sicher noch nicht ausgereifte, uneinheitliche, auch terminologisch eigenwillige Kombination von Formationstyp und Landschaftsindividuen, wobei teilweise auch

anthropogene Kriterien hinzugezogen werden. Wichtig erscheint der Hinweis auf prophylaktische Ausscheidung von Reservaten im Zusammenhang mit der zu intensivierenden tropenökologischen Forschung. Dabei können — wie in Parana — auch paläobiologische Gesichtspunkte eine wesentliche Rolle spielen.
Sehr anregend ist der methodische Beitrag von O. FRÄNZLE „Biophysical Aspects of Species Diversity in Tropical Rain Forest Ecosystems": Er geht von der Hypothese aus, daß bei hohem Energiefluß die außerordentlich hohe floristische Diversität natürlicher tropischer Regenwälder (niedrige Entropiebildungsrate) ein notwendiges Gegenstück zu den geringen Nährstoffreserven tropischer Böden (hohe Entropie) sein muß, wenn ein stabiler, quasistationärer Zustand erreicht werden soll (Klimax). Entscheidender als die taxonomische ist die Ökotypen-Diversität. Die Bestätigung der Hypothese wird auf eine größere Anzahl von Diversitätsberechnungen mit Material aus Brasilien, Zentralafrika, Indonesien gestützt. J. LESCURE (La Biogéographie des Amphibiens de Guayane Française) beschreibt die geographische Verbreitung von Amphibien in den Marschen und Savannen der Küstenebene und des Regenwaldes von Französisch-Guayana sowie ihre Beziehungen zu den Klimazonen. F. CHRISTIANSEN-WENIGER analysiert die ökologischen Grundlagen, Möglichkeiten, Gefahren und Aussichten der Trockenlandwirtschaft in den Gebieten mit unregelmäßigem Niederschlag in Nordostbrasilien. Die Arbeit enthält eine Reihe technologischer Varianten, die der Autor aus Erfahrungen in Vorderasien, insbesondere Anatolien, empfiehlt.

E. NIEMANN, Jena

JÜRGEN SATTLER & JOACHIM ZIEMANN: **Die Chemie des Wassers.** Berlin: Volk und Wissen, Volkseigener Verlag 1977. 39 Abb., 26 Tab., 144 S. Brosch. 3.40 M

Es wäre günstig, den auf S. 4 angeführten Hinweis „Dieses Buch kann für Arbeitsgemeinschaften der Klassen 9 und 10 verwendet werden" mit im Titel anzugeben, um eine klare Einordnung des Buches zu erreichen. Der angesprochene Personenkreis sind die Schüler und Hobby-Analytiker mit geringen chemischen Vorkenntnissen. Bei den dargestellten Versuchen wird ein Grundlagenwissen nicht vorausgesetzt, sondern in leicht verständlicher Form mitbehandelt, so daß eine Einführung in die chemische Analytik mit wasseranalytischen Methoden verbunden wird. Das Schwergewicht liegt dabei auf der Betriebs-, Brauch- und Trinkwasseranalyse. Interessante Probleme der Binnengewässer und des Umweltschutzes, welche sich für eine Arbeit mit der Jugend anbieten, wie z. B. Sauerstoffhaushalt oder Nährstoffanalytik der Seen, Talsperren und Teiche sollten berücksichtigt werden. Auch bedürfen einige Fehler der Korrektur.
Als Grundlage für die Tätigkeit von Arbeitsgemeinschaften an Schulen wird dieses Heft begrüßt werden, wobei der für Schüler erschwingliche niedrige Preis besonders hervorzuheben ist.

G. PROFT, Jena

SYLVIA MARY HASLAM: **River plants:** The macrophytic vegetation of watercourses. Cambridge, London, New York, Melbourne: Cambridge University Press 1978. XII, 396 S., 163 Abb., 27 Taf., 36 Tab. Brosch. £ 7.95

Das Buch beschreibt die makrophytische Vegetation der Fließgewässer unter den Aspekten des Verhaltens und der Verteilung der Pflanzen und Pflanzengesellschaften im Ökosystem. Dabei spielen die spezifischen Gegebenheiten auf den Britischen Inseln und in Nordamerika eine dominierende Rolle. Zur Diskussion stehen neben aut- und synökologischen Problemen auch die Auswirkungen menschlicher Eingriffe in die Biozönose. Ausgangspunkt der Darstellung sind die jeweiligen physikalischen, chemischen, geologischen und hydrographischen standörtlichen Verhältnisse, denen bestimmte Sippen, meist in Tabellen aufgelistet und durch einprägsame Symbole wiedergegeben, gleichsam als Indikatoren zugeordnet werden. Nährstoffe und Produktivität finden gebührende Beachtung. Die positiven und negativen Folgen pflanzlichen Bewuchses für die Nutzung von Flüssen, Bächen, Kanälen und ähnlichen Fließgewässern erfahren eingehende Behandlung. Das Schlußkapitel diskutiert die Beeinflussung der Entwicklung der Pflanzengesellschaften durch die Verschmutzung. Der locker geschriebene Text liest sich leicht. Zahlreiche ausgezeichnete Abbildungen fördern das Verständnis. Druck und Ausstattung genügen allen Ansprüchen.

S. J. CASPER, Jena

CHARLES E. KING: **Proceedings of the First International Rotifer Symposium** (Arch. Hydrobiol. Beih. **8**). Stuttgart: E. Schweizerbart'sche Verlagsbuchhandlung 1977. 315 S., 95 Abb., 40 Tab., 2 Taf. Brosch. DM 74,— (US $ 35,60)

Das erste Rotatoriensymposium 1976 in Lund war eine lange gewünschte und vorbereitete Veranstaltung im Rahmen der SIL. Der jetzt vorliegende Bericht ist für alle, die nicht daran teilnehmen konnten, eine wertvolle Zusammenfassung des Standes der Rotatorienforschung. Der Band ist gegliedert in 10 Themen mit je einem Übersichtsreferat sowie insgesamt 41 Einzelbeiträgen über spezielle Probleme des betreffenden Themas. Er beginnt mit der Übersicht über die Sammelmethoden der Rotatorien und setzt sich fort mit den Berichten über Wanderung und zeitliche Verteilung planktischer Rotatorien, Populationsdynamik und Sekundärproduktion, Einfluß biotischer und abiotischer

Faktoren auf die Populationsdynamik, Entstehung miktischer Weibchen bei monogononten Rädertieren, Genetik der Reproduktion, Variation und Adaption bei Rotatorien, allgemeine Probleme der Taxonomie und Verbreitung, Futter und Futterhabitate und Ultrastrukturuntersuchungen an Rädertieren.
Sowohl in den Sammelreferaten als auch in den Einzelbeiträgen ist eine solche Fülle an Material zusammengetragen, daß hier nur auf einige Beispiele eingegangen werden kann. Im Einzelbeitrag zum Thema I bringt RUTTNER-KOLISKO einen fundierten Vergleich der einzelnen quantitativen Fangmethoden der planktischen Rotatorien. Dabei werden Schließnetz, RUTTNER-Schöpfer und Pumpfänge verglichen. Leider zeigt sich dabei, daß sowohl jahreszeitlich als auch zwischen den einzelnen Arten nur schlecht vergleichbare Resultate erzielt werden können. Für die Berechnung der Biomasse der planktischen Rädertiere vergleicht RUTTNER-KOLISKO im Beitrag zu Thema III Berechnungsformeln zur Volumenbestimmung von 20 häufigen Gattungen. Wertvoll für den Nutzer sind vereinfachte Formeln und in Umrißzeichnungen die Angaben zur Messung am lebenden Objekt. HORKAN, GALLUP & NURSALL berichten über den thermischen Einfluß auf die Eiproduktion und Überlebenszeit in einem Beitrag zu Thema IV. 11 Beiträge beschäftigen sich näher mit dem Thema VI „Miktische Weibchenproduktion bei monogononten Rädertieren", meist unter kontrollierten Bedingungen im Labor und als Klonzucht. Innerhalb der Beiträge zum Thema „Allgemeine Probleme der Rotatorientaxonomie und -Verbreitung" schlägt SUDZUKI vor, die Männchen auf Grund ihrer geringen Variabilität zur genaueren Abgrenzung der Taxa stärker zu verwenden. Der gleiche Autor bespricht in einem zweiten Beitrag die taxonomischen Probleme bei *Brachionus* und *Keratella*, wobei besonders die japanischen und australischen Arten (auch neue) berücksichtigt werden. Mit der Variabilität von *Brachionus*, insbesondere mit Zwergformen in tropischen Kraterseen, beschäftigt sich der Beitrag von GREEN.
Das Übersichtsreferat von POURRIOT zum Thema „Futter und Futterhabitate" bringt eine ausgezeichnete zusammenfassende Darstellung der bisherigen Ergebnisse. STARKWEATHERS & GILBERTS Beitrag zur Radiotracermethode berücksichtigt sowohl die methodische Seite als auch die Grundlagen der Nahrungsverweilzeitbestimmung in den Rotatorien. Im abschließenden Kapitel über Ultrastrukturuntersuchungen an Rotatotien bringt CLÉMENT eine Fülle neuer Ergebnisse über den Aufbau der verschiedenen Zellverbände bei den Rotatorien, die vom Integument über die inneren Organe bis zum Nervensystem reichen. WURDAK, GILBERT & JAGELS runden den Bericht mit ihrem Beitrag über Ultrastruktur und Form der Hülle von Dauereiern der Arten *Asplanchna sieboldi* und *Brachionus calyciflorus* ab. Die Unterteilung des Registers in Autoren-, Artenund Sachregister erleichert durch die bessere Übersichtlichkeit das Auffinden.
Der Band ist im ganzen eine ausgezeichnete Zusammenfassung, zu dem der Herausgeber und Verlag zu beglückwünschen sind. Zu hoffen bleibt, daß die Herausgabe solcher wichtiger Symposienberichte zu einer guten Tradition wird.

D. RONNEBERGER, Jena

RUDOLF DABER & JOCHEN HELMS: **Das große Fossilienbuch.** Jena, Leipzig, Berlin: Urania-Verlag 1978. 264 S., 99 Abb. (farb.), 23 Strichzeichn., zahlreiche Vignetten. Ln. M 21,50

Zwei Jahre nach dem kleinen Fossilienbuch — vgl. Rezension in *Limnologica* **12** (1), S. 170, 1980 — legen die Autoren nun ein „Großes Fossilienbuch" vor. „Das Buch will ... jene Lücke schließen helfen, die zwischen den ehrwürdigen Folianten, den großen Monographien und umfangreichen Hand- und Lehrbüchern einerseits und dem interessierten Naturbeobachter und Museumsbesucher andererseits klafft." Das Buch bringt nach einleitenden Bemerkungen über Erhaltungszustände von Fossilien und Fossilien als Zeugen der geologischen und biologischen Entwicklung ein Kapitel über „Fundorte von Fossilien", in dem u. a. behandelt werden: Tierwelt des Barrandiums, Karbonflora der Schweiz, Pflanzenreste der unteren Kreidezeit und Naturdenkmal Geiseltalbraunkohle. Es folgen die Kapitel Präparieren von Fossilien, Fossile Tiere stellen sich vor, Fossile Pflanzen stellen sich vor, Bestimmen von Fossilien. Im Tabellenanhang findet man Überblicke über die Entwicklung der Tiere und Pflanzen, 50 wichtige mitteleuropäische Museen, eine erdgeschichtliche Zeittafel und Literaturhinweise. Ein leider nur einseitiges Register gibt Ansätze zur Erschließung des Textes, aber nicht der Abbildungen. Es müßte bei einer Neuauflage unbedingt erweitert werden.
Das Buch wendet sich nicht nur an den fortgeschrittenen Sammler, sondern auch an Studenten und Wissenschaftler der Geologie, Paläontologie und Biologie. Neben der Darstellung gewonnener Erkenntnisse wird ständig auf die noch offenen Fragen hingewiesen, die häufig nur durch neue, vollständigere oder anders erhaltene Fossilfunde zu klären sind. Dies ist ein Grund für die immer wieder anzustrebende und nicht hoch genug zu bewertende Zusammenarbeit zwischen dem Sammler und den wissenschaftlichen Einrichtungen. Der Text beschränkt sich nicht nur auf die Beschreibung der abgebildeten Stücke, sondern bringt auch vieles über Fundumstände, systematische und morphologische Fragen sowie über die Ökologie der behandelten Fossilien bzw. Organismengruppen. — Einige Druck- und Korrekturfehler beeinträchtigen nicht den hervorragenden Gesamteindruck des Buches. Sie sollten in einer 2. Auflage verbessert werden. Zum Beispiel fehlt auf S. 34 das Wort „fast", denn es gibt im Oberkarbon von Zwickau auch tierische Reste; bei Abb. 21 c/d sind die Legenden vertauscht worden.

D. STORCH, Jena

JÜRGEN REISS: **Experimentelle Einführung in die Pflanzencytologie und Enzymologie.** Heildelberg: Quelle & Meyer 1977. 80 S., 37 Abb. Brosch. DM 12,60

Im vorliegenden Heft aus der Reihe „Biologische Arbeitsbücher" wird eine auf die Erfordernisse der höheren Klassen allgemeinbildender Schulen orientierte Anleitung einfacher Präparierübungen gegeben, „die einen ersten Überblick über die vielfältige Ausgestaltung der Pflanzenzelle" vermitteln soll. Nach Hinweisen auf das erforderliche Pflanzenmaterial (vorteilhafte Beschränkung auf leicht und kontinuierlich verfügbare Vertreter der Kormophyten), die Präparations- und Zeichentechnik (Grundkenntnisse im Mikroskopieren werden vorausgesetzt), auf Färbe- und Reagenslösungen, werden im ersten Hauptteil 32 zellanatomisch-zytochemische Untersuchungen beschrieben, die alle wichtigen lichtmikroskopisch erfaßbaren Strukturen pflanzlicher Zellen berücksichtigen. Jedes mit „Präparat" überschriebene Kapitel ist übersichtlich gegliedert (Unterabschnitte: Material, Präparation, Aufgabe, Beobachtungen) und enthält klare, von dem erfahrenen Autor klug ausgewählte und im Unterricht selbst erprobte Arbeitsanleitungen bzw. Versuchsbeschreibungen. Die fotografische Wiedergabe des zytochemischen Reaktionsresultats ist sehr schwierig; leider sind daher nicht alle Fotoabbildungen in diesem Teil gleichermaßen instruktiv.

Im zweiten Hauptteil werden nach einer kurzen Einführung 7 Oxydoreduktasen (unspezifische Dehydrogenasen-Aktivität, Glucoseoxydase, Xanthinoxydase, Cytochromoxydase, Phenoloxydasen, Katalase, Peroxydase) und 4 Hydrolasen (Lipase, Amylasen, Pepsin, Urease) qualitativ nachgewiesen. Ein „Steckbrief" nennt jeweils systematische Bezeichnung, Wirkungsweise, Vorkommen und Inhibitoren der zu untersuchenden Enzyme, bevor die dazugehörigen Experimente beschrieben werden. In diesem Abschnitt mußte aus methodischen Gründen wiederholt auch auf mikrobielle Enzymquellen und sogar auf käufliche Enzympräparationen zurückgegriffen werden. Am Beispiel der Glukose-Vergärung, der Harnstoffspaltung und des Stärkeabbaus werden abschließend einfachste Versuche zur Reaktionskinetik erläutert.

Es sei erlaubt, auf einige Fehler aufmerksam zu machen, die dem Rezensenten bei der Durchsicht besonders auffielen: Auch schon in der Schule muß streng zwischen Zellwand und Membran unterschieden werden (S. 39: beim Kollenchym handelt es sich um Wandverdickungen); Glukose wird nicht „zu dem Energieträger ATP abgebaut" (S. 32); der von der Succinathydrogenase katalysierte Schritt vom Succinat zum Fumarat ist eine Oxydation (S. 21); Cystein ist kein Oxydationsmittel (S. 58); Redoxindikatoren werden nicht generell zu einem Farbstoff reduziert (S. 47); auch die Schreibweise Oxydase usw. im Gegensatz zu Oxid sollte den verbindlichen Regeln folgen. Die mit Sicherheit zu erwartende Neuauflage dieses andererseits beachtenswerten Büchleins gibt Gelegenheit zur Korrektur.

W. BRAUNE, Jena

GERHARD OLSCHOWY (Hrsg.): **Natur- und Umweltschutz in der Bundesrepublik Deutschland.** Hamburg, Berlin: Paul Parey 1977. XVI, 926 S., 265 Abb., 133 Tab. Ln. DM 198,—

Nachdem in der DDR bereits 1964 eine zusammenfassende Darstellung des Natur- und Umweltschutzes erschienen ist und seitdem bereits mehrere Nachauflagen erfahren hat (vgl. unsere Besprechung in *Limnologica* **9**, 1975, S. 492—493), legt nunmehr auch die BRD einen ähnliche Ziele verfolgenden Band vor. An ihm haben nicht weniger als 78 Autoren, erste Fachleute auf ihren Spezialgebieten, mitgearbeitet. Dadurch ist ein voluminöses Standardwerk entstanden, das sowohl die biologisch-ökologischen wie auch die technischen und die juristischen Bereiche des modernen Natur- und Umweltschutzes umfaßt. Es gelang dem Herausgeber GERHARD OLSCHOWY, der selbst mehrere Einzelbeiträge geschrieben hat, trotz der Vielzahl der Autoren ein von einem relativ einheitlichen Stil geprägtes Werk zustande zu bringen. Die Darstellung gefällt durch ihre außerordentliche Sachbezogenheit und Nüchternheit. Die Einzelbeiträge zeichnen sich trotz vieler Detailangaben und einer riesigen Informationsfülle durch eine knappe und präzise Form aus. Der umfangreiche Stoff wird dabei in 9 Kapitel gegliedert: Gesellschaft und Umweltpolitik, Ökologische Grundlagen des Natur- und Umweltschutzes, Landschaftsfaktoren (hierin auch Flora, Vegetation, Tierwelt und die „Roten Listen" der Gefäßpflanzen und Tiere für die BRD), Eingriffe in die natürliche Umwelt, Schutz der natürlichen Umwelt, Landschaftsplanung und Landschaftsentwicklung, Recht des Natur- und Umweltschutzes, Ausbildung in der Landschaftspflege, Forschung in der Landschaftspflege. Ein Überblick über Einrichtungen des Natur- und Umweltschutzes in der BRD rundet die Darstellungen ab, ein Sachregister erschließt den vielschichtigen Inhalt.

Natur- und Umweltschutz haben heute nicht nur in hochindustrialisierten Ländern, zu denen auch die BRD zählt, eine außerordentliche Bedeutung gewonnen. So entspricht die Herausgabe dieses Werkes einem dringenden Bedürfnis. Es faßt in gelungener Weise die Erkenntnisse von Wissenschaft und Praxis zusammen und weist Wege für ein zukünftiges Vorgehen. Jeder, der mit dem einen oder anderen Problem des Natur- und Landschaftsschutzes in der BRD in Berührung kommt, vermag sich in diesem Handbuch schnell und zuverlässig zu informieren. Der Limnologe wird die eingehende Berücksichtigung von Fragen des Gewässerschutzes und der Gewässerreinhaltung besonders begrüßen. Das Kapitel 3.3 „Wasser und Gewässer" behandelt Wasserbilanz — Wasserhaushalt — Gewässerschutz, Eutrophierung durch Abwässer, Wärmebelastung der Gewässer, Freizeitprobleme an Gewässern, den Rheinstrom als Beispiel für große Fließgewässer, Aufgaben des Gehölzbewuchses an kleinen Wasserläufen, den Bodensee als Beispiel für stehende Gewässer sowie Küstengewässer und Küstengebiete.

Der Band besticht durch seine hervorragende Ausstattung, er ist ganz auf Kunstdruckpapier gedruckt und enthält eine Vielzahl instruktiver Karten, Diagramme, Fotos und anderer Abbildungen sowie zahlreiche Tabellen. Obwohl auf die gesellschaftlichen und rechtlichen Verhältnisse in der BRD zugeschnitten, vermag er auch darüber hinaus viele Informationen und Anregungen zu vermitteln.

H.-D. KRAUSCH, Potsdam

LARS JONSSON: **Die Vögel der Meeresküste.** (Kosmos-Feldführer). Stuttgart: Franckh'sche Verlagshandlung 1977. 126 S., 296 vierfarb. Abb., 94 Kt. Pappband lam. DM 14,80

In „Die Vögel der Meeresküste" sind die Arten behandelt, die als Brutvögel an die Küsten und Inseln Nord- und Mitteleuropas gebunden sind oder im Winter häufig an diesen Küsten auftreten. Einleitende Kapitel informieren über die Küsten als Lebensraum und geben Hinweise zur Feldbestimmung und zur Gestalt des Vogels. Den Hauptteil des Buches nehmen acht Kapitel ein, die in systematischer Gliederung von den Seetauchern bis zu den Sperlingsvögeln die Artbeschreibungen und Abbildungen beinhalten. Literaturhinweise und ein Register beschließen den Band.

Die Abbildungen des Hauptteils sind in Tafeln angeordnet. Ihnen gegenüber stehen die dazugehörigen Artbeschreibungen. Sie sind kurz und beschränken sich auf Angaben, die eine Bestimmung ermöglichen können. Zu jeder Art gehört eine sehr kleine Verbreitungskarte (Umriß von Europa auf 3 × 3 cm), die nur eine sehr grobe Orientierung ermöglichen kann. Die Abbildungen sind künstlerisch gestaltete Aquarelle. Sie zeigen den Vogel bewußt anders als in den meisten Feldführern. Herrscht dort die schematisch-plakative Abbildung vor, so hat der Autor hier versucht, den Vogel „naturnah" darzustellen. Er wählt Perspektiven und Ansichten, die für die Arten charakteristisch sind und die dem Beobachter in der Natur in dieser Weise begegnen. Das ist für einen Feldführer noch ungewöhnlich, aber gerechtfertigt, kann doch die Kenntnis z. B. der Silhouette eine Bestimmung manchmal genauso ermöglichen wie ein Farbmerkmal. Hier merkt man, daß der Maler und Autor ein kenntnisreicher Feldornithologe ist. In Einzelfällen sind die Bilder nicht voll gelungen. So ist die Mantelmöwe offensichtlich zu kurz geraten, und die gemeinsam abgebildeten Gänse- und Mittelsäger unterscheiden sich in der Größe kaum. Bei Feldführern, die auf einen bestimmten Lebensraum orientiert sind, ist die Auswahl der behandelten Arten immer problematisch. Im vorliegenden Fall muß vor allem die Grenzziehung zwischen Binnengewässern einerseits sowie Meer und Strand andererseits willkürlich bleiben und wird Wünsche offenlassen. Daher sollte die Auswahl bei künftigen Auflagen kritisch überprüft werden. So erscheint es in einem Feldführer überflüssig, dem Wanderfalken wie dem Seeadler je zwei volle Seiten zu widmen, während die Artbeschreibungen aller Tauch- und Meeresenten zusammengenommen auf nur fünf Seiten abgehandelt werden. Die Schwimmenten fehlen sogar völlig.

Der Wert dieses Feldführers liegt in den naturgerechten Abbildungen und in dem auf die Belange eines Bestimmungsbuches gut ausgerichteten Text. Er wird seine Aufgabe erfüllen.

W. SCHEFFLER, Neuglobsow

RUDOLF HOHL (Hrsg.): **Unsere Erde.** Eine moderne Geologie. 2., verb. Aufl. Leipzig, Jena, Berlin: Urania-Verlag 1977. 328 S., 16 Tab., 200 Abb. M 16,80

Das Buch ist in 12 Kapitel gegliedert: Was ist Geologie? Geologie und wissenschaftliches Weltbild, Die Erde als Planet, Das Innere der Erde, Die Erdkruste — das Forschungsobjekt der Geologen (Das Baumaterial, Die Veränderungen, Äußere Kräfte, Erdinnere Kräfte), Die Entwicklung des Lebens auf der Erde, Aus dem Tagebuch der Erde, Die Gestaltung des Erdbildes, Geologische Karten und geologische Kartierung, Der Mensch sucht und nutzt die Schätze der Erde, Angewandte Geologie (Geologie und Bauwesen, Hydrogeologie), Geologiè in Gegenwart und Zukunft. Die Inhaltsangabe zeigt die Vielschichtigkeit der behandelten Thematik. Übersichtlich und präzise werden dem interessierten Leser die „neuesten Erkenntnisse über die Entwicklung der Erdkruste" dargeboten, Arbeitsmethoden beschrieben sowie Aspekte der praktischen und angewandten Geologie dargestellt. Der Leser hat damit ein Werk in der Hand, das ihm „umfassend über unseren Heimatplaneten Auskunft gibt". Damit ist das Buch für die Leserkreise interessant, die sich über die historische Entwicklung und den Aufbau der Erdkruste sowie die inneren Zusammenhänge zwischen beiden informieren wollen. Behandelt werden aber auch solche Themen wie „Die Ursachen der Eiszeit", „Wie alt ist ein Gestein?" „Wandern die Kontinente", „Wie entsteht eine geologische Karte?"

Vermißt wird in diesem Buch ein Hinweis darauf, für wen es eigentlich geschrieben ist. Elf Geowissenschaftler haben die einzelnen Kapitel bzw. Abschnitte erarbeitet, offenbar unterblieb danach eine zusammenfassende Überarbeitung. Dadurch sind die einzelnen Texte nicht immer genügend abgestimmt, es kommt zu unnötigen Wiederholungen und Widersprüchen. Das Leitfossilprinzip wird z. B. auf S. 144 und 194 erklärt (im Register steht nur S. 144), salinartektonische Er-

scheinungen auf S. 185 und 254, hydrogeologische Karten auf S. 239—240 und 306. Widersprüche gibt es u. a. zwischen den Altersangaben der ältesten fossilen Lebewesen (S. 147/S. 166) sowie in der Beschreibung der ersten Wirbeltiere des Ordoviz (S. 149/171). Die beiden Abschnitte „Die Entwicklung des Lebens auf der Erde" und „Aus dem Tagebuch der Erde" sollten stärker aufeinander abgestimmt werden. Einige Druck- und Sachfehler sollten in der nächsten Auflage ausgemerzt werden: Das Wollhaarnashorn (S. 158) heißt auf S. 161 Wollhaar-Nashorn, *Mammontheus* wird eine Zeile tiefer *Mammonteus* geschrieben (S. 158), korrekt ist aber *Mammuthus*, die ersten Nadelbäume gibt es im Karbon und nicht im Perm (S. 176), der „Wealdenton" wird auf S. 181 zweimal als „Wälderton" bezeichnet, seit 1974 gibt es in der DDR ein Ministerium für Geologie und kein Staatssekretariat für Geologie (S. 238, 291), seit 1975 gibt es bei den Räten der Bezirke Abteilungen für Geologie und keine Bezirksstellen für Geologie (S. 291).
Die Abbildungen führen in diesem Buch leider ein Eigendasein, sie sind nicht numeriert und auf sie wird praktisch nie verwiesen. Mehrfach gibt es Abweichungen zwischen den Legenden und den Abbildungen, z. B. auf S. 228/229, wo für so'χ unterschiedliche Farben benutzt werden, sm2 erscheint in der Abbildung sogar mit zwei verschiedenen Farbgebungen. Vermißt wird ein Literaturverzeichnis, das den Zugang zu der im Text erwähnten Literatur erleichtern könnte. Ein siebenseitiges Register (3spaltig) erschließt dem Leser wesentliche Teile des Inhalts. Die Erweiterung des Registers wäre zu begrüßen, es fehlen z. B. die folgenden Begriffe: Biochronologie, Buntsandstein, Keuper, Ophiolithe, Ozeanisierung, Rift, Salzhang, Salzspiegel, Tafeldeckgebirge und Ultrametamorphose.
Das sehr informationsreiche Buch ist als gelungen zu bezeichnen, eine zukünftige Neuauflage bedarf aber dringend einer gründlichen Überarbeitung.

D. STORCH, Jena

G. PESEZ & M. PESEZ: Atlas de Microscopie des Eaux Douces (Encyclopédie Biologique LXXI). Paris: Editions Lechevalier S.A.R.L. 1977. 285 S., 101 Taf. Ln. Fr 160,—

Der vorliegende „Atlas der Mikroskopie des Süßwassers" will eine Einführung in die mikroskopische Flora und Fauna der Binnengewässer sein. Er ist für jene bestimmt — so die Autoren in der Einleitung —, die sich begeistern lassen von der außerordentlichen Vielfalt und der Schönheit der mikroskopisch kleinen Formen. Die notwendige Auswahl stützt sich auf Formen, die kleiner als 1 mm, allgemein verbreitet und charakteristisch sind. Die mehr als 1000 Figuren beruhen meist auf Originalzeichnungen der Verfasser. Es wurde versucht, das Wesentliche herauszustellen, was in der Regel recht gut gelungen ist.
Nach der Einleitung und Hinweisen zu Präparationsmethoden und auf weiterführende Literatur folgt eine Aufzählung der dargestellten taxonomischen Algengruppen. Für jede der Gruppen werden anschließend kurze Bestimmungsschlüssel gebracht. Die dargestellten Tiergruppen werden nur aufgezählt; Bestimmungsschlüssel wurden nicht beigefügt. Im Bildteil wird jede Algengruppe durch einen kurzen Text eingeleitet. Neben den Tafeln (rechte Seite) sind stets die Namen, Autoren und Größen angegeben (linke Seite), so daß die Benutzung des Buches recht bequem ist. Im einzelnen werden folgende Gruppen dargestellt: Myxophyceen (Blaualgen) 7 Taf., Chrysophyceen 3 Taf., Bacillariophyceen 16 Taf., Dinophyceen 1 Taf., Xanthophyceen 1 Taf., Euglenophyceen 2 Taf., Chlorophyceen 9 Taf., Desmidiaceen 11 Taf., Zooflagellaten 3 Taf., Amöben 10 Taf., Heliozooen 4 Taf., Ciliaten 10 Taf., Rotatorien 12 Taf., Gastrotriche 1 Taf., Tardigraden 1 Taf., Entomostraken 7 Taf., Acariden 2 Taf., Insekten 1 Taf. Glossarium, Bibliographie, Index der behandelten Arten und ein Verzeichnis der Bildtafeln schließen das Buch ab. Das Buch ist recht einfach zu handhaben.

L. KÜCHLER, Neuglobsow

KLAUS DYLLA & GÜNTER KRÄTZNER: **Das biologische Gleichgewicht in der Lebensgemeinschaft Wald** (Biologische Arbeitsbücher 9). Heidelberg: Quelle und Meyer 1977. 3. Aufl., 146 S., 40 Abb. Brosch. DM 19,60

Dieses von Schulbiologen für die Schule geschriebene Arbeitsbuch soll dazu beitragen, ökologischen Fragestellungen und Erkenntnissen im Unterricht den gebührenden Platz zu verschaffen. Am Beispiel des Ökosystems Wald werden dessen wichtigste abiotischen und biotischen Komponenten und die zwischen diesen wirksamen Beziehungsgefüge in vereinfachter Form aufgezeigt und dazu methodisch-didaktische Hinweise für ihre unterrichtliche Behandlung gegeben. Die Erziehung der Jugend zu einem vernünftigen Umweltdenken ist dringend geboten, die Behandlung ökologischer Fragen im Unterricht daher unerläßlich.

H.-D. KRAUSCH, Potsdam

N. I. RODNYJ & JU. I. SOLOWJEW: **Wilhelm Ostwald.** Leipzig: BSB B. G. Teubner Verlagsgesellschaft 1977. 379 S., 31 Abb., Kart. M 18,50

Das Buch ist der 30. Band in den Biographien hervorragender Naturwissenschaftler, Techniker und Mediziner und untergliedert sich in die Abschnitte „Der Mensch", „Der Forscher", „Der Lehrer", „Der Naturphilosoph", „Der Wissenschaftstheoretiker und Historiker", „OSTWALDS allgemeine gesellschaftliche Tätigkeit", und einen Schlußteil. Besonders zu begrüßen

sind 266 Literaturzitate, die OSTWALDS Werke (116), ein umfangreiches Schrifttum über OSTWALD (37) sowie sonstige Literatur (113) umfassen.
Es ist wohl unumstritten, daß die Vielfältigkeit OSTWALDS einem Bibliographen Probleme zur Genüge auferlegt. Umsomehr muß herausgestellt werden, daß es durch sorgfältige Kleinarbeit in der Analyse den Autoren gelungen ist, der gestellten Aufgabe gerecht zu werden. Man wird beim Lesen, fast unmerkbar, auf die Gedankenbahnen OSTWALDS geführt, wird angeregt einzuschätzen, welche Ideen des großen Physikochemikers uns auch noch heute etwas zu geben vermögen. Viele geschickt ausgewählte Zitate lockern das Buch auf. Der aussichtslose Kampf OSTWALDS für die Energetik und gegen die Atomhypothese wird spannend geschildert. Es bleibt dem Rezensenten allerdings schwer verständlich, warum dieses ausgezeichnete Buch, dessen russischsprachige Ausgabe bereits 1969 erschienen ist, erst nach 8 Jahren in deutscher Sprache verlegt wurde. Aber jetzt haben wir es, und es kann jedem interessierten Leser zur Lektüre nur empfohlen werden.

G. LÖBER, Jena

KOLLER, ANDERS, E. STEITZ: **Zoologie.** Eine Einführung in die Tierkunde. 4., neubearb. Aufl. Stuttgart: E. Schweizerbart'sche Verlagsbuchhandlung 1977. 331 S., 211 Abb., 27 Tab. Ln. DM 34,—

Dieses Buch ist vor allem für die Studierenden der Naturwissenschaften, der Biologie, der Medizin, der Veterinärmedizin, der Land- und Forstwirtschaft gedacht, die sich einen ersten Einblick in die klassische wissenschaftliche Zoologie verschaffen wollen. Dabei gilt es aber folgende Schwierigkeit zu überwinden: Die Einführung in die allgemeine Zoologie ist nicht ohne eine gewisse Artenkenntnis möglich. Andererseits fällt das Verständnis der speziellen Zoologie ohne allgemeinzoologische Kenntnisse schwer. Um diese Schwierigkeiten zu überwinden, verweilen die Autoren nur kurz bei einigen einführenden Bemerkungen und gehen dann auf die Gliederung des Tierreichs in seiner gesamten Breite ein. Zunächst erfolgen jedoch einige Definitionen und Abgrenzungen. So wird der Begriff des Tieres festgelegt, indem man auf seine charakteristischen Eigenschaften eingeht, besonders die heterotrophe Ernährungsweise. Sehr prägnant zeigen die Bearbeiter die Beziehungen der Zoologie zu anderen naturwissenschaftlichen Disziplinen auf.
Ein ebenso unerläßliches wie schwieriges Kapitel in der Ausbildung junger Biologen ist das Verständnis der systematischen Ordnung der Lebewesen, da die Handhabung ihrer Kategorien von Buch zu Buch oft recht unterschiedlich erfolgt. Die Autoren zerstreuen schnell die eventuell aufkommende Scheu vor dem „Monstrum" Systematik, wodurch auch dieses Kapitel geradezu zum weiteren Studium ihres Werkes einladet. Neben der hierarchischen Aufzählung der systematischen Einheiten, die zweckmäßigerweise an einem Beispiel erfolgt, wird besonders auf das Individuum und die Art — als einzige naturgegebene Bausteine — dieser ansonsten vom Menschen künstlich geschaffenen Ordnung eingegangen.
Im zweiten Teil des Buches behandeln die Autoren die einzelnen Gruppen des Tierreichs und überwinden hierbei auch die eingangs genannte Diskrepanz zwischen spezieller und allgemeiner Zoologie, indem die Probleme dieser an vielen Beispielen jener abgehandelt werden.

P. KASPRZAK, Neuglobsow

JOST FITSCHEN: **Gehölzflora.** Ein Buch zum Bestimmen der in Deutschland und den angrenzenden Ländern wildwachsenden und angepflanzten Bäume und Sträucher. 6., überarb. Aufl. von FRANZ H. MEYER. Heidelberg: Verlag Quelle & Meyer 1977. 396 S., 651 Abb. Brosch. M 29,—

17 Jahre nach dem Erscheinen der von FRANZ BOERNER herausgegebenen 5. Auflage legt der Verlag jetzt eine neue Auflage vor. Zahlreiche nomenklatorische Änderungen wurden vorgenommen, auch einige Bestimmungsschlüssel neu geschrieben. „Die systematische Einteilung und die Auswahl der Gehölze mußten jedoch weitgehend unverändert übernommen werden." Bei jeder Familie wurde die Ordnungszugehörigkeit angegeben „sowie bei den Gattungen mit geänderter systematischer Stellung die Familienzugehörigkeit."
Der Rezensent konnte sich bei der Arbeit im Gelände von der guten Bearbeitung auch dieser Auflage überzeugen. Einige Anregungen für die angekündigte Umgestaltung der siebenten Auflage seien gestattet: Wünschenswert wäre ein dauerhafterer Plasteinband für die Arbeit im Gelände. Im Untertitel sollte präziser ausgedrückt werden, für welche Gebiete bzw. Staaten die Gehölzflora gedacht ist. Eine Erweiterung der deutschen Artbezeichnungen wäre nach Ansicht des Rezensenten angebracht, sowohl im Text als auch im Register; z. B. fehlen Ahlkirsche, Blaufichte, Bruchbirke, Herlitze, Felsenkirsche und Spirke vollständig, Ackerbeere, Kratzbeere, Hinoki, Sauerdorn, Espe, Alpenrose, Vogelbeere, Arve und Föhre im Register. Aufgenommen werden sollte u. a. die Gattung *Camelia*, ein Exemplar wächst seit vielen Jahrzehnten im Schloßpark von Pillnitz. Auch die Pinie sollte aufgenommen werden, denn sie ist z. B. in Frankreich weit verbreitet. Auf S. 383 muß es *Acer tataricum* heißen.

D. STORCH, Jena

YU. G. ALEYEV: **Nekton.** Den Haag: Dr. W. Junk b.v. Publishers 1977. 435 S., 247 Abb., 21 Tab. Ln. Dfl. 120,—

Die englische Übersetzung der wohl umfassendsten Zusammenstellung über Nekton und Nektologie eröffnet das Werk auch dem angelsächsisch sprechenden Raum. Das Buch umfaßt alle Bereiche der Nektologie. Nach dem einleitenden Kapitel über Definition, Geschichte, Methoden folgt im Teil 1 die Systematik und geographische Verteilung. Im umfangreichen Teil 2 werden ausführlich die grundlegenden Anpassungen des Nektons beschrieben. Dazu gehört die Aufrechterhaltung des Schwebezustands im Wasser, wie statodynamische Typen, hydrodynamische Korrektur des Auftriebs, Sicherung des neutralen Auftriebes. Kap. IV behandelt die Formen des Antriebs wie undulierender, paddelnder, Wasserdüsenantrieb, sowie der Luft—Wasser-Vortrieb der schwimmenden Formen. Aber auch der taktile Antrieb auf Substraten sowie die Phylogenie der Lokomotion wird nicht vergessen. Ein wichtiger Faktor der Bewegung und Einsparung der Kraft zur Lokomotion ist die Reduzierung des Widerstandes der Körper. Hier werden hydrodynamische Probleme wie Wirbelbildung am und hinter den bewegten Körpern, die Rolle der Grenzschichten, der hydrodynamische Widerstand in Abhängigkeit von der Schwimmgeschwindigkeit behandelt. Die Kontrolle der Körperbewegung wie Richtungsänderung, Abbremsung und Aufrechterhaltung des Gleichgewichts sind die inhaltlichen Schwerpunkte des VI. Kapitels. Tarnung, Verteidigung, Weiterleitung von Informationen und Fang von Futter beenden den 2. Teil. Ökologie, ökomorphologische Klassierung, Entwicklungsgeschichte sowie die ökophysiologische Wirkung des Wasserkörpers runden im 3. Teil das Buch ab. Etwa 900 Literaturzitate spiegeln die Breite und Gründlichkeit der Bearbeitung wider. Die englische Ausgabe wird schnell die gebührende Beachtung als Standardwerk finden.

D. Ronneberger, Jena

Ernst Neef & Vera Neef (Hrsg.): Brockhaus Handbuch **Sozialistische Landeskultur. Umweltgestaltung — Umweltschutz, mit einem ABC.** Leipzig: Brockhaus-Verlag 1977. 604 S., zahlr. Abb. u. Tab., 16 Taf. Geb. M 16,—

Der Textteil behandelt in jeweils stark untergliederter Form folgende Großkapitel: Allgemeine Fragen der Sozialistischen Landeskultur (70 S.), Gestaltung und Pflege der Landschaft (26 S.), Nutzung und Schutz des Bodens (42 S.), Nutzung und Schutz des Waldes (30 S.), Nutzung und Schutz der Gewässer (67 S.), Reinhaltung der Luft (56 S.), Nutzbarmachung und schadlose Beseitigung von Abprodukten (37 S.) und Schutz vor Lärm (47 S.).

Schon die Zusammensetzung der über 50 Fachautoren läßt die Überzahl der Landwirtschafts- und Forstwirtschaftler erkennen, was dann auch im Text und noch viel ausgeprägter im ABC hervortritt, dessen Stichworte ganz ungleichwertig behandelt werden. Aus der Fülle sei herausgegriffen: Im ABC werden Altersklassenverhältnisse der Forsten, Forstästhetik, Altstoffe, aber auch Müllabfuhr, Straßenwinterdienst, Grünanlagenunterhaltung bis ins unnötige organisatorische Detail behandelt, während unter dem sehr kurzen Stichwort „Gewässer" die Seen und Teiche völlig vergessen worden sind. Unwesentliche Stichworte, wie Lärmarme Startverfahren oder Schubumkehr beim Düsenflugzeug werden angeführt, jedoch Restriktionen der Territorialplanung weggelassen. Die unter „Hydrobiologie" erwähnte Limnobiologie statt Limnologie scheint unangebracht, die unter dem Stichwort „Stagnation" gebotenen Ausführungen zur Winterstagnation sind irreführend, da diese nicht nur bei Eisbedeckung auftritt. Auch ist die Schriftenreihe LIMNOLOGICA im Literaturverzeichnis falsch plaziert worden. Bei der Talsperre Hohenwarte ist ein falsches Fertigstellungsjahr unterlaufen.

Es ist jedenfalls zu begrüßen, daß in preiswerter Form dem Praktiker ein Grundlagen- und Nachschlagewerk von besten Fachleuten geboten wird. Eine Neuauflage verdiente aber erhebliche Straffungen, Anpassungen und Ergänzungen, um auch internationalen Ansprüchen besser zu entsprechen.

L. Krey, Jena

Limnologica (Berlin) **13** (1), 247—248, Januar 1981

GÜNTHER WALTER & HANS-DIETRICH BABENZIEN

Bericht über das 3. Internationale Hydromikrobiologische Symposium Smolenice (ČSSR), 3.—6. 6. 1980

Das Symposium wurde vom Institut für experimentelle Biologie und Ökologie (Sektor Limnologie) des Zentrums für biologisch-ökologische Wissenschaften der Slowakischen Akademie der Wissenschaften in Zusammenarbeit mit der Internationalen Arbeitsgemeinschaft Donauforschung der SIL organisiert und stand unter der Leitung von Doz. Dr. sc. DAUBNER. Mehr als 60 Fachleute aus 9 Ländern beteiligten sich mit 42 Referaten und Diskussionen an den drei Themenkreisen

— Mikroorganismen im Wasser aus limnologischer Sicht
— Mikroorganismen im Wasser aus hygienisch-gesundheitlicher Sicht
— Mikrobielle Aktivität im Wasser.

Das Symposium vermittelte einen umfassenden Überblick über den gegenwärtigen internationalen Stand auf dem Gebiet der Hydromikrobiologie und behandelte eine Reihe eingesetzter moderner Methoden.

In der Mehrzahl der Länder erfolgen die experimentellen hydromikrobiologischen Forschungen zunehmend unter den Gesichtspunkten der Komplexität mikrobiologisch-ökologischer Untersuchungen, bei anthropogen stark beeinflußten Gewässern unter Einbeziehung des Infektionspotentials. Probleme der Interpretation von Meßwerten durch ungenügende Berücksichtigung physiologisch-taxonomischer Basiskenntnisse fanden Erörterung. Arbeiten aus hygienisch-gesundheitlicher Sicht konzentrieren sich zunehmend auf Aspekte des Infektionspotentials (Salmonellen, Viren, Indikatororganismen, fakultativ pathogene Mikroorganismen).

Hinsichtlich der hydrobakteriologischen Methoden zeigte sich, daß

— die meisten Methoden zumindest in einem Arbeitsschritt Membranfilter mit unterschiedlichen Porenweiten einsetzen,
— sich international zur Bestimmung der Bakterienzahl die Auflicht-Fluoreszenztechnik nahezu vollständig durchgesetzt hat,
— zum Nachweis physiologischer Gruppen zunehmend miniaturisierte Varianten der MPN-Technik eingesetzt werden,
— die Bestimmung der Kinetik der Stoffaufnahme ^{14}C- oder ^{3}H-markierter Verbindungen (meist Glukose) gegenwärtig eine internationale Standardmethode ist,
— die Bestimmung der ETS-Aktivität zunehmend in Arbeitsprogrammen Berücksichtigung findet,
— methodische Entwicklungen zur Erfassung von Kriterien der Bioaktivität, z. B. des Gehaltes an Adenosintriphosphat (ATP) mittels Enzymelektroden Aufmerksamkeit verdienen.

Die Tendenzen der hydromikrobiologischen Forschung konzentrieren sich auf das mikrobielle Plankton, die heterotrophen Bakterien und die enzymatische Aktivität, die spezifischen physiologischen Bakteriengruppen, die sich am Stoffkreislauf und der Selbstreinigung beteiligen, die Indikatoren zum Nachweis von Verunreinigungen und pathogenen Keimen sowie auf bedingt pathogene Keime. Besondere Bedeutung erlangen Kenntnisse über die enzymatische Aktivität im Rahmen der Modellierung hydrischer Ökosysteme. Die Problematik der Vermehrung pathogener Darmbakterien unter Wärmeeinfluß und das Vorkommen von Enteroviren in Gewässern erfordern zunehmend epidemiologische Untersuchungen. Forschungen über die Rolle von Mikroorganismen als Bioindikatoren sollten verstärkt fortgeführt werden. Der Vereinheitlichung von hydromikrobiologischen Standardmethoden wird weiterhin große Aufmerksamkeit gewidmet.

Im Ergebnis der Vorträge und Diskussionen verabschiedeten die Teilnehmer des 3. Internationalen Hydromikrobiologischen Symposiums eine Resolution mit fachlichen Schlußfolgerungen und Empfehlungen, in denen folgende Aussagen enthalten sind:

— Für die Erfassung, Bewertung, Nutzung bzw. Beeinflussung der im Wasserökosystem verlaufenden Prozesse ist es erforderlich, die mikrobielle Komponente selbst und ihre dynamischen Wechselbeziehungen zu anderen Gliedern der Wasserbiozönose zielgerichtet zu erforschen. Dabei sollten die Forschungen besonders auf die physiologische Aktivität der Mikroorganismen unter Berücksichtigung verschiedener Umwelteinflüsse, die Einbeziehung weiterer Glieder der Mikrobengesellschaft sowie die Erarbeitung von Verfahren und Methoden für eine komplexe Modellierung gerichtet sein. Die Arbeiten für weiterentwickelte und standardisierungsfähige Methoden zur Erfassung und Bewertung der Stoffwechselaktivität sollten konsequent fortgeführt werden.

— Die komplexen Forschungen sollten besser den Stoffumsatz und -transport, die Rolle der einzelnen physiologischen Gruppen in den Sukzessionen, die Form und Wirkung von Trophie- und Infektketten, das Infektionspotential sowie die Anwesenheit und Dynamik der Plasmide erfassen.
— Besondere Aufmerksamkeit ist den Aktinomyzeten, Mikromyzeten, Myxobakterien, Bakteriophagen und Viren zu widmen. Es sollen vor allem ihre Beteiligung an den im Ökosystem verlaufenden Prozessen, ihr Indikationswert sowie die Wirkungsmechanismen in Beziehung zur Umwelt weiter erforscht werden. Aus hygienisch-gesundheitlicher Sicht gewinnen die sogenannten bedingt pathogenen Bakterien (*Acinetobacter*, *Flavobacterium Pseudomonas*, *Yersinia* u. a.) an Bedeutung.
— Zur Erhöhung der Praxiswirksamkeit der hydromikrobiologischen Forschungsergebnisse sind bei den Untersuchungen extreme Zustände des Wassers zu berücksichtigen und für die Erarbeitung von Normen, Grenzbedingungen und Prognosen zu nutzen.

Das inhaltlich und organisatorisch vorbildlich durchgeführte Symposium setzte eine langjährige bewährte Tradition dieser internationalen Veranstaltung auf dem Gebiet der Hydromikrobiologie fort und vermittelte wertvolle Impulse für Forschung und Praxis.

Die Referate des 3. Internationalen Hydromikrobiologischen Symposiums werden von der Slowakischen Akademie der Wissenschaften in einem Sonderband veröffentlicht.

Eingegangen am 3. 11. 1980.

Anschriften der Verfasser:

Dr. Günther Walter
Akademie der Wissenschaften der DDR
Forschungszentrum für Molekularbiologie und Medizin
DDR-1115 Berlin-Buch
Lindenberger Weg 70

Dr. Hans-Dietrich Babenzien
Akademie der Wissenschaften der DDR
Forschungszentrum für Molekularbiologie und Medizin
Zentralinstitut für Mikrobiologie und experimentelle Therapie Jena
— Abteilung Limnologie —
DDR-6900 Jena
Beutenbergstr. 11

Die LIMNOLOGICA erscheinen in zwangloser Folge in einzeln berechneten Heften wechselnden Umfangs. Etwa 30 Druckbogen (480 Seiten) bilden einen Band.
Die LIMNOLOGICA veröffentlichen Originalarbeiten aus allen Gebieten der wissenschaftlichen Erforschung der Binnengewässer und der benachbarten Lebensräume. Neben den Originalarbeiten erscheinen Übersichten der Fachliteratur osteuropäischer Staaten, Tagungsberichte und Rezensionen.

BEZUGSMÖGLICHKEITEN:
Sämtliche Veröffentlichungen unseres Verlages sind durch jede Buchhandlung im In- und Ausland zu beziehen. Falls keine Bezugsmöglichkeit vorhanden ist, wende man sich
in der Deutschen Demokratischen Republik an den Akademie-Verlag, 1080 Berlin, Leipziger Straße 3–4,
in der BRD und Westberlin an KUNST UND WISSEN, Erich Bieber, 7000 Stuttgart 1, Wilhelmstraße 4–6,
in Österreich an den GLOBUS-Buchvertrieb, Wien I, Salzgries 16, bei Wohnsitz im übrigen nichtsozialistischen Ausland an den Buchexport, Volkseigener Außenhandelsbetrieb der Deutschen Demokratischen Republik, 7010 Leipzig, Leninstraße 16.
Im sozialistischen Ausland können Bestellungen über die Buchhandlungen für fremdsprachige Literatur bzw. den zuständigen Postzeitungsvertrieb erfolgen.
Auf Wunsch sendet der Akademie-Verlag Interessenten bei Bekanntgabe der Anschrift und Fachgebiete unverbindlich Informationen über lieferbare und kommende Veröffentlichungen und gibt auch Bezugsquellen im In- und Ausland bekannt.

ISSN 0075-9511

Erschienen im Akademie-Verlag, DDR-1080 Berlin, Leipziger Straße 3–4

Lizenznummer: 202 · 100/484/81
Gesamtherstellung: VEB Druckerei „Thomas Müntzer", 5820 Bad Langensalza
Bestellnummer: 762 650 2 (2111/13/1) · LSV 1305
Printed in the GDR
DDR 58,– M

0	1	2	3	4	5	6	7	8	9
	0,745 55,6 27 33,8	—0,41 16,8 24 4,8	0,523 27 26 9,8	0,327 10,7 25 3,0	0,363 13 25 3,8	0,433 18,7 27 6,2	0,530 28 4 1,5	—0,369 13,6 24 3,8	0,34 11,6 23 3,0
		—0,307 9,4 24 2,5	0,396 15,7 24 4,86	0,233 5,4 25 1,4	0,1 1,1 25 0,27	0,135 1,8 27 0,5	0,306 9,3 4 0,4	—0,335 11 24 3,04	0,03 0,7 23 0,01
			—0,176 3,1 23 0,74	0,198 3,9 22 0,89	—0,268 7,1 22 1,7	—0,308 9,5 24 2,5	—0,515 26,5 4 1,4	0,354 12,5 21 3,0	—0,034 0,1 21 0,02
				0,10 1 24 0,24	0,377 14,2 24 3,98	0,435 18,9 6,05	0,141 2 4 0,08	—0,585 34 26 13,5	—0,09 1 25 0,2
					—0,138 1,9 25 0,49	—0,11 1,2 0,31	—0,051 0,2 4 0,01	—0,223 5 22 11	0,016 0,03 21 0,006
						0,999 99,8 22623	—0,253 6,4 4 0,27	—0,238 5,7 22 1,3	—0,06 0,4 21 0,07
							—0,245 6,0 4 0,25	—0,273 7,4 24 1,9	—0,002 0,0 23 0,0
								0,79 0,6 4 0,02	0,51 26 4 1,4
									0,216 4,7 23 1,12

0 — Primärproduktion (mg C/m² · d/2)
1 — Photosynthetisch wirksame Energie (kcal/m² · d/2)
2 — Sichttiefe (m)
3 — Temperatur (°C/m²)
4 — Biomasse Nannoplankton (mg/m²)
5 — Biomasse Mikroplankton (mg/m²)
6 — Biomasse Gesamtphytoplankton (g/m²)
7 — Biomasse Zooplankton (g/m²)
8 — Orthophosphat (mg PO_4/m²)
9 — Summe gelöster Phosphor (mg PO_4/m²)
10 — Gesamtphosphor (mg PO_4/m²)
11 — Partikulärer Phosphor (mg PO_4/m²)
12 — Silizium (g SiO_2/m²)
13 — Stickstoff (g NO_3/m²)
14 — Seston (g/m²)
15 — Sättigungskoeffizient (PO_4/B_C)
16 — Geschwindigkeitskonstante der Phosphoraufnahmeaktivität (h) turn over — Zeit
17 — Umsatzkonstante der Phosphoraufnahmeaktivität (mg PO_4/m³ · h)
18 — „äußere" Energieeffektivität pro m²
19 — „innere" Energieeffektivität pro m²
20 — Aktivitätskoeffizient (P/B_C) pro m²

Die Zahlen in den Quadraten stellen folgende Werte dar (z. B. Quadrat 0—1):
0,745 = Korrelationskoeffizient
55,6 = Bestimmtheit (%)
27 = Freiheitsgrade
33,8 = F-Wert

Abb. 18. Statistische Zusammenhänge in der euphotischen Zone des Stechlinsees (Korrelationsmatrix) nach KOSCHEL & MOTHES (in BUSSE et al. 1975).

	12	13	14	15	16	17	18	19	20	
2 4 1	−0,05 0,2 15 0,03	−0,38 12,3 9 1,2	−0,04 0,15 23 0,03	−0,411 16,9 23 4,68	−0,413 17 11 2,26	**0,855 73 11 30,1**	−0,13 1,7 27 0,47	−0,413 17 27 5,5	0,11 1,2 27 0,33	0
69 7	0,21 4,5 15 0,7	−0,04 0,2 9 0,01	−0,08 0,6 23 0,1	−0,38 14,9 23 4,04	−0,366 12 11 1,7	**0,721 52 11 11,9**	−0,405 16,4 27 5,2	−0,442 19,5 27 6,5	0,178 3,1 27 0,88	1
59	0,247 6,1 15 0,97	0,227 5,1 9 0,49	−0,125 1,5 20 0,31	0,48 23 20 6,04	**0,549 30 11 4,74**	−0,413 17 11 2,26	0,103 1,0 24 0,26	0,456 20,8 24 6,2	0,098 1 24 0,23	2
81 5	−0,363 13 17 2,58	**−0,851 73 11 29,1**	0,116 1,4 23 0,3	−0,430 18,5 23 5,23	−0,395 15 10 1,8	0,485 23 10 2,08	0,099 9,71 26 0,25	−0,441 19,4 26 6,28	−0,29 8,5 26 2,4	3
52 9	0,11 1,2 14 0,18	−0,077 0,6 8 0,047	−0,109 1,2 22 0,26	−0,324 10,4 22 2,57	−0,346 12 11 1,49	0,363 13,1 11 1,67	−0,165 2,7 25 0,7	−0,289 8,3 25 2,28	−0,09 0,8 25 0,22	4
3	−0,28 7,9 14 1,2	−0,06 0,3 8 0,03	0,020 0,4 22 0,009	−0,153 2,3 22 0,5	0,25 6,3 11 0,75	0,34 11,6 11 1,4	0,05 0,3 25 0,07	0,208 4,3 25 1,1	−0,297 8,8 25 2,4	5
7 3	0,294 8,6 15 1,4	0,123 1,5 9 0,13	0,027 0,7 23 0,01	0,173 2,9 23 0,7	0,299 8,9 11 0,7	0,365 13 11 1,07	0,034 0,1 27 1,69	−0,244 5,9 27 1,7	−0,328 10,7 27 3,25	6
6	−0,452 20 4 1,0		0,123 1,5 4 0,06	−0,454 20,6 4 1,04	**−0,627 39 4 1,9**	**0,802 64 4 5,4**	0,316 10 4 0,44	0,393 15 4 0,7	0,385 15 4 0,7	7
9	0,413 17 16 3,29	0,592 35 10 5,40	−0,195 38 21 0,83	**0,789 62 23 37,9**	**0,640 40,9 10 6,94**	−0,127 1,6 10 0,16	0,089 0,8 24 0,19	**0,74 54,7 24 29,05**	0,088 0,8 27 0,18	8
5	−0,247 6,1 17 1,1	−0,476 22,6 11 3,2	−0,380 14,4 20 3,37	0,113 1,2 20 0,26	0,186 3,4 10 0,358	0,466 21 10 2,7	0,197 3,8 23 0,93	0,199 3,9 23 0,94	0,047 0,2 23 0,05	9
4	0,096 1 17 0,15	−0,3 8,9 11 1,07	−0,128 1,6 21 0,35	−0,193 3,7 21 0,81	−0,187 3,5 10 0,36	**0,589 35,9 10 5,6**	0,027 0,07 24 0,02	−0,112 1,2 24 0,3	0,147 2,1 24 0,53	10
	0,399 15,9 17 3,2	0,306 9,4 11 1,1	0,078 0,6 20 0,12	−0,424 18 20 4,39	0,404 16,3 10 1,9	0,045 0,2 10 0,02	0,044 0,2 23 0,04	−0,308 9,5 23 2,4	0,18 3,3 23 0,79	11
		0,616 38 11 6,7	0,314 10 12 1,3	0,296 8,8 13 1,25	0,420 17,7 8 1,72	−0,05 0,3 8 0,02	−0,119 1,4 15 0,217	0,303 9,1 15 1,5	**0,642 41 15 10,5**	12
			0,005 0,002 6 0,0	**0,941 88 7 54,8**	−0,466 21,7 4 1,1	0,224 5,0 4 0,211	−0,267 7,1 9 0,69	0,38 14,6 9 1,54	0,299 9,0 9 0,89	13
				−0,344 11,8 21 2,8	−0,309 9,6 8 0,8	−0,199 4 8 0,33	0,379 14,3 23 3,8	−0,279 7,8 23 1,9	−0,128 1,6 23 0,38	14
					0,854 73 10 26,9	−0,343 11,7 10 1,3	−0,07 0,6 23 0,13	**0,947 89 23 200**	0,281 8 23 1,9	15
						−0,31 9,6 11 1,17	−0,13 1,7 11 0,19	**0,94 88 11 84**	0,24 6 11 0,69	16
							−0,341 11,6 11 1,4	−0,358 12,8 11 1,6	−0,015 0,02 11 0,002	17
								0,064 0,4 27 0,11	−0,029 0,8 27 0,02	18
									0,410 16,8 27 5,4	19
										20

Bei Fragen zur Produktsicherheit wenden Sie sich bitte an:
If you have any questions regarding product safety,
please contact:

Walter de Gruyter GmbH
Genthiner Straße 13
10785 Berlin
productsafety@degruyterbrill.com